深层页岩气水平井高导流立体缝网压裂技术

蒋廷学　王海涛　卫然　李双明　仲冠宇◎著

中国石化出版社

图书在版编目(CIP)数据

深层页岩气水平井高导流立体缝网压裂技术/蒋廷学等著.—北京：中国石化出版社，2023.4
ISBN 978-7-5114-6991-5

Ⅰ.①深… Ⅱ.①蒋… Ⅲ.①油页岩-水平井-压裂-研究 Ⅳ.①TE357.1

中国国家版本馆CIP数据核字(2023)第035879号

中国石化出版社出版发行
地址:北京市东城区安定门外大街58号
邮编:100011 电话:(010)57512500
发行部电话:(010)57512575
http://www.sinopec-press.com
E-mail:press@sinopec.com
北京科信印刷有限公司印刷
全国各地新华书店经销
*
787×1092毫米 16开本 24.5印张 592千字
2023年7月第1版 2023年7月第1次印刷
定价:238.00元

PREFACE

前言

国土资源部和中国石油天然气股份有限公司2005年、2006年先后发布了《石油天然气储量计算规范》（DZ/T 0217—2005）和《石油天然气控制储量计算方法》（Q/SY 179—2006），其中规定，深度3500～4500m为深层，4500m及其以深为超深层。这些划分标准主要针对的是常规油气藏，考虑到对中国油气地质条件东、西部差异的传统认识，3500m的深度界线主要适用于我国东部地区；而对于我国西部地区，采用的深层界限是大于等于4500m，即深度4500～6000m为深层，6000m及其以深为超深层。

对于深层页岩气，目前尚无统一认识。2018年以来，一些学者在研究南方古生界海相深层页岩气时，沿用了常规油气藏关于深层的界定标准，即采用深度3500m作为深层页岩气的深度界线。

四川盆地及其周缘是深层页岩气资源分布的主要区域，其下志留统中浅层分布面积约为$6.3\times10^4km^2$，而深层分布面积则达$12.8\times10^4km^2$，深层（3500m以深）五峰组—龙马溪组页岩分布面积约是中浅层的2倍。在川东南地区，中国石油化工集团有限公司矿权区内仅埋深介于4000～5000m的页岩气资源量就达到$1.51\times10^{12}m^3$，比埋深介于1500～4000m页岩气资源量的总和（$1.15\times10^{12}m^3$）还要多。在包括了焦石坝、南川、丁山、林滩场—怀仁、南天湖5个区块的川东南地区，埋深介于3500～4500m有利区的面积为$1.13\times10^4km^2$，页岩气资源量达$0.6\times10^{12}m^3$；在包括了威远、长宁、渝西和泸州4个区块的川南地区，埋深介于3500～4000m的页岩面积为$0.54\times10^4km^2$，页岩气资源量达$2.88\times10^{12}m^3$；埋深介于4000～4500m的页岩面积为$0.98\times10^4km^2$，页岩气资源量达$5.40\times10^{12}m^3$。

虽然深层页岩气的资源量巨大，但随着埋深的增加，作为其开发的主要措施——水力压裂的技术挑战也极大，主要表现为井口施工压力大（动辄超过100MPa）、加砂难度大（敏感砂液比低，早期单段加砂量一般小于$60m^3$，综合砂液比小于1.5%），同时，因水平压力差大导致裂缝的复杂程度降低以及因垂向应力差小导致的裂缝缝高降低，这些都会导致深层页岩气压裂后产量低且递减快，难以实现经济有效开发。

鉴于此，本书聚焦于深层页岩气压裂的问题导向和目标导向，在国内外技术现状的基础上，从关键地质工程参数评价、裂缝起裂扩展与立体缝网构建理论、复杂裂缝内支撑剂动态运移规律、高导流复杂裂缝作用机制及控制方法、高降阻一体化变黏压裂液研制、溶解时间可控的悬浮态暂堵剂研制、分段压裂工具研制、压裂产能评价及裂缝监测技术、压裂实施控制技术及效果评价方法，以及高导流立体缝网压裂案例剖析等方面，全面系统地阐述了深层页岩气高导流立体缝网压裂的内涵、技术架构及关键技术等，凝聚了作者研究团队多年的心血，为深层页岩气今后的经济有效开发，提供了重要的理论指导和现实借鉴意义。

本书的总体架构设计由蒋廷学完成。前言由蒋廷学撰写，第一章由蒋廷学、卫然撰写，第二章由王海涛和蒋廷学撰写，第三章由蒋廷学、仲冠宇和卫然撰写，第四章由仲冠宇、蒋廷学和李双明撰写，第五章由吴峙颖和刘建坤撰写，第六章由左罗、蒋廷学、卫然撰写，第七章由魏娟明、卫然撰写，第八章由沈子齐、蒋廷学和卫然撰写，第九章由魏辽和李奎为撰写，第十章由庞伟、艾爽、肖博、李双明、许凯、杨小慧撰写，第十一章由蒋廷学、王海涛撰写，第十二章由王海涛、卞晓冰、李双明和蒋廷学撰写。全书由卫然和刘星进行图片和文字校核。

由于作者水平有限，加之时间仓促，错误和疏漏难以避免，恳请广大专家、学者批评与指正。

CONTENTS

目 录

第一章　绪论

随着国家碳达峰、碳中和“30－60”战略目标的制定，以及在百年未有之大变局下为确保国家能源战略安全，大力发展低碳的天然气是重中之重。而在天然气的增量中，页岩气占据着越来越重要的部分。其中，深层页岩气（指垂深为3500～4500m的页岩气，超过4500m属于超深层页岩气）更是重中之重。因为，深层页岩气的资源量是中浅层页岩气的两倍以上，是页岩气可持续发展的主要依托。但深层页岩气压裂后产量低、递减快的局面，很难在短期内有根本性转变，因此，必须从储层评价、工艺设计与实施控制以及后期评估等方面进行系统的研究总结，下面分别进行阐述。

第一节　深层页岩气的区域地质特征及发展前景分析

一、深层页岩气的区域地质特征

中国页岩气可采资源量居全球之首（约$31.57\times10^{12}m^3$），主要分布在四川、鄂尔多斯、渤海湾、松辽、江汉、吐哈、塔里木和准噶尔等含油气盆地中。其中，四川盆地页岩气资源量约为$27.5\times10^{12}m^3$，可采资源量达$4.42\times10^{12}m^3$，居全国之首，但该盆地近88%的页岩气资源埋藏深度超过3500m，属于深层超深层页岩气，面临着来自勘探开发技术与装备突破、低成本生产、水资源和安全环保4个方面的挑战。

中国石化在四川盆地及周缘龙马溪的页岩气资源量为$15.7\times10^{12}m^3$，其中，3500m以内的浅层页岩气的资源量约$5.7\times10^{12}m^3$，占比36%左右，而3500～4500m的深层页岩气与4500～6000m的超深层页岩气的资源量合计约$10\times10^{12}m^3$，占比高达64%。

目前在3500m以内的浅层页岩气已获得压裂突破和商业性开发，而3500～3800m的深层页岩气只是部分实现了突破，至多是初产关突破了，递减快及单井评估的最终可采储量（简称EUR）低的局面仍没有得到根本性突破。尤其是随着埋深的增加，单井产量及EUR进一步降低了，且在3800～4500m尤为严重，亟须研究应用新的压裂技术。

中国石化典型的涪陵、威荣及永川深层页岩气地质特征简述如下：①涪陵页岩气田江东区块埋深为3500～3800m，成功获得商业发现；渝西永川地区YY1井区，埋深为3700～4300m，6口井测试日产气$(8\sim14)\times10^4m^3$，探明储量$234\times10^8m^3$；川东南丁山地区3口深层页岩气井，埋深3800～4500m，测试日产气$(5\sim15)\times10^4m^3$；川东南东溪地区DYS1井五峰组—龙马溪组埋深4219m，测试日产气$31.18\times10^4m^3$。该井是中国石化首口深层页岩气攻关试验井，侧钻水平井段垂深全部大于4200m，放喷测试求产获得$31.18\times10^4m^3/d$高产气流。中国石油（含与壳牌、BP合作区）在富顺—永川地区、长宁地区、泸州和渝西地区开展了深层页岩气勘探开发工作，多口井获得高产页岩气流，其中 L203 井五峰组—龙马溪组页岩垂深 3867m，测试日产气 $138\times10^4m^3$，为目前深层页岩气测试产量最高井。在渝西地区大足区块的 Z201 – H1 井，垂深 3925m，测试日产气 $46\times10^4m^3$，在黄 201、足 101 等井的试采中也获得高产页岩气流。②威荣页岩气田处于威远构造东南翼白马镇向斜内，目的层五峰组—龙马溪组一段发育了一套暗色富有机质富硅质泥页岩，埋深 3550 ~ 3880m，地层压力系数 1.94 ~ 2.06，属深层、异常高压连续型页岩气藏。开发层系① ~ ④号层页岩品质及含气性较优，厚 25 ~ 39m，分布稳定，具有高 *TOC*(平均 2.80%)、高孔隙度(平均 6.07%)、高脆性(平均 64%)、高含气量(平均 $3.15m^3/t$)、低黏土(平均 34%)的“四高一低”特征。① ~ ④号层泊松比平均 0.21，杨氏模量平均 21.6GPa，力学脆性指数 0.43，水平主应力差值 10.7MPa，工程地质参数呈现力学脆性指数偏低、水平应力差值较大的特征，压裂难以形成复杂缝网的特征。③永川深层页岩气田主体位于重庆市，该区于 2006 年实施二维地震勘探 7 条，满覆盖长度 103.22km，一次覆盖长度 170.54km。2009 年，开展针对川南海相页岩层系的选区评价工作，明确了永川有利目标区。2015 年部署实施了 A1 井并获得勘探突破，后续跟进实施一批钻井，进一步查明了地质条件，夯实了资源基础。2019 年提交了南部向斜区 230 余亿立方米探明储量，并启动了 $5\times10^8m^3/a$ 的产能建设，实现了该区储量和产量的快速增长。但研究区的中部背斜区和北部向斜区勘探开发始终未能取得实质性的进展，受断裂复杂构造带及埋深 4000m 压裂工艺技术的影响，测试产量为$(6.08\sim7.34)\times10^4m^3/d$，整体偏低，制约了该区整体开发建产。

中国石油的威东地区属于典型的深层页岩气分布区，目前该区已部署了多口针对龙马溪组的深层页岩气评价井，钻探揭示的龙马溪组底界埋藏深度均超过了 3500m。威东地区龙马溪组底部优质黑色碳质页岩的发育受沉积相带控制，沉积中心位于研究区东南方，沉积厚度为 0 ~ 7.5m，由东南向西北逐渐减薄至尖灭。储层物性佳，总有机碳含量平均值为 4.35%，脆性矿物含量平均值为 64%，孔隙度平均值为 5.65%，总含气量平均值为 $4.67m^3/t$，且越靠近沉积中心的方向，储层物性参数越佳。

与国外深层页岩气相比，在优质页岩厚度、*TOC* 及含气性、地层压力系数及水平应力差等方面，都存在着较大的差距，具体对比见表 1 – 1。

表 1 – 1　国内外主要深层页岩气藏参数对比

区块	深度/m	优质页岩厚度/m	R_o/%	孔隙度/%	*TOC*/%	硅质含量/%	碳酸质含量/%	含气性/(m^3/t)	地层压力系数	水平地应力差/MPa
焦石坝	3880 ~ 4011	30.5 ~ 49.5	2.42 ~ 2.80	3.12 ~ 3.33	2.84 ~ 2.93	47.7 ~ 69.2	10.1 ~ 12.3	3.33 ~ 4.52	1.38 ~ 1.57	7.4 ~ 14.0
丁山	3936 ~ 4269	35.0 ~ 39.0	1.85 ~ 2.23	3.77 ~ 4.60	2.85 ~ 3.72	41.1 ~ 52.3	11.0 ~ 15.2	5.06 ~ 6.15	1.25 ~ 1.70	13.0 ~ 24.0
南川	4382 ~ 4411	29.0	2.53	4.12	3.17	46.2	9.7	4.10	1.52	22.0
东溪	4197 ~ 4227	30.5		4.60	3.49	52.3	11.0	5.06	1.40 ~ 1.65	17.0

续表

区块	深度/m	优质页岩厚度/m	R_o/%	孔隙度/%	TOC/%	硅质含量/%	碳酸质含量/%	含气性/(m^3/t)	地层压力系数	水平地应力差/MPa
Eagle Ford	1200 ~ 4200	20.0 ~ 90.0	0.60 ~ 1.80	4.50 3.00 ~ 7.00	4.50 3.00 ~ 7.00	14.0 ~ 35.0	20.0 ~ 50.0	6.00	1.35 ~ 1.80	4.0
Haynesville	3658	45.0	1.20 ~ 3.00	10.00 8.00 ~ 12.00	4.00 3.00 ~ 5.00	15.0 ~ 20.0	40.0 ~ 90.0	12.00	1.90	<10.0
Cana Woodford	4115	50.0		6.50 5.00 ~ 8.00	9.00 6.00 ~ 12.00	48.0 ~ 74.0	<20.0		1.58	5.7

二、深层页岩气的发展前景分析

据“十三五”资评，中国石化页岩气地质资源量为 $28 \times 10^{12} m^3$、可采资源量为 $5.48 \times 10^{12} m^3$，截至2020年底已累计探明地质储量为 $9408 \times 10^8 m^3$，资源探明率为3.3%。页岩气有利区主要分布在四川盆地及周缘，资源探明率为5.7%，剩余资源量为 $15 \times 10^{12} m^3$。页岩气有利目标主要分布在志留系深层—超深层、常压和新层系等领域(表1－2)，具有类型多、地质和地表条件复杂、快速实现规模开发难度大的特点。

表1－2 四川盆地及周缘页岩气不同领域有利目标资源潜力

层系	领域	剩余资源量/$10^8 m^3$	资源特点	分布有利区
志留系	4000m 以浅(压力系数>1.2)	9.483	探明率44%，位于盆地边缘构造复杂区，有利目标面积小	已探明：涪陵、威荣、永川； 已发现：阳春沟、丁山； 待突破：桂花、南天湖等
	4000 ~ 4500m 深层(压力系数>1.2)	7.966	位于盆内，保存条件好，埋藏深，压裂技术攻关是关键，为近中期实现规模增储重点领域	已发现：永川、丁山、东溪、凤来； 待突破：太和、石龙峡、中梁山等
	4500 ~ 5000m 超深层(压力系数>1.2)	10.465	位于盆内，保存条件好，埋藏更深，工程技术突破是关键，为中长期规模增储重点领域	待突破：东溪、石龙峡、中梁山、新场、石油沟等
	常压(压力系数<1.2)	13.428	探明率12%。位于盆缘和盆外，保存条件差，单井产量低，低成本技术攻关是关键，为近中期实现规模增储重点领域	已探明：平桥南－东胜； 已发现：白马、武隆、道真、桑柘坪； 待突破：松坎、建新－石宝等
	小计	41.342		
新层系	寒武系、侏罗系、二叠系等	27.296	以陆相、海、陆过渡相页岩气为主，勘探程度和研究认识程度低，配套工程工艺技术有待攻关，是中长期规模增储主要领域	已发现：复兴侏罗系、井研、犍为寒武系； 待突破：元坝、普光侏罗系；建南、普光、南江二叠系；宜昌寒武系等
合计		68.638		

就全国而言，以海陆过渡相为基本特色的潜质页岩在我国有最大面积的分布，尽管具有“砂、泥、煤、灰”等岩性互层变化频繁、有障壁和无障壁沉积岩相变化快、不稳定成分及黏土含量偏高等特点，但其分布面积广，有机质目前普遍处于生气状态，在现今盆地及周缘埋藏深度普遍较大，是我国页岩气勘探的下一个重要领域。特别是，现今的含油气盆地大多数都属于叠合盆地，在其中新生代地层之下普遍可见海陆过渡相潜质页岩，其埋藏普遍处于深层、超深层状态，目前已有多口钻井揭示了该套地层的页岩气资源潜力。在西北(准噶尔、吐哈等盆地及其邻区)、华北(渤海湾盆地及其邻区等)、东北(松辽、二连等盆地及其邻区)及南方(兰坪思茅—楚雄、四川、江汉、苏北等盆地及其邻区)地区的众多中新生代盆地之下均有大面积分布的晚古生代潜质页岩发育。在以上古生界为主要目的层的盆地(如南华北、沁水盆地等)中，页岩埋藏深度大、生气条件好、储层孔缝发育、构造保存条件好，已经获得了一系列的勘探突破。在南华北盆地的坳陷中，上古生界页岩埋藏深度普遍较大，牟页1、郑西页1等井均已获得良好的勘探效果，在河南省开封地区完钻的牟页1井(2014年)完钻井深为3020m，系统揭示了山西组—太原组页岩气地质条件并经压裂实现了成功点火，深层有望成为页岩气勘探开发生产的主要目标；在下扬子地区的宣城、广德泗安、南陵等盆地及其邻区，也获得了良好的页岩气勘探效果，揭示了良好的深层页岩气发育条件。中新生代盆地主要集中在北方地区，其中的潜质页岩沉积相变快、单层厚度大、横向发育不稳定、不同岩性和岩相组合复杂。尽管盆地类型不同、大小不等，但在盆地沉降、沉积中心部位均发育有不同类型和规模的潜质页岩，页岩有机质类型多样、丰度较高，通常处于成熟、高成熟生烃状态。它们通常是盆地内常规油气藏的重要组成部分。大量的常规油气勘探资料已经证实了沉降—沉积中心深部位潜质页岩地层的含气性，钻井资料也揭示了页岩气资源的存在，可以被视为优质的深层页岩气资源。在鄂尔多斯盆地，针对陆相页岩气的柳坪177井(2011年)在陕西省延安市甘泉县完钻，并经压裂后产气，揭示了中国陆相页岩气的存在和发育；在渤海湾、松辽等断陷盆地区，盆地早期所形成的河流、沼泽及湖相潜质页岩广泛存在于断陷中心部位，虽然埋藏深度较大，但页岩成岩作用强、有机质成熟度高、页岩储层孔隙发育、封闭保存条件优良、含气量高，是老油气区增储上产、重现辉煌的基本方向。在前陆和克拉通等其他类型盆地区，优质深层潜质页岩同样发育，并具有优越的页岩气富集条件，同样值得高度重视。

特别值得注意的是，围绕大中型盆地发育的中小型盆地群，也是页岩气(深层页岩气)发育的重要场所，尽管其规模较小、盆地结构复杂、岩性沉积多变，但其中的煤系潜质页岩发育，部分形成了良好的湖相页岩，页岩气生成及构造保存条件良好，在诸如阜新、宣东等一系列盆地中已获得了良好的页岩气发现，其中的深层值得高度重视，尽管其分布面积相对有限，但页岩埋藏深度则有可能较大，仍然具备深层页岩气形成的条件。

第二节　页岩埋深增加带来的压裂技术挑战

随着页岩埋深的增加，从地面、井筒到地下，都给压裂带来了一系列的挑战，主要有：

一是地面施工泵压高，与施工限压间的压力窗口窄，一旦有脱砂迹象，极易导致加砂施工中断。同时，高压下的高浓度携砂液对压裂车泵头的磨蚀程度也较高，会大幅度降低压裂车泵头的寿命。此外，地面高压管汇的抖动情况加剧，极易导致其刺漏和断脱等事故，给施工安全及作业人员的人身安全也带来极大风险和挑战。

二是井筒沿程摩阻增加，会导致施工排量受限，进而导致造缝能力及携砂能力受限，会极大降低裂缝的整体改造体积及支撑体积。此外，支撑剂从井口到达井底的时间增长，加上井筒中可能存在多种砂液比的混砂浆，给支撑剂进缝后的压力响应特征的判断及相应的施工参数调整带来复杂影响。有时井底压力的变化趋势与井口压力还不完全一致，可能会误导压裂施工参数的调整策略。

三是因高温高压的影响，页岩储层的岩石塑性特征增强，裂缝起裂与延伸困难，分支缝的起裂与延伸更为困难，导致裂缝的复杂程度及改造体积降低。同时，裂缝诱导应力的传播距离降低，各簇裂缝间的诱导应力干扰效应降低，也在一定程度上降低了裂缝的整体改造体积。此外，正因为主裂缝及可能的转向支裂缝的宽度都相对较窄，裂缝面凸凹度或粗糙度的影响相对较大，因此，支撑剂的运移及铺置难度大，有效的裂缝改造体积小。加上支撑剂的嵌入程度大(高闭合应力和塑性增强的共同作用)，裂缝的导流能力尤其是转向支裂缝的导流能力会快速递减直至趋于0(转向支裂缝进入的支撑剂量少，铺砂浓度低，承受的闭合应力又高于主裂缝)，因此，压裂后产量低且递减快的局面难以从根本上扭转。

四是水平应力差随埋深的增加而增大，同时，垂向应力差(上覆应力与最小水平主应力的差值)则降低。前者带来裂缝复杂性程度的降低(裂缝转向需要的临界净压力增大)，后者则带来主裂缝及可能的转向支裂缝垂向缝高的降低(在缝高垂向延伸过程中，水平层理缝更容易沟通和延伸，多个水平层理缝的共同作用，相当于对裂缝的高度延伸设置了重重障碍)，上述因素都会导致裂缝改造体积的降低。尤其是缝高的降低，对裂缝改造体积降低的影响是直接的，且呈某种比例的对应关系。

五是温度及埋深的增大，对压裂液的耐温和降摩阻性能的要求大幅度提升，尤其是高黏条件下的降摩阻要求更是苛刻的。且此种降摩阻要求不仅是因为井筒长度增加了，而且因主裂缝及可能的转向支裂缝的缝宽都降低了，因此，压裂液的进缝摩阻也大幅度增加了，尤其当注入含有一定支撑剂浓度的混砂浆时更是如此。显然地，上述摩阻的增加，制约了支撑剂顺畅地进入不同尺度的裂缝系统中；此外，温度的增加，导致压裂液的黏度降低，因此造缝能力及携砂能力都相应降低了。为了增加压裂液的耐温能力，还不能简单地增加压裂液增稠剂的浓度，那样会导致压裂液残渣等对裂缝导流能力的额外伤害，且成本也是不可承受之重。

六是因有效闭合应力随埋深的增大而增大，对支撑剂的粒径及抗压强度的要求也相应提高了。一般地，更倾向于推荐采用适当小粒径的支撑剂，一是更容易泵送进入窄裂缝，二是也容易防止其嵌入，因为，支撑剂粒径变小后，单位裂缝面积上的支撑剂颗粒数量增加了，即其与裂缝壁面的整体接触面积增大了，因此抗嵌入能力相应增强了。此外，对支撑剂的抗压能力要求也应相应增加，否则也容易在高的有效闭合压力下破碎，导致导流能力进一步降低。尤其是可能的转向支裂缝的有效闭合应力更高，对支撑剂的抗压能力要求也应更高些。需要特别指出的是，在同等条件下，小粒径支撑剂的抗压能力也有一定幅度的增加，这对增加支撑剂的加入量和提高不同尺度裂缝的充填程度，都具有积极的促进作用。

七是对压裂装备及井口与地面配套装置的要求也整体提高了。首先对装备的整体耐压能力及功率要求提高了，以保证压裂施工在高泵压及高排量下安全进行。这样对设备的磨蚀效应大幅度增加，尤其是对压裂车泵头寿命的影响相对较大，同时对地面高压管汇的故障预警能力要求也大幅度提高了。此外，对设备的参数精度要求也提高了，如对混砂车的砂液比参数的精确计量与实时校核，尤其是低砂液比条件下的精确计量与校核（深层压裂的起步砂液比一般都相对较低，如3%甚至1%等），否则有可能导致早期的砂堵事故。同时，考虑到施工过程中各种压裂液类型及黏度等变化都相对较大，这对混砂车及仪表车上的流量、体积的精确计量带来挑战，必须实时校核流量计的流量系数，确保精确施工。

八是埋深增加导致压裂技术基础及优化设计方法等都有明显不同。①地质力学模型需要精细研究，包括构造应力系数影响及裂缝的压力响应特征等与中浅层相比有明显的差异性。②岩石塑性增加后的破裂机制及延伸机理，包括与天然裂缝的交互作用机制，都与中浅层不同。同时，转向支裂缝的破裂及延伸机制更是需要特别地进行针对性研究，尤其是破裂与延伸的时机研究，难度较大，它牵涉到早期小粒径支撑剂的加入时机优化问题。如果小粒径支撑剂加入时机早于转向支裂缝的破裂与延伸时间，则大量的小粒径支撑剂会滞留于主裂缝中。反之，如果小粒径支撑剂的加入时机晚于转向支裂缝延伸的结束时间，或者转向支裂缝的进缝压裂液流速不足以使小粒径支撑剂在缝口处转向，则同样有大量的小粒径支撑剂在主裂缝中滞留，最终造成主裂缝因不同粒径支撑剂的掺杂致使导流能力大幅度下降。③塑性增加后的诱导应力作用机制也非常复杂，其传播距离及衰减规律随塑性的增加应是相应降低的，由此带来对优化簇间距等参数的严重影响。目前的诱导应力模型基本上仍是基于线弹性原理建立的，未考虑不同的塑性程度对诱导应力传播距离的影响。④埋深增加导致岩石的杨氏模量等增加。室内研究结果证明，随着岩石硬度的增加，各簇裂缝延伸的差异性程度随之增加了，这会导致各簇裂缝的延伸均衡性受到极大的不利影响，因此，在进行压裂设计时，对多簇裂缝的均衡性控制更为迫切。⑤埋深增加后，两向水平主应力差在一般情况下是增加的，进而导致裂缝的转向难度增加。同时，垂向应力差在大多数情况下也是降低的，这会导致不同尺度裂缝的高度都是降低的，且不同尺度裂缝的缝高降低规律及其沿缝长方向的分布剖面是不同的，需要进行精细研究。上述三向应力的特殊性，都会降低裂缝的整体改造体积，因此，需要研究针对性的工艺方法，如缝内暂堵机理及其控制机制，尤其是当施工压力窗口相对较窄时，如何有效地实施缝内暂堵技术包括多次缝内暂堵技术，更需要进行针对性的研究。⑥埋深增加导致闭合应力和杨氏模量增加，造缝宽度普遍降低，且主裂缝与转向支裂缝的造缝宽度的差异性也有很大不同，需要大幅度增加小粒径支撑剂的比例，以提高不同尺度裂缝的支撑剂充填程度。但小粒径支撑剂的比例到底多少合适？多了会影响主裂缝的导流能力，少了会降低转向支裂缝的导流能力。但考虑到转向支裂缝的起裂与延伸规律具有高度的随机性和不可控性，其条数研判更不可预知，因此，精细模拟优化小粒径支撑剂的比例几乎是不可能完成的任务。但应有个折中的方法，如可否探索应用全程小粒径支撑剂？这样就不用考虑不同粒径支撑剂比例优选的魔咒，还可大幅度提高不同尺度裂缝间的有效连通系数。但支撑剂的粒径选择至关重要，这又牵涉到主裂缝与转向支裂缝的宽度比、体积比等的复杂计算问题。

第三节　高导流立体缝网的概念及内涵

对深层页岩气压裂而言，形成转向裂缝的难度相对较大，而形成多个转向裂缝组成的缝网的难度就更大了。由此上升到立体缝网的概念，要实现它就难上加难。最终要求立体缝网的导流能力还相对较高，几乎是不可能完成的任务。但作为压裂设计的终极目标，追求高导流能力的立体缝网是必需的，也是永恒的挑战。

所谓高导流立体缝网，是真正意义上的“打碎”储层岩石，进而实现储层的三维立体动用和采收率的最大化。其内涵包括以下几个方面：

(1)缝网是相互连通的，不存在流动或渗流死区。缝网应当是个二维的概念，既然是缝网，应当在水平的不同方向上都相互连通，显然，不连通的缝网也是无效或低效的缝网。实际上，无效连通的缝网是确实存在的，而且有时还相当普遍。主要原因是无支撑剂的段塞的级数及体积设计具有一定程度的盲目性，如上述段塞的级数及体积设计偏大，很有可能造成转向支裂缝与主裂缝间或者三级微裂缝与转向支裂缝间或其直接与主裂缝间连通的弱化甚至完全丧失。虽然后续的连续加砂技术可以对上述各级裂缝间连通处的导流能力进行某种程度的补救，但补救的效果也是不尽如人意的，因为，后续连续加砂时往往配套高黏度压裂液进行，而高黏度压裂液必然带来相对高的黏滞阻力，阻碍其携带的高黏度混砂液进入裂缝宽度相对较小的转向支裂缝或三级微裂缝中。

(2)缝网的密度与储层匹配性好。过大的缝网密度属于过度改造的范畴，造成成本的额外增加，得不偿失。如目前一直流行的“密切割、强加砂”压裂技术，就有过度追求降低簇间距及提高加砂强度的高指标倾向，如果真如此，就有过度改造之嫌。且目前的实践结果已证明了高投入未必能带来高收益。反之，过小的缝网密度会导致储层中存在不流动的死区，这种流动死区对超低渗透的深层页岩而言，可能很长一段时间内都无法动用，会造成产量及采收率的大幅度降低。中国石化早期页岩气井压裂都存在着簇间距过大和/或加砂量偏小等情况，后期采用“密切割、强加砂、暂堵转向”的所谓二代压裂技术，压裂效果尤其是单井 EUR 提升幅度较大。因此，对特定的储层而言，必然存在着最佳的缝网密度。值得指出的是，随着开发的进行，页岩的储层特性参数随之发生变化，一次压裂后的缝网参数尤其是不同尺度裂缝的长度及导流能力等也随之发生变化，导致缝网与储层的匹配性变差，此时只有在加密井上压裂或在老井上进行重复压裂才能实现缝网参数与储层参数的再次匹配。换言之，上述缝网与储层参数的匹配是动态的过程，理想情况下应是所有生产时间内都是优化匹配的，但难度太大。

(3)立体缝网是在平面缝网的基础上，进一步考虑了不同尺度裂缝的垂向扩展，尤其对深层页岩压裂而言，因为垂向应力差的降低导致不同尺度裂缝的垂向缝高增长是相当受限的。且裂缝的级数越大(一般认为一级是缝宽最大的主裂缝，二级是缝宽次之的转向支裂缝，三级是缝宽最小的微裂缝)，垂向缝高的增长越小。理想的情况是所有尺度的裂缝高度都与储层的有效厚度相当，但实际情况完全不可能，且主裂缝的高度最大，转向支裂缝次之，微裂缝更小。主要原因在于，在压裂液造缝过程中，因滤失和深层页岩窄缝中的压力梯度较大等因素，越往裂缝内部的缝内压力越低，因此造缝能力也越低，纵向的缝高由于层理缝/纹理缝的存在就更低了。因此，压裂裂缝的高度剖面一般是楔形的，越往缝端越低。此外，目前的多级复杂裂缝支撑剂输砂物模结果证实，主裂缝中的排量及液量等都占总量的60%以上，兼之转向支裂缝及三级微裂缝的条数更多，因此，每条支裂缝及微裂缝吸收的压裂液量及排量更小，加上裂缝宽度更小，压力损耗更大，导致支裂缝及微裂缝的缝高沿缝长的递减更快。综上所述，在深层页岩气压裂中肯定存在立体缝网的概念(假定水平方向可以形成平面缝网的话)。而且，从立体缝网的有效支撑剖面看，由于大量低黏滑溜水的应用，在近井筒裂缝地带的支撑剂沉降堆积的高度(厚度)也相对较大，相应地，远井地带支撑剂铺置的高度或厚度就相对较小。因此，也存在着立体支撑缝网的概念。即使后期换用高黏度滑溜水或胶液，远井裂缝支撑剖面的改善也主要发生在主裂缝中，因后期的高黏度压裂液难以进入转向支裂缝及三级微裂缝中，即使进入，压裂液的体积也非常有限，因此其支撑剖面的改善程度极其有限。而转向支裂缝及三级微裂缝的支撑对深层页岩气压裂后的稳产效果影响相对较大。换言之，在深层页岩气压裂的三级裂缝系统中，无论是从造缝高度角度还是从支撑高度角度而言，由于各级裂缝系统的高度剖面差异性较大，且一般是近井裂缝高度大，远井裂缝高度小，因此，必定存在着立体缝网的概念。且页岩的埋深越大，立体缝网的概念就越存在和越合理。主要原因在于，随埋深的增加，岩石的强度及塑性特征都增强了，裂缝的破裂与延伸难度也随之增加了，裂缝的宽度也随之降低了，进而导致裂缝内的压力梯度增加，即越往远井地带延伸，缝内净压力越低，造缝能力包括缝高延伸能力都因此降低了。当然，如果所有尺度的裂缝高度都与储层厚度相等，那是最理想的情况，那样可以退化到平面缝网的概念。

(4)不同尺度裂缝的导流能力都是相对较高的，足以满足压裂后长时间内的稳定生产。主裂缝的导流能力是有充足保障的，通过高黏度滑溜水或胶液进行高砂液比连续注入施工就可实现。关键是转向支裂缝或三级微裂缝如何提高导流能力，难度相对较大。目前，支撑剂在多级裂缝的输砂实验结果表明，主裂缝吸收的支撑剂体积占比高达70%左右，而转向支裂缝的条数远不止一条(如果能产生的话，肯定不止一条。但如果难以产生的话，可能一条也没有)，三级微裂缝进入的支撑剂量就更少了(其导流能力主要依靠剪切裂缝的自支撑效果，显然地，在深层高闭合应力条件下会快速失去流动或渗流能力)。正因为这些转向支裂缝进入的支撑剂量少，铺砂浓度也低，且其承受的有效闭合应力更大，因此，支裂缝的导流能力低且递减快的趋势难以避免，这也正是深层页岩气压裂后产量递减快的深层次原因。而高导流的立体缝网压裂，追求的转向支裂缝的导流能力虽然没有主裂缝那么大，但从节点流动协调性原理而言，也是足以满足主裂缝侧翼方向多个支裂缝的叠加的流动能力或渗流能力，与主裂缝的相当才行。且随着生产时间的推进，其导流能力递减的速率应也与主裂缝的相当，这样才可保证持续的从页岩基质到转向支裂缝再到主裂缝的多节点流动的协调性。

需要指出的是，目前主流的强加砂压裂模式，采用连续加砂方式且从加砂的早期就执行，加上变黏度变排量策略的实施(不能完全活塞式地铺置不同粒径支撑剂)，最终的结果，很有可能是多种粒径的支撑剂在主裂缝中混杂分布，进而严重影响主裂缝的导流能力。即使转向分支裂缝已经形成，连续加砂方式也使得支撑剂难以顺畅地进入。而国外采用连续加砂方式强加砂能奏效的根本原因在于，同等埋深条件下，国外的页岩地应力梯度小(构造简单、无挤压运动等因素导致的)，水平应力差小，转向支裂缝容易形成，尤其重要的是，在上述三向应力条件下，主裂缝与转向支裂缝的宽度差异是相对较小的，因此，连续加砂方式利于实现对主裂缝及转向支裂缝的同步强加砂。反观国内页岩，情况正好相反，即主裂缝与转向支裂缝的宽度差异相对较大，支裂缝的宽度已不足以吸纳连续加砂方式下的支撑剂进入(段塞式加砂方式更适于支裂缝宽度更小的情况)。

第四节 深层页岩气压裂的主流技术模式及配套技术

目前，深层页岩气压裂普遍采用“高黏压裂液前置穿层 + 一体化变黏度滑溜水 + 密切割 + 强加砂 + 暂堵转向”模式，压裂的单段加砂量(由早期的 30 ~ 50m^3增加到 60 ~ 90m^3甚至更高)、加砂强度(由早期的 0.5 ~ 1.5t/m 增加到 2.0 ~ 3.0t/m)及综合砂液比(由早期的 1% ~ 2% 增加到 3% ~ 5%)等指标不断提高，段长(由早期的 80 ~ 100m 降低到 50 ~ 70m)、簇间距(由早期的 15 ~ 20m 降低到 5 ~ 10m)及段间距(由早期的 30 ~ 40m 降低到 20 ~ 30m)等指标不断降低，导致单井产量[由早期的(2 ~ 10) × $10^4m^3/d$ 增加到(10 ~ 30) × $10^4m^3/d$]及单井 EUR[由早期的(4000 ~ 6000) × 10^4m^3 增加到(6000 ~ 9000) × 10^4m^3]等指标不断提升。

一、高黏压裂液前置穿层

所谓高黏压裂液前置穿层就是在低黏度的井筒完井液破裂裂缝后，采用高黏度的压裂液配合相对较高的注入排量，以快速提升井筒内压力，进而实现主裂缝快速劈裂各个水平层理缝的目的。此时，排量的选择非常关键，如果排量提得过高，可能迅速超过井口限压而自动停泵导致施工提前终止，现场也曾经有过注入过高黏的压裂液后井口压力快速直线上升的案例；反之，如果排量提得过慢，会造成井筒压力上升速度慢，则水平层理缝难以被快速全部劈裂。另外，压裂液黏度的选择也同样重要，过高的黏度与过高的排量产生的效果是类似的，反之亦然。就产生井筒压力的速度而言，排量与黏度乘积的影响是至关重要的，对压裂施工初期的劈缝而言，高黏与中等排量的组合是适宜的，而当裂缝正常延伸时，中低黏与高排量的组合是适宜的。

二、一体化变黏度滑溜水

所谓的一体化变黏度滑溜水就是指不同黏度的滑溜水的增稠剂都是相同的，增稠剂的浓度也可能是相同的。通过改变增稠剂的浓度，可产生不同黏度的滑溜水体系。之所以采用变黏度滑溜水，主要与变排量技术组合应用，利用不同黏度滑溜水沟通延伸不同尺度裂缝系统的先天优势，即低黏度滑溜水利于沟通小微尺度的裂缝系统(三级微裂缝)，中黏度滑溜水利于沟通中等尺度的裂缝系统(二级转向支裂缝)，高黏度滑溜水利于延伸大尺度的主裂缝系统(一级主裂缝)。且随着滑溜水黏度的升高，多尺度裂缝系统内的净压力必然随之升高，也会促进不同尺度裂缝系统的进一步延伸。

此外，通过与变排量的参数组合，可以在多尺度裂缝系统中产生一定的压力脉冲效应，进一步提升了裂缝的复杂性和整体改造体积。如果上述变黏度与变排量组合产生的压力脉冲效应的频率与页岩的固有频率相一致，则由于谐振效应可进一步促进裂缝复杂性及整体改造体积的提升；之所以采用一体化的滑溜水体系，主要是为了现场的快捷高效施工，这对多井同时作业的“井工厂”压裂模式而言，显得更为重要。

三、密切割

所谓密切割主要是通过簇间距的降低和/或段长的降低，增大主裂缝的密度，同时，适当配合段间距的降低，提高水平井段的利用率。这里带来一个问题是在密切割条件下各簇裂缝的诱导应力干扰效应更强了，在非均质性和各向异性的共同作用下，裂缝的非均衡起裂与延伸现象更为普遍，这已被大量室内物模结果证实。实验结果表明，即使是2簇射孔，能同时起裂的占比只有50%，而在这50%的情况下，能同步均衡延伸的占比只有14%。由此推论多于2簇的情况，则非均衡起裂与非均衡延伸的情况肯定会更为严重。上述非均衡起裂与非均衡延伸带来的负面效应是非常大的，主要表现是应力干扰效应从段内转移到段间，一来会造成段内裂缝复杂性和改造体积的降低，二来会造成段间的应力干扰效应进一步加剧，此时只能被迫增加段间距，导致水平井段利用率的大幅度降低(实际上也没有达成密切割的效果)。

因此，如何提高密切割条件下的各簇裂缝均衡起裂与均衡延伸效率，显得尤为关键和紧迫。目前的均衡起裂主要通过限流或极限限流压裂、变参数射孔、变排量替酸预处理及投球技术等。其中，限流或极限限流技术通过限制段内总孔数，通过各簇裂缝孔眼摩阻的增加抵消各簇裂缝地应力的差异，无疑能起到均衡起裂的作用，但加砂后也因为孔眼摩阻而加剧了其磨蚀效应，现场检测结果表明，有的孔眼在压裂结束后，直径可增加到1~4倍之多，且大多呈现出不规则的扩径现象；变参数射孔也是基于类似的限流机理，如某簇裂缝预计容易起裂，适当降低孔眼数或孔径。但随机性较强，可能起到了反效果也未可知；而变排量替酸预处理技术是目前常用的技术，通过在酸到达靠近A靶点的射孔簇后，不断提高替酸排量，促使更多的酸向靠近B靶点的射孔簇裂缝分布，从而起到类似均匀布酸的效果；而投球主要是考虑到有的射孔簇裂缝没有起裂，通过投球将已压开的裂缝井筒处的孔眼堵住，迫使压裂液在井筒中憋压进而压开先前未起裂的裂缝。但有时效果也大打折扣，主要因为暂堵球的密度相对较大，一般达1.3~1.7g/cm^3，因此在水平井筒的中上部孔眼因重力作用难以完全被封堵住。另外，考虑到支撑剂的密度更大，其视密度一般在2.8~3.5g/cm^3，因此与压裂液的流动跟随性较差，换言之，在水平井筒中靠近B靶点的射孔簇裂缝缝口处可能过早堆积了大量的支撑剂，因此，即使暂堵球达到上述位置，也难以取得预期的暂堵效果，反而更有可能堵住不需要封堵的其他射孔簇裂缝。

均衡延伸主要通过缝内暂堵技术来实现。但封堵效果也不太理想，现场经常出现缝内暂堵后压力升幅只有1~2MPa的情况。主要原因在于暂堵剂的密度相对较大，一般大于1.3g/cm^3，因此，在裂缝内部某个位置暂堵后，很难将垂向上的高度全部封堵住，因此，只能是部分暂堵，暂堵压力上升到一定幅度后，会从暂堵处的上部裂缝位置发生流动。

值得指出的是，均衡起裂问题即使解决了，均衡延伸问题因深层页岩气的强非均质性却不一定能随之解决。但均衡起裂是均衡延伸的前提，而且，即使均衡延伸问题解决了，均匀布砂问题也难以解决，这主要是由支撑剂与压裂液的流动跟随性差造成的。同时，由于各簇裂缝的分流效应，越靠近B靶点流动，水平井筒中的流动速度越低，其携带支撑剂的能力也越低。以上是不同射孔簇主裂缝的非均匀进砂情况。而对同一个主裂缝而言，不同转向支裂缝的进砂量也同样参差不齐，进而推广到三级微裂缝，如果能进砂的话，支撑剂的布砂情况更应是参差不齐的。如果要实现支撑剂在不同尺度裂缝中的均匀布砂，必须采用与压裂液等密度的支撑剂或自悬浮支撑剂，以最大限度地提高其与压裂液的流动跟随性，进而实现将裂缝改造体积最大限度地转化为有效改造体积的目标。

需要强调的是，当支撑剂视密度降低到与压裂液密度相等时，还可大幅度提高不同尺度裂缝的充满度(指进入某种尺度裂缝内的支撑剂体积与停泵时的造缝体积之比的百分数)，进而大幅度提高不同尺度裂缝的长期导流能力和压裂后稳产效果。而常规密度支撑剂的输砂物模实验结果表明，主裂缝及转向支裂缝的裂缝充满度只有30%左右，还有大幅度提升的空间。目前之所以有这么低的裂缝充满度，主要是因为混砂浆的进缝摩阻相对较高，加上大量低黏压裂液的应用，支撑剂的沉砂比例相对较高，因此，裂缝内沉降砂堤上部的流动端面面积相对较小，这些因素的共同作用，导致进入裂缝的支撑剂体积远远小于相应的造缝体积，这相当于造缝体积的利用率大大降低了。

四、强加砂

所谓强加砂就是通过早加砂和连续加砂模式，大幅度提高综合砂液比和裂缝改造体积的利用率，其目的就是大幅度提高不同尺度裂缝的长期导流能力，进而实现大幅度提高压裂后稳产效果和单井 EUR 的目标。目前，无论就加砂强度还是综合砂液比等指标而言，都比以往技术指标提高 1 倍以上，取得了明显的成效。

其中，加砂强度是就整个水平井段而言的，即没有加砂的段间距参数也要参与加砂强度的计算，因此，即使每段的加砂强度相同，但如段间距不同，则最终的加砂强度也会不同。另外，加砂量也仅是简单地将不同粒径的支撑剂体积或质量进行累加，因此，同样的加砂强度，如果不同粒径支撑剂的体积占比不同，则最终的效果也会不同。考虑到此因素，今后的加砂强度计算应统一折算到某个粒径才更符合实际情况，也更具科学性和可对比性；同样地，综合砂液比也是所有进入地层的支撑剂总体积与总压裂液量的比值的百分数(不算顶替液量)，同样存在不同黏度压裂液与不同粒径支撑剂的归一化问题。显然地，目前的综合砂液比概念都没有考虑上述归一化的问题。因此，同样的综合砂液比，并不能准确地反映施工水平的高低和不同尺度裂缝充满度的高低。

需要强调指出的是，强加砂的原意是多尺度裂缝的强加砂，即要最大限度地提高每种尺度裂缝的支撑剂充满度。提前加砂是使支撑剂进入转向支裂缝和/或三级微裂缝的有效方法，否则，如加砂时机晚了，转向支裂缝和三级微裂缝已经进入延伸的末期，进液速度接近零了，此时即使有支撑剂到达缝口，也难以进入或进入的比例相当低。因为，转向支裂缝一般在主裂缝延伸到一定时间后才可能有机会起裂与延伸，其产生的条件必须是主裂缝内的净压力达到天然裂缝张开的临界条件，或者没有天然裂缝，主裂缝侧翼方向附近因诱导应力作用已在一定范围内形成了应力反转区，也可能产生转向支裂缝，且其条数还可能不止一条。考虑到在主裂缝与多个转向支裂缝同时共存的情况下，主裂缝的延伸阻力是相对最小的，因此，主裂缝一条裂缝就可能吸收了绝大部分压裂液排量及液量(目前的物模实验结果表明该比例可能高达60%以上)，这样，分配到每个转向支裂缝的排量及液量就极其有限，因此，每个转向支裂缝的造缝宽度都应是相当小的，这又进一步加剧了压裂液的进缝阻力，加上转向支裂缝都是在主裂缝的侧翼某个角度延伸的，其承受的闭合应力较主裂缝应有一定幅度的提升。总而言之，上述各个因素的综合作用，导致各个转向支裂缝的延伸时间应是极其有限的，可能很快就停止延伸了。至于三级微裂缝的情况就更为复杂了，可能其条数比转向支裂缝还要多得多，因此，每个微裂缝吸收的排量及液量就更微乎其微了，可能更快停止延伸，导致支撑剂进入的难度更大，即使进入，支撑剂量也极其有限。

另外，连续加砂模式是目前提高加砂强度的主流技术，只是支撑剂粒径大小及起步砂液比与阶段砂液比的增幅不同而已。与早期主流的段塞式加砂模式相比，连续加砂模式可以在相同的时间内加入更多的支撑剂量，裂缝内形成的支撑剂砂堤或分布剖面也是连续的，利于提高深层页岩气在造缝宽度整体偏窄下的铺砂浓度及导流能力。而段塞式加砂模式虽然也有高通道压裂的机理，从理论上而言也可以实现接近无限的裂缝导流能力，但在深层页岩气高闭合应力和窄缝宽条件下，由于加砂段塞形成的支撑剂柱的厚度相对较薄，显然地，裂缝内其他没有支撑剂的通道因流动截面积小也难以提供高的裂缝导流能力，更别说无限裂缝导流能力了。此外，支撑的裂缝通道或者由于经过孔眼的高剪切冲蚀后，进入裂缝内的支撑剂也难以聚集成团，即使形成了支撑剂柱塞支撑两个裂缝面，也是不稳固的。因此，是连续加砂模式而不是段塞式加砂模式能在深层页岩气压裂中提供可靠的较高的裂缝导流能力。

但连续加砂模式也存在致命的缺陷，主要表现在支撑剂可能绝大部分滞留于主裂缝中(国外因两向水平应力差小，转向支裂缝容易形成，且二者的缝宽差异相对较小，因此连续加砂模式可同时实现在主裂缝与转向支裂缝的强加砂效果)，如果假设转向支裂缝及三级微裂缝存在的话，则基本上难以进入支撑剂或者进入量极其微弱，这样，上述转向支裂缝及三级微裂缝主要靠剪切形成的缝面凸凹度形成自支撑效果，但在深层页岩气高闭合应力条件下会快速失去效果。因此，失去了转向支裂缝及三级微裂缝的有效支撑，压裂后效果及稳产期就会大打折扣，毕竟主裂缝即使支撑缝长再长导流能力再高，也仅能维持压裂后初期的相对高产，之后由于垂直主裂缝方向页岩气的供气能力极差，压裂后产量快速递减就难以避免了。即使依靠密切割形成多个主裂缝形成的体积裂缝，也难以解决垂直主裂缝方向基质的有效流动问题。更有甚者，上述连续加砂模式还带来了一个极其负面的效果，即不同粒径的支撑剂混杂滞留分布于主裂缝中(国内因两向水平压力差大，主裂缝与可能的转向支裂缝的缝宽差异大，即转向支裂缝的缝宽更小。因此，在连续加砂模式下，绝大部分支撑剂应进入了主裂缝)，会造成主裂缝导流能力的极大降低，此时，越强调提高加砂强度，主裂缝的导流能力就越低。主要原因在于，变黏度与变排量技术的大量应用，主裂缝中不同粒径的支撑剂难以呈活塞式推进或分布，尤其是早期大量低黏度滑溜水的应用，支撑剂的沉降砂堤较厚，致使后期注入的较大粒径支撑剂会在砂堤的上部流动端面更快速地向远井裂缝输送，致使不同粒径支撑剂的混杂分布程度加剧，进一步降低了主裂缝的整体导流能力。

为避免上述连续加砂带来的弊端，可采取诸如增大小粒径支撑剂的比例、应用或部分应用自悬浮支撑剂、降低低黏度压裂液的比例等措施，目的都是增加支撑剂的悬浮性，降低沉降砂堤的高度，如能做到使沉降砂堤完全消失，则不同粒径的支撑剂就难以掺杂分布和由此降低主裂缝的导流能力了。

最后亟须强调的是，为了实现多尺度裂缝系统的强加砂目标，加砂早期必须坚持段塞式加砂模式(虽然形成高通道的能力弱，但易于进入非主裂缝的裂缝系统中)，加砂中晚期可慢慢过渡到连续加砂模式。目的是让早期的支撑剂有机会进入转向支裂缝及三级微裂缝中，否则，所有粒径的支撑剂可能绝大部分都滞留混杂分布在主裂缝中，反而造成其导流能力急剧降低。同时，为了最大限度地提高三级微裂缝甚至四级微裂缝系统的支撑剂充填程度，可在加砂前的所谓前置液阶段，全程加入更细小的支撑剂甚至纳米级支撑剂，这些颗粒极为细小的支撑剂对压裂液的造缝几乎没有任何不利影响，不但如此，反而通过其对各种小微尺度裂缝系统的有效充填，从而大幅度降低压裂液的滤失和提高造缝效率，利于后期连续加砂作业的顺利进行，且压裂后上述极细颗粒的支撑剂还起到了对各种小微尺度裂缝系统的有效支撑作用，这对压裂后提高稳产效果具有极其重要的意义。这里的关键是上述极细颗粒支撑剂的粒径与深层页岩气的三级甚至四级微裂缝系统的宽度匹配问题，如果极细支撑剂的粒径大了难以起到上述积极作用，反之，可能对页岩的微纳米尺度的孔道或微裂隙造成堵塞，且这种堵塞造成的伤害可能是永久性的。同时还要求上述极细颗粒的支撑剂能在常规粒径支撑剂的孔隙中顺利流出而不担心一旦用多了对主裂缝或转向支裂缝导流能力的任何损害。另外还有上述极细支撑剂的加入浓度问题，相当于常规意义上支撑剂的砂液比，但为简化起见，这种浓度设计估计一般只有一种。显然地，对特定的目标地层而言，只有一种优化的加入浓度。

五、暂堵转向

所谓暂堵转向包括两个方面的含义，一是“缝内”的暂堵(考虑到深层页岩气压裂的动态缝宽相对较窄，必须精细优化暂堵剂的粒径、浓度及携带液的黏度与排量等参数，以确保在缝内的某个位置精准暂堵)，力争形成一条或多条转向的支裂缝系统；二是在水平井筒各簇裂缝“缝口”的暂堵，力争压开更多的射孔簇裂缝。实际上，上述两种暂堵的实质是一致的，即都是通过在压裂液的流动通道上设置障碍，从而迫使井筒内或裂缝内的压力升高。需要说明的是，上述两种暂堵是相互关联的，如，缝内暂堵引起的压力升高也会传递到井筒内促使井筒内的压力升高，进而可能促使更多簇裂缝起裂和延伸。反之亦然，井筒的缝口暂堵引起的压力升高，也会传递到缝内，也可能促使缝内转向支裂缝的形成。但被缝口暂堵的裂缝除外。不管是哪种暂堵或两种暂堵前后都执行了，只要有压力的增加效应就是有利的因素，起码可以促进已压开裂缝的均衡延伸。原因是，对缝口暂堵而言，即使没有压开新的簇裂缝，起码暂堵的裂缝是吸收压裂液量相对较大的，由此可迫使压裂液更多地向先前进液少的簇裂缝流动。对缝内暂堵而言，即使没有达到转向支裂缝的效果，暂堵的裂缝肯定也是吸收压裂液量相对较大的，由此同样可迫使压裂液更多地向先前吸收压裂液少的簇裂缝分流。同时，上述因暂堵引起的压力升高，也可能由此激活了大量的三级微裂缝系统。

另外，两种暂堵的临界压力升幅要求是不同的。对“缝口”暂堵而言，暂堵的压力升幅起码应超过段内所有簇射孔裂缝的破裂压力最大与最小的差值，否则，不可能使所有射孔簇裂缝全部开启。但考虑到投暂堵球时已压开裂缝的诱导应力叠加作用，使得未开簇裂缝的破裂压力进一步增加(可基于诱导应力传播的距离及叠加后的地应力计算新的破裂压力)，因此，投球的压力升幅应大于上述各簇破裂压力的最大值与最小值的差值，且多次投球时的临界压力升幅也应是不同的；对“缝内”暂堵而言，暂堵压力的升幅应超过原始水平应力差值，此时在主裂缝周围会出现应力反转区，就有可能出现新的转向支裂缝，该转向支裂缝在以某个角度偏转主裂缝的方位后，当延伸突破上述应力反转区后又会回到主裂缝的方位上。考虑到暂堵处到井筒的压力梯度一般相对较小(整个主裂缝的摩阻估计就2～3MPa左右)，因此，一旦出现上述转向支裂缝形成的条件，可能同时出现多条转向支裂缝。而要实现上述双暂堵或单个暂堵的目标，必须应用低密度的暂堵球和低密度的暂堵剂，理想情况下应采用与压裂液等密度的暂堵球和暂堵剂，进而可实现完全的跟随性运动，由此可自动实现预期的暂堵要求。但暂堵球和暂堵剂的密度降低后，抗压性能会下降，起码抗压差应超过40MPa，这是个严峻的挑战，亟须今后攻关解决。而目前的暂堵球和暂堵剂的密度都比较大，一般都超过1.3g/cm^3，就“缝口”暂堵球而言，可能因流动惯性大而错过了需要暂堵的裂缝缝口处的射孔眼，也可能因井筒处更大密度支撑剂的更大流动惯性问题导致大量支撑剂堆积于靠近B靶点的射孔簇裂缝缝口处，因此，暂堵球根本没有机会运移到靠近B靶点的射孔簇裂缝缝口处。另外，即使是已经被封堵的射孔簇，因暂堵球的密度大，水平井筒上部的射孔眼也可能因暂堵球的重力作用过早脱落，同样造成部分暂堵的被动局面(暂堵球坐封后的压力升幅不一定能达到预期要求)；就“缝内”暂堵剂而言，同样因为暂堵剂的密度大，也只能实现部分暂堵，即暂堵剂上部总留有没有暂堵剂的流动通道，因此，等暂堵压力憋到一定程度后因有上述泄压通道存在而难以达到预期的要求。

需要进一步指出的是，“缝口”暂堵及“缝内”暂堵的组合方式以及暂堵的次数等(多级暂堵或多级双暂堵)，都是需要进一步优化和完善的。就暂堵方式而言，是进行单级暂堵还是双暂堵要结合具体目标井层的三向应力及诱导应力传播与叠加规律而定。

具体来说，单级“缝间”暂堵球主要用于两向水平应力差相对较小和段内簇数相对较少的情况，单级“缝内”暂堵剂主要用于段内簇数相对较少而两向水平应力差相对较大的情况；而双暂堵主要用于段内簇数相对较多同时两向水平应力差又相对较大的情况。这里又涉及双暂堵的先后顺序，是先“缝内”暂堵还是先“缝间”暂堵？这主要取决于各簇裂缝破裂压力的最大值与最小值差值与各簇裂缝两向水平应力差中最大值与最小值差值的相对大小，如果前者大于后者，则先投“缝间”暂堵球可同时兼顾提高各簇裂缝压开程度及其复杂性程度的目的。但也存在一个弊端是被暂堵球封堵的射孔簇裂缝内净压力再无机会增加进而形成复杂裂缝，除非在暂堵球到达其缝口射孔眼之前已经实现了裂缝复杂性的目的。反之，则可先投“缝内”暂堵剂，亦可达到上述同样的技术目标。但同样存在的一个弊端是新压开的射孔簇裂缝因没有“缝内”暂堵剂的作用而难以提升裂缝的复杂性程度。

而多级双暂堵的情况更为复杂。顾名思义，多级双暂堵就是在单级双暂堵的基础上，不断多次循环重复单级双暂堵作业过程。其中，不管是“缝间”投球暂堵还是“缝内”暂堵剂暂堵，第二次暂堵作业的效果肯定能带来压开程度或裂缝复杂性的叠加效应，即使不能完全达到上述效应，也应进一步促进已压开裂缝的均衡延伸程度。原因在于，暂堵球或暂堵剂肯定优先进入吸液量相对较大的射孔簇裂缝的缝口或缝内，通过完全暂堵或部分暂堵，肯定促使了后续注入的压裂液更多地向先前进液量相对较小的射孔簇裂缝分配。当然，也不是双暂堵的级数越多越好，如果各簇裂缝延伸的均衡性及裂缝的复杂性程度都已相当好了，此时如再次投入暂堵球或暂堵剂，只能造成施工压力的无谓上升和设备水马力的浪费，甚至可能阻碍了支撑剂的正常输送和铺置，对压裂后效果反而不利。

值得指出的是，多级双暂堵更应关注早期支撑剂注入过程中的动态运移和铺置规律，如果支撑剂过早在靠近B靶点的水平井筒中沉降堆积，会严重制约后续暂堵球或暂堵剂的正常运移，使其难以到达预定位置发挥应有的作用。因此，在实施多级双暂堵作业时，可以适当增加小粒径支撑剂的比例和/或应用悬浮性能好的低密度支撑剂，使其能尽量顺畅地进入靠近B靶点的射孔簇裂缝(国内外大量资料证实，靠近B靶点的射孔簇裂缝延伸难度更大，裂缝的宽度及长度等更小，因此，小粒径支撑剂也容易过早堵塞滞留于上述裂缝的近井筒缝口处)。

还需要指出的是，无论是单级暂堵，还是多级双暂堵，都会造成井口施工压力的持续上升，这对深层页岩气压裂压力窗口相对有限而言是不可承受之重。为此，可探索多级迂回暂堵压裂的施工策略。所谓多级迂回暂堵就是当暂堵后如压力持续上升，压力窗口几近丧失时，可主动降排量施工。排量降低后，井筒沿程摩阻、射孔眼摩阻及近井筒裂缝弯曲摩阻等都会相应降低，这些降低的摩阻之和就是井口压力窗口的恢复值。只要是完全暂堵真正实现了，排量降低后，井筒内压力或主裂缝内的净压力应是一直增加的，直到井口压力又逐渐恢复到原先的水平，如认为井筒压力或主裂缝内压力升幅还没有达到预期值，则可再次降低排量，哪怕将排量降低至1.0m^3/min，此时，上述井筒沿程摩阻、射孔眼摩阻及近井筒裂缝弯曲摩阻等都基本上接近0，则井筒压力或主裂缝的净压力也将由此上升20~30MPa甚至30~40MPa以上，加上原先的压力，足以压开所有的射孔簇裂缝或促使主裂缝的转向(目前4000m垂深的深层页岩气地层原始水平应力差也不过20MPa左右)。等压开新的射孔簇裂缝或主裂缝发生新的转向支裂缝后，排量又可迅速恢复到原先的水平甚至可能比原先的排量还要高。退一步讲，即使没有压开新的射孔簇裂缝或有新的转向支裂缝，通过上述单级或多级迂回暂堵技术，主裂缝净压力的提升(暂堵球造成的压力升高，也带来了已压开簇裂缝的净压力增加)主要导致了缝宽的增加(净压力增长与缝宽的相关性更大)，缝宽的增加必然会导致进缝摩阻的降低，这也可使排量得以慢慢恢复。但这种形式的排量恢复程度是相对有限的。

但为了判断是否有新的射孔簇裂缝或新的转向支裂缝产生，建议排量先维持在一个相对稳定的水平，以判断有无新的破裂特征或破裂后的裂缝延伸压力是否比新破裂前的延伸压力要高，这些都是判断的直接依据。因此，如恢复排量的速度过快，上述特征判断依据就没有了或相对较弱了。然后再迅速恢复到可能的最大排量(仍留有足够的压力窗口)。

最后需要指出的是，缝内暂堵剂可与支撑剂按一定的比例进行混合，再按正常的程序进行作业，可能取得一举两得的效果。一来可以增加暂堵效率(支撑剂与暂堵剂的粒径可以进行不同的优化组合以达最大的暂堵效果)，进而大幅度提升暂堵后的压力升幅及裂缝复杂性程度，二来当压裂后暂堵剂彻底溶解后仍留有支撑剂原地支撑，可以避免以往的因自支撑裂缝导流能力快速下降导致的暂堵前后的支撑裂缝连通性变差甚至完全失去连通性的被动局面。但需要注意的是，因为暂堵剂的密度(视密度)一般为1.3~1.7g/cm^3，而支撑剂的视密度一般为2.8~3.4g/cm^3，二者因密度差原因在经过井筒、孔眼及裂缝的长距离泵送过程中容易产生一定的分离效应，影响混合后的暂堵效果。为此，可适当提高携带液的黏度和/或加入一定比例的线性纤维，以增加黏滞力，使暂堵剂与支撑剂能紧密抱团促成最终的封堵效果。

六、配套技术

配套技术主要包括配套材料及工具。配套材料除了上述的一体化变黏度滑溜水外，还有不同粒径系列的支撑剂，如 70 ~ 140 目、40 ~ 70 目和 30 ~ 50 目等，也有少部分 140 ~ 210 目或 80 ~ 120 目等，基本可划分为小、中、大三种粒径类型的支撑剂，且一般以抗压能力强的陶粒支撑剂为主体。

目前，石英砂替代陶粒的讨论比较多，也有现场成功应用的案例，从初期产量效果看，好像影响并没有想象的那么大。如按常规压裂的理念来理解，似乎石英砂替代陶粒是不可行的，但从非常规压裂的理念而言，却可能是可行的。原因在于，石英砂在高闭合应力下肯定破碎的程度相对较大，裂缝导流能力也相对较小，长期的裂缝导流能力就更小了。但考虑到目前的强加砂理念已深入人心，可以通过多铺置几层石英砂来抵抗深层页岩的嵌入和挤压双效应。最外层的石英砂压碎后，由于接触面积的大幅度增加，其抗嵌入能力增强了，且压碎了的石英砂碎末对中间层的石英砂也是有利的缓冲区。换言之，上述以加砂强度换导流能力的措施应是有一定效果的，且石英砂即使被压碎了，也仍具有比页岩基质大得多的渗透性和导流能力，可能仍可满足深层页岩气压裂后流动需要的导流能力要求。另外，比较稳妥的做法是小粒径石英砂替代同粒径的陶粒，因为小粒径支撑剂通常被认为主要在转向支裂缝中运移和铺置的可能性较大，但进入的支撑剂量及铺置浓度都相对较低(即使早期采用连续加砂模式进行强加砂，也难以顺畅地进入转向支裂缝中)，因此，虽然陶粒支撑剂的抗压能力及导流能力相对较大，但在低铺置浓度及加砂强度条件下的优势并不明显。

在配套工具方面主要有耐高温和耐大压差的延时趾端滑套及可溶桥塞等。前者可以在第一段压裂时不用连续油管，再说对深层页岩气长水平段(有时可达 5000m 以上)压裂而言，目前的连续油管长度还不一定能达到射孔作业的深度要求。目前该工具存在的主要问题是高温高压下的稳定性及可靠性亟须加强；后者可在压裂后不钻塞作业，从而大幅度提高了作业时效。但有时因各种原因，还得下趟钻钻塞，今后随着技术的进步，该问题应当可以逐步获得解决。

第五节　深层页岩气压裂产能评价及递减规律分析

影响深层页岩气压裂产能及递减的因素主要包括地质甜点及分布、工程甜点及分布、井网参数、裂缝形态及几何尺寸、不同尺度裂缝的长期导流能力，以及压裂后返排与生产制度等因素。其中，地质模型的精细建立是基础和前提，它有赖于区域地质模型和钻井、压裂、生产等数据的单点校正的结合，实际上，随着开发生产的进行，上述地质模型也应随时校正直至页岩气藏(为便于理解，姑且称之为气藏)废弃为止。目前的产能及递减的评价主要基于通用的商业模拟软件 ECLIPSE 进行，首先是基于 PETREL 地质建模并导入 ECLIPSE 作为输入参数，对层理缝/纹理缝异常发育的深层页岩气而言，可用多层模型近似替代，但难点是层理缝/纹理缝的物性参数研究得不透，可能难以准确地进行相应的地质参数设置。然后是井网和裂缝形态及几何尺寸的设置，一般而言，网格的水平两个方向应分别与两个水平主应力相一致，这就牵涉到裂缝的方向与网格的方向不一致的问题，可用 PEBI 网格技术，或者用不同尺寸较小的矩形网格逐渐逼近真实的裂缝夹角及形态。然后是不同尺度裂缝导流能力的设置，一般采用“等效导流能力”的方法，即将真实的裂缝宽度放大 10 倍甚至 100 倍以上，但最好别超过 0.5m，然后，将裂缝的渗透率按宽度放大的比例缩小，进而可保持裂缝的宽度与渗透率的乘积即裂缝的导流能力不变。大量的模拟计算及与压裂后产量对比结果表明，上述“等效导流能力”的设置方法是正确的，同时，也利于降低裂缝与其附近页岩基质在物性上的巨大差异性，进而可降低软件在数值计算时代数方程组的病态甚至不收敛的可能性，也利于大量节约计算时间。另外，考虑到不同尺度裂缝的导流能力随时间是实时变化的，因此在上述导流能力的模拟时，不能以恒定的导流能力进行设置，必须将室内长期导流能力的实验结果，结合实际井例在压裂后不同时间导流能力的生产历史拟合结果，建立起具体目标井层的裂缝长期导流能力模型，并放置于上述模型中。且主裂缝与转向支裂缝、三级甚至四级微裂缝的长期导流能力特性也是各不相同的，可基于不同尺度复杂裂缝支撑剂动态输砂物模结果，在室内进行不同铺砂浓度下的长期导流能力实验结果对比，由此拓展到各个尺度裂缝的长期导流能力模型中。

下边分别就各个因素的影响进行阐述。

一、地质甜点及分布的影响

地质甜点主要包括孔隙度、渗透率、含气性、压力系数及 *TOC* 等指标，以及它们沿水平井筒和不同尺度裂缝延伸方向的分布剖面等，这些因素对压裂后产能及递减影响极大。也影响裂缝参数的设计和控制，如果沿裂缝方向上，上述地质甜点变差，那就应当适当控制裂缝的扩展，以免造成低效的压裂施工。反之，则应加大施工规模，以取得更大的产出投入比。

地质甜点的表征方法有定性及定量两种。所谓定性表征，就是依据各地质参数与压裂后产量的对应关系，将其按分布范围及分类进行列表，至于具体的区块或水平井段簇位置的甜点划分，就按上述表征方法进行类比和分类，如Ⅰ类、Ⅱ类、Ⅲ类等；所谓定量表征，就是在考虑上述影响参数的权重基础上，之后代数相加，得出某个具体的数值，这样就将地质甜点定量化了，更利于压裂段簇的划分。此时，具体的地质参数不一定是其本身值的大小，可以是归一化的结果。

实际上，比地质甜点更精准的概念是地质甜度，所谓甜度就是在甜点中找甜点，好中选优。首先要寻找某个区块或水平井段上与压裂后产量最密切相关且参数属最佳值的多因素集合，作为最优甜点的标杆(该标杆是理想化的假设，实际上可能并不存在，只是选做对比的标准而已)。然后计算其他点的对应地质参数的集合与上述甜点标杆的相似度，可选取欧氏贴近度来表征该相似度。显然地，如上述两个参数集合的所有参数一一对应相等，那么相似度即甜度就是1，否则就是介于0和1之间的任何数，该值越大，地质甜度越高，反之则越低。压裂后产量数据的验证结果表明，该地质甜度与产量的相关性程度要高于地质甜点。

值得指出的是，上述地质甜点或甜度中选取的地质参数应是相互独立的。

二、工程甜点及分布的影响

工程甜点主要包括岩石脆性、水平应力差异系数及天然裂缝发育情况，这些因素主要影响能否形成转向支裂缝及三级甚至四级微裂缝系统等。对深层页岩气而言，岩石的脆性一般是降低的，不利于多尺度裂缝的同时形成，且水平应力差异系数也明显增大。但有时需要对该参数进行校正，如改为水平应力差与净压力比值应更为合理。因为按常规的能形成复杂缝网的水平应力差异系数的临界值为0.25，低于该值一般能形成复杂裂缝系统。但上述标准对深层页岩气压裂却不一定适用。考虑到深层页岩气的闭合压力一般很高，如80MPa甚至更高，那水平应力差的绝对值就高达20MPa以上，而深层页岩气压裂的主裂缝净压力因高闭合应力作用一般很少超过10MPa，因此，按深层页岩气压裂的上述新指标，该值应小于1才可能形成复杂缝网。

与地质甜点类似，工程甜点也存在定性与定量两种表征方法，具体方法与上述地质甜点类似，在此不赘。但需要强调的是，天然裂缝发育情况不好定量化，可以进行定量化的自定义，如非常发育可取值1，一般发育可取值0.5，极不发育可取0，其他发育程度可在上述参数间插值取值。

与地质甜度的概念相似，也存在类似的工程甜度的概念。但与地质甜度不同的是，工程甜度还可进一步细分为近井工程甜度与远井工程甜度(远井地质甜度的相关参数难以相对准确地获取)。所谓远井工程甜度就是，基于压裂施工参数及压力曲线等数据，对裂缝延伸过程中的脆性、水平应力差异系数及天然裂缝发育情况等进行实时反演计算或历史拟合，如果远井脆性好，则在其他施工条件相同的前提下，施工压力是总体下降的，可由实时压力下降的幅度定量判断脆性的大小；水平应力差还要通过施工中间的瞬时停泵及再启泵才能相对准确地获取；天然裂缝的发育情况，一来可以通过井口或井底施工压力的波动情况来判断，如果在其他施工参数不变的情况下，压力曲线出现剧烈波动(压力变化幅度超过3MPa)和高频波动(至少1min内出现一次剧烈波动)，则可认为该处的天然裂缝异常发育(可取值1)。如果压力曲线出现一般性波动(压力变化幅度超过0.5~1MPa)和中频波动(5min内出现一次一般性波动)，则可认为该处的天然裂缝发育程度一般(可取值0.5)。如果压力曲线非常平稳(压力变化幅度小于0.5MPa)和低频波动(至少10min才出现一次小幅波动)，则可认为该处的天然裂缝极不发育(可取值0)。其他的情况可基于上述分类进行插值计算。至于天然裂缝的位置计算，可基于上述压力曲线出现波动的时间及当时的压裂液量及排量等参数，基于成熟的商业性软件则可较为精准地计算。

此外，远井工程甜度还有另一种定量表征方法，即综合砂液比的概念，显然地，综合砂液比越高，说明远井的工程甜度越高，地层可压性越好，反之越差。值得指出的是，此综合砂液比不同于目前常用的综合砂液比的概念，它有归一化的概念存在于其中，换言之，不但压裂液要归一化，支撑剂也要归一化。原因在于，压裂液黏度不同，支撑剂的粒径不同，因此，同样的综合砂液比，体现的压裂的难易程度不同。

显然地，深层页岩气水平井压裂段簇的选择，应着重选择上述地质工程双甜点和/或双甜度相对好的，不但有物质基础，又有形成复杂裂缝的保障，有利于最大限度地提高压裂后产量。次之是选择地质甜点和甜度相对好，以及工程甜点和甜度一般的，或者反之亦可。而那些地质工程甜点和甜度都不好的，应坚决摒弃掉。

最后需要指出的是，上述地质与工程甜点或甜度的描述，应进一步实现从点到线、从线到面，以及最终从面到体的转变，进而利于实现从钻井井眼轨迹控制到压裂远井裂缝控制等地质工程一体化的目标。其中涉及地震叠前/叠后数据反演、钻井、测井、录井、测试、岩心室内分析，以及钻井及压裂施工中的施工数据及曲线等对储层各种有关信息的实时或事后反演等多种方法的综合应用。

三、井网参数及裂缝参数

具体的井网参数包括井距、水平段长及水平井筒方位与最小水平主应力的夹角等；裂缝参数包括不同尺度裂缝的长度、缝间距（对主裂缝而言还有段间距）、裂缝导流能力（着重指长期导流能力）及裂缝复杂性等。

就井网参数而言，中深层页岩气井距有逐渐变小的趋势（由早期的400～600m逐渐变为200～300m甚至更小），深层页岩气的有关井距演变的资料不多。但小井距密井网应是今后的总体发展趋势；而水平段长有逐渐增大的趋势：中深层页岩气早期一般为1500～2000m，目前一般为2000～3000m，甚至有5000m左右的长水平段。显然地，从气藏工程角度而言，水平段越长，压裂后效果及EUR也越高。但从工程施工角度，水平段大幅度增加后的成本控制有一定难度，最好能一趟钻钻完，否则会造成钻井成本的额外上升。其次，从压裂施工角度，水平段大幅度增加后，一是水平井筒的沉砂效应增加导致顶替液量的增加，进而导致主裂缝缝口处导流能力的丧失或部分丧失；二是前期已压完段簇裂缝的闷井时间大幅度增加，加上页岩基质的极低滤失性，可能造成支撑剂铺置高度的降低及有效改造体积的降低。且一旦闷井渗吸的作用不利（有时被水化造成的黏土膨胀效应抵消或部分抵消），则水平段大幅度增加后，压裂后产量并不能确保按比例增加，因此，应有一个产量优化的水平段长，从经济优化的角度更是如此，应有一个优化的经济水平段长。值得指出的是，从确保单井EUR角度出发，井距与水平段长应作为组合参数进行整体考虑。如井距降低，则水平段长应增加，反之亦然；而水平井筒方位与最小水平主应力的方位匹配或相互夹角的关系，对压裂后产量也影响较大。尤其当上述夹角影响到是否能沟通天然裂缝或沟通的天然裂缝的数量时，就更是如此。此外，从最大限度地降低近井筒裂缝的弯曲摩阻效应出发，上述夹角应尽量小于30°。

就不同尺度的裂缝参数而言，裂缝长度尤其是转向支撑缝长越长，压裂后产量应越高，但同样存在产量优化缝长和经济优化的缝长问题。就转向支裂缝及三级微裂缝而言，缝长的影响还存在一个不同尺度裂缝间的夹角问题。显然地，相互垂直时的缝长能最大限度地发挥对压裂后产量的贡献。且夹角越小，则对压裂后产量的贡献就越小。因为，夹角越小，转向支裂缝及三级微裂缝能波及的裂缝泄气体积就越小（与主裂缝共同形成的缝网系统）；缝间距反映了不同尺度裂缝的分布密度，直接影响到裂缝的整体改造体积。显然地，缝间距越小，裂缝的整体改造体积及泄气体积越大。但缝间距也不是越小越好，因为其小到一定程度后，必然造成相互间的流动干扰效应增加，则压裂后产量可能不但不增加却反而降低了。此外，对压裂施工而言也是个严峻的挑战，尤其是转向支裂缝及三级微裂缝如何降低缝间距，估计只能通过多次缝内暂堵作业才有可能实现，但作业的难度也是极大的，因为深层页岩气的压裂压力窗口本身就相对较窄，多次暂堵更没有压力窗口了。值得指出的是，对主裂缝而言，还存在段间距（不同段之间未压裂的空白段）的影响。显然地，段间距越大，造成水平井筒长度的利用率就越低，则单位水平段长度的裂缝改造体积就相应越低，进而压裂后产量也越低。但段间距也不能随意降低，必须以段内各簇裂缝均衡起裂与均衡延伸为基础，方可能将各簇裂缝间的诱导应力干扰效应严格限制于段内，此时段间的应力干扰效应就大幅度降低了，此时才可以适当降低段间距；裂缝导流能力尤其是长期导流能力对不同尺度裂缝改造体积递减率及对压裂后产量递减率的影响至关重要。

主裂缝的导流能力相对容易提高及维持，难在转向支裂缝及三级微裂缝的导流能力如何提高及维持。因上述小微尺度裂缝系统的进砂量少，且砂浓度低(高了也进不去)，承受的闭合应力比主裂缝的又高(主裂缝侧翼方向)，因此，复杂缝网系统的失效，应首先发生在转向支裂缝及三级微裂缝导流能力的失效，进而导致支撑缝长的完全丧失和相应的裂缝改造体积的完全丧失。而且，一般而言，裂缝的尺度越小，导流能力越低，长期导流能力也越低。这也解释了深层页岩气压裂后产量递减快、单井 EUR 低的根本原因。就裂缝的复杂性而言，主要指的最大尺度的主裂缝的复杂性，包括沿主裂缝缝长上有多处转向支裂缝，以及三级微裂缝直接与主裂缝相连。当然，三级微裂缝也可与转向支裂缝相连，那样，裂缝复杂性的概念也可转移到转向支裂缝上。一般而言，三级微裂缝本身是没有复杂性可言的，除非在三级微裂缝基础上又发育与其连通的四级微裂缝系统。这种情况在中深层或浅层页岩气上有可能发生，但在深层页岩气压裂中绝无可能。显然地，裂缝的复杂程度越高，压裂后稳产的效果越好，单井 EUR 也会越高。值得指出的是，裂缝复杂程度也不同，即次级裂缝系统在本级裂缝长度上分布的密度、长度及导流能力决定了本级裂缝复杂程度的大小及维持的周期长短。一般而言，次级裂缝的密度、长度及导流能力越大，本级裂缝的复杂程度也越高且维持的周期也越长，反之则越低和越短。但次级裂缝的密度也不是越大越好，同样存在着流动干扰影响的优化密度问题。

四、压裂后返排及生产制度

压裂后不同的闷井时间、自喷期的放喷油嘴、抽吸期的抽吸制度及最终的生产制度等因素，也会影响压裂后产量。从本质上说，上述影响因素主要通过影响裂缝附近的基质物性、裂缝附近的气水分布及导流能力等来影响压裂后产量。具体而言，不同的闷井时间，决定了压裂后渗吸时间的大小，而渗吸的时间越长，压裂液滤液波及的页岩基质范围就越大，其改善孔隙性及渗透性的作用就越强，则裂缝中压裂液的水相含量也越低，越有利于页岩气的顺畅产出。但具体渗吸效应还应结合具体井层的岩心实验结果确定，如果目的层的岩心黏土含量较高且含有水敏膨胀性矿物组分，如蒙脱石或伊－蒙混层，则要考虑其吸水膨胀效应对渗吸效果的对冲作用；自喷期的油嘴及抽吸期的抽吸制度，都会影响到裂缝壁面附近的应力敏感性及裂缝是否出砂。如果选择不当，肯定会造成裂缝壁面的缝壁压实效应和支撑剂在裂缝中的二次运移(对导流能力不利)，因此，也同样会影响压裂后产量；最终的生产制度也要考虑随生产的进行，因地层压力的不断亏空(深层页岩气一般采用弹性开发方式)，闭合应力也随之不断降低，因此，如果生产制度不合理，可能造成支撑剂从不同尺度的裂缝中快速流出，不但增加了冲砂作业的费用，也将大大增加有效裂缝改造体积的递减，最终严重影响压裂后的产量。

五、压裂后产量递减规律

前面已详细探讨了地质参数、工程参数、井网参数及裂缝参数对深层页岩气压裂产能的影响规律。显然地，上述参数中对裂缝的整体改造体积及长期导流能力影响的程度就决定了压裂后产量的递减程度。需要指出的是，深层页岩气中游离气的含量占比高低，决定了压裂后初产的高低，而吸附气的含量占比高低，在一定程度上决定了压裂后产量的递减程度。

与中深层页岩气相比，深层页岩气的压裂后年递减率相对更大，一般的压裂后第一年的递减率都在70%以上。

具体的产量递减评价方法，一是基于气藏数值模拟方法，在精细地质建模的基础上，考虑上述井网参数及裂缝参数，可模拟产量及其随时间的递减情况，可以预测不同时间的采出程度及最终的EUR；二是基于实际生产数据进行的递减规律分析，如灰色GM(1，1)模型分析，可以预判最终的EUR。上述两种方法都可分析出EUR，可反过来对影响EUR的主要参数进行控制，进而最终达到提高EUR的目的。

第六节 深层页岩气压裂裂缝诊断及效果评价方法

裂缝诊断尤其是实时诊断，对确保裂缝能达到设计预期要求和实时调整压裂工艺参数都是至关重要的。对中深层页岩气压裂而言，裂缝诊断技术相对成熟，如地面和/或井下测斜仪、地面和/或井下微地震、压裂后产气剖面测试等，目前开始逐渐应用的还有分布式光纤测量，这又包括DTS(温度)、DAS(声波)、DSS(应变)等；而对深层页岩气压裂而言，由于埋深的增加，裂缝的监督难度大幅度增加，就前边的测斜仪和微地震而言，由于地层岩石的塑性特征增强，裂缝的产生对地层产生的形变和声波信号都减弱了，因此，裂缝监测解释结果的可信度大打折扣。相对而言，压裂后产气剖面及分布式光纤等监测方法适应性应相对较强。

此外，基于压裂施工压力响应特征或停泵后水击效应等的反演方法仍应适用。只不过因两向水平应力差和塑性特征都增加，天然裂缝即使发育也在高应力条件下难以有效开启，导致深层页岩气压裂的裂缝复杂性一般，大部分情况下仍以主裂缝延伸模式为主。值得指出的是，由于埋深的增加以及构造挤压作用的加强，深层页岩的地应力梯度一般相对较大，而上覆应力梯度与中深层相比并无明显变化，这就导致深层页岩的垂向应力差变小(上覆应力与最小水平主应力的差值)，而垂向应力差的降低，会导致在主裂缝延伸过程中，随着缝内净压力的增加，一旦其突破上述垂向应力差，则水平层理缝就容易开启了，进而导致大量的压裂液进入水平层理缝，因此净压力就难以进一步增加了，最终导致垂向缝高延伸的受阻。换言之，深层页岩气压裂的裂缝特征主要表现为缝高降低(不同尺度裂缝如果能形成的话，都应是降低的，且转向支裂缝及三级微裂缝的降低幅度更大)、复杂性程度降低。

以上讨论的裂缝监测或诊断方法都是基于裂缝的造缝形态及几何尺寸反演，而对支撑的裂缝形态及几何尺寸则无能为力。目前出现的电磁造影支撑剂、放射性示踪剂等方法，可以在一定程度上解释支撑裂缝的形态及几何尺寸。

不管采用哪种方法，一般只能把一个段作为一个解释单元，这等于默认段内各簇裂缝起裂及延伸长度都是相等或相当的，而对每簇裂缝的精细监测和解释难度都相当大，目前还没有很好的解决方法(唯一可行的按簇监测可能只有压裂后产气剖面技术)，今后可探索增加裂缝监测的拉网密度，同时改进相应的解释处理方法。

就压裂效果评价而言，仅有裂缝诊断结果还不够。压裂后效果的综合评价应包括四部分内容：一是基于压裂施工参数及压力曲线特征，反演页岩地层的有关关键参数，如渗透率(基于破裂压力前的注入量及排量等数据，再依据破裂前的径向渗流理论计算)、脆性

(基于破裂压力曲线的包络线面积，脆性越好，包络线面积越小，反之越大)、两向水平应力差(基于最小水平主应力及中间停泵后延伸压力与第一次破裂压力差值)、天然裂缝特征(在压裂液黏度及注入排量不变的前提下的井口或井底压力的波动幅度与频率，其中波动的时机可结合裂缝扩展模型计算天然裂缝距离井筒的位置)、岩石力学参数(基于压力相应特征反演裂缝的几何尺寸再由此反演杨氏模量及泊松比等参数)及闭合应力(基于常规的压降分析方法)等，包括上述部分反演参数沿主裂缝延伸方向上的动态变化规律，如天然裂缝发育程度及岩石力学参数(其他参数沿主裂缝长度的分布难以准确反演)。目前已基本建立了系统的反演模型。二是裂缝形态、复杂性及几何尺寸的诊断，目前的技术只能针对大尺度的主裂缝(一般是净压力与时间的单对数曲线分析及压裂后 G 函数叠加导数拟合分析等)，转向支裂缝及三级微裂缝的相关诊断基本还是无能为力(除非将压裂施工压力曲线进行局部放大，当整体压力曲线宏观上出现大的波动时再进行局部放大，如果再有小的压力波动，即可证明是转向支裂缝延伸过程中又有更小级别的裂缝沟通了。此时，再参照主裂缝的压力分析方法对转向支裂缝的压力曲线进行二次剖析。理论上可参照此做法，逐步细分下去)。三是进行地质模型及时修正及相应的气藏工程分析模拟，将上述裂缝形态及几何尺寸，放入已经变化了的地质模型中，再重新检验裂缝与地层的匹配性，如果匹配性不好，则要重新优化裂缝形态、几何尺寸与复杂性及不同尺度裂缝的导流能力。四是为实现上述新的裂缝形态、几何尺寸与复杂性及不同尺度裂缝导流能力的要求，应用成熟的压裂优化设计软件，如 MEYER，重新优化新的压裂工艺模式(包括全程滑溜水、胶液前置 + 滑溜水、滑溜水与胶液交替注入等)及注入参数(包括压裂液黏度、排量、变黏度及变排量参数组合、支撑剂类型与粒径以及不同粒径支撑剂占比等)。上述注入模式及工艺注入参数有的可能与以前的类似或相同，但有的可能有较大差异，则差异大的部分就相当于对以往压裂工艺的改进方向或建议。需要指出的是，对储层特性的不断再认识是压裂后效果评估的基础和前提，只有适合储层特点的裂缝参数匹配和配套的压裂工艺技术才是最好的，并非最先进的裂缝参数和对应的压裂工艺才是最佳的选择。况且，从页岩地层角度出发优化的最佳裂缝参数系统，还应兼顾目前的压裂工艺技术水平能否实现，如，过高的转向支裂缝密度及其导流能力(转向支裂缝的分布密度主要由段内的暂堵次数决定，而暂堵次数一般只有一次，两次的都很少。同时，转向支裂缝的导流能力就更难提高了)，压裂工艺上不容易实现时，就应综合考虑选择既能在压裂工艺上实现，又能将页岩地层的产出能力相对最优发挥出来的裂缝参数系统。

最后需要着重强调的是，上述压裂设计、施工、裂缝诊断、效果评价等工作流程，应是多次循环往复的过程，每次循环都是呈螺旋式上升模式，最终达到不断提高对地层的认识、不断提高压裂设计及施工水平、不断提高页岩地层产能潜力的发挥及单井 EUR 最大化和经济最优化的目的。在每次循环过程中，对地层认识有新变化、裂缝扩展特征有新特点、裂缝与地层的匹配有新要求，最终的效果挖掘也会逐渐接近极限。显然，这是地质工程动态一体化理念得以真正贯彻落实的具体体现。实际上，要实现完全意义上的地质工程动态一体化，只有在深层页岩气开发末期接近废弃阶段时才可能完成。

第七节 深层页岩气压裂技术未来发展趋势展望

目前，以“密切割、强加砂、暂堵转向”为核心的深层页岩气压裂技术体系，虽然在应用中取得了一定的效果，但产量递减快、单井EUR低、单井压裂成本高、无法实现经济有效开发的局面暂时还无法从根本上进行改变。因此，需要从机理、材料与工具、工艺、装备及监测等方面，进行系统的升级换代，下边分别进行详细阐述。

一、深层页岩气压裂机理

与中深层页岩气压裂相似，在机理方面主要有岩石应力应变特征及诱导应力作用机制、多簇多尺度裂缝起裂与扩展机理、多簇均衡起裂与均衡延伸控制机制、多簇多尺度裂缝支撑剂输砂机理、多簇多尺度裂缝支撑剂均匀布砂控制机制、多簇多尺度裂缝导流能力作用机理、闷井渗吸水化及压裂后返排控制机制等。但随着埋深的增加，上述机理及机制的研究，也有许多新的要求和内涵。

一是在岩石应力应变特征及诱导应力作用机制方面，由于塑性特征的增强，应力应变曲线上表现出平直型特点，而中深层曲线则是出现应力峰值然后快速下降。埋深越深，上述塑性特征越强，裂缝起裂与延伸越困难，转向分支缝起裂与延伸会更加困难。同时，同样的裂缝净压力，诱导应力及其传播距离降低，因此，在与中深层同等条件下，深层的裂缝复杂性及改造体积是降低的。

二是在多簇多尺度裂缝起裂与扩展机理方面，每簇裂缝破裂压力增加且各簇裂缝破裂压力的差值增加，导致各簇裂缝非均衡起裂程度加剧。同时，从每簇裂缝多尺度裂缝起裂角度而言，可能主要是主裂缝的起裂，转向支裂缝或三级微裂缝难以同时起裂。而中深层页岩气可能是多尺度裂缝同时产生，只不过主裂缝的起裂程度更大而已。非均衡起裂程度的加剧，进一步导致了各簇裂缝非均衡延伸程度的加剧。另外，从支撑剂跟随性更差的角度出发(支撑剂抗压能力及密度要求都增大了)，加上裂缝的造缝宽度变窄，支撑剂更容易堆积在靠近趾部的簇裂缝缝口处，进一步加剧了各簇裂缝延伸的非均衡性。而非均衡延伸程度的加剧，进一步降低了段内各簇裂缝诱导应力的叠加效果及相应的裂缝复杂性与整体裂缝改造体积。值得指出的是，非均衡延伸程度的加剧，可能进一步促发局部应力集中和套变(即套管变形)的可能，进而影响到后续段簇的正常压裂施工，甚至可能因此被迫丢段丢簇，这对压裂后产量及今后的重复压裂都是非常不利的。

三是在多簇裂缝均衡起裂与均衡延伸控制机制方面，适用于中深层页岩气的变排量替酸预处理(当酸开始到达靠近跟部的簇裂缝时，适时提高替酸排量，使酸来不及进入就被替到靠近趾部的簇裂缝，从而起到均匀布酸效果)、变参数射孔(改变各簇射孔的密度或孔径，或二者都改变，在应力高的簇多射孔或增大孔径，反之则少射孔或降低孔径，同样可以促进各簇裂缝的均衡起裂)、限流射孔(通过限制孔眼数量增加孔眼摩阻，造成井筒内憋压，如设计好各簇裂缝的孔眼摩阻与该处的地应力之和相等，则可确保各簇裂缝均衡起裂。而极限限流射孔的孔眼摩阻过大，加上深层压裂的井口压力窗口小，因此，不一定适合)、平面周向射孔(各个孔眼都汇聚到一个裂缝起裂面上，导致裂缝的起裂压力大幅度降低，各簇裂缝起裂压力的降低，只要在井筒中瞬间憋起足够高的压力，就可促进各簇裂缝的均衡起裂)、簇间暂堵球技术(同样因井口压力窗口小而限制了投球数量及效果)，甚至缝内暂堵剂技术(缝内压力因暂堵而升高，必然会传递到井筒，如增加的压力超过未压开与已压开簇裂缝的破裂压力差值，就能起作用)等，同样适用于深层页岩气井，对促进各簇裂缝的均衡起裂都具有一定的正面效果。只不过上述因素中，哪些因素占主导需要进一步细化分析。另外，在促进各簇裂缝均衡延伸控制方面，上述缝内暂堵和簇间暂堵技术依然有效，但限流和极限限流技术就难以继续奏效了，因为，正是孔眼摩阻的增大导致孔眼磨蚀效应的强化，在目前的强加砂条件下更是如此。现场有资料证实，有时孔眼直径最大可增大至原先的 4 倍之多。显然地，地应力低的簇裂缝因射孔强度低(孔密和/或孔径降低)，磨蚀效应大，很快就失去了限流作用，导致其进液量及进砂量又快速增加，进而再次出现非均衡延伸的情况。同时，增大早期小粒径支撑剂的比例也是相对有效的措施，否则，支撑剂因与压裂液的流动跟随性差会快速堆积在靠近趾部的簇裂缝缝口处，这会严重影响其继续进液及进砂。而在加砂中后期，进行高砂液比连续加砂作业，也可促使延伸程度过大的簇裂缝因吸收过多的支撑剂增加进缝摩阻，进而进一步促进了高浓度混砂浆向其他延伸相对不充分的簇裂缝的分流效应。还有，变黏度与变排量施工产生的压力脉冲效应，也可能促使原先延伸不充分的簇裂缝更快延伸。

四是在多簇多尺度裂缝支撑剂输砂机理研究方面，裂缝的级数至少应达 4 级，才能确保多簇裂缝进砂模拟(可将第一级主裂缝当作水平井筒，则其他级裂缝依次升一级，即二级裂缝认为是一级主裂缝，三级裂缝认为是二级转向支裂缝，四级裂缝认为是对应的三级微裂缝)和确保每簇裂缝有三个裂缝尺度。考虑到深层页岩气压裂的特殊性，不同尺度裂缝的宽度都应相对降低，尤其是转向支裂缝应当考虑裂缝壁面凸凹度的影响(而三级微裂缝因进砂量太少可以不考虑)。显然地，裂缝宽度降低后，含不同浓度支撑剂的混砂浆进缝摩阻增加，会极大影响支撑剂的输送效率和支撑剂的最终铺置形态。尤其是转向支裂缝，当考虑了裂缝壁面的凸凹度后，支撑剂进缝阻力更大，因此，转向支裂缝的进砂量及铺砂浓度都会受到更大的不利影响。但壁面凸凹度也有有利的一面，即当支撑剂进入了转向支裂缝后，其同样会阻碍支撑剂的沉降，这对提高转向支裂缝的支撑缝高尤其是远离主裂缝的缝高是非常有利的。另外，转向支裂缝的出口流量控制非常关键。考虑到现场压裂施工时，转向支裂缝一般在主裂缝延伸一段时间后因净压力的不断增加，达到一定临界值后，才可能开始延伸。且因转向支裂缝的条数可能不止一条，每条支裂缝的进缝排量及压裂液量相对有限，导致其缝宽相对较低，进而导致进缝阻力增大，这又进一步限制了压裂液进入。加上转向支裂缝的闭合应力一般要大于主裂缝的闭合应力，因此，在与主裂缝共存条件下，其竞争压裂液量及排量的能力极其有限，可能很快就停止延伸了。因此，各个转向支裂缝出口的开启及关闭时机控制非常关键。显然地，以往那样将支裂缝出口一直敞开的做法，使支撑剂进入转向支裂缝的概率大幅度增加了，这与现场实际情况是有很大出入的，应当及时更正过来。值得指出的是，考虑到现场变黏度变排量及多种粒径支撑剂高强度加砂的实际情况，实验时应尽量模拟现场条件。目前的初步结果表明，每簇裂缝的进砂量差别很大，且靠近跟部的裂缝最大，越往趾部越低。另外，每簇裂缝中，主裂缝吸收了绝大部分压裂液及支撑剂，约占 70%。在各个转向支裂缝的支撑剂占比与簇裂缝中的规律类似，即越靠近井筒支裂缝吸收的支撑剂量越大，越远离井筒的转向支裂缝则越低。而且，不管在哪种尺度的裂缝中，不同粒径的支撑剂都同时存在(以目前的模拟方法，仅靠调节压裂液黏度与体积、排量、支撑剂粒径与砂液比等参数，无法完全避免支撑剂在不同尺度裂缝中混杂分布的现象），这与设计的理念差距太大。因为，设计不同粒径支撑剂的初衷是使其各自进入与其粒径匹配的多尺度裂缝系统中，即小粒径支撑剂进入三级微裂缝，中粒径支撑剂进入转向支裂缝，大粒径支撑剂进入主裂缝中，这样每种尺度的裂缝中只有一种支撑剂，就可提高各自的裂缝导流能力。但目前的做法，因不同尺度裂缝造缝体积的占比计算具有高度的不确定性，且不同尺度裂缝的造缝与延伸时机根本无法把控，导致支撑剂的加入时机及不同粒径支撑剂的体积占比等无法准确地优化和控制。而且，目前的输砂物模中，主裂缝、转向支裂缝及三级微裂缝在开始注入时就假设同时存在了，无法模拟不同尺度裂缝的造缝与延伸的过程，因此，模拟的结果与现场还是有较大的差异性。因此，今后如能将裂缝起裂扩展的物模与支撑剂输砂物模结合起来，且还要实现岩样的可视化，这样就可模拟现场实际情况。但岩样的尺寸会受到很大影响，且随着岩样尺寸的加大，加载的压力会快速增加，给安全及环保也带来很大的压力。

五是在多簇多尺度裂缝支撑剂均匀布砂控制机制方面，主要研发应用于压裂液等密度的高强度支撑剂，因为流固两相无密度差，可确保支撑剂随压裂液的同步运移分布。只要前边的各簇裂缝均衡起裂与延伸工作做好了，就可确保支撑剂在各簇裂缝中的基本均衡性分布。而对每簇裂缝而言，由于各个分支裂缝的均衡延伸难以把控，因此，支撑剂也基本上随压裂液分布规律进行对应的运移和铺置。除非通过更小粒径的暂堵剂在转向支裂缝中进行再次暂堵作业，才可能改变支裂缝的非均衡延伸和支撑剂的非均衡分布情况，但这个暂堵作业的难度太大，因目前暂堵剂的密度也相对较大，很难与压裂液同步运移分布。换言之，与主裂缝暂堵相比，转向支裂缝的暂堵效率进一步降低了。而密度相对较大的自悬浮支撑剂因与压裂液的流动跟随性差的问题没有解决，也难以解决均匀布砂问题。

六是在多簇多尺度裂缝导流能力作用机理方面，与前边的支撑剂运移及铺置规律高度关联，其中，就多簇裂缝而言，由于每簇裂缝的支撑剂进入量有差别，且一般而言，越靠近跟部的簇裂缝进砂量越大。但并非支撑剂加量越大、砂液比越高，裂缝的导流能力就越高。该论点对常规压裂的单一粒径支撑剂来说是对的，但对多种粒径支撑剂的深层页岩气压裂而言却不一定成立。考虑到深层页岩气压裂经常采用变黏度及变排量施工方式，因此，多种粒径支撑剂即使按先后顺序注入，但很难呈活塞式分布而是呈混杂分布的方式居多。因此，混杂分布的支撑剂加砂强度越高，导流能力反而可能越小。目前的支撑剂输砂物模实验结果也证实了在不同尺度裂缝内都存在两种以上支撑剂的情况，其中以主裂缝最为严重。因此，各簇裂缝总体导流能力差异性非常复杂，没有明显的规律性可言；而就每簇裂缝而言，转向支裂缝是否形成以及形成后能延伸多远，都具有高度的不确定性，因此，转向支裂缝的导流能力分布规律也不清楚。即使假设转向支裂缝按从近井筒到远井筒先后顺序延伸同样的缝长和缝宽，则支撑剂的进入量及砂浓度分布也基本按同样的顺序从大到小，但即便如此，也难说导流能力的分布规律同样如此。如果只采用一种粒径的支撑剂，则上述各簇裂缝及多尺度裂缝导流能力的分布规律就基本确定了，即加砂量越大，砂液比越高的簇裂缝或转向支裂缝，相应的导流能力也越高。现场之所以到现在也没有采用单一粒径的支撑剂，主要是粒径选择难度太大了，如粒径太小，虽然易于进入各种小微尺度的裂缝系统，但导流能力会越低，对主裂缝的充填而言，导流能力不一定能满足流动能力需要。反之，如粒径太大，对小微尺度的裂缝系统就难以进入，也同样会影响压裂后的稳产效果。

七是在压裂后闷井渗吸水化及压裂后返排控制机制方面，相对而言，深层页岩气在孔隙度及黏土含量等方面，与中深层页岩气的差别不大。因此，适用于中深层页岩气的压裂后闷井渗吸及水化作用机制应同样存在。但因为深层页岩气的裂缝复杂性及整体改造体积大幅度降低了，压裂后闷井渗吸及水化的作用范围大幅度缩小，因此，压裂后闷井渗吸的时间应相对更长才能取得更好的效果。另外，由于深层页岩气压裂后返排率相对较高，在一定程度上降低了渗吸及水化作用的机会和效果，因此，在压裂后返排时机及流量控制等方面，也应当配合渗吸水化的作用，适当延长放喷时间和采用尽可能小的流量有控制地返排。值得指出的是，由于水平段长度及压裂的段数等越来越长和越多，因此，各段裂缝渗吸水化的时间差别很大，且越靠近趾部，渗吸及水化的作用越充分，即使压裂后开始返排时，由于趾部B靶点垂深一般低于跟部A靶点的垂深，因此靠近趾部的段簇裂缝内的压裂液破胶液仍难以同步返排。反之，越靠近跟部段簇裂缝，渗吸水化的作用时间越短。按理，应当靠近趾部的段簇裂缝压裂后的产出占比应越高，但实际压裂后产气剖面的大量资料却给出了完全相反的结论。唯一的可能解释是同样由于上述A、B靶点的高差(靠近B靶点水平井筒可能在产剖测试期间仍有积液，这也是可能的，因为，在深层页岩气压裂后长时间内都仍伴随有水的产出)影响了压裂后B靶点附近段簇裂缝的顺畅产出。除非产剖测试是在压裂后完全没有水的产出阶段进行，但此时仍难以保证B靶点附近的水平井筒内没有积液，尤其是当B靶点附近段簇裂缝的产气量低于临界携液流量时更是如此。因此，如将A、B靶点高差设计为相等或B靶点更高，则利于压裂后B靶点附近段簇裂缝的压裂液返排和确保压裂后产气剖面测试的准确性。同时，这对防止支撑剂过早大量堆积于靠近B靶点簇裂缝缝口造成的各簇裂缝非均衡延伸现象具有一定的改善效果。对投暂堵球提高暂堵效率也具有正向促进作用。但这对压裂施工及效果也带来非常不利的影响，如水平井筒的沉砂效应更大了，则需要更多的顶替液量，那么每簇裂缝缝口处的导流能力就可能由此大幅度降低了，极端情况下甚至会出现部分“包饺子”甚至完全“包饺子”的现象，在深层高闭合应力条件下，上述完全“包饺子”处因没有支撑剂的支撑而仅靠裂缝壁面岩石自支撑形成的导流能力会快速丧失，就相当于该簇裂缝完全失效，这就得不偿失了。即使是部分“包饺子”，缝口处的导流能力也会损失一部分，相当于产生了“缩颈”效应，同样影响裂缝的产出能力。但如果顶替量不增加，势必会增加下段裂缝泵送桥塞的难度及可能的砂卡风险。

二、深层页岩气压裂材料与工具

(一)压裂材料

压裂材料主要包括压裂液、支撑剂及暂堵剂等。考虑到深层页岩气压裂的共同特点是高温、高压、高应力等，因此，要求所有的压裂材料必须满足上述三高要求。具体而言，压裂液要具有耐高温(>150℃)、耐剪切(剪切速率170 1/s，剪切时间120min)、高降阻率(>80%)、高携砂性能(滑溜水最高砂液比>25%，胶液>30%)等。上述要求对确保深层页岩气的造缝、延伸及加砂等，都具有重要的促进和保障作用。目前在压裂液的性能评价中，同时考虑温度与压力作用的流变参数测试工作开展得还相对较少。国外已有实验结果表明，考虑高压裂后的压裂液黏度可能损失了70%之多。因此，在实际裂缝中其造缝性能、携砂性能、摩阻性能等，可能与以往的常规认识有较大差距。因此，现有的压裂液体系，包括变黏度滑溜水及高黏度胶液等，都可能需要重新进行分子结构设计改性。此外，低黏强携砂滑溜水、高黏高降阻滑溜水、剪切增稠滑溜水、加重压裂液、少水压裂液与无水压裂液等是今后的发展趋势之一。

(1)所谓低黏强携砂滑溜水就是一种主要靠弹性携砂的低黏滑溜水，黏度低弹性却大，看似一对矛盾，但应可以解决的。

(2)高黏高降阻滑溜水就是在高黏状态下保持高的弹性，进而实现高的降阻性。近来高黏滑溜水在深层页岩气压裂中应用的比例有逐渐增高的趋势，它在大幅度提高不同尺度裂缝的净压力、裂缝的复杂性程度和施工砂液比及改善多尺度裂缝的支撑剖面(远井缝高相应提高)等方面，都具有不可比拟的优越性。但前期沟通与延伸小微尺度裂缝的能力相对较弱，因此，应当与低黏度滑溜水配合使用以充分发挥各自的优势。

(3)剪切增稠滑溜水与常规剪切变稀的滑溜水性能刚好相反，它在某个剪切速率下黏度逆势上涨。该特点利于促进多簇裂缝的均衡延伸(对均衡起裂作用不大)。因为，当某簇裂缝延伸长度过大时，必然吸收的压裂液排量也相对最大，缝口处的剪切速率也越大，如此时的滑溜水刚好在相应剪切速率下具有自适应增稠的特点，因黏滞力的增大可自动增加其进缝阻力，从而迫使压裂液自动向其他进液少的簇裂缝分流。当本簇裂缝进缝排量及剪切速率降低后，其黏度又会相应逐渐降低，同时其他簇裂缝当排量增大到增稠的敏感剪切速率时也会适时增黏进而促使别的簇裂缝更多地进液。总之，滑溜水如能实现上述自适应剪切增稠特性，则可大大促进各簇裂缝延伸的均衡性。该滑溜水实质上是一种剪切速率智能响应性压裂液。

(4)加重压裂液。包括对滑溜水及胶液的加重。加重压裂液技术不是新的技术，但今后对压裂液加重后的摩阻及伤害等性能研究需要强化，尤其是摩阻，加入加重剂后都有一定程度的降低，如何兼顾降阻和加重是需要今后进一步加强研究的。此外，经济、环保的加重材料研究也是今后发展的重点。目前常用的加重材料都存在各种各样的问题，如 KCl 和 NaCl 加重效率低，需要的用量经常达 20% 甚至 30% 之多，现场难以操作；溴化钙等环保问题大，硝酸盐等安全问题大。

(5)少水压裂液及无水压裂液。值得指出的是，随着今后压裂技术向少水压裂及无水压裂方向发展，上述压裂液可与氮气或二氧化碳组合，形成不同泡沫质量的泡沫压裂液以及微泡沫压裂液。但考虑到深层页岩气压裂井口高施工压力的限制，摩阻低的微泡沫压裂液应是今后的发展方向。当然，常规的泡沫压裂液如果能进行加重，提高静液柱密度，也是今后值得发展的方向。无水压裂液主要包括纯二氧化碳增稠压裂液和 LPG(液化石油气)两种，目前分别因为增黏能力差和风险大，在现场难以大面积应用与推广。

(二)压裂支撑剂

支撑剂的发展方向主要包括石英砂替代陶粒、纳米支撑剂、自悬浮支撑剂、低密高强度支撑剂或超低密度超高强度支撑剂、可溶解支撑剂、原位成形支撑剂及电磁造影支撑剂等。下边分别进行阐述。

(1)石英砂替代陶粒技术：理论上，深层页岩气因高的闭合应力，应当使用高强度的陶粒支撑剂或抗压性好的树脂包裹支撑剂。但在高温下树脂易于软化，对裂缝导流能力会带来某种程度的伤害。目前国外即使深井也大量使用石英砂，其占比甚至高达 90% 以上，看似不可思议，其实也是可以解释得通的。因为，石英砂虽然易于破碎，但破碎后的颗粒堆积，仍能提供比页岩基质高得多的导流能力，加上目前强加砂技术是一种普遍的趋势，即在裂缝内石英砂铺置的层数更多了，有时甚至能增加一倍的层数，此时，即使靠近裂缝壁面的支撑剂被压碎或因塑性强导致的嵌入程度增加，裂缝内部仍有足够层数的石英砂没有破碎，其提供的导流能力仍相对较高。加上国外的石英砂性能相对较好，与陶粒支撑剂的差异性远没有国内这么大，因此，国外石英砂大量替代陶粒就在情理之中了(同等深度下，国外页岩的应力梯度相对较小，也利于应用石英砂替代陶粒)。即使在国内，石英砂替代陶粒也有一定的可行性，目前现场已进行了试验，压裂后初产差别不大，但因为试验时间短，还难以判断其是否会影响单井 EUR，所以也不敢贸然大面积进行应用与推广。

(2)纳米支撑剂。考虑到深层页岩气压裂的裂缝宽度普遍降低，小粒径支撑剂甚至纳米支撑剂也逐渐见诸报道。显然地，当支撑剂粒径变小后，其更易于进入小微尺度的裂缝系统，在主裂缝造缝过程中利于降低滤失提高造缝效率，压裂后返排与生产时又可有效支撑大量的小微尺度的裂缝系统，对促进返排及压裂后生产的稳产期都具有不可替代的作用。而纳米级支撑剂甚至可以进入到比页岩基质孔隙尺度稍大的裂隙中，进一步改善页岩的微观流动性能。但小粒径支撑剂比例的优化难度太大，比例少了，上述优势不能最大限度地发挥，反之，则可能大量滞留于主裂缝或转向支裂缝中，对其他中、大粒径的支撑剂又造成不同程度的堵塞效应。

(3)自悬浮与低密高强度支撑剂或超低密度超高强度支撑剂。自悬浮支撑剂与低密高强度支撑剂或超低密度超高强度支撑剂，对提高支撑剂的运移效率和改善远井裂缝的高度都具有重要的促进作用。尤其是低密高强度支撑剂或超低密度超高强度支撑剂，与压裂液的流动轨迹接近同步，可大大促进转向支裂缝中支撑剂的进入量及砂浓度，这对深层页岩气压裂而言尤为关键。密度低与强度高是一对矛盾，可通过在支撑剂表面进行改性增强来实现。相对而言，自悬浮支撑剂技术更为成熟，但也存在加砂后摩阻增加及外裹的高分子聚合物破胶后对导流能力的损害问题。如能研发一种低剪切速率下可增稠的压裂液与之配合，也可大大促进其悬浮性能。

(4)可溶解支撑剂。可溶解支撑剂与其他常规支撑剂混杂在一起应用，当支撑剂铺置到位后，可溶解支撑剂溶解后形成的相互连通的通道，可形成更高的裂缝导流能力，不溶解的支撑剂就地支撑，形成支撑裂缝面的多个支柱，该效果与高通道压裂的效果类似或相当。

(5)原位成形支撑剂。所谓原位成形支撑剂就是在注入过程中其呈液体状态，等造缝结束后，可就地形成与不同尺度裂缝宽度相匹配的支撑剂，换言之，这种支撑剂可最大限度地将裂缝改造体积转化为有效改造体积。

(6)电磁造影支撑剂。所谓电磁造影支撑剂就是在支撑剂的表面涂覆一层电磁材料，可以通过特定的解释方法，判断支撑剂在裂缝的铺置情况，改变了以往的裂缝监测方法只能判断造缝裂缝形态及体积的局限性。

(三)压裂暂堵材料

压裂暂堵材料包括簇间暂堵球和缝内暂堵剂两种，但暂堵材料可以是相同的，只是外形及尺寸可能有所不同而已。暂堵材料从溶解性上可分为水溶性、油溶性、酸溶性及碱溶性等类型，从密度上也可分为低密度、中密度和中高密度等类型，从溶解时间上可分为快速溶解性及一般溶解性等类型。未来的发展方向应是与压裂液等密度的高强度暂堵材料，可实现其与压裂液的同步跟随性，在裂缝高度上也易于实现悬浮态，因此可以实现完全的封堵，进而可大幅度提高暂堵效率。目前现场常用的暂堵剂密度普遍在 $1.3 \sim 1.7g/cm^3$，暂堵发生后总有上部流动出口泄压，压力上升有限的幅度后就停止继续上升了，因此，可能没有促使新的转向裂缝产生，至多促进了已压开裂缝的均衡延伸。另外，还有绒囊类暂堵剂、膨胀性暂堵剂及包裹碳酸盐颗粒的暂堵剂等。

最后值得指出的是，在暂堵工艺上如何进行精细优化，实现定点暂堵，非常关键。但难度很大，因为，暂堵材料的运移和裂缝扩展都是实时的、动态的，就像子弹击中飞行中的目标那样困难。如果暂堵的次数还不止一次，且暂堵的目的地不仅有簇间射孔眼还有缝内的某个位置等，那就更为复杂和难以控制了。特别是当缝内暂堵从主裂缝拓展到转向支裂缝后，那就更为艰巨复杂了。

（四）分段压裂工具

与中深层页岩气压裂的分段工具相似，深层页岩气压裂的分段工具也主要是套管固井的桥塞与分簇射孔联作工具、大通径桥塞、可溶桥塞、固井滑套、延时趾端滑套等，只不过对耐温耐压的能力等级及可靠性要求等都提高了而已。今后的发展方向应是多功能化（如同时具有温度及压力的实时测量及储存功能）和智能化工具等。

（五）压裂工艺

1.“经济密切割＋多尺度裂缝强加砂＋多级迂回双暂堵”压裂工艺

前已阐述，目前的主流压裂工艺是“密切割＋强加砂＋暂堵转向”模式。对上述各个关键技术的局限性，前文已进行详细的阐述。鉴于此，今后的发展方向应变换为“经济密切割＋多尺度裂缝强加砂＋多级迂回双暂堵”。其中经济密切割包括了产出投入比的概念，也包括了不同密切割条件下各簇裂缝缝高的延伸程度控制、多簇裂缝均匀起裂与均衡延伸的控制及最终裂缝改造体积的优化控制等多方面的内容，换言之，不是一味地强调簇间距越小越好；多尺度裂缝强加砂也包含了多尺度裂缝的起裂与延伸控制、加砂时机控制、不同粒径支撑剂体积占比优化及加砂程序优化控制等多方面的内容。其中，多尺度裂缝既可能在前置造缝阶段同时产生（只不过主裂缝方向因阻力小吸收了绝对优势的压裂液量，其他方向小尺度裂缝因延伸阻力大吸收的压裂液量极其有限而已），也可能在加入簇间暂堵球和/或缝内暂堵剂时产生，此时可能产生了转向支裂缝，也可能同时在主裂缝及转向支裂缝的不同位置处同时产生了更小尺度的三级微裂缝系统。由于不同尺度裂缝产生的时机及延伸的时间差异极大且随机性极强，因此，很难准确地优化不同粒径支撑剂的加入时机及体积占比。折中的方法就是采用混合粒径支撑剂，在不同尺度裂缝产生及延伸的过程中，适时地加入多种粒径混合的支撑剂体系，此时，小粒径支撑剂由于颗粒直径小，运移阻力也小，即使小尺度裂缝也可以将其吸纳其中，相应地，中粒径支撑剂易于进入中等尺度的裂缝系统中，大粒径支撑剂易于在最大尺度的主裂缝中滞留。况且，当支撑剂的粒径较大时，想进较小尺度的裂缝也更困难。由此可带来支撑剂的自动分选效应，但前提是压裂液的黏度必须要相对较低，否则因黏滞阻力大就达不到上述的自动分选效应。上述做法还暗含的前提是不同粒径的支撑剂体积占比必须合理，但这个难度也太大，有时可以降低小粒径支撑剂的混合比例，防止一旦其超过需要的比例时，会滞留于不同尺度的裂缝系统中，进而会对其他较大粒径的支撑剂产生不同程度的堵塞效应，就适得其反了。但对小尺度裂缝的支撑及裂缝整体造缝效率也会造成不利影响。值得指出的是，由于较大尺度的裂缝系统一般吸收了较大比例的压裂液量，因此，上述不同粒径的支撑剂混砂浆也先是较大比例地分布于较大尺度的裂缝系统中，但较小尺度的裂缝系统一旦开始起裂与延伸，必然给小粒径支撑剂向其运移分布创造了条件。这也是上述采用混合粒径支撑剂及尽量降低小粒径支撑剂比例的内在原因。除非采用上述原位成形支撑剂，但原位成形支撑剂的转化率也相对不高，因此，还不能将上述不同尺度的造缝体积完全转化为有效支撑的裂缝体积；多级迂回双暂堵也包含了簇间的多级迂回暂堵及缝内的多级迂回暂堵，且缝内暂堵还可从主裂缝进一步拓展到转向支裂缝中，这个难度就更大了。但簇间暂堵球在迂回降排量时也可能出现其因重力作用而脱离孔眼的趋势，而裂缝内暂堵则不存在类似的情况。因此，簇间暂堵时尽量少用迂回降排量方法，即使用，迂回降排量的幅度也应相对小些才行。此外，在迂回降排量及之后升排量的过程中，对降升排量的时机及幅度等的优化非常关键，它关系到井筒循环应力加载卸载及相应的套管疲劳破坏效应，应事前基于套管尺寸、抗内压、抗外挤、原始三向应力等条件，模拟计算降升排量时机及幅度等对井筒内压力及其产生的诱导应力的影响，防止多级迂回暂堵压裂过程中的套管变形。

2. 无限级滑套与小尺寸套管组合压裂工艺

就完井及压裂方式而言，前边所述的多种分段压裂工具都可应用其中。其中无限级套管固井滑套分段压裂方法目前已在现场获得成功应用，该技术一段只压裂一簇，但因压裂规模小，排量小，需要的设备数量大幅度降低，成本可大幅度降低。且一天可以压裂 10 段以上，与其他更多个车组一天压裂 2 段(每段 3 ~4 簇)相比，施工效率没有降低甚至有某种程度的提高。从压裂机理而言，单簇压裂虽然没有多簇裂缝同步起裂延伸带来的诱导压力干扰效应那么大，但因压裂一段的效率提高，单簇裂缝产生的诱导应力还未来得及大幅度衰减之际，下一段压裂又开始了，因此，至少也存在着两簇裂缝的诱导应力干扰效应，只是时间上有些滞后而已。同时，正因为诱导压力干扰效应相对降低，以前所谓的段间距可以有较大幅度的降低，而这又可增加水平井段的利用率，进而有利于提高整个水平井的压裂后产量。且单簇压裂的针对性更强，可以确保每簇裂缝的进液量及进砂量完全相同，这对各簇裂缝的均衡起裂与均衡延伸而言，可以说是非常完美的实现途径。特别是，单簇压裂的排量较以往的多簇裂缝压裂的平均排量高(滑套打开后相当于定面射孔，即所有的流量都集中在一个裂缝内，而不像常规螺旋式射孔那样，每个孔眼对应一个小的裂缝，最终还不能确保簇内所有孔眼起裂延伸的小裂缝都可汇聚合并为单一的主裂缝系统)，可以进一步提高裂缝的高度，这对深层页岩气压裂而言，尤为关键。且也省去了多簇压裂的簇间暂堵球作业环节。综上所述，无限级套管滑套分段压裂具有降本增效的综合优势，值得进一步推广应用。随着技术的发展，可以慢慢发展为单段两簇滑套(即使是两簇裂缝，也很难保证其均衡起裂与均衡延伸)。值得指出的是，为了进一步节约成本，还可考虑采用小套管完井方式，如 5in、4½in 及 4in，再配合上述无限级套管固井滑套技术。因单簇压裂(即使后期改为两簇滑套)对排量的需求大幅度降低，井筒摩阻也大幅度降低，因此，对套管尺寸的要求也可大幅度降低(套管成本可由此大幅度降低)。只是滑套的尺寸等也需相应降低。即使考虑到重复压裂下连续油管开关滑套，目前的连续油管尺寸已经系列化，最小尺寸也有 1½in 的，完全可以胜任上述小套管相应的工作要求。

3. 多级近缝端暂堵压裂工艺

在压裂工艺上采用新型的多级近缝端暂堵压裂技术，可以改变以往暂堵压裂由远及近的局限性，包括井口压力因暂堵次数的增加造成压力窗口的不断丧失；暂堵时机相对较晚，且越往近井处暂堵，因较大的缝宽致使暂堵剂的用量大幅度增加，暂堵效率却降低了；暂堵处因暂堵剂后期的溶解而缺乏有效支撑，会导致暂堵前的支撑裂缝可能对压裂后产量无贡献或贡献极其有限；在远井暂堵时，即使有转向支裂缝产生，但因暂堵的范围相对较大，转向支裂缝的条数可能相对较多，由于注入排量是恒定的，会导致每个转向支裂缝吸收的压裂液量及排量都极其有限，因此，即使出现多个转向支裂缝，对主裂缝复杂性程度的提升幅度不大。且每个转向支裂缝的起裂与延伸的时机不可控制，在前期小粒径支撑剂加砂阶段，不能保证其完全或大部分进入转向的支裂缝中，因此，非常容易产生的一个后果是，多种粒径支撑剂在主裂缝中混杂分布，致使主裂缝的导流能力大幅度下降，且在这种情况下，一味地强调强加砂措施，只会使结果更糟。

鉴于此，为改变上述局限性，新的多级近缝端暂堵压裂技术可完全避免上述缺点。主要原因在于，与以往做法相反，在主裂缝延伸早期如缝长只有预期缝长的30%左右时就在接近缝端位置暂堵，此时，因裂缝尺寸小，缝端的宽度及高度等都相对较小，用少量的暂堵剂即可完成接近完全的封堵（暂堵效率大幅度提高，而以往在裂缝尺寸相当大时才暂堵，且一般在裂缝中部的某个位置暂堵，此时裂缝的宽度及高度都较大，暂堵剂用量也相应较大，暂堵效率也大幅度降低了，且裂缝一直是动态扩展的，暂堵的位置也难以精确控制）。之所以在近缝端暂堵而不是缝端暂堵，主要考虑到缝端暂堵的工艺设计及控制难度极大，且即使实现了缝端暂堵，靠近缝端的暂堵剂因与压裂液没有直接接触，需要的溶解时间就相对较长（目前的暂堵剂一般都是水溶性的），就无法实现多级近缝端暂堵要求暂堵剂快速溶解的整体工艺设想。由于主裂缝被暂堵，随着暂堵后净压力的持续增大，总有某个时刻会超过天然裂缝张开或转向支裂缝起裂的临界压力，此时，只有主裂缝侧翼方向的各种天然裂缝或转向支裂缝延伸，后续注入的支撑剂也应绝大部分在上述裂缝中运移和铺置，可大幅度提高天然裂缝或转向支裂缝中支撑剂的分选性、加砂量、铺砂浓度，相应的裂缝导流能力也可大幅度提升，这是目前为止其他任何缝网（或体积）压裂技术所不具备的优势。同时，近缝端暂堵后，净压力的大幅度增加（通过迂回暂堵实现），诱导应力及其作用区域也大幅度增加，因此，一旦产生转向支裂缝，其转向半径也大，这有利于在一定程度上增加簇间距和降低段数。

为了实现多级由近及远的暂堵设想，要求主裂缝近缝端的暂堵剂能快速溶解，且溶解的时间相对可控，最理想的溶解时间是上述天然裂缝或转向支裂缝的加砂作业完成并已完成主裂缝内的顶替作业。此时，因主裂缝的延伸阻力最小，在其端部暂堵剂溶解殆尽后，主裂缝又可再次正常延伸，且延伸压力又可恢复到暂堵时压力上涨前的水平（压力窗口基本维持恒定），这也是以往的暂堵压裂所不具备的（以往的暂堵次数越多，压力呈累积上升态势，则压力窗口逐渐丧失殆尽）。尤其重要的是，由于上次暂堵前已经充分延伸和充分支撑的天然裂缝或转向支裂缝系统分布的区域内，也是上述各种裂缝系统包括主裂缝的诱导应力叠加的区域，再次注入的压裂液或后续的支撑剂基本上不可能再次在上述天然裂缝或转向支裂缝中分流，因为在与延伸阻力最小的主裂缝共存的条件下，压裂液只能全部或绝大部分延伸主裂缝，这也被室内复杂裂缝系统共存时压裂液及支撑剂分布规律的实验结果所证实。除非主裂缝近缝端处再次发生了暂堵且主裂缝内压力大于上述高应力区的天然裂缝或转向支裂缝再次延伸的压力。但即使发生了主裂缝近缝端的再次暂堵，上述现象也不会出现，因为在再次暂堵的主裂缝侧翼区域的应力仍是相对的低应力区，其天然裂缝或转向支裂缝的起裂与延伸压力肯定会低于上次暂堵时业已在高应力区的天然裂缝或转向支裂缝再次延伸的压力，只不过因为业已存在的天然裂缝或转向支裂缝的滤失性增加，会导致新起裂天然裂缝或转向支裂缝的造缝效率降低，即在同等造缝尺寸的条件下需要的压裂液量更多了。除非第二次暂堵时新起裂延伸的天然裂缝或转向支裂缝的延伸压力也达到或超过第一次暂堵时对应裂缝的延伸压力。为了避免出现此不利情况，第二次暂堵时的压力升幅可以控制，即一旦施工压力超过第一次暂堵后的压力最大值(在同等排量及压裂液性质的条件下)，可通过适时降低排量等措施加以控制。以此类推，通过上述多级近缝端暂堵作业及相应的造缝及加砂作业，可以在基本维持原有压力窗口的条件下，大幅度提高主裂缝侧翼方向天然裂缝或转向支裂缝的延伸程度和支撑剂充填程度，同时，各级裂缝内基本可实现支撑剂分选程度的最大化，进而有利于最大限度地提高各级裂缝的导流能力。值得指出的是，上述多级近缝端暂堵，看似是每次暂堵作业及加砂作业的简单重复，其实也有细微的差别，特别是近缝端暂堵的设计，要想将特定的暂堵剂准确地运移到位，必须精确地模拟暂堵剂携带液的沿程滤失情况，显然地，由于每次暂堵时主裂缝侧翼方向的天然裂缝或转向支裂缝的分布情况大不相同，即使上述裂缝系统处于高应力区难以在主裂缝延伸过程中继续延伸，但滤失确实真实存在，且与第一次暂堵前的完全基质型滤失情况完全不同。因此，每次暂堵的注入参数设计应体现出较大的差异性，否则，如难以实现每次主裂缝近缝端的真正暂堵，则整体的压裂效果就可能大打折扣。

总而言之，新的多级近缝端暂堵压裂技术具有六大技术优势，一是暂堵效率大幅度提高，因为近端部的缝宽及缝高都相对较小，只要少量的暂堵剂即可实现完全的封堵。二是最大限度地避免了主裂缝与支裂缝共存时不同粒径支撑剂比例优选的盲目性。常规压裂即使产生了转向支裂缝，但其开启时机、延伸时间等高度不确定，一旦其停止延伸或进缝流速低于支撑剂进入的临界流速，则转向支裂缝难以有支撑剂进入，这应是普遍现象。而常规缝内暂堵是加砂后暂堵，仍难以避免不同粒径支撑剂的混杂分布对导流能力的损害。本方法则是主裂缝近缝端暂堵压裂，压裂携砂液只能进入转向支裂缝(假设能产生的话)。相当于单一裂缝加入单一粒径的支撑剂，因此，支撑剂的混杂分布基本可避免。三是最大限度地强化了多级裂缝尤其是转向支裂缝的导流能力。常规压裂方式下，主裂缝及支裂缝中都存在不同粒径支撑剂的混杂分布情况，因此，不同尺度裂缝的导流能力都大幅下降。而在新压裂方式下，当主裂缝近缝端暂堵后，小粒径支撑剂全进支裂缝，最后大粒径支撑剂高砂比施工，全进主裂缝。主裂缝避免了多粒径支撑剂掺杂，导流能力可提高 2 倍以上，转向分支缝的导流能力可提高 3 倍以上。四是保证在深层页岩气压裂窄压力窗口下，持续不断地提升净压力。当井口压力接近施工限压力后，先降低一定幅度的排量，由于井筒沿程摩阻的大幅度降低，压力窗口则有相应幅度的增加。如果排量降低幅度达到 $10m^3/min$，则净压力可增加 15MPa 以上。五是多次暂堵后的井口压力基本维持在不暂堵时的水平。由于新的速溶型暂堵剂的溶解时间控制在 20～60min，在暂堵剂溶解前，井口压力也持续上升，直到转向支裂缝破裂后压力才稳定下降，但仍高于暂堵前的平均施工压力。一旦暂堵剂完全溶解，因主裂缝的延伸阻力最小，其又会从先前暂堵的位置继续沿最大主应力方向延伸，则井口施工压力基本又会恢复到暂堵前的水平。如此多次暂堵，井口压力也会经历多次升高又多次回归的过程，则最终的施工压力基本维持在不暂堵的水平。这在深层页岩气压力窗口窄的情况下更为难能可贵。六是可实现由“多段少簇”向“少段少簇”的历史性跨越，大幅度降本增效。采用的速溶性暂堵剂因密度与压裂液相当，在近缝端可呈现悬浮态，由此可大幅度增加暂堵后的压力升幅。而多级迂回暂堵则进一步增加了主裂缝的净压力，导致诱导应力大幅度增加，则应力反转区的范围也大幅度增加，一旦转向支裂缝开启，转向半径必然大幅度增加，由此可带来簇间距和段数的大幅度增大和降低，必要时射孔簇数也可降低，则穿层的缝高更有保障，这对深层页岩气压裂更有吸引力。同时，由于上述新工艺实现了转向支裂缝的密切割(主裂缝近缝端的暂堵次数越多，则转向支裂缝的密切割程度越大)，少段少簇并未造成裂缝整体改造体积的下降。

(六)压裂装备及地面配套

考虑到今后井工厂的普及及多井拉链式或同步压裂等多井压裂的需要，压裂装备应进一步向高功率(10000 水马力以上)、小型化(撬装式)、自动化、智能化与多功能化等方向发展。其中，在小型化基础上的高功率压裂设备，是高密度井工厂压裂的基本要求，可以在有限的山地地表环境下，一次性进行多井压裂作业；自动化也是基本要求，只是自动化的程度必须越来越高才行，才能节约大量的劳动力，同时降低劳动强度，并防止疲劳作业带来的安全隐患；智能化是今后的主要发展方向，包括压裂设备及地面高压管汇的智能摆放、在线智能配液、各个压裂车及混砂车的参数智能控制、加砂程序的智能控制及调整等。其中，地层及裂缝的可视化及其实时分析解释技术，是实现智能化施工参数调控的必然要求。其中，分段分簇的裂缝形态及几何尺寸实时反演技术至关重要，如果只是单段的裂缝形态及尺寸的笼统性反演，则无法判断段内各簇裂缝的非均衡起裂与非均衡延伸程度，因此，就无法实时投球或实施缝内暂堵技术，以及相应的黏度、排量及砂液比等的参数调控；多功能化则是在常规设备功能的基础上，增加适合深层页岩气压裂特征的功能，如高速变频技术，可以在短时间内快速实现注入排量的切换，以产生高频次压力脉冲和循环载荷效应，进而加速深层页岩的疲劳破坏效应，最终实现破裂压力的大幅度降低及复杂裂缝的起裂与延伸。但具体的变排量频率也不是越高越好，因为，频率越高，能量衰减的幅度越大。同时，也应考虑高频循环载荷对套管变形的影响程度。此外，长寿命(尤其是高压耐冲蚀的泵头)和低噪声(如低于 45dB 甚至 30dB，才能对附近的居民生活没有任何干扰)等，这是实现 24h 连续作业的必要条件，也是压裂设备今后的发展方向。

同时，各种施工参数的精准监测和校核也同样重要，尤其是考虑到变黏度及变排量等工艺参数的执行，不同种类压裂液的流量计量系数是不同的，应适时进行修正。具体校核方法是可采用实时测量各个压裂液罐液面变化求取消耗的压裂液体积，再与仪表车上的排量读数与注入时间的乘积进行比对，由此确定流量表的校核系数。对不同类型及同种类型但黏度不同的压裂液，应实时重复上述校核工作，由此可得出不同类型及不同黏度压裂液对应的流量校核系数，借此可确保严格按设计要求精准施工(确保优化的设计转化为优化的施工)。

此外，低砂液比作业条件下的精确控制同样重要，特别是深层页岩气压裂的裂缝宽度相对较窄，如起步的低砂液比控制不到位，可能造成早期砂堵的被动局面。如，现场经常发生深层超深层储层压裂砂堵的现象，绝大多数情况下，经事后分析是由于低砂液比阶段控制不准，实际进入裂缝的砂液比较计量读数大得多。

相应地，地面有更高压的井口(如175型甚至更高)及配套的大管径高压管汇(可满足同时给两口井供液的目标)。同时，压裂装备及地面管汇的预警系统也是必备的，特别是在高压和长时间工况条件下，对设备及管汇的承压、冲蚀等的挑战性大幅度增加，提前进行预警可确保安全施工。

(七)裂缝监测

与中深层页岩气压裂裂缝监测相比，许多裂缝监测技术可以借鉴，如微地震(井下微地震比地面微地震更合适)、测斜仪(井下测斜仪比地面测斜仪更适合)、光纤监测法(可永久监测，包括DTS、DAS、DSS等测量手段，可以监测压裂过程中各个段簇裂缝的进液量及压裂后的产气剖面)、压裂停泵后的水击效应监测及解释、示踪剂方法(可以放进压裂液中，也可涂覆于支撑剂上，尤其是支撑剂示踪剂可以解释支撑裂缝的形态及几何尺寸，而其他方法大多是监测造缝裂缝形态及几何尺寸，与支撑剂电磁造影法在原理及功能上有些类似。但必须考虑水平井段A、B靶点高差对各段裂缝压裂液返排时机及流量的影响，因为，有时B靶点比A靶点低了几十米甚至几百米，因此，压裂后返排时各段裂缝的流动压差是不同的，即，当A靶点附近的段发生流动时，B靶点附近的段可能仍基本维持不流动的状态，因此，示踪剂流动到井口时的浓度等数据因混杂不同段裂缝的返排液贡献，很难准确判断某段裂缝的真实返排情况)、广域电磁法(通过测量压裂前后裂缝内电阻率的变化解释裂缝的形态及几何尺寸)，以及多井试验场矿场综合裂缝监测方法等，以验证上述多种监测方法的一致性程度。需要强调的是，上述一种或几种裂缝监测方法可以平行进行，并可在压裂井裂缝波及区附近直接取心观察以验证支撑裂缝分布范围及高度等。目前通过取心验证，证实实际的裂缝支撑缝长很少有超过50m的，这与软件模拟的动辄200m甚至更长的结果，具有相当大的差距。如果这是普遍的情况，则对井网井距的优化、加密井钻井及压裂工艺参数的调整等工作，都提供了直接的优化依据。

但由于深层页岩气随着温度及围压的增加，岩石的塑性特征增强，因此，由水力裂缝引起的大地变形场或微地震事件的传播规律等都发生了很大的变化，换言之，上述裂缝监测的微地震法和测斜仪法因埋深的增加，信噪比大幅度降低了，必须对以往的相关裂缝监测设备及对应的解释模型进行改进。而其他裂缝监测方法受埋深的影响则相对较小。

另外，除了光纤裂缝监测方法，其他方法对分簇的裂缝解释基本无能为力。因此，无论是哪种裂缝监测方法，对分段分簇裂缝的精细描述与解释方法，尤其是实时解释及可视化的三维重构，应是今后的主要发展方向，它关系到智能精准压裂技术能否实现及能否将智能调参执行到位。

需要指出的是，随着今后高密度井工厂压裂技术的应用及普及，多井多缝同步监测与实时解释技术，更为艰巨复杂，涉及多井多缝的相互干扰，因此，接收到的大地变形场及微地震事件可能是多个裂缝的综合作用的结果，但到底哪个裂缝方向起的作用大，无法精确把控。除非在测斜仪硬件上可以测量多个方向的大地变形场，且在各簇裂缝间增加测斜仪的数量，相应地，解释模型及方法也会更复杂和更具挑战性。

第二章　国外深层页岩气压裂概论

美国是规模开发页岩气最早和最为成功的国家，2013 年页岩气产量达到 $3025 \times 10^8 m^3$，其中，深层页岩气在产量贡献中发挥了重要作用。美国深层页岩气的经济开发也不是一帆风顺，而是经历了不断探索试验、改进与完善的过程，才使部分区块得到了经济开发的要求。目前，美国勘探发现的 3500m 以深的深层页岩气区块 5 个，Haynesville、Eagle Ford（干气）和 Cana Woodford（气）3 个垂深 3500 ~ 4100m 的深层页岩气区块压裂后单井产量 $5 \times 10^4 m^3/d$ 以上，单井最终采收量均在 $1 \times 10^8 m^3$ 以上，单井综合成本 1200 万美元以下，获得了经济开发。而 Hilliard – Baxter – Mancos 和 Mancos 垂深超过 4400m 的 2 个区块因单井产量较低（小于 $3 \times 10^4 m^3/d$），最终采收量较低（$500 \times 10^4 m^3$ 以下），单井综合成本 2000 万美元以上，未获有效经济开发，具体开发概况见表 2 – 1。

表 2 – 1　北美深层页岩气藏开发参数

区块名称	岩石类型	埋深/m	平均厚度/m	地层压力系数	单井平均最终采收量/$10^8 m^3$	单井控制面积/km^2	区块技术可采储量/$10^{12} m^3$	单井成本/万美元
Haynesville	层状硅质—钙质页岩	3200 ~ 3900/3658	76	1.94	1.01	0.32	2.11	700 ~ 1000
Eagle Ford（干气）	钙质页岩	1200 ~ 4500/3600	121	1.63	1.56	0.64	0.59	400 ~ 650
Cana Woodford（气）	硅质页岩	1828 ~ 4500/4115	61	1.58	1.47	0.64	0.16	900 ~ 1200
Hilliard – Baxter – Mancos	灰质页岩	4496	937		0.05	0.32	0.107	2000
Mancos	硅质页岩	4648	914		0.28	0.32	0.59	

国外深层页岩气水平井压裂经过长期的发展，主要配套形成了以下技术体系：

（1）体积压裂技术：包括簇射孔优化技术、大型混合压裂及压裂后评价技术。

（2）高效压裂液体系：耐温 170℃以上，降阻率大于 65%。

（3）水平井多级压裂配套工具：包括大通径桥塞、无限级固井滑套、可降解免钻桥塞等。单井最多压裂 37 段、单井最大液量达 $79500m^3$、最高施工压力 104MPa。

第一节　Haynesville 页岩气田压裂概论

Haynesville 页岩气田是目前北美最为成功的深层页岩气田。垂深 3200 ~ 3900m，平均 3658m，2004 年直井试验，2007 年水平井开发，2013 年全年累产量达 $775\times10^8m^3$，储层特征见表 2 – 2。2019 年 1 月，Haynesville 页岩气田平均日产气量 $28203\times10^4m^3$，钻机 59 台。

表 2 – 2　Haynesville 深层页岩气储层特征参数

厚度/m	45 ~ 90
深度/m	3200 ~ 3900
地质年代	侏罗纪
TOC/%	3 ~ 5
孔隙度/%	8 ~ 12
含气性/(m^3/t)	12.4
地层压力系数	1.94
地层温度/℃	150
脆性指数/%	35 ~ 55
层理缝发育程度	发育
天然裂缝发育程度	较少
杨氏模量/MPa	13780
泊松比	0.27
最小水平主应力梯度/(MPa/m)	0.0226
最大水平主应力梯度/(MPa/m)	0.0237
3658m 处水平应力差/MPa	4

该区块页岩一般采用 4.5 ~ 5.5in 套管完井，水平段长 2200m，采用泵送桥塞与射孔联作压裂工艺，部分井采用球座总成，单井压裂段数 40 段左右，段长 54m 左右。单段射孔 4 ~ 8 簇，簇间距 10.4 ~ 24.4m，单簇射孔长度 0.3 ~ 0.6m，每米 20 孔。压裂施工排量 11 ~ $13m^3$/min，单段砂量 100 ~ $110m^3$，单段压裂液 $1800m^3$。压裂液用液模式为盐酸(15% HCl，$10m^3$) + 滑溜水 + 冻胶，其中冻胶为 0.3% 羟丙基硼交联瓜胶，滑溜水与胶液混合比为 62 : 38。支撑剂模式为 100 目粉砂 + 40/70 目白砂。压裂后单井产量 $(7 \sim 10)\times10^4m^3$/d。单井综合成本 700 万 ~ 1000 万美元，压裂完井费用约占 57%。

第二节　Eagle Ford 页岩气田压裂概论

Eagle Ford 页岩油气田是目前北美较为成功的深层页岩气田，面积达 50miles × 400miles(1mile = 1609.34m)，储层特征见表 2 – 3。2019 年 1 月，Eagle Ford 页岩油气田平均日产气量 $19318\times10^4m^3$，钻机 94 台。

表 2－3　Eagle Ford 深层页岩气储层特征参数

厚度/m	15～100
深度/m	1500～4267
TOC/%	2～12
孔隙度/%	8～12
热成熟度/%	0.45～1.4
地层压力梯度/(MPa/m)	0.0113～0.0181
碳酸盐岩含量/%	40～90
黏土含量/%	15～30
石英含量/%	15～20
渗透率/mD	3～405
杨氏模量/GPa	20～40
泊松比	0.1～0.3
闭合压力梯度/(MPa/m)	0.0124～0.0199
井底温度/℃	131.7～148.9

目前，该区块页岩一般采用4.5～5.5in 套管完井，采用泵送桥塞与簇射孔联作压裂工艺，单井压裂段数10～25段，单段射孔4～10簇，簇间距4.6～16.8m，单簇射孔长度0.3～0.6m，每米13～39孔。压裂施工排量8～15m^3/min，单段砂量74～113t。压裂液用液模式为盐酸(15% HCl，10m^3)＋滑溜水＋胶液，支撑剂模式为100目石英砂＋40/70目石英砂＋30/60目石英砂。Eagle Ford 页岩油气田井单井成本约400万～650万美元，其中压裂完井成本约占50%。

第三节　Cana Woodford 页岩气田压裂概论

Woodford 是美国实现经济开发的页岩气盆地之一，其包含四个主力区块(图2－1)。

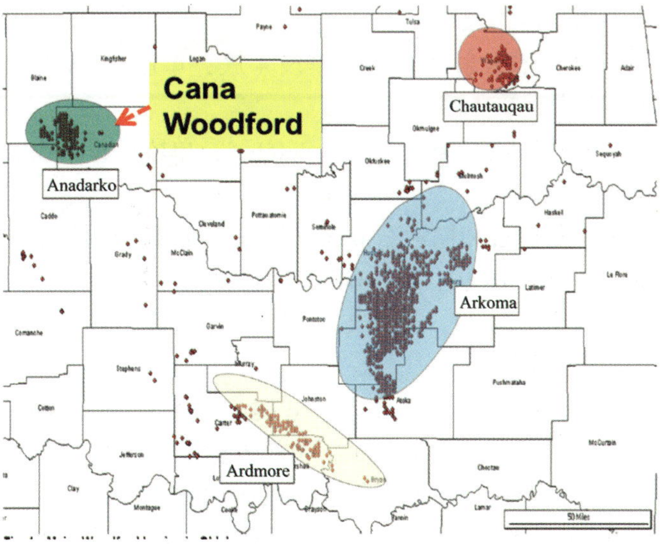

图2－1　Woodford 页岩气四个主力区块分布

Cana Woodford 区块是典型的深层页岩气，埋藏深度为 3200～4690m，平均埋深 4115m，该区块北部浅南部深，在 2007 年底进行水平井开发。其储层特征见表 2－4。

表 2－4　Cana Woodford 深层页岩气储层特征参数

厚度/m	30～152
深度/m	3200～4690
地质年代	泥盆纪
TOC/%	6～12
孔隙度/%	5～8
地层压力系数	1.58
地层温度/℃	121
脆性指数/%	55～75
层理缝发育程度	发育
天然裂缝发育程度	充填缝较多
杨氏模量/MPa	34450
泊松比	0.18
最小水平主应力梯度/(MPa/m)	0.02
最大水平主应力梯度/(MPa/m)	0.0215
3800m 处水平应力差/MPa	4.3

该区块的有效开发经历了不断认识与改进的过程。在开发初期采用大排量滑溜水低砂比加砂方式进行压裂施工，经常出现施工压力高无法加砂、压力异常波动甚至砂堵等各种情况，压裂效果不理想。分析认为，Cana Woodford 页岩较相邻的 Woodford (Arkoma) 垂深深 2000m 以上，施工压力高 40～50MPa，缝宽窄，形成的导流能力和改造体积均较小。后期经过 2～3 年的攻关研究，提出了 4 方面的优化措施：

①提高水平段长，增加压裂段数。

②降低单簇射孔长度，增大射孔孔径。单段 4 簇，单簇 1.2m 减小为 0.6m，孔径由 10.7mm 增加为 14.5mm。

③增加液量、砂量和砂液比。液量增加到 $2800m^3$，单段砂量由 $50m^3$ 增加为 $82m^3$，平均砂液比由 1.8% 增加为 2.9%。

④连续加砂。通过不断摸索和探索，最终选择采用连续加砂模式。

压裂液模式为稀土酸(6% HCl＋1.5% HF)＋线性胶(0.24%～0.3%)＋滑溜水＋线性胶，滑溜水与线性胶混合比约为 70：30，支撑剂模式为 100 目粉陶(15%～18%)＋40/70 目覆膜砂＋30/50 目覆膜砂或陶粒。

上述措施见到了成效，产量由 $6.1\times10^4m^3/d$ 提高到了 $15.5\times10^4m^3/d$，单井平均产量提高了 2.5 倍，单井钻完井压裂成本 900 万～1100 万美元，最终获得了经济开发。

其他还有一些埋深超过 4500m 的超深层页岩气区块，如 Hilliard－Baxter－Mancos 页岩和 Mancos 页岩，埋藏更深，平均垂深分别为 4496m 和 4648m。前者压裂井单井产量 $3.0\times10^4m^3/d$，累计产量最高为 $500\times10^4m^3$，同时因钻井条件复杂单井投资高达 2000 万美元，因此未获得经济开发。Mancos 页岩压裂后同样表现出低产特性，在前期压裂试气的 22 口水平井中，3 口井产量达到了 $2.8\times10^4m^3/d$，9 口井产量在 $14000\sim28000m^3/d$ 范围内，6 口井产量在 $1400\sim2800m^3/d$，其他井无效果，在现有技术条件和市场条件下，没有达到经济开发要求。

综合分析国外深层页岩气开发历程发现，深层页岩气要得到有效开发必须要同时具备如下三个条件：

(1)良好的物质基础。获得经济开发的深层页岩气孔隙度为 6% ~12%，脆性 55% ~60%，含气性较高(部分地区达到 $12m^3/t$)，压力系数普遍处于较高水平(达到 1.5 ~1.9)，最大与最小水平地应力差普遍较小(低于 5MPa)。

(2)合适的压裂工艺技术。深层页岩多采用了多簇数大孔径射孔、增加高黏压裂液应用(胶液比例为 30% ~40%)、增大加砂规模($80\sim110m^3$)、连续加砂等针对性压裂工艺措施来提高裂缝导流能力与改造体积。压裂后裂缝导流能力为 $1\sim4\mu m^2\cdot cm$，改造体积 $1\times10^7\sim2\times10^7m^3$。

近年来，为降低成本，北美页岩气田逐步将石英砂替代陶粒、覆膜砂等人造支撑剂。值得注意的是，降低成本的同时，Haynesville 等区块中深层页岩气井的施工规模没有下降，压裂段数、加砂强度、用液强度等施工参数均不断增加，从而通过增大压裂液及支撑剂用量以增大改造体积，通过减小簇间距、提高滑溜水及小粒径支撑剂占比以增大裂缝复杂性，最终实现单井产量的增加。增产效果证明，增大体积压裂施工规模，提高储层动用程度，是深层页岩气成功开发的重要途径。

(3)严格控制单井综合成本。包括钻井和压裂作业的成本控制。在 Haynesville 地区钻一口垂深 3500m 水平段长 1400 多米的井所用天数在 30d 左右，最快一口井用时 20d，近几年，压裂时效性也进一步得到提高，2008 年一天压裂两段，2011 年达到一天压裂 4.3 段。Cana Woodford 钻一口垂深 4000m 水平段长 1900m 的井(斜深 6000m)用时 55d 左右，最快 38d。这样单井成本控制在 1100 万美元以下，为经济有效开发深层页岩创造了条件。

第四节 国外不同典型区块深层页岩气压裂参数对比

国外深层页岩气一般垂深为 3200 ~4693.92m，平均垂深 4115m；水平段长度 762 ~1585m；单段 4 簇射孔居多；排量 $11.9\sim15.1m^3/min$，一般采用变排量(酸到达射孔眼前排量一般低于 $6.36m^3/min$)；单段压裂液量(一般采用线性胶)$3177m^3$，支撑剂粒径 100 目和 40 ~70 目，每段加砂量 68 ~136t，综合砂液比约 2.4%；为保证加砂，注入早期就加 100 目砂。但有时因压力高，压裂液注入高达 $1136m^3$ 后才开始加砂(表 2 -5、表 2 -6)。

表 2 -5 国外深层页岩气储层特征参数

主要页岩气区块	平均埋深/m	平均厚度/m	单井平均最终采收量/10^8m^3	单井控制面积/km^2	区块技术可采储量/$10^{12}m^3$	单井成本/万美元
Marcellus(浅层)	2057	38	0.66	0.32	5.04	300 ~400
Barnett(浅层)	2286	91	0.45	0.46	0.67	160 ~370

续表

主要页岩气区块	平均埋深/m	平均厚度/m	单井平均最终采收量/10^8m^3	单井控制面积/km^2	区块技术可采储量/$10^{12}m^3$	单井成本/万美元
Haynesville	3658	76	1.01	0.32	2.11	900~1000
Eagle Ford(干气)	3600	121	1.56	0.64	0.59	400~650
Cana Woodford(气)	4115	61	1.47	0.64	0.16	900~1200
Hilliard-Baxter-Mancos	4496	937	0.05(低产)	0.32	0.107	2000
Mancos	4648	914	0.28(低产)	0.32	0.59	

表2-6　国内外深层页岩气压裂工艺参数对比

压裂工艺参数	国外	国内
分段分簇	单段3~10簇	单段2~6簇
射孔参数	孔径14mm以上	孔径9.5mm、10.5mm、12.7mm
压裂模式	预处理酸+线性胶+滑溜水+冻胶	预处理酸+胶液+滑溜水+胶液
压裂液	滑溜水(1~3mPa·s)和冻胶	滑溜水(9~12mPa·s)和聚合物
支撑剂	100目、40/70目、30/50目、20/40目	100目、40/70目、30/50目
加砂方式	低砂比连续加砂	段塞加砂
单段压裂规模/m^3	1500~2900	1600~3100
单段支撑剂规模/m^3	70~110	50~80
综合砂液比/%	3~6	1.1~4.1
施工排量/(m^3/min)	11~14	12~18
施工压力/MPa	70~90	90~118

第三章　深层页岩关键地质工程参数评价

第一节　全生命周期的地质工程动态一体化设计

地质工程一体化的优化目标就是最大限度地发挥储层改造的增产和稳产潜力，实现“降本增效和稀井高产”，其技术核心就是“工程参数与地质参数的动态优化与适时匹配”。就深层页岩气体积压裂技术而言，地质工程一体化是动态的过程，在压前、压中及压裂后有效期结束的全生命周期内都要持续跟踪优化和动态调整，实现的难度更大。换言之，压前地质参数评价的结论，需要通过压裂施工数据的反演分析(包括实时反演)以及压裂后评估分析，进行系统的验证和适时的修正。因此，与地质参数匹配的井网参数、裂缝参数及压裂施工参数也应进行适时的动态优化和调整。当然，井网的适时调整难度比较大，只可能在打加密井或开发不同层的“井工厂”井网部署时一并考虑。裂缝参数及压裂施工参数的适时调整相对容易些，可在后续施工及加密井与重复压裂井中实施。而压裂后有效期内的生产制度优化，也要考虑到因孔隙压力降低导致的地应力降低以及由此引发的裂缝内支撑剂的再次运移和出砂的风险。

特别需要指出的是，地质工程一体化的基础是精细地质模型(包括区块、井组和单井三种)的建立及后续的不断修正，钻井资料和压裂施工资料必须适时地对地质模型进行更新。此外，钻完井及压裂技术的一体化也是必须高度重视的环节，且必须以逆向设计、正向施工的方式进行，即以压裂为核心，确定钻井的井筒方位、在储层中的纵向位置，以及要综合考虑钻井液与压裂液的配伍性及全程储层保护问题。

一、地质工程双甜点、双甜度及综合可压度的系列评价方法

在区块地质建模的基础上，单井地质建模中，注重了从甜点、甜度，到可压度的系列评价方法研究，并在评价模型上持续改进，评价结果由定性为主逐渐过渡到定量为主、由近井为主逐渐过渡到远井为主，且评价结果与压裂后产量尤其是累产的正相关性程度逐渐提高。三种评价方法其实也并不矛盾，地质工程双甜点指标可以作为段簇位置初选的依据，双甜度可以在双甜点的基础上进一步精选段簇位置，二者都是压前段簇优选的手段。而可压度则是压裂中的实时分析手段，可以为本井其他具有相似双甜度的段簇位置的施工参数调整提供依据。

(一)地质工程双甜点评价方法

地质工程双甜点评价方法见式(3－1)。

$$S = S_{\mathrm{Gi}}W_{\mathrm{Gi}} + S_{\mathrm{Ei}}W_{\mathrm{Ei}} \tag{3-1}$$

式中，S 为甜点；S_{Gi}为地质甜点参数集合中某个参数归一化后的结果；W_{Gi}为地质甜点参数集合中某个参数的权重因子；S_{Ei}为工程甜点参数集合中某个参数归一化后的结果；W_{Ei}为工程甜点参数集合中某个参数的权重因子。W_{Gi}、W_{Ei}由灰色关联度评价方法作归一化处理后得出。

上述甜点计算模型用于现场实例井的验算，某井各段综合甜点指标和其产气贡献率的关系如图 3－1 所示。

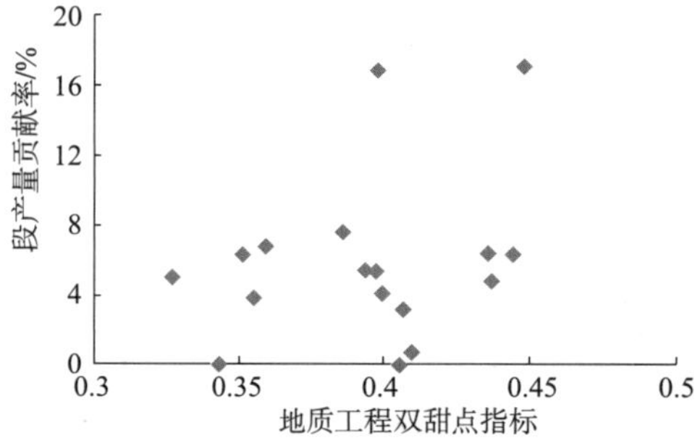

图 3－1　某页岩气井地质工程双甜点指标和产气贡献率的关系

（二）地质工程双甜度评价方法

所谓双甜度，即在上述双甜点中寻找更甜的甜点，并在评价模型上进一步量化，以假设的最甜双甜点包含的参数集合为参照系，通过计算欧氏贴近度的方法，定量评价双甜度指标。压裂后产量与双甜度的正相关系数比双甜点进一步提升。

用欧氏贴近度作为定量评价参数，即与最甜参照系的贴近度为待评价段簇位置的甜度。设 A 为待评价区 A_1、A_2、$A_3 \cdots A_{n-1}$ 与参照系 A_{n*} 组成的集合，设 $P(P_1$、P_2、$P_3 \cdots P_m)$ 为与 A 对应的 m 个特征参数的集合，按最大最小法求取由集合 A 到集合 P 的模糊矩阵 $\boldsymbol{R}$：

$$\boldsymbol{R} = [r_{ij}]_{n \times m} \tag{3-2}$$

$$r_{ij} = \begin{cases} 0 & x \leqslant a_1 \\ \dfrac{x - a_1}{a_2 - a_1} & a_1 \leqslant x \leqslant a_2 \\ 1 & x \geqslant a_2 \end{cases} \tag{3-3}$$

式中，$r_{ij} \in [0, 1]$，$i = 1$、2、$3 \cdots n$；$j = 1$、2、$3 \cdots m$，为待评价区 A_i 具有的特征参数 P_j 的隶属度；x 为特征参数；a_1 为特征参数的最小值；a_2 为特征参数的最大值。

将模糊矩阵 $\boldsymbol{R}$ 划分为 n 个次级模糊矩阵 $\boldsymbol{R}_1$、$\boldsymbol{R}_2$、$\boldsymbol{R}_3 \cdots \boldsymbol{R}_{n-1}$ 及 $\boldsymbol{R}_n^*$，由式(3－4)计算各次级模糊矩阵与 $\boldsymbol{R}_n^*$ 的贴近度，该贴近度(ρ)即为所求的甜度。

$$SS = \rho(\boldsymbol{R}_j, \boldsymbol{R}_n^*) = 1 - \sqrt{\frac{1}{m} \sum_{i=1}^{m} [\boldsymbol{R}_j(i) - \boldsymbol{R}_n^*(i)]^2} \tag{3-4}$$

式中，SS 为地质或工程甜度。

（三）可压度评价方法

1. 近井筒可压度

一般来说如果储层岩石是纯塑性材料，其破裂后压力将长时间保持峰值，此时，形变匀速增加，消耗的能量最大，设其近井筒可压度为 0；如果是纯脆性材料，其破裂后压力将直线下降，此时，消耗的能量最小，设其近井筒可压度为 1。那么真实储层岩石的脆性应介于两者之间，表达式为：

$$I_B = \frac{E_p - E_b}{E_p} \tag{3-5}$$

式中，I_B 为近井筒可压度；E_p 为纯塑性页岩破裂后消耗的能量，J；E_b 为纯脆性页岩破裂后消耗的能量，J。

水力压裂时能量可用施工压力与排量的积分来表示，则式(3-5)可变为：

$$I_B = \frac{(t_c - t_0)(p_{max} + p_h - p_f) - \int_{t_0}^{t_c}[p(t) + p_h - p_f]dt}{(t_c - t_0)(p_{max} + p_h - p_f)} \tag{3-6}$$

式中，$p(t)$为井口施工压力，MPa；p_h 为静液柱压力，MPa；p_f 为井筒摩阻，MPa；t_c 为地层破裂变形后压力下降至最低值时的时间，min；t_0 为地层变形后压力上升至最高值时的时间，min；p_{max} 为页岩塑性形变过程中井口压力升至的最高值，MPa；t 为施工时间，min。

2. 远井筒可压度

主要考虑压裂施工参数的综合影响，提出了利用施工时支撑剂及压裂液参数来定量表征远井筒可压度。

由于进入地层的液体类型及黏度组合较多，该方法首先将各类压裂液体积统一折算，具体方法如下：

$$v_f' = v_f \frac{R_1}{R_s} \tag{3-7}$$

式中，v_f'为等效压裂液体积，m^3；v_f 为某种压裂液体积，m^3；R_1 为某种压裂液砂液比；R_s 为滑溜水砂液比。

按照类似思路，将不同粒径的入地支撑剂体积统一折算为40/70目支撑剂体积：

$$v_s' = v_s \frac{\overline{\varphi}}{\varphi_{40-70}} \tag{3-8}$$

式中，v_s'为等效支撑剂量，m^3；v_s 为某粒径支撑剂量，m^3；$\overline{\varphi}$ 为某支撑剂平均粒径，mm；φ_{40-70}为40/70目支撑剂平均粒径，mm。

根据等效压裂液体积及等效支撑剂体积可计算出等效砂液比 T：

$$T = \frac{v_s'}{v_f'} \tag{3-9}$$

远井筒可压度则用下式计算：

$$S_f = \frac{T_i - T_{min}}{T_{max} - T_{min}} \tag{3-10}$$

式中，S_f 为远井筒可压度；T_i 为区块各井或各压裂段的等效砂液比；T_{min}、T_{max} 为最小、最大等效砂液比。

综合可压度可按式(3-1)同样的模型进行计算。上述成果在某页岩气田的30多口井获得应用验证，产剖测试结果证明，无效段簇占比由33%降至13%~20%，平均单井产量提高了35.6%。

(四)基于大数据和智能算法的井网-裂缝-压裂工艺参数协同优化技术

要实现地质工程一体化的降本增效和稀井高产目标，以井工厂为开发单元，建立了基于大数据和智能算法为基础的井网-裂缝-压裂工艺三类参数的多参数协同优化模型，以井工厂平台的投入产出比或采收率最大化为目标，综合考虑各参数的特定限定条件，可同步优化出上述三类参数优化结果。且可基于蒙特-卡洛随机分析方法，对上述优化结果下的经济效益进行概率分布分析。

井工厂平台的经济净现值优化模型(含各参数限定条件约束)如下:

$$NPV = \sum_{i=1}^{n} \frac{Q_i(L_h, D_h, L_f(V_f, V_p, Q_p), CON_f, D_f) p_i}{1 + I_i} - C_d - C_f \tag{3-11}$$

$$1000 \leqslant L_h \leqslant 2000$$

$$50 \leqslant D_h \leqslant 600$$

$$20 \leqslant L_f \leqslant 300$$

$$0.5 \leqslant CON_f \leqslant 10$$

$$5 \leqslant D_f \leqslant 40$$

$$100 \leqslant V_f \leqslant 2500$$

$$5 \leqslant V_p \leqslant 120$$

$$5 \leqslant Q_p \leqslant 20$$

式中,NPV 为平台的经济净现值,元;n 为评价年限,一般为20年;Q_i 为第 i 年的平台产量,m^3;L_h 为水平井筒长度,m;D_h 为相邻水平井筒间距离,m;L_f 为水力裂缝支撑半长,m;CON_f 为裂缝导流能力,$\mu m^2 \cdot cm$;D_f 为相邻裂缝间距离,m;p_i 为第 i 年油价,元/吨;I_i 为第 i 年贴现率,小数;C_d、C_f 分别为钻井及压裂的成本,元;V_f、V_p 分别为单井压裂液及支撑剂总量,m^3;Q_p 为注入排量,m^3/min。

钻井费用与 L_h 有关,压裂费用与 V_f、V_p、Q_p 有关,而 V_f、V_p、Q_p 又与 L_f、CON_f 有关。当然,上述各参数的范围可根据需要随时调整。

某示例平台的优化结果见表3-1。在气价较低时,应适当加大井间距和缝间距。

表3-1 井工厂参数优化结果(气价1.5元/立方米)

井式	4井式	6井式
水平井筒长度/m	1252	1015
井间距/m	496	287
导流能力/$\mu m^2 \cdot cm$	2.9	3.1
缝间距/m	26	29
单段液量/m^3	1280	2026
单段支撑剂量/m^3	58	85
注入排量/(m^3/min)	12.6	14.2
平台经济净现值/万元	23889	36660

(五)由现场施工数据实时反演地质参数的压裂实施控制技术

考虑到裂缝监测及压裂后产剖测试费用昂贵,且多解性严重,因此,绝大部分井都没有采用上述技术。因此,如何最大限度地利用压裂施工本身的曲线及数据,对储层地质参数进行定性或半定量的实时分析,显得尤为重要。

能实时分析或反演的储层地质参数主要包括岩石脆性指数、渗透率、岩石力学、地应力及水平应力差,以及天然裂缝的位置与发育程度等。

其中,岩石脆性指数的计算,可参照前边近井可压度的计算模型。该方法可以对每段裂缝的破裂特征及脆塑性特征进行实时的分析，如脆性指数高，可降低滑溜水的黏度及施工砂液比，反之则用较高的压裂液黏度及施工砂液比。

利用破裂前的压裂液注入量，根据径向渗流理论进行分析，可对渗透率进行实时计算；根据压裂施工参数，可求取杨氏模量与泊松比随施工时间的变化曲线，实时计算岩石力学参数；地应力尤其是最小水平主应力的求取方法比较多，也相对成熟，如小型测试压裂及压裂后压力降落曲线的 G 函数分析等。而两向水平应力差的模型如下：

$$\Delta\sigma_{\mathrm{h}} = 2\sigma_{\mathrm{h}} - p_{\mathrm{i}} - p_{\mathrm{f}} + \sigma_{\mathrm{f}} \tag{3-12}$$

式中，$\Delta\sigma_{\mathrm{h}}$ 为两向水平应力差，MPa；p_{i} 为储层孔隙压力，MPa；p_{f} 为储层岩石地下破裂压力，MPa；σ_{f} 为储层岩石抗张强度(可通过室内岩心实验或现场一次瞬时停泵测试获取)。

至于天然裂缝的位置与发育程度，定性的判断可基于压裂施工时的井底压力曲线的剧烈波动时机及波动幅度等进行描述。

描述每个天然裂缝(假设为张开型天然裂缝)的长度及宽度的一个重点就是确定流量在各裂缝的动态分配。多条裂缝同时存在和延伸时满足 Kirchoff 第一定律和 Kirchoff 第二定律即物质平衡和压力连续准则。

假设在时间段 $j-1$ 时间末，主裂缝延伸至第 $k+1$ 条天然裂缝且天然裂缝开启，则第 $k+1$ 条天然裂缝的缝口压力，此时由于刚开启为缝口闭合压力为 $\sigma^{\mathrm{c}}_{(k+1)}$。

$$\sum_{i=1}^{k+1} Q_i + Q = Q_{\mathrm{T}} \tag{3-13}$$

$$P_0 = \Delta P_i^{\mathrm{cf}} + \Delta P_i^{\mathrm{w}} + \sigma_i^{n} = \Delta P^{\mathrm{cf}}_{(k+1)} + \sigma^{\mathrm{c}}_{(k+1)} (i=1,\ 2\cdots k) \tag{3-14}$$

$$\frac{\mathrm{d}P_i^{\mathrm{w}}}{\mathrm{d}s} = (-2k)\left(\frac{2n+1}{n}\right)^n Q_i \frac{1}{H_i W_i^{2n+1}\xi};\ P_i^{\mathrm{w}}(x_i) = P_i^{\mathrm{cf}};\ P_i^{\mathrm{w}}(\mathrm{tip}) = \sigma_i^{\mathrm{tipc}} (i=1,\ 2\cdots k+1) \tag{3-15}$$

$$\frac{\mathrm{d}P^{\mathrm{cf}}}{\mathrm{d}s} = (-2k)\left(\frac{2n+1}{n}\right)^n Q^n \frac{1}{H^n W^{2n+1}\xi};\ P_{\mathrm{cf}(x_{k+1})} = \sigma^{\mathrm{c}}_{(k+1)};\ P_{\mathrm{cf}(x_0)} = p_0 \tag{3-16}$$

在随后时间段，仍然只有 $k+1$ 条天然裂缝，则按如下分配流量：

$$\sum_{i=1}^{k+1} Q_i + Q = Q_{\mathrm{T}} \tag{3-17}$$

$$P_0 = \Delta P_i^{\mathrm{cf}} + \Delta P_i^{\mathrm{w}} + \sigma_i^{n} (i=1,\ 2\cdots k+1) \tag{3-18}$$

$$\frac{\mathrm{d}P^{\mathrm{w}}}{\mathrm{d}s} = (-2k)\left(\frac{2n+1}{n}\right)^n Q_i \frac{1}{H_i W_i^{2n+1}\xi};\ P_i^{\mathrm{w}}(x_i) = P_i^{\mathrm{cf}};\ P_i^{\mathrm{w}}(\mathrm{tip}) = \sigma_i^{\mathrm{tipc}} (i=1,\ 2\cdots k+1) \tag{3-19}$$

$$\frac{\mathrm{d}P^{\mathrm{cf}}}{\mathrm{d}s} = (-2k)\left(\frac{2n+1}{n}\right)^n Q^n \frac{1}{H^n W^{2n+1}\xi};\ P_{\mathrm{cf}(x_0)} = p_0 \tag{3-20}$$

$$w_{i\max}(x) = 2\alpha\left[\left(\frac{1}{60}\right)\frac{(1-\nu^2)Q_i\mu L_i}{E}\right]^{1/4},\ \overline{w_i} = \frac{\pi}{4} w_{i\max} \tag{3-21}$$

$$L_i = \frac{Q_i\,\overline{w_i}}{4\pi H_i C^2}\left[\mathrm{e}^{x^2} erfc(x) + \frac{2x}{\sqrt{\pi}} - 1\right],\ x = \frac{2C\sqrt{\pi t}}{\overline{w}} \tag{3-22}$$

式中，Q_{T} 为压裂液总排量；Q 和 Q_i 分别为主缝和第 i 条天然裂缝的压裂液流量；P_{cf}

及 P_i^{cf} 为主缝中的压力和主缝中对应第 i 条天然裂缝位置处的压力；$P_i^w(x_i)$ 为主缝中相对于第 i 条裂缝 x_i 位置处的压力；ΔP_i^{cf} 为主缝中从缝口到第 i 条天然裂缝的缝中沿程压降；P_i^w 为第 i 条天然裂缝中的压力；$P_i^w(\mathrm{tip})$ 为第 i 条天然裂缝尖端压力；ΔP_i^w 为第 i 条天然裂缝中的压力降；σ_i^c 及 σ_i^{tipc} 为第 i 条裂缝闭合应力和尖端闭合应力；P_0 为主缝缝口压力；x_0 及 x_i 分别为主缝缝口位置和主缝中相对于第 i 条天然裂缝的位置。

（六）考虑渗吸作用的压裂液返排优化与压裂后综合评估技术

1. 考虑渗吸作用的压裂后返排设计

如不考虑渗吸作用，压裂后一般应立即进行返排。但考虑了渗吸作用后，裂缝壁附近的压裂液滤液会溶蚀一部分孔隙孔道，导致孔隙度和渗透率增大，尤其在毛细管力的作用下，压裂液滤液会渗入储层深部位置，避免了近井筒裂缝区域的所谓水锁效应，更有利于油气的顺畅产出。渗吸前后核磁 T_2 谱流体分布特征，如图 3-2 所示。

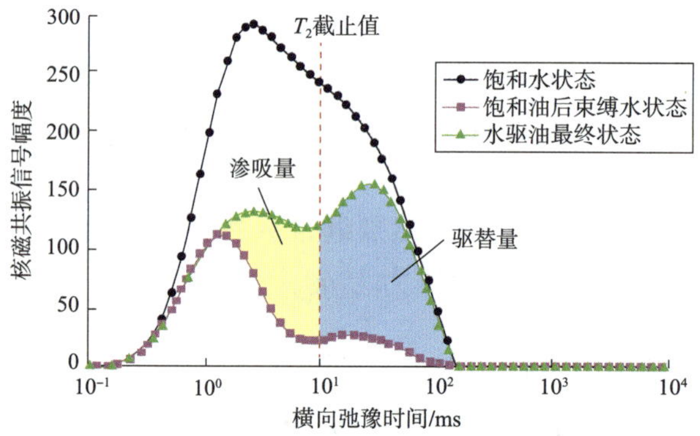

图 3-2　渗吸前后 T_2 谱流体分布特征

对页岩气储层而言，束缚水饱和度低，具有天然自吸能力。渗吸作用增强压裂液与储层的剪切润滑作用，产生诱导微裂隙，有利于页岩气产出；而对致密油及页岩油储层而言，渗吸作用以油水置换方式为主，通过增大滞留液量起到增能提采作用。

2. 研究提出了以 4 种典型 G 函数图版为基础的压裂后综合评估技术

通过大量的压裂后 G 函数分析及分类研究，实现了不同裂缝形态压裂段占比及压裂效果的定量分析。其中，Ⅰ类型 G 函数曲线波动大，体现了支、微裂缝形成，是较为理想的多尺度缝典型曲线。4 类 G 函数的特征见表 3-2。

表 3-2　压裂后 4 类 G 函数分布特征

类型	特征描述	裂缝形态
Ⅰ	前期爬升，后期波动大	多尺度网络裂缝（微缝、支缝改造较充分）
Ⅱ	前期呈爬升形态，后期平稳、波动小	复杂裂缝（支缝改造较为充分）
Ⅲ	前期快升-快降，后期波动较大	一般复杂裂缝（支缝改造程度低）
Ⅳ	前期快升-快降，后期波动较小	简单双翼裂缝（主缝为主）

通过工艺优化，G 函数图版反演微裂缝特征明显增强，单井Ⅰ型 G 函数曲线占比由以往的 36% 增加至目前的约 60%。

3. 压裂有效期内的生产管理动态优化调整技术

压裂有效期内的生产动态管理主要包括压裂后返排及后期生产制度的动态优化。压裂后返排优化模型是在油气藏精细地质建模的基础上，利用 MEYER 等裂缝扩展模拟软件，模拟不同时间内的裂缝扩展几何尺寸，再利用 ECLIPSE 数值模拟软件，模拟不同时间压裂液注入的压力分布与含水饱和度分布等。然后再以此为油气藏的初始输入参数，模拟压裂后返排期间的返排液产出及油气的峰值情况等，通过改变压裂后返排时机及返排制度等，可以压裂后油气峰值出现的周期最短为目标函数进行相应的返排参数优化。

至于压裂后有效期内生产制度的动态优化，应当考虑压裂后生产引起的孔隙压力降低和裂缝闭合压力降低对裂缝内支撑剂再次运移分布的影响。为简化起见，缝高方向只示意了3层支撑剂，而缝宽方向只示意了1层。单颗粒的支撑剂的受力分布示意图如图3-3所示。

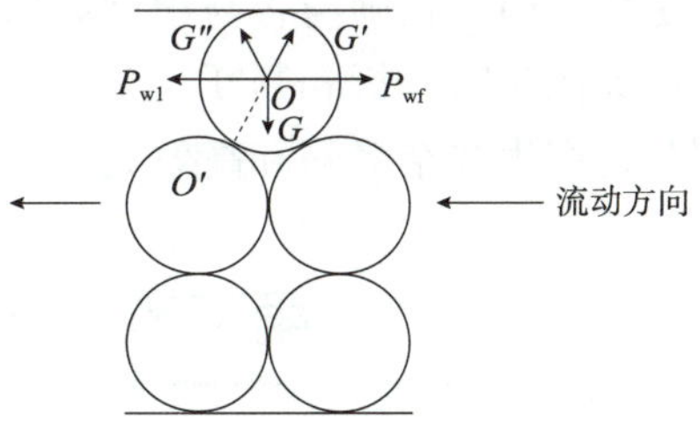

图3-3 裂缝内单颗粒支撑剂受力分布示意图

根据力矩平衡原理：

$$P_{w1}\cdot\frac{1}{2}D_p\cdot\cos\theta+(G'+G'')\cos\theta\cdot2\cdot\frac{1}{2}D_p\cdot\sin\theta\leqslant G\cdot\frac{1}{2}D_p\cdot\sin\theta+P_{wf}\cdot\frac{1}{2}D_p\cdot\cos\theta \tag{3-23}$$

可进一步简化为：

$$P_{w1}+2\sin\theta(G'+G'')\leqslant G\cdot\tan\theta+P_{wf} \tag{3-24}$$

假设裂缝端部的压力为油藏压力 P_i，且按比例到井筒处递减为 P_{wf}，则 P_{w1} 和 P_{wf} 的关系为：

$$P_{w1}=P_{wf}+\frac{P_i-P_{wf}}{L_p}D_p \tag{3-25}$$

则式(3-24)可转化为：

$$\frac{P_i-P_{wf}}{L_p}\cdot D_p\leqslant G\cdot\tan\theta-2\sin\theta(G'+G'') \tag{3-26}$$

上述式中，G 为支撑剂单颗粒的重力，10^6N；D_p 为单颗粒支撑剂的直径，m；P_i 为储层孔隙压力，MPa；P_{wf} 为井底流动压力，MPa；θ 为三个相邻单颗粒支撑剂中，上边的支撑剂颗粒与底下支撑它的支撑剂颗粒圆心的连线与重力方向的夹角，(°)。

综上所述，影响压裂后裂缝内支撑剂稳定的主要因素有井底流压、油藏压力、闭合应力及支撑剂颗粒直径等。井底流压越小、油藏压力越小、闭合压力越大，支撑剂颗粒直径越大，裂缝内的支撑剂就越稳定，长期导流能力的保持率及增产潜力也越高。

根据数值模拟优化结果，提出某深层页岩气水平井的压裂后排采控制原则：①压裂施工及钻塞作业结束后立即采取返排措施；②在不出砂的前提下逐步增大放喷油嘴，尽量大压差返排，排采压差控制在12MPa以上，且初期日排液量不小于50m³/d。据此指导该区块两口页岩气水平井压裂后排采措施，均取得较好的排采效果，见表3-3。

表3-3 示例井压裂后排采效果

井号	水平段长/m	压裂段数	累计排采时间/月	目前排液量/(m^3/d)	累产气量/10^6m^3	返排率/%
A	1280	22	18	15~30	5.4	53.51
B	1400	12	8	32~65	1.5	59.52

值得指出的是，在上述地质工程一体化研究中，对关键的技术问题进行了研讨，但还有一些问题需要深入分析，主要包括：地质工程一体化中，最重要的是地质模型的及时修正和更新，但其正确与否与精度如何，难以有效验证。此外，多簇裂缝起裂与延伸的非均衡程度如何实时分析和判断；多簇裂缝支撑剂分布的均衡性如何确保；深层高水平应力差储层如何产生复杂缝网和高效充填等，都有待今后进一步深入研究。

第二节　深层页岩可压性评价方法

深层页岩的可压性包括储层品质、完井品质及压裂品质，三者缺一不可，它们共同构成了可压性评价的基本内涵。其中，储层品质是可压性评价的基础和前提，主要包括含气丰度等地质甜点评价；完井品质则为压裂作业提供了必要的井筒条件，主要包括井筒固井质量等评价；压裂品质是最终的落脚点，主要包括裂缝复杂性的评价等内容，下边分别进行阐述。

一、储层品质

储层品质主要包括热演化程度、有机碳含量、含气量或含气丰度、压力系数等。其中，热演化程度反映了地下页岩气的赋存状态，该值低于某个临界值后可能会出现油气两相赋存状态，进一步降低后就可能完全呈现出页岩油赋存状态。此外，该值也反映了岩石的矿物组分及水敏等特性及变化。显然地，它会影响压裂裂缝导流能力的设计及压裂液配方的优化；有机碳含量间接反映了含气量的高低，但也不完全如此，因它还与断层的发育情况息息相关，如断距较大可能造成了页岩气的逸散效应，此时即使有机碳含量很高但含气量却可能很低。但对相邻段簇位置而言，即使发生了上述逸散效应，有机碳含量高的段簇位置的含气量也应是相对较高的；含气量或含气丰度则是最终滞留在页岩中的单位岩石体积中的页岩气体积。显然地，含气量或含气丰度越高，压裂后产量也应越高。且含气量或含气丰度与压力系数息息相关，含气量或含气丰度越高，在相同条件下的压力系数也应越高，反之则应越小。常压页岩气之所以压裂效果不理想，主要是压力系数的降低一般伴随着页岩气的逸散效应(逸散的一般都是游离气，剩余的一般都是吸附气)，实际上是二者的共同作用，导致了常压页岩气压裂后效果的不理想。

二、完井品质

完井品质主要包括固井质量、井筒内径、抗内压强度及在页岩中的穿行轨迹与A靶点及B靶点高差等。显然地，固井质量尤其是水平井筒的固井质量至关重要，它决定了压裂的分段分簇能否真正实现；套管内径决定了注入排量高低，套管内径越大，注入的排量越高(需要高压井口及地面高压管汇等共同配合)，越有利于深层页岩气造缝及携砂作业。但也不是井筒内径越大越好，因为一旦井筒内径超过某个临界值之后，水平井筒内的支撑剂沉砂效应就越厉害，势必会增大顶替液量和/或顶替液的黏度，则缝口处的导流能力损害程度就会相应增加，严重时甚至会发生包饺子效应，致使裂缝完全失效。且套管内径增大后的钻井及完井成本也会进一步增加。因此，井筒内径的选择需要与页岩的地下流动特性结合起来，并按节点协调性优化原理并结合经济评价结果综合权衡决定；套管抗内压强度决定了压裂排量设计及是否会发生套变等。抗内压强度越高，越有利于提高注入排量及防止套变，但也应结合地层需要的排量，从经济平衡角度进行综合权衡优化；水平井筒在页岩中的穿行轨迹优化也非常重要，尤其是深层页岩气压裂，因垂向应力与最小水平主应力的差值越小导致缝高的延伸程度受限越大，加上密切割带来的段内更多簇射孔，每簇裂缝的缝高延伸程度进一步受限。因此，如水平井筒的穿行位置不是储层品质好的层位，则压裂后效果会大打折扣。且在一个压裂段内，各簇射孔处的应力、岩石力学参数及物性等应尽量接近相等，以确保各簇裂缝的均匀起裂和均匀延伸。当然，如考虑投暂堵球等措施，考虑到其密度相对较大，运动惯性相对较大，会优先暂堵靠近 B 靶点的射孔簇处的孔眼，因此，可刻意将应力及破裂压力不同的射孔簇作为一个压裂段，且应力及破裂压力高的射孔簇应靠近 A 靶点附近。而当水平井筒穿行到断层或目的层段的顶底位置时，则需要进行定向射孔，以避免人工裂缝沟通断层附近的天然裂缝或目的层顶底处的遮挡层。有时虽然认为沟通天然裂缝利于形成复杂缝，但也易于造成钻井液与压裂液相互混合导致的不配伍及沉淀等现象，会严重影响压裂后排采及后期的正常生产。此外，水平井筒也应尽量避免在两个岩性界面处穿行，以避免水力裂缝沟通岩性界面而影响造缝体积提升及后续的正常加砂作业。为确保水平井筒在地质工程双甜点处的高穿行率，地质导向及稳定分布的地质标志层是非常重要的；A 靶点与 B 靶点的高差设计也非常关键。早期的高差经常达到200m 甚至 400m 以上，且一般是 B 靶点的高度更低，导致压裂后返排时靠近 B 靶点的射孔簇裂缝因井筒积液较多难以正常返排或因返排压差相对较大而仅有较少量的压裂液流出，导致压裂后含水处于一个相对更长的周期内。同时，这又会进一步导致 B 靶点附近的可溶桥塞因缺乏水动力流动环境而难以彻底溶解，还要因此增加一个连续油管钻塞的工序，会严重影响压裂后投产时效及增大单井试气成本。A 靶点、B 靶点高差越大，上述问题越严重。因此，应尽最大可能降低其高差。理想的情况应是 A 靶点、B 靶点高差为 0m，当压裂后返排时，所有的段簇裂缝都能同步进行排采，且各簇裂缝排采的阶段也基本同步，由此可大幅度缩短含水排采期，同时也可最大限度地增加各个桥塞的同步溶解程度。且也可在一定程度上降低暂堵球的流动惯性，利于增加暂堵效率。但关键是页岩目的层的地质构造及横向展布规律，能否找到满足设计水平段长度且零高差的 A 靶点、B 靶点位置。另外，如果 A 靶点更低，虽有利于压裂后返排及各个桥塞的溶解，也有利于提高暂堵球的效率(因要克服重力作用，暂堵球难以快速运移到靠近 B 靶点附近的射孔簇孔眼处，因流动速度降低而利于封堵进液多的射孔簇孔眼处)和缓解支撑剂流动跟随性差导致的靠近 B 靶点支撑剂过早堆积效应。此时，靠近 B 靶点射孔簇的水平井筒内因有大量的支撑剂堆积，后续注入的压裂液及支撑剂大部分进入了靠近 A 靶点的射孔簇裂缝中，进一步加剧了各簇裂缝非均衡延伸程度。同时，暂堵球也难以顺畅进入靠近 B 靶点射孔簇孔眼处，则簇间暂堵效果会大打折扣。另外需要指出的是，水平井筒的沉砂效应大幅度增加了，为此，需要大幅度增加顶替液量和/或黏度，以增大水平井筒的清洁程度，便于下段下桥塞作业的正常进行，但同时也加剧了过顶替造成的缝口处包饺子效应，及由此而来的对压裂后产量的严重影响，是得不偿失的。因此，不到万不得已，一般不采用 A 靶点更低的策略。即使采用了，也应最大限度地缩小 A 靶点、B 靶点的高差。

三、压裂品质

压裂品质是在储层品质及完井品质评价的基础上，聚焦于是否能够形成立体缝网而言的。具体而言，主要基于岩石的脆性指数、水平主应力差异系数、垂向应力与最小水平主应力差异系数及天然裂缝发育程度与充填程度等的评价，判断立体缝网形成的可行性。目前主要形成了不同参数的规范，见表3-4。

表3-4　深层页岩气压裂品质定性评价规范

序号	评价参数	较优指标	良好指标	一般指标	备注
1	矿物法脆性指数/%	>55	50~55	<50	裂缝复杂性
2	无围压岩石力学脆性指数/%	>55	50~55	<50	
3	有效围压岩石力学脆性指数/%	>50	40~50	<40	
4	裂缝发育情况	弱改造面发育	裂缝弱发育	裂缝不发育	
5	水平应力差/MPa	<13	13~16	>16	
6	最小主应力梯度/(MPa/m)	<0.022	0.022~0.0235	>0.0235	缝宽与导流能力
7	垂向应力与最小主应力之差/MPa	>8	4~8	<4	裂缝高度
8	页岩层间应力差/MPa	<3	3~6	>6	
9	断裂韧性/MPa·$m^{0.5}$	<0.5	0.5~1	>1	裂缝横向扩展

其中，岩石的脆性指数目前有20种左右的评价方法，但核心是基于岩心矿物组分分析法、岩心应力-形变法及现场破裂压力与延伸压力的形态等。岩心矿物组分法主要基于脆性矿物石英的含量(有时加上长石及碳酸盐岩含量)进行定量评价，该方法的优点是直观、简单易行，但缺点是没有考虑深层页岩高温高压作用下石英的脆塑性变化特征。岩心应力-形变法可以考虑储层温度及压力的影响，但取心的代表性难以保证，即使有代表性也仅代表了近井筒岩石的特性，远井的岩石脆性程度及变化不得而知，对页岩压裂动辄2000m^3压裂液及300m以上的造缝长度而言，显然远井的岩石脆性更为重要。因此，基于压裂施工的破裂压力及延伸压力的曲线形态分析方法，可以反映远井的岩石脆性及变化，对判断立体缝网在远井的发育情况至关重要。该方法的主要原理是岩石不同的变形特征消耗的能量不同，对脆性岩石而言，一旦破裂，压力会迅速下降，延伸压力相对较小，消耗的能量较小。反之，对塑性岩石而言，岩石的破裂压力不明显，破裂后压力下降慢甚至不下降，延伸压力相对较高，需要消耗较高的能量。对一般弹塑性岩石而言(更普遍)，脆性及塑性特征兼而有之，其破裂压力及延伸压力特征介于上述两种岩石之间。而上述能量的计算可依据压裂施工压力曲线进行定量分析。压力与排量的乘积代表裂缝破裂及延伸过程中消耗的功率(水马力)，再与时间的乘积就是水力压裂过程中消耗的能量。考虑到注入排量不是恒定值，可以先求取压力与时间的分段积分，再求取其与不同阶段的排量乘积，就可精确获取不同注入阶段消耗的能量。至于具体脆性指数的计算，可以假设塑性岩石破裂压力与延伸压力相等，按上述能量的计算结果作为分母，而分子就是按上述分段积分求取的能量值。显然地，按这种方法计算的脆性指数结果，考虑了岩石从破裂到裂缝延伸结束的全过程，可以精细模拟裂缝的不同延伸阶段脆性指数的变化及立体缝网在不同裂缝延伸阶段的发育情况。

两向水平应力差异系数反映了裂缝在水平方向转向的难易程度。一般认为该值小于0.25易于形成转向裂缝。该值越小虽然越利于实现裂缝的转向，但如太小甚至接近应力各向同性，也并非好事，因为，正是由于裂缝的过早转向和频繁转向，主裂缝不一定能形成，且在加砂过程中，支撑剂需要不断地穿越不同的转向拐角处，很容易造成加砂不畅甚至早期砂堵等。因此，上述0.25的界限值应只适合中深层页岩气井，对深层页岩气压裂而言，可能不一定合适。原因在于，由于深层页岩的两向水平应力差的绝对值相对较大，一般在15~20MPa以上，而主裂缝的净压力却很少能超过10MPa的，显然地，应当将上述水平应力差与主裂缝的净压力相比较才更有意义，且只有主裂缝净压力大于水平应力差才可能实现裂缝的转向。如将水平应力差与主裂缝净压力比值定义为深层页岩气的裂缝转向系数，该值小于1才可能实现裂缝转向，且该值越小，裂缝转向的可能性越大。显然地，主裂缝在不同延伸阶段的净压力是不同的，因此，裂缝转向系数是实时变化的。可提高调整施工参数如砂液比、黏度及排量等提高主裂缝的净压力，但有时仅仅靠调整上述参数的效果还不是特别明显，此时就需要考虑是否加入缝内暂堵剂及簇间暂堵球等方法，大幅度提高主裂缝的净压力，为微裂缝的转向创造有利的条件。

垂向应力差异系数主要指上覆应力与最小水平主应力的差值，再除以最小水平主应力。如果该系数低于水平应力差异系数，则在主裂缝净压力增长的过程中，水平层理缝或纹理缝更易于张开，则主裂缝的缝高就会在很大程度上受到制约。而主裂缝缝高的降低，会相应降低最终形成的立体缝网的改造体积。同时，由于上述水平层理缝或纹理缝吸收了一定量的压裂液及排量，由此造成了主裂缝中压裂液的能量降低，因此，水平方向的裂缝转向也难以实现。而中深层页岩气因最小水平主应力梯度降低，垂向应力差异系数相对较大，不存在上述主裂缝垂向缝高增长受控的机制。综上所述，垂向应力差异系数对深层页岩气而言更为重要，为避免其对缝高延伸的影响，应在造缝早期阶段，采用高黏度胶液与中高排量组合方式，促使主裂缝缝高的快速增长，等缝高增长到一定的临界平衡状态后，就基本固定不变了。此时，再注入的压裂液基本上在长度及宽度方向延伸，当然，缝高上的各个层理缝或纹理缝也同样会吸收一定量的压裂液及排量，但因要克服上覆应力的作用，进缝阻力相对较大，因此，可能早期有一些吸入量，但很快会停止吸液。这与上述造缝早期缝高延伸相对受限时的水平层理缝或纹理缝的吸液规律有所不同。因此时的缝高受限，压裂液在主裂缝内更易积聚起更高的净压力，且缝高上的水平层理缝或纹理缝的数量也相对有限，因此，该有限数量的水平层理缝或纹理缝在较高净压力作用下，能吸收更多的压裂液及排量且其吸液的时间也会相对较长。退一步讲，不管是主裂缝缝高受限与否，即便上述水平层理缝或纹理缝在造缝与延伸阶段吸收了一定量的压裂液及排量，但随着支撑剂的进入也会快速遏制其继续吸液。因支撑剂在进入水平层理缝或纹理缝后，因其缝高即是缝宽，是相当低的，一般在1mm以下，因此，早期小粒径支撑剂会快速堆积滞留于上述水平层理缝或纹理缝缝口处，大幅度降低了其滤失性。

值得指出的是，目前有不少技术人员提出了如何最大限度地改造与支撑水平层理缝或纹理缝的问题，如果没有缝内暂堵作为前提条件，几乎是不可能完成的任务。因为，即便是高角度微裂缝系统，也比上述水平层理缝或纹理缝更具有优先吸液及延伸的优势，尤其当主裂缝内没有进行暂堵作业时，此时，多种尺度的裂缝系统共同存在，则绝大部分压裂液及排量会被延伸阻力最小的主裂缝吸收，其次被可能的多个转向支裂缝吸收，然后是被高角度的三级微裂缝吸收，最后剩余的极少量压裂液及排量才被数量众多的水平层理缝或纹理缝吸收。此外，即使进行了主裂缝内的暂堵作业，因目前的暂堵剂密度相对较大，在主裂缝缝高上难以实现完全的封堵，因此，暂堵后的压力升幅都相对不高，换言之，暂堵后主裂缝内的流动能力仍占据绝对主导地位，即暂堵后同样存在上述各个尺度裂缝共存的情况，此时，上述水平层理缝或纹理缝仍然没有机会获得足够的压裂液量及排量。但不管如何，目前采用的大比例低黏滑溜水及变排量的施工策略，可以最大限度地沟通与延伸上述水平层理缝或纹理缝，同时变排量产生的压力脉冲效应，也易于激动各个水平层理缝或纹理缝，此时即使没有支撑剂运移和铺置到位，靠层理面或纹理面的错动形成的自支撑效应，也可提供一定的导流能力，但可能持续的时间相对较短，这对深层页岩气压裂而言，可能意义也不大。

高角度天然裂缝的发育程度及充填程度对是否能够形成立体缝网至关重要，有时甚至起到决定性的作用。但必须与水力裂缝有一定的夹角才行，如与水力裂缝平行的话，也难以形成转向裂缝和立体缝网。据目前的研究成果，水力裂缝与天然裂缝的作用机制主要有三种：一是当两向水平应力差相对较大和/或与天然裂缝的夹角相对较大时直接穿过；二是当两向水平应力差相对较小和/或与天然裂缝的夹角相对较小时，被天然裂缝吸纳，直接沿天然裂缝延伸；三是当水力裂缝延伸的能量相对较小时，与天然裂缝还有一定距离时就停止延伸了。这一般发生在压裂停泵后人工裂缝利用缝内净压力继续延伸的时候，或者发生于上述前两种情况后，当再次遇到下一个天然裂缝时，因已被前次天然裂缝消耗了一定的能量，因此也出现了能量衰竭效应。显然地，在上述第一种情况下，水力裂缝更易穿过更多的天然裂缝系统，对提高水力裂缝的复杂性程度及最终形成立体缝网更为有利。而在第二种情况下，因水力裂缝消耗能量的速度更快，因此，裂缝的复杂性程度提升有限，但对天然裂缝的原位沟通和延伸，对提高支裂缝的转向半径是至关重要的。而转向支裂缝半径的增加，对增加簇间距和降低分压段数，进而对降低最终的压裂成本是非常关键的。因此，最理想的水力裂缝与天然裂缝的配置关系是将上述前两种情况有机结合起来，且是在优先出现第一种情况的基础上(相当于增加转向支裂缝的密切割程度。在存在天然裂缝且被水力主裂缝沟通的情况下，在页岩基质岩块中再次产生别的转向支裂缝的可能性不大)，再充分实现第二种情况的结果(相当于增加转向支裂缝的有效缝长即垂直于主裂缝方向的等效缝长，因为天然裂缝与主裂缝不一定是相互垂直的，更多的是介于0°~90°间的某个特定夹角)。为此，为实现第一种情况，必须在造缝阶段尽最大可能提高水力主裂缝内的净压力(主要通过优化黏度与排量组合，尤其是提排量时要快速精准到位)，且不能采用主裂缝内暂堵的策略，因如果那样的话，主裂缝会更早改变延伸路径。之后，再通过降低黏度和/或排量的策略，利用低黏滑溜水沟通与延伸天然裂缝的优势，大幅度增加水力裂缝的带宽。

需要指出的是，如果天然裂缝是呈充填或半充填状态，因为更难开启和延伸，更利于出现上述第一种情况(且更利于增加转向支裂缝的密切割程度)，而更难出现上述第二种情况。但考虑到天然裂缝中的充填物与天然裂缝并不是一个完整的基体，与页岩基质相比，仍应是一种力学弱面结构，因此仍有机会被激活，尤其当采用低黏度滑溜水或某种酸性液体时更是如此(视天然裂缝中充填物性质，如是碳酸盐岩胶结物，用常规稀盐酸即可溶蚀它，如是泥质胶结物，用稀土酸也可在一定程度上溶蚀它)。一旦上述天然裂缝中的充填物或胶结物被完全或部分溶蚀，且一旦水力裂缝沿天然裂缝方向继续新的延伸时，就基本与前述天然裂缝未被充填的情况类似。

四、可压性评价

在上述储层品质、完井品质及压裂品质定性评价分析的基础上，以往只是定性地将各个关键参数的范围列表，并简单地分为Ⅰ类、Ⅱ类、Ⅲ类等，虽然简单实用，但难以用它对水平井筒的压裂段簇进行精细划分。为此，建立可压性指数的综合评价模型。其中，各个相关参数的录取方法与中深层页岩气相同，在此不赘。权重分配目前也有多种方法可供选择，如专家综合评判法、统计的相关系数法、灰色关联度法等。考虑到不同参数的绝对值差异极大，为避免计算过程中的上述差异性，可事先进行归一化处理。

$$I_f = I_r \cdot w_r + I_c \cdot w_c + I_{hf} \cdot w_{hf} \tag{3-27}$$

式中，I_f，I_r，I_c，I_{hf}分别为可压性指数、储层品质指数、完井品质指数和压裂品质指数，无因次；w_r，w_c，w_{hf}分别为储层品质权重、完井品质权重和压裂品质权重，无因次。其中，储层品质指数、完井品质指数和压裂品质指数都是多因素组合的，也按上述同样的方法构建。

归一化的公式如下：

$$u_{xi} = \frac{x_i}{x_{max} - x_{min}} \tag{3-28}$$

式中，u_{xi}为某个参数的归一化值，无因次；x_i，x_{max}，x_{min}分别为某个参数值、该类参数的最大值和最小值。

在上述可压性评价中，关键是各关键参数的录取，可采取多学科结合的方法，如岩石力学参数，既有岩心室内测试方法，又有测井方法，还有叠后地震结合钻井机械比能等方法。每种方法都有优势也有局限性，如岩心方法是静态结果，是可压性评价所需要的，但岩心只能代表井筒的情况且其代表性也存在一定随机性；测井方法是动态结果，较岩心测试值一般要高一些，但只能代表近井筒的情况；叠后地震结合钻井机械比能方法可以综合反映远井的情况，但需要很多的钻井数据进行修正，否则精度也会受到一定的影响。为此，可综合采取多种方法的平均值。但有些参数不好量化表征，如天然裂缝发育程度，它既有发育密度又有长度及方位等特征值。尤其是天然裂缝方位的影响相对较大，如其与主裂缝方位平行，则压裂初期影响小，但一旦中后期主裂缝产生某个方向的转向支裂缝，则转向支裂缝会与天然裂缝沟通形成复杂缝网系统；反之，如其与主裂缝方位有一定的夹角，在早期就易于产生复杂缝网，但主裂缝的延伸范围可能受限。且万一中后期产生的转向支裂缝与其平行，则对中后期的缝网形成影响不大。且由于其数量巨大，不可能将每条天然裂缝的上述三个特征值都测量准确，因此有时简单地以其发育程度进行表征，如非常发育可取值1，不发育可取值0，一般发育可取值0.5。

第三节　深层页岩岩石力学及三向地应力特性评价

一、岩石力学性质

丁山、东溪、威远永川和涪陵深层页岩气井目的层的埋深均超过了3500m，部分井如东页深1、丁页2HF、南页1井目的层埋深更是超过了4000m。在如此深的埋藏深度条件下，地层的压力及温度较中浅层页岩储层也有明显的升高，深层页岩气井的地层压力可达到50MPa以上，地层温度达120～140℃，此温度和压力同时作用下，必然会对岩石的脆塑性产生不一样的影响作用。

采用龙马溪露头页岩进行了不同围压下的岩石压缩实验。实验给样品所施加的围压分别为0MPa、10MPa、20MPa、30MPa、40MPa、50MPa。对比围压0MPa与20MPa情况下的应力应变曲线发现：页岩在有围压情况下出现非线性变化特征。随着围压的增大页岩应力应变关系的非线性特征越来越明显。

采用龙马溪露头页岩进行了不同温度下的岩石压缩实验。实验给样品所施加的温度分别为常温和140℃。对比常温和140℃情况下的应力应变曲线发现：加载140℃高温后，页岩的塑性变形占总变形的比例增大，页岩的强度略有降低；常温时，到达峰值压力时，页岩瞬间破坏，显现劈裂多缝特征，残余应力高；高温时，达到峰值压力前的塑性变形持续显现，剪切缝破坏显著，残余应力低。

为进一步分析高温对页岩脆性强弱的影响，采用峰后曲线形态指数法对不同温度下的应力－应变曲线进行分析。

采用峰后曲线形态指数B表征页岩脆性，B指数越小，脆性越低。计算方法为：

$$CS_{\text{BRIT}}=\frac{\varepsilon_{\text{p}}(\sigma_{\text{p}}-\sigma_{\text{r}})}{\sigma_{\text{p}}(\varepsilon_{\text{r}}-\varepsilon_{\text{p}})}=\frac{\sigma_{\text{p}}-\sigma_{\text{r}}}{E_{\text{p}}(\varepsilon_{\text{r}}-\varepsilon_{\text{p}})} \tag{3-29}$$

$$B=\alpha CS_{\text{BRIT}}+\beta CS_{\text{BRIT}}+\eta \tag{3-30}$$

式中，σ_{p}，σ_{r}分别为峰值强度和残余强度；ε_{p}，ε_{r}分别为峰值应变和残余应变；E_{p}为峰值强度处的割线模量；CS_{BRIT}为峰后曲线形态参数；α，β，η均为标准化系数，依岩石类型和测试条件取值，一般情况下取值0～1，本文针对龙马溪组页岩取$\alpha=0.044$，$\beta=0.405$，$\eta=0.956$。

峰后曲线形态指数法分析后发现：常温情况下，B指数为1.36，高温(140℃)情况下，B指数为1.21；说明高温情况下，岩石的脆性降低。

二、地应力

(一)水平主应力差

水平应力差是指最大水平主应力与最小水平主应力差值，中深层页岩通常的指标是两向应力差异系数小于0.2，3500m以深页岩气井的水平主应力差普遍大于8MPa，如图3－4所示。4000m以深页岩气井的水平主应力差15MPa以上，水平应力差越大，越不利于复杂缝形成。

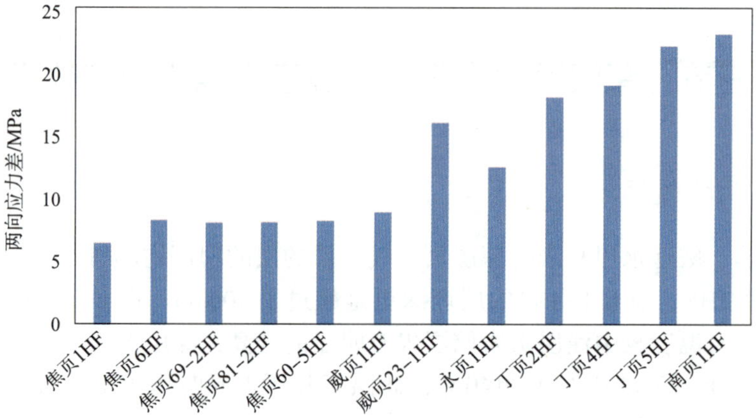

图3－4　不同区块页岩两向应力差

(二)层内应力差

层内应力差指的是优质页岩中，纵向上应力的差值，该值较大则缝高不利于扩展，值较小则利于缝高扩展，高度较高。研究了深层页岩气井的应力剖面，研究发现，深井通常层理应力差较高，在5~10MPa，中深层页岩气井层内的两向应力差与丁山和东溪地区有明显不同，层内应力差相对较低，为1~3MPa，与深层页岩相比较，该地区更有利于人工裂缝在缝高方向扩展。

(三)垂向应力与最小水平主应力差

垂向应力与最小水平应力差指的就是上覆应力与最小水平应力差值，该值越大，则越易形成横切缝，缝高相对较高，该值越小，则越易形成水平缝，缝高较小。

垂向应力通常与岩石密度有关系，其值通常为2.4~2.6MPa/100m，最小水平主应力与构造有较大关系，若挤压较强，则最小水平主应力值较大，垂向应力与最小水平应力差就变小，容易形成水平缝，缝高降低；而拉张应力区，或者裂缝发育区，最小水平主应力较低，则垂向应力与最小水平应力差就变大，此时易生成横切缝。

第四节 深层页岩断裂带及天然裂缝特性评价

在天然裂缝发育特征方面，深层页岩与中浅层页岩的优质层段底部均发育层理缝、微裂缝和低角度裂缝。然而，受沉积环境影响，天然裂缝发育特征存在差异。

以威荣地区为例，其沉积环境为钙硅质深水陆棚亚相，因此矿物组分中威荣深层页岩中钙质矿物含量高，使得钙质纹层更加发育，且纵向上呈现分段性；涪陵地区五峰－龙马溪组底部低角度滑脱缝尤为发育，岩心观察可见滑脱缝裂缝面具有明显的擦痕、阶步或镜面等特征，而威荣地区深层页岩中，这一现象较为少见。

根据裂缝的产状规模、形成机理和破裂性质等评价指标，页岩储层中发育的天然裂缝可以分为高角度缝、低角度缝、层理缝和微裂缝等。威荣页岩气田龙马溪组底部优质页岩层段中，层理缝和微裂缝普遍发育，可以通过岩心、薄片、扫描电镜及FMI成像测井综合识别，其形成机理与该套页岩沉积后经历了深埋藏~抬升变浅的多期次构造演化过程相关，由于后期构造抬升变浅，上覆岩层压力降低，使得地层内部高压和岩石有效应力的降低，常见微裂缝沿着层理等力学薄弱面或应力差异界面大量发育。层理缝对页岩储层的渗流性能和储集性能具有双重贡献，威荣地区①~④号小层水平渗透率均值为0.08mD，是垂直渗透率(均值0.0062mD)的13倍，同时层理缝和微裂缝能够有效沟通有机孔和无机孔，从而提高总孔隙体积。

相比之下，高角度缝和低角度缝在威荣页岩气田龙马溪组底部优质页岩层段中(①~③号小层)并不发育，裂缝密度2条/m，以低角度缝(倾角均小于20°，平均为15°)为主，占比大于70%。该类型天然裂缝被认为是古构造应力场作用下形成的构造裂缝，可以通过岩心观察、成像测井和地震检测对其进行不同尺度的分析。在岩心和成像测井尺度上，通过对威荣区块4口导眼井开展岩心和成像测井观察，揭示了构造成因的天然裂缝具有倾角小、倾向变化较大的特征，三组优势方位分别为北东、北西和东西向。裂缝多发育在小层界面附近，因而表现出在垂向上既不是均匀分布，也不是随机分布，而是呈现出局部聚集的特征。同一层系的裂缝在平面不同位置其走向不同，原因在于受局部应力场变化的控制，同一层系处于不同构造位置，地层产状的变化导致裂缝空间上走向发生变化。

第五节　深层页岩工程脆性指数实时评价方法

目前，国外在页岩脆性指数的研究上，Evans 在 1990 年就给出了页岩脆性的定义，Ingram 在 1999 年用过度胶结和正常胶结岩石的单轴抗压强度比值来表征脆性指数，Jarvie 在 2007 年用脆性矿物占总矿物组分的比例来表征脆性指数。此后，不同的学者开始从岩石力学的角度来表征脆性指数。但上述研究都仅从室内岩心分析或测井的方法出发，反映的仅是近井筒的情况，且岩心的获取不一定具有代表性；测井信息反映的又是动态值，难以反映压裂的准静态过程。鉴于此，提出了基于压裂施工压力曲线实时求取页岩脆性指数的新方法。同时，考虑到页岩水平井分段压裂的特殊性，即每段裂缝起裂处的岩石脆性指数也不尽相同，建立了利用每段压裂施工数据(压裂液总量及支撑剂总量)表征页岩远井脆性指数的评价模型。计算实例显示，利用压裂施工资料求取的页岩脆性指数更能反映裂缝延伸范围内的总体情况，也更具现实指导性。特别是开发中后期，岩心及水平段的测井资料都很少，唯一可供借鉴的就是大量的压裂施工资料。

一、国外页岩脆性指数常规研究方法对比

李庆辉等于 2012 年总结了 20 种国外脆性指数计算方法。这些方法分别从岩石的强度、硬度及应力应变特征等方面进行了表征方法的应用，虽有一定的指导性，但毕竟局限性也非常明显，因不同的方法都仅从某个角度进行分析，且同样的地层条件，计算的结果差别也很大，如按某口页岩气井计算的页岩脆性指数范围在 40.1% ~87.7%，此时到底取哪个值都缺乏说服力。

二、基于页岩破裂压力特性实时表征近井脆性指数

大量的压裂实践证明，页岩破裂压力特性与页岩的脆性指数息息相关。如脆性指数好，在升排量压裂过程中，即使很小的排量也会出现地层破裂，达到设计排量时还会出现多次破裂现象。反之，如页岩的塑性特征强，则直到设计排量前也难以出现明显的破裂特征。

页岩的脆性与塑性特征可从能量的角度反映出来。对强塑性页岩而言，地层破裂后压力几乎不变，但变形一直持续存在，此时消耗的能量是最大的，即可简化为变形时长与变形期间几乎恒定的压力的乘积。该乘积反映到水力压裂施工参数上，可等效为施工压力(井口压力必须转换为井底压力)、施工排量及施工时间的乘积。考虑到在此变形期间，压力、排量等可能一直是变化的，必须采用在地层破裂期间内井底施工压力与排量的乘积，并对时间进行积分来求得。为简化起见，可假设地层破裂变形期间的排量是恒定的。

同样地，对脆性强的页岩而言，地层破裂后，压力快速下降。显然，此时消耗的能量就相对较小。

根据脆性地层与塑性地层消耗能量的不同，先定义完全的塑性页岩，即地层破裂后压力一直处于峰值且恒定不变，形变匀速增加，则此时消耗的能量最大，以此为基数，其脆性指数为 0；而对完全的脆性页岩，地层破裂后压力应呈直线式下降，即压力几乎快速降

低到最低值，其脆性指数为 1。

上述定义的完全的塑性页岩及完全的脆性页岩是两个临界极值点，大部分情况下的脆性指数介于两者之间，此时，脆性指数的表达式见式(3－31)：

$$B_I = \frac{E_p - E_b}{E_p} \tag{3-31}$$

式中，B_I 为页岩的脆性指数，无因次；E_p 为完全的塑性页岩破裂后消耗的能量，J；E_b 为完全的脆性页岩破裂后消耗的能量，J。

就水力压裂施工而言，上述能量可转变为井底施工压力与排量的乘积，并对时间进行积分，表达式见式(3－32)：

$$E = \int_{T_0}^{T_c} [P(t) + P_h - P_f] \cdot Q(t) \cdot dt \tag{3-32}$$

按上述假设，破裂变形期间的排量保持恒定，则式(3－32)中与排量有关的井筒摩阻 P_f 也是恒量，则式(3－32)可转变为：

$$E = Q \cdot \int_{T_0}^{T_c} [P(t) + P_h - P_f] \cdot dt \tag{3-33}$$

式中，E 为压裂消耗的能量，J；Q 为压裂施工排量，m^3/min；$P(t)$ 为井口施工压力，MPa；P_h 为静液柱压力，MPa；P_f 为井筒摩阻压力，MPa；T_c 为地层破裂变形后压力下降到最低值时的时间，min；T_0 为地层变形后压力上升到最高值时的时间，min。

将式(3－33)代入式(3－31)并考虑到塑性与脆性的不同特性，可得：

$$B_I = \frac{(T_c - T_0) \cdot (P_{max} + P_h - P_f) - \int_{T_0}^{T_c} [P(t) + P_h - P_f] \cdot dt}{(T_c - T_0) \cdot (P_{max} + P_h - P_f)} \tag{3-34}$$

式中，P_{max} 为页岩塑性形变过程中井口压力上升到的最高值，MPa。为直观起见，可用图 3－5 示意脆性指数覆盖的能量区域面积。

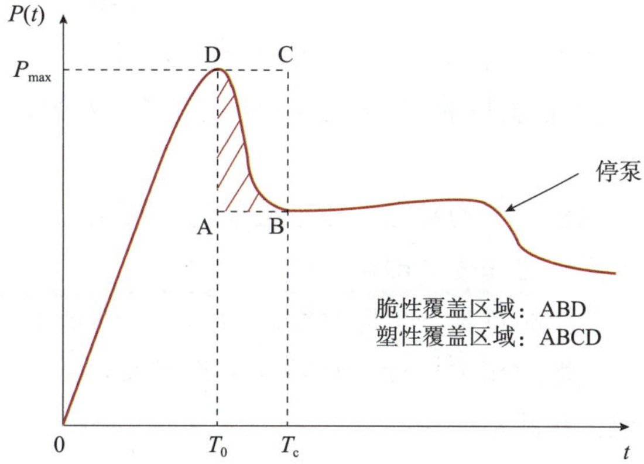

图 3－5　压裂施工曲线中的塑性与脆性覆盖的能量区域示意图

对于出现多次破裂的情况而言，每次破裂都可按上述同样的方法进行处理，但不同之处是不能将各次得出的脆性指数进行简单的算术平均，因每次压裂施工排量不同，脆性覆盖的能量区域的比例也不同。理想的处理方法是将各次的脆性覆盖的能量区域面积求和，再与塑性覆盖的能量区域面积之和相除，最终得出的脆性指数就综合反映了施工排量的权重因素。多次破裂的脆性指数覆盖的能量区域面积示意图如图 3－6 所示。

按上述方法求取的页岩脆性指数，综合涵盖了以往方法考虑的页岩硬度、强度及岩石力学特性等参数。因这些参数的综合作用，在宏观上反映的就是压裂中岩石变形及破裂特征。

同样按上述示例的页岩，按此方法计算的脆性指数为 54.8%，与现有方法计算的都不同，但此结果因考虑了各因素在力学宏观上的综合作用效果，其结果应更为可靠。

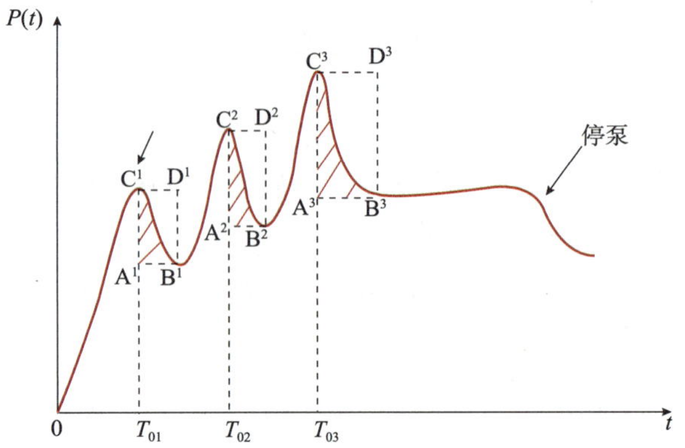

图3－6　压裂施工曲线中多次破裂时的塑性与脆性覆盖的能量区域示意图

三、页岩可压性指数研究

（一）基于脆性指数及地质甜点指标的页岩可压性指数评价方法

脆性指数只是可压性指数的一个方面，实际上，可压性指数还应考虑地质甜点的因素。换言之，最终的可压性指数大小，不但反映了页岩本身的脆性（可压裂性），也要反映压裂后出气的潜力，这样的可压性指标才能作为优选段簇位置的依据，也更具有现实的指导意义。

考虑脆性指数及地质甜点指标的可压性指数模型为：

$$F_{\mathrm{I}} = (S_1, S_2)(w_1, w_2)^T = \sum_{i=1}^{2} S_i w_i (i = 1,2) \tag{3－35}$$

式中，F_{I} 为页岩可压性指数，无因次；S_1，S_2 分别为影响可压性指数的因素 1 及因素 2，此处指脆性指数及地质甜点指数，无因次；w_1，w_2 分别为 S_1，S_2 的权重因子，无因次。

权重因子的确定一般采用层次分析法，也可根据需要由专家评判确定，只要满足 2 个权重因子之和为 1 即可。

地质甜点是一个综合性的指标，如热成熟度、含气丰度、吸附气饱和度等，或其他影响含气性的相关指标，只要满足相互独立性即可。地质甜点指数的求取方法与式（3－35）类似，在此不赘述。

（二）基于压裂施工参数的页岩可压性指数评价方法

上述求取的页岩可压性指数虽然考虑因素很全面，但仅考虑了近井筒的特性参数，即使是考虑了前期的破裂压力特性，也属近井筒范畴。其他的地质甜点指标基本是测井和岩心分析的数据，同样是近井筒参数。因此，此可压性指标尚不能反映远井的可压性情况。由于远井的地质甜点指标难以准确获取，但通过压裂施工参数可将远井页岩本身的可压性特征反演出来。基于此，提出了利用压裂施工参数尤其是加砂量及压裂液量等参数来表征远井可压性指数的新方法。

压裂施工中进地层的所有压裂液，不管是前置液、携砂液，还是段塞式加砂时的中顶液，目的都是造缝和防止砂堵，最终目的都是多加砂；同样地，压裂中所有的支撑剂量，不管是前置液段塞中的100目支撑剂，还是40～70目的中粒径支撑剂，抑或是30～50目的支撑剂，都是反映地层能否接纳的最大支撑剂量。此支撑剂量与进地层的所有压裂液量的比值大小，反映了页岩地层压裂的难易程度。显然，此比值越高，远井的可压性越好，反之越差。

但由于进地层的压裂液类型及黏度都不同，常用的有滑溜水、低黏胶液及中黏胶液，因此，将进地层的压裂液总量都用等效的方法折算为滑溜水，此时的低黏胶液及中黏胶液的量就应当按砂液比的高低进行折算，如中黏胶液的砂液比是滑溜水的2倍，则其换算为滑溜水时也应将原中黏胶液体积乘以2，如式(3－36)所示，依次类推。

$$v_f' = v_f \frac{R_l}{R_s} \tag{3-36}$$

式中，v_f'为胶液折算体积，m^3；v_f为胶液体积，m^3；R_l为胶液砂液比，%；R_s为滑溜水砂液比，%。

同样地，因为支撑剂的类型及粒径都不同，为简便起见，仅考虑支撑剂的粒径不同，又由于一般情况下是40～70目支撑剂为主体支撑剂，为统一对比，需将100目的支撑剂和30～50目的支撑剂，折算为40～70目的支撑剂。折算的方法是按平均粒径的比例进行计算，见式(3－37)，只不过100目支撑剂折算后按对应比例缩小，而30～50目支撑剂折算后按对应的比例增大了。

$$v_s' = v_s \frac{\bar{\phi}}{\phi_{40\sim70}} \tag{3-37}$$

式中，v_s'为折算加砂量，m^3；v_s为实际加砂量，m^3；$\bar{\phi}$为支撑剂平均粒径，mm；$\phi_{40\sim70}$为40～70目支撑剂平均粒径，mm。

值得指出的是，按上述方法算出来的数值可能太小，为此，需进行归一化方法处理，如式(3－38)所示。对压裂液量及支撑剂量都以区块的最大用量为参照进行归一化处理，这样，计算的可压性指数为0～1。

$$\bar{x} = \frac{x - x_{min}}{x_{max} - x_{min}} \tag{3-38}$$

式中，$\bar{x}$为压裂液量或支撑剂量的归一化值，无因次；x为压裂液量或支撑剂量的原始值，m^3；x_{max}，x_{min}分别为同一区域内压裂液量或支撑剂量的最大值和最小值，m^3。

四、现场应用及效果分析

涪陵焦石坝地区是中国石化重点探区，其页岩气主要目的层位是上奥陶统五峰组－下志留统龙马溪组下部页岩气层，埋深2330～2415m，为一套黑色粉砂质页岩及灰黑色碳质页岩。页岩基本参数如下：*TOC*为3.51%；R_o为2.42；硅质含量为30%～58%；黏土矿物含量为15%～30%；孔隙度为4.61%；渗透率为0.0323mD；区块含气量为4.63m^3/t(其中吸附气占54%)；杨氏模量为38GPa；泊松比为0.198。

A井、B井和C井是位于涪陵焦石坝区块的三口水平井，皆处于焦石坝构造高部位，具有较好的可对比性。三口井都进行了15段压裂施工，基本参数见表3－5。

表3-5 焦石坝区块3口页岩气井基本参数

井名	水平段长/m	段数/簇数	施工压力/MPa	总液量/m^3	总砂量/m^3
A	1008	15/36	50~57	18716.6	965.82
B	1198	15/43	48~68	23815.8	674.59
C	1477	15/45	50~65	28650.18	773.37

在此基础上，应用新方法计算了三口井对应的页岩可压性指数及无阻流量(表3-6)。可以看出，脆性指数及两种方法计算的可压性指数越高，无阻流量越大，从而验证了本方法的合理性。而以前常规方法的计算结果仅考虑了近井筒参数，且不同计算方法的计算结果差异性较大，与压裂后效果关联度不高。

表3-6 焦石坝区块3口页岩气井可压性指数及无阻流量对比

井名	脆性指数	地质甜点指数	$FI_{脆性指数+地质甜点指数}$	$FI_{施工参数}$	无阻流量/($10^4m^3/d$)
A	0.57	0.72	0.615	1	16.74
B	0.58	0.72	0.622	0.81	25.72
C	0.6	0.72	0.636	0.85	81.92

第六节 与中浅层地质工程参数差异性对比

与中浅层相比，深层页岩气的地质工程参数有较大的差异性。表3-7列举了部分典型深层页岩气区块与涪陵中深层页岩气地质工程参数对比。从表3-7可见，即使是深层页岩气，不同区块的地质工程参数的差异性也较为明显。但总的来说，由于垂深的增加，深层页岩气的含气性及孔隙度甚至脆性矿物的含量等都没有明显降低，甚至有的参数还有变好的趋势，如含气性，这是由于埋深增加导致的页岩保存条件变好的缘故。

表3-7 部分典型深层页岩气区块与涪陵中深层页岩气地质工程参数对比

参数	部分典型深层页岩气区块				
	威荣	永川	江东	丁山	东溪
深度/m	3550~3880	3700~4200	3880~4011	3936~4269	4197~4335
优质页岩厚度/m	27~37	26~39	30~49	29~35	30
孔隙度/%	5.2	4.2~5.4	3.1~3.3	3.77~4.6	4.6~5.1
TOC/%	3.2	3.83	2.84~2.9	2.8~3.7	3.49~3.6
含气量/(m^3/t)	6.5~8	4.99	3.33~4.5	5.1~6.1	4.18~5.1
地层压力系数	1.94~2.1	1.7	1.35~1.6	1.25~1.7	1.4~1.65
硅质含量/%	26.8~43	38.2~54.1	47.7~69	41.1~52	52.3~60
杨氏模量/GPa	19.7~23	18.4~31.2	27.3~37	33~43	30.2~37
泊松比	0.21~0.25	0.19~0.23	0.2~0.22	0.19~0.25	0.19~0.3
最大水平应力/MPa	98.7	107.9	97.4	110~124	116
最小水平应力/MPa	88.3	93.3	83.1	87.8~109	103
垂向应力/MPa	94.2	104.4	93~102	91.7~113	110
平均水平应力差/MPa	16	15.8	14	18	17

由表3-7可见，相对而言，深层页岩气在两向水平压力差、垂向应力差及杨氏模量与泊松比等方面有较大的差异性，具体表现为两向水平压力差更大、垂向应力差更小、杨氏模量与泊松比更大。上述特征差异导致深层页岩气压裂的裂缝复杂性指数降低、裂缝高度降低(转向支裂缝及三级微裂缝的高度更低)、造缝宽度更小(加砂难度大，对施工压力敏感的砂液比降低。同时，多簇裂缝延伸的非均衡性程度增加)和塑性特征增强(主裂缝破裂延伸难度大，转向支裂缝破裂延伸难度更大)等。

需要指出的是，虽然深层页岩气的脆性矿物含量也没有明显降低，但并不代表其脆性没有降低，这是由于深层页岩气的温度及压力增加导致其塑性特征增强的缘故。因此，对深层页岩气而言，表征脆性的特征参数应从中浅层的脆性矿物含量表征方法，转移到以岩心的应力-应变特征为主的岩石力学参数表征方法。

此外，即使层理缝发育程度变化不大，但由于上覆应力的增加导致其剪切滑移的难度增加，即使垂向应力差的降低导致其发生剪切滑移的概率增加。但即便形成了剪切滑移缝，在深层高上覆应力的作用下，靠剪切自支撑形成的裂缝导流能力也会快速降低。因此，深层页岩气压裂后产量递减快的另一个重要原因，应是上述剪切滑移缝(层理缝为基础)的作用相对降低的缘故。

最后需要注意的是，考虑到深层页岩气水平井筒穿行轨迹的不同，裂缝的形态及几何尺寸也可能发生较大的变化。尤其在四川盆地龙马溪龙一段的②号小层穿行时更是如此。原因在于，②号小层相对较薄，一般在1m以下，因此，裂缝在垂向上同时进入层理缝更加发育的①号小层和层理缝相对不发育的③号小层的可能性极大，因此，裂缝的形态既有①号小层的复杂裂缝形态，又有③号小层单一裂缝(绝大多数情况下如此)，因此，在支撑剂注入过程中，早期的支撑剂可能更多地向①号小层的复杂裂缝中运移和滞留，但因①号小层的滤失大，加上层理缝本身的加砂难度大，因此，进入①号小层的支撑剂量应相对有限，然后，支撑剂才更多地在③号小层的裂缝中运移和分布。同时，因③号小层的厚度占比极大，计算的平均水平应力差可能相对较大，但压裂后 G 函数分析裂缝的复杂性程度还相对较好，似乎相互矛盾，难以解释。但从上述复合裂缝形态的角度就能解释得通了。因为，G 函数特征显示的复杂裂缝效应更多的是反映①号小层的复杂裂缝形态，高水平应力差反映的单一裂缝形态应主要出现在③号小层。类似地，对于水平井筒在其他小层穿行的情况，也存在类似的复合裂缝的特征，因此，当出现相互矛盾的数据无法解释时，应考虑裂缝在不同小层的特征差异性，就可能解释得通了。

第四章　深层页岩裂缝起裂扩展与立体缝网构建理论

第一节　深层页岩裂缝起裂扩展物模的建立

深层页岩与浅层页岩在矿物成分上相似，在围压、应力、水平应力差、温度等方面差异较大，天然裂缝特征均具有随机性，考虑到水平应力差对裂缝扩展影响较大，建立了模拟高应力差的裂缝扩展物模实验系统，包括真三轴实验架、MTS 伺服增压器、稳压源、油水隔离器、平板压裂装置、实验记录装置以及其他辅助装置组成了该系统。

一、真三轴实验架

实验采用的是 300mm × 300mm × 300mm 实验架(图 4 －1)，该实验架由 6 根竖立的钢柱固定于地面，由下至上先是基盘，基盘中心接有围压稳压源，用于提供竖直方向的围压。在基盘上方是一钢圆柱筒，它包裹住前后左右四个方向的围压稳压源，用以提供该方向上面的围压。介于稳压源与钢圆柱筒之间的是弓形以及条形垫铁，以达到与钢圆柱筒贴合的目的。实验样品则置于下部，前后左右稳压源组成的 300mm × 300mm × 300mm 正方体空间内，其上部接 MTS 伺服增压器，用于压裂液的进入。再往上是垫铁以及盖子，盖子设有允许钢柱通过的圆孔，当实验架组装完成时，利用螺栓连接的方式将上部盖子与 6 根钢柱紧密封固在一起。

图 4 －1　300mm × 300mm × 300mm 实验架

二、伺服增压系统

MTS 控制器控制微机与该伺服增压器相连，伺服增压器收到微机发出的指令后，控制注入的压裂液排量，另有 MTS 液压源和空气压缩机与它相连，起到提供压力的作用。

图 4 －2　已钻孔天然页岩样品

三、试样制备

将四川深层龙马溪天然页岩经过人工切割，制成了 300mm × 300mm × 300mm 正方体的四川龙马溪组天然页岩试样(图 4 －2)。将正方体样品制备好以后，进行钻孔以及固井处理，目的是能够把压裂液注入岩石样品的指定位置。第一步，在平行于天然页岩层理面的面中心用钻孔机垂直向下钻出一个直径为 20mm、长为 170mm 的圆柱形孔。

由于使用类似于石油钻井中钻井取心的方式钻孔，使用清水当钻井液，所以页岩难免会吸水。进行固井前岩石试样需要风干，为接下来的固井做准备。

固井之前，将钻孔中残留的岩屑用棉纱清理干净，向底部塞入一个圆柱形实心泡沫圆柱体（直径大于 20mm，长为 40mm），防止裸眼部分被接下来的固井胶封固。该泡沫体所在井段是压裂液的注入位置即裸眼井段。如图 4－3 所示，井筒采用中心部分开通孔的钢结构井筒（直径为 18mm，长为 130mm）。

图 4－3 实验用钢结构井筒

钻孔底部塞入泡沫圆柱体后，将固井胶倒入钻孔，将钻孔留有一定剩余，防止井筒进入的时候固井胶太多而导致溢出过量。

然后将井筒底部通孔用透明胶带封住，防止孔眼被固井胶堵住。将井筒缓慢插入钻孔中心，插入的同时缓慢旋转，使井筒间隔的空格中进入固体胶，起到良好的封固作用。

完全插入以后，在井筒上面压载适量重物，使固井胶压实，确保井筒不会移位。完成后静置样品，直至固井胶凝固完全。

图 4－4 制备好的样品

固井胶凝固之后，将岩石样品加载于真三轴实验架上面（300mm × 300mm × 300mm），如图 4－4 所示。

四、实验流程

将一定量的蒸馏水倒入量杯中，使蒸馏水水面高度达到量杯的最高刻度即可。使用电子天平称一定量的胍胶和荧光粉（单位：g），质量精确到小数点后两位。将量杯中倒入称好的胍胶和荧光粉，用搅拌器以 10000r/min 以上的转速搅拌 20min 以上。

配置好压裂液后，将其倒入活塞位于原位置的油水隔离器中，并封存好。把油水隔离器放到置物架上，液压源连接到油水隔离器的尾端，真三轴实验架顶端的 MTS 增压器则与压裂液出口端相连。

五、组装真三轴实验架

第一步，直接将四川龙马溪组天然页岩试样（300mm × 300mm × 300mm）放置于实验架上，使方形槽即围压稳压源与之对齐。

第二步，将试样与四周的围压稳压源贴合，把压力源管线接入，然后把围压稳压源贴上弓形垫铁，这样试样和垫铁共同形成一个有四个角空缺的圆柱体，把这四个角用条形垫铁填补完全即可。

第三步，在样品上部放上 MTS 增压器，把压裂源管线接好，再把垫铁放到其上部位置。

第四步，通过室内吊车吊起盖子，使其穿过固定钢柱盖于垫铁之上，再用螺母固定紧钢柱和盖子。依次将所有螺母拧紧，拧完一周以后再检查一遍是否拧紧。

六、围压加载

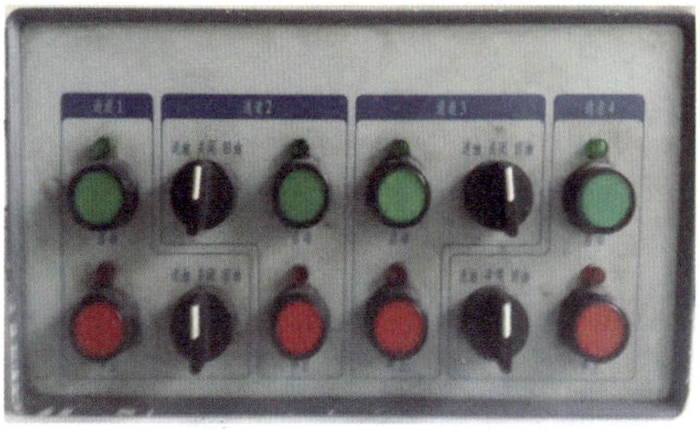

图 4－5　围压控制开关

首先，将液压控制阀 X 轴、Y 轴、Z 轴阀门打开。打开控制器，调节三个阀门的控制器至“送油”项(图 4－5)。

把控制微机打开，再打开真三轴控制软件，首先确保显示的 X、Y、Z 压力处于正常值，即在 1 个大气压左右。因为此时围压还没开始加载，传感器上显示的压力应该是大气压。如果显示的压力不正常，应该检查管线。如果现实的 X、Y、Z 压力正常，则需要把三个方向加载的围压输入到控制程序中，然后选择自动加压选项。围压加载过程中，实时监控控制微机上显示的围压状况，看是否会出现异常情况如围压加载不上或无法保持围压。如果上述情况出现，使加载停止，并且自动泄压，待压力达到 1 个大气压左右以后，检查管线。直到故障排除再重复上述操作，当压力值达到预定围压并稳定之后，开始压裂。

七、压裂过程

打开液压泵，调试好控制仪器之后，利用控制微机控制排量，并通过控制程序实时监控压力－时间，压力－位移，时间－位移曲线，通过观察压力－时间或者压力－位移曲线可以推测裂缝的扩展情况以及岩层开裂时间点。当观测到压裂液从试样边缘溢出后，通过控制程序停止压裂液注入。

八、泄压并拆卸真三轴实验架

自动卸载围压是通过围压控制程序实现的。等到围压卸载到 1 个大气压左右，即常压时，确认安全后可以拆开真三轴实验架。按与组合顺序相反的顺序拆卸。将压裂后的岩石拆卸，沿着压开的水力裂缝敲开岩石，观察裂缝形态(通过示踪剂显示)，拍照做好详细记录。

第二节　深层页岩裂缝起裂扩展规律实验研究

一、水力压裂实验过程

(一)压裂试样的制备

(1)选取边长为 300mm 正方形平面的中心位置，沿着与该平面垂直的方向钻孔，一直钻通贯穿，得到直径 25mm、长度 600mm 的模拟井眼；

(2)利用自主发明的设备在井眼的预定位置制作若干个射孔簇；

(3)将井眼的两端利用钢管和胶水进行封堵，得到用于压裂试验的试样(图 4－6)。

(a)模拟井筒　　(b)预制裂缝　　(c)压裂试样

图 4－6　压裂试样制备

(二)压裂试样的安装

(1)将试样装入三轴室，将输送压裂液的耐高压软管与井口连接，放入前、后、左、右、上共五个传力架(图 4－7)；

(2)将声发射探头按照设定的位置放入传力架上预留的声发射孔中，对声发射系统进行调试，确保各通道正常工作。

图 4－7　压裂试样安装

(三)水力压裂实验

(1)对试样施加模拟现场的三向应力，达到预定值后维持稳定；

(2)按设定排量向试样内注入压裂液，同时开启声发射采集软件，同步采集泵压数据和声发射数据；

(3)通过实时记录的泵压曲线，观察到曲线大幅跌落(表示试样破裂)后，维持一段时间，最终停止注入，同时停止泵压和声发射数据的采集。

(四)剖切观察与分析

(1)将试样从三轴室取出后，排空井筒内残余的压裂液；

(2)观察试样表面的裂缝分布情况并进行拍照；

(3)根据试样表面的裂缝分布及层理面的发育情况，将试样剖开，观察射孔簇附近水力裂缝的起裂和扩展情况，以及水力裂缝和层理面的相互作用情况，并进行详细拍照。

(五)数据处理与分析

主要是对泵压数据、声发射数据、剖切照片进行处理，得到泵压曲线、声发射定位结果、裂缝起裂扩展的直观描述。

二、无因次变换

控制水力裂缝起裂扩展的7个关键参数如下：

压裂时间 t，井筒半径 r_w，排量 i，裂缝张开模量 $\overline{E}$，断裂韧性 K_I，有效黏度 $\overline{\mu}$，围压 σ_c。其中 E、ν 为弹性模量和泊松比；$\overline{\mu}=12\mu$，μ 为流体的黏度。

以圆饼形裂缝(Penny-shaped Crack)的扩展为模型，对流体驱动裂缝扩展过程中涉及的控制方程进行无量纲化，得到以下无量纲因数。

$$N_t=\frac{ti}{r_w^3}\qquad N_{K_I}=\frac{K_{Ic}^2}{\overline{E}^2 r_w}\qquad N_{\overline{E}}=\frac{\overline{E}r_w}{i\overline{\mu}}\qquad N_{\sigma_c}=\frac{\sigma_c}{\overline{E}}\tag{4-1}$$

这4个无量纲因数包括7个关键压裂参数，形成了一个完整的集合，从而实现了现场施工参数和室内实验参数的对应，是确定实验中各参数取值的依据。经初步估计，实验室内采用低排量和高黏度压裂液组合，可以在现场压裂中观测到裂缝的准静态扩展。

通过调研现场施工参数，结合以上推导得出的4个无量纲因数，计算得到室内模型实验的参数，见表4-1。

表4-1　选定的实验参数

参数	现场	室内模型实验
时间 t/min	90~120	10
井筒半径 r_w/mm	57.50	12.5
排量 i/(mL/min)	12000000	30
弹性模量 E/GPa	25	10
断裂韧性 K_{Ic}/MPa·m$^{0.5}$	1	0.16
黏度 μ/mPa·s	3	100
围压 σ_c/MPa	50	5

三、实验过程及结果

开展了不同簇数、排量、黏度、簇间距、三向应力下的压裂物理模拟实验。实验参数及实验结果见表4-2。

表4-2　实验结果汇总

编号	簇数	排量/(mL/s)	黏度(25℃)/mPa·s	簇间距/cm	三向应力/MPa			差异系数 $(\sigma_H+\sigma_h)/\sigma_h$	破裂压力/MPa	裂缝形态
					σ_V	σ_H	σ_h			
Y-1-1	单簇	0.5	90	0	5.8	6.3	4.9	0.29	23.9	横向裂缝
Y-1-2	单簇	0.5	90	0	5.8	6.3	4.9	0.29	13.4	横向裂缝
Y-3-1	单簇	0.5	90	0	5.8	6.3	4.9	0.29	12.0	横向裂缝
S-3-1	单簇	0.5	90	0	5.8	6.3	4.9	0.29	20.4	横向裂缝
Y-2-1	双簇	0.5	90	120	5.8	6.3	4.9	0.29	16.4	横向裂缝，第二簇起裂

续表

编号	簇数	排量/(mL/s)	黏度(25℃)/mPa·s	簇间距/cm	三向应力/MPa			差异系数 $(\sigma_H+\sigma_h)/\sigma_h$	破裂压力/MPa	裂缝形态
					σ_V	σ_H	σ_h			
Y-2-2	双簇	0.5	90	120	5.8	6.3	4.9	0.29	11.5	横向裂缝，第二簇起裂
S-2-1	双簇	0.5	90	120	5.8	6.3	4.9	0.29	17.1	横向裂缝，第二簇起裂
N-3-2	双簇	0.1	90	200	5.8	6.3	4.9	0.29	11.3	簇1，2横向裂缝
N-3-1	双簇	0.2	90	200	5.8	6.3	4.9	0.29	5.8	簇1，2横向裂缝
Y-220-1	双簇	2.0	90	160	5.8	6.3	4.9	0.29	15.1	簇1，2横向裂缝+纵向裂缝
Y-260-1	双簇	2.0	90	80	5.8	6.3	4.9	0.29	19.9	簇1，2横向裂缝+纵向裂缝
Y-220-2	双簇	0.1	1000	160	5.8	6.3	4.9	0.29	17.0	簇1，2横向裂缝
Y-260-2	双簇	0.1	1000	80	5.8	6.3	4.9	0.29	11.0	簇1，2横向裂缝+纵向裂缝
Y-240-1	双簇	0.1	1000	120	5.8	6.3	4.9	0.29	10.3	簇1纵向裂缝，簇2横向裂缝

由双簇起裂物理试验结果分析，当同一压裂段存在两簇或多簇射孔段时，随着压裂液的泵入，其中一簇先起裂，形成主压裂缝，在主裂缝延伸中，随着水力摩阻的增加，压裂缝不再继续扩展；在此过程中，另一簇经受压裂液泵压的持续作用，射孔段逐渐达到起裂压力开始起裂，形成主压裂缝，当主压裂缝延伸中遇到弱层理面时会发生转向，沟通弱层理面，并由弱层理面扩展与初始压裂缝相交，形成裂缝网络结构。

第三节 深层页岩裂缝起裂扩展规律数值模拟研究

水力压裂技术已经在低渗地层的石油天然气开采中得到广泛应用。由于射孔可以有效地降低破裂压力，在一定程度上避免裂缝扭曲和多裂缝等不利现象，因此在水力压裂中一般都进行射孔作业压裂，裂缝一般都是通过射入目标储层的射孔孔眼开始起裂和延伸，但射孔的存在会使原来的平衡状态遭到破坏，尤其是井眼与孔眼结合的位置，导致井壁围岩应力发生重新分布，因此，研究射孔后井壁围岩应力场的分布规律可为射孔条件下地层破裂压力的预测和射孔参数的优化提供理论支持。

理论分析方面，根据抗拉强度准则，Hossain 等推导了垂直井和水平井裸眼完井和套管完井下地层破裂所需要的地面压力并给出了裂缝起裂方向与孔眼轴线间的夹角；Hainey 等推导了地层破裂所需要压力的数学表达式；Morales 等利用水力压裂模拟软件给出了加大射孔密度、孔眼直径及沿着最大主应力方向180°射孔可以降低压耗的结论；胡永全等将岩石作为线弹性体，利用有限元分析软件得到了射孔孔眼周围的应力分布，根据岩石破裂准则可以得到水力起裂压力及裂缝起裂方位；刘翔运用解析方法分析了射孔后孔眼围岩的地应力分布，并结合抗拉强度准则给出破裂压力随射孔参数的变化规律；彪仿俊等利用有限元分析软件研究了螺旋射孔条件下，射孔参数(射孔方位角、相位角、射孔密度)对地层破裂压力的影响，并给出了地层破裂压力的变化规律；王素玲等利用有限元分析方法研究了低渗透储层射孔参数对地层破裂压力的影响，并根据计算结果给出了最优射孔参数。以上研究对推导射孔参数对井眼应力场及破裂压力规律的研究起到重要作用，但是上述研究大多采用静态分析方法且很少考虑流固耦合作用，这样的简化分析不符合实际。

实验方面Behrmann和Elbel借助实验研究了套管井参数对裂缝起裂的影响，并给出了射孔参数对裂缝起裂影响规律；van de Ketterij和de Pater实验研究了射孔参数(射孔相位、间距、射孔轴线)等对裂缝参数的影响；黄中伟和李根生通过室内模拟实验，研究了射孔参数对裂缝起裂的影响，研究结果显示，起裂压力随着射孔深度和直径的增加而降低，随着射孔轴线和最大主应力之间夹角的增加而增大；邓金根等通过室内真三轴水力压裂模拟试验及数值计算，研究了定向射孔对裂缝起裂压力起裂位置等的影响，并给出了破裂压力与射孔参数的变化规律；上述实验研究对人们定性认识射孔参数与破裂压力之间的变化关系起到了重要作用，但是由于岩心尺寸效应及岩心物性对地层破裂压力的影响，且室内实验条件同井底岩石所处的受力状态存在差异，都会使实验结果同实测值存在较大误差。

对于水力压裂中的射孔工艺理想情况下，正如上述文献研究的情况进行定向射孔，即射孔的方向是一致或者对称的，原则是使得射孔方向与最大水平主应力方向尽量一致。但是实际上地层条件往往比较复杂，很难精确确定最大主应力方向。因此为了降低射孔方位角射孔方向与最大水平地应力之间的夹角过大而引起破裂压力过高和裂缝过分扭曲的风险，实际生产中一般采用螺旋射孔方式进行完井。这就必然造成井壁上的应力分布更加复杂对破裂压力的预测也更加困难。采用数值方法时也不能像定向或对称射孔方式那样利用模型的对称性简化计算。Papanastasiou等进行螺旋射孔条件下井筒起裂的全三维模拟时仅仅考虑一个射孔忽略所有射孔间应力分布互相干扰的影响。

目前水力压裂实际施工中，大多采用套管完井再进行射孔，直接射穿套管和水泥环。引起地层岩石破裂的力主要分为两部分：一是直接作用在射孔内岩石壁面的流体压力；二是井筒内液柱的压力作用在套管上，并经由水泥环传至地层岩石上的力。这与裸眼完井的情况有很大的区别，因此必须考虑套管和水泥环对地层破裂压力的影响。有必要在综合考虑了水泥环和套管对破裂压力的影响，以及射孔间的应力干扰因素的基础上，建立与真实情况一致的计算模型，采用有限元方法研究螺旋射孔条件下地层破裂应力与射孔参数之间的关系。

一、深层页岩裂缝起裂规律研究

(一)数值模型建立

ABAQUS是一套功能强大的工程模拟的有限元软件，其解决问题的范围从相对简单的线性分析到许多复杂的非线性问题。采用Abaqus软件建模，优选现场压裂施工数据如井筒、套管等尺寸，岩石力学参数以及地应力大小等参数，部分参数需在现场数据的基础上进行计算得出，模型主要参数如下：

1. 钻完井相关参数

通过调研现场资料可知，丁页 2HF 井在 4010m 左右处侧钻，用 Φ241.3mm 钻头钻至设计井深(5700m)完钻，钻井完井采用 Φ177.8mm 壁厚 12.65mm 的套管完井。

射孔过程中，每段可适当调整射孔簇数 2～3 簇(现场施工中均调整为 2 簇)，总孔数 48 孔。单段射开 2 簇，每簇 1.5m，孔密 16 孔/米；单段射开 3 簇，每簇 1m。为减少孔眼摩阻，每簇采用较大的孔径射孔，孔径≥13mm，为 13.97mm。60°相位角。推荐采用 127mm 枪，孔密 16 孔/米。

根据现场数据确定有限元模型几何参数(表 4－3)，其中套管和水泥环的材料参数为参考相关文献所得。

2. 页岩性质参数

模型计算参数见表 4－4。

为计算方便又保证模型计算结果准确的前提下对模型做如下假定：

表 4－3　钻完井相关参数

井眼直径/mm	240
套管/mm	外径：177.8 壁厚：12.65
套管内径/mm	152.
套管弹性模量/GPa	210
套管泊松比	0.3
水泥环弹性模量/GPa	30
水泥环泊松比	0.19
孔密/(孔/米)	16
射孔簇长/m	1.5
孔间距/m	0.06
相位/(°)	60
孔长/cm	40
孔径/mm	14

表 4－4　计算参数

平均垂直弹性模量/GPa	32.32
平均垂直泊松比	0.1860
平均水平弹性模量/GPa	33.169
平均水平泊松比	0.1857
孔隙比	0.06168
渗透系数/(m/s)	1.22×10^{-10}
孔隙压力/MPa	81.40
上覆岩层压力/MPa	108.24
最小水平主应力/MPa	107.46
最大水平主应力/MPa	129.68

(1)在起裂前射孔和井筒内的流体是接近静止状态的，因此可以在井筒和射孔孔壁上施加均布载荷来代替液压；

(2)井筒、水泥环和地层之间完好胶结，不考虑它们之间的相对滑移变形；

(3)考虑了压裂液渗滤对破裂压力的影响；

(4)岩石满足最大拉应力准则，当最大拉应力超过岩石的抗张强度时，岩石受拉破坏，裂缝起裂。

模型整体为立方体形状如图 4－8、图 4－9 所示，考虑模型区域对计算结果的影响，计算模型尺寸为5m×5m×5m，满足要求。

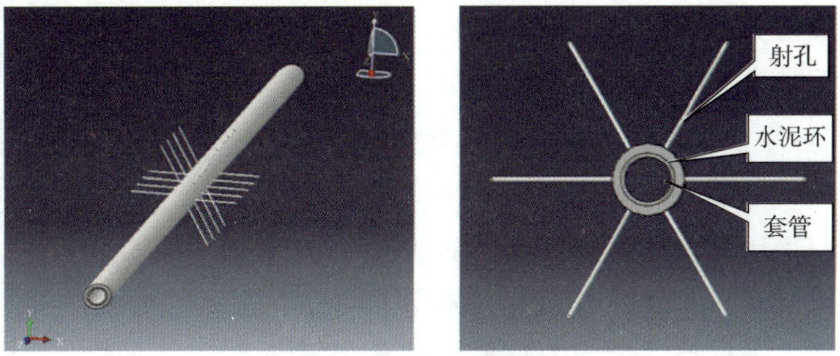

图 4－8　螺旋射孔模型

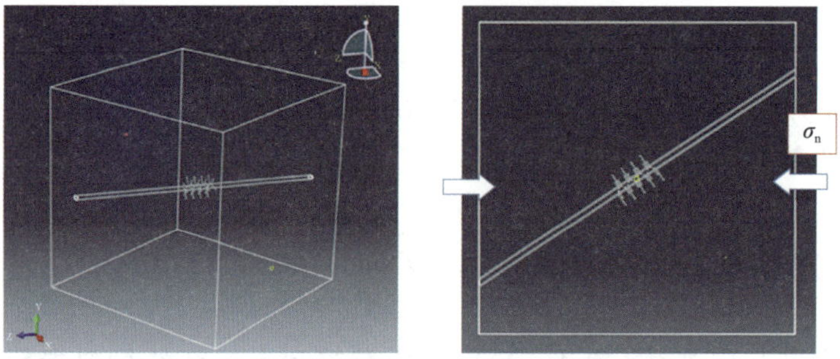

图 4－9　整体模型图（右为俯视图，井筒与最小主地应力存在夹角）

为保证模型计算的准确高效，并保证网格的对称规则，模型尽量采用了六面体网格。围岩体的应力由于受到井眼及孔眼的影响，在井眼及孔眼附近易发生应力集中现象，因此在井眼及孔眼附近对网格进行细化，远处适当增大网格以满足数值模拟精度及速度的要求。最终网格划分效果如图 4－10 所示，网格数目为 73848 个，无错误和警告网格，岩石单元类型为 C3D8RP，套管和水泥环单元类型为 C3D8R。

模型首先在边界施加三向地应力 σ_V、σ_H、σ_h，并同时对边界施加初始孔隙压力（图 4－11），进行平衡地应力场分析步。之后，在井筒以及射孔孔眼内壁单元上施加流体压力和孔隙压力的面载荷（这个面载荷在每一个分析步都增加相同压力值）来模拟压裂液加压过程。模型各单元的应力状态随着计算的进行而改变。

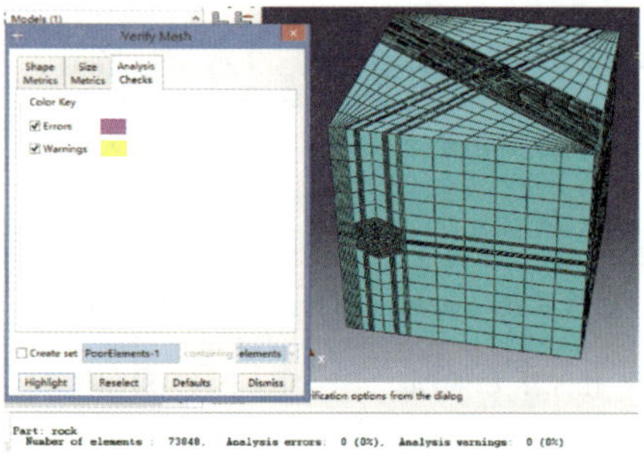

图 4－10　模型网格划分效果

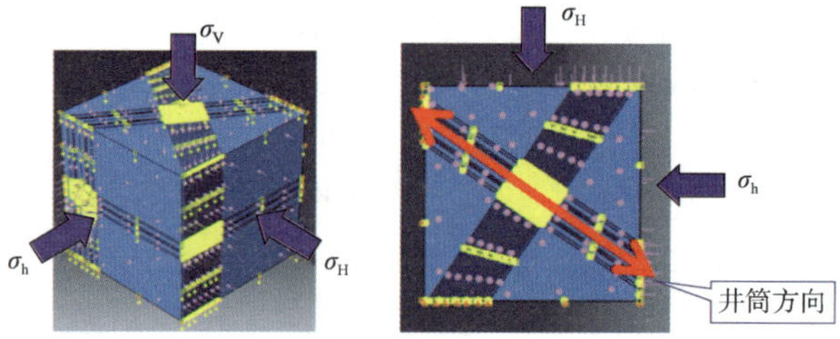

图 4－11　模型的加载方式

3. 地层破裂压力的破裂准则

地层破裂的判断依据很多，这里采用最大拉应力准则，即当岩石的最大应力大于岩石的抗拉强度时岩石发生破裂，数学表达式为：

$$\sigma_{max} \geqslant P_s \tag{4-2}$$

式中，σ_{max} 为最大主应力，由数值模拟结果直接得到，MPa；P_s 为岩石的抗拉强度，由室内物性实验得到，MPa。

在保持其他边界条件不变的情况下，随着注入压裂液压力逐渐增大，直至最大主应力达到地层岩石的抗拉强度，岩石起裂，此时的压裂液压力为地层起裂压力。

（二）模型验证

采用某深层页岩气井岩石力学实验结果，取页岩抗拉强度 9.59MPa 作为模型起裂标准，当模型中射孔孔壁上某点最大主应力数值达到 9.59MPa 时，认为模型从该点起裂。图 4－12 显示为模型起裂时井眼周围

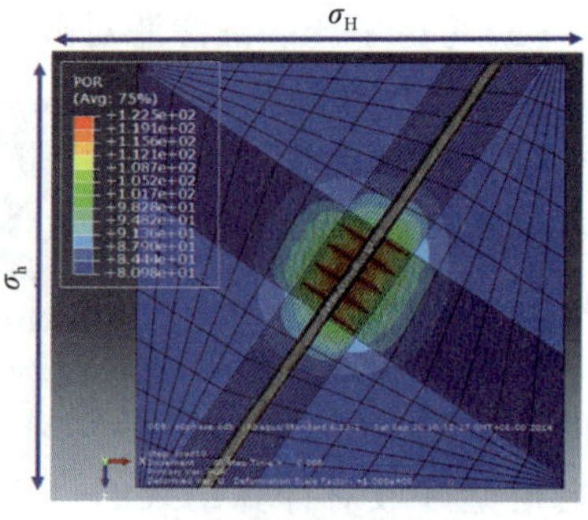

图 4－12　渗滤导致孔压增加的效果图

孔隙压力以及最大主应力分布情况。

图 4－12 显示由于压裂液渗透使射孔孔眼周围孔隙压力增加；灰色区域为水泥环和套管，本模型默认水泥环胶结良好，渗透率为零，无孔压；孔眼表面孔压最高，接近注入液体压力；渗滤导致孔眼周围约半米范围内的页岩孔隙压力不同程度增大，有利于降低破裂压力。

本算例计算的破裂压力为 125.2MPa，围岩的最大主应力达到 9.6MPa，接近页岩抗拉强度 9.59MPa，折合破裂压力（井底）到地面泵压（减去液柱压力 43.46MPa，加上摩阻约 15.44MPa）约为 97.18MPa。与现场监测数据大致符合（破裂时泵压范围：83～95MPa，平均值 89MPa，模型预测准确度 91%）。

（三）影响因素分析

1. 射孔相位角

参考现场数据，取井眼方位与最小主地应力夹角为 34°，射孔簇长 1m，孔密 16 孔/米，其余参数不变，考察相位角分别为 180°，120°，90°，60°和 45°的射孔方式对破裂压力的影响，计算结果如图 4－13～图 4－15 所示。

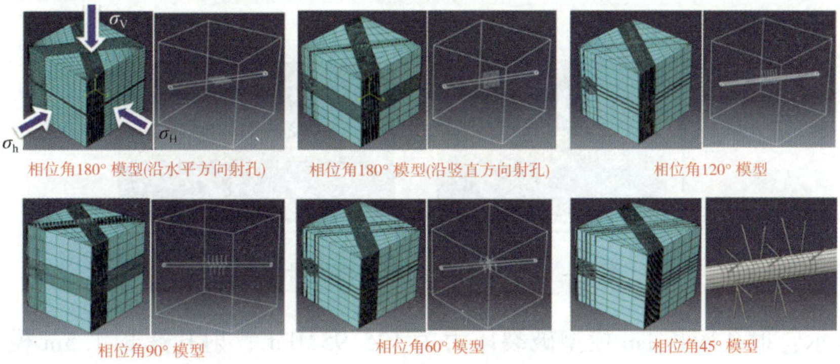

图 4－13 不同相位角模型示意图

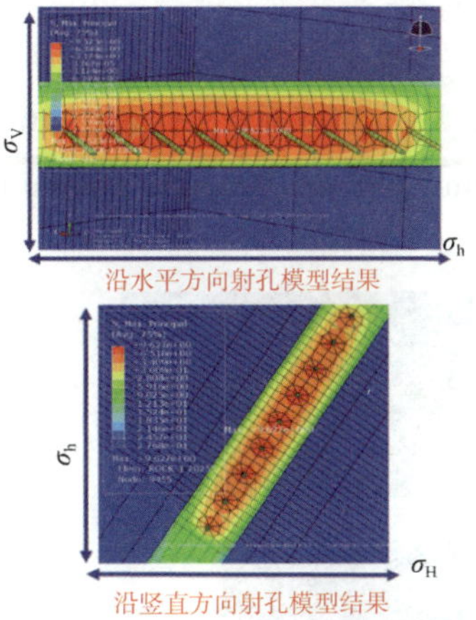

图 4－14 相位角为 180°模型的计算结果

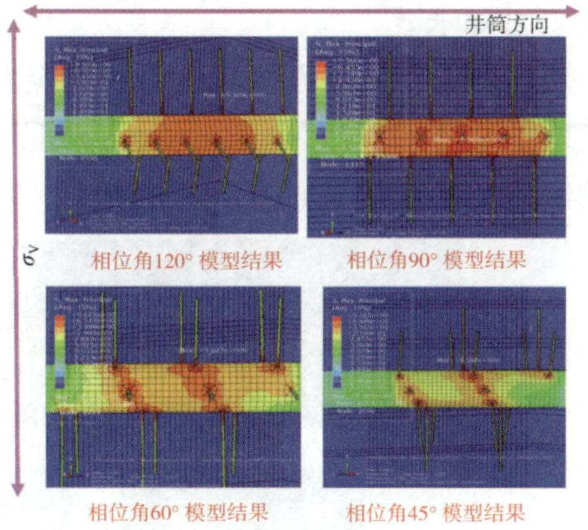

图 4－15 相位角为 120°、90°、60°和 45°模型的计算结果

相位角为 180°的模型结果显示：沿水平方向射孔破裂压力为：126.7MPa，沿垂直方向射孔的破裂压力为：130.48MPa；由图可见应力集中区域沿井筒呈条状分布，采用相位角 180°射孔，若孔密度较大，多孔同时起裂，会导致近井筒纵向裂缝的产生，造成裂缝扭曲。

结果显示：与相位角 180°射孔方式不同，相位角 120°、90°、60°和 45°模型结果显示张应力集中的区域更加靠近射孔簇中部区域，有利于横向裂缝的产生；

减小射孔相位有利于降低破裂压力，相位角 45°与 60°模型计算的破裂压力很接近，现场采用 60°相位角合理。

2. 射孔长度

模型采用 60°相位角射孔，对比分析射孔簇长(1m 和 1.5m)对破裂压力的影响(其余参数保持不变)，计算结果如图 4－16、图 4－17 所示。

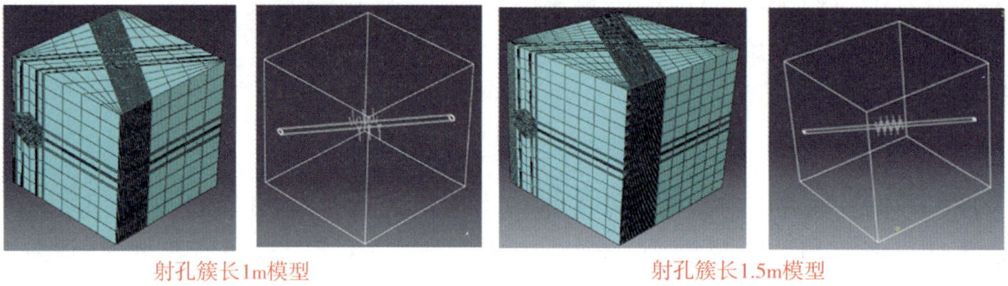

图 4－16　不同射孔簇长模型

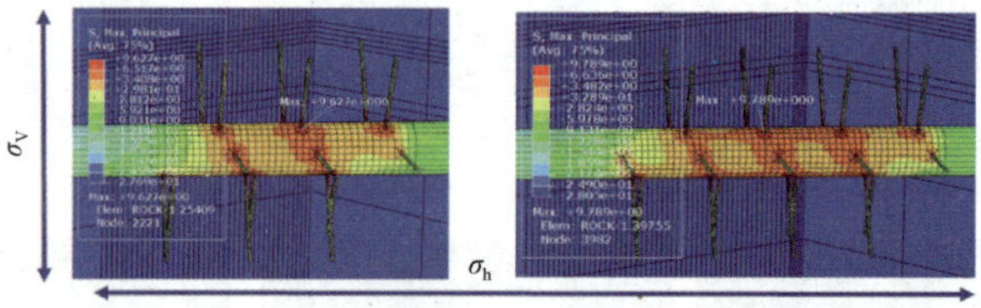

图 4－17　不同射孔簇长模型计算结果

结果显示：射孔簇长 1m 模型破裂压力为 125.95MPa ；射孔簇长 1.5m 模型破裂压力为 125.20MPa；射孔簇增长虽对降压效果贡献不大，但使起裂点增多，有利于增加压裂改造的范围。

3. 射孔孔眼长度

参考现场数据，井眼方位与最小主地应力夹角取 0°，相位角取 60°，孔密取 16 孔/米，射孔簇长取 1.5m，考察射孔孔眼长度分别为 20cm、40cm、60cm、80cm 和 100cm 时对破裂压力的影响，计算结果如图 4－18 所示。

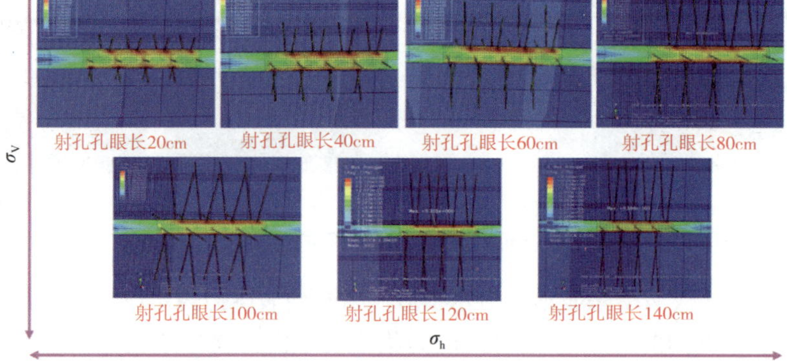

图 4－18　不同射孔孔眼模型结果云图

结果显示：不同射孔长度情况下，起裂点位置均位于射孔根部。

破裂压力随射孔长度增大先降低后增大，整体变化不是很大（140cm 时最大，为 130.78MPa；60cm 时最小，为 127.19MPa）。

孔眼短于 100cm 时，孔轴方向上除根部附近受张应力作用，其余大部分受压应力作用，当超过 100cm 后，孔眼大部分区域受到张应力的作用；原因是射孔长度增长，增大了压裂液向地层的渗滤面积，使孔周孔隙压力增大，最大主应力增大。因此，孔长增长将更有利于裂缝在射孔根部起裂后沿孔轴方向扩张，增大改造面积。

4. 压裂液黏度对破裂压力的影响

在有限元模型中，压裂液的黏度主要通过改变渗透系数这一参数来影响起裂压力。

渗透系数公式：

$$\kappa = k\rho g/\eta \tag{4-3}$$

式中，κ 为渗透系数，m/s；k 为孔隙介质的渗透率，它只与固体骨架的性质有关，m^2；η 为动力黏滞性系数，Pa·s；ρ 为流体密度，kg/m^3；g 为重力加速度，m/s^2。

模型结果显示（图 4-19）：压裂液黏度改变，起裂点位置发生改变，压裂液黏度小于 150mPa·s 时起裂点位于射孔根部，压裂液黏度为 120mPa·s 时起裂点位于射孔孔眼中部；井筒壁上受张应力作用区域随着压裂液黏度增大而减小。

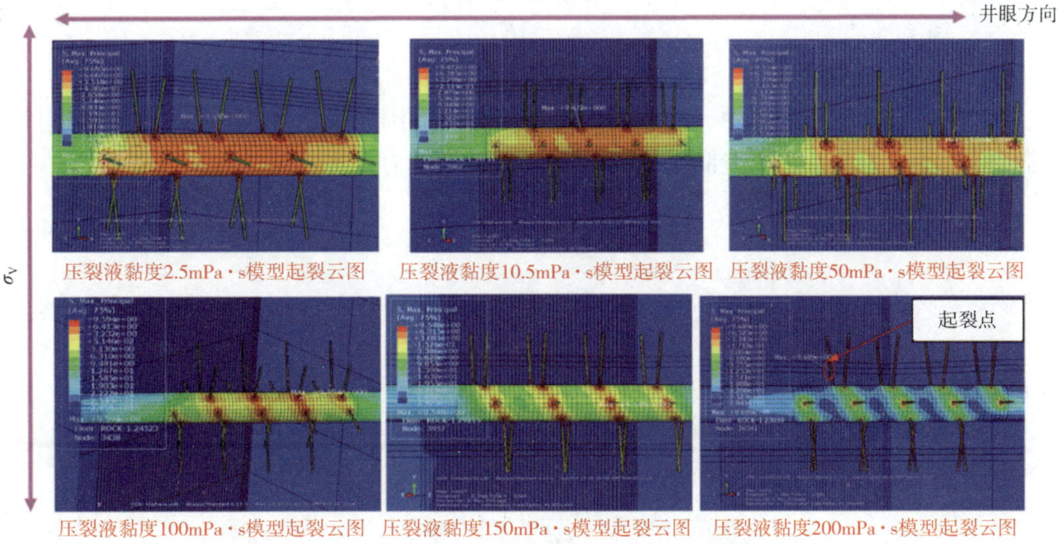

图 4-19　不同压裂液黏度模型结果云图

二、深层页岩裂缝扩展规律研究

（一）多簇裂缝同步扩展数学模型

1. 基本假设

①各压裂裂缝为垂直于最小水平主应力的横向裂缝；

②岩石是均质、各向同性的线弹性体；

③不考虑压裂液压缩性；

④假设所有簇裂缝均起裂。

2. 基本方程

(1)裂缝内流体流动方程：

$$\frac{\partial p}{\partial x} = -\frac{64}{\pi}\frac{q\mu}{w^3 H} \tag{4-4}$$

式中，p 为缝内压力，Pa；q 为缝内流量，m^3/s；μ 为压裂液黏度，Pa·s；w 为裂缝宽度，m；H 为裂缝高度，m。

(2)连续性方程：

裂缝内：

$$-\frac{dq}{dx} = \int_0^L \frac{2HC_L}{\sqrt{t-\tau(x)}}dx + \frac{dw}{dt} \tag{4-6}$$

式中，C_L 为滤失系数，$m/s^{0.5}$；t 为压裂施工时间，s。

井筒内：

$$Q_{in} = \sum_{i=1}^{n} Q_i \tag{4-7}$$

式中，Q_{in}为入口流量，m^3/s；Q_i 为各裂缝的进液流量，m^3/s。

(3)裂缝宽度方程：

$$w = \frac{2H(1-v^2)p_{net}}{E} \tag{4-8}$$

式中，p_{net}为缝内净压力，Pa。

在水平井分段压裂过程中，形成的人工裂缝会在周围产生诱导应力场，影响到相邻裂缝的延伸扩展。为此，引入缝间干扰因子来近似表示应力干扰强度，为：

$$\frac{w_e}{w_e(0)} = 1 - \frac{1}{2}\Psi_\xi \tag{4-9}$$

$$\frac{w_i}{w_i(0)} = 1 - \Psi_\xi \tag{4-10}$$

式中，Ψ_ξ 为缝间干扰因子。

(4)井筒内压力分布：

沿程摩阻：

$$\Delta p = 2f\frac{\rho v^2 L}{d}(1 - R_{降阻}) \tag{4-11}$$

式中，Δp 为沿程摩阻，Pa；$R_{降阻}$为降阻率，无因次；v 为井筒内平均流速，m/s；d 为井筒内平均直径，m；f 为摩阻系数。

井口压力：

$$p_{井口} = p_{净压力} + \sigma_{min} + \Delta p + p_{孔} \tag{4-12}$$

式中，σ_{min}为最小水平主应力，Pa。

(5)孔眼摩阻：

$$p_{孔} = \frac{8\rho Q_i^2}{\pi^2 n_{孔}^2 C d_{孔}^4} \tag{4-13}$$

式中，C 为系数，无因次；$d_{孔}$ 为射孔孔眼直径，m；$n_{孔}$ 为射孔孔眼数，个。

3. 求解方法

摩阻压降、应力遮挡等复杂因素的多缝同步扩展数学方程组非线性较强，需通过迭代数值解法才能获得求解。考虑到该方程组求解的关键是各射孔簇进液量的流量分配，针对此，先假设一个多缝流量的分布，并计算该条件下的缝内压力分布，然后根据全井筒连续性方程及井口压力一致的原则，基于牛顿迭代法反复迭代，调整多缝流量的分布，直到满足要求的精度，并进入下一个时间步的计算。

(二)参数敏感性分析

根据数值模型，编写了水平井分段多簇射孔压裂条件下多簇裂缝扩展的计算程序。在此计算上，以川东南地区某深层页岩气井为例，进行了敏感性分析。

1. 孔眼数

图4-20、图4-21为其余参数不变的条件下，孔眼数对多簇裂缝扩展的影响规律。由图可以看出，随着孔眼数的增加，多簇裂缝长度及进液的均匀性增强。鉴于此，在施工压力允许的前提下，可考虑减小射孔密度来提高多簇裂缝扩展的均匀性。

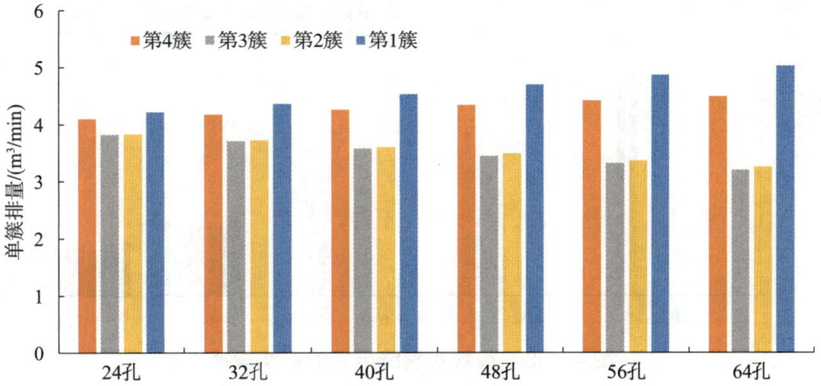

图4-20 孔眼数对单簇排量分布的影响规律

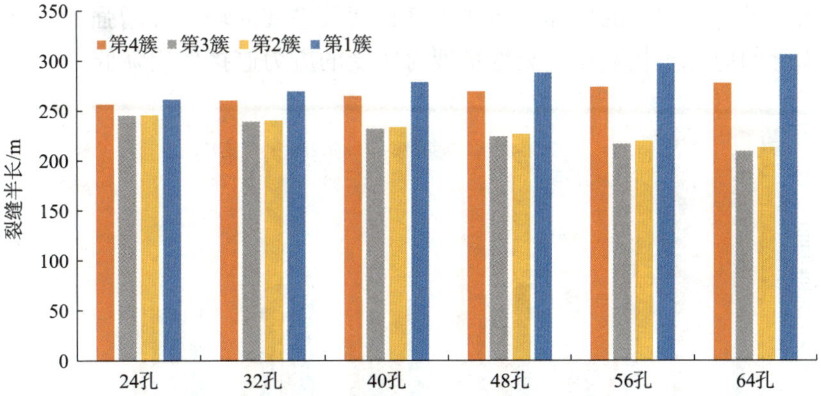

图4-21 孔眼数对裂缝半长的影响规律

2. 簇数

图4-22、图4-23为其余参数不变的条件下，簇数对多簇裂缝扩展的影响规律。由图可以看出，随着簇数的增加，多簇裂缝长度及进液的均匀性增强。这是由于在总孔数不

变时，随着簇数的增大，射孔簇的节流效应增强。鉴于此，在施工压力允许的前提下，可考虑结合地质条件，适当增加簇数来提高多簇裂缝扩展的均匀性。

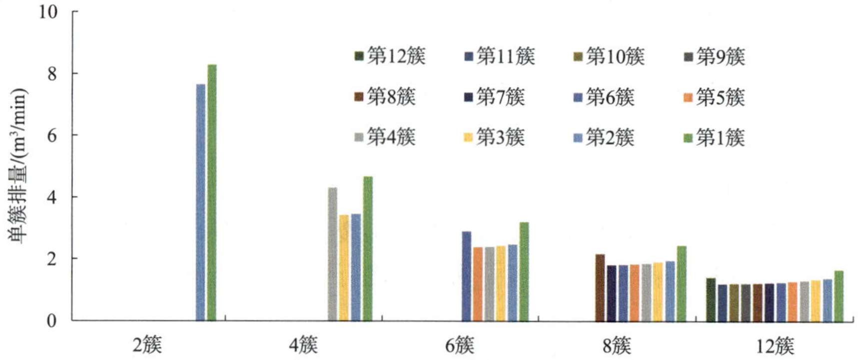

图 4 -22　簇数对单簇排量的影响规律

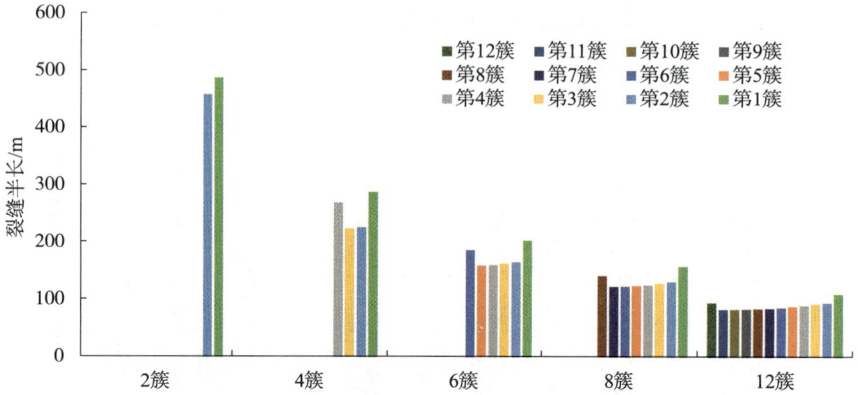

图 4 -23　簇数对裂缝半长的影响规律

3. 簇间距

图 4 -24、图 4 -25 为其余参数不变的条件下，簇间距对多簇裂缝扩展的影响规律。由图可以看出，随着簇间距的增加，多簇裂缝长度及进液的均匀性增强。这是由于随着簇间距的增大，缝间应力干扰减小，裂缝扩展时所受的应力遮挡作用降低。

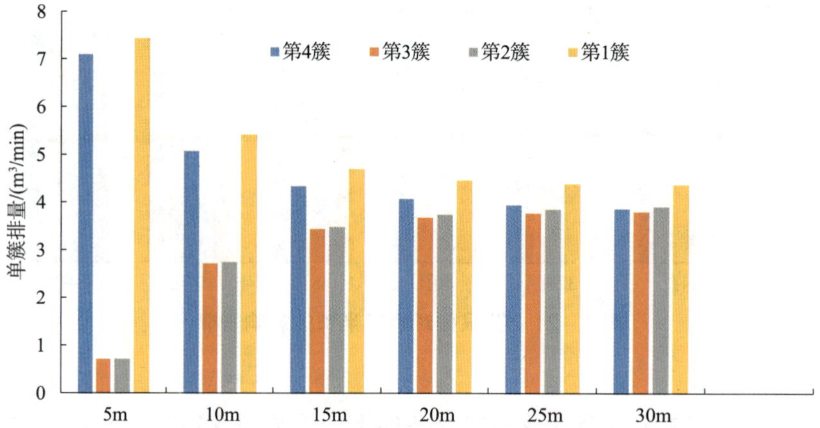

图 4 -24　簇间距对单簇排量的影响规律

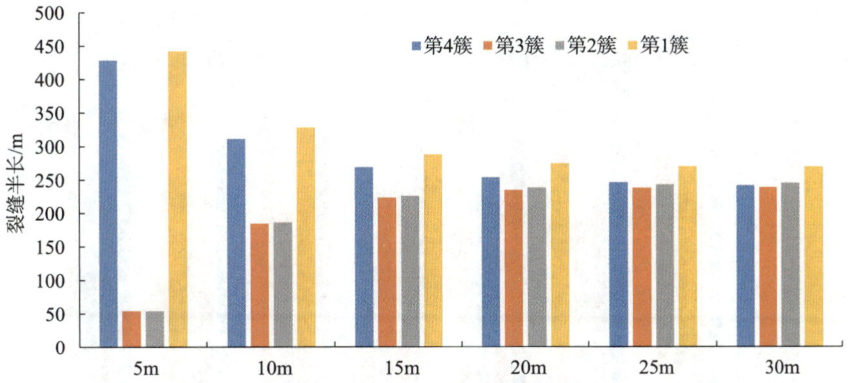

图 4－25　簇间距对裂缝半长的影响规律

4. 黏度

图 4－26、图 4－27 为其余参数不变的条件下，黏度对多簇裂缝扩展的影响规律。由图可以看出，随着黏度的增加，多射孔裂缝的进液非均衡性增强，裂缝长度略有降低。

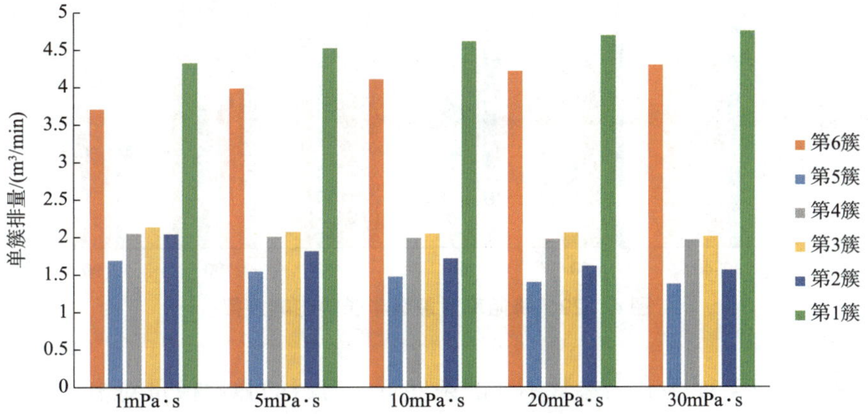

图 4－26　黏度对单簇排量的影响规律

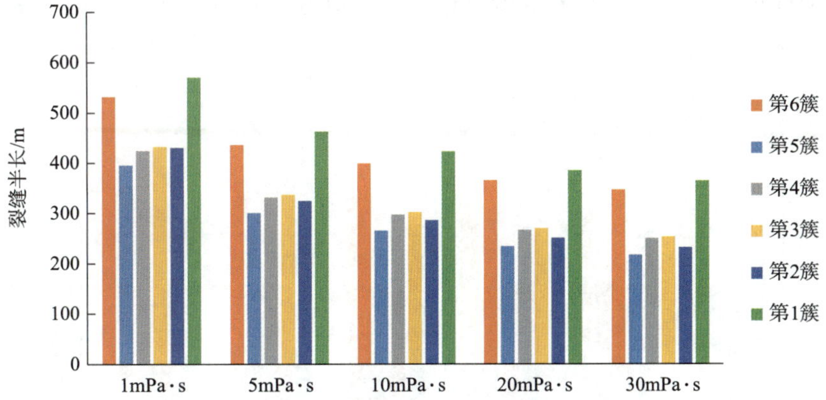

图 4－27　黏度对裂缝半长的影响规律

5. 降阻率

图 4－28、图 4－29 为其余参数不变的条件下，降阻率对多簇裂缝扩展的影响规律。由图可以看出，随着降阻率的增加，多簇裂缝的长度及进液的均匀性略有增加。这是由于随着降阻率的增大，沿程摩阻降低，各裂缝的缝内净压力差别在一定程度上减小，鉴于此，推荐采用高降阻压裂液。

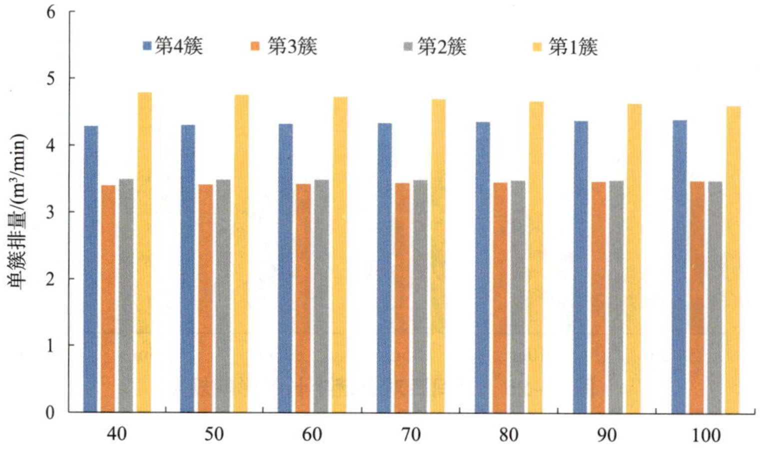

图 4-28 降阻率对单簇排量的影响规律

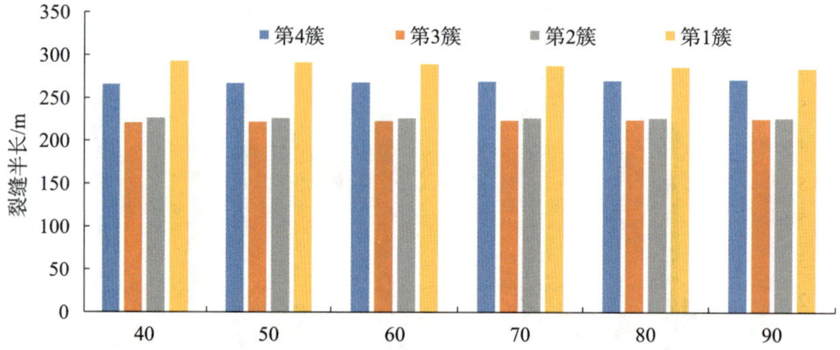

图 4-29 降阻率对裂缝半长的影响规律

6. 弹性模量

图 4-30、图 4-31 为其余参数不变的条件下，岩石的弹性模量对多簇裂缝扩展的影响规律。由图可以看出，随着弹性模量的增加，多簇裂缝的长度及进液的均匀性下降。这是由于随着弹性模量的增大，岩石的刚度增加，裂缝开启难度增大，缝内净压力增大，缝间干扰作用随之而增强。

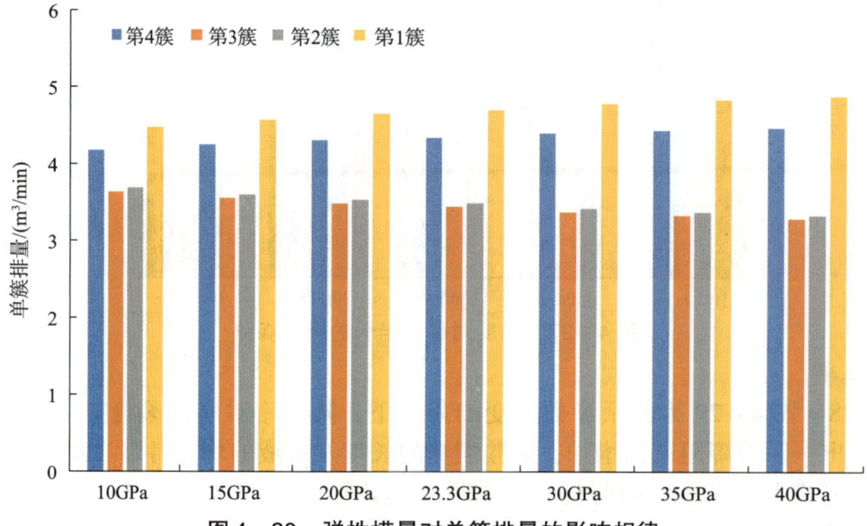

图 4-30 弹性模量对单簇排量的影响规律

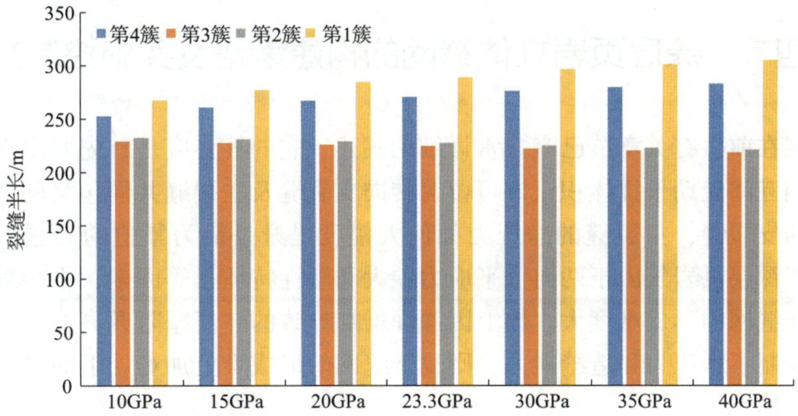

图 4－31　弹性模量对裂缝半长的影响规律

7. 滤失系数

图 4－32、图 4－33 为其余参数不变的条件下，滤失系数对多簇裂缝扩展的影响规律。由图可以看出，随着滤失系数的增加，多簇裂缝的长度及进液的均匀性增强。这是由于随着滤失系数的增大，缝内净压力降低，缝间干扰作用减弱，裂缝扩展时所受的应力遮挡作用随之而降低。

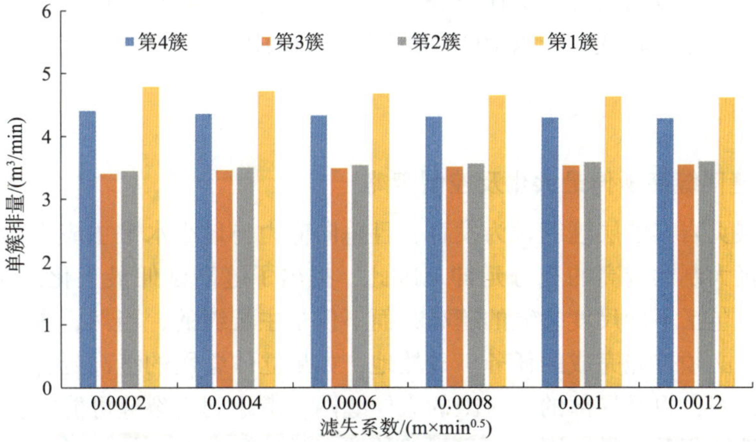

图 4－32　滤失系数对单簇排量的影响规律

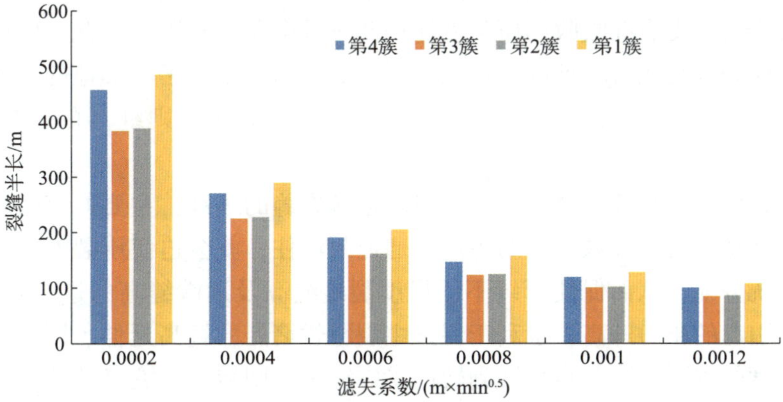

图 4－33　滤失系数对裂缝半长的影响规律

第四节　深层页岩立体缝网的构建策略及实施控制方法

立体缝网在前边有关章节已有非常详细的阐述，它的核心应是首先要出现多个转向的支裂缝，且相互间流动干扰体积正好可覆盖转向支裂缝及主裂缝共同包络的体积范围。而要形成转向的支裂缝，主裂缝的净压力如何大幅度提升是最为紧迫的问题，亟须攻关解决。正是由于深层页岩气由于两向水平应力差大和塑性特征强等因素，主裂缝净压力的不足，导致复杂缝网的形成难度大。加上因深埋增加导致的井筒摩阻升高，注入排量因此受限，进一步限制了净压力和造缝能力，则复杂缝网的形成难上加难。下面对立体缝网的构建策略进行阐述。

立体缝网的构建策略包括两个层面，一是造缝策略，二是支撑策略。造缝是基础，支撑是目的。如果造缝做得不好，立体缝网没有完全搭建起来，则支撑的立体缝网就无从谈起，或者只能是局部支撑或有限支撑的立体缝网。反之，如立体缝网完全搭建起来了，但支撑工作做得不到位，则易造成事倍功半的效果。理想的支撑立体缝网是将立体缝网的体积全部转化为支撑体积或有效体积(即全部支撑或饱和支撑的立体缝网)，这是非常艰巨的任务，以目前的技术条件而言几乎不可能完成。但随着今后技术的进步，尤其是原位成形支撑剂的技术发展和成功应用，上述任务应当是能够完成的。只是由压裂液到支撑剂的原位转化效率目前还相对较低，难以100%地充填造缝的体积。

一、立体缝网的造缝策略

(一)立体缝网缝高延伸最大化及控制策略

考虑到深层页岩气的层理缝较为发育，且垂向应力与最小水平主应力的差值相对较小的实际，都会极大制约缝高的充分延伸。因此，提出了缝高延伸最大化的策略是合适的。立体缝网的缝高包括不同尺度裂缝的缝高，而不仅是主裂缝的，当然，主裂缝的缝高延伸是最重要的也是必须首先完成的任务。显然地，如果立体缝网的缝高延伸不充分，则即使立体缝网造得再好，也是局部的、有限的立体缝网。考虑到主裂缝可能吸收了70%以上的绝大部分压裂液体积及排量，因此，主裂缝的缝高延伸是相对有把握的，但远离井筒的主裂缝高度也是逐渐降低的甚至降低到极低的水平。而转向支裂缝即使能够形成，由于条数不止一条，每个转向支裂缝吸收的压裂液体积及排量会非常有限，因此，转向支裂缝的缝高即使在近井筒处也是相对较低的，远离主裂缝的缝高就更低了。其他的三级微裂缝如存在的话，因数量更多，吸收的压裂液体积及排量更为有限，则缝高的延伸估计也无从谈起。

为了充分延伸各级裂缝系统的缝高及对应远端裂缝的缝高，主要的策略就是采取人为暂堵的方法，将多尺度裂缝系统中的主流动通道封堵住，就会迫使压裂液及排量更多地向下一级裂缝系统分配，从而促使下级不同尺度裂缝缝高及远端缝高的进一步延伸。同时，因主裂缝暂堵引起的压力升高，也利于促进主裂缝暂堵处的缝高延伸。同时，如能把暂堵的机制从大尺度的主裂缝进一步拓展到转向支裂缝中，则转向支裂缝的缝高尤其是暂堵处至主裂缝连通处的缝高，会得到较大幅度的提升。在此情况下，主裂缝与转向支裂缝的流动都受到极大的阻碍，则继续注入的压裂液只能在缝高与缝宽方向继续延伸。相对而言，缝宽方向的延伸程度极其有限(在毫米到厘米级别)，因此，绝大部分压裂液会在多尺度裂缝的缝高方向继续延伸，且此缝高的延伸是全缝域的，包括主裂缝及转向支裂缝暂堵处到井筒的大范围内。

另外，不管是大尺度的主裂缝还是较小尺度的转向支裂缝，暂堵的位置是非常关键的，如在裂缝端部暂堵，则暂堵后压力的上升速度较其他暂堵位置相对较小，施工安全性会有较大的保障，但存在的弊端是转向支裂缝一旦产生，其条数也相对较多，因此每个转向支裂缝吸收的压裂液体积及排量会相对有限，也难以提高各个转向支裂缝的整体缝高。反之，如暂堵的位置在裂缝的中部或近井处，暂堵后的压力上升速度会相对较大，可能很快就超过井口施工限压，虽然暂堵处到井筒的裂缝高度会有较大幅度的提升，但暂堵前的裂缝高度几乎没有任何提升。

如是进行多次缝内暂堵，则暂堵的次数及方式等也对裂缝高度的影响相对较大。显然地，暂堵次数越多，裂缝内净压力增幅越大，不管是哪个尺度的裂缝内暂堵，都会对其他尺度的裂缝净压力增长及缝高的充分延伸有积极的意义；而暂堵的方式应包括由远及近的暂堵及由近及远的暂堵等，前者现场操作上便利些，但越往后暂堵，暂堵的效率越低，需用的暂堵剂量越大，且可能因之后暂堵剂的溶解造成裂缝导流能力的空白区，从而影响整个裂缝的连通性(包括主裂缝，如果转向支裂缝也进行多次暂堵作业的话，也包括转向支裂缝)。后者对暂堵剂的溶解时间要求高，即必须尽快彻底溶解，且该暂堵方式优势大，如因暂堵时的裂缝尺寸小，可以大幅度提高不同尺度的裂缝高度。此外，也可以大幅度提高转向支裂缝的导流能力、主裂缝导流能力(因避免了多种粒径支撑剂的混杂分布)，同时，每次暂堵压力升高后基本都可回到原先的水平，以及可以实现在整体裂缝改造体积不变的前提下，用“少段少簇”来替代原先的“多段少簇”，则施工成本可以大幅度降低。

(二)立体缝网缝长延伸优化及控制策略

相比缝高延伸而言，立体缝网的长度延伸相对容易些，因为深层页岩岩石水平方向的断裂韧性值也相对不高，在裂缝三向延伸过程中是最容易增长的方向。因此，没有提缝长延伸最大化的目标，取而代之的是最优化的目标(最优化的缝长对单井而言，主要取决于基质岩石的渗透率大小；对于井工厂多井而言，主要取决于井距的大小)。只要压裂液量足够多，一般能够实现缝长最优化的目标，但对转向支裂缝及三级微裂缝而言，缝长的延伸难度也同样不低。主要原因是在主裂缝、转向支裂缝及三级微裂缝共存的条件下，因主裂缝方向的延伸阻力最小，肯定是主裂缝会获得绝对优势的延伸地位，转向支裂缝次之，三级微裂缝更次之。除非如上所述，在主裂缝中暂堵，可以同时促进转向支裂缝和三级微裂缝的缝长延伸程度；在转向支裂缝中暂堵，可以促进三级微裂缝及主裂缝的缝长延伸程度(如果主裂缝也同时暂堵，则主要促进三级微裂缝的长度延伸)。需要指出的是，转向支裂缝及三级微裂缝的长度充分延伸，对确保深层页岩气压裂后的稳产效果和单井 EUR，都具有极端重要的意义。目前之所以压裂后产量递减快，主要是转向支裂缝及三级微裂缝的长度延伸不足(当然同时也包括缝高的延伸程度及后边要阐述的导流能力维持问题)。另外，最大限度地提高压裂液的造缝效率也是提高立体缝网长度的重要策略。但考虑到深层页岩气的基质渗透率一般都极低的现实，因此，即使采用大比例的低黏度滑溜水，也不影响最终的造缝效率或影响极其有限。但如果裂缝在延伸过程中穿过断层附近(断层附近一般伴随有高滤失或诱导天然裂缝发育等特征）或原先就存在的天然裂缝系统，则压裂液的造缝效率就会发生极大的降低，除非水力裂缝（包括上述三级水力裂缝系统）直接穿过天然裂缝系统。因此，在此情况下，适当提高压裂液的黏度、超前加细粉砂等是不错的策略选择。但对降低天然裂缝的滤失而言，是一把双刃剑，如果过早封堵天然裂缝，对降低压裂后产量递减率不一定是好事。但如果对天然裂缝的封堵时机太晚，虽有利于形成立体缝网，但主裂缝的长度因滤失大幅度增加而可能受到极大的影响，这对提高整个裂缝的改造体积是极端不利的。因此，应基于天然裂缝的发育程度，优化合理的超前加砂程序，在立体缝网的长度相对最优的基础上，最大限度地提高天然裂缝在压裂后的流动能力。

（三）立体缝网不同尺度的裂缝间距的优化及控制策略

因立体缝网的概念不仅局限于主裂缝、转向支裂缝及三级微裂缝的整体波及范围，还牵涉到立体缝网的内部结构，尤其是不同尺度裂缝的间距分布，也存在着最优化的问题。显然地，裂缝间距大了，肯定存在流动死区的问题，最终不能最大限度地发挥立体缝网的整体潜力。但如裂缝间距小了，一是增加压裂施工的费用和控制难度，二是因相互间流动干扰效应，反而可能降低了整个立体缝网的流动能力和压裂后产气能力。其中，主裂缝的间距优化策略，可通过气藏工程模拟的方法确定，然后进行定点簇射孔。而转向支裂缝及三级微裂缝的缝间距优化及控制的难度太大，几乎无法进行人工干预。它们主要取决于地质上的弱面构造或微构造，如天然裂缝、层理缝与纹理缝等，只要缝内净压力超过某个临界压力，就可能促使上述小微尺度裂隙系统的有效开启和延伸。或者采取主缝内多次暂堵的策略，可缩小转向支裂缝的间距，直到满足优化的转向支裂缝缝间距为止。抑或在纵向支裂缝中进行缝内多次暂堵，同样可降低三级微裂缝的缝间距直至达到优化的缝间距为止。当然，上述主裂缝内的多次暂堵也具有促进其均衡延伸的功效，同样地，转向支裂缝内的多次暂堵也具有促进其均衡延伸的功效。但考虑到深层页岩的裂缝宽度都相对较窄（即使是主裂缝也同样如此），上述暂堵剂能否顺畅运移到预定的位置至关重要，否则，可能过早堆积于近井裂缝或近主裂缝位置，就难以实现上述预期的目标，也会造成施工压力的快速上升甚至导致施工过早终止。

二、立体缝网的支撑策略

理想的支撑策略是不同尺度的立体缝网系统都对应有与其缝宽匹配的某个粒径支撑剂的饱和充填，但限于各种技术条件的制约，很难实现这种理想化的目标。因此，目前的策略应是基于当前的技术条件，最大限度地提高立体缝网的支撑效率。下边分别进行阐述。

（一）大幅度提高立体缝网的支撑长度策略

为了大幅度提高不同尺度立体缝网的长度，提高支撑剂的用量只是一方面，支撑剂的密度选择及其与压裂液黏度及注入排量的匹配关系也非常重要。显然地，支撑剂的密度越小，其悬浮性能越好，在同等施工条件下，支撑剂运移的距离也越长（即裂缝的支撑长度也越长）。但随着支撑剂密度的降低，其抗压性能也随之下降，这对深层页岩气高闭合应力条件而言，是一个难以调和的矛盾。而采用常规密度的支撑剂时，压裂液黏度及排量组合的优化至关重要。压裂液的黏度越大、注入排量越高，则支撑剂的运移距离及支撑缝长也越大。且压裂液黏度与注入排量可以统一考虑，如较高的压裂液黏度与较低的注入排量组合，或者较低的压裂液黏度与较高的注入排量组合。现场施工中一般倾向于后者。原因在于，二者的乘积大小决定了缝内净压力的大小及增长速度，较低的压裂液黏度除了对裂缝导流能力伤害性较低的优势外，还因摩阻低，具有沟通与延伸小微尺度裂缝系统的优势，这对深层页岩气压裂而言尤为关键，它决定了压裂后产量的递减快慢甚至最终的单井EUR；而较高的排量对多簇射孔压裂而言也是至关重要的，否则，如单簇排量过低，则会大幅度降低造缝能力及携砂能力。

亟须强调的是支撑剂的加入时机问题，尤其是早期小粒径支撑剂的加入时机，对提高转向支裂缝或三级微裂缝的有效支撑至关重要。因为，转向支裂缝及三级微裂缝系统的延伸时机稍纵即逝，而不像主裂缝那样因延伸阻力相对最小，只要注入不停止，可以一直保持延伸状态(当然，主裂缝内暂堵除外)。因此，必须抓住转向支裂缝及三级微裂缝的延伸黄金期，即使注入小粒径支撑剂，否则，一旦其延伸时机已过或进缝排量小到低于支撑剂的临界进缝速度，则大量的小粒径支撑剂势必会堆积滞留于主裂缝系统，最终对主裂缝的导流能力造成极大的伤害，而转向支裂缝及三级微裂缝的导流能力也完全没有建立起来，这是深层页岩气压裂的最可怕场景，但现场经常会出现这种情况，如，加砂强度很大，但效果却一般。

此外，自悬浮支撑剂也是另外一种选择。此时采用极低黏度的滑溜水体系即可正常携砂施工。虽然其密度同样较大，但其与压裂液的流动跟随性显著提升，可以促进转向支裂缝系统的进砂量及加砂均衡性。同时，正因为其悬浮性能好，裂缝底部的沉砂效应显著降低，进而可以大幅度促进不同尺度裂缝系统的支撑长度。但自悬浮支撑剂也有不足，如高砂液比施工阶段的摩阻增加幅度加剧，可能影响高砂液比阶段的施工参数水平。值得指出的是，如果压裂后支撑剂外包裹的高分子聚合物溶解不彻底，也可能对裂缝导流能力造成某种程度的伤害。但随着技术的不断进步，上述局限性应当可以得到解决。

(二)大幅度提高立体缝网支撑高度的策略

实际上，在提高不同尺度裂缝支撑缝长的同时，支撑高度也在同步增长。包括上述提前加砂时机(主要针对转向支裂缝)及采用自悬浮支撑剂等技术等，都具有同样的功能，尤其是自悬浮支撑剂(低密度支撑剂因抗压能力弱，难以满足深层页岩气压裂的需要)，可以将造缝高度几乎100%地转化为支撑高度，应当是最完美的提高支撑高度的策略，且几乎没有常规的沉降沙堤效应。

考虑到自悬浮支撑剂因各种原因还没有达到主流应用的程度，更多情况下还是采用常规密度支撑剂居多，因此在一定的施工参数条件下，因常规密度支撑剂的沉降有个平衡的砂堤高度问题，此时，就只有支撑缝长的增长而缝高则基本维持恒定。如要进一步增加支撑高度可以采取降低压裂液黏度或排量等方法，但排量一般是不能降低的，而压裂液黏度降低到一定程度后，会增加砂堵的风险，因此需要综合权衡确定。可在前期适当增加压裂液黏度，之后再适当降低压裂液黏度，以求得最佳的支撑缝长和支撑高度的结果。对转向支裂缝及三级微裂缝也是同样的要求，只不过需要在主裂缝中进行暂堵作业，否则转向支裂缝或三级微裂缝因吸收的压裂液体积及排量极其有限而难以达到充分延伸支撑缝高的目的。

值得指出的是，考虑到深层页岩的基质渗透率相对较低，即滤失相对较少，因此在同等条件下的裂缝闭合时间相对较长，这就相当于增加了支撑剂的沉降时间，因此也在相当程度上降低了不同尺度裂缝沿其缝长方向的支撑高度。为此，可在压裂后采用立即有控制地放喷的策略，以在确保不出砂或出砂量极小的情况下，加速裂缝的闭合进程，使支撑剂还未来得及沉降或沉降很小的距离时就被裂缝壁面夹住，从而大幅度提高了不同尺度裂缝的支撑高度。但对深层页岩气水平井分段压裂而言，该策略可能只适合于最后一段压裂，而前期压裂的段尤其是第一段压裂，即使按每天能压裂 3 段计算，一般的井都得压裂 20 段以上，那也得经历 7 天左右的关井时间，而其他段经历的关井时间应在 3 小时至 7 天之间，显然地，压裂后关井时间越长，支撑剂的沉降程度越大，则裂缝的支撑高度越小(当然，采用了自悬浮支撑剂的情况除外)。相对而言，由于转向支裂缝及三级微裂缝的宽度相对较窄，裂缝壁面粗糙度的影响程度相对较大，而该粗糙度对支撑剂沉降的影响是正面的，即它可以大幅度地减小支撑高度的降低幅度。因此，压裂后关井对主裂缝支撑高度的负面影响最大。目前对降低上述因素的不利影响还基本上束手无策。唯一的补救策略是压完每一段就立即利用井口余压进行少量的排液，强制近井筒处的裂缝闭合，只有近井筒裂缝闭合了，就可加速其他位置裂缝的闭合。之后在泵送桥塞和射孔枪的时候，设计合理的排量确保裂缝不再重新张开即可。但这可能要降低一定幅度的泵送排量及施工效率。需要指出的是，万一在上述返排过程中出现少量的吐砂现象，则在下段较低排量泵送桥塞和射孔枪联作管串的过程中，可能会影响桥塞的正常坐封。所以关键是如何综合权衡了。补救的策略之一是在加砂末期采用一定比例的自悬浮支撑剂或超低密度支撑剂，可以 100% 采用上述支撑剂，也可将其与常规密度支撑剂混合(不同悬浮性支撑剂均匀混合后，当密度高的支撑剂沉降时会受到悬浮性好的支撑剂的托举作用，在一定程度上也提高了混合支撑剂的整体悬浮性能，还利于降低成本)，以最大限度地提高裂缝缝口处支撑剂的悬浮性，并且在顶替的早期阶段采用相对较高黏度的胶液或超高黏度滑溜水，以产生活塞式顶替效果，之后再采用较低黏度的滑溜水，这样，在返排过程中即使有部分吐砂效应，也不至于影响下段桥塞的正常下入和坐封作业。

至于转向支裂缝及三级微裂缝，上述关井期间支撑剂沉降对支撑高度的降低效应也同样存在，只不过因裂缝壁面粗糙度影响，降低的程度有所减缓而已。而在压裂后返排过程中，由于返排速度相对较低，主裂缝内的压力梯度极小，换言之，转向支裂缝及三级微裂缝参与返排的可能性相对较低，即使有返排也极其有限，这对维系其缝口处的导流能力抑或增加不同尺度裂缝间的连通性是至关重要的。因此，段塞式加砂程序设计时不加支撑剂的隔离液的体积优化是非常关键的，如果隔离液的体积占比过大，则容易造成不同尺度裂缝间连通性的损害或大部分丧失；反之，如隔离液的体积占比过小，则预期进入转向支裂缝及三级微裂缝中的小粒径支撑剂可能大部分滞留于大尺度的主裂缝系统中。尤其是目前的强加砂模式的推广普及，在加砂早期就采用连续加砂模式，导致的结果是小粒径支撑剂可能根本没有机会进入本应全部进入的转向支裂缝或三级微裂缝系统中，最终主裂缝的导流能力也因多种粒径支撑剂的混杂分布而大幅度降低了，而变黏度及变排量等工艺方法更进一步加剧了不同粒径支撑剂混杂分布的程度。此时，加砂的强度越高，支撑剂的混杂分布越严重，主裂缝的导流能力越低，而转向支裂缝及三级微裂缝的导流能力则更低了，因为进入的小粒径支撑剂量极少，绝大部分靠岩石自支撑裂缝形成的导流能力，在深层页岩气高闭合应力作用下也会快速失效。

（三）大幅度提高立体缝网中支撑剂充满度的策略

上述已经阐述了大幅度提高立体缝网的长度及高度的支撑策略，但在宽度上如何提高支撑剂铺置浓度没有涉及。但这同样是一个非常关键的问题，因为，即使立体缝网的长度及高度上都有最大限度的提高，但如果支撑剂的铺砂浓度较低的话，其长期裂缝导流能力也会大打折扣，尤其在深层高闭合应力条件下，较低的铺砂浓度因支撑剂的压碎和嵌入等双重作用，会快速降低或丧失。目前的支撑剂动态输送物理模拟结果也显示，不同尺度裂缝中的支撑剂充满度仅为30%左右，即使是最容易进砂的主裂缝也同样如此（绝大多数情况下，主裂缝的进砂量占总砂量的70%左右）。可以想象，对不容易进砂的转向支裂缝或三级微裂缝而言，支撑剂的充满度就更低了。提高立体缝网支撑剂充满度的唯一策略是大幅度提高综合砂液比，但难度极大。到目前为止，深层页岩气压裂的综合砂液比一般只有2%～5%，因此绝大部分造缝空间没有被充分支撑也在情理之中。但提高综合砂液比是一项极其艰难的任务，哪怕提高1～2个百分点，有时都会付出巨大的努力和冒着极大的安全风险。但如全程采用自悬浮支撑剂，现场实践表明，在同等施工参数条件下，可以降低压力10MPa左右，如保持施工压力不变，则可相应提高一定幅度的施工砂液比。原因在于，采用自悬浮支撑剂后几乎没有沉降砂堤，因此，裂缝的流动截面积相对较大，进缝阻力会相应较低些。另外，如能将压裂液的降阻率进一步提升，尤其是高黏度胶液的降阻率目前能达70%就不错了，如通过分子结构改性，将胶液的降阻率提高至80%以上，低黏滑溜水的降阻率提升至85%以上，则压裂液携带不同砂液比支撑剂的进缝阻力也会相应降低。同样地，如维持井口施工压力不变，则施工砂液比亦可获得一定幅度的提升。如能同时将上述自悬浮支撑剂与高降阻率压裂液体系联合应用，则可达到事半功倍的效果。

此外，就加砂程序本身而言，坡阶式升高砂液比模式较阶梯式更能充分利用造缝空间，可以较大幅度地提高平均的施工砂液比。所谓坡阶式是指砂液比的提升没有明显的台阶式，接近无级式提高砂液比，而阶梯式则有明显的台阶性。二者是相互关联的，如果台阶变得无限多，就是坡阶式了。在短时间内看，坡阶式呈现固定的斜率，但在长时间范围看，上述斜率不是固定的，而是呈现出先高后缓最后与横坐标平行的特征。具体的起步砂液比及斜率与压裂液的造缝效率直接相关。压裂液的造缝效率越高，则起步砂液比及其提升的斜率越高，反之则越低。如果起步砂液比和/或提升斜率高于压裂液效率对应的临界值，则会造成加砂不畅甚至砂堵的不利局面。但对多簇裂缝压裂施工而言，如果在优势进液簇裂缝发生了砂堵，反而会促进其他簇裂缝更接近均匀地进液及进砂，却反而是有利的。因为井口压力也不会迅速超过施工限压（而直井单一裂缝的压裂就会发生超限压和被迫停止施工的情况）。以此类推，如其他的较为优势的进液及进砂簇裂缝又发生了加砂不畅甚至砂堵的现象，同样不会影响整体的施工进度，也同样会促进剩余射孔簇裂缝的更均匀地进液及进砂，除非此时的所有射孔簇裂缝都同时发生了加砂不畅甚至砂堵的现象。判断的依据就是井口压力上升到某个压力高值后是有所回落还是持续性上升，如果是前者就是还有剩余射孔簇裂缝可以正常延伸，如是后者则说明所有的射孔簇裂缝已同时发生了加砂不畅甚至砂堵，此时就必须降低施工砂液比甚至停止加砂作业，如果施工压力又慢慢恢复正常，即可按设计的加砂程序进行正常施工，否则，就应提前顶替，如在顶替过程中压力仍持续上升，再及时降低排量，如降低排量压力仍持续上升，再做好连续油管冲砂作业的准备。还需要指出的是，如何在上述加砂过程中最大限度地提高不同粒径支撑剂的分选性至关重要，否则，不同尺度的裂缝系统的充满度越高，效果却可能反而越差。所谓分选性，就是指在各种尺度的裂缝系统中，尽量只有一种粒径支撑剂更为适宜。理想情况下是大尺度的主裂缝系统中只有大粒径支撑剂，中等尺度的转向支裂缝中只有中粒径的支撑剂，小尺度的三级微裂缝系统或水平层理缝/纹理缝中只有小粒径的支撑剂。实际情况是，由于各种尺度裂缝系统的体积占比及起裂与延伸时机不尽相同，很难精准优化与控制不同粒径的支撑剂比例及加入的时机，导致各种尺度的裂缝系统中不同粒径支撑剂混杂分布的情况难以完全避免，尤其是主裂缝系统，由于目前的强加砂模式的盛行，早期就连续加砂，会导致小粒径支撑剂难以顺畅地进入小微尺度的裂缝系统中，最终的结果是不同粒径支撑剂在主裂缝中混杂分布，在此情况下，加砂强度越高，非但小微尺度的裂缝系统中难以进入小粒径支撑剂(这对深层页岩气压裂而言是影响压裂后稳产的致命缺陷)，主裂缝的导流能力也会大幅度降低，这与设计的预期目标是背道而驰的。

需要指出的是，多簇裂缝压裂施工时的复杂性较单一簇裂缝施工要大得多，由于每簇裂缝吸收的注入排量及压裂液量不尽相同，因此，各簇裂缝的压力响应特征的差异性是相当大的(尤其是排量不同，缝内净压力不同，裂缝延伸压力也不同，缝宽也不同，在同样砂液比条件下，裂缝内摩阻也不同)，但这种压力响应特征又常常混合在一起，很难由井口压力响应特征综合判断各簇裂缝的具体延伸情况，且经常是延伸压力相对最大的簇裂缝的压力响应特征会更多地表现出来，进一步掩盖了其他延伸压力相对较小的簇裂缝的压力响应特征。且，不同簇裂缝因延伸的非均衡性，其延伸的阶段有早有晚，而不同延伸阶段的压力响应特征也是不尽相同的。因此，不同簇裂缝及不同的延伸阶段，其压力混合后的整体压力响应特征是非常复杂的。另外，破裂压力特征也是同样的现象，即井口显示的破裂压力也仅反映了破裂压力最高的簇裂缝的破裂特征，其他破裂压力相对较小的簇裂缝即使已经破裂了，但在井口压力响应特征上也不易判断与识别，有时至多是微破裂的式微反应(在排量及压裂液性质不变的前提下，井口压力在某个局部高值后有略微下降的特征)。除非采用分布式光纤监测技术，可以实时测量各簇裂缝附近的温度分布，再反演各簇裂缝的排量及液量分布，进而反演各簇裂缝的破裂及延伸特性与相应的压力响应特征。如能直接在各簇裂缝的缝口处放置井下压力计就更好了，结合光纤监测得到的排量及液量结果，可以依此分别绘制出每簇裂缝的施工压力综合曲线，最后再与井口总的施工压力曲线特征进行对比分析，如能得出规律性认识，则可为今后基于综合的井口压力曲线特征判断各簇裂缝的具体破裂及延伸特性等，提供了分析依据。但上述过程如下光纤及井下压力计等，对下套管及施工注入的影响都相对较大，会在一定程度上影响施工的效率和增加作业成本，因此，有时现场上难以同时兼顾。但作为试验井，对获取各簇裂缝的破裂及延伸特性进行相关资料的录取却是必要的。

第五章　深层页岩复杂裂缝内支撑剂动态运移规律

第一节　支撑剂悬砂装置及复杂缝动态输砂物模装置研制

水力压裂改造的目标就是在地层中形成高导流能力的裂缝系统，而支撑剂则是形成高导流能力裂缝系统的核心载体之一。支撑剂在压裂过程中和压裂后裂缝闭合过程中在多尺度裂缝中的悬浮状况及沉降特性，不仅影响到压裂施工过程中压裂液的高效携砂、砂比的提高，而且影响支撑剂在多尺度裂缝系统中的有效铺置及砂堤分布，进而决定支撑剂支撑效率、裂缝有效导流能力及压裂增产的有效性。所以压裂液悬砂性是衡量压裂液性能的重要参数，是支撑剂优化选择的最基本指标，也是决定压裂施工成败及压裂后增产效果的关键因素之一。

目前实验室内压裂液悬砂性及支撑剂沉降性能测试评价的方法主要有两种：一种是基于 Stokes 理论公式的单颗粒支撑剂沉降法，是在静态状态下观察并测定单颗粒支撑剂在压裂液中沉降至容器底部所需的时间并计算出沉降速；但单颗粒支撑剂沉降法很难反映携砂液携带群体支撑剂的沉降特性。另一种是携砂液(多颗粒)悬砂性能测试法，是在静止状态下观察并测定携砂液中不同砂浓度的支撑剂完全沉降所需时间并推算沉降速度；该方法比起单颗粒的支撑剂沉降法更能客观反映压裂液的悬砂及支撑剂的沉降特性，更接近压裂实际情况。

支撑剂在多颗粒或携砂液中的沉降与单颗粒的自由沉降机理是完全不同的。多颗粒沉降时，由于颗粒间相互的干扰作用，使支撑剂的沉降速度低于单颗粒的自由沉降速度。单颗粒支撑剂沉降法及携砂液(多颗粒)悬砂性能测试法，只能得出单颗粒支撑剂的沉降速度和携砂液中多颗粒支撑剂完全沉降的速度，只能从宏观角度间接地反映支撑剂在压裂液中的悬浮情况，而无法定量实时地给出携砂液中支撑剂的沉降变化规律，在压裂液性能评价及支撑剂的优选时针对性不强。针对以上问题，研制了 XS－I 型压裂液悬砂及支撑剂沉降物理模拟实验装置，开展了不同粒径支撑剂在不同砂比的 SRFP－1 型压裂液携砂液中的悬砂能力及沉降机理实验研究；通过新型装置研制及采用新的实验方法，进一步探索压裂液悬砂及支撑剂沉降机理。

一、压裂液悬砂装置的研制

(一)装置的原理及组成

采用由中国石化石油工程技术研究院自主研制的“XS－I 型压裂液悬砂及支撑剂沉降物理模拟实验装置”，开展压裂液的悬砂性能以及支撑剂的沉降特性实验研究。该装置主要由主体框架结构、可视化悬砂测定容器(悬砂测定容器内筒、悬砂测定容器外筒、环形空间)、支撑剂质量测量系统(支撑剂托盘、质量传感器、升降器、计时控制器)、加热及温度控制系统(恒温水浴、循环管路)、数据采集处理系统(计算机、数据采集卡、数据采集软件)组成，其中可视化悬砂测定容器和支撑剂质量测量系统安装于主体框架结构上(图5-1、图5-2)。

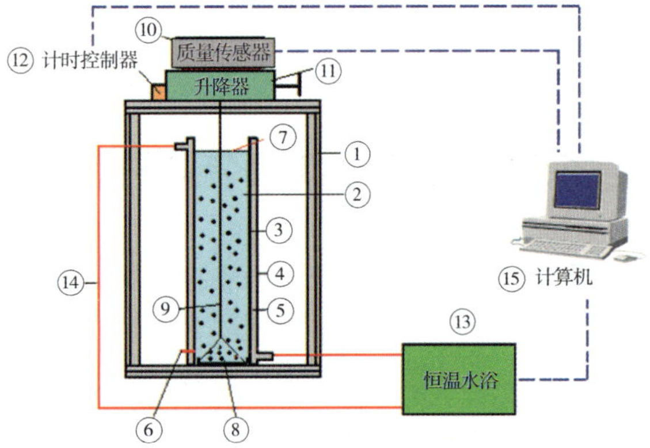

图5-1　实验装置的结构示意图

①—主体框架结构；②—可视化悬砂测定容器；③—悬砂测定容器内筒；④—悬砂测定容器外筒；⑤—环形空间；⑥—支撑剂托盘标定位置；⑦—携砂液液位；⑧—支撑剂托盘；⑨—刚性连接单元；⑩—质量传感器；⑪—升降器；⑫—计时控制器；⑬—恒温水浴；⑭—循环管路；⑮—数据采集处理系统

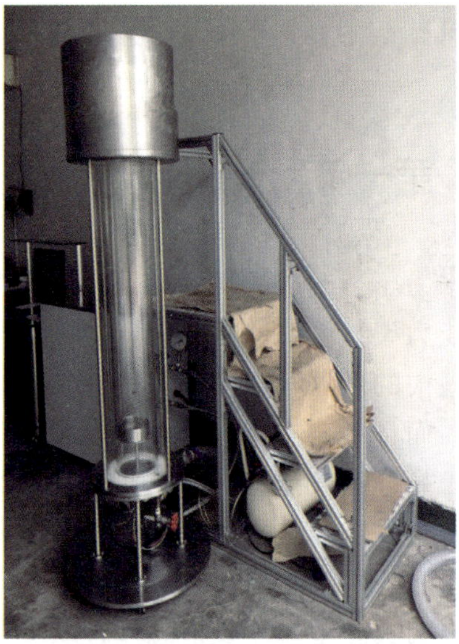

图5-2　压裂液悬砂及支撑剂沉降物理模拟实验装置

(二)装置的主要功能

该装置能模拟不同实验温度条件，对压裂液悬砂性能及支撑剂沉降性能进行实验研究，定量评价压裂液悬砂、携砂能力及支撑剂在压裂液中的沉降特性，为压裂液配方优化及支撑剂优选提供实验依据。

采用本装置开展实验，不仅能定量给出不同密度及粒径的支撑剂在不同砂比的携砂液中的完全沉降时间、沉降量这两个重要指标，而且在实验过程中能实时、定量给出支撑剂沉降速率与沉降时间的关系曲线，沉降量与沉降时间的关系曲线。

实验装置有加热及温度控制系统，能模拟储层温度条件及添加破胶剂等情况下压裂液悬砂能力的变化规律，比起目前常采用的常温悬砂实验，更符合现场压裂的实际情况，更能客观真实地反映储层条件下压裂液的悬砂及携砂能力。

实验装置与液体接触部分都进行了耐腐蚀处理，不仅能开展活性水、滑溜水、压裂液等非腐蚀性液体的悬砂实验，而且能开展地面交联酸等腐蚀性液体的悬砂评价实验。

二、压裂液悬砂及支撑剂沉降机理研究

(一)实验材料

压裂液采用SRFP-1型压裂液体系，结合多尺度体积压裂工艺需求，分别对低黏度压裂液(0.15%SRFP-1增稠剂+0.3%SRCS-1黏土稳定剂+0.1%SRCU-1助排剂，黏度

为9～12mPa·s)、中黏度压裂液(0.2% SRFP－1增稠剂＋0.3% SRCS－1黏土稳定剂＋0.1% SRCU－1助排剂＋0.12% SRFC－1交联剂，黏度为24～27mPa·s)、中高黏度压裂液(0.30% SRFP－1增稠剂＋0.3% SRCS－1黏土稳定剂＋0.1% SRCU－1助排剂＋0.16% SRFC－1交联剂，黏度为48～51mPa·s)的悬砂特性进行实验研究。支撑剂采用三种粒径的等密度($2.7\times10^3 kg/m^3$)陶粒支撑剂，分别为小粒径支撑剂(70/140目陶粒)、中粒径支撑剂(40/70目陶粒)、大粒径支撑剂(30/50目陶粒)。

(二)实验方案

为充分掌握3种黏度的SRFP－1型压裂液体系的悬砂性能及3种粒径支撑剂沉降性能，以鄂南致密油储层压裂时温度场模拟结果为依据，在40℃温度条件下，设计了三组悬砂实验(表5－1)，探索SRFP－1型压裂液的悬砂及支撑剂沉降机理。

表5－1　压裂液悬砂及支撑剂沉降实验方案

实验分组	序号	压裂液	支撑剂	砂比			组数
第一组	1	低黏度压裂液	70/140目陶粒	5%	10%	15%	3组
	2	低黏度压裂液	40/70目陶粒	5%	10%	15%	3组
	3	低黏度压裂液	30/50目陶粒	5%	10%	15%	3组
第二组	4	中黏度压裂液	70/140目陶粒	10%	15%	20%	3组
	5	中黏度压裂液	40/70目陶粒	10%	15%	20%	3组
	6	中黏度压裂液	30/50目陶粒	10%	15%	20%	3组
第三组	7	中高黏度压裂液	70/140目陶粒	20%	25%	30%	3组
	8	中高黏度压裂液	40/70目陶粒	20%	25%	30%	3组
	9	中高黏度压裂液	30/50目陶粒	20%	25%	30%	3组

(三)实验方法

(1)依据实验方案(表5－1)，采用蒸馏水及压裂添加剂配制不同黏度的压裂液(每次实验压裂液用量为20 L)；配制好压裂液后根据每组实验方案要求，加入定量的支撑剂(70/140目陶粒、40/70目陶粒、30/50目陶粒)并进行充分搅拌，配制成不同砂比(5%～30%)的待测携砂液，并在正式实验前持续搅拌携砂液。

(2)启动温度控制系统，通过温度显示控制系统设定实验温度，对可视化悬砂测定容器和整个循环系统进行加温，直至整个系统温度达到实验要求温度后(40℃)，开始压裂液悬砂能力评价实验。

(3)开启升降器，把支撑剂托盘降低到可视化悬砂测定容器的最低端处(图5－1)。

(4)把搅拌均匀的待测携砂液加入可视化悬砂测定容器直至内筒标准液位处，当携砂液加入结束后，迅速通过升降器把支撑剂托盘升起到标定的位置(图5－1)，对质量传感器显示数据进行清零，同时计时器开始自动计时。

(5)实验过程中，数据采集处理系统自动开始采集携砂液中支撑剂沉降到支撑剂托盘上的质量、沉降时间、实时沉降速率、实验温度等信号；当支撑剂沉降量、沉降速率趋于稳定直至保持不变时，结束数据采集，关闭温度控制系统降温，结束本次测试实验。

(四)压裂液的悬砂特征

低黏度压裂液对于小粒径的支撑剂具有一定的悬浮能力；在5%的砂比下，支撑剂充分沉降时间(悬砂液中支撑剂沉降量随着沉降时间的增加几乎保持不变)为20min，但随着小粒径支撑剂的砂比加大(10%～15%)，支撑剂充分沉降时间逐渐变短(10～12min)，悬砂能力也随之变差。低黏度压裂液对于中粒径及大粒径的支撑剂悬砂能力较差，即便是在5%的低砂比下也很难持续悬砂，中粒径支撑剂的充分沉降时间为5.5min，而大粒径支撑剂的充分沉降时间骤减至1.4min；故低黏度压裂液只适合于在低砂比(<10%砂比)条件下携带小粒径支撑剂进行加砂，不适宜携带中(或大)粒径支撑剂或作为主加砂阶段的携砂液。

中黏度压裂液无论在低砂比还是中高砂比条件下，对小粒径的陶粒支撑剂(70/140目)有非常良好的悬浮能力，即使在中高砂比下，支撑剂充分沉降时间达到350min，完全满足携砂的需要；但对中粒径及大粒径的陶粒支撑剂，只在小于15%砂比条件下有着良好的悬砂能力，当砂比达到20%时，悬砂性能发生骤降，悬砂能力变弱。故中黏度压裂液适合于携带小粒径支撑剂及在中砂比(<15%砂比)条件下携带中粒径及大粒径陶粒支撑剂进行加砂施工，不适宜作为主加砂高砂比阶段或连续加砂方式的携砂液。

中高黏度压裂液无论在低砂比还是在中高砂比条件下对于小粒径支撑剂还是中大粒径支撑剂，都有着非常好的悬浮能力；即使对于大粒径的陶粒支撑剂，在25%砂比下，支撑剂充分沉降时间达到1580min，在30%砂比下，支撑剂充分沉降时间达到1150min，悬砂能力较优。故中高黏度压裂液适宜作为主加砂高砂比阶段或连续加砂方式下的携砂液(表5－2)。

表5－2　SRFP－1型压裂液中支撑剂充分沉降时间

支撑剂类型		70/140目陶粒			40/70目陶粒			30/50目陶粒		
低黏度压裂液	砂比/%	5	10	15	5	10	15	5	10	15
	携砂液加砂量/g	1000	2000	3000	1000	2000	3000	1000	2000	3000
	充分沉降时间/min	20	12	10	5.5	5.0	4.0	1.4	1.2	1.0
	充分沉降量/g	569.4	968.4	1597.5	517.7	823.2	1103.5	523.6	731.4	1309.0
	充分沉降量/加砂量/%	56.9	48.4	53.3	51.8	41.2	36.8	52.4	36.6	43.6
中黏度压裂液	砂比/%	10	15	20	10	15	20	10	15	20
	携砂液加砂量/g	2000	3000	4000	2000	3000	4000	2000	3000	4000
	充分沉降时间/min	—	500	350	240	100	5	220	80	3
	充分沉降量/g	—	298.3	442.0	1047.0	1564.2	1953.1	1138.3	1327.2	1644.8
	充分沉降量/加砂量/%	—	9.9	11.1	52.4	52.1	48.8	56.9	44.2	41.1
中高黏度压裂液	砂比/%	20	25	30	20	25	30	20	25	30
	携砂液加砂量/g	4000	5000	6000	4000	5000	6000	4000	5000	6000
	充分沉降时间/min	—	—	—	—	—	—	—	1580	1150
	充分沉降量/g	—	—	—	—	—	—	—	602.2	788.9
	充分沉降量/加砂量/%	—	—	—	—	—	—	—	12.0	13.1

(五)支撑剂充分沉降时间

采用等密度支撑剂条件下，SRFP－1型压裂液携砂液中支撑剂充分沉降时间与压裂液黏度、支撑剂粒径、携砂液砂比密切相关(表5－2)；压裂液黏度是影响支撑剂充分沉降时间及压裂液悬砂性能的最主要的因素，其次是支撑剂粒径及携砂液砂比。

随着压裂液黏度的增大，支撑剂沉降速率明显减缓，支撑剂充分沉降时间变长；增加压裂液的黏度有利于压裂液更好地悬砂及携砂，且随着黏度的增加，这种趋势越明显。

随着支撑剂粒径的加大，支撑剂沉降速率显著增大，支撑剂充分沉降时间变短；所以在压裂加砂的不同阶段，不同尺度的裂缝系统(主裂缝系统、分支缝系统、微裂缝系统)宜选用与不同支撑剂粒径悬浮性相匹配的压裂液体系，达到较好的携砂效果。

随着携砂液砂比的增加，支撑剂沉降速率逐渐增大，支撑剂充分沉降时间变短；所以在压裂主加砂后期及高砂比阶段，采用黏度较高的交联压裂液等可获得较好的携砂效果，既能实现对主裂缝的高导流支撑，又能规避施工风险。

(六)支撑剂沉降曲线特征

分析SRFP－1型压裂液的支撑剂沉降曲线中沉降量变化规律(图5－3～图5－8)及沉降速率变化规律(图5－9)可知，携砂液中支撑剂沉降可分为快速沉降阶段、缓慢沉降过渡阶段、稳定平衡阶段三个阶段。不同粒径的支撑剂在不同砂比的携砂液中，三个阶段持续时间也表现出不同的特征。

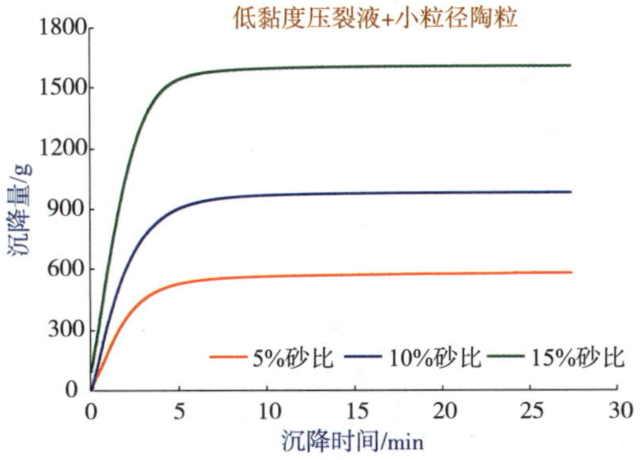

图5－3　低黏度携砂液中小粒径支撑剂的沉降曲线

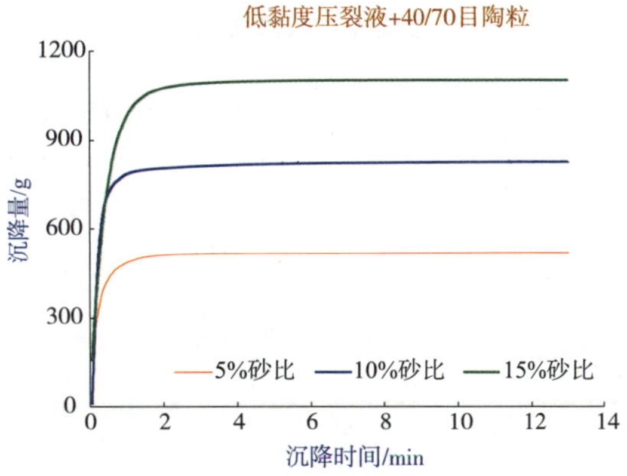

图5－4　低黏度携砂液中中粒径支撑剂的沉降曲线

同一种黏度压裂液在同等砂比条件下，随着支撑剂粒径的加大，快速沉降阶段支撑剂沉降更快，快速沉降阶段持续时间急剧变短，缓慢沉降过渡阶段持续时间也缩短；以低黏度压裂液为例(图5－3～图5－6)，总支撑剂量中70%～85%的支撑剂在快速沉降阶段就已经完全沉降。同理，同一种黏度压裂液加入同一粒径支撑剂的条件下，随着携砂液中砂比的增大，快速沉降阶段持续时间、缓慢沉降过渡阶段持续时间也表出现出变短的规律。

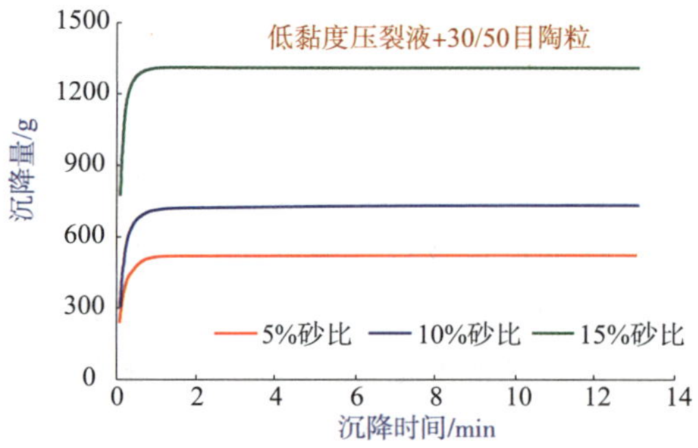

图5-5　低黏度携砂液中大粒径支撑剂的沉降曲线

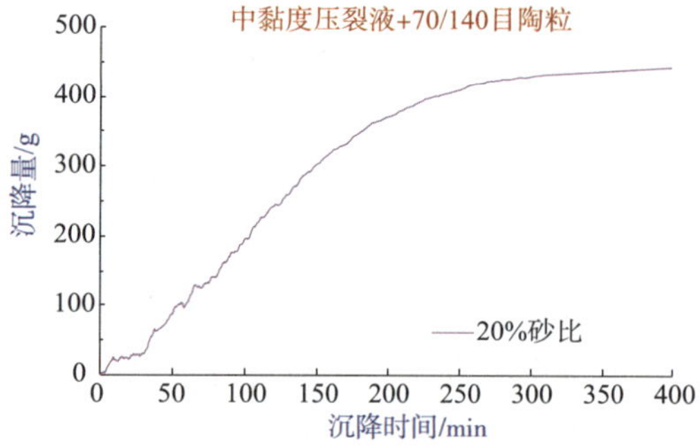

图5-6　中黏度携砂液中小粒径支撑剂的沉降曲线

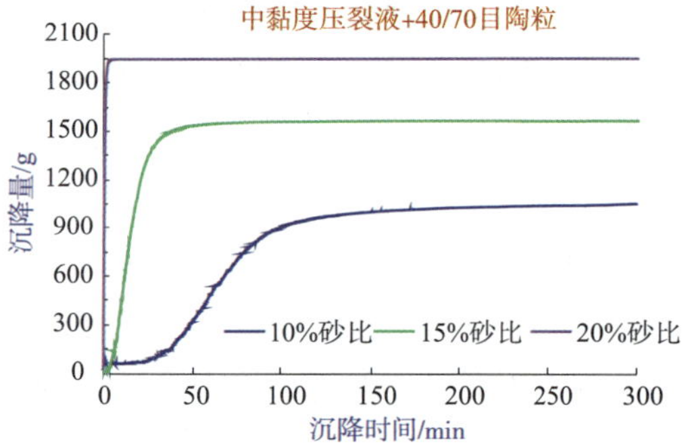

图5-7　中黏度携砂液中中粒径支撑剂的沉降曲线

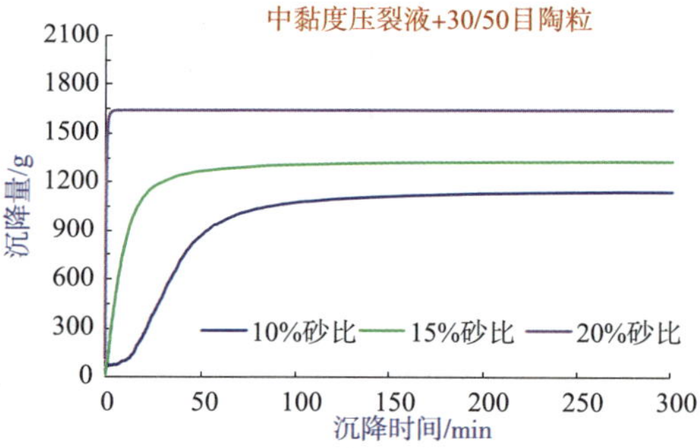

图5-8　中黏度携砂液中大粒径支撑剂的沉降曲线

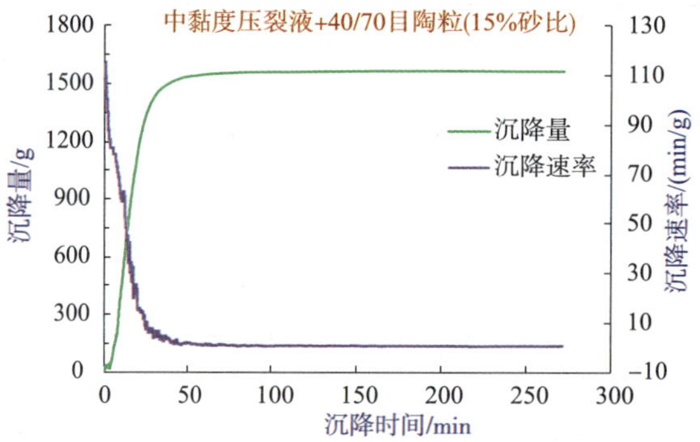

图5-9　沉降量及沉降速率与沉降时间关系曲线

在压裂液黏度及支撑剂粒径不变情况下，携砂液中支撑剂充分沉降后的沉降量均与砂比成正比，随着携砂液砂比的增大，支撑剂充分沉降量越多(表5-2)。以低黏度压裂液为例：①在携带小粒径支撑剂的悬砂实验中，5%砂比的携砂液充分沉降后支撑剂量为569.4g，10%砂比的携砂液充分沉降后支撑剂量为968.4g，15%砂比的携砂液充分沉降后支撑剂量为1597.5g；②在携带中粒径支撑剂的悬砂实验中，5%砂比的携砂液充分沉降后支撑剂量为517.7g，10%砂比的携砂液充分沉降后支撑剂量为823.2g，15%砂比的携砂液充分沉降后支撑剂量为1103.5g；③在携带大粒径支撑剂的悬砂实验中，5%砂比的携砂液充分沉降后支撑剂量为523.6g，10%砂比的携砂液充分沉降后支撑剂量为731.4g，15%砂比的携砂液充分沉降后支撑剂量为1309.0g。

低黏度携砂液中：70/140目的小粒径支撑剂在进入充分沉降阶段时，48.4%～56.9%的支撑剂已沉降；40/70目的中粒径支撑剂在进入充分沉降阶段时，36.8%～51.8%的支撑剂已沉降；30/50目的大粒径支撑剂在进入充分沉降阶段时，36.6%～52.4%的支撑剂已沉降；所以低黏度压裂液的整体携砂性较差，支撑剂更易沉降。

中黏度携砂液中：70/140目的小粒径支撑剂在进入充分沉降阶段时，9.9%～11.1%的支撑剂已沉降；40/70目的中粒径支撑剂在进入充分沉降阶段时，48.8%～52.4%的支撑剂已沉降；30/50目的大粒径支撑剂在进入充分沉降阶段时，41.1%～56.9%的支撑剂已沉降；所以中黏度压裂液对于小粒径支撑剂携砂性能较优，当携带中粒径及大粒径支撑剂时，携砂性能下降明显。

中高黏度携砂液中，即使在高砂比条件下，30/50目的大粒径支撑剂在充分沉降后，仅有12.0%～13.1%的支撑剂沉降，整体悬砂能力较优。

但在压裂液黏度及携砂液砂比不变情况下，支撑剂的沉降量与支撑剂粒径之间无较好的相关性及规律性。

第二节　支撑剂在复杂裂缝中的动态输砂规律实验研究

国内外学者对压裂过程中支撑剂的输送及铺置规律开展了大量的理论和实验研究工作，实验装置主要采用可视化平行板物理模拟装置，装置规模较小，裂缝级数较少，多以单一直缝为主，对于带分支缝的多级裂缝的模拟研究相对较少。针对深层页岩气藏压裂人工裂缝级数多、缝宽窄等特点，研制了多尺度裂缝系统有效输砂模拟实验装置，模拟深层页岩气藏压裂施工参数，开展了压裂液黏度、支撑剂类型、注入排量、砂比等因素对动态输砂规律和砂堤分布形态影响的实验研究，为深层页岩气藏压裂设计时压裂液、支撑剂优选及压裂施工参数优化提供了依据和指导。

一、实验原理与模型的建立

（一）实验装置

1. 实验装置的原理及技术参数

利用“多尺度裂缝系统有效输砂大型物理模拟实验装置”，开展压裂过程中不同液体黏度、支撑剂粒径、注入流量、砂比等条件下各级裂缝中支撑剂的输送及铺置情况实验。主要技术参数见表5－3、表5－4。

表5－3　实验装置主要技术参数

参数	数值
工作温度/℃	0～90
工作压力/MPa	0～0.2
模拟注入排量/(m^3/min)	0～15

表 5－4　各级裂缝主要参数

参数	缝长/cm	缝高/cm	缝宽/mm	与上级裂缝夹角/(°)
主裂缝	500	50	1～10	—
一级分支缝	100	50	1～5	30/60/90/120/150
二级分支缝	500	500	1～5	30/60/90/120/150
三级分支缝	250	500	1～5	30/60/90/120/150

该装置设计基于裂缝中流体线速度相似原理，模拟压裂过程中各排量下的流体流动。只需保证模型中液体的流速与实际裂缝中流体的流速相等，就能实现对现场施工的模拟。可以得到式(5－1)：

$$\frac{Q_n}{A_1}=\frac{Q_m}{A_2} \tag{5-1}$$

$$A_1=Hw_1 \tag{5-2}$$

$$A_2=hw_2 \tag{5-3}$$

式中，Q_n 为实际施工排量，m^3/min；Q_m 为实验排量，m^3/min；A_1 为实际裂缝入口面积，m^2；A_2 为实验装置裂缝入口面积，m^2；H 为实际裂缝高度，m；h 为实验装置裂缝高度，m；w_1 为实际裂缝宽度，m；w_2 为实验装置裂缝宽度，m。

由于实际缝宽与实验缝宽相等，即 $w_1=w_2$，所以式(5－1)可以表示为式(5－4)：

$$\frac{Q_n}{H}=\frac{Q_m}{h} \tag{5-4}$$

深层页岩气压裂人工裂缝解释裂缝高度一般在20m左右，H 取20m，实验装置缝高 $h=0.5m$，由式(5－2)计算出的排量和实验排量对比结果见表5－5。

表 5－5　实验排量计算结果

现场排量/(m^3/min)	实验排量/(m^3/h)
2	3
3	4.5
4	6
5	7.5
6	9
7	10.5
8	12

2. 装置主要组成部分及功能

该实验装置主要由主控系统、配液混砂系统、射孔模拟系统、裂缝模拟系统、循环系统、数据采集及处理系统等组成(图5－10)。主控系统主要由计算机、控制面板、安全报警系统等组成，用来控制装置各部分的安全运行；配液混砂系统主要由配液罐、混砂罐、加温装置、搅拌系统、螺杆泵、流量计等组成，实现压裂液的快速配置、加温保温、混砂及携砂液的均匀注入；射孔模拟系统由射孔模拟套件组成(图5－11、表5－6)，用来模拟不同射孔方案；裂缝模拟系统主要由裂缝主体系统、照明系统等组成，用来模拟储层裂缝系统(图 5－12)；循环系统主要由循环泵、相应管阀件等组成，用来泵入携砂液并进行循环；数据采集及处理系统主要由流量监测系统、压力监测系统、计算机、高速高清摄像机、模型控制软件、数据处理软件等组成，实现实验过程中对各数据及视频的采集、处理。

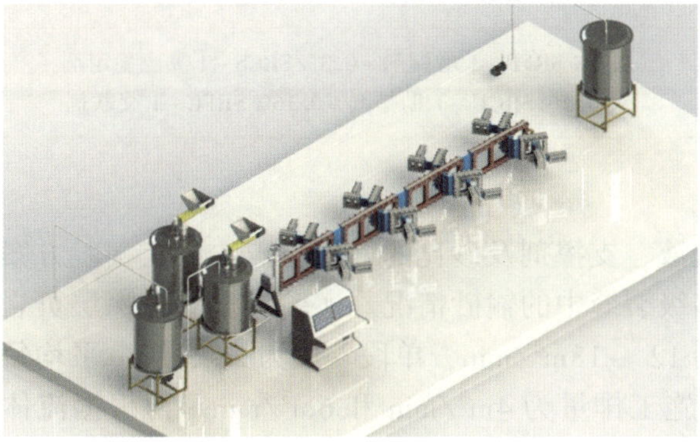

图 5－10　多尺度裂缝系统有效输砂物理模拟实验装置

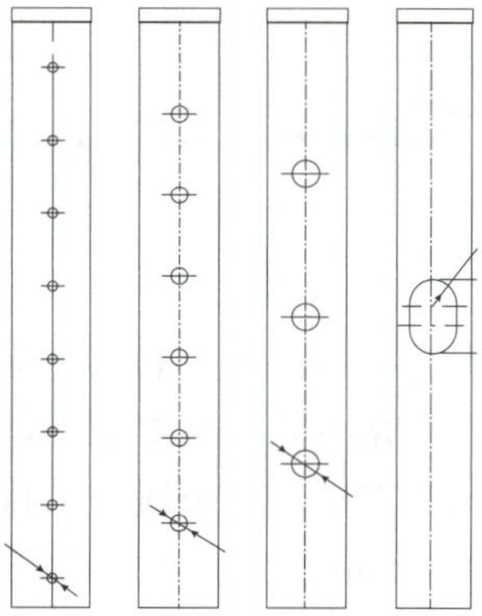

图 5－11　各射孔模拟套件示意图

表 5－6　各射孔模拟套件孔眼参数表

序号	孔眼数/个	模拟孔密/(个/米)	孔径/mm
1	8	16	10
2	6	12	15
3	3	6	30
4	1	2	80

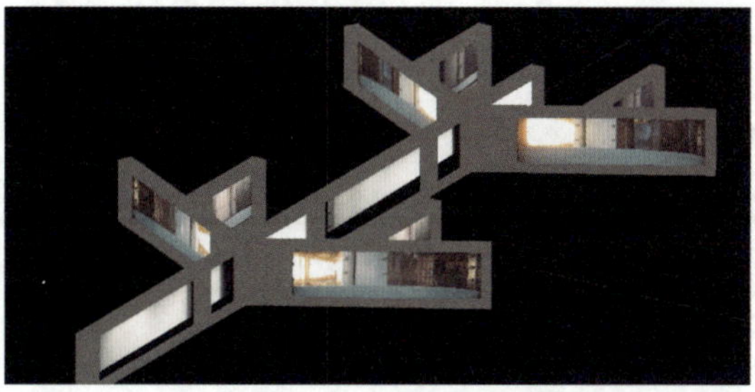

图 5－12　裂缝模拟示意图

(二)实验模型的建立

1. 实验材料

根据目前深层页岩气压裂施工选用材料，结合本章第二节动态悬砂物理模拟实验中实验材料选用情况，压裂液选用滑溜水压裂液体系，分别对低黏度压裂液、中黏度压裂液、中高黏度压裂液的输砂特性进行实验研究，压裂液配方、黏度见表 5－7。支撑剂选用三种粒径的等密度($2.6\times10^3 kg/m^3$)陶粒支撑剂，分别为小粒径支撑剂(70/140 目)、中粒径支撑剂(40/70 目)和大粒径支撑剂(30/50 目)。

表 5-7　不同压裂液黏度及配方

压裂液类型	黏度/mPa·s	配方
低黏度压裂液	3~6	0.1% SRFP-1 增稠剂+0.3% SRCS-1 黏土稳定剂+0.1% SRCU-1 助排剂
中黏度压裂液	12~15	0.2% SRFP-1 增稠剂+0.3% SRCS-1 黏土稳定剂+0.1% SRCU-1 助排剂+0.12% SRFC-1 交联剂
中高黏度压裂液	24~30	0.3% SRFP-1 增稠剂+0.3% SRCS-1 黏土稳定剂+0.1% SRCU-1 助排剂+0.16% SRFC-1 交联剂

2. 实验方案

根据目前深层页岩气压裂施工压裂液、支撑剂及砂比的匹配特点，制定实验方案见表5-8，研究不同施工参数下携砂液在多级裂缝中的输砂情况。实验排量参考深层页岩气压裂现场施工排量，单段施工排量一般为12 ~18m^3/min，单段一般为2~3簇，平均每簇排量为4 ~6m^3/min，本文模拟压裂现场施工排量为4m^3/min和6m^3/min。再根据流体流速线性相似原理，计算得到实验排量为6m^3/h和9m^3/h(表5-5)，设定加砂泵频率分别为13.84Hz和19.86Hz。射孔模拟套件选用表5-6中的2号套件。裂缝参数设置根据深层页岩气藏压裂人工裂缝特点，裂缝宽度、夹角等参数设置见表5-9。

表 5-8　动态输砂实验方案

序号	液体类型	液体黏度/mPa·s	陶粒支撑剂/目	排量/(m^3/min)		砂比/%		
1	低黏	3~6	30/50、40/70、70/140	4	6	5	10	15
2	中黏	12~15	30/50、40/70、70/140	4	6	10	15	20
3	高黏	24~30	30/50、40/70、70/140	4	6	15	20	25

表 5-9　动态输砂实验方案

参数	缝长/cm	缝高/cm	缝宽/mm	与上级裂缝夹角/(°)
主裂缝	500	50	5	—
一级分支缝	100	50	3	60
二级分支缝	50	50	2	60

3. 实验方法

实验过程可以分为8个步骤：①在配液罐中配置压裂液；②将压裂液注入到多级裂缝系统中，使其充满裂缝系统并循环；③将配液罐中压裂液注入到混砂罐中，按砂比加入支撑剂并搅拌均匀，配置好携砂液；④打开数据采集系统及视频拍摄系统；⑤打开注入泵，按实验要求流量将携砂液注入至裂缝系统中；⑥注入结束后，停泵，待裂缝系统中支撑剂完全沉降后，打开裂缝系统出口端阀门进行排空；⑦收集并处理实验数据；⑧拆装清洗实验装置，结束本次实验。

二、砂堤形态主控因素分析

根据实验结果，对比分析了压裂液黏度、支撑剂粒径、注入排量、砂液比等因素对各级裂缝中支撑剂沉降规律和砂堤剖面高度的影响。

(一) 压裂液黏度对砂堤形态的影响

以 40/70 目支撑剂、模拟排量 4m^3/min、砂比 10% 实验条件为例，在低黏压裂液和中黏压裂液中各级裂缝砂堤剖面高度对比结果如图 5－13 所示。

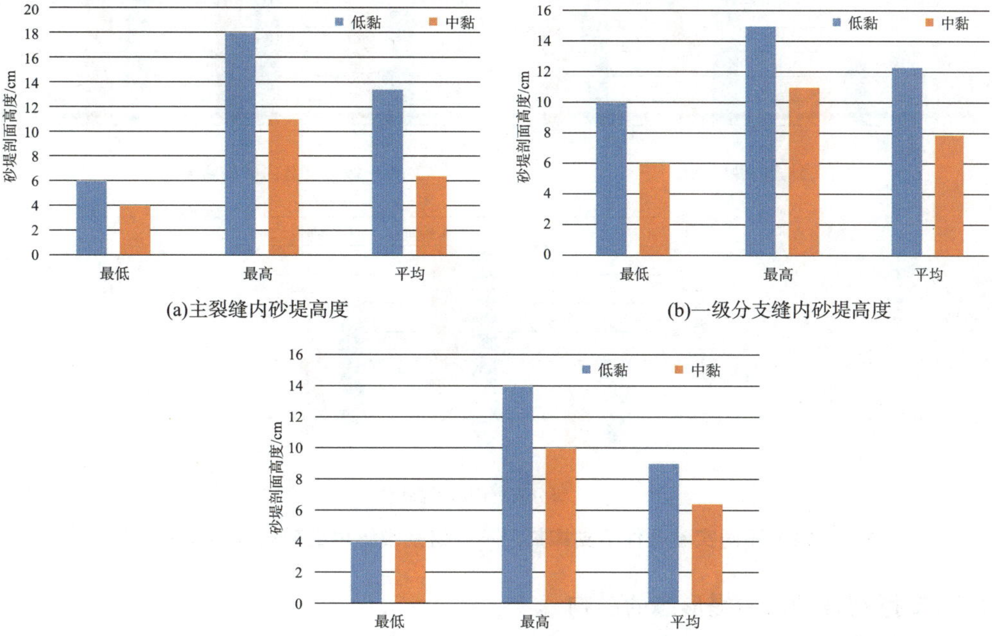

(a)主裂缝内砂堤高度　(b)一级分支缝内砂堤高度　(c)二级分支缝内砂堤高度

图 5－13　不同实验条件下支撑剂在不同级别裂缝中的砂堤剖面高度分布

从实验结果可看出，在低黏、中黏压裂液条件下主裂缝中砂堤最高高度分别为 18cm 和 11cm，最低高度分别为 6cm 和 4cm，平均高度分别为 13.5cm 和 6.4cm；一级分支缝中砂堤最高高度分别为 15cm 和 11cm，最低高度分别为 10cm 和 6cm，平均高度分别为 12.3cm 和 7.9cm；二级分支缝中砂堤最高高度分别为 14cm 和 10cm，最低高度分别为 4cm 和 4cm，平均高度分别为 9.1cm 和 6.5cm。

这表明压裂液黏度越高，其对支撑剂的拖曳作用越强，携砂能力越强，支撑剂更多地被输送至裂缝深处，砂堤剖面越低，且主裂缝中这种趋势更明显，砂堤高度下降幅度更大。

(二) 排量对砂堤形态的影响

以中黏压裂液、40/70 目支撑剂、砂比 15% 实验条件为例，模拟排量分别为 4m^3/min 和 6m^3/min 时的砂堤剖面高度对比如图 5－14 所示。

从实验结果可看出，在模拟排量为 4m^3/min 和 6m^3/min 条件下主裂缝中砂堤最高高度分别为 17cm 和 16cm，最低高度分别为 6cm 和 4cm，平均高度分别为 12cm 和 10.7cm；一级分支缝中砂堤最高高度分别为 17cm 和 15cm，最低高度分别为 10cm 和 10cm，平均高度分别为 13.2cm 和 13cm；二级分支缝中砂堤最高高度分别为 14cm 和 14cm，最低高度分别为 6cm 和 4cm，平均高度分别为 10.2cm 和 6.6cm。

这表明排量越大，压裂液携砂能力越强，支撑剂越容易被输送至裂缝深处，砂堤剖面越低，且对中大粒径支撑剂影响更明显，这主要是因为其他条件相同时，中大粒径支撑剂更易发生沉降，形成的砂堤更高、更靠近裂缝前缘，排量对砂堤的冲蚀作用更强。

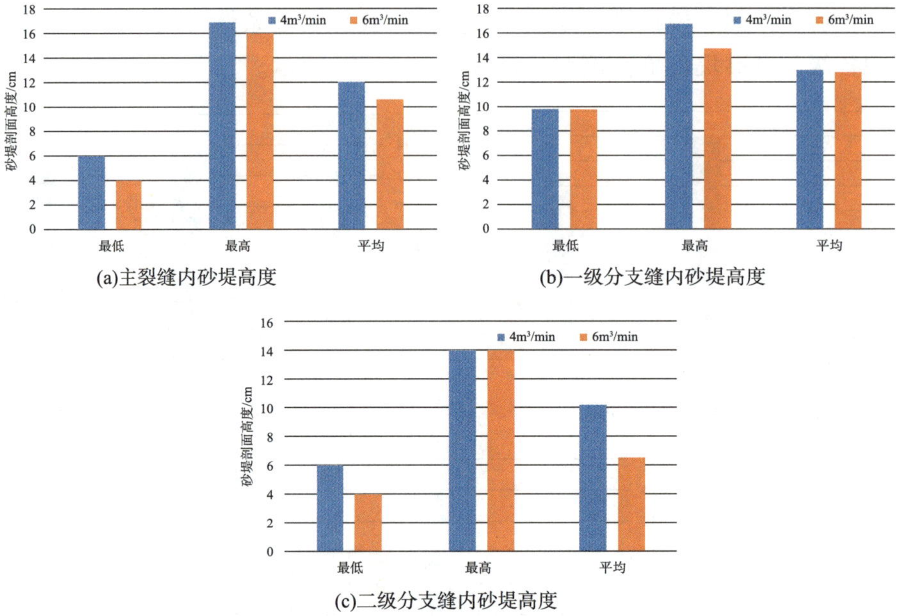

(a)主裂缝内砂堤高度

(b)一级分支缝内砂堤高度

(c)二级分支缝内砂堤高度

图 5－14　不同实验条件下支撑剂在不同级别裂缝中的砂堤剖面高度分布

(三)支撑剂粒径对砂堤形态的影响

以低黏压裂液、模拟排量 $4m^3/min$、砂比 10% 实验条件为例，40/70 目和 70/140 目支撑剂的砂堤剖面高度对比如图 5－15 所示。

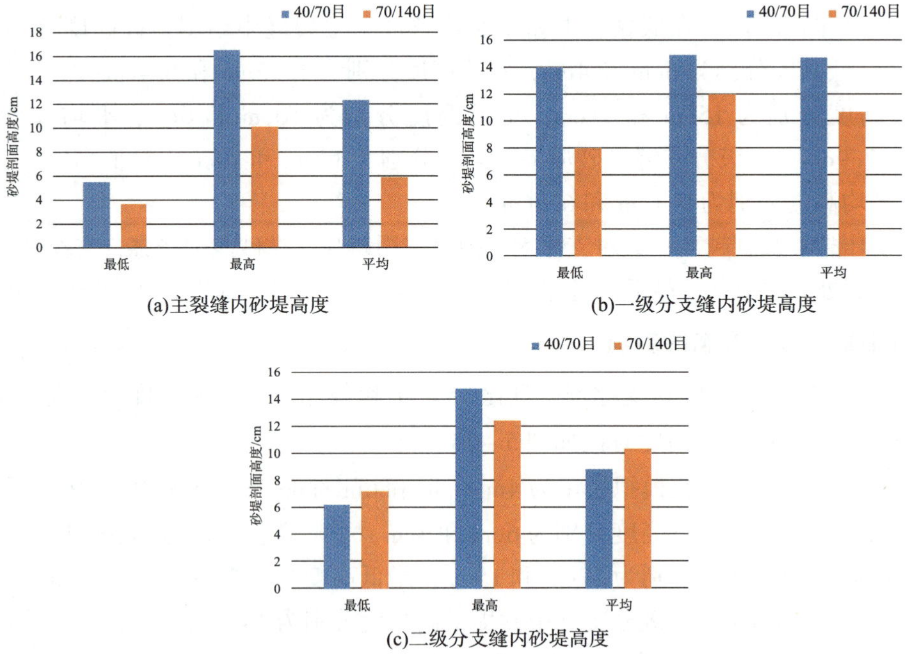

(a)主裂缝内砂堤高度

(b)一级分支缝内砂堤高度

(c)二级分支缝内砂堤高度

图 5－15　不同实验条件下支撑剂在不同级别裂缝中的砂堤剖面高度分布

从实验结果可看出，在40/70目、70/140目支撑剂条件下主裂缝中砂堤最高高度分别为17cm和12cm，最低高度分别为5cm和5cm，平均高度分别为14.4cm和8.4cm；一级分支缝中砂堤最高高度分别为15cm和12cm，最低高度分别为14cm和8cm，平均高度分别为14.8cm和10.7cm；二级分支缝中砂堤最高高度分别为14cm和12cm，最低高度分别为6cm和7cm，平均高度分别为8.5cm和9.8cm。

这表明支撑剂粒径越小，压裂液对其携带能力越强，支撑剂更多地被输送至裂缝深处，砂堤剖面越低，且主裂缝中这种趋势越明显。

（四）砂比对砂堤形态的影响

以中黏压裂液、70/140目支撑剂、模拟排量6m³/min实验条件为例，砂比分别为5%和20%时的砂堤剖面高度对比如图5-16所示。

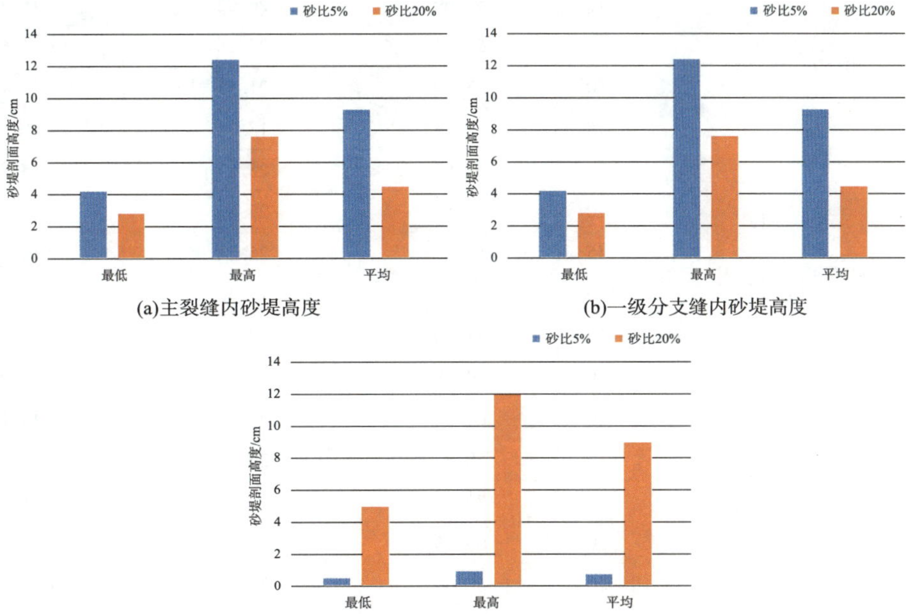

(a)主裂缝内砂堤高度

(b)一级分支缝内砂堤高度

(c)二级分支缝内砂堤高度

图5-16 不同实验条件下支撑剂在不同级别裂缝中的砂堤剖面高度分布

从实验结果可看出，在砂比为5%和20%条件下主裂缝中砂堤最高高度分别为4cm和12cm，最低高度分别为1cm和3cm，平均高度分别为2.3cm和8.9cm；一级分支缝中砂堤最高高度分别为3cm和13cm，最低高度分别为1cm和11cm，平均高度分别为1.6cm和12.3cm；二级分支缝中砂堤最高高度分别为1cm和12cm，最低高度分别为0.5cm和5cm，平均高度分别为0.7cm和9cm。

这表明砂比越高，砂堤剖面越高，且砂堤高度增加幅度超过砂比增加幅度，这主要是因为砂比越高，加入的支撑量越多，支撑剂之间及支撑剂与裂缝壁面之间碰撞概率变大，摩擦作用增加，相当于产生了一个附加阻力作用，这导致了砂堤高度增加幅度超过了砂比增加幅度。分支缝中砂堤高度增加幅度大于主裂缝中，因为随着砂比增加，相比于主裂缝中支撑剂增加量，更多的支撑剂进入分支缝中。

三、裂缝中流量分布规律

表5－10和图5－17为不同实验条件下各级裂缝中流量分布情况。从结果可得出，主裂缝中流量占总流量比例为55%～75%，平均为64.63%；一级分支缝中流量占总流量比例为16%～28%，平均为22.14%；二级分支缝中流量占总流量比例为7%～17%，平均为13.23%。各级裂缝中流量分布比例主要受总流量大小影响，其次依次为支撑剂粒径、压裂液黏度和砂比。总流量越大，主裂缝中流量占比越高，分支缝中流量占比越低。

表5－10　不同实验条件下各级裂缝中流量分布表

压裂液	支撑剂粒径/目	模拟流量/(m^3/min)	砂比/%	主裂缝流量比例/%	一级分支缝流量比例/%	二级分支缝流量比例/%
中黏	30/50	4	10	57.69	26.02	16.29
			15	59.14	25.18	15.68
		6	10	65.69	21.57	12.75
			15	71.14	18.74	10.12
	40/70	4	10	58.60	25.81	15.58
			10	56.59	25.85	17.56
			15	59.43	25.54	15.04
		6	10	72.52	16.46	11.02
			15	71.60	17.75	10.65
			20	70.18	17.74	12.08
	70/140	4	10	61.58	23.65	14.78
			15	58.81	26.54	14.65
		6	5	70.83	17.67	11.50
			20	65.48	21.94	12.59
低黏	40/70	4	10	55.66	27.83	16.52
		6	5	65.86	21.10	13.04
			10	69.33	16.26	14.42
高黏	30/50	4	15	67.88	25.06	7.06
		6	15	69.87	20.03	10.10

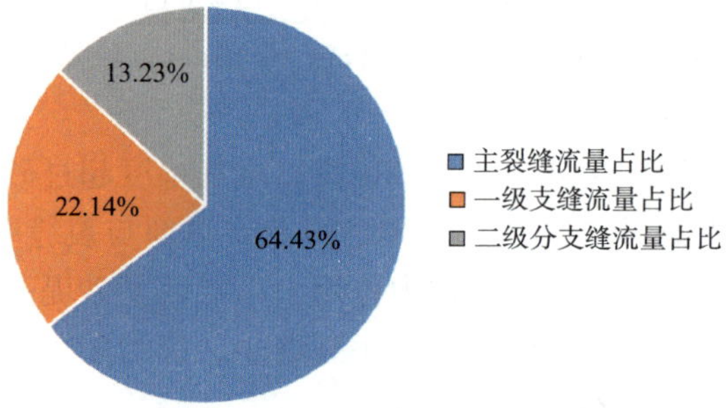

图5－17　各级裂缝中流量比例分布图

本节利用大型多尺度裂缝系统有效输砂物理模拟实验装置，根据深层页岩气压裂人工裂缝特征和施工参数，考虑了多级复杂裂缝、裂缝壁面粗糙度等因素，通过实验研究分析了支撑剂输送及铺置的影响因素，明确了支撑剂输送及铺置规律：

（1）主裂缝中流量占总流量比例最高，为 55% ~75%，平均为 64.63%；一级分支缝中流量占总流量比例为 16% ~28%，平均为 22.14%；二级分支缝中流量占总流量比例为 7% ~17%，平均为 13.23%；各级裂缝中流量分布比例主要受总流量大小影响，其次依次为支撑剂粒径、压裂液黏度和砂比；总流量越大，主裂缝中流量占比越高，分支缝中流量占比越低。

（2）多级复杂裂缝系统中，大部分支撑剂在主裂缝中沉降，级数越低的分支缝中进砂量越少，占比也越小。

（3）分析了各因素对支撑剂运移及铺置的影响规律。以主裂缝中砂堤平衡高度为例，压裂液黏度从 6mPa·s 增加到 12mPa·s，砂堤平衡高度降低了 64.58%；支撑剂粒径从 70/140 目增大至 30/50 目，砂堤平衡高度增加了 13.3%；模拟排量从 $4m^3/min$ 升高至 $6m^3/min$，砂堤平衡高度降低了 37.8%；砂比从 5% 增加至 20%，砂堤平衡高度增加了 266%。

第三节　支撑剂在复杂裂缝中的动态输砂规律数模研究

当支撑剂颗粒在有限体积流体内运动时，壁面阻滞影响以及颗粒－颗粒之间和颗粒－壁面之间的摩擦作用会影响支撑剂颗粒在流体内的沉降和运移行为。对于深层页岩气藏压裂而言，支撑剂运移还受到裂缝宽度窄、壁面相对粗糙度高等因素共同作用，进一步增加了裂缝内的支撑剂运移的复杂性。因此，结合前文物理模拟实验，通过数值模拟方法，开展深层页岩气藏裂缝内动态输砂规律研究，明确支撑剂颗粒在裂缝中的沉降及运移规律，对于精确预测支撑剂在裂缝内的铺置形态，优化压裂设计方案具有重要意义。

一、支撑剂运移的数学模型研究

（一）支撑剂运移数学模型

1. 支撑剂沉降数学模型研究

支撑剂在裂缝中运移主要受自身重力、压裂液对其浮力、压裂液对其黏滞力以及支撑剂颗粒之间、支撑剂与压裂液之间、支撑剂与裂缝壁面之间的阻力等综合作用。在竖直方向上，支撑剂主要受自身重力、压裂液对其浮力及黏滞力作用，表达式如下：

$$F = F_1 - F_2 - F_3 \tag{5-5}$$

式中，F_1 为支撑剂重力，N；F_2 为支撑剂在压裂液中受到的浮力，N；F_3 为压裂液对支撑剂的黏滞阻力，N。

$$F_1 = mg \tag{5-6}$$

$$F_2 = \rho_f g v = mg\frac{\rho_f}{\rho_p} \tag{5-7}$$

$$F_3 = \frac{C_d S \rho_f V_p^2}{2} \tag{5-8}$$

式中，m 为支撑剂颗粒质量，kg；g 为重力加速度，m/s^2；ρ_f 为压裂液密度，kg/m^3；ρ_p 为支撑剂密度，kg/m^3；C_d 为阻力系数，无因次；S 为与沉降方向垂直的支撑颗粒表面积，m^2；V_p 为支撑剂颗粒沉降速度，m/s。

假设支撑剂颗粒为球形，则 m、S 可表示为：

$$m=\frac{\pi d_p^3\rho_p}{6} \tag{5-9}$$

$$S=\frac{\pi d_p^2}{4} \tag{5-10}$$

式中，d_p 为支撑剂颗粒直径，m。

$$F=ma=m\frac{dV}{dt} \tag{5-11}$$

将式(5-5)至式(5-11)联立后，可得

$$m\frac{dV}{dt}=mg-mg\frac{\rho_f}{\rho_p}-\frac{C_d}{2}\frac{\pi d_p^2}{4}\rho_f V_p^2 \tag{5-12}$$

$$\frac{dV}{dt}=\frac{g(\rho_p-\rho_f)}{\rho_p}-\frac{3C_d\rho_f V_p^2}{4d_p\rho_p} \tag{5-13}$$

由前文实验结果分析可知，支撑剂颗粒在流体中运动过程中，竖直方向上首先会经历加速沉降过程；随着沉降速度的增加，支撑剂颗粒受到的流动阻力不断增大；当沉降速度增加到一定值后，支撑剂颗粒在竖直方向受到的合力为零，之后支撑剂将以恒定速度沉降，即竖直方向上加速度为零：

$$\frac{dV}{dt}=0 \tag{5-14}$$

联立式(5-13)和式(5-14)可得支撑剂的恒定沉降速度为：

$$V_p=\sqrt{\frac{4g(\rho_p-\rho_f)d_p}{3C_d\rho_f}} \tag{5-15}$$

式(5-15)中，C_d 为流体阻力系数，与流体黏度有关。当流体为牛顿流体时，其黏度为恒定值，则阻力系数 C_d 亦为恒定值；当流体为非牛顿流体时，其黏度随流体剪切速率变化而变化，则阻力系数 C_d 也随之改变。分别讨论牛顿流体和非牛顿流体中的支撑剂颗粒沉降速度。

1）支撑剂在牛顿流体中沉降

牛顿流体中，流体黏度为定值，不随流体剪切速率的变化而变化。由式(5-15)可知，支撑剂颗粒在流体中的恒定沉降速度主要与支撑剂颗粒自身因素密度 ρ_p、直径 d_p 和流体性能密度 ρ_f、阻力系数 C_d 有关。流体阻力系数 C_d 与其流动状态有关，裂缝中流体流动时，流动状态在不断变化，阻力系数 C_d 也在相应地变化。1851 年，斯托克斯(Stokes)通过研究得出了处于层流阶段流体的线性纳维-斯托克斯(Navier-Stokes)方程，即牛顿流体本构方程：

$$\tau_w=\mu_f\frac{dV}{dr} \tag{5-16}$$

$$\frac{dV}{dr}=\frac{3V}{d_p} \tag{5-17}$$

$$F_3 = 3\pi\mu_f d_p V \tag{5-18}$$

式中，μ_f 为流体黏度，mPa·s。

联立式(5-8)和式(5-18)可得：

$$3\pi\mu_f d_p V = \frac{C_d}{2}\frac{\pi d_p^2}{4}\rho_f V_p^2 \tag{5-19}$$

可求得：

$$C_d = \frac{24}{\dfrac{d_p\rho_f V_p}{\mu_f}} \tag{5-20}$$

定义支撑剂颗粒沉降雷诺数 N_{Re_d}：

$$N_{Re_d} = \frac{d_p\rho_f V_p}{\mu_f} \tag{5-21}$$

则

$$C_d = \frac{24}{N_{Re_d}} \tag{5-22}$$

将式(5-20)代入式(5-15)中可得：

$$V_p = \frac{g(\rho_p - \rho_f)d_p^2}{18\mu_f} \tag{5-23}$$

该公式适用于层流状态流体，当雷诺数大于2时，流体的真实流动阻力系数与计算得到的阻力系数误差较大。田雨通过实验得到了不同范围的支撑剂颗粒沉降雷诺数 N_{Re_p} 与流体阻力系数 C_d 的关系：

当 $N_{Re_p} \leqslant 2$ 时，$C_d = \dfrac{24}{N_{Re_p}}$

$$V_p = \frac{g(\rho_p - \rho_f)d_p^2}{18\mu_f} \tag{5-24}$$

当 $2 < N_{Re_p} < 500$ 时，$C_d = \dfrac{18.5}{N_{Re_p}^{0.6}}$

$$V_p = 0.269\sqrt{\frac{g(\rho_p - \rho_f)d_p Re_p^{0.6}}{\rho_f}} \tag{5-25}$$

当 $N_{Re_p} \geqslant 500$ 时，$C_d = 0.44$

$$V_p = 1.74\sqrt{\frac{g(\rho_p - \rho_f)d_p}{\rho_f}} \tag{5-26}$$

2)支撑剂在非牛顿流体中沉降

非牛顿流体中，流体黏度受剪切速率影响，随剪切速率变化而变化。定义非牛顿流体的稠度系数为 K，流变指数为 n，由式(5-21)可知雷诺数可用下式表示：

$$N_{Re_p} = \frac{d_p\rho_f V_p}{\mu_a} \tag{5-27}$$

式中，μ_a 为非牛顿流体的视黏度，mPa·s。

支撑剂对流体产生的剪切速率计算公式为：

$$D = \frac{3V_p}{d_p} \tag{5-28}$$

对上式求导可得：

$$\mu_a = K'\left(\frac{3V_p}{d_p}\right)^{n-1} \tag{5-29}$$

式中，K'为修正后的流体稠度系数。

$$K' = K\left(\frac{3n}{2n+1}\right)^n \tag{5-30}$$

由式(5－27)～式(5－30)可求得雷诺数表达式为：

$$N_{Re_p} = \frac{d_p\rho_f V_p^{2-n}}{3^{n-1}K\left(\frac{3n}{2n+1}\right)^n} \tag{5-31}$$

当 $N_{Re_p} \leqslant 1$ 时，$C_d = \frac{24}{N_{Re_p}}$

$$V_p = \frac{2n+1}{9n}\sqrt[n]{\frac{g(\rho_p-\rho_f)d_p^{n+1}}{6K}} \tag{5-32}$$

支撑剂颗粒在牛顿流体和非牛顿流体中的沉降速度公式见表5－11。

表5－11　不同流体中支撑剂颗粒沉降速度表达式

流体类型	支撑剂颗粒沉降速度表达式
牛顿流体	$V_p = \frac{g(\rho_p-\rho_f)d_p^2}{18\mu_f}$
非牛顿流体	$V_p = \frac{2n+1}{9n}\sqrt[n]{\frac{g(\rho_p-\rho_f)d_p^{n+1}}{6K}}$

由表5－11可知，牛顿流体中支撑剂颗粒沉降速度与颗粒直径的平方成正比关系；非牛顿流体中支撑剂颗粒沉降速度与颗粒直径的$(n+1)/n$次方成正比关系，同时受流体流变指数和稠度系数的影响。

2. 支撑剂水平运移数学模型研究

携砂液在裂缝中的运移是一个复杂的流体力学问题，研究裂缝中携砂液的运移规律，既要考虑流体的流动状态，还需考虑裂缝缝宽、夹角等参数影响。结合实际裂缝情况，对模型作如下简化：①流体为牛顿流体；②支撑剂的水平运移速度等于携砂液流速；③认为纵向上携砂液的流动近似相同。

携砂液在裂缝中流动时，存在多个阻力：①流体内部摩擦力；②流体与裂缝壁面之间摩擦力；③流道宽度、角度等变化产生的阻力。其中第②种流体与裂缝壁面之间的摩擦力产生的能力损失定义为沿程阻力损失，沿程阻力系数用λ表示，λ与雷诺数N_{Re}有关，具体计算公式如下：

当 $N_{Re} \leqslant 2300$ 时，

$$\lambda = \frac{64}{N_{Re}} \tag{5-33}$$

当 $2300 < N_{Re} \leqslant 4000$ 时，

$$\lambda = \lambda(N_{Re}) \tag{5-34}$$

当 $4000 < N_{Re} \leqslant 10^5$ 时，

$$\lambda = \frac{0.3164}{N_{Re}^{0.25}} \tag{5-35}$$

当 $10^5 < N_{Re} \leqslant 10^6$ 时，

$$\lambda = 0.0032 + 0.221 N_{Re}^{-0.237} \tag{5-36}$$

当流体雷诺数处于 2300～4000 时，属于层流向湍流转换区，参考莫迪图（图 5－18）取值。

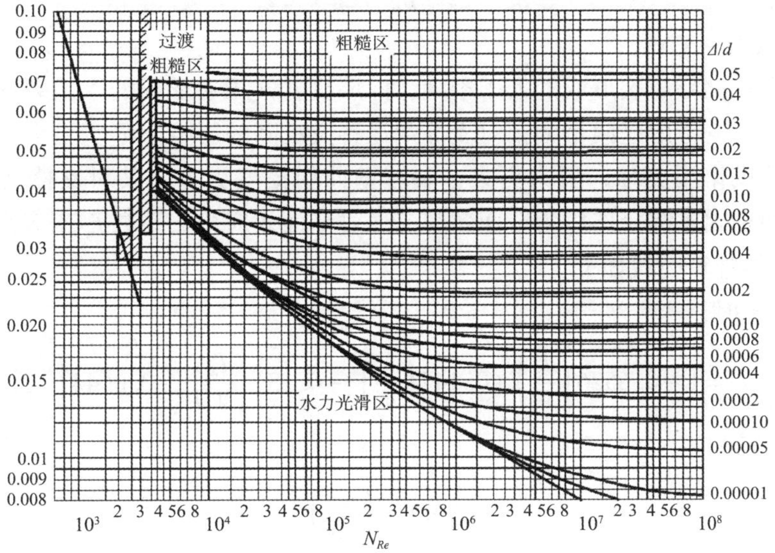

图 5－18　莫迪图

由于流动通道孔径变小和角度变化产生的能量损失定义为局部阻力损失，设 ξ 为局部阻力损失系数，其包括孔径变小局部阻力系数 ξ_a 和角度变化局部阻力系数 ξ_b，计算公式如下：

$$\xi_a = 0.946 \sin^2\left(\frac{\alpha}{2}\right) + 2.047 \sin^4\left(\frac{\alpha}{2}\right) \tag{5-37}$$

$$\xi_b = 0.5\left(1 - \frac{A_i}{A_1}\right),\ i = 2,\ 3,\ 4,\ \cdots\cdots \tag{5-38}$$

$$\xi = \xi_a + \xi_b \tag{5-39}$$

式中，A 为流体流动截面积，m^2；α 为各裂缝之间夹角，(°)。

总阻力损失为：

$$R_{loss,1-i} = \left(\lambda_{1-i}\frac{L_{1-i}}{4R_i} + \xi_{1-i}\right)\frac{v_1^2}{2g} = \left(\lambda_{1-i}\frac{L_{1-i}}{4R_i} + \xi_{a,1-i} + \xi_{b,1-i}\right)\frac{v_1^2}{2g},\ i = 2,\ 3,\ 4,\ \cdots\cdots \tag{5-40}$$

将式（5－37）、式（5－38）代入式（5－40），可得携砂液在裂缝中水平运移阻力损失为：

$$R_{loss,1-i} = \left[\lambda_{1-i}\frac{L_{1-i}}{4R_i} + 0.946 \sin^2\left(\frac{\alpha}{2}\right) + 2.047 \sin^4\left(\frac{\alpha}{2}\right) + 0.5\left(1 - \frac{A_i}{A_1}\right)\right]\frac{v_1^2}{2g},\ i = 2,\ 3,\ 4,\ \cdots\cdots \tag{5-41}$$

由连续性方程可得：

$$Q_1=Q_i=A_iv_i,\ i=2,\ 3,\ 4,\ \cdots\cdots \tag{5-42}$$

由质量守恒方程可得：

$$Q_1=\sum_{i=2}^{n=i}Q_i=A_1v_1 \tag{5-43}$$

由能量守恒方程可得：

$$\frac{P_1}{\rho g}+\frac{v_1^2}{2g}=\frac{P_i}{\rho g}+\frac{v_i^2}{2g}+R_{\mathrm{loss},1-i} \tag{5-44}$$

3. 壁面效应的影响

相比于常规储层压裂形成的人工裂缝，深层页岩气压裂形成的人工裂缝缝宽更窄、壁面粗糙度更大，需考虑这两个因素对支撑剂运移及沉降的影响。缝宽更窄，其对支撑剂沉降时产生的拉曳作用更强，阻力更大；裂缝壁面粗糙度更大，其对支撑剂运移的阻力更大。定义该两种因素综合作用为壁面效应，通过壁面效应修正系数f_{w}来表示，其与雷诺数$N_{Re_{\mathrm{p}}}$有关，具体计算公式如下：

当$N_{Re_{\mathrm{p}}}\leqslant 1$时，

$$f_{\mathrm{w}}=1-0.6526\left(\frac{d_{\mathrm{p}}}{W}\right)+0.147\left(\frac{d_{\mathrm{p}}}{W}\right)^3-0.131\left(\frac{d_{\mathrm{p}}}{W}\right)^4-0.0644\left(\frac{d_{\mathrm{p}}}{W}\right)^5 \tag{5-45}$$

当$N_{Re_{\mathrm{p}}}\geqslant 100$时，

$$f_{\mathrm{w}}=1-\left(\frac{d_{\mathrm{p}}}{2W}\right)^{1.5} \tag{5-46}$$

当$1<N_{Re_{\mathrm{p}}}<100$时，可以使用常规的直线内插法取值。

4. 控制方程

流体在裂缝中的流动分为层流和紊流。当携砂液刚进入裂缝中时，此时流速较高，液体和固体颗粒相互混合并不断碰撞，运动十分复杂，此时为紊流；随着时间推移，流速不断降低，当降低到临界速度后，液体和固体颗粒开始做有序的线性运动，此时为层流。用雷诺数N_{Re}来区分层流和紊流。

当雷诺数$N_{Re}>4000$时，裂缝内流体流动为紊流。此时的流动控制方程如下：

1）质量守恒方程

$$\frac{\partial\rho}{\partial t}+\frac{\partial(\rho u)}{\partial x}+\frac{\partial(\rho v)}{\partial y}+\frac{\partial(\rho w)}{\partial z}=0 \tag{5-47}$$

2）动量守恒方程

$$\begin{aligned}\frac{\partial(\rho u)}{\partial t}+\frac{\partial(\rho uu)}{\partial x}+\frac{\partial(\rho uv)}{\partial y}+\frac{\partial(\rho uw)}{\partial z}&=\frac{\partial}{\partial x}\left(\mu\frac{\partial u}{\partial x}\right)+\frac{\partial}{\partial y}\left(\mu\frac{\partial u}{\partial y}\right)+\frac{\partial}{\partial z}\left(\mu\frac{\partial u}{\partial z}\right)\\&+\left[-\frac{\partial(\rho u'^2)}{\partial x}-\frac{\partial(\rho u'v')}{\partial y}-\frac{\partial(\rho u'w')}{\partial z}\right]-\frac{\partial p}{\partial x}\end{aligned} \tag{5-48}$$

$$\begin{aligned}\frac{\partial(\rho v)}{\partial t}+\frac{\partial(\rho vu)}{\partial x}+\frac{\partial(\rho vv)}{\partial y}+\frac{\partial(\rho vw)}{\partial z}&=\frac{\partial}{\partial x}\left(\mu\frac{\partial v}{\partial x}\right)+\frac{\partial}{\partial y}\left(\mu\frac{\partial v}{\partial y}\right)+\frac{\partial}{\partial z}\left(\mu\frac{\partial v}{\partial z}\right)\\&+\left[-\frac{\partial(\rho u'v')}{\partial x}-\frac{\partial(\rho v'^2)}{\partial y}-\frac{\partial(\rho v'w')}{\partial z}\right]-\frac{\partial p}{\partial x}\end{aligned} \tag{5-49}$$

$$\frac{\partial(\rho w)}{\partial t}+\frac{\partial(\rho wu)}{\partial x}+\frac{\partial(\rho wv)}{\partial y}+\frac{\partial(\rho ww)}{\partial z}=\frac{\partial}{\partial x}\left(\mu\frac{\partial w}{\partial x}\right)+\frac{\partial}{\partial y}\left(\mu\frac{\partial w}{\partial y}\right)+\frac{\partial}{\partial z}\left(\mu\frac{\partial w}{\partial z}\right)$$
$$+\left[-\frac{\partial(\rho u'w')}{\partial x}-\frac{\partial(\rho v'w')}{\partial y}-\frac{\partial(\rho w'^2)}{\partial z}\right]-\frac{\partial p}{\partial x} \tag{5-50}$$

3)动能方程

$$\frac{\partial(\rho k)}{\partial t}+\frac{\partial(\rho ku)}{\partial x}+\frac{\partial(\rho kv)}{\partial y}+\frac{\partial(\rho kw)}{\partial z}=\frac{\partial}{\partial x}\left[\left(\mu+\frac{\mu_f}{\sigma_p}\right)\frac{\partial k}{\partial x}\right]+\frac{\partial}{\partial y}\left[\left(\mu+\frac{\mu_f}{\sigma_p}\right)\frac{\partial k}{\partial y}\right]$$
$$+\frac{\partial}{\partial z}\left[\left(\mu+\frac{\mu_f}{\sigma_p}\right)\frac{\partial k}{\partial z}\right]+G_p-\rho\varepsilon \tag{5-51}$$

4)能耗散率方程

$$\frac{\partial(\rho\varepsilon)}{\partial t}+\frac{\partial(\rho\varepsilon u)}{\partial x}+\frac{\partial(\rho\varepsilon v)}{\partial y}+\frac{\partial(\rho\varepsilon w)}{\partial z}=\frac{\partial}{\partial x}\left[\left(\mu+\frac{\mu_f}{\sigma_p}\right)\frac{\partial\varepsilon}{\partial x}\right]+\frac{\partial}{\partial y}\left[\left(\mu+\frac{\mu_f}{\sigma_p}\right)\frac{\partial k}{\partial y}\right]\varepsilon$$
$$+\frac{\partial}{\partial z}\left[\left(\mu+\frac{\mu_f}{\sigma_p}\right)\frac{\partial\varepsilon}{\partial z}\right]+\frac{C_{1g}\varepsilon}{k}G_p-C_{2g}\rho\frac{\varepsilon^2}{k} \tag{5-52}$$

式中，ρ 为流体密度，g/cm^3；u，v，w 分别为 x，y，z 方向上流速的分量，m/s；P 为流体在单元体上的压强，Pa。

(二)CFD－DEM 耦合模型

对于颗粒－流体两相流动，颗粒与流体之间存在强烈的动量交换，流体会对颗粒施加拖曳力，而颗粒则会对流体施加反作用力，从而影响流体流动。此外，颗粒之间由于速度差异会发生相互作用，颗粒之间以及其与流道壁面之间也会发生碰撞、摩擦等运动，尤其是对于高浓度颗粒－流体两相流和高雷诺数下的流动，固相颗粒之间及其与流道壁面之间相互作用强烈，会严重影响流场。支撑剂运移过程是一个典型的多相流问题，其中支撑剂为固相，压裂液为液相，支撑剂分散在压裂液中。因此，在研究支撑剂颗粒在裂缝中的沉降以及运移规律时应充分考虑支撑剂颗粒之间的相互作用以及其与压裂液之间的相互耦合。

流固耦合方法主要有两种：一种是欧拉－欧拉法(Euler－Euler)，该方法是将颗粒固相处理成拟流体，认为液相和颗粒相都是连续介质，并引入空隙率来表征两相之间的关系，且其随时间和空间均发生变化；另一种是欧拉－拉格朗日法(Euler－lagrange)，该方法是将液相视为连续相模型进行模拟，将颗粒视为离散体系，且遵循牛顿运动定律。

流固双向耦合模型综合考虑了固体颗粒－流体之间和固体颗粒之间的相互作用的影响，相比于单相模型，能更真实准确地反映支撑剂在裂缝中运移铺置过程。其缺点是建模过程复杂，且模型计算量较大。双向耦合的主要模拟方法有：计算流体力学－离散元耦合方法(CFD－DEM)、格子玻尔茨曼方法－离散元方法耦合(LBM－DEM)和计算颗粒流体力学方法(CPFD)。LBM－DEM 等方法中支撑剂颗粒模拟数上限较低，最多只能达到上千，这远远不能满足实际需要，不适用来解决大规模工程问题。因此，本文基于计算流体力学－离散元耦合方法(CFD－DEM)模拟支撑剂在压裂液中的运移和沉降行为，研究支撑剂颗粒在裂缝内的沉降与运移规律。图 5－19 为计算流体动力学(CFD)与离散元方法(DEM)双向耦合框图。

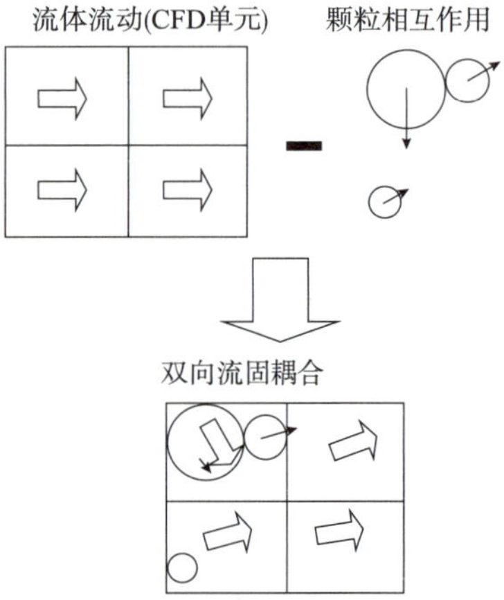

图 5-19　CFD 与 DEM 双向耦合图

利用 CFD 粒子跟踪模型对支撑剂运移过程进行研究，利用 DEM 模型对支撑剂颗粒之间以及支撑剂颗粒与裂缝壁面之间的相互作用进行研究，再利用颗粒与流体之间的相互作用导致的动量转换进行双向计算。首先在每个计算单元中计算流体对颗粒的拖曳力，然后根据牛顿定律计算颗粒之间以及颗粒与壁面之间的相互作用力。最后，根据牛顿第二定律计算粒子运动。颗粒运移导致计算单元内孔隙度发生变化，进而影响流场。在 EDEM 软件中的力 - 位移计算与运动计算之间，利用 CFD 软件计算流体压力和速度，从而对流场进行计算更新。

二、数值模拟研究

(一)数值模拟参数设置

1. 网格划分与边界条件

主裂缝模型的长高比为 10∶1，裂缝宽度为 5mm 的长方体，利用 ANSYS ICEM 软件对裂缝模型进行网格划分，选用结构化网格进行划分，网格质量较好，网格划分结果如图 5-20 所示。

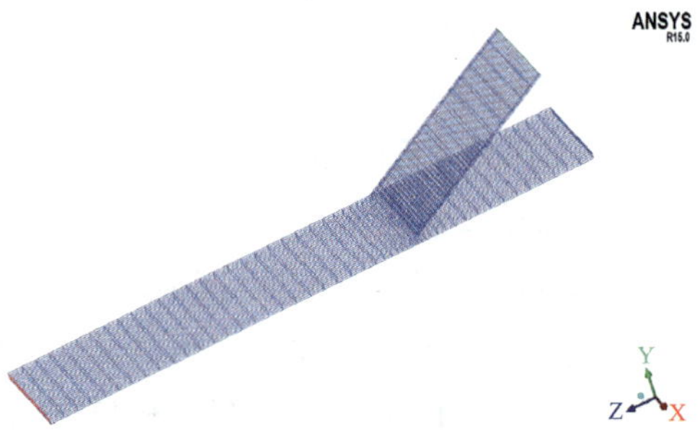

图 5-20　网格划分

流体和固相颗粒从注入点以定流速注入，模拟排量和线性流速的对应关系如表 5-12 所示，对上下边界分别施加非滑移边界，出口边界设定为定压边界(标准大气压)，并通过施加壁面约束模拟裂缝壁面，限制裂缝中支撑剂颗粒的运移。

EDEM 模拟输入参数为固相体积分数，这与压裂现场常用砂比有一定差异，现场一般对支撑剂的体积代换系数取 0.50～0.65，本文模拟中取值 0.6，换算结果见表 5-13。

表 5-12　模拟入口流速

模拟排量/(m^3/min)	线性流速/(m/s)
2	0.5
4	1
6	1.5

表 5-13　砂比体积分数换算

砂比/%	体积分数/%
2	1.2
5	3
10	6

2. 相关参数设定

1)湍流模型

根据线速度相等的原理，在仅考虑活性水压裂模拟的情况下，对其流动矩形通道采用管道等面积进行处理，且流动空间为整个裂缝剖面，根据雷诺数计算结果，可确定其流动过程为湍流流动，目前主要算法有以下三种：

(1)Spalart - Allmaras 模型，在解决动力旋涡黏性上性能较好，其在壁面束缚流动中取得了较好的应用。模型适用于低雷诺数，需事先假设边界层黏性影响区域。据 Fluent Theory Guid 中建议，其模型适用于以下情况，网格划分不好，湍流计算精度不高，近壁面物理参数变化梯度很小。但据赵玉新建议，模型并不能用于较为复杂的工程流体中。

(2)$k-\varepsilon$ 模型，标准 $k-\varepsilon$ 模型自从被提出之后，就变成工程流场计算中主要的工具，适用范围广、经济、合理，适用于高雷诺数情况。RNG $k-\varepsilon$ 模型，对标准 $k-\varepsilon$ 模型加以改进，有效增强了计算精度。RNG $k-\varepsilon$ 模型，适用于较低雷诺数流域中的计算。可实现的 $k-\varepsilon$ 模型，在 $k-\varepsilon$ 模型的基础上，增加了一个带旋流修正的 $k-\varepsilon$ 模型，改善了计算精度，同时为耗散方程增添了新的流动方程。

(3)$k-\omega$ 模型，标准 $k-\omega$ 模型是基于 Wilcox $-\varepsilon$ 模型，它是为解决低雷诺数、可压缩性和剪切流传播而修改的。剪切压力传输 $k-\omega$ 模型(SST)，相较标准 $k-\omega$ 模型，其具有更广泛的应用范围和精度，其修正基于湍流剪应力的传播而导致湍流强度的变化。雷诺兹压力模型(RSM)，是现有最精细的模型，去掉了等性边界速度假设，并在三维流动过程中多引入 7 个方程。RSM 比单方程和双方程更严格考虑了流线型晚期、旋涡、旋转和张力快速变化等特征，对复杂流动有较高的计算精度。

在本文中采用双方程模型 $k-\varepsilon$ 模型中的可实现的 RNG $k-\varepsilon$ 模型。

$k-\varepsilon$ 模型是在单方程的基础上，引入了湍动耗散率方程。该模型目前由于其快速、精确的特点运用最为广泛。标准 $k-\varepsilon$ 模型的形式如下：

$$\frac{\partial(\rho k)}{\partial t}+\frac{\partial(\rho k u_{\mathrm{f}})}{\partial x_i}=\frac{\partial}{\partial x_i}\left[\left(\mu+\frac{\mu_{\mathrm{f}}}{\sigma_{\mathrm{p}}}\right)\frac{\partial k}{\partial x_i}\right]+G_{\mathrm{p}}-\rho\varepsilon \tag{5-53}$$

$$\frac{\partial(\rho \varepsilon)}{\partial t}+\frac{\partial(\rho \varepsilon u_{\mathrm{f}})}{\partial x_i}=\frac{\partial}{\partial x_i}\left[\left(\mu+\frac{\mu_{\mathrm{f}}}{\sigma_{\mathrm{p}}}\right)\frac{\partial k}{\partial x_i}\right]+C_{1\mathrm{g}}\frac{\varepsilon}{k}G_{\mathrm{p}}-C_{2\mathrm{g}}\rho\frac{\varepsilon^2}{k} \tag{5-54}$$

式中，k 为湍流动能，J；ε 为湍流动能耗散率，无因次；μ 为动力黏度，mPa · s；μ_{f} 为湍流动力黏度，mPa · s；σ_{p} 为湍流动能普朗特数，$\sigma_{\mathrm{p}}=1$；G_{p} 为平均速度梯度引起的湍流动能 k 的产生项；$C_{1\mathrm{g}}$，$C_{2\mathrm{g}}$均为经验常数，$C_{1\mathrm{g}}=1.44$，$C_{2\mathrm{g}}=1.92$。

2)相关参数设置

考虑裂缝中流体与固体颗粒之间、固体颗粒之间、流体与裂缝壁面之间相互作用，为了方便计算，作如下假设：①支撑剂固体颗粒为标准圆球状；②支撑剂固体颗粒之间、固体颗粒与裂缝壁面之间的碰撞属于硬碰撞，不会造成显著的塑性变形；③固体颗粒之间、固体颗粒与裂缝壁面之间的碰撞采用 Hertz – Mindlin 无滑动接触模型。支撑剂与裂缝壁面材料力学性质、接触参数、固相液相相关参数设置见表 5 – 14 ~ 表 5 – 16。

表 5 – 14　支撑剂与裂缝壁面材料力学性质

材料	泊松比	剪切模量/MPa	密度/(kg/m^3)
裂缝壁	0.23	100	3000
支撑剂	0.2	25	3200

表 5 – 15　接触参数

碰撞形式	恢复系数	静摩擦系数	滚动摩擦系数
支撑剂 – 支撑剂	0.4	0.4	0.005
支撑剂 – 裂缝壁	0.4	0.4	0.005

表 5-16　模型中使用的相关参数

项目	参数	数值
固相(支撑剂)	粒径/mm	0.5
	颗粒入口速度/(m/s)	1
液相(压裂液)	密度/(kg/m^3)	1000
	压裂液入口速度/(m/s)	1
	黏度/mPa·s	3

(二)模拟方案

据物模实验的结果，开展数值模拟研究，一方面进行部分实验的验证，另外补充物模实验无法实现的因素。包括不同黏度压裂液 3 组、不同入口流速数值模拟 3 组、不同支撑剂粒径数值模拟 3 组、不同支撑剂粒径分级注入数值模拟 3 组、不同砂比数值模拟 3 组、不同分支缝角度数值模拟 4 组、不同支撑剂密度数值模拟 5 组，共计 24 组，具体数值模拟方案如表 5-17 所示。

表 5-17　常规加砂压裂支撑剂运移铺置数值模拟方案

编号	入口流速/(m/s)	支撑剂密度/(kg/m^3)	支撑剂粒径/mm	砂比/%	压裂液黏度/mPa·s	分支缝角度/(°)
1	1	3200	0.5	5	3	30
2	1	3200	0.5	5	20	30
3	1	3200	0.5	5	40	30
4	0.5	3200	0.5	5	3	30
5	1	3200	0.5	5	3	30
6	1.5	3200	0.5	5	3	30
7	1	3200	0.2	5	3	30
8	1	3200	0.5	5	3	30
9	1	3200	0.8	5	3	30
10	1	3200	0.5	5	3	30
11	1	3200	0.8	5	3	30
12	1	3200	0.5+0.8	5	3	30
13	1	3200	0.5	2	3	30
14	1	3200	0.5	5	3	30
15	1	3200	0.5	10	3	30
16	1	3200	0.5	5	3	30
17	1	3200	0.5	5	3	60
18	1	1100	0.5	5	3	90
19	1	1100	0.5	5	3	30+60
20	1	1100	0.5	5	3	30
21	1.5	2000	0.5	5	3	30
22	1	3200	0.5	5	3	30
23	1	1100+2000	0.5	5	3	30
24	1	1100+3200	0.5	5	3	30

(三)数值模拟模型验证

通过对比低黏压裂液(3mPa·s)、70/140 目支撑剂、砂比 5%、模拟排量分别为 $2m^3/h$、$4m^3/h$ 和 $6m^3/h$ 时砂堤最终铺置形态的物理模拟实验结果和数值模拟结果，验证了数值模拟模型的准确性，对比结果如图 5－21 和表 5－18 所示。由对比结果可知，数值模拟结果与物模实验结果的砂堤形态基本一致，砂堤高度相对误差平均值为 6.95%，吻合度达到了 90% 以上。因此，可认为该模型较准确，可用该模型对复杂裂缝中的动态输砂规律进行数值模拟研究。

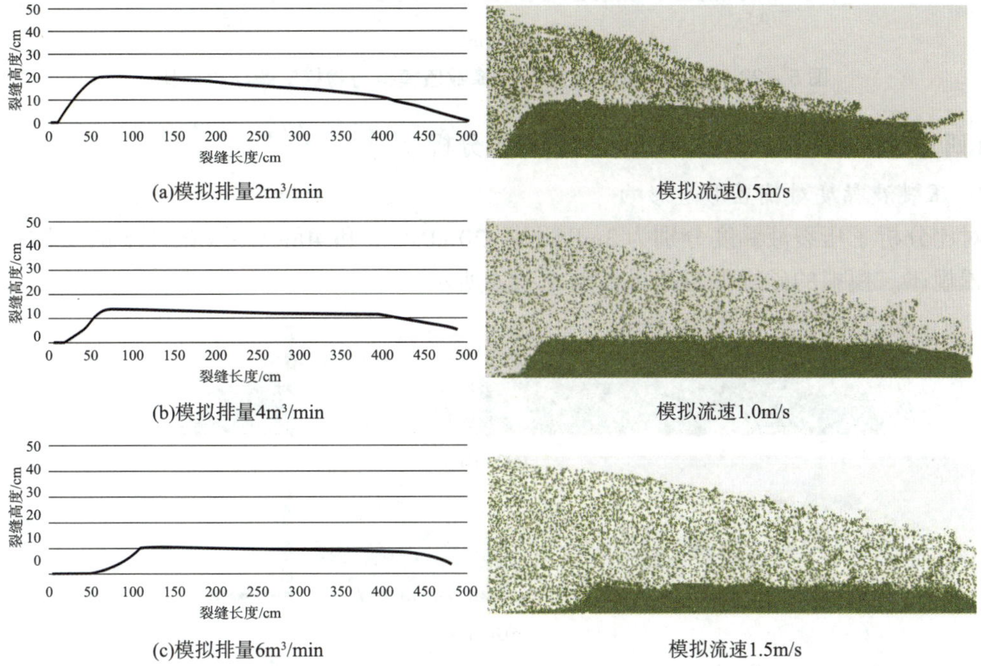

图 5－21　数值模拟结果与物理模拟实验结果对比图

表 5－18　砂比 5% 不同排量支撑剂沉降数值模拟与物模实验支撑剂运移参数

模拟排量/(m^3/min)	流速/(m/s)	砂堤平衡高度			裂缝充填比例		
		实验/cm	数模/cm	相对误差/%	实验/cm	数模/cm	相对误差/%
2	0.5	23.45	21.41	8.70	0.359	0.226	37.04
4	1	15.89	14.80	6.86	0.239	0.214	10.46
6	1.5	12.30	11.65	5.28	0.196	0.166	15.20
平均值	—	—	—	6.95	—	—	20.90

图 5－22 为数值模拟和物模实验的砂堤形态中的砂堤高度和裂缝充填比例随排量的变化曲线，不同流速条件下，砂堤高度的相对误差均较小；当流速较高时，裂缝充填比例相对误差较小，当流速较低时，数模结果与实验结果相对误差较大，但总趋势相近，可用该模型对复杂裂缝中的动态输砂规律进行数值模拟研究。

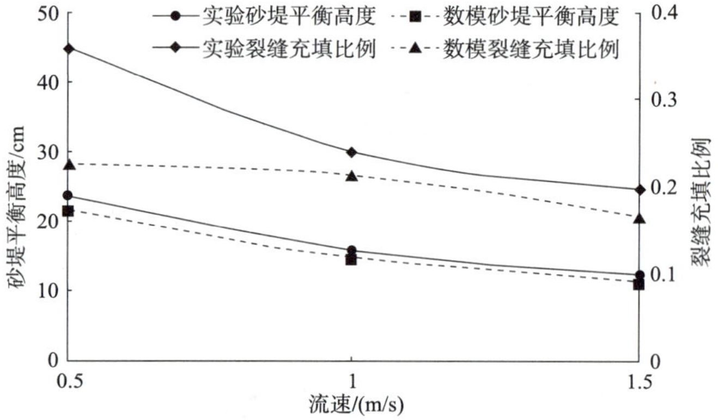

图 5-22　不同排量下支撑剂沉降数值模拟与物模实验结果对比

(四) 支撑剂运移的 CFD-DEM 数值模拟分析

1. 压裂液黏度对铺置形态影响

对比分析了压裂液黏度分别为 3mPa·s、20mPa·s 和 40mPa·s 条件下的支撑剂运移及铺置规律。模拟的砂堤形态结果如图 5-23 所示。

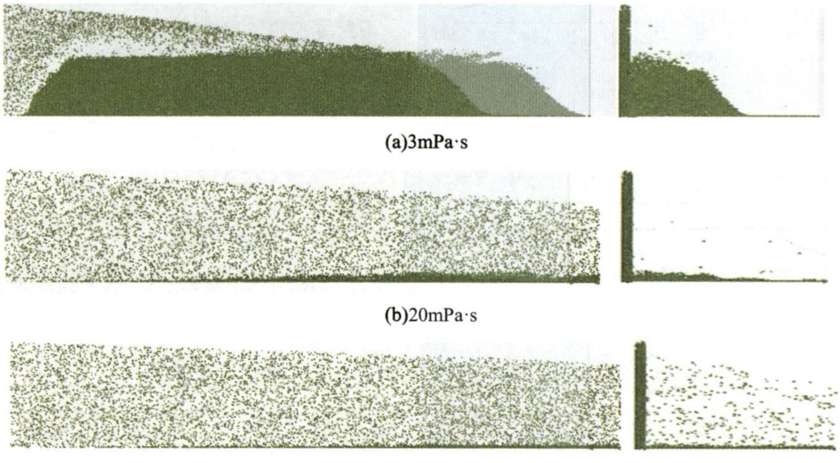
(a)3mPa·s
(b)20mPa·s
(c)40mPa·s

图 5-23　不同黏度下支撑剂分布形态图

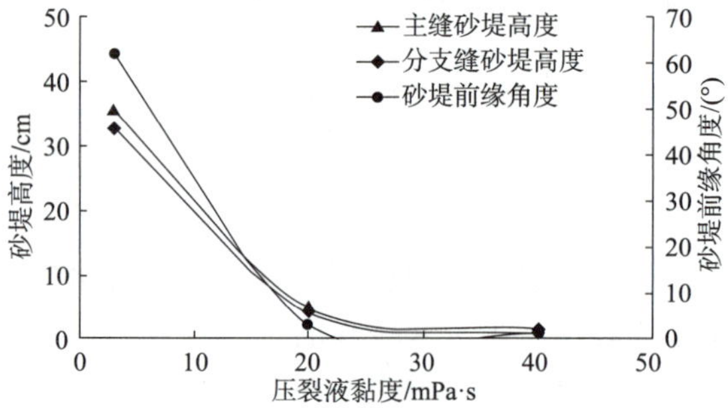

图 5-24　不同压裂液黏度下砂堤高度与砂堤前缘角度变化曲线

流体黏度是表征其携砂能力的重要指标，它对颗粒的沉降与运移均有重要的影响。压裂液黏度越高，其对支撑剂的拖曳作用越强，携砂能力越强。由支撑剂的分布形态图 5-23 可以得出，在低黏度条件下(3mPa·s)，支撑剂快速沉降并形成砂堤，砂堤高度迅速增加，砂堤对后续注入的支撑剂运移产生阻挡作用，后续注入支撑剂在缝口附近沉积，砂堤高度增长加剧。

由图 5-24 和表 5-19 可知，随着压裂液黏度的增加，主缝和分支缝砂堤高度明显降低。流体对于颗粒的拖曳作用随着流体黏度的增加而增加，可提高颗粒在裂缝中的运移距离。随着压裂液黏度的增加，压裂液的携砂能力加强，越容易携砂进入分支缝，因此分支缝与主缝砂堤高度差变小。

表 5－19　不同黏度下支撑剂运移参数表

压裂液黏度/mPa·s	主缝砂堤高度/cm	分支缝砂堤高度/cm	砂堤前缘角/(°)
3	36.02	32.96	62.5
20	4.85	4.23	3.6
40	1.51	0.89	1.2

随着黏度的不断升高，当黏度从 3mPa·s 增加到 20mPa·s 时，主裂缝砂堤高度降低了 86.54%，分支缝砂堤高度降低了 87.17%，黏度的增加能够明显增加压裂液携带能力；压裂液黏度继续增加至 40mPa·s，砂堤形态更低更平，支撑剂沉降更少，几乎不发生沉降。因此，当黏度达到 20mPa·s 时，就能够满足有效携砂。

2. 流速对铺置形态影响

对比分析了砂比为 5%，分支缝角度为 30°，流速分别为 0.5m/s，1m/s，1.5m/s 条件下的支撑剂运移及铺置规律(表 5－20)。在不同流速下各分支缝中的支撑剂砂堤形态如图 5－25 所示。

表 5－20　不同入口流速条件下支撑剂运移参数表

流速/(m/s)	主裂缝砂堤高度/m	分支缝砂堤高度/cm	砂堤前缘角度/(°)	主裂缝充填比例	分支缝充填比例	主裂缝砂堤高度方差	分支缝砂堤高度方差	近井未充填程度
0.5	44.02	35.94	53.2	0.541	0.206	226.47	152.43	1059.43
1	36.03	34.97	46.8	0.442	0.243	114.38	116.92	1138.96
1.5	29.67	23.96	17.7	0.332	0.352	79.26	50.63	2448.72

(a)流速0.5m/s

(b)流速1m/s

(c)流速1.5m/s

图 5－25　不同流速条件下主裂缝和分支缝中支撑剂分布形态图

由图 5－25 各级裂缝中砂堤剖面形态可知，流速对近井地带砂堤形态具有决定性的影响。流速越快，近井地带支撑剂沉降越少，砂堤越靠后。这主要是因为流量越大，压裂液对支撑剂携带能力越强，支撑剂沉降越靠后；另外，流量越大，压裂液对砂堤尤其是砂堤前缘的冲蚀作用越强，把支撑剂向裂缝深处携带，砂堤越平，且砂堤高度越低。因此，施工排量对砂堤形态、砂堤平衡高度、前缘角度等影响显著。

从图 5-26 中可看出，当流速从 0.5m/s 增加到 1m/s 再增加到 1.5m/s 时，主裂缝中砂堤平衡高度分别降低了 18.15%、17.65%，分支缝中砂堤平衡高度分别下降了 2.70%、31.48%，随流速的增加各级裂缝中砂堤平衡高度下降，但在高流速下对分支缝中影响更明显，下降幅度更大。由裂缝充填比例可以看出，随着流速的增加，主裂缝的充填比例在不断降低，分支缝充填比例在不断增加，这表明随着流速的增加，支撑剂运移距离加长，且在砂堤高度较低时就能达到平衡流速，增加了进入分支缝的比例。

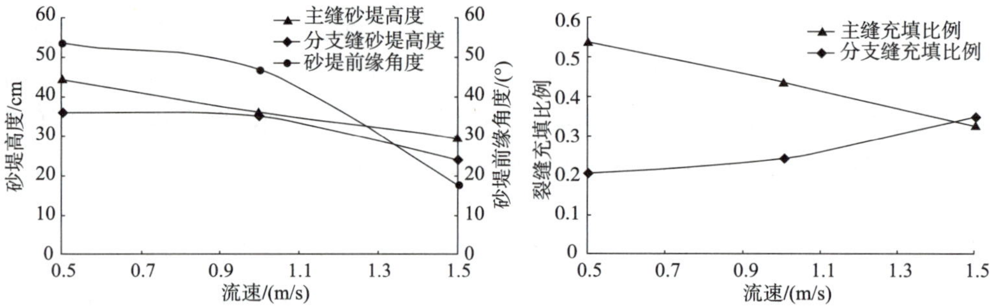

图 5-26　不同流速下各级裂缝中砂堤高度、前缘角度和裂缝充填比例变化图

从图 5-27 中可看出，当流速从 0.5m/s 增加到 1m/s 再增加到 1.5m/s 时，主裂缝中砂堤高度方差分别降低了 49.49%、30.70%，分支缝中砂堤高度方差分别下降了 23.30%、56.70%，主裂缝中砂堤高度方差下降幅度大于分支缝中，说明流速增加对主裂缝中砂堤冲刷作用更强，影响更大。合理地增加施工排量，有利于更多的支撑剂进入到分支缝中，并形成更均匀的铺置形态。

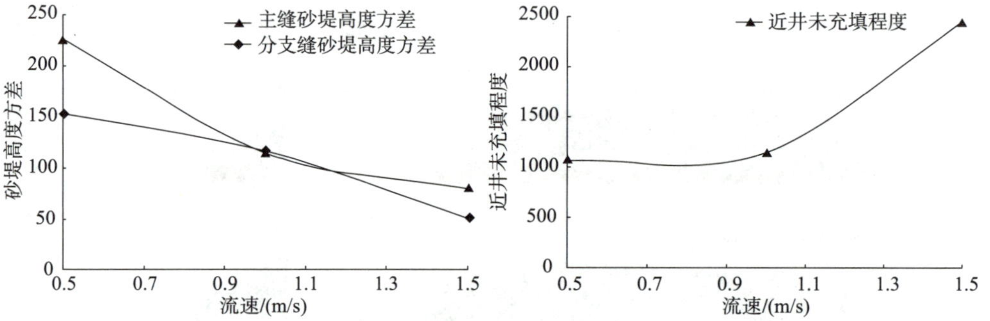

图 5-27　不同流速下各级裂缝中砂堤高度方差及近井未充填程度变化图

3. 支撑剂粒径对铺置形态影响

对比分析了砂比为 5%，分支缝角度为 30°，支撑剂粒径分别为 0.2mm，0.5mm 和 0.8mm 的支撑剂运移及铺置规律。模拟的砂堤形态结果如图 5-28 所示。

由图 5-29、图 5-30 和表 5-21 可以得出，支撑剂粒径对砂堤形态影响较大。粒径从 0.2mm 增大至 0.5mm 再增大至 0.8mm，主裂缝砂堤平衡高度分别增加了 414.4% 和 7.6%，分支缝砂堤平衡高度分别增加了 412.0%、15.2%，裂缝充填比例及高度方差变化均较大，粒径对砂堤形态影响较大。当粒径小于 0.5mm 时，支撑剂粒径与分支缝缝宽相匹配，易进入分支缝中，且随着粒径的增加各级裂缝中进砂量均增加，更多地在近井裂缝地带沉降形成砂堤；当粒径大于 0.5mm 时，支撑剂粒径与分支缝缝宽不匹配，随着粒径的增加进入分支缝中的支撑剂越来越少，分支缝充填比例降低。

(a)0.2mm

(b)0.5mm

(c)0.8mm

图 5－28　不同粒径下各级裂缝中支撑剂分布形态图

表 5－21　不同粒径下支撑剂运移参数表

粒径/mm	主裂缝砂堤高度/cm	分支缝砂堤高度/cm	砂堤前缘角度/(°)	主裂缝充填比例	分支缝充填比例	主裂缝砂堤高度方差	分支缝砂堤高度方差	近井未充填程度
0.2	7.02	7.04	4.8	0.069	0.050	14.83	4.79	788.43
0.5	36.11	36.05	47.5	0.441	0.249	114.97	117.61	1167.68
0.8	38.87	30.58	48.2	0.458	0.192	126.76	147.93	854.76

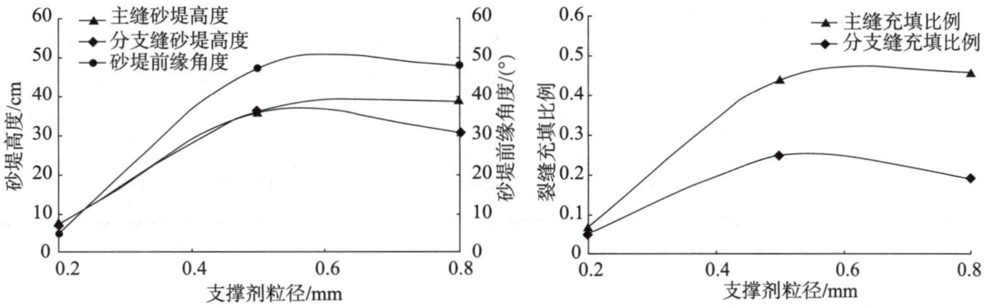

图 5－29　不同粒径下各级裂缝中砂堤高度、前缘角度和裂缝充填比例变化图

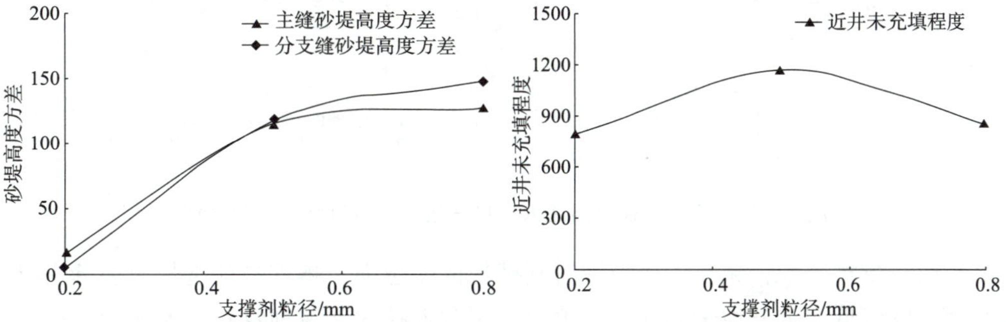

图 5－30　不同粒径下各级裂缝中砂堤高度方差、近井未充填程度变化图

小粒径支撑剂有利于支撑剂被泵送至裂缝远端及分支缝中并形成有效支撑，但砂堤平衡高度较低，对近井地带裂缝充填效果较差；大粒径支撑剂易在近井地带裂缝沉降并形成有效支撑，但难以进入裂缝远端及分支缝中，且注入太早、量太大的话易在近井地带过早形成砂堤，增加砂堵风险。因此，压裂施工早期可注入小粒径支撑剂，对裂缝远端和分支缝形成有效支撑，后期注入大粒径支撑剂对近井地带裂缝进行充填，可有效提高整个裂缝的有效支撑缝长和铺置效果。

4. 不同粒径支撑剂分级注入对铺置形态影响

为了研究颗粒分级注入对其在裂缝内铺置形态的影响，对颗粒分级注入进行模拟。选用2种不同粒径的颗粒，0.5mm + 0.8mm 分级注入，先注入 0.5mm 支撑剂，再注入 0.8mm 支撑剂，质量比为1:1，砂堤形态模拟结果如图5-31所示。

图5-31 不同粒径支撑剂分级注入支撑剂分布形态图

当支撑剂分级注入时，在水力压裂初期，首先注入较小的粒径，增加支撑剂的运移长度，当支撑剂在裂缝远端铺置形成有效厚度时，此时注入粒径较大的支撑剂，提高在近井筒的铺置，从而提高压裂效果。从表5-22和图5-32可得出，混合粒径分级注入相较单一粒径(0.8mm)注入，砂堤平衡高度主裂缝增加了6.41%，分支缝降低了18.51%；裂缝充填比例主裂缝增加了16.59%，分支缝增加了52.6%；混合粒径分级注入能够有效增加裂缝中支撑剂充填比例，改善裂缝支撑效果。

表5-22 不同粒径单独注入与分级注入支撑剂运移参数对比表

粒径/mm	主裂缝砂堤高度/cm	分支缝砂堤高度/cm	砂堤前缘角度/(°)	主裂缝充填比例	分支缝充填比例	主裂缝砂堤高度方差	分支缝砂堤高度方差	近井未充填程度
0.5	36.11	36.05	47.5	0.441	0.249	114.97	117.61	1167.68
0.8	38.87	30.58	48.2	0.458	0.192	126.76	147.93	854.76
0.5+0.8	41.36	24.92	39.8	0.534	0.293	120.52	51.37	1047.52

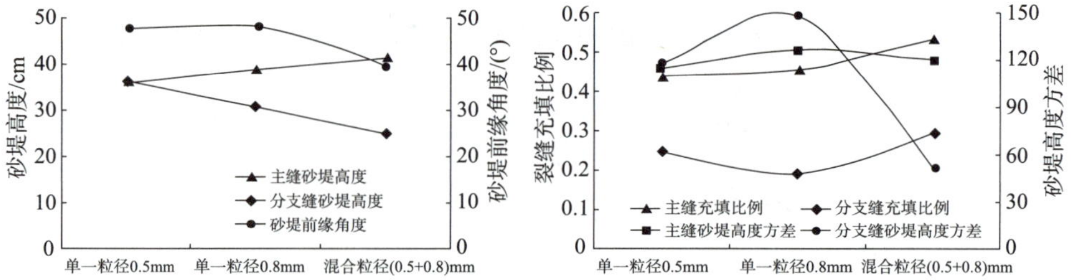

图5-32 不同粒径分级注入与单一粒径注入砂堤参数对比图

这是由于支撑剂粒径越小，压裂液对其携带性能越强，越容易被携带至裂缝深处，但砂堤平衡高度较低，近井地带裂缝的充填效果相对大粒径支撑剂较差。大粒径支撑剂沉降更快，不易被泵送至裂缝深处，大部分在近井地带裂缝沉降，对近井地带裂缝充填效果较好，但若注入太早、用量太大会增加砂堵风险。

因此，在压裂施工时可采用分级注入，初期注入小粒径支撑剂，有利于支撑剂运移至裂缝深处及分支缝中，并铺置形成砂堤；后期注入大粒径支撑剂，大粒径支撑剂更易发生沉降，在近井及裂缝中前部铺置，对近井地带裂缝进行充填，从而提高了主裂缝及分支缝的充填比例，提高了人工裂缝的有效支撑长度和充填效果，增加裂缝导流能力。

5. 砂比对铺置形态影响

对比分析了砂比分别为 2%、5% 和 10% 的支撑剂运移及铺置规律。模拟的砂堤形态结果如图 5－33 所示。

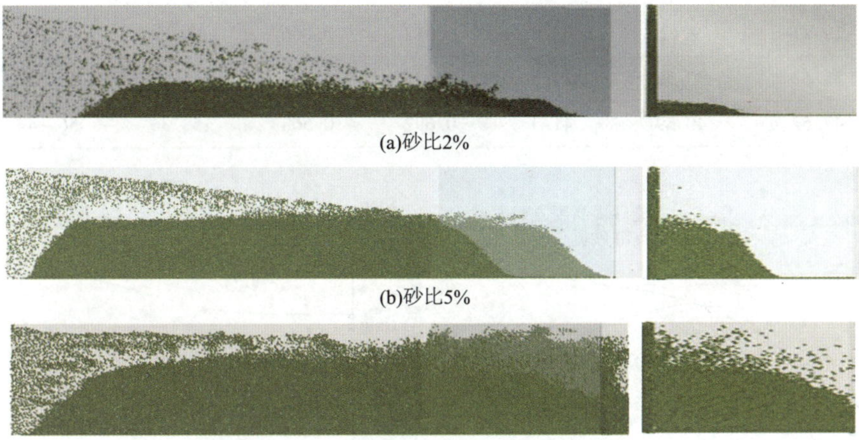

(a)砂比2%

(b)砂比5%

(c)砂比10%

图 5－33 不同砂比下支撑剂分布形态图

由图 5－34 可以得出，砂比能直接影响支撑剂的运移与分布，影响最终的压裂效果。这是因为砂比增大，同一时间注入裂缝的支撑剂数目不断增加，压裂液对支撑剂的携带能力会随着支撑剂数目的增加而不断降低；另一方面，砂比增加也增加了同一时间支撑剂相互碰撞的机会，这也促进了支撑剂的沉降。从砂堤形态图 5－33 可以看出，支撑剂在注入裂缝的短距离内开始沉降，近井地带砂堤高度较高；砂比增加，砂堤形成的起点离裂缝入口的距离不断缩小；支撑剂的大量沉积使得支撑剂的过流断面变小，较早地达到平衡流速，这时，随着支撑剂的不断注入，更多的支撑剂进入分支缝中，主缝和分支缝的砂堤高度均增加。

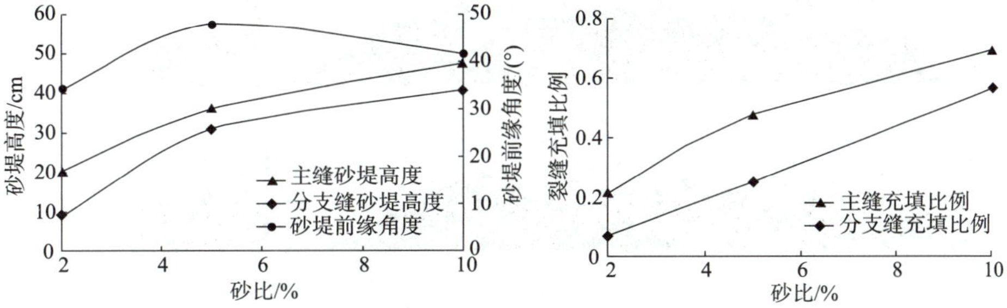

图 5－34 不同砂比下砂堤平衡高度、前缘角度和裂缝充填比例变化图

由表5-23和图5-34、图5-35可得出，砂比由2%增加到5%再增加到10%，砂堤平衡高度主裂缝中分别增加了79.96%、32.63%，分支缝中分别增加了237.28%、32.28%；裂缝充填比例主裂缝中分别增加了123%、45.68%，分支缝中分别增加了275.76%、129.03%；随着砂比的增加，裂缝中砂堤平衡高度和充填比例均增加，充填效果更好，且分支缝中增加幅度大于主裂缝中幅度，说明增加砂比有利于促进支撑剂进入分支缝中。

表5-23 不同砂比下支撑剂运移参数表

砂比/%	主裂缝砂堤高度/cm	分支缝砂堤高度/cm	砂堤前缘角度/(°)	主裂缝充填比例	分支缝充填比例	主裂缝砂堤高度方差	分支缝砂堤高度方差	近井未充填程度
2	19.91	9.12	33.9	0.213	0.066	33.06	7.83	1111.54
5	35.83	30.76	47.8	0.475	0.248	116.38	119.26	1172.31
10	47.52	40.69	41.3	0.692	0.568	153.36	56.14	1709.73

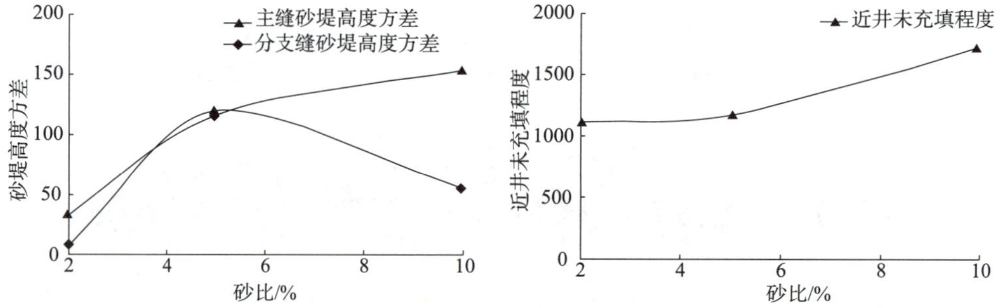

图5-35 不同砂比下裂缝砂堤高度方差、近井未充填程度变化图

6. 分支缝角度对铺置形态影响

对比分析了分支缝与主裂缝夹角分别为30°、60°、90°时的支撑剂运移及铺置规律，模拟的砂堤形态结果如图5-36所示。

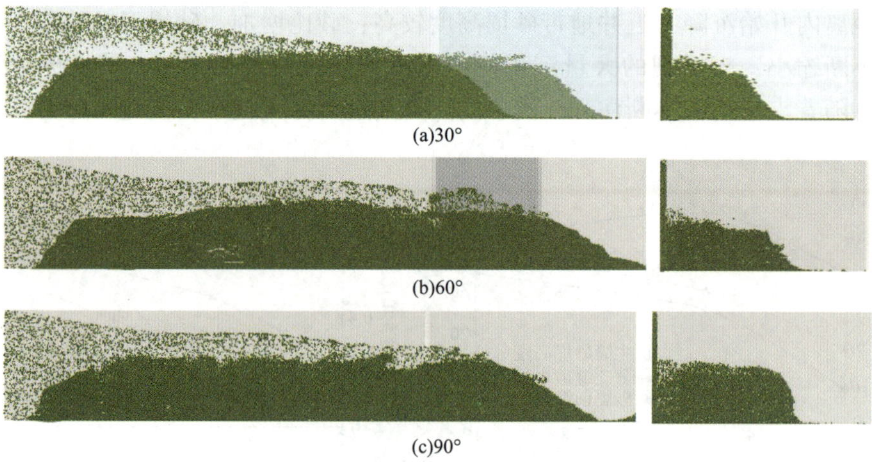

图5-36 不同分支缝角度下支撑剂分布形态图

由于分支缝的存在，对注入流体有分流作用，使得各级裂缝中流体运移的速度降低，支撑剂越易沉降。由图5－36～图5－38和表5－24分析可知，随着分支缝角度从30°增加至60°再增加至90°，主裂缝中砂堤平衡高度分别降低了3.56%、3.10%，分支缝中砂堤平衡高度分别降低13.23%、升高14.02%；裂缝充填比例主裂缝中变化很小，分支缝中增加了26.69%，说明分支缝角度对支撑剂进入分支缝中情况影响较大。

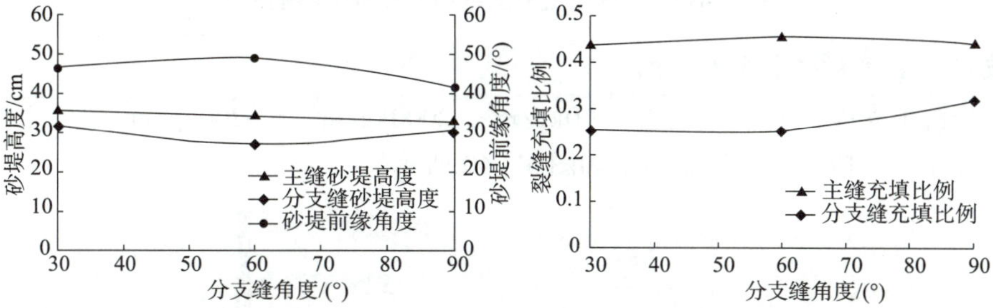

图5－37 不同分支缝角度下砂堤高度、前缘角度和裂缝充填比例变化图

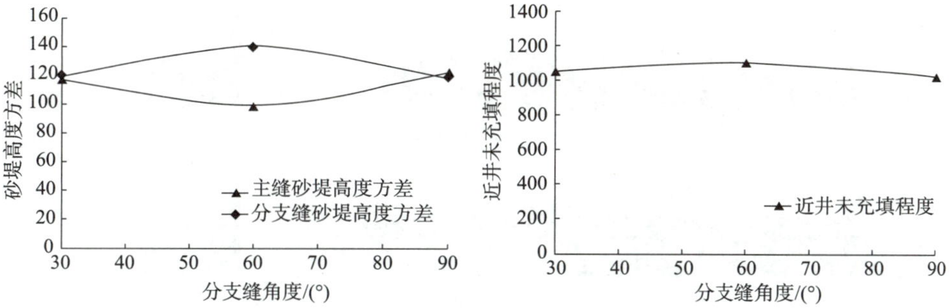

图5－38 不同分支缝角度下砂堤高度方差、近井未充填程度变化图

表5－24 不同分支缝角度下支撑剂运移参数表

分支缝角度/(°)	主裂缝砂堤高度/cm	分支缝砂堤高度/cm	砂堤前缘角度/(°)	主裂缝充填比例	分支缝充填比例	主裂缝砂堤高度方差	分支缝砂堤高度方差	近井未充填程度
30	35.39	31.15	46.6	0.436	0.251	117.83	120.04	1050.87
60	34.13	27.03	49.1	0.454	0.252	98.96	139.78	1103.53
90	33.07	30.82	41.8	0.441	0.318	120.16	118.37	1027.76

当支撑剂由压裂液携带进入分支缝处，分支缝角度较小时，分支缝处附加阻力较小，因此支撑剂更易进入分支缝内，且在分支缝内的流速相对较大，分支缝能够较快地达到平衡流速，砂堤形态不再变化；当分支缝角度逐渐增大时，携砂液在分支缝缝口处运移的附加阻力增大，支撑剂进入分支缝速度降低得快，支撑剂容易在分支缝中沉降，分支缝砂堤高度增加。

对不同位置的分支缝中支撑剂运移情况进行了模拟，如图5－39所示，分支缝的位置对支撑剂运移分布影响十分明显，近井筒位置的分支缝中的进砂量和砂堤高度要高于后端分支缝中的进砂量和砂堤高度。

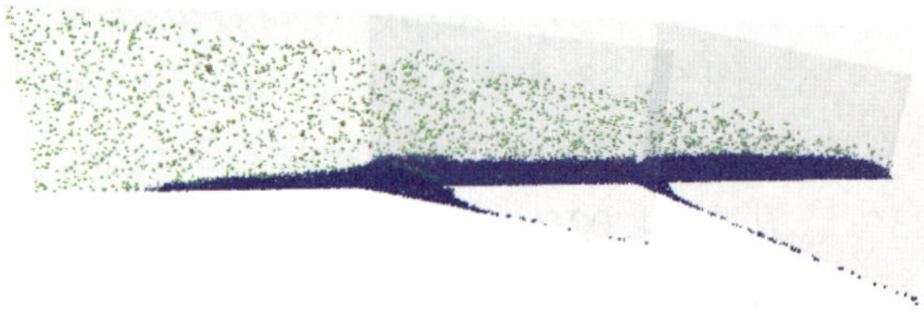

图 5－39　不同位置分支缝中支撑剂运移模拟图

7. 支撑剂密度对铺置形态影响

对比分析了支撑剂密度分别为 1100kg/m³、2000kg/m³ 和 3200kg/m³ 条件下支撑剂运移及铺置规律。模拟的砂堤形态结果如图 5－40 所示。

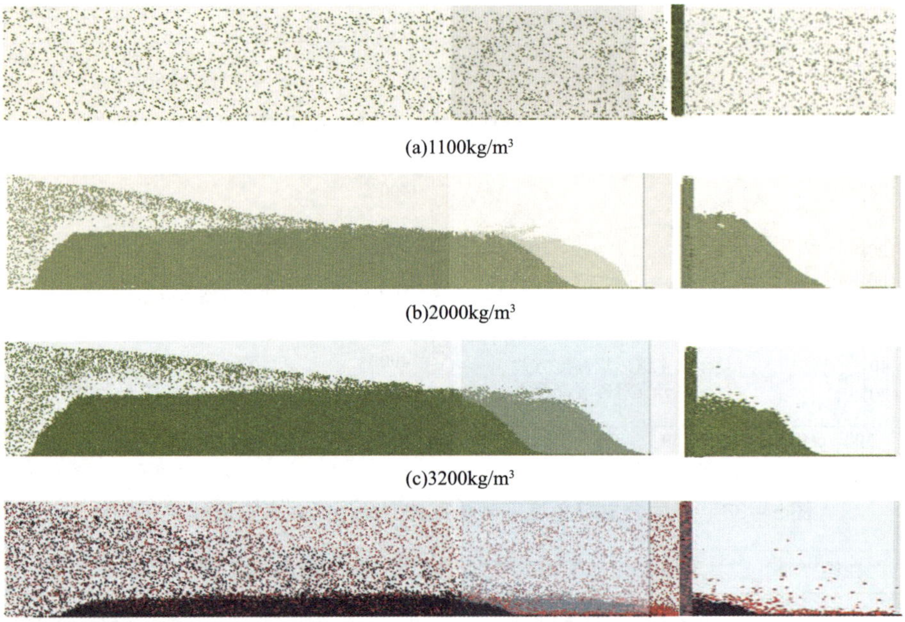

(a)1100kg/m³

(b)2000kg/m³

(c)3200kg/m³

(d)1100kg/m³+3200kg/m³

图 5－40　不同支撑剂密度条件下各级裂缝中支撑剂分布形态图

支撑剂密度主要影响支撑剂的沉降速度，是表征支撑剂沉降性能的重要因素之一。由图 5－40 和图 5－41 可知，支撑剂密度增大，越易发生沉降，相同注入时间内砂堤高度越高，砂堤所在位置越靠近裂缝入口。支撑剂密度越低，颗粒越容易被携带至裂缝深处，砂堤剖面越低且越长。

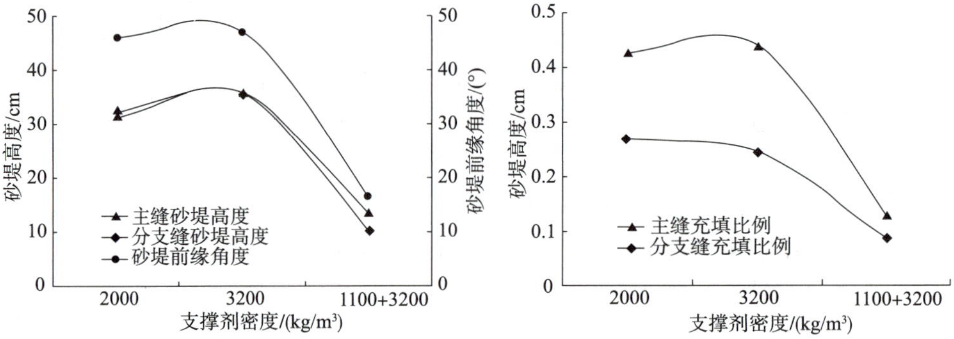

图 5－41　不同支撑剂密度下各级裂缝中砂堤参数对比

由图5-40和表5-25可以看出，当密度较低时尤其是当密度为1100kg/m³时，此时由于支撑剂的密度与压裂液密度相近，压裂液对支撑剂有拖曳力，此时支撑剂几乎不发生沉降，随着压裂液进入裂缝深处。在现今的水力压裂尤其是深层页岩气压裂中，可使用低密度和超低密度支撑剂来提高裂缝中支撑剂的铺置效果。当支撑剂密度从2000kg/m³升高至3200kg/m³时，砂堤平衡高度和前缘角度略有增加，裂缝充填比例变化不大，总体来看砂堤形态变化不大。分析原因为当支撑剂密度由1100kg/m³升高至2000kg/m³时，由于压裂液密度相当提高至压裂液密度两倍左右，支撑剂沉降性能发生突变，压裂液对其携带性大幅下降；当支撑剂密度从2000kg/m³升高至3200kg/m³时，由于支撑剂密度已超过压裂液密度两倍，沉降性能和压裂液对其携带性能影响不大。

表5-25 不同支撑剂密度条件下支撑剂运移参数表

密度/(kg/m³)	主缝砂堤高度/cm	分支缝砂堤高度/cm	砂堤前缘角度/(°)	主裂缝充填比例	分支缝充填比例
2000	32.15	31.15	45.8	0.425	0.268
3200	35.67	35.57	47.2	0.439	0.245
1100+3200	13.25	10.23	16.5	0.127	0.087

对不同密度的支撑剂同时注入进行模拟，图5-40(d)中红色表示的是密度为1100kg/m³的支撑剂，黑色表示的是密度为3200kg/m³的支撑剂，砂堤有明显的分层现象，低密度的支撑剂基本不沉降，部分由于颗粒碰撞以及大密度支撑剂的携带作用堆积在砂堤中，但基本位置都靠近裂缝出口；相反，高密度的支撑剂进入裂缝中迅速沉降形成砂堤，并且堆积位置相比低密度的支撑剂更靠近入口。这证明了密度能直接影响支撑剂的运移分布，采用不同密度(密度相差较大)的支撑剂混合注入，既能增加运移至裂缝深处及分支缝中支撑剂的量，也能解决近井填充问题，提高裂缝有效支撑缝长，改善裂缝充填效果和导流能力。

三、缝内支撑剖面优化改造工艺建议

本节基于深层页岩气藏压裂人工裂缝特征，建立了裂缝中支撑剂颗粒运移的数学模型；采用CFD-DEM耦合方法实现了支撑剂运移铺置过程模拟，开展了不同条件下支撑剂运移沉降规律数值模拟研究，验证并补充了相关实验结论，进一步揭示了深层页岩气储层压裂裂缝内的支撑剂运移输送机理和规律：

(1)考虑支撑剂颗粒-流体、颗粒-颗粒、颗粒-壁面之间的交互作用、裂缝壁面效应以及牛顿流体与非牛顿流体不同流变特征，建立了裂缝中支撑剂颗粒运移的数学模型；基于欧拉-欧拉多相流模型和RNG $k-\varepsilon$ 湍流模型，利用CFD-DEM方法模拟支撑剂在复杂裂缝中运移铺置过程，在ANSYS数值模拟软件中通过结构化网格进行划分，保证网格质量与精度，较为准确地模拟支撑剂在组合裂缝中的运移铺置过程。

(2)针对带有分支缝的复杂裂缝中支撑剂运移及铺置规律进行了数值模拟研究。结果表明：支撑剂大多数在主裂缝中发生沉降，不同工艺条件下主裂缝中进砂量占总进砂量比例为66%~85%，平均比例为75.64%；分支缝中进砂量占总进砂量比例为13%~33%，平均比例为24.36%。

(3)压裂液黏度从3mPa·s增加到20mPa·s时，主裂缝砂堤高度降低了86.53%，分支缝砂堤高度降低了87.16%；当黏度达到40mPa·s时，支撑剂几乎不发生沉降。流体流速从0.5m/s增加到1m/s再增加到1.5m/s时，主裂缝中砂堤高度分别降低了18.15%、17.65%，分支缝中砂堤高度分别降低了2.70%、31.48%，随着流速的增加砂堤高度下降幅度变缓，但仍有明显的下降趋势。支撑剂粒径从0.2mm增加至0.5mm再增加至0.8mm，主裂缝中砂堤高度分别增加了414.39%、7.64%，分支缝中砂堤高度分别增加了412.07%、15.17%；采用先注入小粒径、后注入大粒径的分级注入方式，相较单一粒径注入，主裂缝砂堤高度增加了14.53%，分支缝砂堤高度降低了18.51%，分级注入能够改善各级裂缝中支撑剂铺置效果，提高主裂缝和分支缝的有效支撑缝长和充填比例。砂比从2%升高至5%再升高至10%，主裂缝中砂堤高度分别增加了79.96%、32.63%，分支缝中砂堤高度分别增加了292.11%、10.99%。分支缝角度从30°增加至60°再增加至90°，主裂缝中砂堤高度分别降低了18.61%、6.31%，分支缝中砂堤高度分别降低了27.99%、升高了23.13%。支撑剂密度为1100kg/m^{3}时，支撑剂悬浮在压裂液中几乎不发生沉降，密度从2000 kg/m^{3}升高至3200 kg/m^{3}时，主裂缝中砂堤高度增加了10.95%，分支缝中砂堤高度增加了14.19%；采用1100kg/m^{3}和3200 kg/m^{3}支撑剂体积比1:1混合注入时，相较于3200 kg/m^{3}单独注入主裂缝中砂堤高度降低了62.85%，分支缝中砂堤高度降低了71.24%，采用不同密度(密度相差较大)的支撑剂混合注入，既能增加运移至裂缝深处及分支缝中支撑剂的量，也能解决近井填充问题，提高裂缝的有效支撑缝长，改善裂缝充填效果和导流能力。

根据支撑剂沉降实验、复杂裂缝内动态输砂物理模拟实验和数值模拟研究，对深层页岩气压裂施工工艺参数提出了建议。根据支撑剂运移及铺置实验，发现小粒径的支撑剂有运移距离远，易被压裂液携带的特点，大粒径支撑剂具有易沉降的特点，通过不同粒径组合的实验发现，粒径以先小后大的组合方式进行注入时铺置效果较好；支撑剂密度、排量、砂比、压裂液黏度对支撑剂运移铺置的影响程度较大，所以通过改变前后期支撑剂密度、排量、砂比、压裂液黏度等来达到小粒径支撑剂前期增加运移距离充填远端裂缝、分支缝，后期大粒径支撑剂充填主裂缝中部、近井部分和分支缝缝口处。

根据数值模拟发现，后期为了充填近井裂缝，可选用40/70目支撑剂、滑溜水和小排量的组合，可根据40/70目支撑剂静态沉降速度计算其在裂缝中的运移距离来确定后期40/70目支撑剂和滑溜水的比例；再根据70/140目支撑剂在裂缝中的运移距离来确定70/140目支撑剂的比例，70/140目运移不到的裂缝中或者分支缝中则选用更小粒径如140/200目支撑剂。

第六章　深层页岩高导流复杂裂缝作用机制及控制方法

第一节　深层页岩复杂裂缝导流能力实验测试方法

深层页岩气导流能力分析评价对压裂工艺参数的优化、提高压裂改造效果至关重要。以往裂缝导流能力变化规律研究多以单一裂缝为主，铺置浓度的设定背景不清晰，很难对页岩复杂裂缝导流能力进行深入评价。深层页岩气复杂裂缝导流能力测试分析的前提是要摸清压裂过程中支撑剂在各级裂缝中的运移和铺置规律，这样才能设计出比较符合实际的测试及研究条件。

关于运移和铺置规律研究方面，以往的研究多集中于支撑剂在单一裂缝中的沉降铺置规律，有关支撑剂在复杂缝网中铺置规律的研究才刚刚起步，并且关于支撑剂在复杂缝网中的铺置规律及导流能力的研究，大都是把二者割裂开来研究。支撑剂随着携砂液被泵入地层并沉降在裂缝内，当停泵泄压后，在闭合压力作用下，充填层的支撑剂逐渐被压实，随着闭合应力的进一步增大，部分支撑剂发生破碎和嵌入，碎屑颗粒进入到孔隙中，堵塞孔隙，这样使得支撑缝充填层的导流能力有一定的下降。因此，若将两者割裂开来研究，与实际情况出入较大。因此，需要创建新的深层页岩复杂裂缝导流能力实验测试方法。

一、实验装置设计

（一）缝网实验装置理论基础及设计思路

水力压裂过程主要可以分为三个阶段。首先，向地层泵入一定体积的前置液，在井底逐渐憋压，最终达到地层破裂压裂，以形成裂缝并向前延伸；其次泵入携砂液，一方面携砂液继续延伸裂缝，另一方面携砂液中的支撑剂受重力作用逐渐沉降下来；最后，泵注完成后，停泵，将缝内压裂液返排出来，沉降的支撑剂使得压开裂缝在地层闭合压力作用下保持张开状态。

根据压裂的施工原理，实验装置主要模拟压裂施工的后两个阶段，先假设已经完成了第一阶段的压裂工作，地层中已经产生了一条主裂缝和多条分支缝，用可视化的玻璃板搭建起缝网模拟实验装置，即已经形成了的复杂裂缝网络。向缝内泵入一定黏度的前置液使其充满整个裂缝，再从裂缝的入口端泵入一定体积的携砂液并观察支撑剂在装置中的沉降运移过程以及停泵后的砂堤剖面。

（二）装置特点

该实验装置的缝网结构包括 1 条连通进、出口的主裂缝；4 条与主裂缝夹角为 60°且分布于主裂缝两侧的一级分支缝；4 条平行于主裂缝的二级分支缝，实验装置的结构原理图如图 6－1 所示，整体俯视图如图 6－2 所示。

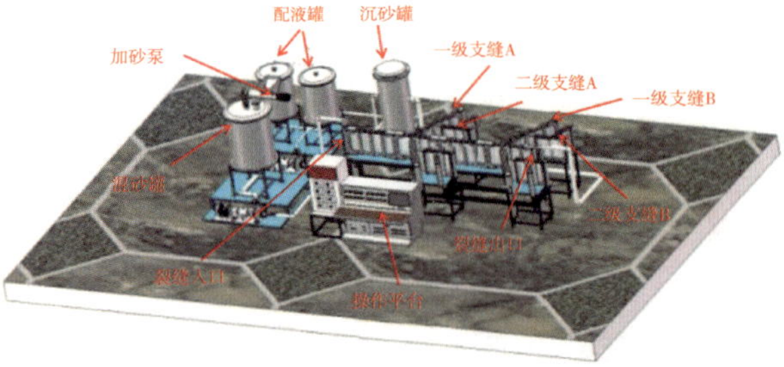

图 6－1　多尺度缝网输砂模拟实验装置结构原理图

图 6－2　裂缝系统整体俯视图

其中，主裂缝长度为 4.8m，裂缝宽度为 10mm，一级分支裂缝长 1m，缝宽 2mm，二级分支缝长 0.5m，缝宽 1mm，所有裂缝高度都为 0.5m，分支缝与主裂缝连接处夹角为 60°，设备内裂缝总体积为 4.57L。整个装置主要分为三大部分。首先，是进出口部分，其中，模拟裂缝最优射孔参数 16 孔/米，对入口井筒采用等距射孔 8 个，孔径 10mm，出口端开在井筒上部，这样可以使携砂液首先充满整个裂缝系统，实验装置的整体参数如表 6－1所示。其次是混砂配液部分，设置了两个配液罐，容积 300L，转子转速 0～500r/min；一个混砂罐，容积 300L，转子转速 0～500r/min，可以定时定量进行加砂，保证注入液配比时操作简单方便，如图 6－3 所示；最后是实验操作系统，整体界面如图 6－4 所示，包括了，流量监测、压力监测、高清录像以及后期实验数据处理。

表 6－1　多尺度裂缝网实验装置参数

装置参数	参数大小	装置参数	参数大小	装置参数	参数大小
主裂缝长	4800mm	主裂缝宽	10mm	主裂缝条数	1
一级支缝长	1000mm	一级支缝宽	2mm	一级支缝数	4
二级支缝长	500mm	二级支缝宽	1mm	二级支缝数	4
所有裂缝高	500mm	裂缝总体积	$4.85 \times 10^7 mm^3$	与上级缝夹角	60°
入口孔眼数	8	孔眼直径	10mm	混砂罐容积	300L
一级支缝 A 距主缝入口		1.5m	一级支缝 B 距主缝入口		3.7m
二级支缝 A 距一级缝 A 入口		0.5m	二级支缝 B 距一级缝 B 入口		0.5m

图 6－3　配液混砂系统

图 6－4　实验操作系统

为了能更好地模拟现场实际情况，以研究现场中不同角度裂缝网络下支撑剂的真实铺置情况。本装置设计了不同的裂缝夹角（30°、60°、90°）；为了提高缝网的复杂程度，设计了二级分支缝，并且还可以多级连接三级分支缝直到所需研究的裂缝情况。本文仅对主缝、多条一级分支缝和二级分支裂缝张开角度为60°的情况进行了研究，如图6－5所示。

(a)60°倒角

(b)高清摄像全程记录实验过程

(c)电磁流量计

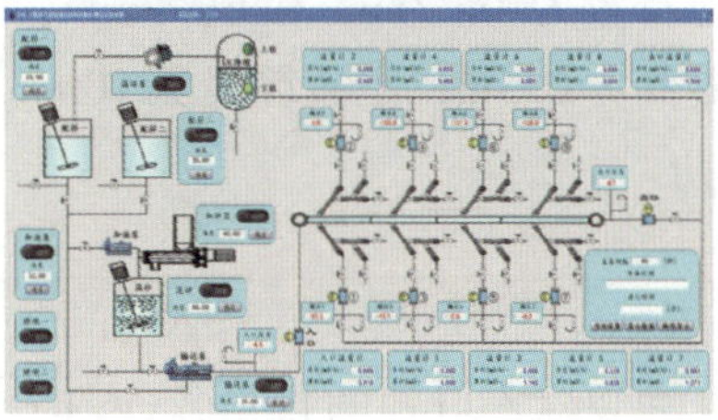

(d)实验操作界面

图6－5　实验装置局部展示

本装置的另一大特色是，编制了后期图像处理软件，在调研的文献中只有关于主裂缝的图像采集，关于分支缝的采集处理很少，或者把分支缝和主裂缝分开展示，使得实验结果缺乏完整性。本装置采用高清摄像实时记录实验现象，通过后期软件处理，完整呈现整个缝网系统的支撑剂铺置情况，确保了实验数据和实验现象的完整性和精确性，应用虚拟成像，提取出缝内砂堤的剖面曲线，进行积分处理，准确地计算出支撑剂在各裂缝内的沉降量，每个出口都配有电磁流量计，可以实时记录实验过程中各出口流量的变化情况，如图6－6所示。

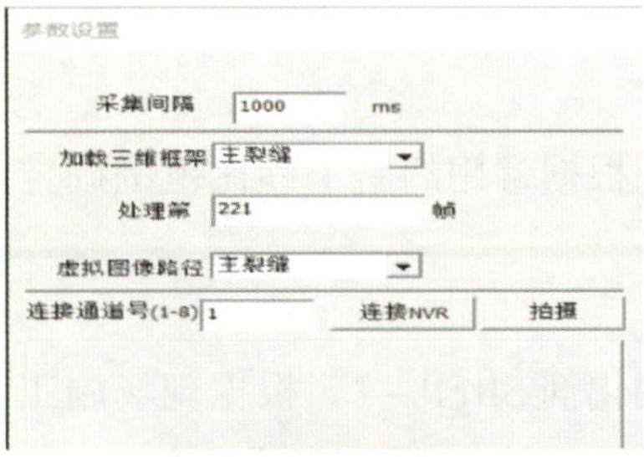

(a)数据处理参数设置

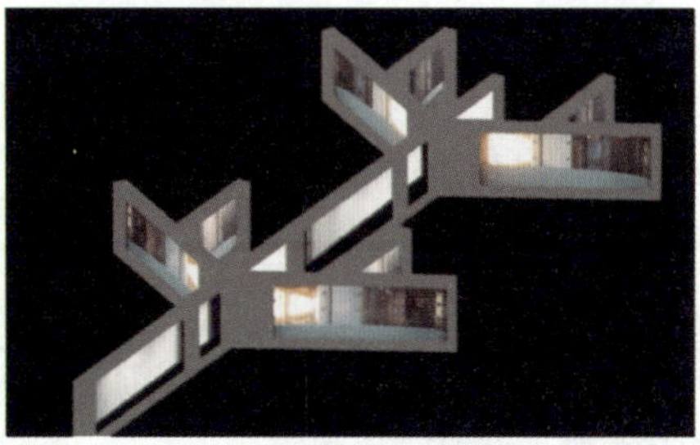

(b)数据处理界面

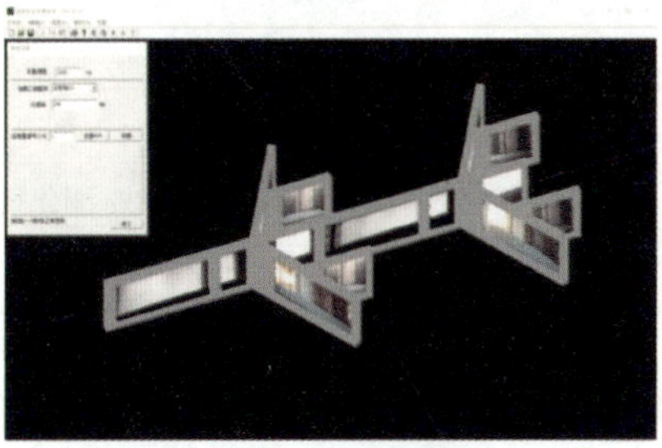

(c)实验数据处理结果

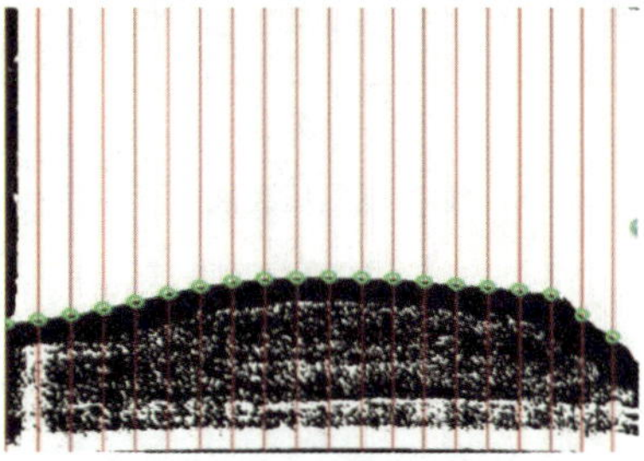

(d)砂堤剖面积分处理

图6－6　实验图像后期处理

二、实验方案设计

根据该缝网输砂实验装置的结构、尺寸等特点以及现场施工经验，结合本文的研究目的，设计相关实验方案。主要研究支撑剂在不同压裂液黏度、携砂液排量、支撑剂粒径及施工砂比情况下的沉降铺置规律。

（一）支撑剂铺置规律实验设计

1. 实验排量

根据实验线速度相等的准则进行计算，参照实际压裂施工情况进行实验参数的选取。假设现场施工排量为 $4m^3/min$ 和 $6m^3/min$，入口处缝高 30m，缝宽 10mm，因为复杂缝网实验装置的缝高为0.5m，主裂缝缝宽 10mm，根据式(6－1)可得该输砂装置的实验排量为 $4m^3/h$、$6m^3/h$。

$$Q = Av \tag{6-1}$$

$$A = hw \tag{6-2}$$

式中，Q 为裂缝入口处的排量，m^3/h；v 为缝内携砂液的流速，m/h；A 为裂缝的横截面积，m^2；h 为裂缝的高度，m；w 为裂缝闭合宽度，m。

2. 实验支撑剂

实验选取中密度支撑剂作为该实验所用的支撑剂。支撑剂粒径主要以 70/140 目和 40/70 目为主，其主要参数见表 6－2。

表 6－2　支撑剂常规性能测试

序号	支撑剂	密度/(kg/m^3)
1	70/140 目陶粒(中密度)	1727
2	40/70 目陶粒(中密度)	1762
3	30/50 目陶粒(中密度)	1750

3. 实验砂比

砂比为支撑剂占总携砂液体积的体积分数，根据常用的施工砂比范围确定此次实验的砂比为 5%、10%、15%、20%。

4. 压裂液的黏度

使用中国石化石油工程技术研究院研发的稠化剂 SRFP－1。根据现场施工情况，设定两种黏度实验方案，见表 6－3。

表 6－3　两种压裂液配方

序号	压裂液	黏度/mPa·s	配方
1	低黏压裂液	4	0.08% 稠化剂＋清水
2	中黏压裂液	16	0.3% 稠化剂＋清水

本文根据该实验装置的结构、尺寸等特点，结合现场施工经验，采用控制变量法，进行单因素实验，观察在不同实验条件下各级裂缝中的支撑剂沉降量和砂堤形态，实验方案设计如表 6－4 所示。

表6-4 缝网支撑剂铺置实验方案

序号	压裂液/mPa·s	支撑剂		排量	砂比			组数
1	4	70/140目陶粒	$4m^3/h$	$6m^3/h$	5%	10%	15%	6组
2	4	40/70目陶粒	$4m^3/h$	$6m^3/h$	5%	10%	15%	6组
3	4	30/50目陶粒	$4m^3/h$	$6m^3/h$	5%	10%	15%	6组
4	16	70/140目陶粒	$4m^3/h$	$6m^3/h$	10%	15%	20%	6组
5	16	40/70目陶粒	$4m^3/h$	$6m^3/h$	10%	15%	20%	6组
6	16	30/50目陶粒	$4m^3/h$	$6m^3/h$	10%	15%	20%	6组

5. 实验步骤

①启动裂缝模拟系统软件，检查各处管路是否连通，确保实验装置的密封性；②根据实验方案，在配液罐中配制所需黏度压裂液，将压裂液泵入混砂罐，通过螺杆泵向裂缝内注入压裂液，并进行排空处理，确保整个缝网系统充满压裂液；③根据设计的实验方案，计算并称量实验所需支撑剂用量，加入加砂漏斗中，调节加砂泵的加砂速度和混砂罐转子转速，使混砂罐内的压裂液与支撑剂混合均匀；④检查摄像头装置，建好录像保存文件夹，打开数据采集软件，将所有数据采集口全部归零，设定好采集间隔时间，根据实验设计排量调节好实验所需的泵频率，实验开始；⑤打开泵送开关并开始数据采集，泵送完设定体积携砂液后，停泵，关停混砂罐中的搅拌器，待缝内支撑剂完全沉降后，停止数据采集，实验结束。确保高清摄像机全程记录整个实验过程中的砂堤形态和相关参数；⑥检查各项数据是否采集完整，打开进出口阀门，排空裂缝中的压裂液，用高压水枪冲洗整个缝网系统，将缝内支撑剂收集晾晒以便重复利用。

(二)复杂裂缝导流能力测试实验设计

填砂裂缝导流能力定义为油层条件下填砂裂缝渗透率与裂缝宽度的乘积，根据达西定律可得渗透率计算式：

$$k = 10^{-2}\frac{Q\mu L}{A\Delta p} = 10^{-2}\frac{Q\mu L}{WW_f\Delta p} \tag{6-3}$$

式中，W为导流槽宽度，cm；L为测压孔间距，cm；k为支撑剂充填层渗透率，μm^2；Q为裂缝内流量，cm^3/s；μ为流体黏度，mPa·s；W_f为适当闭合压力下支撑剂充填层宽度，由实验测得，cm；Δp为测试段两端压差，0.1MPa；A为支撑裂缝截面积，cm^2。

则导流能力计算公式为：

$$kW_f = 10^{-2}\frac{Q\mu L}{A\Delta p} = 10^{-2}\frac{Q\mu L}{W\Delta p} \tag{6-4}$$

采用AFCS-845酸蚀裂缝导流仪进行导流能力实验，如图6-7所示，该设备闭合压力的加载范围为0~137.9MPa，导流槽内流动压力测量范围为0~20.7MPa，导流槽平面面积为$64.5cm^2$，宽度3.8cm，长度17.8cm，前后的测压孔间距为12.7cm。

将导流槽尺寸带入式(6-3)，可得到支撑剂充填裂缝的导流能力计算式。

$$kW_f = \frac{5.411\times10^{-4}\times Q\mu}{\Delta p} \tag{6-5}$$

(a)API裂缝导流仪

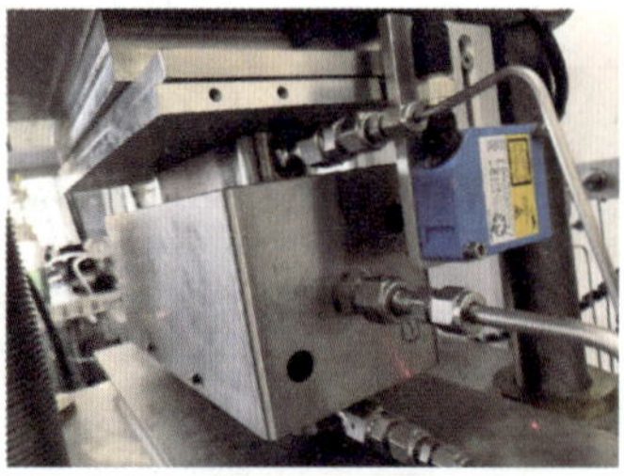

(b)导流槽加压

(c)导流槽装填

(d)实验后支撑剂状态

图 6－7　AFCS－845 裂缝导流仪及实验状态

压裂包含裂缝的扩展和支撑剂的运移两个过程，首先前置液在地层中压开裂缝并使其向前延伸，随后泵入携砂液，一方面携砂液继续使裂缝延伸，另一方面，携砂液中的支撑剂受重力作用逐渐沉降在裂缝中，并在停泵和缝内压裂液返排后，沉降的支撑剂使得压开裂缝在地层闭合压力作用下保持张开状态。在闭合压力作用下，缝内的支撑剂主要发生两个变化，一是充填层的支撑剂随着闭合压力逐渐加大而被压实，导致充填层的闭合缝宽降低；另一个是当闭合压力增加到某一临界值时，部分支撑剂发生破碎和嵌入，产生的碎屑颗粒会堵塞充填层中的孔隙，如图 6－8 所示，这两种变化都会造成支撑剂充填层导流能力的降低，缝网导流能力是衡量储层改造效果的重要参数之一。

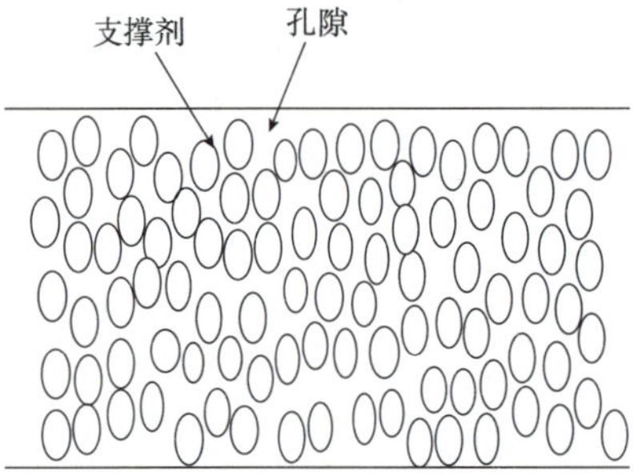

(a)未受闭合压力作用的支撑剂充填状态

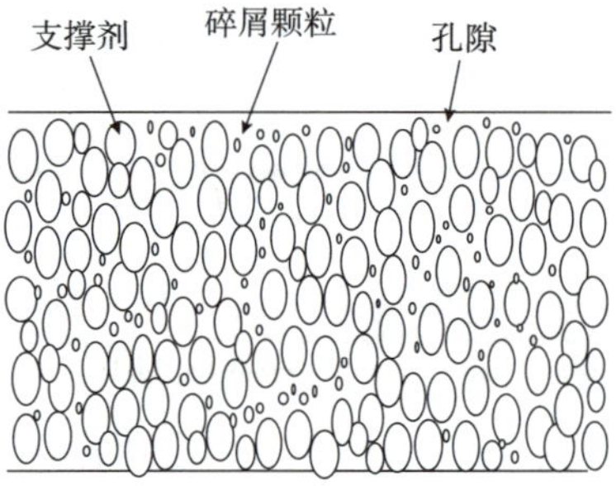

(b)受闭合压力作用下的支撑剂充填状态

图 6－8　支撑剂在不同闭合压力下的充填状态

三、实验参数及步骤

本节主要研究闭合压力、铺砂浓度、支撑剂不同组合粒径等因素对缝网导流能力的影响。输砂实验中用测量出的各级裂缝支撑剂沉降量来确定此次导流实验主、分支缝中的铺砂浓度，实验模拟地层温度为 90℃，闭合压力从 10～86MPa 逐渐升高加载，实验测量介质为蒸馏水，以 10mL/min 的流量测试导流槽充填层的导流能力，待每个压力点测得导流能力值稳定 1 分钟后，加压测量下一个压力点的导流能力数值，取该稳定区域内的平均值作为最终实验结果。

（一）主裂缝内支撑剂导流能力实验设计思路及实验方案

实验在不同闭合压力下，研究三种支撑剂单一粒径及不同比例组合铺置条件下的主裂缝内支撑剂导流能力，采用控制变量法，每组实验保持相同的铺砂浓度，优选出主裂缝内最佳的支撑剂组合方式；在第一轮加压实验结束后，退回到实验开始前的闭合压力，然后按照第一轮的加压方式重新测量导流槽内充填层的导流能力，研究应力循环加载对主裂缝导流能力的影响；在优选出最佳支撑剂组合方式后，开展不同铺砂浓度下支撑剂充填层导流能力实验，研究主裂缝内铺砂浓度对导流能力影响规律。具体实验方案如表6－5所示。

表6－5　主裂缝内支撑剂导流能力实验方案

项目	实验编号	支撑剂（陶粒）比例/%			铺砂浓度/（kg/m²）	闭合压力/MPa	备注
		70/140 目	40/70 目	30/50 目			
单一粒径导流能力	1	100	—	—	10	10→20→30→40→52→60→69→86	应力循环加载
	2	—	100	—	10		应力循环加载
	3	—	—	100	10		应力循环加载
组合粒径支撑剂占比影响	4	10	30	60	10		应力循环加载
	5	10	40	50	10		应力循环加载
	6	20	30	50	10		应力循环加载
	7	20	40	40	10		应力循环加载
组合粒径铺砂浓度影响	8	33	33	33	10		应力循环加载
	9	20	30	50	5		
	10	20	30	50	15		

（二）分支缝内支撑剂导流能力实验设计思路及实验方案

实验在不同闭合压力下，研究两种支撑剂单一粒径及不同比例组合铺置条件下的分支缝内支撑剂导流能力，采用控制变量法，每组实验保持相同的铺砂浓度，优选出分支缝内最佳的支撑剂组合方式；在第一轮加压实验结束后，退回到实验开始前的闭合压力，然后按照第一轮的加压方式重新测量导流槽内充填层的导流能力，研究应力循环加载对分支缝导流能力的影响；在优选出最佳支撑剂组合方式后，开展不同铺砂浓度下支撑剂充填层导流能力实验，研究分支缝内铺砂浓度对导流能力影响规律。具体实验方案见表6－6。

表6－6　分支缝内支撑剂导流能力实验方案

项目	实验编号	支撑剂（陶粒）比例/%			铺砂浓度/（kg/m²）	闭合压力/MPa	备注
		70/140 目	40/70 目	30/50 目			
单一粒径导流能力	1	100	—	—	1	10→20→30→40→52→60→69→86	应力循环加载
	2	—	100	—	1		应力循环加载
	3	50	50	—	1		应力循环加载
组合粒径支撑剂占比影响	4	65	35	—	1		应力循环加载
	5	80	20	—	1		应力循环加载
组合粒径铺砂浓度影响	6	65	35	—	0.5		
	7	65	35	—	2		

（三）实验步骤

①根据实验方案中的铺砂浓度确定活塞位置，下入下活塞并固定，再下入密封圈和钢片；②根据设定的铺砂浓度计算并称量支撑剂，均匀铺置在导流槽内，用刮板刮平后再下入钢片和带有密封圈的上活塞；③将导流槽装到加压平台，连接好各路管线后，给导流槽上下两端加上初始闭合压力，对出口加一定的回压，通入蒸馏水，观察导流槽内压力上升后对其进行排空、饱和；④排空结束后，停泵10min左右，将压差传感器调零，将缝宽变化调零，设定导流槽温度为所需温度，开始加温；⑤温度稳定后，选择合适的流速对支撑剂充填层进行驱替；等进出口流量平衡后，打开旁通阀；设定采集间隔，开始采集数据；⑥改变闭合压力，重复步骤⑤，直至实验结束。

第二节　深层页岩复杂裂缝导流能力多因素敏感性测试

体积压裂的目标就是对储层实现较大范围的有效改造。在压裂过程中，通过高压将前置液泵入地层，将压开的裂缝在向前延伸的同时沟通地层中的天然裂缝，在形成复杂缝网体系后，向裂缝中泵入携砂液，使其得到有效充填进而保持较高的导流能力。本章是在输砂实验的基础上设计了多尺度裂缝导流能力实验，研究了闭合压力、粒径组合方式、铺砂浓度及应力循环加载等因素对主、分支缝内支撑剂的导流能力变化的影响。

一、复杂裂缝支撑剂铺置规律

（一）不同黏度下支撑剂在缝网中的铺置规律

黏度是影响支撑剂沉降的主要因素之一，支撑剂颗粒受到的黏性阻力随着黏度的增大而增大，因此，黏度越大，缝内支撑剂沉降得越少，在其他施工条件一致的情况下，研究压裂液黏度变化对于砂堤铺置形态的影响。本次实验采用了两种黏度压裂液，设计了两组对比实验。在相同的泵入排量 $4m^3/h$、砂比为10%、支撑剂粒径统一为70/140目条件下，从裂缝左侧入口泵入两种不同黏度的携砂液。记录各级裂缝中的支撑剂沉降量、平均高度以及实验过程中各进出口的实时流量。实验结果如图6－9所示。

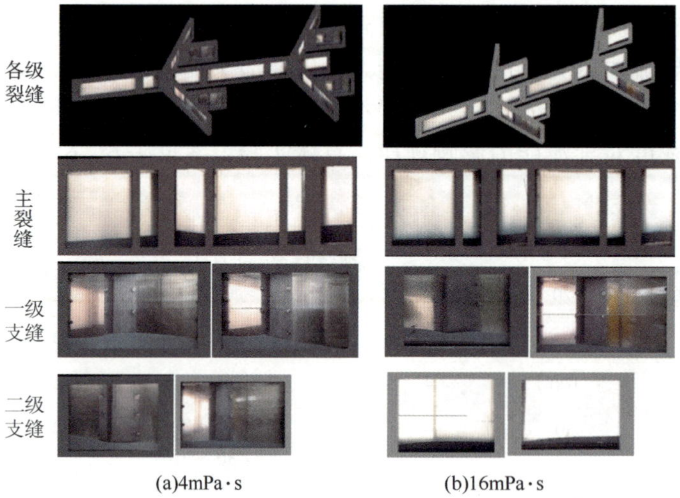

图6－9　不同黏度下各级裂缝内支撑剂铺置形态

对比图6－9不同黏度下各级裂缝中的支撑剂铺置形态，其中图中左边支缝是靠近主裂缝入口的分支缝形态，右边支缝是靠近主缝出口的分支缝形态，缝中黑色部分为沉降的支撑剂，可以发现在不同压裂液黏度条件下，主裂缝砂堤剖面的沉降高度有很大差别；对于低黏实验，缝网中各级分支缝前后端差异较小，当黏度增大时，支撑剂更多地沉降在裂缝远端；将图6－9中主裂缝的砂堤剖面量化处理，可得如图6－10的结果，综合表6－7中的各级裂缝中的支撑剂沉降量可知，4mPa·s时主裂缝砂堤总体高度保持在4.5～11.7cm，平均高度是8.1cm，主裂缝中的支撑剂铺置率为16.2%；16mPa·s时主裂缝砂堤总体高度保持在3.1～8.9cm，平均高度是6.0cm，主裂缝中的支撑剂铺置率为12%。

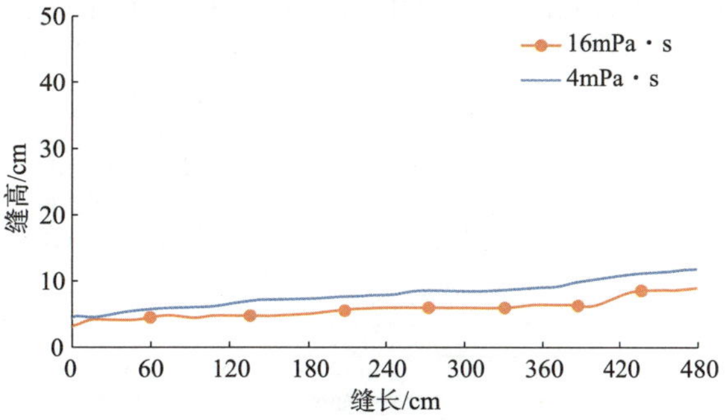

图6－10　不同黏度下主裂缝砂堤剖面形态

可以看出，在其他条件相同情况下，当黏度增大时，砂堤高度随黏度的增大而减小，黏度越大，其携砂能力也就越好，支撑剂越不容易沉降，砂堤剖面越低，整体高度逐渐增高；当携砂液进入分支缝后，由于缝宽变窄，支撑剂与壁面的碰撞加剧，并且由于分支缝的出口管道较小，使得进入分支缝的支撑剂很大一部分都沉降下来了，形成的分支缝越窄，沉降的砂堤高度越高；低黏时，支撑剂主要沉降在裂缝入口近端，黏度增大，支撑剂开始更多地沉积在远端。

表6－7　不同黏度下各级裂缝中支撑剂沉降量

实验方案（黏度＋粒径＋排量＋砂比）	主裂缝		一级分支缝				二级分支缝			
	砂层体积/cm^3	平均高度/cm	砂层体积/cm^3		平均高度/cm		砂层体积/cm^3		平均高度/cm	
			A	B	A	B	A	B	A	B
4mPa·s＋70/140＋4m^3/h＋10%	3784	8.1	1235	1222	8.8	8.7	1068	935	13.4	13.1
16mPa·s＋70/140＋4m^3/h＋10%	1789	6.0	436	521	3.1	3.7	585	654	7.3	9.4
4mPa·s＋40/70＋6m^3/h＋10%	5851	13.5	1367	957	12.3	11.4	935	746	8.1	9.3
16mPa·s＋40/70＋6m^3/h＋10%	3832	8.4	945	873	7.9	10.2	1124	923	11.4	11.7

注：A表示入口近端分支缝，B表示入口远端分支缝。

通过对比图6－11和图6－12两种不同黏度实验的进出口流量图可以看出，缝内入口流量都小于实验设定的入口流量，并且黏度越大，入口流量减少越多；这是因为一方面由于实验装置设计的原因使得携砂液在由混砂罐泵入裂缝中时，需要经过输砂泵和一段立柱导管，在泵送过程中，由于沿程摩阻和其携砂液自身的重力作用，使得泵入裂缝的携砂液流量减小，另一方面，额定泵速的匹配频率是在泵送清水情况下测得的，当黏度改变时，携砂液的黏性阻力增加，如果还以相同的频率泵入，势必导致其入口流量会有所下降；低黏时，各分支缝的出口流量差别不大，黏度增大，二级分支缝中的出口流量明显小于一级分支缝的，这是因为，当黏度增大，携砂液黏性阻力增大，分支缝缝宽逐级减小，因此流入二级分支缝的携砂液相对较少，且由于分支缝出口较小，因此大部分携砂液从出口较大的主裂缝流出，导致不同黏度时主裂缝出口流量基本一致。

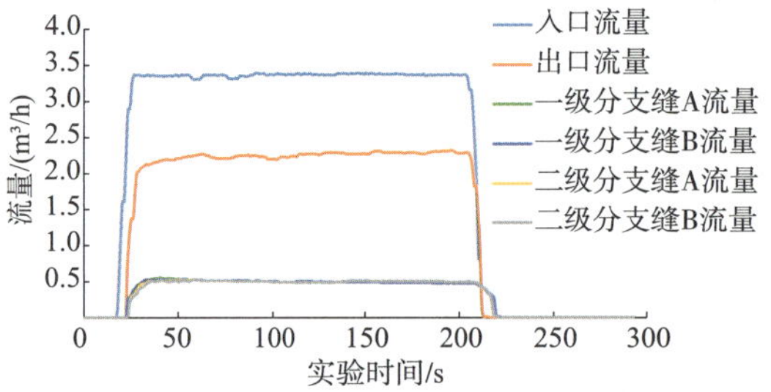

图6－11　4mPa·s时实验过程中各进出口流量图

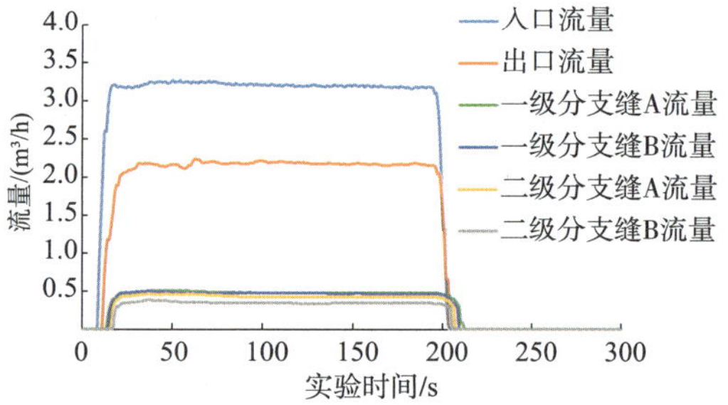

图6－12　16mPa·s时实验过程中各进出口流量图

(二)不同排量下支撑剂在缝网中的铺置规律

在其他施工条件一致的情况下，研究不同携砂液排量对于支撑剂铺置的影响。本次实验设计了两组对比实验。在相同的携砂液黏度4mPa·s、砂比15%、支撑剂统一为70/140目条件下，向裂缝中泵入不同排量的混砂液。记录各裂缝中的支撑剂沉降量、平均高度以及实验过程中各进出口的实时流量。实验结果如图6－13所示。

观察图6－13中不同排量下各级裂缝中支撑剂的铺置形态，可以发现在不同携砂液排量条件下，主裂缝砂堤剖面的沉降高度有很大差别；排量较小时，各级分支缝中的沉降量都相对较大，当排量增大时，支撑剂主要沉降在裂缝远端，在裂缝远端的二级分支缝中沉降尤为明显；将图6－13中主裂缝的砂堤剖面量化处理，可得如图6－14的结果，综合表6－8中的各级裂缝中的支撑剂沉降量可知，4m^3/h时主裂缝砂堤总体高度保持在9.6～21.7cm，平均高度是15.6cm，主裂缝中的支撑剂铺置率为31.2%；6m^3/h时主裂缝砂堤总体高度保持在7.4～18.5cm，平均高度是11.7cm，主裂缝中的支撑剂铺置率为23.4%。

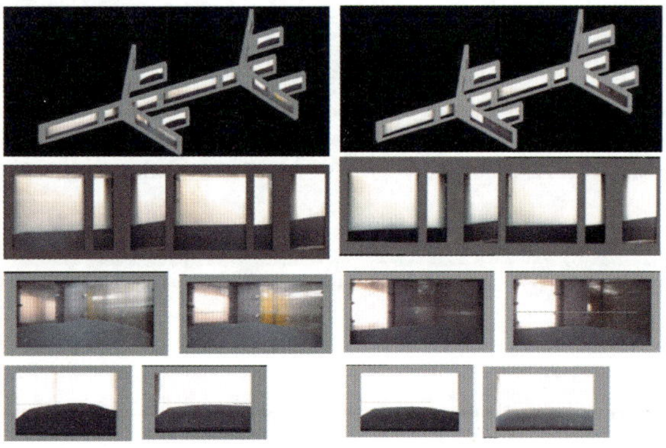

(a)Q=4m^3/h　(b)Q=6m^3/h

图6－13　不同排量下的各级裂缝内支撑剂铺置形态

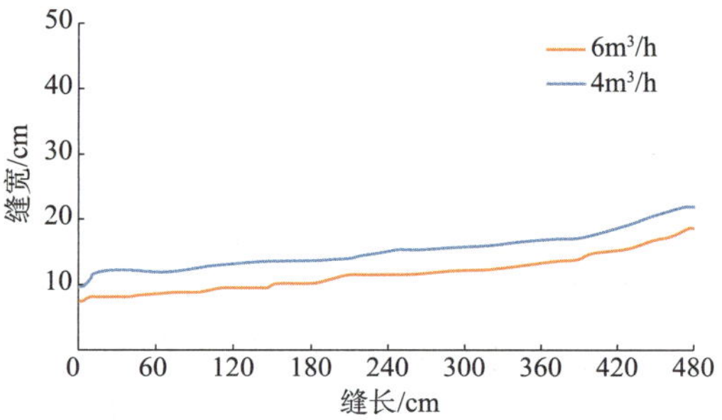

图6－14　不同排量下的主裂缝砂堤形态

当排量增大时，砂堤高度随排量的增大而减小，排量越大，砂堤高度越小，砂堤高度在整体上呈逐渐增高趋势，这是因为，排量越大，支撑剂进入裂缝后水平方向流速就越高，而支撑剂在垂直方向的沉降时间一样，当排量增大时，单颗粒支撑剂需要的沉降距离增大，因此在相同实验缝长情况下，排量越大，缝内砂堤沉降高度越小；并且排量增大，也相应增强了入口处的湍流效应，使得大部分颗粒都悬浮在压裂液中，被输送到裂缝远端或者从出口流出。

表 6-8 不同排量下各级裂缝中支撑剂沉降量

实验方案（黏度+粒径+排量+砂比）	主裂缝		一级分支缝				二级分支缝			
	砂层体积/cm^3	平均高度/cm	砂层体积/cm^3		平均高度/cm		砂层体积/cm^3		平均高度/cm	
			A	B	A	B	A	B	A	B
4mPa·s+70/140+4m^3/h+15%	7282	15.6	2246	2393	16.0	17.1	1610	1530	20.1	21.9
4mPa·s+70/140+6m^3/h+15%	5459	11.7	1606	1784	11.5	12.7	1594	1135	19.9	16.2
4mPa·s+70/140+4m^3/h+10%	3784	8.1	1235	1222	8.8	8.7	1068	935	13.4	13.1
4mPa·s+70/140+6m^3/h+10%	3747	8.0	800	550	5.7	3.9	369	591	4.6	8.5

通过对比图 6-15 和图 6-16 两种不同排量实验的进出口流量图可以看出，缝内入口流量都小于设定的入口流量，设定 4m^3/h 对应的实际入口流量为 3.05m^3/h，对应的主裂缝出口流量为 1.55m^3/h，即主裂缝中的流量占泵入总量的 50.8%，设定 6m^3/h 对应的实际入口流量为 4.93m^3/h，对应的主裂缝出口流量为 3.19m^3/h，即主裂缝中的流量占泵入总量的 64.7%，这是因为排量越大，单位时间内进入裂缝系统的携砂液体积越多，一方面由于水平方向流量增大使得支撑剂不易沉降，另一方面，各分支缝的出口都相对较小，造成了进入裂缝的很多液体从出口较大的主裂缝出口流出。

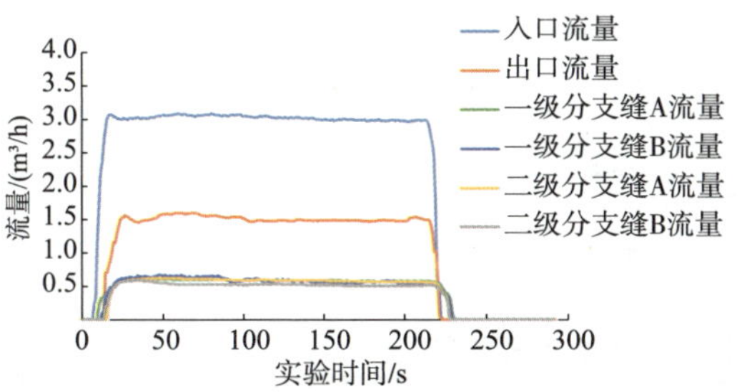

图 6-15 4m^3/h 时实验过程中各进出口流量图

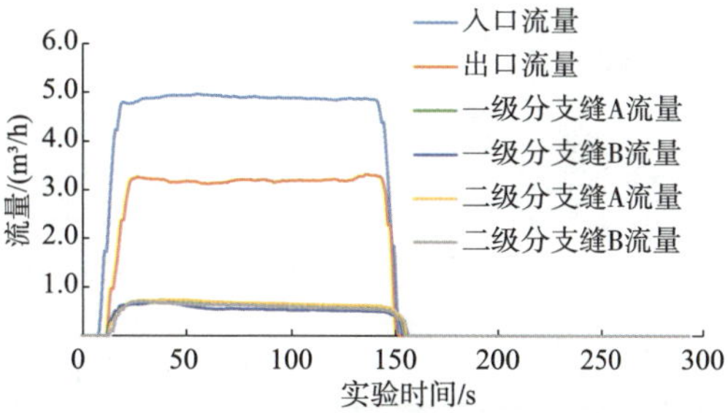

图 6-16 6m^3/h 时实验过程中各进出口流量图

(三)不同粒径下支撑剂在缝网中的铺置规律

在其他施工条件一致的情况下，研究不同支撑剂粒径对于支撑剂铺置的影响。本次实验采用了三种粒径，实验在相同的泵入排量 4m^3/h，砂比为 5%，黏度 4mPa·s 条件下，向裂缝中泵入不同粒径的混砂液。记录各裂缝中的支撑剂沉降量、平均高度以及实验过程中各进出口的实时流量。实验结果如图 6-17 所示。

对比图 6-17 不同粒径下支撑剂铺置形态，可以发现三组实验中主裂缝砂堤剖面的沉降高度差别很大，30/50 目的主要沉降在裂缝入口处，砂堤剖面高度逐渐减小，40/70 目的整体沉降比较均匀，砂堤剖面高度整体也较为均匀，70/140 目的主要沉降在裂缝远端，砂堤剖面高度逐渐增高；对比这三组实验，发现对于粒径最小的 70/140 目这一组，支撑剂可以均匀铺置在二级分支缝中。将图 6-17 中主裂缝的砂堤剖面量化处理，可得如

图6-18的结果，综合表6-9中的各级裂缝中的支撑剂沉降量可知，30/50目时，主裂缝砂堤总体高度保持在5.1~17.2cm，平均高度是11.0cm，主裂缝中的支撑剂铺置率为22%；40/70目时主裂缝砂堤总体高度保持在4.9~11.5cm，平均高度是8.1cm，主裂缝中的支撑剂铺置率为16.2%；70/140目时主裂缝砂堤总体高度保持在3.5~7.5cm，平均高度是4.5cm，主裂缝中的支撑剂铺置率为9%。

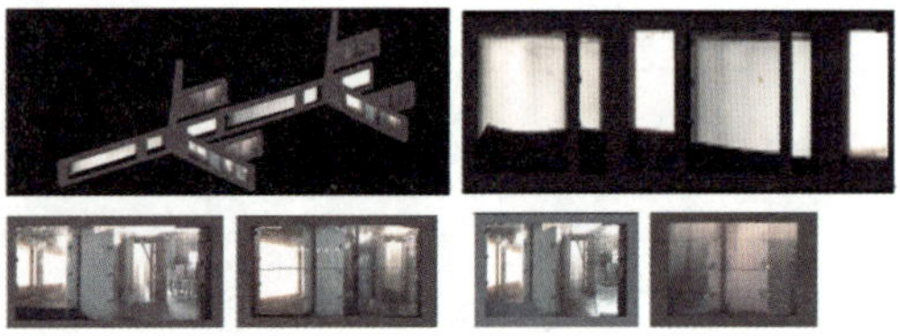

(a)4mPa·s+30/50目+4m³/h+砂比5%

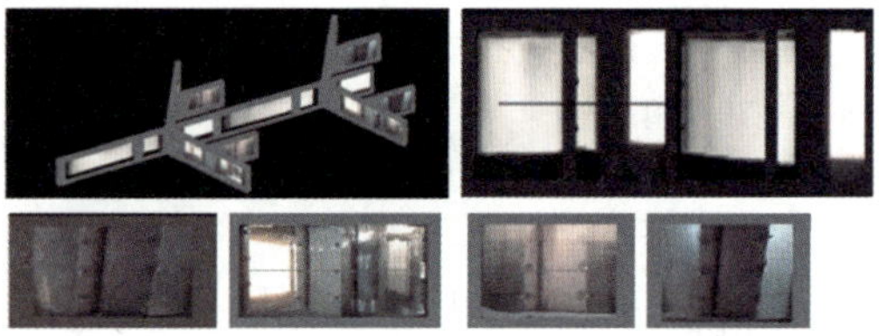

(b)4mPa·s+40/70目+4m³/h+砂比5%

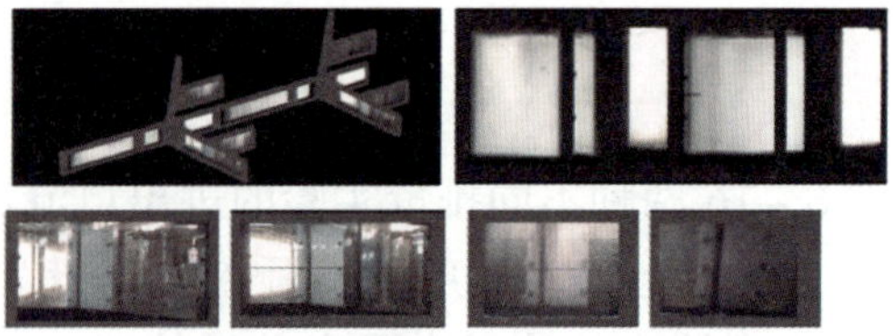

(c)4mPa·s+70/140目+4m³/h+砂比5%

图6-17　不同粒径下各级裂缝内支撑剂铺置形态

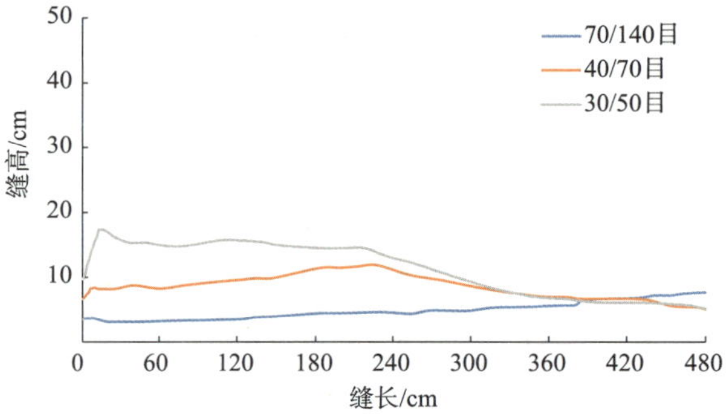

图6-18　不同粒径下主裂缝砂堤剖面形态

表6-9　不同粒径下各级裂缝中支撑剂沉降量

实验方案（黏度+粒径+排量+砂比）	主裂缝		一级分支缝				二级分支缝			
	砂层体积/cm^3	平均高度/cm	砂层体积/cm^3		平均高度/cm		砂层体积/cm^3		平均高度/cm	
			A	B	A	B	A	B	A	B
4mPa·s+30/50目+4m^3/h+5%	5137	11.0	567	223	4.1	1.7	0	0	0	0
4mPa·s+40/70目+4m^3/h+5%	3803	8.1	556	372	4.0	4.7	0	0	0	0
4mPa·s+70/140目+4m^3/h+5%	2123	4.5	631	663	4.5	4.7	296	311	4.1	4.4

在控制其他施工条件相同的情况下，支撑剂粒径越大，单颗粒所受的重力、浮力以及黏滞阻力都相应增大，但是由重力增加而引起的沉降速度变化幅度远大于其他的附加阻力之和，所以支撑剂在纵向上的沉降速度随着其粒径的增加而增加，致使缝内砂堤高度整体上呈现出由高到低的趋势。这一现象可从30/50目实验和70/140目实验对比中支撑剂铺置效果随粒径的变化趋势中得到证实。

可以看出，在其他条件相同的情况下，支撑剂的粒径变化对缝网中支撑剂的铺置影响较为显著，粒径较大时主要沉降在裂缝入口处，这是因为粒径较大时，一方面支撑剂颗粒与颗粒之间以及颗粒与壁面之间的碰撞加剧，消耗了一部分动能，使得其在水平方向的运移速度有所降低，另一方面支撑剂颗粒由于粒径增大而引起的重力增大，加快了其在垂向上的沉降速度。小粒径的支撑剂主要沉降在裂缝远端，这是由于当粒径支撑剂较小时，其在垂向上的受力越接近于平衡，从而需要更长的时间沉降，因此越容易被携带至裂缝深处。因此，对于大粒径支撑剂主要沉降在主裂缝内，且靠近主裂缝入口处，砂堤剖面由高到低逐渐减小；当粒径较小时，支撑剂可以均匀铺置在整个裂缝系统内，更多地沉降在裂缝远端，砂堤剖面逐渐增高，粒径越小，对于分支缝的充填程度越好。

（四）不同砂比下支撑剂在缝网中的铺置规律

考虑当其他条件均一致时，携砂液砂比对于砂堤形态的影响。本次实验采用了两种砂比，设计了两组对比实验。实验A设计在相同的泵入排量$6m^3/h$，黏度为16mPa·s，支撑剂统一为40/70目条件下，向裂缝中泵入不同砂比的混砂液。记录各裂缝中的支撑剂沉降量、平均高度以及实验过程中各进出口的实时流量，实验结果如图6-19所示。

对比图6-19不同砂比下支撑剂铺置形态，可以发现不同砂比条件下，主裂缝砂堤剖面的沉降高度差别不大；砂比较大时，各级分支缝中的沉降量都相对较大，当砂比增大时，尤其二级分支缝中支撑剂沉降距离裂缝入口远端的沉降较多。将图6-19的砂堤剖面量化处理，可得图6-20的结果，综合表6-10各级裂缝中支撑剂的沉降量可知，15%时，主裂缝砂堤总体高度保持在7.2~19.6cm，平均高度是12.6cm，主裂缝中的支撑剂铺置率为25.2%；20%时主裂缝砂堤总体高度保持在7.5~20.8cm，平均高度是14.5cm，主裂缝中的支撑剂铺置率为29%；综合表6-10对比实验，发现对于黏度较小的一组，排量变化引起裂缝中支撑剂沉降量发生的差异较大，主裂缝中的支撑剂铺置率分别为16%和23.4%。

可以看出，在实际输砂实验过程中，不同的影响因素之间相互作用，对于支撑剂在缝网中的铺置规律影响是并发进行的。对于黏度较大实验，不同砂比所对应的主裂缝中支撑剂铺置形态比较相似，而分支缝中的铺置形态则随砂比的增大而增高，这是因为当保持其他参数不变而增加砂比时，一方面由于携砂液中的含砂浓度增大，进而增加了携砂液的黏度，使得支撑剂不易沉降；另一方面由于颗粒间的聚集效应，加速了支撑剂的沉降。在主裂缝中，由于缝宽较大，由支撑剂浓度增加而导致支撑剂在垂向的沉降速度减小量和因颗粒间的聚集效应引起的垂向沉降速度增加量相互抵消，因此砂比变化对于支撑剂在主裂缝中的铺置形态影响不大，但在分支缝中，由于缝宽变窄，砂比越大，单位体积的携砂液中支撑剂含量越多，增大了支撑剂颗粒间以及颗粒与壁面间的碰撞，使得更多的支撑剂沉降下来。对于低黏情况下不同砂比对支撑剂铺置形态影响规律的实验，砂比对铺置规律影响很大，砂比越高沉降量越明显，单组实验中砂比越大，裂缝远端的沉降越多。

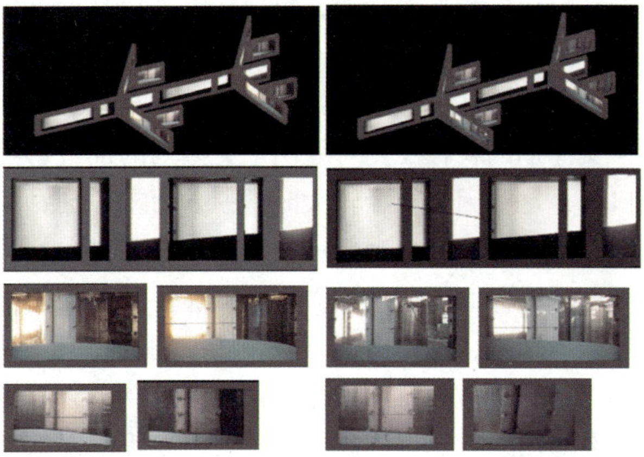

(a)砂比15%　　(b)砂比20%

图6－19　不同砂比下各级裂缝内支撑剂铺置形态

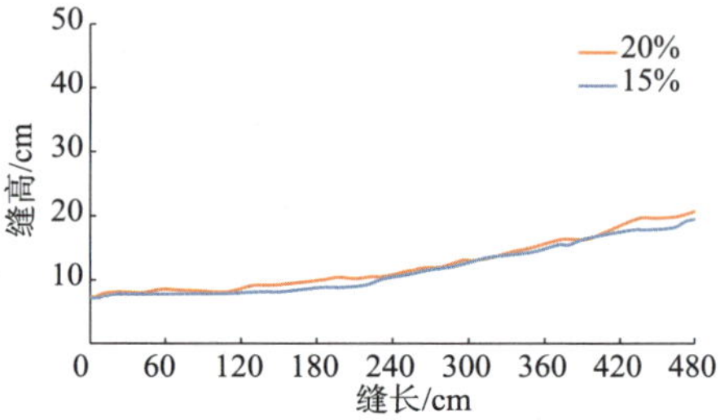

图6－20　不同砂比下主裂缝砂堤形态

表6－10　不同砂比下各级裂缝中支撑剂沉降量

实验方案（黏度＋粒径＋排量＋砂比）	主裂缝		一级分支缝				二级分支缝			
	砂层体积/cm^3	平均高度/cm	砂层体积/cm^3		平均高度/cm		砂层体积/cm^3		平均高度/cm	
			A	B	A	B	A	B	A	B
16mPa·s＋40/70目＋6m^3/h＋15%	5878	12.6	1546	2148	11.0	15.3	563	532	7.5	8.4
16mPa·s＋40/70目＋6m^3/h＋20%	5842	14.5	1610	2295	11.5	17.7	596	626	9.5	11.3
4mPa·s＋70/140目＋6m^3/h＋10%	3747	8.0	800	550	5.7	3.9	369	591	4.6	8.5
4mPa·s＋70/140目＋6m^3/h＋15%	5459	11.7	1606	1784	11.5	12.7	1594	1135	19.9	16.2

通过对比图6－21和图6－22两组不同砂比实验的进出口流量图可以看出，缝内入口流量都小于设定的入口流量，砂比为15%时，设定6m^3/h对应的实际入口流量为5.15m^3/h，对应的主裂缝出口流量为3.85m^3/h，即主裂缝中的流量占泵入总量的74.8%，砂比为20%时，设定6m^3/h对应的实际入口流量为5.57m^3/h，对应的主裂缝出口流量为4.78m^3/h，即主裂缝中的流量占泵入总量的85.8%，这是因为砂比增大，一方面由于颗粒间的聚集效应，使得沉降的砂堤高度较高，进而导致裂缝内的过流断面减小，携砂液只能从砂堤上方流过，使得缝内携砂液流量增加；另一方面，由于砂比增大，导致携砂液黏度增大，且各分支缝的出口都相对较小，造成了进入裂缝的很多液体从易于流走的主裂缝出口流出。

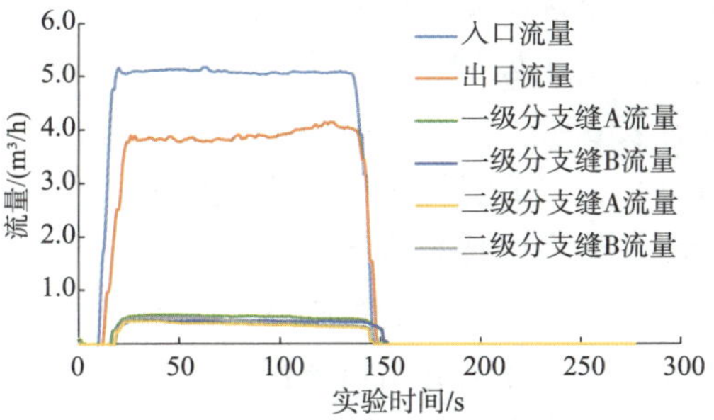

图6－21　砂比为15%时实验过程中各进出口流量图

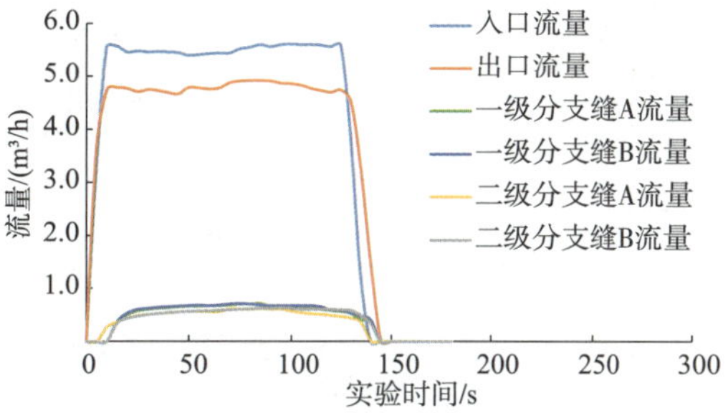

图6－22　砂比为20%时实验过程中各进出口流量图

(五)滤失对支撑剂铺置规律的影响

在造缝过程中，由于压裂液滤失，使得裂缝周围地层污染，进而又影响裂缝滤失。本次实验假设了分支缝的三种状态，实验a假设分支缝内前置液在携砂液泵入过程中不再滤失，即物理模拟实验中各分支缝出口一直关闭，实验b假设在泵入过程中滤失逐渐降低直到不再滤失，即物理模拟实验中各分支缝出口逐渐关闭，实验c假设在泵入过程中滤失不受影响，即物理模拟实验中各分支缝出口一直打开。设计了三组对比实验，从泵入携砂液开始，到距离裂缝入口远端的二级分支缝中有支撑剂开始进入，同时逐渐关闭两个二级分支缝出口阀门，整个过程持续20s，接着同时逐渐关闭两个一级分支缝出口阀门，整个过程持续20s，整个实验过程从开始泵入到缝内支撑剂完全沉降持续303s。实验设计相同的泵入排量$4m^3/h$，砂比为10%，黏度为16mPa·s，支撑剂统一为30/50目，向裂缝中泵入不同黏度的混砂液。记录各裂缝中的支撑剂沉降量、平均高度以及实验过程中各进出口的实时流量。实验结果如图6－23所示。

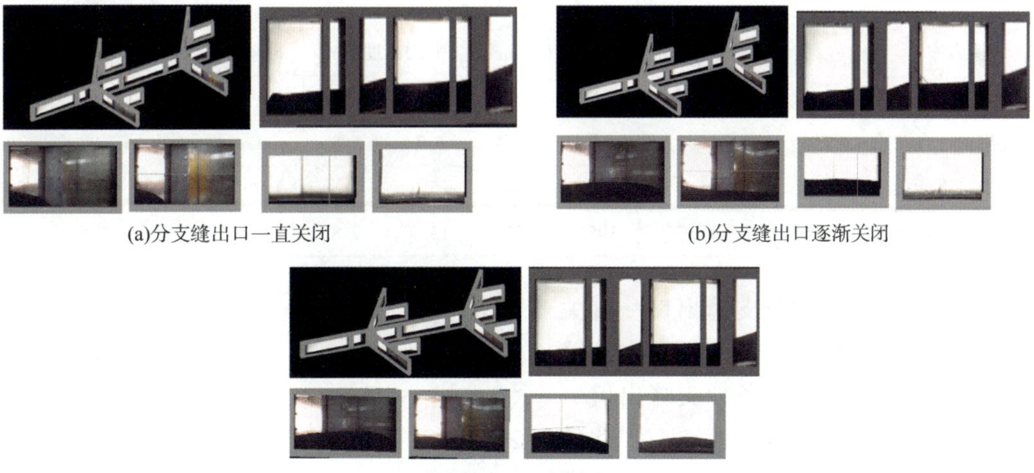

(a)分支缝出口一直关闭　(b)分支缝出口逐渐关闭　(c)分支缝出口一直打开

图6－23　分支缝出口不同闭合状态下的各级裂缝内支撑剂铺置形态

对比图6－23中分支缝出口不同闭合状态下支撑剂铺置形态，可以发现对于在分支缝出口一直关闭和逐渐闭合状态下，主裂缝砂堤剖面的沉降高度差别不大；当分支缝出口一直关闭时，只有在一级分支缝中有少量沉降，而当分支缝出口一直打开时，各级分支缝中

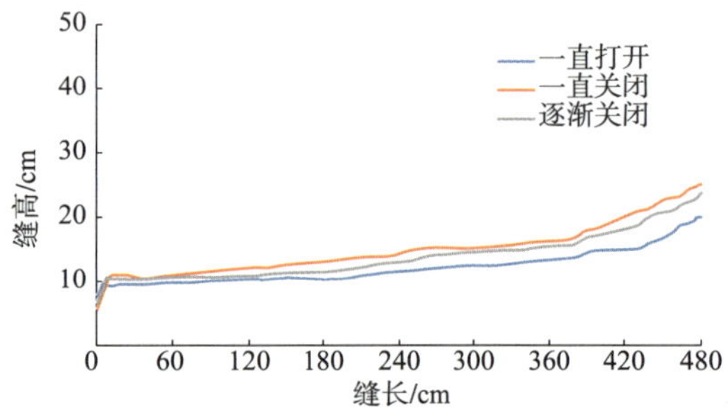

图6－24　分支缝出口不同闭合状态下的主裂缝砂堤形态

都有支撑剂沉降。将图6－23中主裂缝的砂堤剖面量化处理，可得如图6－24的结果，综合表6－11中的各级裂缝中的支撑剂沉降量可知，当分支缝出口一直关闭时，主裂缝砂堤总体高度保持在5.5～25.2cm，平均高度是15.1cm，主裂缝中的支撑剂铺置率为30.2%；当分支缝出口逐渐关闭时，主裂缝砂堤总体高度保持在6.4～24cm，平均高度是15.1cm，主裂缝中的支撑剂铺置率为30.2%；当分支缝出口一直打开时，主裂缝砂堤总体高度保持在7.7～20.1cm，平均高度是12.7cm，主裂缝中的支撑剂铺置率为25.4%。

通过对比发现，分支缝出口逐渐闭合和一直关闭实验主裂缝的砂堤高度基本一致，是因为两者都在主裂缝中达到了平衡高度；分支缝逐渐闭合和一直打开的一级分支缝砂堤沉降量基本一致，是因为等到逐渐关闭一级分支缝时，支撑剂沉降也已达到平衡高度；单独对比每一组实验的前后两个分支缝，发现当粒径较大时，支撑剂主要沉降在裂缝入口近端；对于分支缝出口一直关闭实验，其分支缝中充满了压裂液，输砂实验过程中分支缝内无液体流通，支撑剂主要靠自重滚动进入分支缝中，而对于分支缝出口一直打开和逐渐关闭的实验，其分支缝中的支撑剂主要由携砂液携带流入分支缝，只有当携砂液流速超过使地层裂缝继续延伸时的临界流速时，分支缝中的压裂液才会流动，进而才能使得携砂液流入分支缝中。

表6－11　分支缝不同闭合情况下各级裂缝中支撑剂沉降量

实验方案	主裂缝		一级分支缝				二级分支缝			
	砂层体积/cm^3	平均高度/cm	砂层体积/cm^3		平均高度/cm		砂层体积/cm^3		平均高度/cm	
			A	B	A	A	A	B	A	B
分支缝出口一直关闭	7059	15.1	931	817	6.7	5.8	0	0	0	0
分支缝出口逐渐关闭	7056	15.1	2121	1449	15.2	10.4	1179	374	14.4	5.3
分支缝出口一直打开	5960	12.7	1952	1370	13.9	9.8	1034	939	12.9	13.4

图6－25表示监测分支缝出口一直关闭实验过程中各进出口流量，发现主裂缝进出口流量相等，因为当各分支缝出口一直关闭时，分支缝中无液体流通，因此各个分支缝的出口流量都为0；图6－26表示分支缝出口逐渐关闭情况下各裂缝出口流量变化关系，可以看出，刚开始时裂缝各出口都能监测到流量数据，一段时间后，随着二级分支缝出口关闭，相应的其对应的二级分支缝出口流量为0，这部分

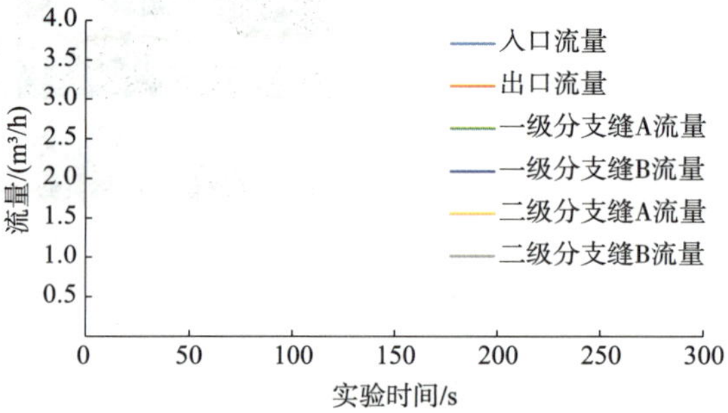

图6－25　分支缝出口一直关闭实验过程中各进出口流量图

流量主要通过主裂缝出口流出，体现在图上就是主裂缝出口流量数据突然变大，同理，当一级分支缝出口关闭后，对应的一级分支缝出口流量为0，此时主裂缝出口流量等于裂缝泵入流量；图6-27表示监测分支缝出口一直打开实验过程中各进出口流量，综合这3个图，其缝内入口流量都小于设定的入口流量，如前分析，因为实验泵送过程中沿程摩阻的原因，使得泵入平板裂缝时携砂液流量已达不到设计流量。

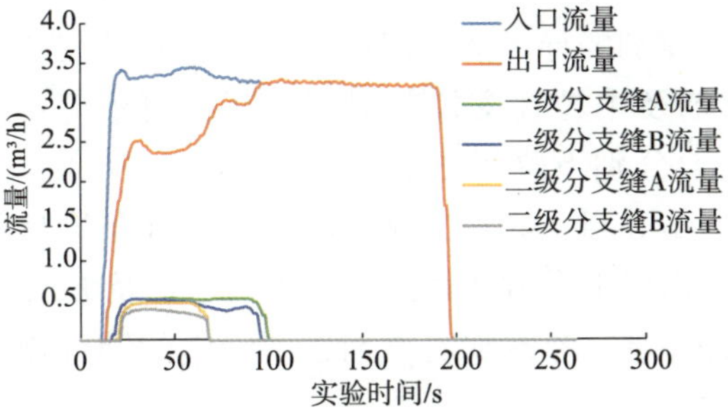

图6-26　分支缝出口逐渐关闭实验过程中各进出口流量图

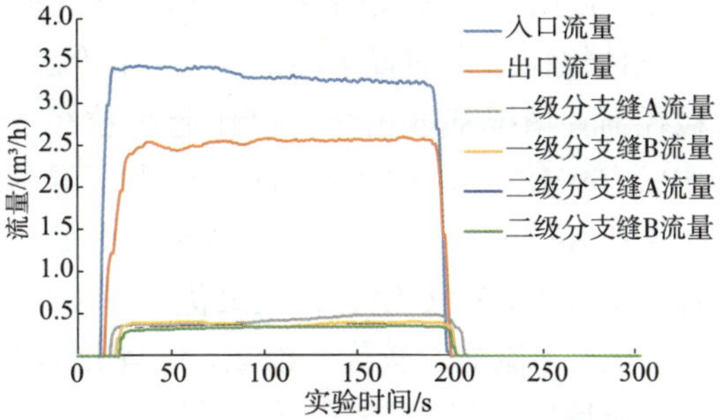

图6-27　分支缝出口一直打开实验过程中各进出口流量图

二、复杂裂缝导流能力

(一)主裂缝内支撑剂导流能力

由图6-28可知，无论在何种铺置条件下，支撑剂充填层的导流能力都随闭合压力的增加而降低，并且这种降低趋势存在三个下降阶段。第一阶段：当闭合压力在10~30MPa时，由于闭合压力较小，此时充填层中的颗粒间隙较大，充填层闭合缝宽随闭合压力的增加而缓慢减小，因此导流能力下降幅度较小；第二阶段：当闭合压力在30~60MPa时，此时支撑剂充填层逐渐被压实，充填层闭合缝宽进一步减小，并且部分颗粒开始破碎进而堵塞充填裂缝内的孔隙，导致导流能力随闭合压力的增加快速降低；第三阶段：当闭合压力在60~86MPa时，由于上一阶段中的支撑剂已经开始破碎，增加了闭合压力，导致更多的碎屑颗粒产生，这些细小的碎屑颗粒又充填了本已致密的孔隙，使得导流能力随闭合压力的增高而降低趋势又逐渐变缓。

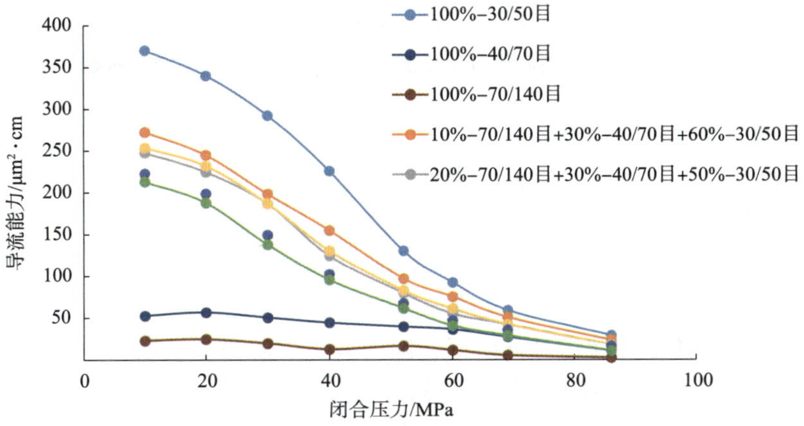

图6-28　不同铺砂方式下主裂缝内支撑剂导流能力变化规律

单一粒径铺置条件下，大粒径支撑剂(30/50 目)的导流能力对闭合压力更敏感，导流能力随闭合压力增加递减更快，在 52MPa、69MPa 和 86MPa 的闭合压力下导流能力分别下降了 63.1%、82.3%和 90.8%；而小粒径支撑剂(70/140 目)和中粒径支撑剂(40/70 目)的导流能力随闭合压力增加递减则相对较缓；小粒径支撑剂在 52MPa、69MPa 和 86MPa 的闭合压力下导流能力分别下降了 33.8%、50.4%和 65.5%，中粒径支撑剂在 52MPa、69MPa 和 86MPa 的闭合压力下导流能力分别下降了 18.6%、41.4%和 65.8%。

三种粒径组合铺置条件下，不同比例组合支撑剂的导流能力对闭合压力敏感性与单一大粒径铺置情况基本相当，但比起小粒径支撑剂及中粒径支撑剂对闭合压力更敏感；在 52MPa、69MPa 和 86MPa 的闭合压力下导流能力分别下降了 63.5% ~69.4%、80.8% ~86.0%和 89.9% ~92.0%。三种粒径支撑剂(70/140 目、40/70 目、30/50 目)在不同比例组合下，以 1：3：6 组合方式最优，以 1：1：1 均匀组合方式最差，以 2：3：5 及 1：4：5 组合方式导流能力较优，以 2：4：4 组合方式较差。考虑到支撑剂在裂缝中的铺置规律以及经济原因，以 2：3：5 作为最优的组合方式。

由图 6－29 可知，充填层导流能力随缝内支撑剂铺置砂浓度的增大而增大，但相比于低铺砂浓度，升高相同的闭合压力，高铺砂浓度条件下的导流能力下降幅度更大，这是因为，铺砂浓度越高，颗粒间的空隙就越多，随着闭合压力增大，这些空隙逐渐被压缩，使得充填层裂缝宽度变小，进而导致其导流能力快速下降；对于低浓度铺置的这组实验，导流能力下降较为缓慢，是因为，当充填层被很快压实后，其导流能力下降的因素转换成由支撑剂破碎而引起；当闭合压力增加到 69MPa 以后，两者的下降幅度差别不大。

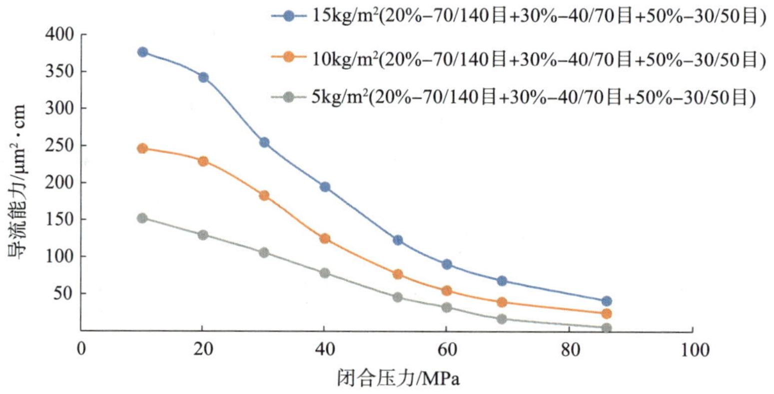

图 6－29　不同铺砂浓度下主裂缝内支撑剂导流能力变化规律

(二)分支缝内支撑剂导流能力

由图 6－30 可知，无论在何种铺置条件下，支撑剂充填层的导流能力都随闭合压力的增加而降低，并且这种降低趋势存在两个下降阶段，第一阶段，当闭合压力在 10 ~40MPa 时由于分支缝中铺砂浓度较小，因此随着闭合压力的增加，充填层空隙很快被压实并且支撑剂开始被压碎，因此，该阶段为分支缝导流能力快速降低阶段；第二阶段，当闭合压力在 40 ~86MPa 时为导流能力缓慢降低阶段，因为在上一阶段充填层已经被压实并且产生的碎屑颗粒进一步充填了压实后的空隙，使得导流能力下降缓慢。

单一粒径铺置条件下，不同比例组合支撑剂的导流能力对闭合压力敏感性与两种粒径组合铺置情况基本相当；在 52MPa、69MPa 和 86MPa 的闭合压力下导流能力分别下降了

64.9% ~69.5%、75.8% ~82.1%和84.1% ~87.9%。

由图6-30可知，两种粒径(70/140目、40/70目)组合铺置时在不同闭合压力下的导流能力介于这两种支撑剂单一铺置之间。组合铺置的支撑剂充填层导流能力以1:1均匀组合方式最优、4:1组合方式最差，2:1组合方式介于这两者之间。所以采用1:1的组合方式依次进行加砂，可以实现压裂后分支缝内保持较高的导流能力。

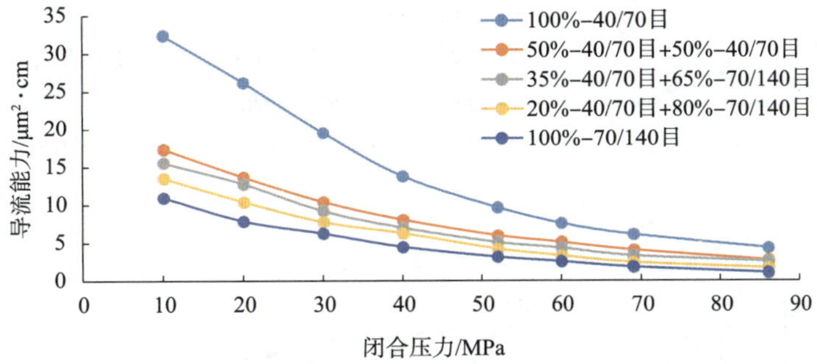

图6-30 不同铺砂方式下分支缝内支撑剂导流能力变化规律

由图6-31可知，分支缝充填层导流能力随缝内支撑剂铺置浓度的增大而增大，但随着闭合压力的逐渐增大，三种铺砂浓度下的导流能力下降幅度基本一致，这是因为对于低浓度铺砂，由于充填层闭合缝宽很小，当闭合压力增大时，支撑剂直接发生变形进而破碎，所以导流能力从一开始就随着闭合压力的增大而迅速降低，且都有很大的下降幅度。

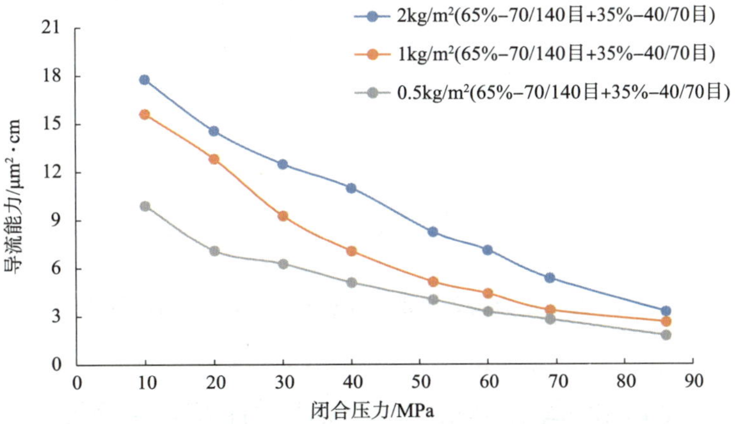

图6-31 不同铺砂浓度下分支缝内支撑剂导流能力变化规律

(三)应力循环加载条件下支撑剂导流能力

由图6-32可以发现，当第一轮实验结束后，随着第二轮闭合压力从10MPa重新开始依次加载，支撑剂充填层的导流能力随着闭合压力增加仍有所降低，当闭合压裂达到86MPa时，支撑剂导流能力相比第一轮对应闭合压力下加载时降低了68.9% ~71.4%，导流能力损失将近70%；即使在低闭合压力下也无法恢复到第一轮应力加载时的导流能力，应力加载破坏对支撑剂导流能力的影响是不可逆的，但下降幅度特别有限。这是因为经第一次实验的高闭合压力加载后，充填层已基本被压实，即使泄压后，充填层的状态也基本保持第一次实验的最终压裂后状态，因此，导流能力下降幅度很小；当从86MPa泄压返回到10MPa时，充填层中的导流能力有所回升，这是因为支撑剂具有一定的弹性模量，当闭合压力减小时，发生弹性形变，使得充填层的闭合缝宽有所增加，进而导致导流能力有所回升。但可以确定的是即使在低闭合压力下也无法恢复到第一轮相同加载应力时的导流能力，应力加载破坏对支撑剂导流能力的影响是不可逆的。对于图6－33分支缝内应力循环加载前后支撑剂导流能力变化情况也具有和主裂缝同样的规律。

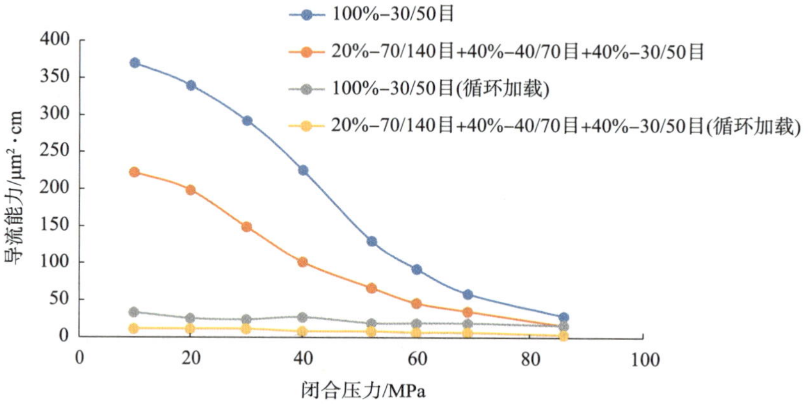

图6－32　应力循环加载前后主裂缝内支撑剂导流能力变化规律

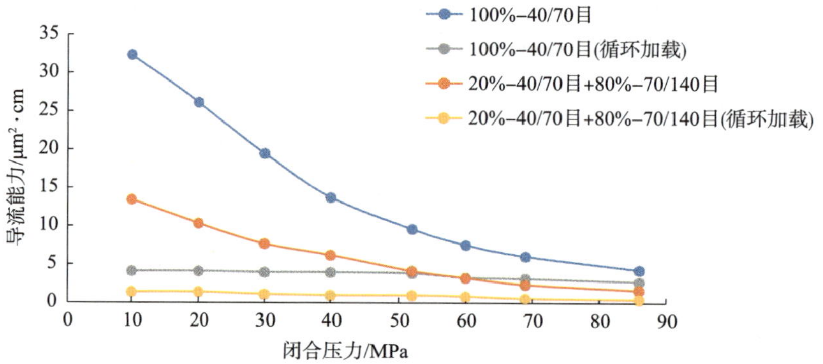

图6－33　应力循环加载前后分支缝内支撑剂导流能力

第三节　深层页岩复杂裂缝导流能力提高途径及控制方法

深层页岩复杂裂缝的导流能力主要取决于支撑缝宽及支撑剂的渗透率，不管是主裂缝还是转向支裂缝都是如此。而小微尺度的三级裂缝在深层页岩高闭合应力条件下的支撑导流能力几乎可以忽略不计，以下内容分别进行阐述。

一、提高不同尺度裂缝支撑缝宽的途径及控制方法

提高主裂缝的支撑缝宽相对容易些，其控制因素主要包括动态造缝宽度、施工砂液比及井口施工压力窗口等。

(一)提高动态造缝宽度的途径及控制方法

提高动态造缝宽度是提高支撑缝宽的前提，而它的控制因素除了不可控的岩石杨氏模

量外，可控的工程因素主要是主裂缝内的净压力。而净压力的提升主要靠提高压裂液黏度及排量乘积的方法实现，但有时仅靠这两个参数的调整也难以大幅度提升净压力，如当岩石断裂韧性极低时，缝长方向的延伸速度会占据绝对主导地位，此时就必须辅助以主裂缝内的暂堵作业，迫使主裂缝的缝长方向停止延伸，而深层页岩的缝高延伸因层理缝相对发育及垂向应力差相对较小等因素导致其严重受限，因此，后续注入的压裂液只有在缝宽方向延伸，而净压力与动态造缝宽度息息相关。只要净压力没有超过转向支裂缝起裂的临界值，则主裂缝的动态造缝宽度就会一直持续增长。但考虑到主裂缝加入大粒径支撑剂一般都是在施工的中后期才开始，此时转向支裂缝可能已大量产生并被小粒径支撑剂充填，换言之，主裂缝加砂时的动态造缝宽度不一定是相对最大，因为总有一部分压裂液及排量被转向支裂缝所吸纳。此时采取的应对策略可以是在注入大粒径支撑剂之前先注入与转向支裂缝缝口处小粒径支撑剂粒径匹配的更小粒径的暂堵剂，且采用高浓度方式加入，可以最大限度地降低各个转向支裂缝的滤失量进而增大主裂缝的造缝效率和动态造缝宽度。即使最后有很大一部分暂堵剂会滞留于主裂缝中，等其彻底溶解后也不会对主裂缝的导流能力产生任何不利影响。况且，如在注入上述更小粒径暂堵剂后再接着注入与主裂缝缝端宽度匹配的暂堵剂，可以同时实现主裂缝缝端及各个转向支裂缝的“双暂堵”效应，只要上述暂堵剂的溶解时间大于主裂缝中大粒径支撑剂的加砂时间即可实现主裂缝动态造缝宽度最大化的目标。

上面主要阐述了主裂缝如何大幅度提高动态造缝宽度的途径及控制方法。而对相对较小尺度的转向支裂缝而言，如何大幅度提高其动态造缝宽度则更有必要，且实施控制的难度也更大。因为转向支裂缝的数量远远大于一条，且是在主裂缝的侧翼某个角度方向进行起裂与延伸的，其闭合应力更大，缝端的岩石断裂韧性值也应大于主裂缝，因此，其延伸的时机、速度及长宽高三维几何尺寸等都远远小于主裂缝的对应参数。虽然主裂缝的暂堵可能促使各个转向支裂缝的三维扩展，但扩展速度尤其是缝宽方向的扩展速度也相对较小，为此，可将暂堵的作用机制从主裂缝中进一步拓展到各个转向支裂缝中。但因各个转向支裂缝的裂缝壁面粗糙度的影响，暂堵剂想运移到远离主裂缝位置的难度极大，即使能运移到，因暂堵剂的浓度受限(浓度高了更易在靠近主裂缝位置堆积)，暂堵后的压力升幅也相对有限。为此，更具现场可操作的实施途径应是改变主裂缝的暂堵模式，由原先的由远及近模式向由近及远模式转变，这样就可在主裂缝延伸范围相对较小时实施暂堵，此时一旦产生转向支裂缝，其数量也相对较小，换言之，后续注入的压裂液量及排量会被少量的转向支裂缝分配，则每个转向支裂缝的延伸程度包括动态造缝宽度都会得到较大幅度的提升。但上述暂堵模式对暂堵剂的溶解时间要求相当苛刻，且溶解时间相对较短，如20min 至多 30min，远低于常规暂堵剂最低 120min 的溶解时间。否则，主裂缝的延伸就会严重受限，而多个转向支裂缝的延伸也不会顺畅，最终形成的复杂缝网可能因没有主裂缝充分延伸作为主干而沦落为近井筒的局部缝网，导致最终单井控制的 EUR 也会相对较低。

而更小尺度的三级微裂缝系统因数量众多，探讨其动态造缝宽度的影响，意义相对不大，姑且不赘。

(二)提高施工砂液比的途径及控制方法

提高施工砂液比主要应聚焦泵注程序设计，这是任何压裂设计的最后成果体现。看似简单的泵注程序，其中体现了前期众多的压裂设计及优化的成果。泵注程序包括不同注入阶段的压裂液类型与黏度、排量、阶段砂液比及支撑剂类型与粒径，其中还包括暂堵球及暂堵剂的注入时机、暂堵球和/或暂堵剂的浓度(还包括其类型、粒径剂密度等)，以及携带液的体积与排量等。下面分别进行详细阐述。

1. 压裂液黏度与排量的组合优化

一般而言，压裂液黏度与排量是作为一个整体进行优化设计，二者的乘积决定了裂缝内净压力大小及其增长速度，这对不同尺度裂缝的起裂与扩展具有支配性作用。其中，不同的参数组合包括高黏与高排量组合、高黏与中高排量组合、高黏与低排量组合、中黏与高排量组合、中黏与中高排量组合、中黏与低排量组合、低黏与高排量组合、低黏与中高排量组合及低黏与低排量组合等。实际上，上述不同的参数组合都有其优势及必要性，也有缺点，可巧妙设计于不同的施工阶段，以最大限度地发挥其优势和规避其不足。如高黏与中高排量组合可用于前置造缝阶段，可以快速建立起井筒压力，促进主裂缝的穿层效果和最终的缝高延伸程度。而高黏与高排量的组合，看似净压力的提升速度更快，但现场不具可操作性。原因在于井筒压力建立的速度太快，可能迅速超过井口施工限压致使施工无法正常进行。只有采用高黏与中高排量的组合，井筒压力建立的速度相对较快，此时，压裂液也有一定的时间渗滤进入近井筒处的微裂隙或力学弱面处，从而促进各个尺度裂缝的微破裂(不管是页岩还是其他岩性的地层，破裂的机理更多的是渗入压裂液后的涨破，否则，靠单独的应力与应变特征变化是很难实现深层页岩的破裂的)。之后随着微破裂数量的增加和持续延伸，压裂液的排量也越来越大，但如果开始时没有形成主裂缝的延伸，多个非最大水平主应力方向裂缝的持续延伸，施工压力会越来越大，可能也很快就超过井口施工限压，这种情况即使形成了缝网，但也仅是近井筒的局部缝网而已，且根本无法进行正常的加砂作业，导致最终的局部缝网也很快失效，对压裂后增产作用基本上意义不大。因此，在施工的早期就应当立足于尽快实现主裂缝的宏观破裂。现场也经常出现因黏度与排量设计不合理造成地层主裂缝的破裂与延伸不充分，之后压力一直居高不下，导致很难顺利加砂的现象。通过加大排量措施后，看似压力又有一定幅度的上升，离井口施工限压更近了，但一旦最大水平主应力方向的主裂缝真正破裂后，施工压力又会快速下降，裂缝的延伸更顺畅了，加砂难度也更小了。

相对而言，中黏与高排量的组合看似和高黏与中高排量的组合效果应相差不多，但现场很少采用前者的做法。主要原因可能在于，由于深层页岩的地层压力相对较高，在注入到井底后的压力更高，一般在100MPa以上。地面上在常压条件和高温下评价的中黏压裂液到达井底后，黏度下降幅度是很大的。这已被大量的实验结果证实。以往没有考虑压力影响的黏-温流变曲线具有误导性，当同时考虑井底处的高压裂后，黏度甚至可以下降70%以上。因此，如贸然采用中黏与高排量的组合，实际上在不同尺度裂缝破裂后，因其黏度更低，更利于沟通与延伸不同尺度尤其是小微尺度的裂缝系统，则主裂缝更难形成了。

最后值得指出的是，对深层页岩气压裂而言，在前置高黏压裂液造缝完成后，应立即换用低黏度滑溜水体系，以及在施工后期换用高黏度胶液体系。只是与中深层页岩气压裂相比，前期的低黏度滑溜水的黏度应相对更低，而后续的高黏度胶液的黏度应相对更高。前者主要是因为深层页岩气的小微裂缝或裂隙的宽度更小，进缝阻力更大，故需要更低黏度的滑溜水。而后期采用更高黏度的胶液，主要是可携带更高浓度的支撑剂，可以在一定程度上抵消深层页岩气高闭合应力对支撑剂破碎率的不利影响。

2. 压裂泵注程序设计

压裂泵注程序包括压裂液、支撑剂、暂堵剂等的注入顺序、级数、阶段液量及排量等，当然，还包括顶替液等。压裂泵注程序是室内物模和数模研究成果的集大成者，既有造缝的功能，又有加砂及暂堵剂等功能，既要体现方案的先进性，又要体现针对性及现场可操作性。一般而言，造缝和加砂的界限有时很难完全分得清楚，如加砂开始一般是低砂液比施工阶段，此时的前置液还不一定滤失完毕，因此，只要前置液存在就有造缝功能。而低砂液比的携砂液也同样具有一定的造缝功能，因为在造缝前缘，裂缝的扩展速度相当慢(估计裂缝延伸速度在0.5～1.0m/min左右，与井筒中的800～1000m/min左右及缝口处的5～10m/min左右相比，都大幅度降低了，类似于弓箭在射程的尽头，速度已很低了)，接近准静态过程。此时的携砂液携带支撑剂的能力也相当低了，随着低砂液比混砂浆中支撑剂的就地分离沉降，携砂液中的纯液体肯定仍然会向裂缝端部运移并造缝。早前就有文献报道所谓的无前置液压裂或在压裂前置液中加入细小粒径支撑剂的做法，前者实际上是有前置液的，即正式压裂施工注入前的井筒完井液，后者则是将细小粒径的支撑剂作为前置液中的固体降滤失剂使用，在前置液造缝过程中可由此大幅度增加造缝效率，而在压裂后返排及生产过程中，上述细小粒径的支撑剂又充当了各种小微裂缝系统的支撑剂了，可以在较长时间内保持其张开能力。但上述细小粒径的支撑剂用量设计至关重要，量小了对造缝效率及压裂后效果的促进作用受限。量大了，虽然不至于影响前置液的正常造缝作业，但会滞留于尺度较大的裂缝系统中并与后续较大粒径的支撑剂混杂分布，会严重降低较大尺度裂缝的导流能力。至于如何判断上述细小粒径支撑剂的合适用量(在支撑剂粒径相同的前提下)，可在正式压裂前进行规模较大的小型测试压裂，并且应在邻井上进行平行试验，在小型压裂过程中加入不同体积的小粒径支撑剂，之后解释其造缝效率并对比，如进行的试验数量足够多，可由此作出压裂液造缝效率与不同细小粒径支撑剂体积间的关系曲线，由此可确定最优的细小支撑剂用量。类似地，上述细小支撑剂的优化粒径也可用同样的方法确定(在支撑剂用量相同的前提下)。

二、提高复杂裂缝导流能力压裂工艺设计方法

(一)早期造缝控制技术

具体而言，早期的造缝非常关键，对深层页岩气压裂而言，由于垂向应力与最小水平主应力的差值相对较低，在缝高延伸过程中会导致水平层理缝/纹理缝的大量张开，进而导致垂向缝高的大幅度受限。因此，早期必须采用高黏度压裂液与中高排量组合的施工模式(前文已有详细阐述)。但考虑到缝高的延伸特性是沿缝长会逐渐降低，因此，上述高黏度压裂液与中高排量组合不仅局限于造缝的早期，在裂缝延伸过程中也应进行段塞式注入，以最大限度地拓展远井的裂缝高度。考虑到裂缝延伸的特殊性，在后续段塞式注入高黏度压裂液时，对应的注入排量可逐步提升甚至至最高的排量。因早期裂缝还未起裂，必须采用中高排量，否则会因井筒内压力上升速度太大，可能导致迅速超过施工井口限压而自动停泵。而随着裂缝的扩展，裂缝的体积逐渐增大，即使采用高黏度压裂液与高排量的组合，在裂缝内产生的压力升幅也是渐进的、可控的，且对拓展远井裂缝缝高是极为有利的。但关键是必须要确保高黏度压裂液的快速、彻底破胶，且对裂缝及页岩基质的伤害性

要低，以不影响后续加砂作业的正常进行和压裂后产量的提升。值得指出的是，有时现场上采用的高黏度压裂液段塞携带小粒径支撑剂的做法，值得商榷。因为，高黏度压裂液的破胶万一控制不好的话，其携带的小粒径支撑剂会全部滞留于主裂缝中，相当于在主裂缝的支撑剖面中加入了渗透性差的阻流带，会严重影响压裂后产量。即使上述高黏度压裂液段塞可以彻底破胶，但破胶时间也不好控制，如破胶时间较长，其携带的小粒径支撑剂也同样难以顺畅地进入附近的小微裂缝系统中，即使进入了一部分，仍存在小粒径支撑剂滞留于主裂缝中的风险性。

(二)小粒径支撑剂的参数设计

第一批小粒径支撑剂的粒径选择、加入时机、起步砂液比及阶段加砂量等参数设计非常关键，如优化及控制不当，轻者降低压裂后稳产效果，重则可能导致后续加砂作业难度增大甚至砂堵。考虑到第一批支撑剂主要用于支撑主裂缝的前缘或者转向支裂缝及三级微裂缝的前缘，因此，粒径的选择应与上述不同尺度裂缝前缘的窄缝宽匹配，因此一般应当是相对较小的，对深层页岩气压裂而言，中深层常用的70~140目也可能偏大，更小的粒径如140~210目甚至更小的支撑剂都是可以考虑的。但关键是抗压强度要与目标井层的有效闭合应力相匹配，否则也可能对上述不同尺度裂缝系统的前缘窄缝宽处造成堵塞，甚至由于不同黏度压裂液的交替注入施工，导致上述最小粒径支撑剂不是呈活塞式运移分布，而是在裂缝的不同位置处都可能有分布，这就会导致其与后续较大粒径支撑剂的混杂分布并存在大幅度降低导流能力的风险性。同时第一批支撑剂加入的时机也非常关键，最佳的加入时机应是在转向支裂缝或三级微裂缝起裂与延伸的早期，以利用压裂液进缝的高流速阶段携带其更多地进入上述较小尺度的裂缝系统中。当然，是否产生上述较小尺度的裂缝系统难以同步实时判断，要滞后一个井筒的注入时间，但该时间一般在3~5min左右，因此，可及时由井口施工压力曲线的波动情况(在排量及黏度等都保持不变的前提下)，适时地决定第一批支撑剂的加入时机。对粒径选择、起步砂液比及阶段加砂量而言，应基于上述压力波动的频率、幅度等来进行实时调节。总的来说，上述压力波动幅度越大、频率越高，可选择相对较大的粒径、起步砂液比及阶段加砂量，否则，可适当控制。但这也仅是定性的判断依据。如要进行定量的优化，可由室内不同天然裂缝发育程度的岩样进行大型裂缝扩展物模的实验，通过压裂前后岩样的CT扫描分析或压裂后示踪剂剖开分析等手段，建立井口施工压力波动的幅度、频率等与天然裂缝密度及宽度等的对应关系，并采用裂缝模拟优化软件进行定量的模拟与优化工作。其中涉及到天然裂缝延伸用的压裂液量及排量的分配等，可基于压力曲线波动的均方差计算进行相应的剖分。具体而言，压力曲线波动的部分，应是用来延伸天然裂缝的，该部分波动的压力曲线与时间的积分再与对应的注入排量相乘，再与波动前的平均压力、时间及排量的乘积相减，就是天然裂缝延伸消耗掉的能量，再与总的压力曲线计算的消耗总能量相除，可由此进行相应的液量及排量的定量分配。总的延伸天然裂缝的液量及排量确定后，可将压力波动的波峰数量当作沟通延伸的天然裂缝的条数，则每个天然裂缝延伸的几何尺寸及体积等数据就可由商用软件进行精细模拟分析。当然，每个波峰高低又不同，可据此进一步由某个波峰的面积占总的波峰面积的比例，进一步细化模拟不同的天然裂缝几何尺寸及体积。由此可确定最小的天然裂缝宽度对应的第一批支撑剂的粒径(一般按缝宽为6倍的粒径标准)，为简便起见，其他天然裂缝也按此设计。因此第一批支撑剂的体积，按上述计算的天然裂缝体积的

30%～40%取值。之所以取值30%～40%，也是基于室内不同尺度裂缝内支撑剂的动态运移模拟规律确定的，即各级裂缝的支撑剂充满度一般都低于40%，否则可能会引起支撑剂进缝阻力增大甚至发生脱砂等不利现象。然后，在上述第一批支撑剂加入时机、粒径及用量确定的基础上，再进一步优化起步砂液比及每个砂液比的持续时间及增幅等，以利于在现场精准地操作。但考虑到在上述天然裂缝沟通与延伸的同时，主裂缝也在同步延伸，且延伸的程度更大，因此，上述第一批支撑剂可能难以保证能全部进入各个天然裂缝中去，除非在主裂缝中适时地进行暂堵作业。

（三）加砂模式的确定

加砂模式的确定，采用段塞式加砂模式还是连续加砂模式，目前为一味强加砂而采取的全程连续加砂甚至起步砂液比也相对较高的做法是不可取的。这样的结果只能导致所有的支撑剂或绝大部分支撑剂都在最大尺度的主裂缝中运移分布了，非但转向支裂缝及三级微裂缝得不到有效支撑（如能产生的话），主裂缝内因不同粒径支撑剂的混杂分布也会致使导流能力的大幅度降低，这与立体缝网压裂追求的多尺度高导流目标是背道而驰的。主要原因在于我国特殊的地质条件所决定的，尤其是构造挤压运动频繁，两向水平应力差相对较大，导致主裂缝与转向支裂缝的缝宽差异相对较大，因此，国外那种连续加砂方式对国外储层是适用的（两向水平应力差小导致主裂缝与转向支裂缝宽度非常接近），但对国内储层就会水土不服。显然地，在窄缝宽转向支裂缝与高缝宽主裂缝同时存在的情况下，在连续加砂方式下，支撑剂是很难进入窄缝宽的转向支裂缝的，即使进入，比例也相对较低。综上所述，早期加砂阶段推荐仍坚持段塞式模式，中后期加砂可采用连续加砂模式（因此时转向支裂缝基本都停止延伸了，进缝速度接近零，已不可能再有支撑剂能进入转向支裂缝中，此时如再坚持段塞式加砂模式就是浪费压裂液）。至于段塞式加砂是否可以实现高通道压裂的目标，应具体分析。在中深层页岩气井上有可能起作用，但对深层页岩气压裂而言，可能作用相对不大。原因在于，一是深层高闭合应力的挤压作用，支撑剂段塞垂直于裂缝面的高度可能快速减薄进而影响无支撑剂处的裂缝宽度和导流能力；二是由于加有高浓度支撑剂的混砂浆黏度比加砂前的压裂液黏度有较大幅度的增加，因此，即使地面是按支撑剂段塞方式加入的，但经过井筒的长距离运移和孔眼的高速剪切后，裂缝中的支撑剂基本上不可能呈段塞式的运移分布，因此，支撑剂段塞的支撑强度也大打折扣；三是由于支撑剂密度相对较大和不加砂的压裂液的泵注，即使形成了支撑剂段塞，也大多在裂缝的中下部分布，裂缝的上部尤其是远井的裂缝上部，已基本没有支撑剂段塞对裂缝壁面的支撑作用，导致该处的裂缝导流能力也快速降低甚至完全丧失。

（四）注入级数的设计

所谓注入级数，主要是指压裂液的类型、黏度及支撑剂类型及砂液比等发生变化的总次数，有时排量的变化也应统计在级数中。与常规砂岩油气藏压裂的5～6级相比，深层页岩气的压裂注入级数相对更多，有时甚至可达60级以上。主要原因在于，与常规砂岩的单一主裂缝造缝模式不同，深层页岩气压裂造缝需要产生主裂缝、转向支裂缝及三级微裂缝等多种尺度的裂缝系统，因此，必然需要不同黏度的压裂液，且不同黏度的压裂液还不能简单地顺序注入，必须采用多级交替注入模式以实现不同尺度的裂缝系统在主裂缝的全缝长范围内大面积分布，否则，可能只在局部位置分布了。在此基础上，为了实现多尺度裂缝系统的饱充填目标，必须加入不同粒径的支撑剂，如采用簇间及缝内暂堵等措施，由于有新的裂缝系统产生，上述不同粒径的支撑剂还不能顺序注入，也必须与新产生的多尺度裂缝系统相匹配，因此，也会出现不同粒径支撑剂交替注入的情况。当然，如没有采用上述暂堵措施，则不同粒径的支撑剂基本上应是按先小后大的顺序依次注入的。另外，有时也采用不同粒径支撑剂混杂分布后同时注入的情况，但其中小粒径的支撑剂比例一般相对较小，如低于10%，主要是考虑到深层页岩气压裂时的多尺度裂缝有时不是按先后顺序产生的，可能在主裂缝延伸的同时就产生了转向支裂缝及三级微裂缝，此时同步注入不同粒径混合的支撑剂后，并务必采用低黏度滑溜水携带以大幅度降低支撑剂进入相应尺度裂缝时的黏滞力，否则就实现不了不同粒径支撑剂同步进入与其粒径相匹配的多尺度裂缝系统的技术目标。当然，注入的级数多少也应考虑现场可操作性，理论上而言，每级注入的体积应至少为井筒容积与地面管汇容积之和的0.5~1倍，否则，频繁地倒换地面储液罐的闸门既不安全也不准确。即使是采用连续混配技术，短时间内过于频繁地改变作业参数也容易造成操作上失误及仪表计量上的误差。因为不同黏度的滑溜水及胶液对流量计的计量准确性具有较大影响，在施工过程中在指挥仪表车上频繁调整流量系数也不现实，这些必然会导致液量、砂量尤其是砂液比的不准确，而对深层页岩气压裂而言，早期的低砂液比精确计量尤为关键，否则可能因砂液比的不准确尤其是实际砂液比大于计量砂液比时，会造成早期的施工脱砂风险。至于如何判断多尺度裂缝系统的出现，主要依据井口压裂施工压力曲线，在压裂液黏度及排量等参数基本维持恒定的前提下，如果压力曲线形态出现锯齿状的波动，且在锯齿状波动的局部放大曲线上，又有次级的压力波动，则基本可以判断出现了转向支裂缝及三级微裂缝。可具体由上述压力波动的幅度及频率等数据，判断转向支裂缝及三级微裂缝的发育程度，在借助裂缝扩展模拟的商业软件后，可定量确定上述转向支裂缝及三级微裂缝在主裂缝中的分布位置及各自的体积，由此可确定上述混合粒径支撑剂的用量及不同粒径支撑剂的占比。

（五）阶段砂液比的设计

阶段砂液比的设计或台阶式增幅的设计，要综合考虑支撑剂进入裂缝的难度及最大限度地提高裂缝的充满度等因素。就目前常用的台阶式增幅的加砂程序而言（段塞式注入中也存在多个砂液比连续注入的情况），裂缝内的支撑剂分布仍不能最大限度地利用造缝空间。另外，如台阶式砂液比增幅小了，虽然加砂不畅或砂堵的风险小了，但综合砂液比及裂缝内的支撑剂充满度都会相应降低。而斜坡式或坡阶式加砂程序则可克服上述局限性，该加砂模式在精确计算储层综合滤失系数的基础上，通过无级式增加砂液比，最大限度地提高不同尺度裂缝的支撑剂充满度。尤其在设计与实施缝内暂堵或缝端暂堵作业时，通过上述加砂模式可提高作业效率并降低暂堵剂的用量。但该模式出现加砂不畅或砂堵的风险也相应增加了。因此，该加砂模式的核心是如何非常精准地计算储层的综合滤失系数。正式加砂前的小型测试压裂是常用的求取方法，同时，正式压裂施工时的两次瞬时停泵测试也可计算。但这两种方法的局限性是测试的范围都相对较小，前者只局限于近井筒裂缝区域，后者只局限于两次停泵之间的裂缝延伸区域。因此，上述两种测试方法只适合于均质性相对较好的储层，而对非均质性相对较强的深层页岩气而言，则适用性相对较差。但有总比没有强。还有一种定性的判断砂液比增幅是否合适的方法是，在加砂过程中，观察某个砂液比的支撑剂进入地层后的压力响应特征，如在其他施工参数不变的前提下，压力没有任何反应(压力上升速率接近零)，则说明该砂液比偏小了，否则，如压力响应非常明显，甚至出现压力上升速率接近 1MPa/min 甚至更高的迹象，则说明该砂液比偏大，应尽快停砂。其他的压力上升速率介于 0 ~ 1MPa/min 之间的，是砂液比增幅优化的重点区间，在该区间内，压力上升速率越大越好，此时，压裂施工既不至于发生砂堵又能较大幅度地提高裂缝内支撑剂的充满度。由此可通过多次摸索得到各个合适的砂液比增幅。值得指出的是，上述摸索的各个砂液比的增幅也仅局限于特定的压裂液黏度及排量，当二者中有一种变化或两者同时发生变化时，则不同砂液比支撑剂进入地层后的压力响应特征又会发生很大的变化，但判断的标准及流程是相同的，可由此重复上述工作，直到准确地获取不同施工参数下的合适的砂液比台阶式增幅。最后需要指出的是，上述压力上述速率应转换到井底进行相应的计算，在绝大多数情况下，由于井筒中可能同时存在不同砂液比的混砂浆甚至不含支撑剂的纯压裂液，导致各自的静液柱压力与摩阻等都差异很大，因此，井口压力的形态及变化趋势并不能代表井底压力的特性及其变化。现场上经常出现这样的情况，井口压力一直持续上升且上升的幅度还相对较大，但对应的井底压力却非常平稳，因此，如仅依据井口压力响应特征确定砂液比及其增幅，可能带来严重的误差。

(六)双暂堵泵注参数的设计

随着目前立体缝网压裂技术的普遍应用，在加砂中途加入暂堵球和/或暂堵剂的做法越来越普遍，有时还需要既加暂堵球又加暂堵剂，且加入的次数还不仅一次。这里就牵涉到暂堵球和/或暂堵剂的加入时机、加入方式及泵送参数等的优化设计与控制。理论上而言，一般是先加入暂堵剂，再加入暂堵球，然后再加入暂堵剂作为一个循环模式(当然现场大多数情况下只加入其中的一种)。

首先是暂堵剂的加入时机及泵送参数设计。一般由总的注入液量设计暂堵剂的加入时机，如只采用一次暂堵剂，则一般在总液量注入 40% ~60% 时加入，当然，也可由井口压力的波动情况实时确定(如有实时的井底压力数据更好)，如果压力曲线波动频繁且波动的幅度还相对较大(一般应大于 2MPa)，该幅度还应剔除因加砂引起的静液柱和摩阻变化的影响。或者，如没有上述压力的波动，但总体压力曲线呈现出持续下降的态势，也应适时地加入暂堵剂，目的是实现压力曲线的 V 型形态特征或多个 V 型形态构成的 W 型形态特征。至于暂堵剂的泵送参数设计，主要包括暂堵剂的加入速度、携带液的黏度及排量等设计。由于暂堵剂的颗粒直径与支撑剂相差不大，只是密度要小一倍左右，因此，理论上应采用相对较小的泵送排量和/或携带液黏度。具体的模拟方法是将暂堵剂当作支撑剂，模拟不同浓度、排量及携带液黏度下，暂堵剂到达裂缝的中间位置时，铺砂浓度折算的缝宽正好与该处的动态缝宽相等或相当(误差 5% 以内)。在此基础上进行暂堵剂的泵送作业，如暂堵剂到达预期的裂缝中间位置后，压力上升速度大于 1MPa/min(缝端暂堵的压力上升速度在 1MPa/min 左右，缝内暂堵的压力上升速度应大于 1MPa/min，且越靠近井筒处，则压力的上升速度越大)则说明模拟的参数基本准确，否则，说明模拟基于的输入参数尤其是滤失系数等有偏差，应及时修正有关的泵送参数，为下次暂堵剂的泵送作业提供参数调整的依据。但考虑到虽然暂堵剂的密度较支撑剂小得多，但依然远大于压裂液的密度，因此，在裂缝中暂堵时仍难以实现全缝高暂堵，即暂堵压力上升到一定幅度后就难以持续上升了。因此，可否在暂堵剂到达预定位置之前采用突然提排量的措施，迫使暂堵剂在裂缝高度上更多地分布。至于暂堵后采用啥工艺参数，最好采用与暂堵前相同的参数，以准确判断暂堵压力升幅是否真正有效。需要指出的是，对深层页岩气压裂而言，由于不同尺度裂缝的缝宽都相对较窄，壁面粗糙度的影响相对较大，会阻碍暂堵剂的顺畅运移。因此，如何将暂堵剂真正运移到裂缝的中部，难度还是相当大的，弄不好就仅在近井筒附近暂堵了，一来对裂缝转向波及的区域相对较小，对提高裂缝整体改造体积意义不大；二来施工的风险大幅度提高，因越往近井筒裂缝处暂堵，压力上升的速度越大，可能快速超过施工限压导致意外停泵结束施工。因此，当考虑到上述因素后，在进行暂堵剂的运移模拟时，动态缝宽值应打个折扣才行，至于具体能打多大的折扣，应基于目标井层的岩心或露头的裂缝扩展物模实验结果确定。裂缝粗糙度可基于三维形貌仪进行精细的定量刻画。另外，有时为了实现裂缝复杂性程度的最大化，需要进行多次缝内暂堵剂的加入作业，但考虑到每次暂堵位置的不同，相应处的缝宽也不同，因此需要的暂堵剂用量及相应的泵送参数也会不同。且越往近井筒处暂堵，暂堵后的压力上升速度越大，则压裂施工的脱砂风险也会越高，越需要现场及时调控泵注参数。同时，多次缝内暂堵时，如没有出现多个转向支裂缝，仅是主裂缝在暂堵处越过转向半径后继续沿主裂缝方向延伸，则后续支撑剂注入时也易出现加砂不畅甚至脱砂的风险性。至于泵送参数主要包括暂堵剂的加入速度、携带液的黏度及排量等，可将暂堵剂当作支撑剂，模拟上述不同参数下的暂堵剂在裂缝中的运移及铺置形态与铺置浓度等，优化的目标函数是暂堵剂在预定的裂缝位置处最大限度地实现缝高的全覆盖且基于铺置浓度计算的支撑缝宽与该处的实时动态缝宽基本相当或误差小于5%。最后需要指出的是，投入暂堵剂成功的标志是暂堵后的压力升幅与当时的缝内净压力之和，超过暂堵时的裂缝壁面附近的两向水平主应力与当时的岩石抗张强度之和。考虑到裂缝内的净压力及其诱导应力是实时变化的，因此，每次暂堵剂是否成功的判别标准也各不相同。但总的直观的判别标准是一样的，即观察井口压力曲线是否出现了抵消掉加砂引起的静液柱压力及摩阻变化后，仍有相当幅度和频率的波动特征，当然最好是直接观察井底的真实压力曲线变化特征。因此，应由上述压力曲线变化特征，实时调整暂堵剂的泵送参数，以实现最大的暂堵效果。但由于目前暂堵剂的密度远大于压裂液或携带液密度，绝大多数情况下仅能实现在裂缝内某处缝高上的局部暂堵，因此，暂堵后的压力升幅相对不大，可能不足以实现裂缝的转向。

其次是暂堵球的加入时机及泵送参数设计。对于目前常用的密切割技术而言，段内多簇有时达6～10簇以上已是越来越多的选项。随着段内簇数的增加，就增加了部分射孔簇压不开的风险，此时就必须辅助投暂堵球以实现所有簇都被压开的技术目标。从理论上而言，投暂堵球的时机应是在已压开簇裂缝完成造缝和加砂任务后进行，但现场上很难判断先压开了几簇，因此，也难以准确判断上述投球时机。为简化起见，一般由投球次数及总的泵注时间确定每次投球的时机，如是一次投球，一般在注入约一半的压裂液及支撑剂时进行，如是二次投球，则一般在压裂液及支撑剂分别加入约1/3和2/3时加入，依此类推。至于暂堵球是否起作用的判别标准，应是在暂堵球封堵住已压开簇裂缝井筒内的所有孔眼后，压力升幅超过未压开簇裂缝及已压开裂缝的破裂压力差值的最大值。但考虑到已压开裂缝的诱导应力作用效应，邻近的未压开簇裂缝的破裂压力是逐渐增加的，且有时不好精确计算。且不同批次的投球或同一批次的不同时间的投球因投球速度不同或者未被坐封的孔眼数量是随时降低的，因此，每次投球坐封在孔眼时的压力上升速度也各不相同，也是非常难以准确计算的。但在现场上可基于每批次投球后井口压力曲线特征的变化加以判断，如暂堵后压力快速上升然后有明显的压力下降特性，即出现新的裂缝破裂特征，且破裂后的延伸压力要高于原先的裂缝延伸压力(在排量及压裂液黏度及加砂砂液比等参数都完全相同的前提下进行对比)，则可判断投暂堵球实现了压开新的射孔簇裂缝的目标。反之，如果投球压力上升后没有明显破裂特征(压力无明显下降迹象)且之后的延伸压力与投球前基本相当，则应认为投球没有压开新的射孔簇裂缝，之所以有压力上升，是因为孔眼部分封堵后的孔眼摩阻增加的缘故。需要强调的是，由于暂堵球的密度远大于压裂液密度，水平井筒的中上部或顶部孔眼因重力作用很难坐封牢固，一旦脱离孔眼后就存在泄压出口。此外，由于投球时机一般在加完一定的支撑剂后进行，由于支撑剂对已压开裂缝缝口处孔眼的持续磨蚀效应，孔眼的形状有的已严重变形为不规则状，且孔眼直径有的增大幅度还相对较大(现场有增大 4 倍的极端案例)，因此投球暂堵后的压力上升到一定幅度且还没有达到临界压力时就会终止压力的持续上升进程。这种情况在现场还较为普遍。但即便如此，投球仍具有积极意义，至少可促进已压开射孔簇裂缝的均衡延伸和均衡加砂，因为被封堵的孔眼肯定隶属于进液多的优势裂缝。此外，投球必然会促使水平井筒处的压力有一定幅度的上升，这又会促进已压开射孔簇裂缝的缝高增长，而缝高增长对垂向应力差相对较小的深层页岩气密切割压裂而言是至关重要的。至于暂堵球的泵送参数设计，主要包括投球速度、泵送液的黏度及排量等的设计。优化的目标函数是最大限度地提高已压开射孔簇裂缝缝口处孔眼的坐封效率。可基于商业 Fluent 软件进行相应的模拟优化工作。

(七)顶替优化设计

与直井压裂常用的欠顶替模式相反，水平井压裂一般要采用过顶替模式，以用足够量的顶替液驱扫滞留于水平井中的支撑剂，进而利于后期的下桥塞及坐封与射孔联作作业。顶替阶段的优化参数主要包括顶替时机、顶替液的用量及不同顶替液的黏度配比等，显然地，顶替时机一般是在加砂完成后即刻进行的。因此，主要是顶替液用量及不同顶替液黏度配比的优化。至于优化的目标函数，应当设置为既能最大限度地降低水平井筒沉砂量，又能最大限度地避免过顶替对缝口处导流能力的影响程度。而顶替液用量与不同黏度顶替液的配比又相互影响，显然，如前期顶替液黏度越高则顶替液的总量就可相应降低些，反之则应相应增加。现场上为简化起见，有时顶替液的用量一般设计为该段射孔中部的井筒容积与地面管线容积之和，再乘以一定的附加比例，如 30%。当然，这主要是经验值，是基于现场摸索在不影响下段桥塞正常下入和坐封的前提下逐渐降低顶替液量直到又影响桥塞正常下入和坐封的临界点为止。其中，前期高黏胶液用量的设计也可基于上述同样的方法进行经验取值。而顶替作业中后期换用低黏度的滑溜水，一来可以降低施工泵压(滑溜水的降阻率比高黏度胶液要高得多)，二来即使过顶替，但因滑溜水黏度远小于高黏度胶液(一般黏度比小于 1/10)，会出现严重的黏滞指进效应，可由此避免将靠近近井筒处的高浓度混砂浆呈活塞式推向远井地带，另外，还可能形成无支撑剂的流动沟槽，藉此可大幅度提高低黏度滑溜水流经之处的裂缝导流能力。需要指出的是，前期的胶液顶替虽然利于最大限度地降低水平井筒的沉砂效应，但对裂缝缝口处的导流能力的损害却是致命的，因在高黏顶替液的高排量作用下，缝口处的高浓度砂浆可能绝大部分被推向远井地带，尤其是 B 靶点附近的段簇裂缝，因水平井筒最长，高黏胶液和/或总顶替液量相对较大，因此，缝口处的导流能力损害程度更高，这也从侧面解释了现场上许多井的压裂后产剖测试结果表明 B 靶点的段簇贡献率相对较低的原因。当然，上述段簇产量贡献不高的原因，还可能因为深层页岩气压裂裂缝的闭合时间相对较长，导致支撑剂在裂缝内的沉降幅度相对较大，因此，B 靶点附近段簇裂缝的支撑缝高尤其是远井地带降低得更多。而压裂后返排时，因一般水平井筒的 B 靶点低，B 靶点附近的段簇裂缝实际的返排时机更晚，因此在裂缝闭合后即使后期大排量返排，也难以将先前被高黏度顶替液顶替进裂缝内部的高浓度砂浆回流到近井筒处(由此可对导流能力的损害进行相应的修复)。而 A 靶点附近段簇裂缝因压裂后强制排液，加速了裂缝的闭合进程，因此，裂缝内的支撑剂沉降幅度相对不大，加上压裂后强制排液时，上述段簇裂缝还没有完全闭合，可在一定程度上将高黏压裂液顶替进裂缝内的高浓度砂浆再大部分回流至近井地带，因此，近井筒处裂缝导流能力的修复程度相对较高，这些因素的综合作用，导致 A 靶点附近的段簇裂缝对全井的产量贡献相对较大。当然也有可能因 A 靶点附近的段簇施工时，因水平井筒沿程摩阻大幅度降低导致井口压力的逐渐降低，致使排量及砂液比等工艺参数可能相对更高了，因此裂缝改造得也更为充分。

值得指出的是，虽然在下段下桥塞及射孔联作过程中，也会有一定量的滑溜水进入上一段裂缝，但因泵送上述作业管串的排量相对不大(一般小于 $3m^3/min$)，加上上段裂缝业已闭合，因此，对裂缝缝口处导流能力的损害程度基本可以忽略。

鉴于此，为了最大限度地降低上述过顶替对各个段簇裂缝缝口处导流能力的损害程度，在设计上可以考虑最后的支撑剂加入阶段采用低密度支撑剂或自悬浮支撑剂，以大幅度降低水平井筒的沉砂效应，理想情况下如顶替开始时，水平井筒中全是低密度支撑剂或自悬浮支撑剂，则完全可以采用等量顶替的策略。但考虑到前期的支撑剂因密度大可能仍有一部分滞留于水平井筒，因此，一般情况下应仍需进行适度的过顶替作业。

最后需要指出的是，目前广泛倡导的长水平段设计理念，如有时要求水平段从目前的 1500 ~ 2500m 增加到 3000 ~ 5000m 甚至 5000m 以上，目的是想大幅度提高单井产量和 EUR，这从气藏工程的角度出发是正确的，但从工程的角度出发却带来了诸多的不确定性，其中一条就是因为水平段的大幅度增加，其沉砂效应必然更为严重，则相应的顶替液量就应大幅度增加，尤其是 A 靶点附近的段簇裂缝，更是如此。由此必然会造成对 B 靶点附近裂缝缝口导流能力的严重损害。换言之，长水平段带来的有效当量裂缝条数的增加，并不一定与水平段的长度成正比关系，水平段长度越长，单位水平段的有效当量裂缝条数反而会越少，因此，也存在一个综合考虑地质、工程及经济的水平段长度优化问题。此外，国内深层页岩气的地质沉积环境与国外相比有较大差异，页岩平面上连续分布及其稳定性差也会极大地制约长水平段水平井的钻井效率及成本(可能频繁需要地质导向钻井，成本会相应增加)。

第七章 深层页岩高降阻一体化变黏压裂液研制及性能评价

第一节 高降阻压裂液稠化剂的国内外文献调研

随着国民经济的快速发展，我国石油与天然气资源供需矛盾日益突出：2020 年，原油进口量为 5.41×10^8t，对外依存度达 73.5%，天然气进口量为 $1417 \times 10^8 m^3$，对外依存度达 43%，使经济“新常态”可持续发展和国防安全面临严峻挑战。

2019 年，中国非常规石油与天然气的产量分别为 300×10^4t 和 $740 \times 10^8 m^3$，而在目前已探明储量中，非常规石油可采资源达 211×10^8t，非常规天然气可采资源达 $45.6 \times 10^{12} m^3$。国家能源局在《2021 年能源工作指导意见》中就指出要加快页岩油气、致密气、煤层气等非常规资源开发。这充分表明：如何提高非常规油气产量已成为亟待解决的主要问题。在国家、地方产业政策的指导和支持下，我国中浅层（<3500m）非常规油气已进入商业化开采的阶段。但随着中浅层非常规油气勘探开发的突破和商业性开发程度的加深，非常规油气开发对象逐步向垂深超过 3500m 的深层非常规油气储层进军。

我国深层页岩气资源丰富，据统计，3500m 以深的深层页岩气资源量占总资源量的 65% 以上，其中，四川盆地 3500m 以深的页岩气资源量高达 $4612 \times 10^8 m^3$，只有通过大规模缝网压裂才能获得工业气流，滑溜水压裂是页岩气压裂最有效方法，但 3500m 以深储层复杂缝网压裂需要较高的加砂强度，目前滑溜水胶液一体化压裂液在低黏度下降阻效果较好，在高黏度携砂下的降阻效果一直没有获得突破。因此，必须研发高黏度下降阻效果好的滑溜水胶液一体化压裂液。

一、国内外滑溜水稠化剂文献调研

随着对能源需求的进一步增加，人们逐渐将目光投向资源量巨大的非常规油气资源，其中页岩油气资源受关注的程度逐年攀升。由于其储层的渗透率一般在微达西至纳达西，多数情况下无自然产量，必须对储层进行大规模压裂改造，以人工方法提高地层渗透率而获得理想产量。然而，常规气藏和非常规气藏的开采模式有很大不同。在常规储层压裂中，通常以形成高渗透率的长裂缝为目的。对于低渗透率页岩，在主裂缝形成的同时，实现对天然裂缝、岩石层理的沟通，以及在主裂缝的侧向强制形成次生裂缝，让主裂缝与多级次生裂缝交织形成不同于常规压裂的复杂裂缝网络，使裂缝壁面与储集层基质的接触面积最大，使得油气从任意方向基质向裂缝的渗流距离“最短”，极大地提高储层整体渗透率。

目前，以稠化剂为核心助剂的滑溜水压裂液体系是高效实施页岩水力压裂的关键。添加稠化剂的滑溜水压裂技术最早见于 20 世纪 50 年代末。随着上世纪末美国非常规油气的不断开发，滑溜水压裂技术重新受到重视并迅速发展。Mitchell 能源公司于 1997 年在美国 Barnett 地区率先实施了滑溜水压裂，页岩气最终采收率提高了 20%，压裂成本降低了 65%。此后，滑溜水压裂液很快扩展到美国 Haynesville、Marcellus、Woodruff 和 Fayetteville 等地区，已成为有效动用非常规油气资源的关键技术。但滑溜水黏度低、携砂性能差，为提高支撑剂的输送能力，滑溜水压裂通常采用大液量和大排量，施工排量比常规压裂明显增大，不仅导致施工摩阻剧增，而且对地面泵注设备要求较高。因此，稠化剂作为滑溜水压裂液的核心成分，其作用在于降低施工过程中的泵送摩阻，从而尽可能提高排量，同时减小设备的负荷和高压风险，实现安全施工。稠化剂的性能直接决定了页岩气水平井压裂施工的成败，高效稠化剂的研发已经成为页岩气开采压裂的关键技术之一。滑溜水用稠化剂主要有天然高分子、合成聚合物、高黏聚合物和表面活性剂等。

二、国外滑溜水研究现状总结

(一) 天然高分子

天然高分子具有来源丰富、环境友好、能够生物降解等优点，已有大量的文献开展了以胍胶、黄原胶等为代表的天然高分子的降阻性能研究。Wyatt 等研究了湍流中黄原胶的降阻行为，浓度从 20mg/L 增加到 200mg/L 时，降阻率从 2% 增加到 35%。此外，黄原胶的降阻性能受矿化度和温度的影响较大。Sohn 等发现，在 30 ~ 50℃ 范围内，随着温度升高，降阻率呈 S 形增加。他们认为这是由于温度诱导黄原胶构象发生从有序到无序的转变所致。Sohn 等还发现，NaCl 的加入可将黄原胶的降阻率从 16% 提高至 21%。这是由于 NaCl 的加入促进了分子链间的氢键作用而引起黄原胶构象转变，形成分子聚集体，进而提高了黄原胶的降阻性能。

另一种被广泛用作稠化剂的天然高分子是胍胶。Singh 等发现，胍胶浓度从 10mg/L 提高至 1000mg/L 时，降阻率从 11% 增加至 61%。Kim 等发现，胍胶浓度从 25mg/L 提高至 200mg/L 时，降阻率从 7% 增加至 31%，进一步增加胍胶浓度，降阻率呈下降趋势。

尽管具有一定的降阻能力，但胍胶及黄原胶的水不溶物含量都较高，对低孔、低渗的储层伤害性较大。它们的另一个缺陷是易生物降解，进而影响降阻性能。因此，常通过化学改性来提高胍胶及黄原胶类天然聚合物的降阻性能。Ram 等对比了胍胶、胍胶 - 丙烯酰胺接枝共聚物的降阻效果，发现通过丙烯酰胺接枝共聚或微量硼盐轻度交联均可提高胍胶本身的降阻效果。Deshmukh 等同样指出，丙烯酰胺接枝共聚可改善胍胶的降阻效果和耐剪切性能，并与接枝率呈正相关。Lim 等通过将疏水基团接枝到黄原胶主链上，发现改性黄原胶耐剪切性能有所提高，但降阻率低于未改性黄原胶。

综上所述，胍胶和黄原胶的降阻率相对较低，只有在高浓度条件下，才能体现出相对较高的降阻率。所以，天然高分子的低降阻作用限制了它们在滑溜水压裂液中的应用。

(二) 表面活性剂

具有特定结构的表面活性剂分子在一定的水溶液环境下，可自组装形成线性蠕虫状胶束，这些胶束随着浓度升高而相互缠结，宏观上表现出类似于聚合物溶液的黏弹性，因此表面活性剂组装体也可用于降阻。表面活性剂类稠化剂目前主要包括非离子型、两性离子型、阳离子型和阴离子型表面活性剂。Tamano 等发现，浓度为 100mg/L 的非离子表面活性剂油酸二甲基氧化胺的降阻率可达到 73%。Wei 等报道了两性离子表面活性剂三甲胺油酸酰亚胺用于湍流降阻，200mg/L 时降阻率可达 83%。采用阳离子表面活性剂作为稠化剂时，需加入一定量的水杨酸钠作为稳定剂，其目的是为阳离子表面活性剂提供反离子，使其能够形成稳定棒状胶束。Różański 研究了阳离子表面活性剂十六烷基三甲基氯化铵和水杨酸钠混合溶液的降阻特性，发现在 300mg/L 时，降阻率可达到 73.7%。Suzuki 等分析了阳离子表面活性剂二羟乙基油酸甲基氯化铵和水杨酸钠混合溶液用于降阻的可行性，发现在 100mg/L 下的降阻率为 28%。

与聚合物稠化剂相比，表面活性剂耐剪切性能更加优异，但存在以下缺点：①在高剪切速率下，表面活性剂蠕虫状胶束结构易被拆散成较小的胶束，使降阻率大幅下降；②表面活性剂浓度必须远远超过临界胶束浓度才产生有效的降阻，因此存在用量较大、成本较高的缺点；③阳离子表面活性剂一般具有生物毒性，压裂返排液直接排放会造成环境污染。

(三)合成聚合物

目前，国外应用最普遍的稠化剂是由一种或多种不同的单体共聚生成的聚丙烯酰胺类稠化剂，因为丙烯酰胺单体活性高，容易得到高相对分子质量产品，且其价格便宜、方便合成。滑溜水压裂现场使用的阴离子型聚丙烯酰胺有粉剂和乳剂两种类型产品。粉剂产品成本低、便于运输，但一般溶解速度较慢；乳剂产品拥有溶解速度快、便于现场混配等优点，但成本略高，合成工艺较复杂。另一方面，乳液型聚丙烯酰胺有效含量低(约为 30%)，在高矿化度地层条件下，需要成倍提高注入量，进而导致了水资源浪费等问题。因此，干粉状聚丙烯酰胺与乳液状聚丙烯酰胺皆有利弊，需结合页岩油气藏地质特征，压裂施工作业条件等现实问题，因地制宜地选择适宜的压裂用稠化剂体系。

1. 粉末状聚合物

Zhang 等研究了丙烯酰胺与丙烯酸的共聚物的降阻特性，发现浓度在 10mg/L 时降阻率为 42.5%。Brun 等开展了丙烯酰胺与 2－丙烯酰胺基－2－甲基丙磺酸钠的共聚物的降阻特性研究，发现 10mg/L 时降阻率为 33%，100mg/L 时降阻率增加到 60%。Eshrati 等则发现丙烯酰胺和丙烯酰胺叔丁基磺酸盐的共聚物浓度为 10mg/L 时，降阻率为 52%。Sanders等研发了粉末稠化剂，其降阻率能达 60%，他们并将它进一步用作携砂剂和增稠剂，能输送浓度超过 5ppt 的支撑剂，大大降低了施工成本。

疏水缔合聚合物是在聚合物分子主链上引入疏水基团所形成的水溶性共聚物，当浓度达到临界缔合浓度(CAC)时分子间发生物理交联，由于疏水基团之间的相互作用，可形成空间网络结构，大大增加溶液的黏弹性，进而增加稠化剂的抗剪切和降阻性能。Ibrahim 等对比了疏水缔合聚合物稠化剂、丙烯酰胺共聚物和胍胶的降阻性能，发现疏水缔合聚合物稠化剂在盐水(2% KCl + 0.015% $CaCl_2$)中降阻率为 71.5%，而丙烯酰胺共聚物和胍胶分别为 68% 和 58%。Wang 等以丙烯酰胺、丙烯酸和 2－丙烯酰胺基－2－甲基丙磺酸钠为主要单体并加入一定的十六烷基丙烯酰胺，合成了一种疏水缔合聚合物稠化剂，发现在 1000mg/L、2000mg/L 和 3000mg/L 时，降阻率分别为 74.4%、78.3% 和 73.9%。降阻率随浓度的增加呈现出先增后减再增再减的趋势，这是因为疏水基团缔合作用由分子内缔合转变为分子间缔合所致。当浓度低于临界缔合浓度时，聚合物链缔合以分子内为主。疏水性单体含量越多，聚合物链变得越卷曲，不利于降阻；当浓度达到临界缔合浓度时，溶液中的缔合方式主要为分子间缔合，有利于空间网络结构的形成。而形成的网络结构有利于吸收和储存湍流能量，削弱湍流程度。

合成聚合物降阻性能良好，优于胍胶等天然聚合物，但是抗盐性差，耐剪切稳定性能差。通过加入2－丙烯酰胺基－2－甲基丙磺酸钠和疏水基团合成的丙烯酰胺共聚物，抗盐抗温和降阻性能都有所提高。

2. *液状聚合物*

粉末状聚合物虽具有便于运输的优点，但生产过程环节涉及聚合、干燥、粉碎、造粒等步骤，工艺繁琐，能耗高。此外，其在水中的分散、溶解性均较差，在施工作业过程中需配备大型的溶解装置，不仅占地空间大，而且配液繁琐，难以满足现场大排量压裂下的快速溶解和即配即用的需要。而采用反相乳液聚合制备的“油包水”乳液（W/O）和分散聚合制备的“水包水”乳液（W/W），在现场使用过程中不需要经过“溶胀”阶段，只需稀释乳液即得目标滑溜水。

Sun等研发的乳液稠化剂在30s即可达到最大黏度，可满足滑溜水压裂连续在线混配的要求。BJ services公司报道了一种阳离子乳液稠化剂，具有水合速度快和抗盐性能优异的特点，在含量10×10^4mg/L K^+、Na^+以及1×10^4mg/L Ca^{2+}和100mg/L Fe^{3+}溶液中均能达到70%以上的降阻率。但W/O乳液含有大量的油相和表面活性剂，压裂返排液对环境污染较大。因此，Zhou等报道了一种“水包水”乳液稠化剂，在20×10^4mg/L盐水中，10s内即可快速水化，但盐水中降阻率仅为50%。为此，Hallock等研发了一种耐盐“水包水”乳液，在11×10^4mg/L盐水中可达到70%的降阻率。此外，由于不需要加入表面活性剂破乳，大大提高了现场施工效率。

乳液稠化剂能在短时间内完全溶解，可满足现场大排量压裂下即配即用的需要。但“油包水”乳液易造成环境污染；现场使用盐水配制时存在难以发生破乳或者破乳时间延长的问题，无法满足高矿化度水或返排水配制的要求。而“水包水”乳液稠化剂在生产过程中不需要使用大量的有机溶剂，因此更加安全环保。

上述滑溜水中稠化剂的用量虽然较小，但是在施工作业过程中压裂液用量大，聚合物稠化剂滞留地层可能会造成地层伤害。Carman和Cawiezel的研究结果表明：使用氧化破胶剂能够使聚合物降解，经济高效地解决储层伤害问题。因此可降解性成为稠化剂的一个重要发展方向。Sun等研发了一系列易降解速溶型的稠化剂，聚合物主链对氧化型破胶剂敏感，易降解，渗透率恢复率高达96%，对储层伤害较低。Ibrahim等采用过硫酸铵为破胶剂，破胶剂的加入对降阻性能影响较小。此外，他们还发现采用过硫酸铵，稠化剂对储层伤害率仅为9%。

尽管上述采用破胶剂的方法可以在一定程度上减少聚合物的吸附滞留，但地层条件复杂，破胶不易控制，容易造成提前破胶或无法及时破胶的情况。为此，Kot和Bismarck以铈离子和2，2′－偶氮[2－甲基－N－(2－羟基乙基)丙酰胺]为氧化还原剂，引发聚合丙烯酰胺制备了具有偶氮基团的温敏聚合物。偶氮基团在高温下易降解，使聚合物相对分子质量降低，导致黏度减小，进而降低在岩石壁面吸附滞留，从而使储层伤害降低。Bhambri等采用智能聚合物—聚(N－异丙基丙烯酰胺)作为滑溜水稠化剂，利用其独特的温度刺激响应特性，实现降低储层伤害的目的。在20℃时，其降阻率为49%，将聚合物溶液温度升高至40℃时，其降阻率降低至0，而后又将其溶液温度降低至20℃时，其降阻率恢复至48%，表现出可逆的降阻性能。

3. 高黏聚合物

在应用于页岩气的多种类压裂液体系中，滑溜水为低黏度流体，交联/线性胶为高黏度流体，但是这两种体系仍存在施工作业成本高、环境污染等诸多问题，且难以平衡携砂量与储层伤害之间的矛盾。滑溜水压裂液体系是目前公认的可有效压裂长裂缝的低成本体系。据EIA(US Energy Information Administration)统计数据显示，每年用于压裂施工作业的水资源消耗量大约为700～1400亿吨。随着对于压裂过程中水资源消耗管控的日趋严格，近年来，美国各大非常规油气田开始将高黏稠化剂引入到压裂作业领域中来，该体系常为高相对分子质量丙烯酰胺类聚合物，具有以下特点：

(1)在压裂过程中可以提供高达80%的管柱降阻；

(2)相对于传统滑溜水，高黏体系用水更少；

(3)化学剂用量减少33%～48%；

(4)相对于传统压裂液体系，可以减少淡水、支撑剂和设备的需求；

(5)与线性胶、交联凝胶相比，裂缝的传导性更好；

(6)与杂化流体(hybrid fluid)和交联凝胶相比，支撑剂铺置性更好；

(7)低黏压裂液导致压裂裂缝更复杂；

(8)与其他压裂液相比，产烃量更高；

(9)通过降低滤砂风险，可以简化作业；

(10)可以更灵活地设计作业措施，达到技术、经济和目标的平衡。

(三)滑溜水稠化剂调研总结

回顾上述国内外针对滑溜水稠化剂的室内研究和现场试验结果，可以得到如下认识：

(1)天然高分子稠化剂水不溶含量高，降阻率低。尽管具有一定的降阻能力，但胍胶及黄原胶的水不溶物含量都较高，对低孔、低渗的储层伤害性较大。此外，胍胶和黄原胶的降阻率相对较低，只有在高浓度条件下，才能体现出相对较高的降阻率。

(2)表面活性剂类稠化剂成本高，具有生物毒性。表面活性剂浓度必须远远超过临界胶束浓度才产生有效的降阻，因此存在用量较大、成本较高的缺点。阳离子表面活性剂一般具有生物毒性，压裂返排液直接排放会造成环境污染。

(3)聚丙烯酰胺类稠化剂目前仍然是页岩气滑溜水压裂液中的主角。虽然聚合物类稠化剂均存在储层伤害的问题，但破胶剂可以使聚丙烯酰胺类聚合物对地层的伤害降到最低，同时聚丙烯酰胺稠化剂具有成本低、降阻率高、溶解速度快、能够适用于现场施工混配要求等特点。

(4)高黏稠化剂具有更为优异的携砂性能，单井液量和成本更低，单井产量更高，井口压力更低，但高黏稠化剂耐盐性差，在用压裂返排液配液时，其黏度也会降低30%。

三、国内研究现状

2009年美国以6240亿立方米的产量首次超过俄罗斯成为世界第一天然气生产国。2017年，美国在60年之后重新成为天然气净出口国，为世界能源版图带来划时代的变化。

受北美技术进步的鼓舞和我国天然气需求缺口的驱动，我国于2009年正式启动了页岩气资源的勘探与开发。我国科研人员围绕常规中浅层页岩气地层特点，借鉴北美页岩气勘探开发的成功经验，研发了一系列的滑溜水稠化剂。

中国石油西南油气田公司天然气研究院在页岩气开采技术方面取得了新的突破，成功研发出可连续混配的固体阴离子聚丙烯酰胺降阻剂，能够在10×10^4mg/L矿化度的盐水中发挥作用，现场应用降阻率为73%。刘通义等通过反相微乳液法制备了一种水溶性稠化剂，在84s内可完全溶解；在浓度为500mg/L时，最大降阻率可达55%。魏娟明等采用反相乳液聚合制备了一种反相乳液型稠化剂，其溶解速度小于300s，在1000～1500mg/L浓度条件下，降阻率均达到65%以上。陈馥等采用分散聚合制备了一种可用高矿化度产出水配制的悬浮乳液稠化剂，浓度为2000mg/L时，在清水中102s即能完全伸展并水化；在10×10^4mg/L的K^+、Ca^{2+}、Fe^{3+}溶液中均能保持60%以上的降阻率。廖子涵等通过分散聚合法制备的“水包水”型乳液稠化剂，在98s内能完全溶解；浓度为2000mg/L时，最大降阻率达81%。

Jing等将非离子型疏水单体、丙烯酰胺和丙烯酸通过自由基聚合得到一种疏水聚合物，在3×10^4mg/L的NaCl溶液中降阻率可达70%。刘宽等报道了一种疏水缔合聚合物抗盐型稠化剂，在25×10^4mg/L盐水中，降阻率大于70%，该稠化剂在吉林油田成功应用，降阻率为78.2%，压裂后返排率49.6%，日产油4.3t。鲍晋等以丙烯酸钠、丙烯酰胺和十六烷基烯丙基二甲基氯化铵合成了三嵌段疏水缔合共聚物，研究了聚合物浓度、疏水单体比例和水解度对降阻特性的影响，发现降阻率随浓度的增加呈现出先增后减再增再减的趋势。此外，在极稀溶液中，疏水单体比例越大，降阻率越小；而在稀溶液中，则出现疏水单体比例越大、降阻率越高的现象。疏水性单体含量越多，聚合物链变得越卷曲，不利于降阻；当浓度达到临界缔合浓度时，溶液中的缔合方式主要为分子间缔合，有利于空间网络结构的形成。而形成的网络结构有利于吸收和储存湍流能量，削弱湍流程度。疏水单体含量越多，越容易形成分子间缔合，降阻效率越高。贾金亚等为了提高页岩气现场配液施工效率，降低不同压裂液间配伍性对压裂液性能的影响，利用丙烯酰胺、甲基丙烯酰氧乙基三甲基氯化铵、甲基丙烯酰氧乙基十二烷基二甲基溴化铵为原料，采用混合胶束水溶液聚合，合成一种滑溜水胶液一体化用稠化剂。该疏水缔合聚合物溶解时间小于2min，溶液黏度10mPa·s条件下降阻率为65.7%，在90℃，$170s^{-1}$条件下，剪切2h后黏度大于50mPa·s，能够同时满足在线混配的要求，实现滑溜水胶液一体化，提高页岩气压裂施工效率。

然而，在恶劣的储层条件下，如在高温或高盐储层中，部分水解聚丙烯酰胺稠化剂通常表现出不理想的降阻性能。Ca^{2+}、Mg^{2+}或更高价阳离子的存在可能导致聚合物沉淀，而高温下酰胺基水解加剧，影响降阻能力。此外，由于部分水解聚丙烯酰胺聚合物链在高剪切下表现出不可逆的机械降解，因此表现出较差的降阻效果。为此，Xing等利用阳离子单体、丙烯酰胺和苯乙烯磺酸钠自由基聚合得到丙烯酰胺共聚物，并与改性蒙脱土混合制得复合材料。其研究发现：改性蒙脱土的加入改善了丙烯酰胺共聚物溶液的耐温、耐盐和耐剪切性；此外，在300mg/L时，复合材料的降阻率为58%，而未加入改性蒙脱土的丙烯酰胺共聚物降阻率为49%。随后，Xing等研究了改性纳米二氧化硅的加入对聚合物降阻性能的影响，改性纳米二氧化硅的加入将聚合物溶液降阻率提高了 9.7%。

上述滑溜水稠化剂在焦石坝、威远等页岩气的重点区块进行了现场应用，取得了较好的增产效果，使我国中浅层页岩气(<3500m)已进入商业化开采的阶段。自 2014 年到 2019 年的 5 年间，页岩气产量从 $10\times10^8m^3$ 猛增至 $154\times10^8m^3$。其中，2019 年，川南页岩气年产量 $80.3\times10^8m^3$，涪陵页岩气年产量 $63.3\times10^8m^3$，四川页岩气产量约占 2019 年全国页岩气产量 95% 以上。但随着中浅层页岩气勘探开发的突破和商业性开发程度的加深，页岩气开发对象逐步向垂深超过 3500m 的深层页岩气储层进军。我国 3500m 以深的深层页岩气资源量占总资源量的 65% 以上，对深层页岩能否进行有效的水力压裂是关乎页岩气产量能否实现快速增长的关键。然而，与中浅层页岩储层相比，深层页岩气井地层温度高、埋藏深、施工压力高、作业难度大、压裂效果不理想，难以实现效益开发。如何针对、深层页岩气井的地质特征和工程难点，研发适宜的滑溜水压裂材料，提高体积改造的有效性，是破解难题的关键。

美国是开发深层页岩气最早的国家，勘探开发了 Haynesville、Eagle Ford、Cana Woodford、Hilliard - Baxter - Mancos 和 Mancos 等 5 个深层页岩气区块。美国深层页岩气压裂液主要采用组合高黏压裂液模式，即"胶液 + 滑溜水 + 冻胶"，已在 Haynesville、Eagle Ford 和 Cana Woodford(3500 ~4100m)等区块获得了商业开发，但在 Hilliard - Baxter - Mancos 和 Mancos(>4400m)等区块的深层页岩气压裂后的产量也相对较低，无法实现经济有效动用的目标。

目前，国内借鉴美国深层页岩气压裂工艺技术，也在丁山、南川、永川和焦石坝外围等区块积极探索深层页岩气的有效开发技术，采用组合压裂液"胶液 + 滑溜水 + 胶液"模式，虽然少数探井产气量也取得了突破，但压裂施工作业中存在施工压力高、加砂规模小、砂液比难以提高等问题，且压裂后总体上呈现出初期产气量低且递减快的特征。

相对于中浅层页岩气，深层页岩气开采压裂的难点在于其地质特征随埋深的增加而发生改变，主要表现在：①储层埋藏深达 3500 ~4500m；②地层温度高达 120 ~150℃；③井筒沿程摩阻增加，由此造成井口施工压力高和注入排量受限，导致造缝宽度窄、施工砂液比低，裂缝导流能力降低；④岩石塑性特征增强，由于温度及围压的增加，岩石脆性特征逐渐减弱，裂缝起裂与延伸的难度逐渐增加；⑤裂缝导流能力递减快，由于闭合压力增加，支撑剂的嵌入及压碎的概率都大幅增加，导流能力的快速递减，使裂缝长度及改造体积都会相应降低，难以形成复杂缝网。

值得注意的是，目前深层页岩气开采压裂用的组合压裂液中的滑溜水和胶液体系是分开配液，需要每段提前配制，工艺复杂，操作难度大，压裂效率低。滑溜水用稠化剂一般为聚丙烯酰胺，能快速溶解和增黏，降低施工过程中的泵送摩阻，从而尽可能提高排量，同时减小设备的负荷和高压风险；胶液用稠化剂多为阴离子疏水缔合聚丙烯酰胺共聚物，溶解速度慢，降阻效果较差，不能用作滑溜水稠化剂，但其增黏性能优异，主要提高液体携砂能力及造缝效果。此混合压裂模式可有效提高中浅层页岩气水力压裂效果，增产效果显著，但现场配液施工效率低和不同压裂液间配伍性较差的问题限制其应用于深层页岩气的大规模缝网压裂。

此外，以高黏液体为主要压裂液不利于形成复杂缝网。为维持深层高闭合压力条件下的裂缝导流能力，大量采用胶液甚至冻胶携砂提高加砂量，胶液比平均达到54%，最高可达88%，这样虽然提高了加砂量，使加砂强度平均达到近1.4t/m。但相比于低黏滑溜水，形成复杂缝网的难度大，水力裂缝的规模小，能被支撑剂充填的空间少，后续加砂过程中支撑剂易堆积在近井地带，造成砂堵，从而影响整个水力压裂效果。针对深层页岩的压裂，为保证施工顺利，实现气井有效增产，首先要保证在前置液阶段能够形成一定规模的裂缝，从而为支撑剂提供足够的空间，因此，低黏滑溜水是压裂工作液的首选。

另一方面，目前页岩气的主力产层埋深小于3500m，因此储层温度相对较低，对滑溜水体系中的稠化剂的要求相对较低。但对于深层页岩气，其储层随着埋深加大，井底温度升高(高达120～150℃)。在滑溜水从地面向井底的泵送过程中，温度逐渐升高，导致滑溜水的黏度降低(即“热变稀”)，使降阻性能变差。此外，页岩气储层改造过程中具有排量大、液量大的特点，而四川盆地页岩气多处于山区且周边人口密度大，水资源宝贵。因此，为了节约成本、减少对淡水的使用和污染，压裂后的返排液常被处理后重新配制滑溜水。由于处理后的返排液中含有大量的Na^+、Ca^{2+}、Mg^{2+}等阳离子，其与滑溜水中的聚合物分子相互作用，使聚合物分子链卷曲，降阻性能降低。特别是在高温条件下则会加速聚合物溶液分相丧失黏度，导致滑溜水彻底丧失降阻性能。因此，现有滑溜水技术已经不能完全满足深层造缝、高携砂、高耐温和高降阻等现场需求。

为此，姚奕明等通过改进聚合物分子结构以提高稠化剂的降阻性能，同时引入刚性基团提高稠化剂的耐温性能，采用两步法合成出耐高温、高降阻率的稠化剂，以及配套配伍性好的黏土稳定剂和助排剂，形成了深层页岩气压裂滑溜水技术。在目标储层垂深4095.46m和地层温度高达143℃的条件下，现场降阻率达到82%，单段携砂量最高83m^3，有效解决了深层页岩气耐温造缝及携砂难题。胡娅娅通过反向乳液聚合法合成出四元耐温耐盐乳液聚合物产品FR－1(AA－AM－AMPS－DAC)，并经耐温耐盐评价进行验证，同时对6种表面活性剂、3种页岩抑制剂进行筛选及配伍性研究，最终形成耐温耐盐滑溜水配方：0.07%稠化剂+0.1%表面活性剂+0.3%页岩抑制剂，并在川东南深层页岩气区块进行现场应用3井次，降阻率均达到70%。

四、页岩气压裂工作液调研总结

回顾上述国内深层页岩气压裂技术发展趋势，可以得到如下认识：

(1)滑溜水仍是深层页岩气压裂工作液的首选。深层页岩气只有通过大规模缝网压裂才能获得工业气流，但高黏胶液不利于形成复杂缝网，高浓度加砂方式易造成砂堵。而低黏滑溜水在大液量注入过程中，采用低浓度段塞式加砂方式，可确保裂缝的有效支撑，以减少砂堵情况的发生。

(2)缺乏深层页岩气开采压裂用聚合物稠化剂的研究。目前所用的聚合物稠化剂主要针对于中浅层页岩气开采压裂，深层页岩气应用缺乏针对性。

(3)现有的滑溜水用稠化剂材料难以满足深层页岩气高耐温、高降阻和高耐盐等现场需求。以聚丙烯酰胺类稠化剂为基础的滑溜水体系具有不耐温耐盐的特征；此外，现有滑溜水压裂液在低黏度下降阻效果较好，在高黏度携砂下的降阻效果一直未获得突破。

第二节　高黏度高降阻稠化剂的研制

一、高黏度高降阻稠化剂的室内合成

(一)分子结构与反应体系设计

依据关键性能(相对分子质量、抗盐性、溶解性、携砂性、降阻率)的要求，设计高黏度高降阻稠化剂(HVFR)分子结构，如图7－1所示。

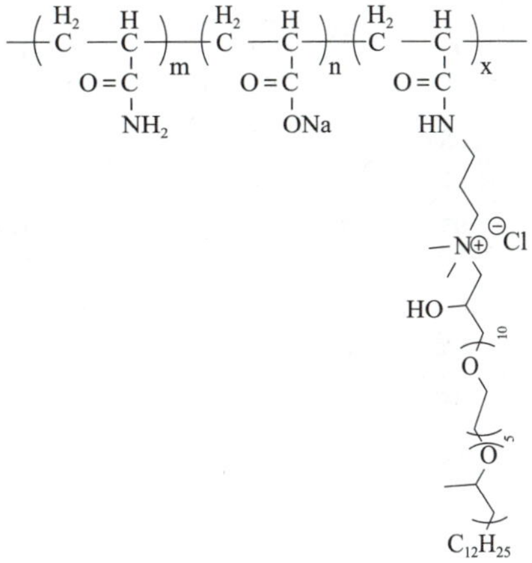

图7－1　HVFR的分子结构

单体投料含量的确定：要保证得到高相对分子质量稠化剂，必须确保反应体系中单体投料含量较高，因为稠化剂相对分子质量与单体投料([M])含量成正比，即 $M_W \propto [M]$；但单体特别是丙烯酰胺投料含量太高时，得到的稠化剂的水溶性明显变差。根据以前研制经验和同聚丙烯酰胺生产商的探讨，最后确定聚合反应体系中单体投料含量固定为20%。

反应温度：由于单体投料含量高达20%，如果引发温度较高，极易形成爆聚而难以得到高相对分子质量稠化剂，为获得高相对分子质量的稠化剂，可采用高活性低温引发聚合技术，保证链增长平稳缓慢进行。

引发体系：符合低温引发条件的引发剂体系仅有氧化－还原体系，为了保证单体充分聚合，残留单体含量尽可能低，所以使用了第二级引发体系－水溶性偶氮类引发剂。氧化－还原剂先在低温下引发，然后聚合产生的热量促使第二级偶氮引发剂引发。

链转移剂：在稠化剂获得较高相对分子质量的同时，应当避免交联的发生，以改善稠化剂的溶解性，而链转移剂是合成线型高分子，防止大分子基团支链化或形成空间网状结构必不可少的助剂。

反应器：根据高分子化工原理，如果反应体系中保持足够的热量，则有利于引发剂分解完全和促进链增长。所以采用了具有良好保温性能、内壁抛光防止热量散失的反应器。

除氧：得到高相对分子质量稠化剂的关键环节之一是确保反应体系中的氧含量尽可能低，因此采用高纯氮气(99.99%)对反应体系长时间除氧。为了避免加入引发剂过程带入的氧气，因此，在加入引发剂后，仍然继续通入高纯氮除氧。

(二)稠化剂合成研究

按拟定剂量称取各单体(AM、单体A)、助剂以及链转移剂溶于量杯中，加水至所需浓度，并调控溶液pH值为弱碱性。将溶液转移至反应器中，降低溶液温度，通入高纯氮气后加入偶氮引发剂，之后加入氧化还原引发剂，溶液开始变黏时，停止通氮气并密封反应7～8h。反应完成后，用绞碎机绞碎后的稠化剂胶块水解后，置于烘箱中进行干燥，用粉碎机将干燥后的稠化剂粒料粉碎筛分得到稠化剂小试成品。系列稠化剂详细的投料质量见表7－1。

表 7－1　稠化剂详细的投料比

编号	单体配比/g		pH 值	引发温度/℃	引发体系(质量分数)/%			链转移剂(质量分数)/%	相对分子质量/10^4	备注
	AM	单体 A			氧化	还原	偶氮			
P1	95	5	7.5	2	0.05	0.025	0.05	0.2	2119	考察单体 A 含量的影响
P2	92.5	7.5	7.5	2	0.05	0.025	0.05	0.2	1930	
P3	90	10	7.5	2	0.05	0.025	0.05	0.2	1657	
P4	95	5	7.5	2	0.1	0.05	0.05	0.2	1396	考察引发体系的影响
P5	95	5	7.5	2	0.05	0.025	0.05	0.2	1930	
P6	95	5	7.5	2	0.04	0.02	0.05	0.2	1554	
P7	95	5	7.5	2	0.03	0.15	0.05	0.2	聚合引发困难	
P8	95	5	7.5	－2	0.05	0.025	0.05	0.2	1384	考察引发温度的影响
P9	95	5	7.5	0	0.05	0.025	0.05	0.2	1573	
P10	95	5	7.5	2	0.05	0.025	0.05	0.2	1930	
P11	95	5	7.5	4	0.05	0.025	0.05	0.2	1789	
P12	95	5	7.5	2	0.05	0.025	0.05	0.2	1930	考察 pH 值的影响
P13	95	5	9.0	2	0.05	0.025	0.05	0.2	1470	
P14	95	5	10.5	2	0.05	0.025	0.05	0.2	1260	
P15	95	5	7.5	2	0.05	0.025	0.05	0.3	1420	考察链转移剂的影响
P16	95	5	7.5	2	0.05	0.025	0.05	0.2	1930	
P17	95	5	7.5	2	0.05	0.025	0.05	0.15	溶解困难	
P18	95	5	7.5	2	0.05	0.025	0.05	0.1	溶解困难	

1. AM 和单体 A 的影响

从表 7－1 可见当 AM、单体 A 的含量分别为 95g、5g 时，稠化剂的相对分子质量最大；当单体 A 的含量从 5g 增加到 10g，相对分子质量呈现减小的趋势，这是因为单体 A 的支链具有大的空间位阻，含量过多时增大了链终止的概率，相对分子质量减小。

2. 引发剂用量的影响

目前所开展的聚合反应中采用的复合引发剂体系，其中包含了氧化还原引发剂体系以及水溶性偶氮类引发剂体系(VA)。引入复合引发剂体系是为了让氧化还原引发剂在低温时引发单体聚合，随之利用聚合产生的热量继续引发在 44℃分解的偶氮类 VA 引发剂，补偿随着黏度增加后不断降低的自由基浓度，以最大限度提高单体反应程度，提高稠化剂相对分子质量。实验结果表明，引发剂量过低，引发聚合难且残余单体较多；引发剂量过高，易爆聚且相对分子质量偏低。

3. 引发温度的影响

众所周知，低温聚合有利于提高稠化剂的相对分子质量。由表 7－1 可知，当反应温度为 2℃时，其稠化剂相对分子质量最高，为 1930×10^4，再提高引发温度，稠化剂相对分子质量显著下降，在实验中，我们试图降低聚合引发温度至0℃以下来进一步提高相对分子质量，而实际稠化剂的相对分子质量却大幅度降低，分析认为，初始温度过低无法使氧化还原引发剂正常引发，继而导致后段温度偏低，偶氮类引发剂不能完全参与反应。

4. pH 值的影响

适宜丙烯酰胺类单体聚合的 pH 值大致在 6.0～7.5 附近，当单体浓度在 10% 以下时，聚合一般不发生交联；当单体浓度较高特别是达到 18% 以上且 pH 值较低时，聚合后期发生交联。鉴于此，为得到相对分子质量高又易于溶解的稠化剂产品，本实验适宜的 pH 值应为弱碱性，并且需要适当降低单体浓度，实验结果表明，当 pH 值在 7.5 时，稠化剂相对分子质量最大。

5. 链转移剂的影响

在固定引发剂含量后，链转移剂对于稠化剂的溶解性、相对分子质量以及分子线性起着决定性的作用。从表 7－1 看出，链转移剂的加入程度不同影响了稠化剂的相对分子质量，含量越大，避免了稠化剂合成过程中不溶物产生，极大地改善稠化剂的溶解性。然而过高的链转移剂，稠化剂的相对分子质量也随之降低，在链转移剂为 0.20g 时，稠化剂相对分子质量(1930×10^4)符合要求。

(三)稠化剂最优合成条件

通过多组的平行实验制备出稠化剂，得到了最优的稠化剂合成条件，见表 7－2。

表 7－2 稠化剂合成投料比

合成条件(以反应体系总质量 500g 计算)		
单体/g	AM	95
	单体 A	5
复合引发体系/g	YF1	0.02
	YF2	0.02
	YF3	0.2
	YF4	0.005
链转移剂/g	M1	0.2
氢氧化钠/g	18.7	
助溶剂/g	M2	10
pH 值	弱碱性(7～8)	
引发温度/℃	0～2	

二、稠化剂的结构表征与测定

(二)稠化剂的分子结构表征

1. 核磁共振波谱(图 7－2)

分析原理：当外加射频场的频率与原子核自旋进动的频率相同时，射频场的能量才能被有效地吸收，因此对于给定的原子核，在给定的外加磁场中，只能吸收特定频率射频场提供的能量，由此形成核磁共振信号。在外磁场中，具有核磁矩的原子核，吸收射频能量，产生核自旋能级的跃迁。核磁共振谱能反映特征峰的化学位移、强度、裂分数和偶合常数，提供核的数目、所处化学环境和几何构型的信息。

分析方法：取适量稠化剂于 D_2O 中充分溶解，待溶解完成后，再转移到核磁管中在800MHz 高分辨核磁共振波谱仪(Bruker)上测试其^{1}H NMR 谱图。

图 7－2　瑞士 Bruker 公司 Bruker AV Ⅱ－600MHz 核磁共振波谱仪

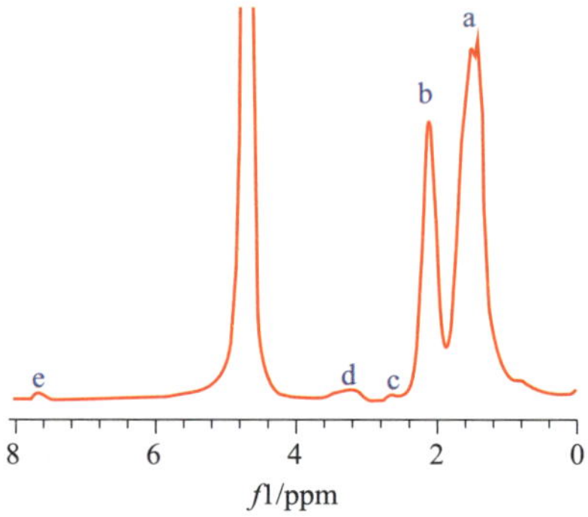

图 7－3　HVFR 的^{1}H NMR 谱图

图 7－3 为 HVFR 的^{1}H NMR 谱图。可以发现，主链中的亚甲基(—CH_2—)上质子的峰在 1.2～1.8 ppm(10^{-6})之间，而主链中的次甲基(—CH—)上质子的峰在 2.0 和 2.3 ppm 之间，由此可推断出其主要成分为丙烯酰胺或丙烯酸或二者的共聚物。在 2.6～3.2ppm 的质子峰分别对应单体 A 中的次甲基(—CH—)和与 SO_3^-相结合的(—CH_2—)亚甲基，产物经^{1}H NMR 检测，AM、AA 和单体 A 已成功发生三元共聚与设计相符。

2. 傅里叶变换红外光谱(图 7－4)

分析原理：当样品受到频率连续变化的红外光照射时，分子吸收某些频率的辐射，并由其振动或转动运动引起偶极矩的净变化，产生分子振动和转动能级从基态到激发态的跃迁，使相应于这些吸收区域的透射光强度减弱。记录红外光的百分透射比与波数或波长关系曲线，就得到红外光谱。

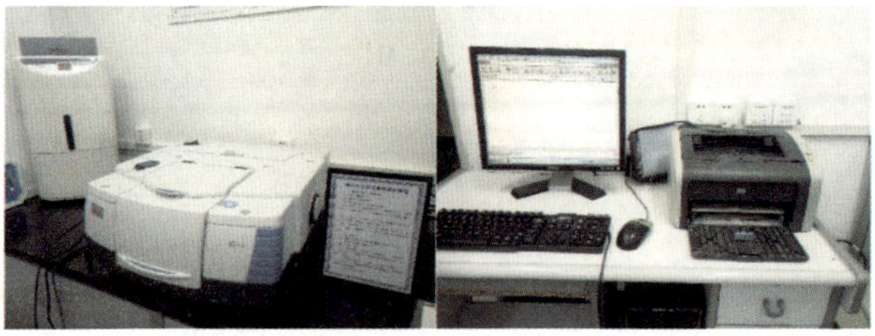

图 7－4　傅里叶变换红外光谱仪(Nicolet－380 型)

红外光谱一般反映相对透射光能量随透射光频率变化的关系，能反映出特征峰的位置、强度和形状，提供功能团或化学键的特征振动频率。由于红外光谱的特征吸收峰对应分子基团，因此可以根据红外光谱初步推断出分子结构式。但需要注意的是，红外光谱一般只能定性地反映稠化剂的分子结构，难以定量地表征稠化剂的组成。

制样方法：将 KBr(100～200mg)与稠化剂粉末样品(1～2mg)在玛瑙研钵中研磨成微米级的细粉，利用压片机将细粉压制成直径 13mm、厚度约 1mm 的透明薄片，置于红外光谱仪的样品台上即可开始分析。扫描精度为 $5cm^{-1}$，扫描范围为 $4000 \sim 400cm^{-1}$。

如图 7-5 所示，在 1668 cm^{-1}峰的位置为 C=O 吸收峰，在 1338 cm^{-1}峰的位置即为 COOH 吸收峰，在 1188 cm^{-1}的位置为 O—C—O 吸收峰，这就证明了 AM、AA 和单体 A 已成功发生三元共聚，从而在分子结构上说明聚合成功。

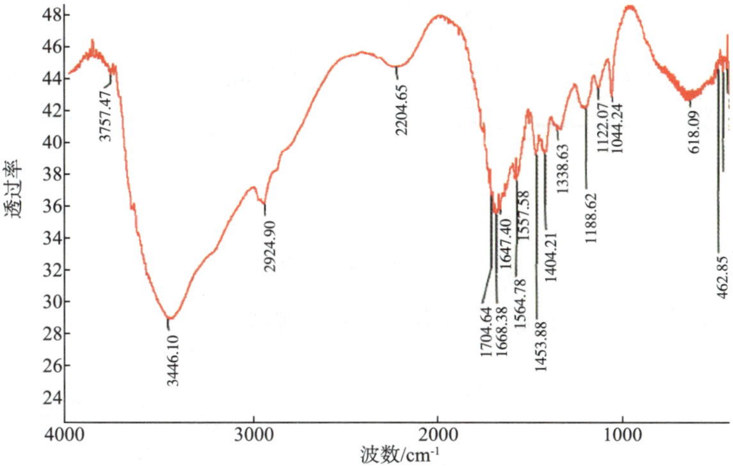

图 7-5　HVFR 的 FTIR 谱图

(二)稠化剂的相对分子质量测定

1. 实验背景及原理

聚合物的相对分子质量是研究聚合物链结构的内容之一，是表征高分子性能的一个重要指标。目前，测聚合物相对分子质量的方法主要有光散射法、凝胶渗透色谱法(GPC)、黏度法等，但因为聚丙烯酰胺类聚合物相对分子质量较高，这些常用手段在测量过程中存在一定的缺陷。例如，聚合物相对分子质量普遍偏高(多在千万级)，这类聚合物会因相对分子质量过高而在 GPC 测量前就堵塞过滤器，或者因酰胺基团的存在而在测试过程中大量吸附在 GPC 色谱柱上，从而影响相对分子质量的测定结果。利用光散射法测量这类聚合物的重均相对分子质量时，难以找到合适的溶剂使其分子链处于完全无扰单分子状态，因而其测量结果也会存在一些偏差；另外，相对分子质量太高，即使在稀溶液条件下，聚合物溶液的黏度也极高，所以除尘极为困难，导致光散射也难以精确测定聚合物的相对分子质量。因此，主要采用特性黏数或黏均相对分子质量来相对比较稠化剂相对分子质量的高低。

借助半自动毛细管黏度计(杭州中旺科技，IVS400-6，图 7-6)，采用“五点法”测定 HFVR 在 1.0M NaCl、30℃下的特性黏数。

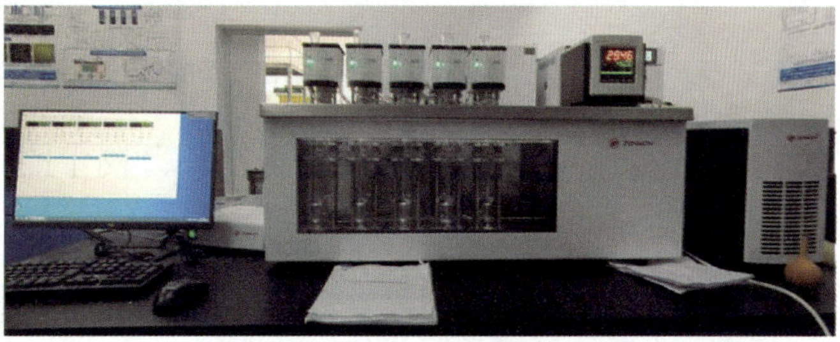

图 7-6　半自动毛细管黏度计

1)测试原理

依据泊肃叶定律，恒定条件下溶液与溶剂之间的相对黏度可以由其通过同一段毛细管的流动时间比值得到，即：

$$\eta_r = \frac{t}{t_0} \tag{7-1}$$

由于稠化剂加入而增加的黏度，即增比黏度可由以下公式得到：

$$\eta_{sp} = \frac{t - t_0}{t_0} = \eta_r - 1 \tag{7-2}$$

之后作 η_r 和 η_{sp} 关于稠化剂浓度 c 的曲线，依据 Huggins 方程和 Kraemer 方程，将浓度外推到 0，所得截距即为特性黏数 $[\eta]$。

$$\frac{\eta_{sp}}{c} = [\eta] + k_H[\eta]^2 c \tag{7-3}$$

$$\frac{\ln\eta_r}{c} = [\eta] + k_K[\eta]^2 c \tag{7-4}$$

式中，k_H 和 k_K 分别为 Huggins 常数和 Kraemer 常数。

2)实验过程

(1)试样溶液的配制：将提纯的稠化剂均用 1.0M NaCl 盐水配制成浓度为 0.002g/mL 的稠化剂母液(样品称量精确至 0.0001g)，并依次稀释成浓度为母液浓度 2/3、1/2、1/3、1/4 的稠化剂溶液。所用样品溶液在测试前均通过 G2 砂芯漏斗除去可能存在的灰尘颗粒。

(2)流动时间的测定：将约 15mL 的不同浓度的稠化剂溶液加入毛细管直径(0.55mm)相同的乌氏黏度计毛细管，垂直放置于恒温水浴槽中恒温(30 ± 0.1)℃下恒温 2h，通过激光记录溶液流经黏度计两刻度之间的时间，可精确至毫秒(0.001s)，每份溶液重复测定至少 3 次，每次测量记录时间不超过 0.1s，取平均值作为溶液的流动时间。

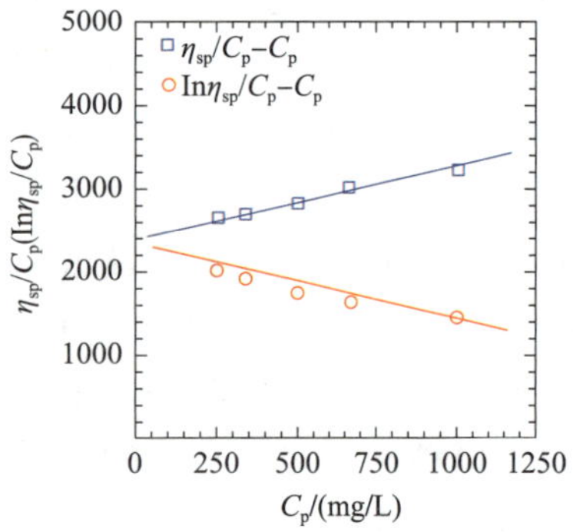

图 7-7 HVFR 的 $\eta_{sp}/C_p - C_p$ 图

2. 测定结果

由图 7-7 可以看出，对于所有数据点，利用 Huggins 方程进行拟合，拟合曲线具有很高的线性相关系数。根据拟合线的斜率和截距可求得样品 HVFR 的特性黏数($[\eta]$)。样品的黏均相对分子质量则按式(7-5)求得。

$$M_\eta = ([\eta]/0.000373)^{1.515} \tag{7-5}$$

由上述方法得到的 HVFR 的 $[\eta]$ 为 2410mL/g，黏均相对分子质量(相对分子质量)为 1.93×10^7g/mol。

第三节 高黏度高降阻稠化剂性能评价

一、降阻剂稠化性能评价方法

如前所述，稠化剂要求具有高降阻率、高黏度和快速水化溶解。因此，这里采用第二节聚合得到的 HVFR，分别表征其耐温抗盐性能、溶解性能和降阻性能。

（一）实验材料及试剂

HVFR（$M_{\eta}=1.93\times10^{7}$g/mol）实验室自制。

NaCl，分析纯，来自成都科龙化工试剂厂。

水为超纯水，电阻率为 18.25MΩ · cm，由实验室超纯水机（成都科技有限公司，UPH－I－10T）制备。

（二）实验方法

1. 溶液流变性能测试

本章所有流变性能均通过 Physica MCR 302 流变仪（Anton Paar，奥地利）测量，如图 7－8 所示，选用同心轴圆筒 CC27 型转子（半径 13.33mm）和转筒（半径 14.46mm）作为测量系统。

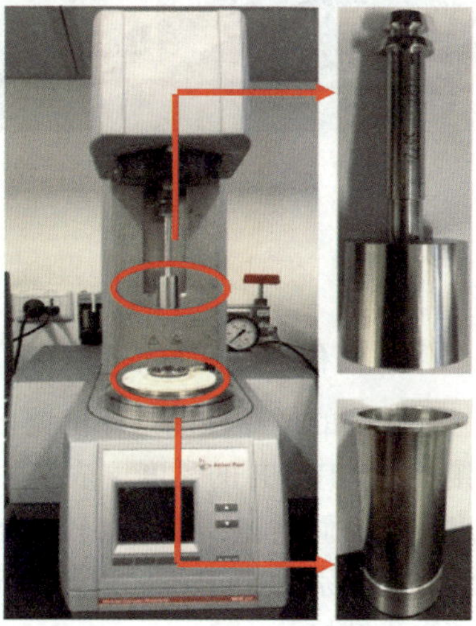

图 7－8 MCR－302 流变仪

2. 耐温性能测试

本实验考察配制的不同浓度的 HVFR 溶液（C_p = 0.04%～0.3%）的黏度随温度的变化（T = 30～90℃，2℃/min），剪切速率 $\dot{\gamma}=170s^{-1}$。

3. 耐盐性能测试

主要考察 Na^+ 和 K^+ 对稠化剂溶液性能的影响。稠化剂质量浓度为（C_p）为 0.17%，使用不同 Na^+ 和 K^+ 质量浓度盐水（C_s = 0～21000mg/L），配置 HVFR 溶液，为避免“鱼眼”的产生，首先调整搅拌器转速至 300r/min，使盐水形成旋涡，再将稠化剂干粉缓慢而均匀的撒于漩涡壁上，待稠化剂均匀分散于盐水后，调整转速至 150r/min（防止稠化剂分子链发生机械降解）缓慢搅拌至溶解完全，溶解完全后静置一天开始测试。样品测试条件为：恒温 30℃，剪切速率 $\dot{\gamma}=170s^{-1}$，观察溶液黏度（η）随 Na^+ 和 K^+ 质量浓度的变化。

4. 溶解性能测试

本实验使用旋转流变仪测定稠化剂溶液的黏度随时间的变化，根据稠化剂溶液黏度达到恒定值所需要的时间来确定稠化剂的溶解速度。

首先将淡水（20g）倒于烧杯中，再将稠化剂干粉（0.02g）慢慢倒入淡水中，待干粉颗粒在去离子水中分散均匀后，再将其倒入于安东帕旋转流变仪的样品池中。样品测试条件为：恒温 30℃，观察不同转速下（100～700r/min）溶液黏度（η）随时间（t）的变化，得到 $\eta-t$图，形成平台的时间即为稠化剂的溶解时间。在得到最佳转速之后，在 700r/min 和 30℃条件下，搅拌 1min，考察不同稠化剂目数对溶解时间的影响。

5. 降阻性能测试

采用图 7－9 所示的压裂液摩阻测试仪对稠化剂进行降阻测试，并与空白流体作对比。向空白流体中加入一定量的稠化剂，选用管长 4m、管径 16mm 的管路进行测试，记录流体通过管路后的摩阻压差，计算降阻率（DR）。

$$DR=\frac{P-P_{DR}}{P}\times100\% \tag{7-6}$$

图 7－9　压裂液摩阻测试仪

式中，P 为未加稠化剂时流体的摩阻压差；P_{DR} 为加入稠化剂后流体的摩阻压差。

向压裂液摩阻测试仪储液罐中加入 30L 淡水，开启循环泵，控制温度在 30℃，调整变频器，使流量控制在 40～170L /min，记录对应的淡水压差。停止循环泵，加入不同质量浓度的稠化剂溶液，再次开启循环泵，调整变频至上述流速，记录不同质量浓度的稠化剂溶液的压差，按式(7－6)分别计算降阻率。

二、降阻剂稠化性能测试结果

(一)稠化剂黏度与浓度关系

稠化剂的增黏性能是评价稠化剂的一个重要指标，它与压裂液的携砂性能和降阻性能直接相关。HVFR 的黏度－浓度关系曲线如图 7－10 所示。HVFR 溶液的黏度随着 HVFR 浓度的增加而增加，表现出较好的增黏性能。当 HVFR 浓度为 0.04% 和 0.3% 时，HVFR 溶液黏度分别为 5mPa·s 和 50.5mPa·s，因此可望通过调整 HVFR 浓度实现滑溜水和胶液的自由转换。

(二)稠化剂黏度与剪切速率关系

稠化剂在压裂过程中会经历不同的剪切速率，因此考察了 HVFR 黏度与剪切速率的关系。所有的 HVFR 溶液的黏度(η)－剪切速率(γ)曲线(图 7－11)可分为三部分：牛顿平台，高剪切速率下的剪切变稀区和剪切增稠区。剪切增稠现象归因于超高剪切速率下，稠化剂分子链来不及位移而产生的拉伸作用。此外，HVFR 溶液表现出的剪切变稀现象利于压裂液的泵注。

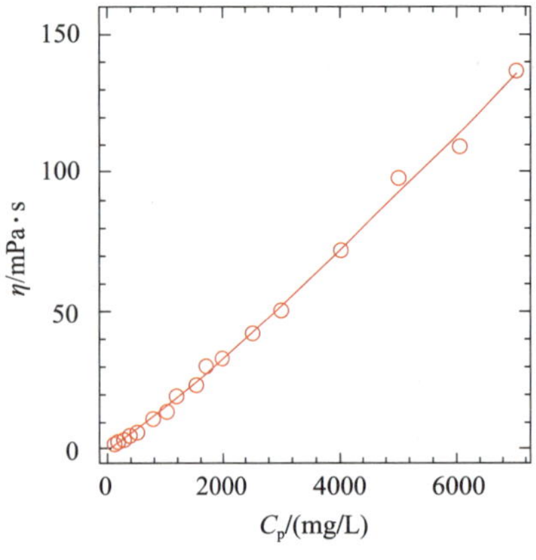

图 7－10　HVFR 溶液黏度(η)与浓度的关系曲线

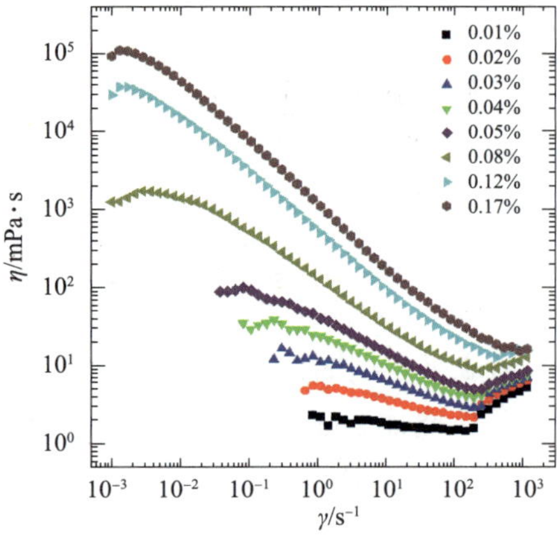

图 7－11　HVFR 溶液黏度(η)与剪切速率的关系曲线

(三)稠化剂黏度与温度关系

稠化剂溶液的性能在不同的温度下所受到的影响是不相同的，因此需要研究温度对稠化剂性能的影响，以此判断稠化剂能否用于不同页岩气储层压裂。

图 7－12 表示不同浓度（C_p＝0.04%～0.3%）的 HVFR 溶液黏度（η）与温度（T）的关系曲线。从图中可以看出，在各 HVFR 浓度下，HVFR 溶液的黏度均随着温度的升高而下降，和大部分水溶性聚合物一样呈现出“热变稀”现象，遵循阿伦尼乌斯规律。这是因为温度的升高将会加速分子链段的运动，削弱分子间的相互作用力，分子链间缠结形成的三维网状结构被破坏，聚合物溶液的黏度降低。稠化剂的浓度越高，溶液的保留黏度越高，耐温性能也就越佳，0.3% HVFR 溶液黏度在 90℃ 保留率为 78.7%，说明 HVFR 耐温性能优异。

（四）稠化剂黏度与盐度关系

滑溜水压裂的主要特征之一是液量大，这极大地限制了在缺乏淡水资源的地区的页岩储层的开发。因此，利用压裂返排液、湖水、河水和其他低矿化度水配制滑溜水压裂液对于许多地区页岩气的开发至关重要。因此需要研究稠化剂耐盐性能。

图 7－13 是 NaCl 和 KCl 浓度（C_s＝0～21000mg/L）对 HVFR 溶液黏度的影响。从图中可以明显看出，随着 NaCl 和 KCl 浓度的增加，在盐水中的黏度一直在不断地下降。这可能是由于在随着小分子电解质的浓度的增加，水溶性的大分子链周围的水合层受盐离子的影响发生去水化作用，分子链构象收缩，因此流体学体积减小，导致黏度下降。但当 NaCl 和 KCl 浓度为 5000mg/L，黏度不再随盐浓度的增加而降低，黏度保留率为 50%，这也说明了 HVFR 具有良好的抗盐性能。

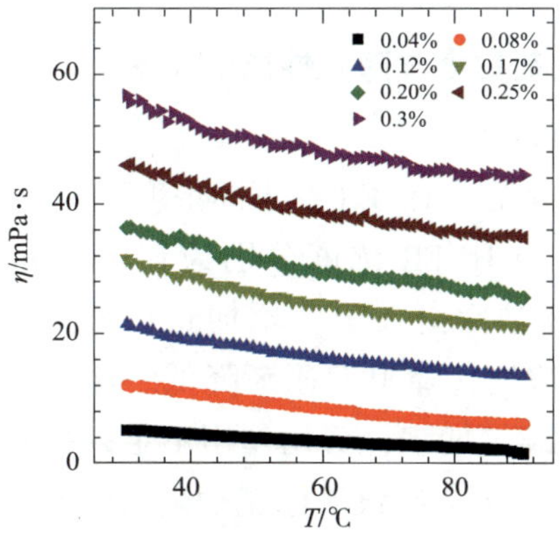

图 7－12　不同浓度下 HVFR 溶液黏度（η）与温度（T）的关系曲线

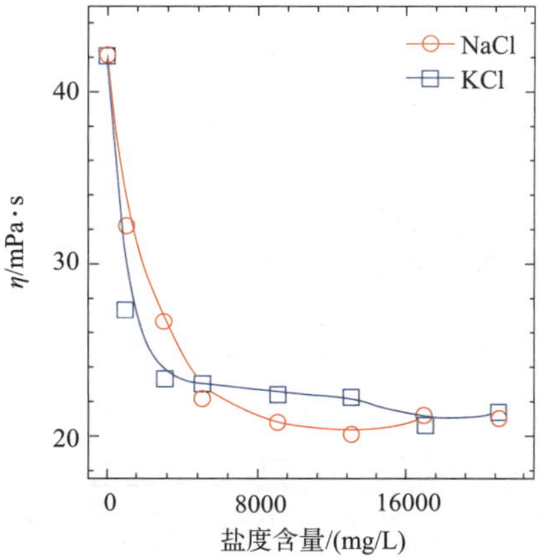

图 7－13　0.17% HVFR 溶液黏度（η）与 NaCl 和 KCl 浓度的关系曲线

（五）溶解性能

1. 稠化剂粒度的影响

改善稠化剂溶解性能的主要技术是改变产物形式。干粉类稠化剂溶解需先溶胀再溶解，溶解时间长，而乳液稠化剂，在短时间内即可完全溶解。但“油包水”乳液含有大量油相，对环境污染大，“水包水”乳液合成工艺尚不成熟。因此，本节考察通过调整稠化剂粉末目数大小改善稠化剂溶解时间。

图 7－14 介绍了不同目数 HVFR 干粉（图 7－15）在 30℃ 下的溶解行为。可以看出，不同目数 HVFR 连续搅拌 1min 后，黏度和增黏率随着 HVFR 目数的增加而增加，当目数为

200 目时，黏度达到28mPa·s，增黏率为93%。由此说明，通过调整 HVFR 目数大小改善 HVFR 溶解时间是可行的。

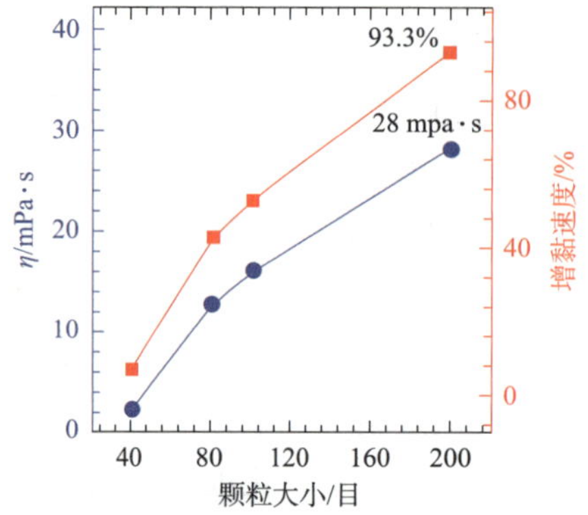

图7-14　HVFR 黏度(η)与目数的关系曲线（30℃，C_p=0.17%，n=700r/min，搅拌1min）

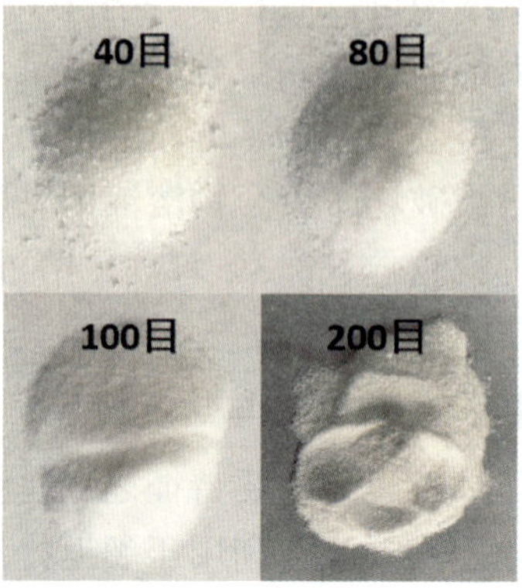

图7-15　不同目数的 HVFR

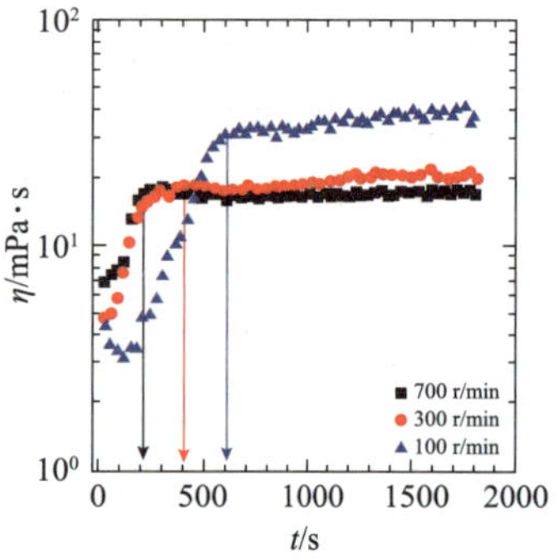

图7-16　不同转速下 HVFR 黏度(η)与时间的关系曲线（30℃，C_p=0.1%）

2. 搅拌转速的影响

图7-16介绍了不同转速下 HVFR 干粉（100 目）在30℃下的溶解行为。可以看出，不同转速下稠化剂在1000s内溶液黏度不断升高，之后黏度变化不大，这表明 HVFR 溶解完全。此外还发现，HVFR 溶解时间随转速的增加而减小。

（六）稠化剂黏度与降阻性能的关系

1. 不同 HVFR 浓度

图7-17介绍了 HVFR 在不同浓度下的降阻行为。从图中可知，当 HVFR 浓度分别为0.04%和0.17%时，降阻率分别为80.2%和75.1%。此外，HVFR 浓度由0.01%增加到0.04%时，降阻率也相应增加并达到最大值；进一步增加 HVFR 浓度，降阻率逐渐降低。这是由于随着 HVFR 浓度的增加，HVFR 分子链增多，分子链间缠结增多，剪切作用不足以打开所有卷曲的分子线团，使能量被不可逆耗散，同时黏度增加也会导致流体流动阻力的增大，导致降阻率下降。

2. 不同剪切速率

图7-18介绍了 HVFR 在不同流速下的降阻行为。从图中可知，剪切速率由1600s^{-1}增加到7000s^{-1}时，降阻率也相应增加。这说明随着剪切速率的增加，降阻性能会提高，这是因为降阻性能与湍流程度有关，流量越大，流速越快，湍流程度越大，因此降阻率越高。此外，我们还对比研究了相同黏度下 HVFR 和甲方提供样品的降阻性能。甲方样品降阻率随着剪切速率的增加先增加后缓慢降低。在相同黏度下（30mPa·s），在1600～5000s^{-1}时，甲方样品降阻率是大于 HVFR 的；而在5000～7000s^{-1}时，HVFR 降阻率大于甲方样品。

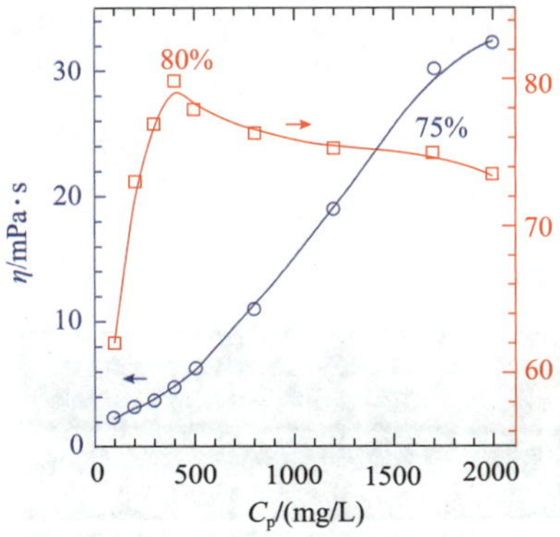

图 7-17 不同 HVFR 浓度下黏度与降阻率的关系曲线(30℃，7000s^{-1})

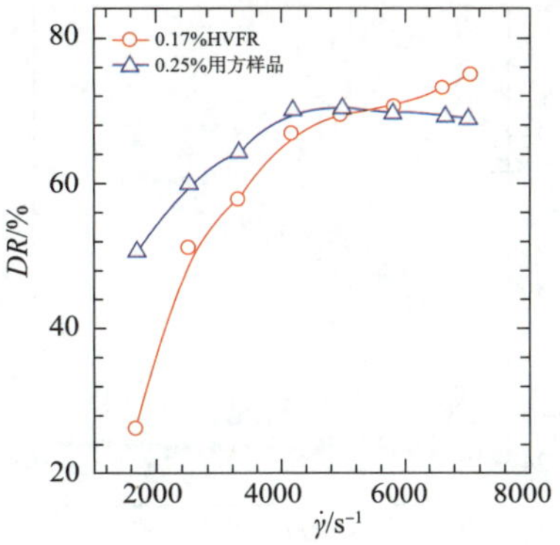

图 7-18 HVFR 和甲方样品在不同剪切速率下与降阻率的关系曲线(30℃，30mPa·s)

(七)配伍性评价

在实际使用过程中需要加入助排剂使压裂液在发挥作用后尽可能多地返排到地面。为了防止对储层伤害，因此要求在其中加入黏土稳定剂防止井壁坍塌。所以本节考察了助排剂和黏土稳定剂与稠化剂之间的配伍性。

1. 与助排剂的配伍性

图 7-19 介绍了 HVFR 在不同助排剂浓度下的黏度变化曲线。从图中可知，HVFR 溶液黏度随助排剂浓度增加先增加后降低。此外，由图 7-20 可知，稠化剂与不同浓度的助排剂无絮凝物产生，配伍性良好。

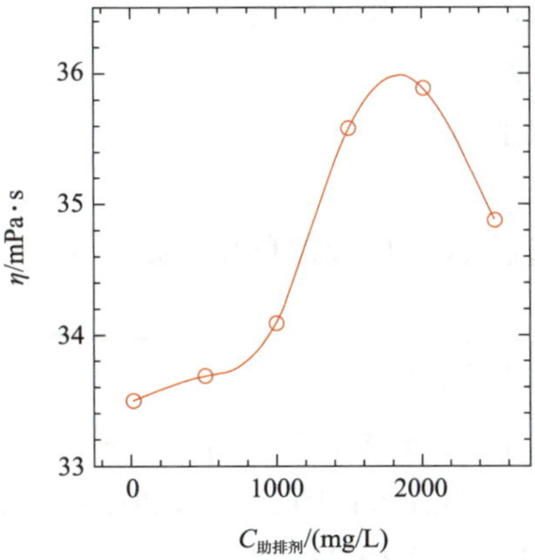

图 7-19 HVFR 在不同助排剂浓度下的黏度变化曲线(30℃，C_p=0.17%)

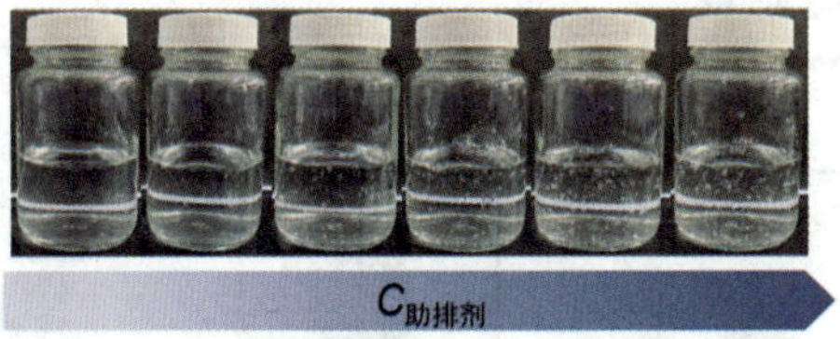

图 7-20 HVFR 在不同助排剂浓度下的溶液状态(30℃，C_p=0.17%)

2. 与黏土稳定剂的配伍性

图 7-21 介绍了 HVFR 在不同黏土稳定剂浓度下的黏度变化曲线。从图中可知，HVFR 溶液黏度随助排剂浓度增加而降低，且无絮凝物产生，配伍性良好(图 7-22)。

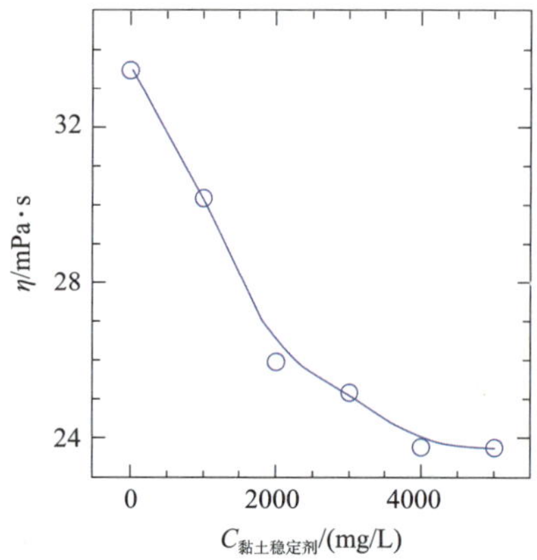

图 7－21　HVFR 在不同黏土稳定剂浓度下的黏度变化曲线（30℃，C_p = 0.17%）

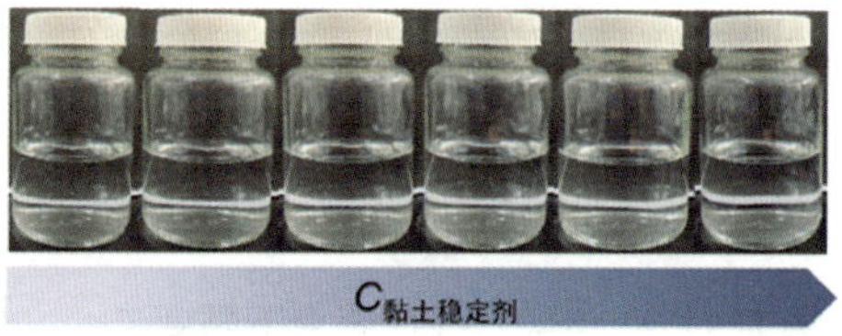

图 7－22　HVFR 在不同黏土稳定剂浓度下的溶液状态（30℃，C_p = 0.17%）

第四节　变黏度压裂液体系构建及综合性能评价

一、变黏度压裂液体系构建方法

如前所述，稠化剂具有高黏度和高降阻特征。因此，本章通过多级交联高黏度高降阻稠化剂构建滑溜胶液一体化压裂液，分别表征携砂、耐温耐剪切、降阻和配伍性。

（一）实验材料及试剂

HVFR（$M_\eta = 1.93 \times 10^7$ g/mol）、多氨基化合物（JL1），实验室自制。

助排剂、黏土稳定剂，来自中石化工程技术研究院。

氯化钠、氢氧化钠、分析纯，来自成都科龙化工试剂厂。

J1、J2、J3，来自成都科龙化工试剂厂。

水为超纯水，电阻率为 18.25MΩ · cm，由实验室超纯水机（成都科技有限公司，UPH－I－10T）制备。

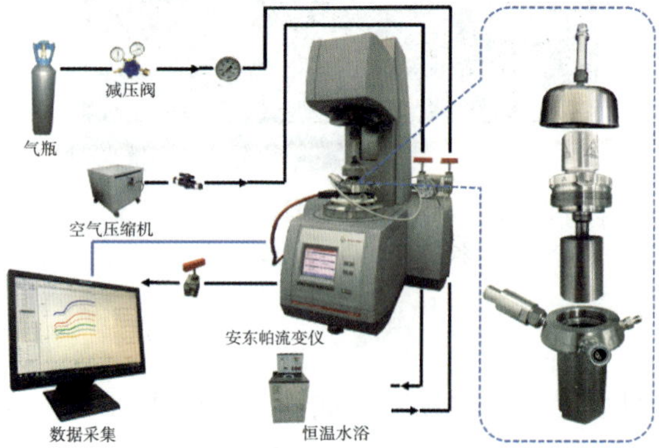

图 7－23　MCR－302 流变仪

（二）实验方法

1. 溶液流变性能测试

利用 Anton Paar MCR 302 流变仪（图 7－23）及其 CC33.2 转子对压裂液体系进行测试。测试条件：剪切速率 $170s^{-1}$；温度从 30℃ 以 3℃/min 的速率升温到 180℃，在 180℃下保持 70min；为防止溶液沸腾，测试系统的压力保持在 2MPa。

2. 携砂性能测试

在配制好的压裂液体系中加入陶粒搅拌均匀，转移至 100mL 的具塞量筒中。

将量筒置于目标温度中静置，定时取出拍照，观察陶粒的沉降情况。实验中所用陶粒目数为20～40目、40～70目和70～140目，陶粒占总体积的15%。实验温度分别选取30℃和95℃。

3. 破胶性能测试

参照中华人民共和国石油天然气行业标准中的《水基压裂液性能评价方法》(SY/T 5107—2016)，将加有破胶剂的压裂液装入密闭容器内，放入烘箱中加热恒温，使压裂液在恒定温度下破胶。在这个过程中，每间隔一段时间取破胶液上面的清液用Anton Paar MCR 302流变仪及其CC27转子测定黏度，直至黏度值低于5mPa·s。破胶温度为180℃，黏度的测试温度为95℃。

4. 降阻性能测试

采用前述降阻剂性能测试方法评价一体化压裂降阻性能。

(三)多级交联体系

1. 多级交联体系设计

交联剂是压裂液组成的重要添加剂之一，交联剂的使用可以提高压裂液的黏度，改善压裂液体系的造缝能力、携砂性能以及耐温耐剪切性能。目前常使用的交联剂类型是无机和有机交联剂。无机交联是通过带负电荷的羧酸基团和多价阳离子之间的离子键形成多重交联网络结构，存在交联时间过快、耐高温性能差的问题。聚合物与酚醛树脂等有机交联剂是通过形成新的共价键达到交联的目的，与无机交联相比，具有更高的热稳定性，在高温下性能更佳。因此，本项目通过无机和有机交联剂的复配形成多级交联体系，达到在低温下弱交联，高温下再增黏的目的。

2. 锆交联剂的制备

制备有机锆交联剂水溶液：在广口瓶中量取10.0g超纯水，称取10.0g J1加入广口瓶，加入磁转子后放入水浴，搅拌至完全溶解。水浴达到60℃后，分别称取7.5g J3和6.0g J2依次加入广口瓶，配置质量浓度为30%的NaOH溶液(3g NaOH，7g水)，加入该NaOH溶液调节pH值到5～6，搅拌反应5h，以保证有机锆以螯合物形式较稳定存在。

3. 多级交联剂的制备

有机类交联剂选择的是多氨基化合物(JL1)，并与上述有机锆交联剂按一定的体积比复配形成多级交联体系FJ(图7－24)。

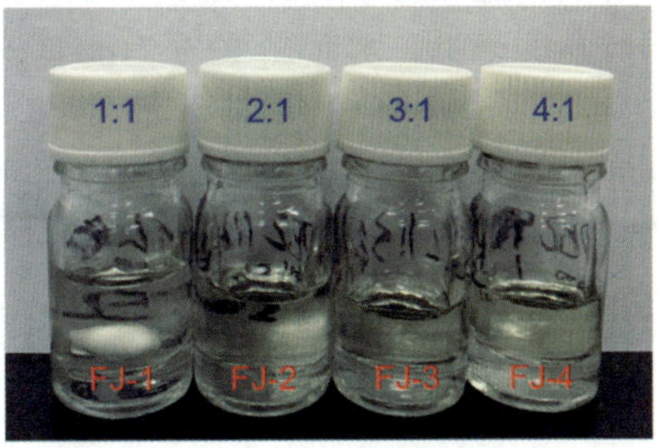

图7－24 多级交联剂FJ

(四)变黏压裂液体系的构建

选取HVFR浓度为0.7%，交联剂为有机锆交联剂、JL1和多级交联体系FJ－1。用Anton Paar MCR 302流变仪对交联压裂液的黏度进行测定，评价多级交联体系的交联性能。图7－25是溶液在不同温度下的流变数据。

同时观察图7－25中的3条曲线，可以明显看出在测试温度达到目标温度前，有机锆交联压裂液体系在50℃左右快速增黏，随后体系黏度逐渐降低。而对于JL1和多级交联

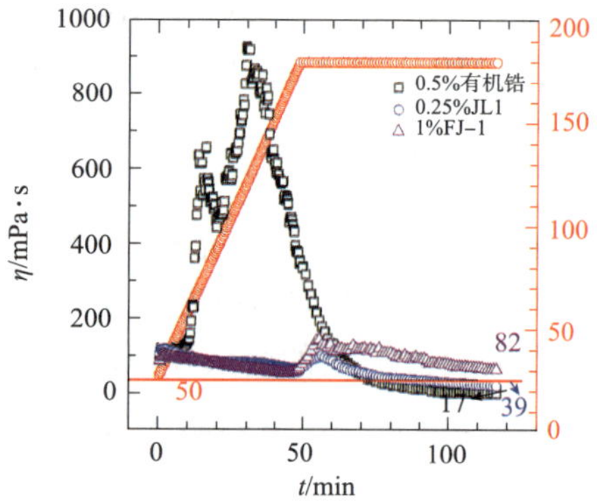

图 7-25 不同交联体系的耐温抗剪切能力

FJ-1压裂液体系，随着温度的升高，体系黏度缓慢降低，当温度达到目标温度后，在恒温恒剪切阶段，体系开始增黏，随后黏度缓慢降低。这说明该压裂液体系具有良好的耐温抗剪切能力。而体系在各个交联体系的具体差异分析如下：

1. 有机锆交联剂体系

稠化剂浓度为0.7%的压裂液体系黏度先保持不变，在温度升高到50℃时的瞬时黏度为135mPa·s，随温度继续增加开始增黏，温度达到90℃时的黏度最大，瞬时黏度为1030mPa·s，随后体系黏度逐渐降低，达到目标温度180℃时的瞬时黏度为230mPa·s，待在180℃时稳定剪切70min后，黏度稳定在17mPa·s左右。

2. JL1 交联剂体系

稠化剂浓度为0.7%的压裂液体系黏度先缓慢降低，在温度升高到90℃时的瞬时黏度为101mPa·s，随温度继续增加黏度保持不变，温度达到130℃时的瞬时黏度为99mPa·s，随温度继续增加体系黏度逐渐降低，达到目标温度180℃时的黏度最低，瞬时黏度为84mPa·s，随后体系黏度开始增黏，最高黏度118mPa·s，待在180℃时稳定剪切70min后，黏度稳定在39mPa·s左右。

3. FJ-1 交联剂体系

稠化剂浓度为0.7%的压裂液体系黏度先缓慢降低，在60~70℃之间存在一个平台区，其瞬时黏度为105mPa·s，随温度继续增加体系黏度逐渐降低，达到目标温度180℃时黏度最低，瞬时黏度为71mPa·s，随后体系黏度开始增黏，最高黏度160mPa·s，待在180℃时稳定剪切70min后，黏度稳定在82mPa·s左右，剪切后的压裂液具有可挑挂性(图7-26)。

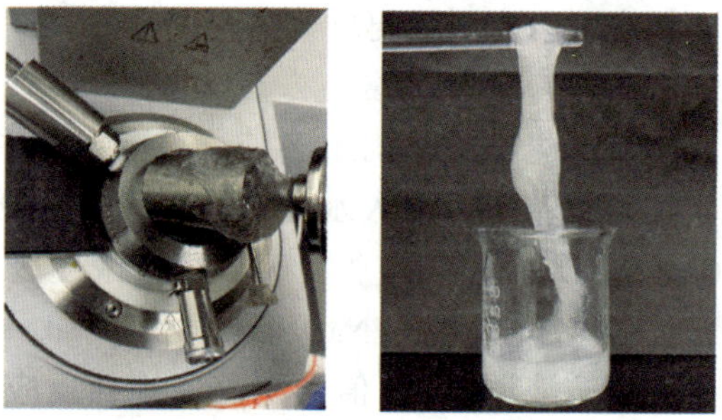
图 7-26 剪切实验后压裂液挑挂性
(0.7% HVFR+1.0% FJ-1)

对比分析上述数据可以发现，单一的有机锆交联剂在低温下可快速增黏，增黏幅度大，但其交联属于超分子作用，在高温下会快速破坏，即黏度会大幅度降低。而单一的JL1交联剂在低温下不交联，高温下快速交联，但其黏度难以保持，终黏小于50mPa·s。而多级交联体系，低温下可抑制有机锆交联，形成弱交联体系，避免黏度快速增加，摩阻剧增，高温下可快速交联，其增黏、耐温耐剪切能力均大于两者单一的交联剂体系。满足项目指标“耐温达到180℃”的要求。

二、变黏度压裂液体系性能测试

(一) 降阻性能评价

图7-27 介绍了不同HVFR浓度一体化压裂液在不同剪切速率下的降阻行为。从图中

可知，剪切速率由4500s^{-1}增加到6300s^{-1}时，降阻率也相应增加。例如，在0.7% HVFR时，降阻率由44.3%增加到68.9%。这说明随着流量的增加，剪切速率增加，降阻性能会提高，这是因为降阻性能与湍流程度有关，流量越大，流速越快，湍流程度越大，因此降阻率越高。此外，随着HVFR浓度的增加，降阻率表现出降低的趋势，在剪切速率6300s^{-1}时，HVFR浓度由0.6%增加到0.7%，降阻率由74.1%降低到64.7%。这说明，HVFR浓度越高，黏度越大，流动过程中黏滞阻力越大，因此降阻率更低。尽管如此，一体化压裂液降阻率依然大于60%，满足行业标准(NB/T 14003.3—2017)要求。

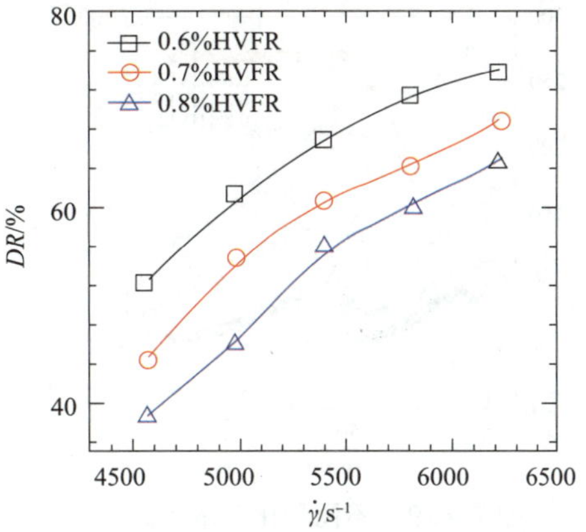

图7-27 不同HVFR浓度的一体化压裂液不同剪切速率与降阻率的关系曲线(30℃)

(二)携砂性能评价

另一方面，作为压裂液，还需具备良好的携砂能力。首先按照前述方法配制好压裂液体系(0.7% HVFR+1.0% FJ-1)，再加入陶粒搅拌均匀，转移至100mL的具塞量筒中。将量筒置于目标温度中静置，定时取出拍照，观察陶粒的沉降情况。实验中所用陶粒目数为20~40目，40~70目和70~140目，陶粒占总体积的15%。

由图7-28可知，三种不同目数的陶粒在两个温度下的都具有良好悬浮能力，静置2h内均未发生沉降。实验结果表明，该压裂液具有优异的悬砂能力，完全能够满足压裂作业的要求。

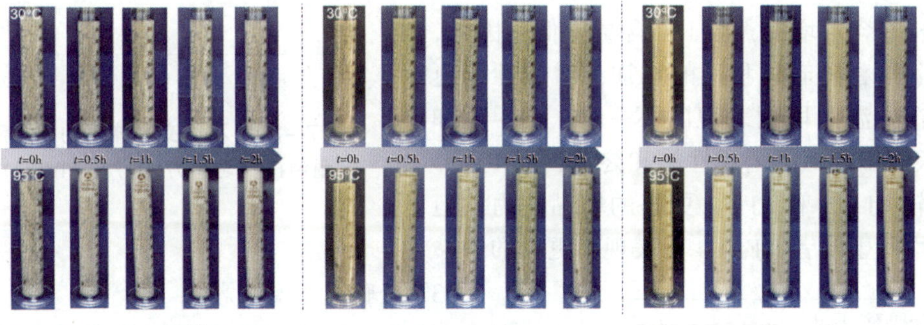

(a)20~40目 (b)40~70目 (c)70~150目

图7-28 压裂液体系在30℃和95℃下的悬砂能力

(三)耐剪切性能评价

1. 稠化剂浓度的影响

稠化剂浓度对压裂液交联性能有重要影响，稠化剂浓度过高，会产生爆聚脱水，浓度过低，不发生交联。因此，首先考察了稠化剂浓度对压裂液交联性能的影响。图7-29展示了不同HVFR稠化剂浓度的压裂液黏度随着温度的变化关系。

同时观察图7-29中的3条曲线，可以明显看出不同稠化剂浓度压裂液体系均表现出相同的变化趋势。先缓慢降低，后存在一个弱交联的阶段(黏度保持不变或轻微增加)，随

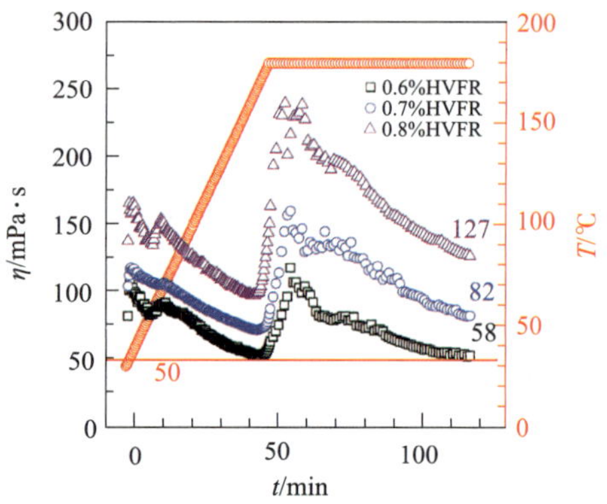

图 7－29　不同稠化剂浓度的压裂液耐温抗剪切能力(1.0% FJ－1)

后在测试温度达到目标温度前黏度持续降低，达到目标温度后，黏度开始增加。

HVFR 浓度为 0.6% 的体系在温度升高到 50℃时的瞬时黏度为 83mPa·s，180℃时的瞬时黏度为 63mPa·s，随后开始增黏到 118mPa·s，待稳定剪切 70min 后，黏度稳定在 53mPa·s 左右；0.7% 的体系在 50℃ 时的瞬时黏度为 105mPa·s，180℃时的瞬时黏度为 71mPa·s，随后体系黏度增加至 160mPa·s，待在 180℃时稳定剪切 70min 后，黏度稳定在 82mPa·s 左右；而 0.8% 的体系在 50℃时的瞬时黏度为 135mPa·s，180℃时的瞬时黏度为 98mPa·s，随后体系黏度增加至 240mPa·s，待在 180℃时稳定剪切 70min 后，黏度稳定在 127mPa·s 左右。对比分析上述数据可以发现，稠化剂浓度的压裂液体系影响较大，浓度的增加导致可交联点增加，交联性能增加，因此体现在压裂液体系的终黏增加。

2. 交联体系的影响

基于 0.7% HVFR 考察交联体系对压裂液交联性能的影响。图 7－30 展示了不同交联体系的压裂液黏度随着温度的变化关系。

同时观察图 7－30 中的 4 条曲线，不同交联体系均表现出相同的变化趋势：低温和高温均存在增黏阶段。多级交联体系随体积比的增加，有机锆含量增加，而 JL1 含量降低。因此，在低温阶段，随着体积比的增加，增黏性能更佳。而在高温阶段则表现的不一样，FJ－1 和 FJ－2 表现出类似的增黏性能和终黏，而 FJ－3 表现出较 FJ－1 和 FJ－2 更好的增黏能力，但其终黏均低于两者，FJ－4 则表现出更低的终黏。

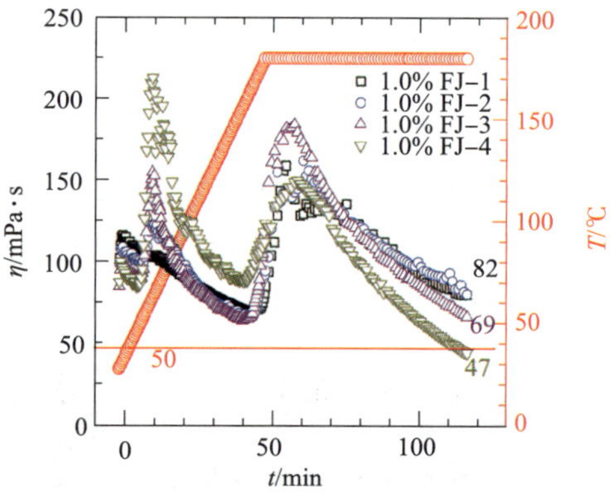

图 7－30　不同交联体系的压裂液耐温抗剪切能力(0.7% HVFR)

3. 交联剂浓度的影响

基于 0.7% HVFR 和 FJ－1 多级交联体系考察交联剂浓度对压裂液交联性能的影响。图 7－31 展示了不同交联剂浓度的压裂液黏度随着温度的变化关系。

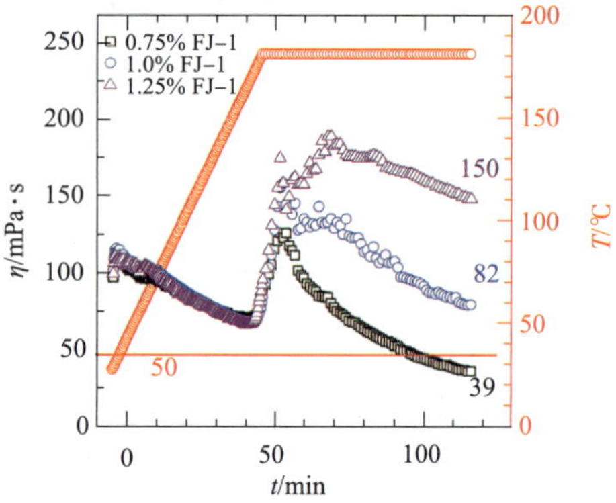

图 7－31　不同交联剂浓度的压裂液耐温抗剪切能力(0.7% HVFR)

由图 7－31 可知，不同交联剂浓度表现出相同的变化趋势。我们观察到，交联剂浓度在低温下对黏度整体影响不大，在 180℃时的瞬时黏度均为 71mPa·s 左右，而高温下则体现在增黏能力和终黏上。0.75% FJ－1 压裂液体系在 180℃时峰值黏度为 127mPa·s，待在 180℃时稳定剪切 70min 后，黏度稳定在 39mPa · s 左右；1.0% FJ－1 压裂液体系在 180℃时峰值黏度为 160mPa · s，待在 180℃时稳定剪切 70min 后，黏度稳定在 82mPa · s 左右；1.25% FJ－1压裂液体系在 180℃时峰值黏度为 190mPa · s，待在 180℃时稳定剪切 70min 后，黏度稳定在 150mPa · s 左右。说明交联剂浓度对压裂液性能有显著影响。

（四）配伍性评价

在压裂液实际使用过程中需要加入助排剂使压裂液在发挥作用后尽可能多地返排到地面。为了防止对储层伤害，因此要求在其中加入黏土稳定剂防止井壁坍塌。所以本节考察了助排剂和黏土稳定剂对交联压裂液的影响。

在室温条件下分别将助排剂和黏土稳定剂加入到交联压裂液（0.7% HVFR + 1.0% FJ－1）中，助排剂、黏土稳定剂加量分别为 0.1% 和 0.3%，由图 7－32 可知，助排剂和黏土稳定剂的加入并未产生不溶物，说明添加剂和压裂液之间配伍性良好。

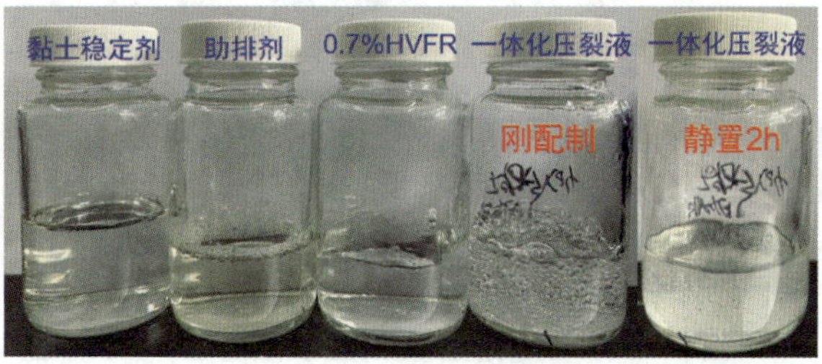

图 7－32　加入助排剂和黏土稳定剂后的实验结果

此外，我们还验证了添加剂对压裂液耐温耐剪切能力的影响（图 7－33）。实验结果表明，助排剂和黏土稳定剂的加入可以提高压裂液高温条件下的增黏能力，黏土稳定剂的促进作用优于助排剂，对应峰值黏度为 345mPa · s 和 202mPa · s。不仅如此，其终黏也有大幅度改善，助排剂和黏土稳定剂对应终黏分别为 180mPa · s 和 107mPa · s，均大于加入添加剂的压裂液体系（82mPa · s）。当两种添加剂同时加入压裂液中，依然表现出优异的增黏能力，峰值黏度和终黏分别为 386mPa · s 和 168mPa · s，剪切实验后的压裂液依然具有可挑挂性（图 7－34）。

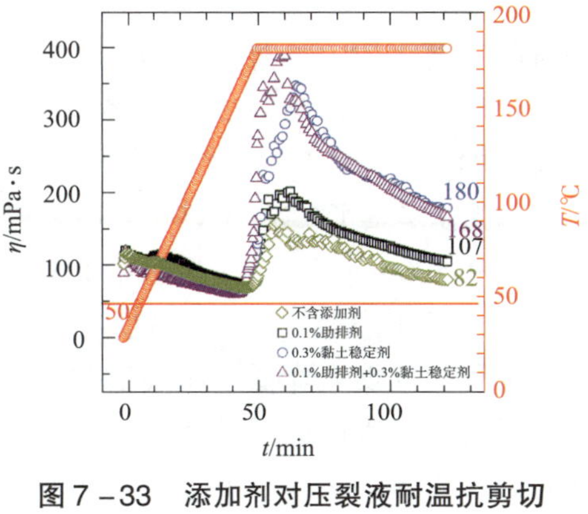

图 7－33　添加剂对压裂液耐温抗剪切能力的影响（0.7% HVFR + 1% FJ－1）

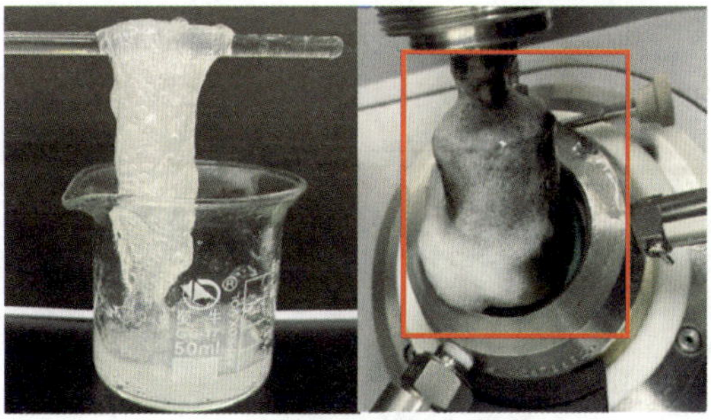

图 7－34　剪切实验后压裂液挑挂性（0.7% HVFR + 1.0% FJ－1 + 0.10% 助排剂 + 0.3% 黏土稳定剂）

基于上述实验结果，我们进一步验证了降低交联剂浓度，在两种添加剂的作用下是否可以满足耐温耐剪切的性能要求（ >50mPa · s）。由图 7－35 可知，随着交联剂 FJ－1 浓度的降低，体系的峰值黏度和终黏降低。当交联剂浓度由 1.0% 降低为 0.5% 时，峰值黏度由 386mPa · s 降低为 291mPa · s，而终黏由 168mPa · s 降低为 106mPa · s。由上述实验结果表明，降低交联剂浓度可以满足耐温耐剪切的性能要求。

(五)耐温性能

温度对压裂液交联性能有重要影响，温度过高，交联反应过快会产生爆聚脱水，温度过低，交联反应速度慢，黏度增加不明显。因此，考察了温度对压裂液交联性能的影响。图7-36展示了压裂液黏度在不同温度下的变化关系。

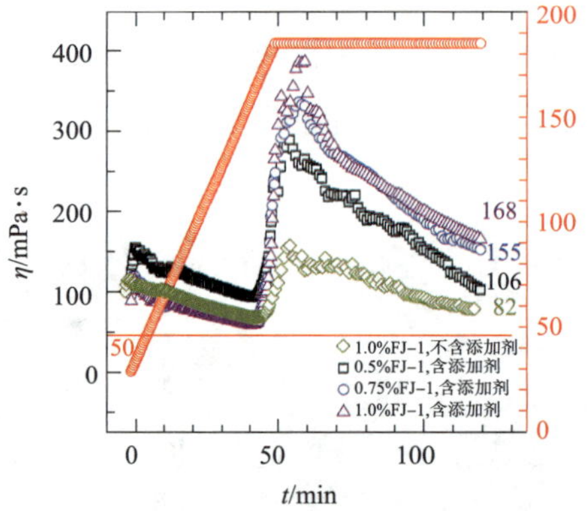

图7-35　交联剂浓度对压裂液耐温抗剪切能力的影响(0.7% HVFR+0.10%助排剂+0.3%黏土稳定剂)

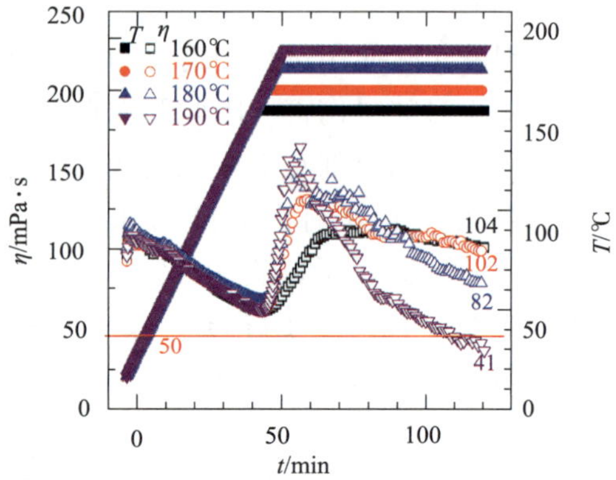

图7-36　不同温度下的压裂液耐温抗剪切能力(0.7% HVFR+1.0% FJ-1)

由图7-36可知，不同温度下压裂液表现出相同的变化趋势，主要区别在高温下的增黏性能和终黏。在160~190℃的温度区间内，压裂液均可以产生增黏现象，其峰值黏度分别为111mPa·s、132mPa·s、160mPa·s和164mPa·s，持续剪切后黏度分别降低为41mPa·s、82mPa·s、102mPa·s和104mPa·s，说明该压裂液体系可以满足160~180℃温度范围的储层。

(六)耐盐性能

除了温度以外，矿化度同样是影响交联反应进行的重要因素。此外，压裂液具有用量大的特征，利用压裂返排液、湖水、河水和其他低矿化度水配置压裂液成为许多地区页岩气开发的首选。因此需要研究矿化度如何影响交联反应的进行。

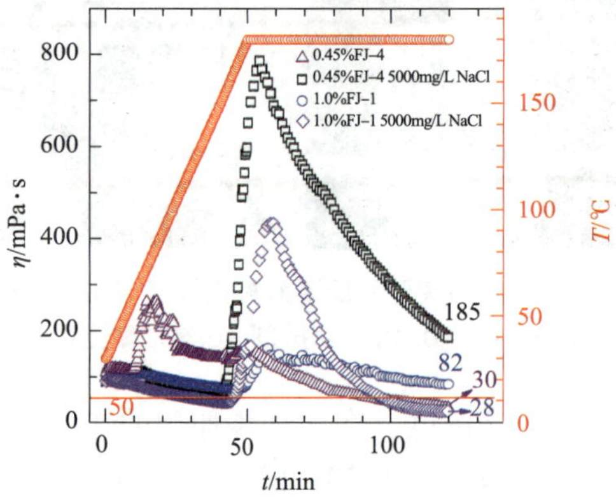

图7-37　压裂液耐温抗剪切能力(0.7% HVFR)

首先是考察了0.7% HVFR+1.0% FJ-1在淡水和5000mg/L NaCl盐水中的黏度随着温度的变化关系(图7-37)。我们发现，尽管盐的加入降低了压裂液的初始黏度，但盐的加入促进了其在高温条件的增黏能力，5000mg/L NaCl盐水中的峰值黏度为430mPa·s，而淡水中的峰值黏度为160mPa·s，说明盐的加入促进了交联反应的进行。但盐水中的终黏仅为28mPa·s，结合其峰值黏度，我们认为盐的加入造成了其快速交联发生脱水。因此，我们选择了JL1含量更低的多级复合交联体系FJ-4，并在更低的交联剂浓度下(0.45%)进行评价实验。实验结果表明，降低 JL1 以及复合交联体系的浓度，在盐水中的增黏效果更为明显，其峰值黏度为 784mPa·s，而淡水中黏度为 161mPa·s。此外，盐水中的终黏为 185mPa·s，淡水中仅为 30mPa·s。

在上述实验结果基础上，我们开展了不同 NaCl 浓度下的耐温耐剪切性能评价。由图 7－38 可知，在 5000～20000mg/L NaCl 盐水中，在高温下都有出色的增黏性能，同时其终黏随着矿化度的增加而降低，分别为 185mPa·s、58mPa·s、29mPa·s 和 16mPa·s。说明，此压裂液体系可以满足 10000mg/L NaCl 盐水中的耐温耐剪切性能。

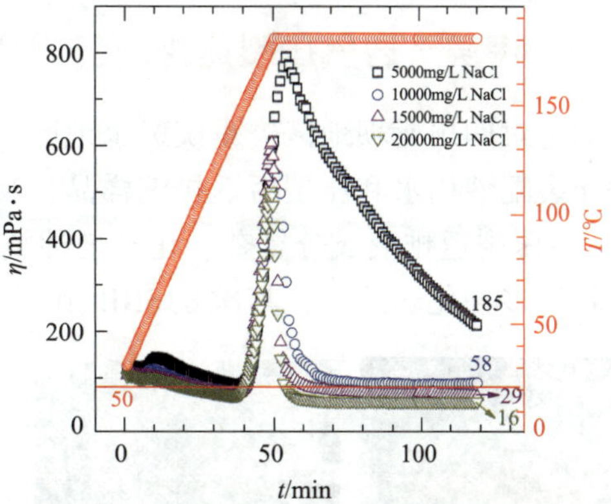

图 7－38　不同 NaCl 压裂液耐温抗剪切能力（0.7% HVFR＋0.45% FJ－4）

（七）破胶性能

当压裂液完成携砂至地层支撑新造裂缝的任务之后，其黏度需要在尽短时间内迅速下降，破胶水化为流动能力强的液体以便返排回地面，其破胶后的残渣含量应尽量低，以减小对地层的伤害。为验证一体化压裂液的破胶性能，我们选择了 0.7% HVFR 和 1.0% FJ－1 的压裂液在 180℃温度下进行破胶实验。破胶剂选取常用的氧化剂过硫酸铵，破胶剂浓度选择 0.06% 和 0.08%。破胶液黏度在 95℃温度和 $170s^{-1}$ 下进行测试。分别以该压裂液体系的破胶时间、破胶液黏度等参数来对压裂液的破胶性能进行评价。

由以上分析可知，在 0.06% 或 0.08% 浓度下均能在 6h 以内完成破胶（表 7－3），满足压裂液的应用要求（SY/T 6376—2016），且完全破胶后无明显残渣。

表 7－3　0.7% HVFR 和 1.0% FJ－1 压裂液的破胶性能

破胶剂	破胶剂浓度/%	破胶温度/℃	测试时间/h	破胶液黏度（95℃，$170s^{-1}$）/mPa·s
过硫酸铵	0.06	180	3	161
			6	1.9
			8	1.4
			10	1.2
			12	1.2
	0.08	180	3	110
			6	1.6
			8	1.1
			10	1.1
			12	1.2

第五节　压裂液返排液处理及循环利用

一、深层页岩气压裂返排液组分分析

通过对四川元坝地区、重庆彭水地区、重庆涪陵地区、重庆南川地区等现场取回页岩气井压裂配液用水和压裂后返排液样品，观察发现返排液样品具有以下特点：

(1)压裂返排液成分复杂、化学剂种类多、含量高。返排液主要成分为高浓度高分子聚合物等多种化学药剂，其次是SRB菌、硫化物和总铁等。

(a)元坝地区返排液样品　(b)焦石坝地区返排液样品

图7－39　试验用压裂返排液表观照片

(2)压裂返排液黏度大小不均、乳化程度高。其放喷液的黏度很高，约10～20mPa·s，用手摸感觉像浆糊一样，而返排液的黏度较低。所处理的压裂返排液是以上两种的混合物。由于压裂所用为复合型压裂液，乳化严重，放喷出的返排液乌黑、黏稠，静沉出水困难。图7－39为试验用水的表观照片，从表观上来看，乳化非常严重，且极其稳定，不易沉淀。

(3)压裂返排液处理难度大。悬浮物是常规含油污水处理中最难达标的项目，压裂返排液组分的复杂性及其性质的独特性决定了其处理难度更大。通常情况下，水在20℃的黏度约为1mPa·s，而压裂返排液的黏度是水的3～15倍，这也是压裂返排液难于处理的主要原因。从地层携带出来的油、重金属离子、盐等都会影响压裂返排液的二次利用，在其处理过程中，所投加的化学药剂在压裂返排液中很难扩散，传质作用缓慢，造成反应体系时间很长，处理效果差，因此压裂废液的有机物深度去除难度较大。

本项目的实验室研究主要以中石化重点页岩气区域的压裂返排液为处理对象，详细水质分析数据见表7－4，并对其他井的配液及返排液的水质进行了分析，详细水质分析数据见表7－5～表7－7。

表7－4　页岩气压裂返排液水质分析结果

项目	元页HF－1井返排液	彭页3HF井返排液	焦页1－2HF井返排液
pH值	7.87	7.44	7.75
电导率/(μS/cm)	11.71×10^3	24.7×10^3	24.6×10^3
总固体/(mg/L)	11460	17230	16775
总溶固/(mg/L)	8060	17070	14806
浊度/NTU	3130	36.4	108.9
总硬度，$CaCO_3$/(mg/L)	1094	742.8	1075
总碱度，$CaCO_3$/(mg/L)	482.4	698.5	148.3
NH_4^+/(mg/L)	136.9	33.2	4717.2

续表

项目	元页 HF－1 井返排液	彭页 3HF 井返排液	焦页 1－2HF 井返排液
钙硬，$CaCO_3$/(mg/L)	953.61	642.4	319.5
Na^+/(mg/L)	7444	4138.3	4717.2
K^+/(mg/L)	137.9	118.6	319.5
Cl^-/(mg/L)	2519.1	8205.7	8654.8
F^-/(mg/L)	N.D.	N.D.	15.6
NO_3^-/(mg/L)	N.D.	30.9	11.2
SO_4^{2-}/(mg/L)	68.1	57.8	69.7
Fe^{2+}/(mg/L)	37	9.7	29.28
Mn^{2+}/(mg/L)	1.022	2.3	0.14
Al^{3+}/(mg/L)	0.032	0.06	—
Ba^{2+}/(mg/L)	3.296	22.1	14.15
Sr^{2+}/(mg/L)	N.D.	13.2	12.73
SiO_2/(mg/L)	6.55	16.7	
全硅/(mg/L)	34.9	50.2	46.3
总油/(mg/L)	11608	2.1	有干扰
石油类/(mg/L)	10928	1.9	有干扰
COD/(mg/L)	2410	1355.5	5156
TOC/(mg/L)	374.4	272	

从表7－4可以看出，3口页岩气井压裂返排液有着共同的特点：含盐量高，电导率均上万微西/厘米，浊度较大，重金属离子含量较高，有机物含量高。

表7－5　不同页岩气井压裂返排液水质分析结果

项目	焦页 3－3	焦页 3－3 混(池)	焦页 42－4	焦页 20－1	焦页 20－2(池)
pH 值	7.583	7.636	7.912	7.342	6.369
电导率/(μS/cm)	17.71×10^3	7.65×10^3	1625	20.2×10^3	6.54×10^3
总固体/(mg/L)	11165	4885	2324	12225	4510
总溶固/(mg/L) (0.45μm 膜滤)	10920	2528	1877	12156	1233
浊度/NTU	519	133.4	222	47.9	187
Mg^{2+}/(mg/L)	22.7	16.2	14.0	26.2	17.2
总碱度，$CaCO_3$/(mg/L)	720.25	477.4	412.0	876.9	241.2
NH_4^+/(mg/L)	41.65	48.65	71.05	69.65	150.15
Ca^{2+}/(mg/L)	162.7	104.8	77.8	197.0	159.0
Na^+/(mg/L)	4149.6	1600.3	224.2	4681.0	997.4
K^+/(mg/L)	107.1	52.8	38.4	144.5	57.2
Cl^-/(mg/L)	6285.7	2295.9	290.0	7206.6	2001.9
F^-/(mg/L)	0.6	0.2	0.9	0.2	0.5

续表

项目	焦页 3 –3	焦页 3 –3 混(池)	焦页 42 –4	焦页 20 –1	焦页 20 –2(池)
NO_3^-/(mg/L)	3.6	3.3	5.1	3.5	4.6
SO_4^{2-}/(mg/L)	50.3	178.8	74.8	46.6	218.1
Fe^{2+}/(mg/L)	1.998	3.271	5.548	2.017	54.088
Mn^{2+}/(mg/L)	0.347	0.271	0.781	0.504	0.684
Al^{3+}/(mg/L)	0.038(滤后)	0.133	0.673	0.029	0.713(滤后)
Ba^{2+}/(mg/L)	4.51	2.40	4.08	8.70	8.86
Sr^{2+}/(mg/L)	12.12	3.88	1.12	17.94	7.32
SiO_2/(mg/L)	77.8	38.1	20.3	71.2	22.4
全硅/(mg/L)	239.4	130.6	93.7	219.3	93.2
总油/(mg/L)	2812.9	2134.4	1723.1	1725.6	1900
COD/(mg/L)	2264	1370	2051	1328	1796
TOC/(mg/L)	633.5	431.5	717.8	406.2	568.8

从表 7 –5 结果可看出，这几口井的压裂返排液的水质特点，与表 7 –4 分析的水质特点基本一致。

表 7 –6　涪页 3 –2HF 页岩气井压裂返排液分析结果

分析项目及单位		配液用水	压裂返排液	前后对比/(倍数)
总固体/(mg/L)		540	2955	5.5
总溶固/(mg/L)		530	2890	5.45
总油/(mg/L)		0.13	2.87	22
石油类/(mg/L)		N. D.	2.6239	
COD/(mg/L)		<20	2689	134
TOC/(mg/L)		12.8	902	70
pH 值		7.20	7.33	
电导率/(μS/cm)		845	2880	3.4
浊度/NTU		1.6	27.2	17
总硬度	$CaCO_3$/(mg/L)	421.6	501.9	
总碱度	$CaCO_3$/(mg/L)	391.9	371.9	
钙硬	$CaCO_3$/(mg/L)	301.1	220.8	
阳离子	Na^+/(mg/L)	8.6	112.3	13
	K^+/(mg/L)	0.9	67.8	75
	NH_4^+/(mg/L)	N. D.	145.4	145
	Fe^{2+}/(mg/L)	0.02	0.08	
	Mn^{2+}/(mg/L)	<0.05	<0.05	
	Al^{3+}/(mg/L)	N. D.	N. D.	
	Ba^{2+}/(mg/L)	3.3	10	3
	Sr^{2+}/(mg/L)	0.6	0.5	

续表

分析项目及单位		配液用水	压裂返排液	前后对比/(倍数)
阴离子	Cl^-/(mg/L)	5.5	474.0	86
	F^-/(mg/L)	N. D.	N. D.	
	NO_3^-/(mg/L)	3	33	11
	SO_4^{2-}/(mg/L)	184.3	302.7	1.6
	SiO_2/(mg/L)	1.39	<0.5	
	全硅/(mg/L)	2.52	有干扰	

表7-6分析结果表明：与原配液水相比，返排液的COD、TOC、悬浮物、浊度、K^+、NH_4^+、Cl^-、NO_3^-等的含量均大幅度上升，是后期处理的重点。

表7-7 焦页3-2HF页岩气井压裂返排液分析结果

项目		配液用水	压裂返排液1(放喷后7h)	压裂返排液2(放喷后26h)
总溶固/(mg/L)		—	7860	7030
悬浮物/(mg/L)		—	168	272
含油量	有机物/(mg/L)	0.13	10.88	11.57
	总油/(mg/L)	0.13	15.66	12.78
COD/(mg/L)		19	2236	2090
TOC/(mg/L)		4.14	341.0	346.3
pH值		7.59	7.49	7.40
电导率/(μS/cm)		452	10270	8800
浊度/NTU		2.6	50.4	50.9
总碱度	$CaCO_3$/(mg/L)	45.2	1100.5	964.8
阳离子	Na^+/(mg/L)	11	1750	1500
	K^+/(mg/L)	1.9	100	95
	Ca^{2+}/(mg/L)	9.6	145	135
	Mg^{2+}/(mg/L)	5.3	21.5	21
	Fe^{2+}/(mg/L)	0.41	65	75
阴离子	TN/(mg/L)	2.2	174.8	181.8
	NH_4^+-N/(mg/L)	3.6	95.2	83.9
	Cl^-/(mg/L)	16.0	2610.6	2096.5
	F^-/(mg/L)	<1.0	15.7	20.7
	NO_3^-/(mg/L)	4.8	4.0	3.7
	SO_4^{2-}/(mg/L)	49.4	149.3	163.1
	溶SiO_2/(mg/L)	5.4	47.9	45.4
	全硅/(mg/L)	—	81.0	80.0
	S^{2-}/(mg/L)	<0.005	1.48	0.30

表 7－7 分析结果表明：与原配液水相比，返排液的含油量、悬浮物、COD、TOC、Na^+、K^+、Fe^{2+}、总 N、Cl^-、全硅的含量均大幅度上升，是后期处理的重点。

项目组还采集了国外技术服务公司在国内页岩气勘探开发区域压裂作业井的压裂返排液水样，按前述分析方法，对压裂返排液的污染组分进行了分析，结果如表 7－8 所示。

表 7－8　页岩气井压裂返排液水质分析结果

井号		pH 值	悬浮物/(mg/L)	COD/(mg/L)	总铁/(mg/L)	Oil/(mg/L)	Ca^{2+}/(mg/L)	Mg^{2+}/(mg/L)	硼/(mg/L)	Cl^-/(mg/L)	总汞/(mg/L)	总砷/(mg/L)	六价铬/(mg/L)	总铅/(mg/L)
涪页 1－HF	1#	6.82	634	1868	6.20	91.3	334	112	18.61	2530	0.0003	<0.01	0.11	<0.01
	2#	7.12	712	2045	6.45	79.9	478	108	23.34	3210	0.0003	<0.01	0.09	<0.01
彭页 1－HF	1#	6.95	452	3201	12.50	45.6	852.2	218.5	31.54	4250	0.0001	<0.01	0.06	<0.01
	2#	6.77	485	3118	11.75	38.4	822.5	200.2	42.02	4458	0.0001	<0.01	0.07	<0.01
丁页 2HF		6.70	325	1594	10.45	25.3	1201	519	10.22	18650	0.0001	<0.01	0.07	<0.01
焦页 4－2 HF		6.85	287	1064	7.33	25.0	323.1	91	6.55	4526	0.0002	<0.01	0.08	0.017
Q/SH 0444—2011 回用标准限值		6～8	≤10	—	≤10	≤10	≤500	≤300	≤1	≤20000	—	—	—	—
GB/T 8978—1996 排放标准限值		6～9	70	100	—	10	—	—	—	—	≤0.05	≤0.5	≤0.5	≤1.0
GB 5084—2005 灌溉标准限值		5.5～8.5	<200	<300	—	<5	—	—	<1～3	<250	<0.001	<0.05	<0.1	<0.1
GB 3838—2012 地下水标准限值		6～9	—	15～40	—	0.05～1	—	—	—	<250	<0.001	<0.05	<0.01	<0.01

注：Ca^{2+}、Mg^{2+} 浓度以 $CaCO_3$ 计。

由表 7－8 分析数据可知，不同页岩气区块的地质条件存在较大差异，使压裂返排液水质指标上存在较大差别。pH 值为 6.45～7.12、悬浮物为 287～712mg/L、COD 为1064～5224mg/L、总铁为 6.2～15.24mg/L、石油类物质含量为 23.6～91.3mg/L、硼含量为 6.55～42.02mg/L、氯离子含量为 4526～18650mg/L，其中 pH 值、悬浮物、油含量、硼含量超出了配制压裂液用水的水质质量指标限值；压裂返排液中重金属如总汞、总铅、总砷及六价铬含量均低于《污水综合排放标准》(GB/T 8978—1996)一级标准，对地层水不会造成污染；COD 浓度较高，而 COD 来自压裂液中的降阻剂、稠化剂、黏度调节剂等压裂液添加剂，对压裂返排液回用配液起着有益的作用，可降低压裂作业成本。

二、压裂返排液处理配方

(一) 实验原理

1. 化学沉淀原理

返排液中加入沉淀剂碳酸钠和氢氧化钠后，发生如下反应：

$$Ca^{2+} + CO_3^{2-} \xlongequal{} CaCO_3 \downarrow (难溶)$$

$$Mg^{2+}\ CO_3^{2-} = MgCO_3\downarrow(微溶)$$

$$Fe^{3+}+3OH^- = Fe(OH)_3\downarrow(难溶)$$

$$MgCO_3+2OH^- = Mg(OH)_2\downarrow+CO_3^{2-}$$

$Mg(OH)_2$ 以胶体状态存在于返排液中，它会吸附返排液中带正电荷的 Mg^{2+}，使其带正电荷；另外由于硼外层电子的特征，其与水中具有孤对电子的 OH^- 结合形成带负电荷的 $B(OH)_4^-$；在静电作用下，带正电荷的 $Mg(OH)_2$ 胶体颗粒吸附带负电荷的 $B(OH)_4^-$，达到降低压裂返排液中硼酸根的目的。

$Mg(OH)_2$ 吸附硼的反应如下：

$$mMg(OH)_2+nMg^{2+} = \{[Mg(OH)_2]_m\cdot nMg^{2+}\}^{2n+}\downarrow$$

$$\{[Mg(OH)_2]_m\cdot nMg^{2+}\}^{2n+}+x[B(OH)_4]^- = \{[Mg(OH)_2]_m\cdot nMg^{2+}\cdot xB(OH)_4^-\}^{2n-x}\downarrow$$

2. 混凝原理

混凝可分为化学混凝和物理混凝两种，化学混凝法是通过向废水中投加具有相反电性的混凝剂后，会发生凝聚作用。当发生凝聚作用时，胶体粒子失去稳定作用或发生电中和，不稳定的胶体粒子再相互碰撞而形成较大的颗粒。另外当加入混凝剂时，它会离子化并与离子表面形成价键，为克服离子间彼此的排斥力，混凝剂会由于搅拌及布朗运动而使得粒子间产生碰撞，当粒子逐渐接近时，氢键及范德华力促使粒子聚集成更大的颗粒。碰撞一旦开始，粒子便经不同的物理化学作用而开始聚集，较大的颗粒便从水中分离而沉降。物理混凝则是由于存在双电层及某些物理因素，使胶体粒子失去稳定性而发生聚集，开始时是小颗粒粒子，逐渐聚集形成大颗粒粒子，最终沉降，从水中分离出来。

(二)实验方法

1. 化学沉淀法

量取一定体积量的压裂返排液置于500mL烧杯中，在快速搅拌下(200～300r/min)加入一定量的复合沉淀剂，搅拌2～3min，加入适量有机絮凝剂，慢速(30～60r/min)搅拌1min，静置沉降30min；取上层清液分析水质主要指标。

2. 化学混凝法

量取一定体积量的压裂返排液置于500mL烧杯中，在快速搅拌下(200～300r/min)加入一定量的混凝剂，搅拌3～5min；调节pH值至7～9，然后加入适量有机絮凝剂，慢速(30～60r/min)搅拌1～2min，静置沉降30min；取上层清液分析水质指标。

3. 精密过滤法

在砂滤实验装置中加入不同粒径的石英砂进行装柱，量取一定体积量经化学沉淀-混凝联合处理后的清液，按一定流速进行精密过滤，取过滤后的清液进行水质分析。

4. 吸附法

静态吸附法：量取一定体积量的经复合混凝处理后的压裂返排液置于500mL烧杯中，调节压裂返排液的pH值至一定数值，快速搅拌下(200～300r/min)加入一定量的吸附剂，室温下搅拌吸附反应一定时间后，取上层清液分析压裂返排液中的残余硼含量。

动态吸附法：先将一定量吸附剂装入自制吸附柱，其中柱高为50cm，直径约为2cm，然后调节返排液pH值为适当值，在室温下，控制一定流速让返排液均匀通过吸附柱，收集净化水并分析硼含量。

三、压裂液处理工艺优化研究

(一)处理工艺方案优化

由于页岩气压裂液中使用了增稠剂、交联剂、黏土稳定剂、助排剂、破胶剂等多种添加剂，因而压裂返排液具有高 COD 值、高稳定性、复杂多样等特点，处理难度大。本研究中净化处理工艺方案的原则为：以废水再利用为目标，保留有效成分、去除有害成分，严格控制引入外来干扰离子，遵循如下设计理念：

(1)绿色：优选无毒或低毒处理药剂，减少处理过程二次污染，采用物理为主、化学为辅的绿色处理工艺。

(2)灵活：模块化设计，结合现场工况进行模块组合。

(3)降本：坚持环保和经济效益相结合，注重清洁生产、进行重复利用，降低配液成本。

以页岩气压裂返排液(降阻水为主)为研究对象，通过对压裂返排液中的污染物成分分析，并结合《非常规油气井压裂液配制和返排液回收处理推荐作法》(Q/SH 0444—2011)标准要求，拟采用混凝、电化学絮凝和过滤等单元工艺对压裂返排液污染物和再利用干扰组分进行处理，有效地降低压裂返排液中的石油类、SS、Ca^{2+}、Mg^{2+}、Fe^{3+}等干扰离子的含量，使其水质达到再利用配制压裂液的水质要求。

(二)处理工艺流程优化

根据单因素试验研究结论，只要去除返排液中的悬浮物及高价金属离子即可以达到二次配液的要求，故设计处理工艺流程如图 7－40 所示。

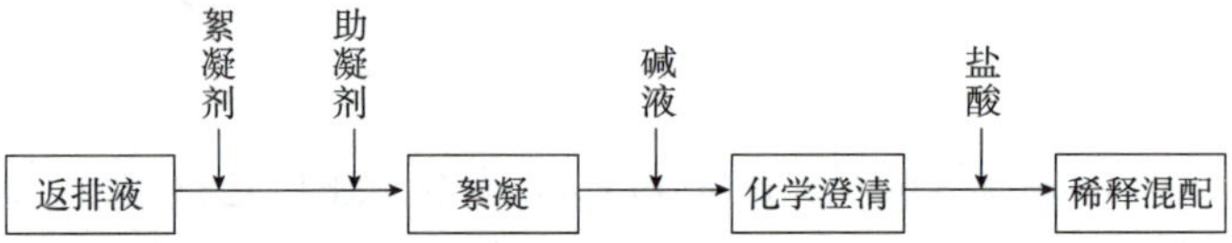

图 7－40　压裂返排液絮凝处理工艺流程

采用电絮凝、化学混凝、化学沉淀等几种水处理工艺，进行不同单元工艺组合，对压裂返排液进行净化处理，考察不同组合工艺对压裂返排液中石油类、悬浮物、Ca^{2+}、Mg^{2+}、Fe^{3+}等影响因素的分离去除效果，优选压裂返排液净化处理最佳工艺，结果见表 7－9和表 7－10。

表 7－9　不同工艺处理页岩气压裂返排液后的水质分析结果　mg/L

污染组分	不同组合处理工艺的处理效果				
	电絮凝/过滤	混凝/过滤	复合混凝/过滤	复合混凝/过滤/吸附	Q/SH 0444—2011 回用限值
石油类	23.3	19.02	9.70	9.23	<10
SS	6.1	7.62	6.34	5.39	<10
铁离子	1.09	1.35	1.16	1.02	<20
钙离子	562	557	460	460	<500
镁离子	515	518	210	210	<200
硼	7.35	9.20	6.24	0.31	<1.0

表 7－10　不同组合工艺处理后净化液配制压裂液的性能评价

压裂液体系	工艺	配伍性	pH	黏度/mPa·s
降阻水	电絮凝/过滤	24h 后交联	6.0	7
	混凝－过滤	24h 后交联	6.0	7
	复合混凝－过滤	配伍	6.0	7
	复合混凝－过滤－吸附	配伍	6.0	7

综上研究结果，页岩气压裂返排液经复合混凝－过滤工艺处理后，净化液可达到配制降阻水压裂液的要求。

根据上述优化的复合混凝再利用处理工艺，继续进行系统研究，由于隔油处理一般在返排液池中进行机械处理，因此以下研究主要通过对混凝剂优选、用量和 pH 值等研究，确定复合混凝处理工艺参数。

（三）混凝剂优选

因返排液为较稳定的悬浊液，具有较强的乳化性，故首先要对返排液进行破乳絮凝处理。

1. 混凝剂加量优化

维持各混凝剂加量为 5g/L，调整 pH 值为 8，絮凝剂加量为 5ml/L，混凝搅拌速度为 200r/min、搅拌时间 5min，絮凝搅拌速度 60r/min、搅拌时间为 1min 不变，将不同的混凝剂分别加入到经沉淀处理后的压裂返排液水样中，考察不同混凝剂对压裂返排液处理效果的影响，结果见表 7－11。

表 7－11　不同混凝剂对页岩气井压裂返排液处理效果

混凝剂	总铁/(mg/L)	石油类/(mg/L)	SS/(mg/L)
$FeSO_4$	0.3891	5.15	8.75
PAC	0.3345	4.67	8.32
PAFS	0.2852	3.43	8.45
PFS	0.2693	4.18	8.22
$Al_2(SO_4)_3$	0.3228	3.57	7.91
$FeCl_3$	0.5697	4.19	9.25
SRHN－1	0.2245	3.49	6.56

由表 7－11 可见，不同混凝剂对压裂返排液中的总铁、石油类和 SS 的分离去除效果不同。混凝剂 SRHN－1 对压裂返排液处理效果较好，处理后的净化液中的总铁为 0.2245mg/L、石油类为 3.49mg/L、SS 为 6.56mg/L。这是因为混凝剂 SRHN－1 中含有两种高价金属离子，具有极强的电中和作用，破坏胶体稳定性，可以使微小絮体颗粒凝聚成较密实的成团弹丸大颗粒絮体，能快速地通过沉降从压裂返排液中分离出来。

2. 混凝剂用量对压裂返排液处理效果的影响

调整 pH 值为 8，絮凝剂加量为 5ml/L，混凝搅拌速度为 200r/min、搅拌时间为 5min，絮凝搅拌速度 60r/min、搅拌时间为 1min 不变，逐渐增加 SRHN－1 用量，考察混凝剂 SRHN－1 用量对压裂返排液处理效果的影响，结果见表 7－12。

表 7－12 混凝剂用量对压裂返排液混凝处理效果

SRHN－1 用量/(g/L)	总铁/(mg/L)	石油类/(mg/L)	SS/(mg/L)
1	0.2554	8.35	15.45
2	0.2505	5.42	7.54
3	0.2250	3.49	5.38
5	0.2245	3.49	5.03
7	0.2252	2.96	4.80
9	0.2248	2.89	4.78
11	0.2255	2.84	4.62

由表 7－12 可见，压裂返排液处理后的净化液中的总铁、石油类和 SS 的含量随着混凝剂用量的增加均逐渐降低。SRHN－1 用量增加至 3g/L 时，净化液中的总铁为 0.2250mg/L、石油类为 3.49mg/L、SS 为 5.38mg/L；SRHN－1 用量继续增加，净化液中的总铁含量基本维持不变，石油类和 SS 降低幅度很小。因此处理压裂返排液时，混凝剂 SRHN－1 的最佳用量选定为 3g/L。

3. 不同类型絮凝剂对压裂返排液混凝效果的影响

维持混凝剂 SRHN－1 用量为 3g/L、调整 pH 值为 8、絮凝剂加量为 5mL/L(配制成质量分数为 0.2% 水溶液)，混凝时控制搅拌速度为 200r/min、时间为 5min，絮凝时控制搅拌速度为 60r/min，时间为 1min。改变絮凝剂类型，考察不同类型絮凝剂对压裂返排液处理效果的影响，结果见表 7－13。

表 7－13 不同类型絮凝剂对压裂返排液处理效果

絮凝剂类型	总铁/(mg/L)	石油类/(mg/L)	SS/(mg/L)
两性 PAM	0.2250	3.85	5.26
阴离子 PAM	0.2100	3.80	5.28
阳离子 PAM	0.2315	3.90	5.73
不加	0.3520	4.35	7.52

由表 7－13 可见，絮凝剂类型对压裂返排液总铁、石油类去除效果影响不大，但对悬浮物去除效果影响较大。综合比较，阴离子聚丙烯酰胺和两性聚丙烯酰胺对压裂返排液中影响压裂液性能的离子去除效果优于阳离子聚丙烯酰胺；另外由实验结果还可以看出，要得到好的处理效果，絮凝剂是必不可少的。

4. 助凝剂筛选试验

首先测定压裂返排液的 ζ 电位为 －18mV，说明返排液呈电负性。故选择阳离子型助凝剂。分别投加不等量的阳离子型助凝剂 SRZN－1，对其进行 ζ 电位检测，结果见表 7－14。

表 7－14 压裂液电位测定结果

SRXN－1/(mg/L)	SRZN－1/(mg/L)	ζ电位/mV
4500	5	－9.6
4500	10	－2.8
4500	12.5	－1.6
4500	15	10.4

从表 7－14 中可以看出，随着阳离子型助凝剂 SRZN－1 的投加，压裂返排液的 ζ 电位绝对值逐渐减小，当加入量为 12.5mg/L 左右时，ζ 电位绝对值逐渐变得最小。而当加入量为 15.0mg/L 时，ζ 电位瞬间变为正值，绝对值也瞬间变大。

选用阳离子型助凝剂，促使絮凝剂 SRXN－1 迅速向水中扩散，水中的杂质颗粒与絮凝剂作用，通过压缩双电层和电中和等机理，使絮体失去或降低稳定性，生成微絮粒更有利于絮凝沉降，处理效果如图 7－41 所示。

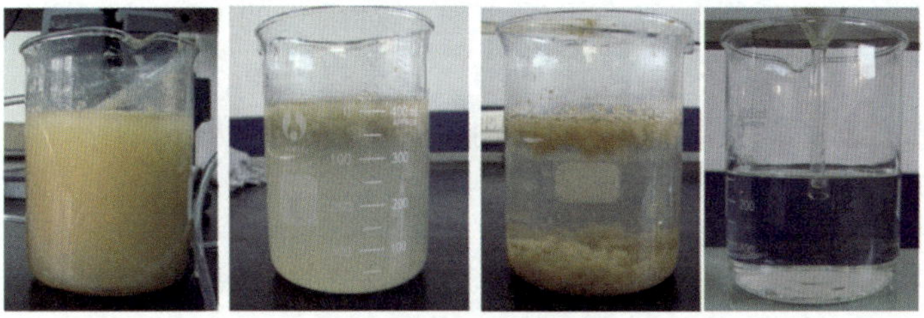

(a)返排液　(b)絮凝剂　(c)絮凝剂+助凝剂　(d)过滤后

图 7－41 压裂返排液絮凝处理效果

由于絮凝剂投加量较大，产生大量的渣，为了降低絮凝剂的投加量，进一步筛选絮凝剂和助凝剂。通过表观实验，初步筛选出 SRZN－1 为更优的助凝剂。与 SRHN－1、SRXN－1通过不同方式混用，测定处理后的水质，并测定不同条件的絮凝处理对压裂液黏度的影响，水质分析见表 7－15。

表 7－15 不同絮凝条件处理后水质分析

项目	原水	SRHN－1＋SRXN－1	SRHN－1＋SRZN－1	SRHN－1＋SRXN－1＋SRZN－1
铁离子 Fe^{2+}/(mg/L)	13.3	0.09	2.41	0.73
Mn^{2+}/(mg/L)	0.28	0.18	0.1	0.1
铝离子 Al^{3+}/(mg/L)	0.21	＜0.03	0.89	0.51
Ba^{2+}/(mg/L)	20.7	17.8	15.2	15.9
Sr^{2+}/(mg/L)	18.5	16.3	15.9	16.2
SiO_2/(mg/L)	60	20.5	24.1	24.6
COD/(mg/L)	4110	141	1922	2009
TOC/(mg/L)	1329.2	48.2	675	697.5
钙离子 Ca^{2+}/(mg/L)	120.4	439.7	182.4	187.6
镁离子 Mg^{2+}/(mg/L)	31.1	33.7	27	28
浊度/NTU	105	1.0	44.3	4.5

从图 7 –41 可以看出，当减少 SRHN –1 的投加量并加入 SRZN –1 后，除 Fe^{2+}、COD 和浊度外，其他水质指标均好于单独投加 SRHN –1 和 SRXN –1 处理后的水质指标。为了进一步验证处理效果，进行二次配液，测定其黏度，结果见表 7 –16。

表 7 –16　不同絮凝条件黏度测定

水质	电导率/(mS/cm)	黏度/mPa·s
SRHN –1 + SRXN –1	26.0	39
SRHN –1 + SRZN –1	22.1	21.5
SRHN –1 + SRXN –1 + SRZN –1	22.9	35

从表 7 –16 可以看出，SRHN –1 + SRXN –1 和 SRHN –1 + SRXN –1 + SRZN –1 絮凝处理后的水质进行二次配液黏度相当，但第二种方案所使用药剂量较少，产生的絮体较少。故选用再加入一种药剂的方式，减少药剂的总投加量。

5. 复合混凝处理工艺适应性评价

利用上述确定的压裂返排液复合混凝工艺，对采集的 5 口井 8 个压裂返排液进行处理，分析净化液中的石油类、SS、钙离子 Ca^{2+}、镁离子 Mg^{2+}、总铁含量等水质指标，验证复合混凝处理工艺对不同页岩气井压裂返排液的适应性，结果见表 7 –17。

表 7 –17　复合混凝处理工艺的适应性评价

压裂返排液水样		净化液水质主要技术指标(单位除 pH 值外，均为 mg/L)					
		pH 值	SS	总铁	Oil	钙离子	镁离子
涪页 1HF	1#	7.62	5.45	0.20	5.65	148.3	82.0
	2#	7.48	5.38	0.55	5.87	156.1	108.0
元页 1HF	1#	7.35	5.78	0.12	1.23	120.8	74.7
	2#	7.50	4.45	0.03	1.21	176.4	82.5
彭页 1HF	1#	7.50	6.80	0.87	4.25	222.6	98.5
	2#	7.54	5.55	0.65	3.72	208.5	97.6
丁页 2HF		7.65	5.28	0.21	3.86	328.8	205.1
焦页 4 –2HF		7.20	3.84	0.06	3.21	126.5	91.0
Q/SH 0444—2011 标准限值		6.5 ~8.5	<10	<10	<10	<500	<200

由表 7 –17 可知，经复合混凝工艺处理后，5 口井 8 个压裂返排液净化液中的 pH 值为 7.20 ~7.65，Ca^{2+} 含量为 120.8 ~328.8mg/L，Mg^{2+} 含量为 74.7 ~205.1mg/L，总铁含量为 0.03 ~0.55mg/L，石油类为 1.21 ~5.87mg/L，SS 为 3.84 ~5.78mg/L，达到了配制降阻水体系压裂液用水质量指标。

(四) 絮凝处理效果

絮凝处理后出水水质见表 7 –18 和表 7 –19。

表 7－18　元页 1HF 返排液处理后水质分析

项目	返排液原水	絮凝后	化学澄清后
pH 值	7.87	7.71	6.72
电导率/(μS/cm)	11.71×10^3	10.42×10^3	10.52×10^3
总固体/(mg/L)	11460	6810	6400
总溶固/(mg/L)	8060	6720	6310
浊度/NTU	3130	35.1	1.1
总硬，$CaCO_3$/(mg/L)	1094/1054	297.75	150.09
总碱，$CaCO_3$/(mg/L)	482.4	592.95	50.25
NH_4^+/(mg/L)	136.9	<0.2	<0.2
钙硬，$CaCO_3$/(mg/L)	953.61/923.5	225.54	121.69
Na^+/(mg/L)	7444	2090.2	2326.2
K^+/(mg/L)	137.9	44.0	47.2
Cl^-/(mg/L)	2519.1	3244.0	3509.4
F^-/(mg/L)	N. D.	<5	<5
NO_3^-/(mg/L)	N. D.	24.5	24.0
SO_4^{2-}/(mg/L)	68.1	249.1	251.7
Fe^{2+}/(mg/L)	37	0.05	0.09
Mn^{2+}/(mg/L)	1.022	0.66	<0.05
Al^{3+}/(mg/L)	0.032	<0.013	<0.013
Ba^{2+}/(mg/L)	3.296	1.12	0.59
Sr^{2+}/(mg/L)	N. D.	7.58	5.25
SiO_2/(mg/L)	6.55	6.0	8.8
全硅/(mg/L)	34.9	27.4	9.1
总油/(mg/L)	11608	16.4	
石油类/(mg/L)	10928	1.3	
COD/(mg/L)	2410	665	481
TOC/(mg/L)	374.4	251.8	132.2

表 7－19　焦页 1－2HF 井返排液处理后水质分析

项目	配液用水	焦页 1－2HF 井返排液	絮凝沉降	化学澄清后
pH 值		7.7	6.85	8.15
电导率/(μS/cm)	490	23600	23900	24000
总固体/(mg/L)	320	16775	14735	
总溶固/(mg/L)	290	14806	13613	
浊度/NTU	10.8	108.9	3.4	
总碱，$CaCO_3$/(mg/L)	150.8	1075	284.8	180.9
NH_4^+－N/(mg/L)	1.9	148.3	96.2	
Na^+/(mg/L)	25.4	4717.2	4195.2	4691.2
K^+/(mg/L)	1.7	319.5	262.4	284.3

续表

项目	配液用水	焦页1-2HF井返排液	絮凝沉降	化学澄清后
Ca^{2+}/(mg/L)	73.8	606.3	491.1	274.7
Mg^{2+}/(mg/L)	7.3	25.8	22.5	20.8
Cl^-/(mg/L)	8.5	8654.8	8681.8	
F^-/(mg/L)	<0.5	15.6	14.2	
NO_3^-/(mg/L)	16.7	11.2	1.7	
SO_4^{2-}/(mg/L)	53.6	69.7	41.8	
Fe^{2+}/(mg/L)	<0.04	29.28/(滤)	1.24	
Mn^{2+}/(mg/L)	<0.05	0.14/(滤)	0.86	<0.05
Al^{3+}/(mg/L)	<0.013	—	<0.013	
Ba^{2+}/(mg/L)	<1.25	14.15/(滤)	9.18	4.68
Sr^{2+}/(mg/L)	0.14	12.73/(滤)	12.0	9.42
溶 SiO_2/(mg/L)	3.55	—	19.8	15.5
全硅/(mg/L)	7.40	46.3	27.0	
总油/(mg/L)	0.78	—	2.18	
石油类/(mg/L)	0.77	—	1.09	
COD/(mg/L)	70	5156	1040	676
TOC/(mg/L)	13.60	—	213.4	226.2

从表7-18和表7-19可以看出，絮凝处理对返排液中的悬浮物有较好的处理效果，元页1HF井返排液浊度从3130NTU降至35.1NTU，去除率为98.9%，焦页1-2HF井返排液浊度从108.9NTU降至3.4NTU，去除率为96.9%；除悬浮物外，油和COD也有非常好的处理效果，元页1HF井返排液油从11608mg/L降至16.4mg/L，去除率为99.9%，COD从2410mg/L降至665mg/L，去除率为72.4%，焦页1-2HF井返排液COD从5156mg/L降至1040mg/L，去除率为79.8%。

（五）化学澄清处理实验

单因素实验表明，高价金属离子对压裂液黏度的影响较大，故对絮凝过滤后的出水进行化学澄清处理，以降低水中高价金属离子的含量，并进一步降低水中有机物浓度。化学澄清过滤后的处理液pH值较高，用HCl(5%)回调至8.5左右。

（六）电絮凝处理实验

元页1HF返排液经过絮凝和化学澄清两步处理后，返排液中COD和二氧化硅的去除率都达到了70%以上，Ca^{2+}的去除率也接近50%，为了更好地去除返排液中的有机物，经过絮凝处理后的返排液再采用电絮凝的方法进行处理，处理后水质情况见表7-20。

表7-20 返排液电絮凝处理后水质分析

项目	絮凝出水	化学澄清出水	电絮凝出水
pH值	—	—	—
电导率/(μS/cm)	26600	26600	26100

续表

项目	絮凝出水	化学澄清出水	电絮凝出水
Ca^{2+}/(mg/L)	298.1	129.8	127.1
Mg^{2+}/(mg/L)	21.6	0.7	0.6
Mn^{2+}/(mg/L)	1.56	<0.05	<0.05
Ba^{2+}/(mg/L)	86.8	77.6	73.6
Sr^{2+}/(mg/L)	36.8	26.8	24.8
COD/(mg/L)	115	112	110
TOC/(mg/L)	21.2	20.5	21.1
Fe^{2+}/(mg/L)	0.19	<0.04	<0.04
Al^{3+}/(mg/L)	0.025	—	—
溶硅/(mg/L)	40.2	23.2	21.0

从表7-20可以看出，电絮凝处理出水与化学澄清出水水质差别并不大，COD没有达到更好的处理效果，而且还增加了一部分电费，因此不采用此方法。

三、压裂返排液处理水配制压裂液配方优化及综合性能测试

(一)滑溜水体系配方及性能

通过组分分析和配方优选，形成了混凝-沉淀-过滤工艺，处理后水样达到了现场配液要求，形成了压裂返排液重复利用技术。其组成配方为：

(1)返排液直接配制降阻水配方：0.1%降阻剂+0.2%黏土稳定剂+0.05%助排剂。

(2)返排液配制胶液配方：0.45%降阻剂+0.05%助排剂+0.8%交联剂。

项目组分赴隆页2井、彭页5井及焦页10-10HF井现场取回常压页岩气井压裂配液用水和压裂后返排液样品，并完成了样品组分分析(图7-42)。分析结果证明，各井的返排液均可直接配制降阻水，其中焦页10-10HF井返排液直接配制降阻水，黏度可达2.9mPa·s，降阻率达到69.3%，配制胶液调挂性良好，耐温120℃，证明焦页10-10HF井返排液可现场直接配制降阻水使用。

图7-42 焦页10-10HF井返排液配制胶液调挂情况

第八章　深层页岩溶解时间可控的悬浮态暂堵剂研制

第一节　常规暂堵剂的局限性分析

常规暂堵剂包括颗粒暂堵剂、纤维暂堵剂等，可分为水溶型及酸溶型等。其密度一般为1.3～1.7g/cm^3，溶解时间一般在120min以上。在现场应用中也取得了一定效果，即暂堵后压力有一定的升幅，如1～5MPa，即使没有达到裂缝转向的临界压力条件，对促进已压开簇裂缝的均匀延伸程度及支撑剂的均衡性进入都具有重要的促进作用。原因在于，优先被暂堵剂封堵的簇裂缝肯定是进液多及延伸占据优势地位的，其暂堵后进液量及进入的支撑剂量必然大幅度降低甚至降为零，必然引起其他原先延伸不充分的簇裂缝更多地吸入压裂液及支撑剂。如果暂堵剂的加入次数还不止一次，则可依次促进各簇裂缝进液及加砂的均衡性。且在多次暂堵过程中，裂缝内的压力增幅有累加效应，必然造成井筒内压力的大幅度增加，甚至可能再次压开新的簇裂缝，则可起到暂堵球的类似效果。

但上述暂堵剂的局限性也较为明显，主要有①暂堵效率低，暂堵后压力升幅有限。正是因为暂堵剂的密度相对较大，在携带运移过程中容易沉降，因此需要更多的暂堵剂才能完成暂堵任务，造成暂堵剂用量过大及成本过高。而在暂堵剂到达既定的暂堵位置后，因密度大也难以在裂缝的高度上实现完全的封堵，因此当压力憋到一定幅度后，总有一个泄压口导致压力上升幅度有限，绝大多数情况下都难以达到裂缝转向的临界压力条件(暂堵前的裂缝净压力与暂堵压力的升幅之和大于原始水平应力差与储层岩石的抗张强度之和)。暂堵剂的密度越大，暂堵效率越低，暂堵后的压力升幅也就越小。且在缝内多次暂堵时，如暂堵剂浓度及用量不变，则暂堵后压力升幅会更小。当然，在上述暂堵剂密度下如能实现其自悬浮功能，则另当别论。此外，暂堵剂在水平井筒的运移中，也因为其密度大，与携带液的流动跟随性差，因此，会有部分暂堵剂难以随携带液进入进液量大需要封堵的优势延伸的簇裂缝中，并最终在靠近B靶点的簇裂缝缝口处堆积，可能会影响后续压裂液及支撑剂的顺畅进入(溶解时间相对较长导致的)，进一步加剧了各簇裂缝的非均衡延伸程度；②因为暂堵剂溶解时间长，大部分超过该段的施工时间，导致井口施工压力不断增加，且暂堵次数越多，井口压力的增加有累加效应，可能会超过施工限压导致施工过早终止。因为，暂堵剂溶解时间长了后，其暂堵效应维持的时间也长。此外，暂堵方式也仅能采用由远及近的模式。在此模式下，必然在主裂缝延伸的中后期进行暂堵作业，因裂缝的长度相对较大，暂堵剂的运移规律更为复杂，很难实现定点暂堵。同时，即使在主裂缝中远井某个位置实现了定点暂堵，暂堵后压力升幅也相对较慢，且即使产生了裂缝转向，转向的裂缝条数也更多，因此每条转向支裂缝因吸入的压裂液量、排量及支撑剂量等都相对受限，必然影响主裂缝复杂性指数的提升。而在进行再次缝内暂堵时，先前已产生的转向支裂缝必然造成滤失的大幅度增加，致使再次暂堵时，暂堵剂的运移规律具有更大的不确定性，更难实现定点暂堵。且越往后期的暂堵，因越靠近近井筒处，裂缝的动态缝宽越宽，需要的暂堵剂用量越大，且缝高上未被暂堵剂充填的高度越大，进而导致暂堵后的压力升幅越小；③正因为暂堵剂的溶解时间相对较长，原先被暂堵剂占据的裂缝位置，难以被后续施工加入的支撑剂取代，导致压裂后暂堵剂溶解后留下无支撑剂支撑的空白区，该空白区主要靠裂缝壁面粗糙度形成的自支撑效应提供导流能力，但在深层高闭合应力条件下会快速失效。因此，最终的结果是暂堵前后的支撑主裂缝间的连通性减弱甚至完全失去连通性，致使暂堵前的主裂缝基本失去了对压裂后产量的贡献机会。如果暂堵机制从主裂缝拓展到转向支裂缝中，则上述支撑裂缝中间中断的情况也会同样出现于其中，这对压裂后稳产的影响更是致命的；④对后续可能的重复压裂作业而言，因为第一次压裂裂缝的滤失及压裂后生产造成的孔隙压力下降效应的综合作用，重复压裂时的综合滤失系数会远大于第一次压裂，在此情况下，常规暂堵剂更易在近井筒裂缝处滞留与堆积，致使裂缝的改造范围大幅度降低。此外，当常规暂堵剂在水平井筒中运移时，也会因密度大及与携带液流动跟随性差的原因，加上第一次压裂各簇裂缝滤失的共同作用，而过早在水平井筒沉降堆积，因此，会导致沉积处至 B 靶点的水平井处的各簇裂缝难以被有效地重复改造。当然，上述论述只适用于采用老井筒的前提条件。如采用小套管二次固井，则应另当别论；⑤对采用上述常规暂堵剂同样材质的暂堵球而言，也因为密度大与溶解时间长，带来类似的负面影响。主要表现为暂堵效率低，暂堵后压力升幅低而难以达到压开新簇的临界压力条件。即使是被暂堵的簇裂缝缝口处，水平井筒中上部的孔眼也因重力作用而有脱离的较大倾向性。且暂堵球同样因与携带液跟随性差的问题而易于在靠近 B 靶点的簇裂缝缝口处堆积。考虑到投暂堵球时已进行了加砂作业，而支撑剂因密度更大，更易于在靠近 B 靶点簇裂缝缝口处滞留堆积，它与上述暂堵球混合后，因粒径相差较大，因此在 B 靶点附近水平井筒处的封堵效应更强，会导致后续进入的压裂液及支撑剂只能在靠近 A 靶点的各簇裂缝中分布，进而导致各簇裂缝更强的非均衡延伸效应。此外，同样因为暂堵球的溶解时间较长，被封堵的簇裂缝难以继续吸收压裂液及支撑剂(即使水平井筒的中上部有部分孔眼可以进液及进砂，但支撑剂因要克服重力效应才能进入，因此，进入的支撑剂量也极其有限)，万一暂堵时机及暂堵球数量选择不当，一般选择在总加砂量接近一半时投球，且投球的数量是该段射孔孔眼数的 60%，这主要是考虑到暂堵球的坐封效率难以达到 100%，一般为 85% ~90%，60% 的设计数量还是针对 50% 的射孔孔眼数。因此，无论是投球时机还是投球数量，都是假设投球前有一半左右的簇裂缝已完成延伸与加砂作业。此时假设的前提是靠近 B 靶点的各簇裂缝缝口处，没有先前的支撑剂滞留与堆积。但显然这种假设情况在现场根本不存在。因此，在绝大多数情况下，仍难以避免靠近 A 靶点各簇裂缝维持优势延伸和优势加砂的地位，最终仍不能保证各簇裂缝的均衡延伸和均衡进砂。

第二节　溶解时间可控的暂堵剂研制

一、溶解时间可控的速溶型暂堵材料结构设计及合成

设计思路在于既要保证合成的聚合物堵剂具有一定的耐温及高承压性能，又要保证具备快速的降解性，故而本次研发的速溶型暂堵剂选用疏水性单体、亲水性单体和功能性单体聚合而成。其中的疏水性单体属于硬单体，参与聚合后，改变高分子链结构和聚集态结构，从而大大增强聚合物的抗压及耐温性能。而功能单体属于温敏性材料，具有增溶作用，在一定温度作用下，能迅速水解，使暂堵剂聚合物从疏水性材料变成亲水高分子表面活性剂，随之溶于水而解堵，整体设计思路如图 8－1 所示。

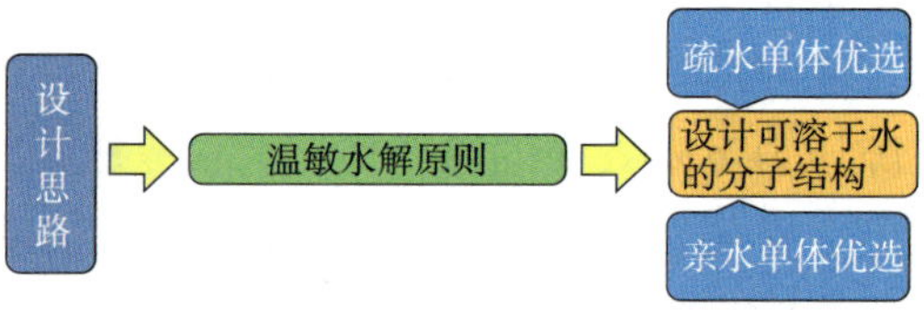

图 8－1　暂堵剂结构设计思路

其机理如下

(1)合成原理：

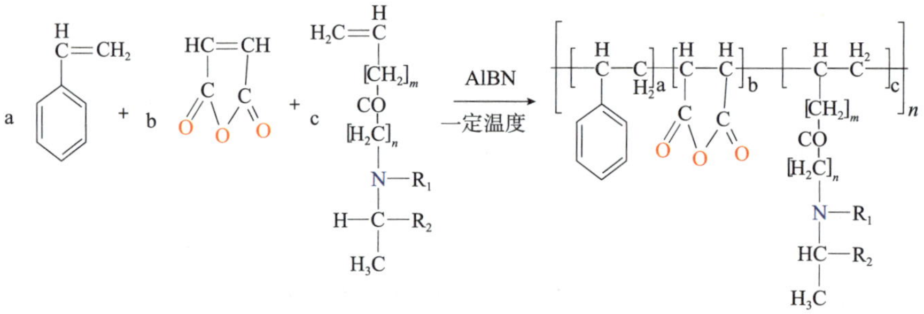

(2)水解原理：

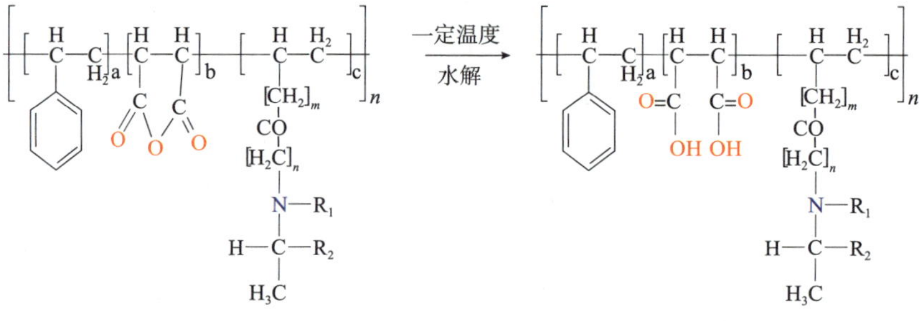

采用了先进的分子结构设计理念，优选出性能优良的聚合单体，并结合独特的聚合反应控制手段，得到一定程度上可控的聚合物结构排列，通过同样的单体不同的配比及不同的反应控温等手段从而得到溶解时间不同且高承压的系列化的暂堵剂。

表 8－1　聚合方法选择

序号	聚合方法	优缺点
1	溶液聚合	反应相对稳定，均相反应，易于控制
2	悬浮聚合	产物边生成边析出，不易控制
3	乳液聚合	产物分离困难，聚合速率不易控制

通过表 8－1 对比三种不同的聚合方法实验可知，溶液聚合时溶剂作为传热介质使体系传热较易，温度容易控制；且反应过程中体系黏度较低，减少凝胶效应，可以避免局部过热；同时该方法易于调节产品的相对分子质量和相对分子质量分布。故而本次合成选择溶液聚合法。

选用溶液聚合法，通过反应合成速溶型暂堵剂，合成装置如图 8－2 所示，具体步骤如下：

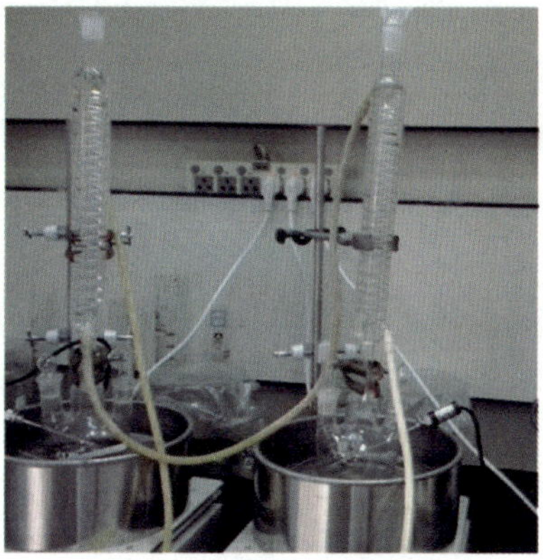

图 8－2　室内合成装置

(1)反应物以有机溶剂 D 作为溶剂，由一种疏水性单体(B)和两种亲水性单体(A 和 C)聚合而成。采用预先釜外混合的方式。

(2)混合料 1(A、C 和 D)加料结束后开始升温，稳定在 60～75℃，再均速加入混料 2(B、D 和 E)，加入过程中控制温度变化。反应物由透明低黏度液转变为琥珀色均一、稳定的略黏稠液体，标志此阶段反应结束，需时 4～5h。

(3)加料过程应在相对干燥、通风的环境下进行，应尽量迅速，避免吸潮。

(4)反应结束后得到的产物，冷却后，水洗沉淀抽滤出的固态物，经低温烘干粉碎后得到白色或者淡黄色颗粒，即为合成速溶型暂堵材料。

得到速溶型暂堵材料后，材料外观如图 8－3 所示，根据相关技术指标需要，通过实验测试评价(水溶时间、溶解后残渣、配伍性能、承压性能等)，形成满足新型压裂暂堵工艺所需要的速溶型暂堵剂配方。

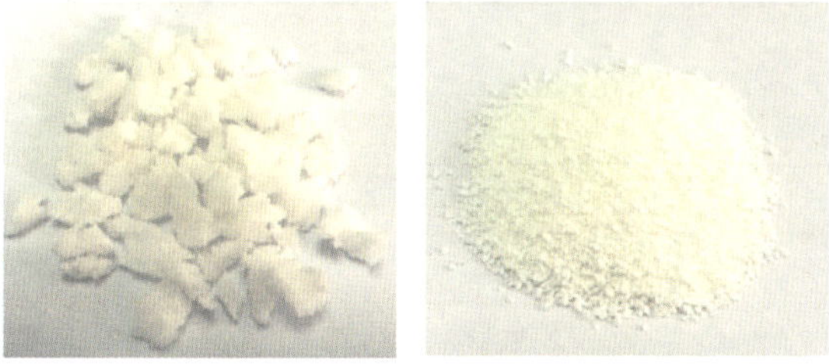

图 8－3　速溶型暂堵剂材料

二、溶解时间可控的速溶型暂堵剂配方优化

(一)实验所需设备或器材

电子秤；三口烧瓶；JJ－1 型精密数显电动搅拌器；电加热恒温水槽；聚四氟活塞恒

压漏斗；烧杯；氮气瓶；不锈钢筛网；鼓风干燥箱；量筒；蓝盖螺口瓶；玻璃棒；小型不锈钢粉碎机；称量纸一包、称量药勺2个、中号自封袋若干、耐溶剂手套若干。

（二）暂堵剂合成方法

反应物以D作为溶剂，由一种疏水性单体B和两种亲水性单体（A和C）聚合而成。采用预先釜外混合的方式。混合料1（A、C、D）加料结束后开始升温，稳定在60～75℃，再均速加入混料2（B、D、E），加入过程中控制温度变化。反应物由透明低黏度液体转变为琥珀色均一、稳定的略黏稠液体，标志此阶段反应结束，需时3～5h。反应结束后得到的产物，冷却后，水洗沉淀抽滤出的固态物，经低温烘干粉碎后得到白色或者淡黄色颗粒，即为合成速溶型暂堵剂。

（三）90℃配方（15～20min）实验优化研究

1. 合成实验方案设计（表8-2）

表8-2　合成实验设计方案

序号	项目	实验次数	实验结果	备注
1	亲水性单体选择	60	A6	备选单体10种
2	溶剂选择	80	D5	备选溶剂5种
3	单体比例	300	（0.5～5.5）：（1.5～7）：1	不同水解时间，比例不同
4	温敏单体加量	200	10%～40%	
5	引发剂加量	30	0.4%～0.7%	
6	反应温度	30	50～80℃	
7	反应时间	30	2～4 h	

2. 溶剂优选

以反应时间3h，反应温度70℃，单体总质量浓度30%，单体的质量比A：B：C为2：2：1，加入0.6%（相对于单体质量）引发单体，改变不同有机溶剂，观察反应过程中的变化情况。

通过对比5种不同溶剂中聚合反应过程的温度控制情况、最终产物的分离情况等（表8-3），最终选择D5作为溶剂，聚合过程中体系黏度低，反应稳定，有利于调节暂堵剂相对分子质量分布。

表8-3　溶剂选择

序号	项目	类型	实验结果
1	溶剂选择（单体比2：2：1）	甲苯	易爆聚
2		二氯亚砜	黏度大，不易分离
3		丙酮	溶剂挥发，性能不均一
4		碳酸二甲酯	气味，不易分离
5		D5	体系黏度低，反应稳定

3. 亲水单体A的优选

反应时间3h，以D5作为溶剂，反应温度70℃，单体总质量浓度30%，单体的质量比

A：B：C 为 2：2：1，加入 0.6%（相对于单体质量）引发单体。将聚合出的聚合物提纯烘干后，取 1% 测其在 90℃ 水中的溶解情况，实验现象如表 8－4 所示。

表 8－4 亲水单体 A 的优选

序号	项目	类型	实验结果
1	水溶性单体 A 的选择（单体比 2：2：1）	丙烯酸	软黏，溶解时间快
2		对苯乙烯磺酸钠	均一溶液，产物不易分离
3		α－烯基磺酸钠	均一溶液，产物不易分离
4		乙烯基磺酸	均一溶液，产物不易分离
5		丙烯酸甲酯	常温（20℃）下溶解
6		A6	溶解时间 $<$ 40min
7		烯丙醇	水不溶物多
8		丙烯酰胺	溶解时间长，有水不溶物
9		*N*－异丙基丙烯酰胺	溶解时间长，有水不溶物
10		甲基丙烯酰胺	溶解时间长，有水不溶物

通过对比 10 种不同亲水单体，根据聚合反应的难易程度、最终产物与溶剂分离的难易程度以及产物的溶解性能等，最终优选 A6 作为亲水单体 A。

4. 单体比优选

以反应时间 3h，D5 作为溶剂，反应温度 70℃，单体总质量浓度 30%，加入 0.6%（相对于单体质量）引发单体，仅仅改变单体的质量比（A：B：C）。将聚合出的暂堵剂聚合物提纯烘干后，取 1% 测其在 90℃ 水中的溶解情况，实验现象如表 8－5 所示。

表 8－5 合成单体比例优化

实验序号	A	B	C	实验现象
1	5	5	1	$>$15min，残余量 50% 以上
2	4.5	5	1	$>$30min，残余量多
3	4	5	1	$>$30min，残余量多
4	3.5	5	1	15min，基本没变化
5	3	5	1	$>$30min
6	2.5	5	1	$>$30min
7	1	5	1	几乎不溶
8	1	4	1	$>$30min，残余量 80%
9	1	3.8	1	$>$30min，残余量多
10	2	3.5	1	$>$30min，残余量多
11	2.5	3.5	1	$>$30min，有不溶物
12	1	3.5	1	$>$30min，大量未溶
13	1	2	1	25min，有不溶物
14	1.1	2	1	20min，有少量水不溶物

续表

实验序号	A	B	C	实验现象
15	1.2	2	1	20min，有少量水不溶物
16	1.2	1.5	1	<15min
17	1.5	1.5	1	常温(20℃)下溶解，<10min
18	1.5	1.6	1	常温(20℃)下溶解，<10min
19	1.5	1.65	1	常温(20℃)下溶解，<10min
20	2	1.65	1	常温(20℃)下大量溶解
21	3	1.65	1	>30min，残余量多
22	2.5	1.65	1	>30min，残余量多
23	1.5	1.7	1	<15min，常温(20℃)下大量溶解
24	1.5	1.8	1	<15min，常温(20℃)下大量溶解
25	1.5	1.85	1	<15min，常温(20℃)下大量溶解
26	1.5	1.9	1	<15min，常温(20℃)下大量溶解
27	1.5	1.95	1	<15min，常温(20℃)下大量溶解
28	1.5	2	1	<15min，常温(20℃)下大量溶解
29	1.3	2	1	<15min，有残余物
30	1.1	2	1	<15min，有残余物
31	1.15	2	1	<15min，有残余物
32	1.15	1.9	1	15min，有残余物
33	1.15	1.95	1	15min，有少量不溶物
34	1.16	1.95	1	15min，无水不溶物，抗压小于30MPa
35	1.16	1.96	1	15min，无水不溶物，抗压40MPa
36	1.2	1.96	1	20min，有少量水不溶物

通过上述大量正交实验和单因素实验相结合的方法，确定90℃地层条件下的配方：单体比在1.16∶1.96∶1时，溶解时间在15min，且无水不溶物。

5. 引发剂加量的影响

以D5作为溶剂，单体总质量浓度30%，单体的质量比(A∶B∶C)为1.16∶1.96∶1，反应温度70℃，改变反应时间3h，改变引发剂加量0.4%、0.5%、0.6%、0.7%（相对于单体质量)引发单体。将聚合出的暂堵剂聚合物提纯烘干后，考察单体转化率，实验结果见表8-6。

表8-6 引发剂用量对单体转化率的影响

序号	引发剂加量	转化率
1	0.4%	80.6%
2	0.5%	90.2%
3	0.6%	96%
4	0.7%	96.2%

由上述实验可知，引发剂的质量分数控制在0.6%效果最佳。

6. 反应温度的影响

以反应时间3h、D5作为溶剂，单体总质量浓度30%，单体的质量比(A：B：C)为1.16：1.96：1，加入0.6%（相对于单体质量）引发单体，改变反应温度50℃、60℃、65℃、70℃、75℃、80℃。将聚合出的暂堵剂聚合物提纯烘干后，得到的单体转化率如图8－4所示。

从图8－4可以看出，在该配方条件下，反应温度在70℃以上，转化率能达到95%。分别取1%以上合成的5种暂堵剂，测其在90℃水中的溶解情况，实验结果如图8－5所示。

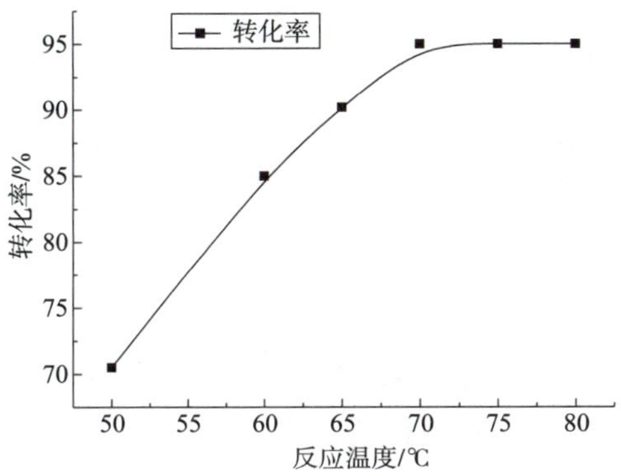

图8－4　反应温度对单体转化率的影响

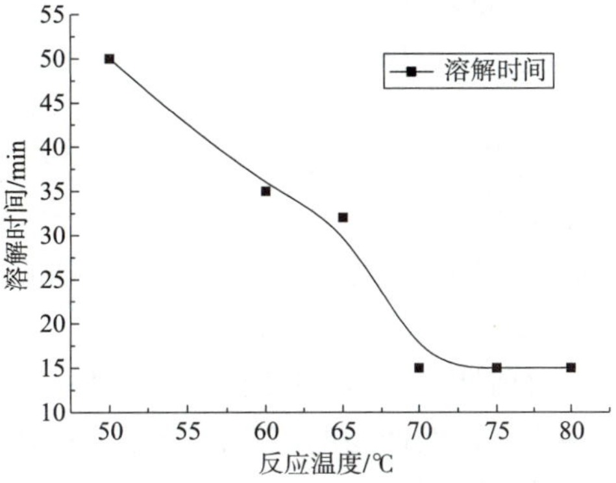

图8－5　反应温度对溶解情况的影响

由图8－5实验结果可知，在配方相同的实验条件下，改变反应温度对暂堵剂的水溶性存在明显影响，这是因为聚合温度对单体聚合的竞聚率以及分布排列存在影响，改变了最终产物的水解性能。当温度超过80℃，在反应过程中易发生温度剧烈上升，甚至爆聚。故而结合转化率和溶解情况，该配方适宜聚合温度选择为70℃。

7. 反应时间的影响

以D5作为溶剂，单体总质量浓度30%，单体的质量比(A：B：C)为1.16：1.96：1，加入0.6%（相对于单体质量）引发单体，反应温度70℃，改变反应时间2h、2.5h、3h、3.5h、4h。将聚合出的暂堵剂聚合物提纯烘干后，考察单体转化率，实验结果如图8－6所示。

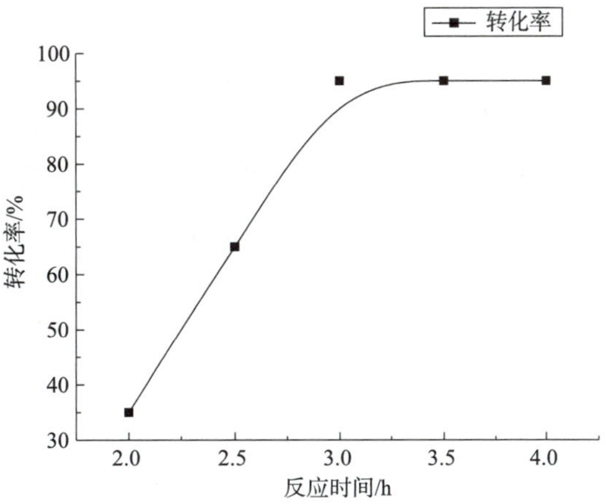

图8－6　反应时间对单体转化率的影响

通过不同反应时间对转化率的影响实验可以看出，反应时间在3h以上，转化率为95%。因此，选聚合反应时间为3h。

通过采用以上优化的合成条件可以合成出满足在90℃ 15min速溶的暂堵剂。即合成条件：

以D5作为溶剂，A6作为亲水单体A，单体总质量浓度30%，单体的质量比(A：B：C)为1.16：1.96：1，引发单体0.6%（相对于单体质量），反应温度70℃，反应时间3h。

（四）90℃配方（20～30min）实验优化研究

1. 合成实验方案设计（表8－7）

表8－7　合成实验设计方案

序号	项目	实验次数	实验结果	备注
1	亲水性单体选择	60	A6	备选单体10种
2	溶剂选择	80	D5	备选溶剂5种
3	单体比例	300	(0.5～5.5)：(1.5～7)：1	不同水解时间，比例不同
4	温敏单体加量	200	10%～40%	
5	引发剂加量	30	0.5%～0.8%	
6	反应温度	30	50～80℃	
7	反应时间	30	2～4h	

2. 溶剂优选

通过前期溶剂优选实验，最终选择D5作为溶剂。

3. 亲水单体A的优选

通过前期对比10种不同亲水单体，根据聚合反应的难易程度、最终产物与溶剂分离的难易程度以及产物的溶解性能等，最终优选A6作为亲水单体A。

4. 单体比优选

以合成条件为反应时间3h，以D5作为溶剂，反应温度70℃，单体总质量浓度30%，加入0.6%（相对于单体质量）引发单体，仅仅改变单体的质量比（A：B：C）。将聚合出的暂堵剂聚合物提纯烘干后，取1%测其在90℃水中的溶解情况，实验现象见表8－8。

表8－8　合成单体比例优化

实验序号	A	B	C	实验现象
1	1.15	1.9	1	15min，有残余物
2	1.15	1.95	1	15min，有少量不溶物
3	1.16	1.96	1	15min，无水不溶物
4	1.2	1.96	1	20min，有少量水不溶物
5	1.5	1.96	1	<15min
6	1.5	2.5	1	25min，有不溶物
7	1.5	3.5	1	>30min，大量未溶
8	3.5	1	1	<15min
9	1	3.5	1	>30min，大量未溶
10	2	2	1	>30min，残余物多
11	2	2.5	1	30min，大量残余物
12	2	3	1	>30min，少量水不溶物
13	2	4	1	>30min，有少量水不溶物
14	3	4	1	>30min，有残余物

续表

实验序号	A	B	C	实验现象
15	2	2.5	1	残余量多
16	2.5	2.5	1	>30min，大量未溶
17	3	2.5	1	30min，有未溶物
18	3	3	1	>30min，残余物多
19	3	4	1	<30min，有水不溶物
20	4	3	1	<30min，有残余物
21	3	5	1	大量不溶
22	4	4	1	<30min，有残余物
23	5	4.5	1	<30min，有水不溶物
24	5.5	5	1	40min，有水不溶物
25	5.5	5.5	1	50min，有水不溶物
26	5.5	6	1	25min，有水不溶物
27	5.5	6.5	1	30min，少量水不溶物
28	5.4	6.5	1	35min，少量水不溶物
29	5.6	6.5	1	25min，有水不溶物
30	5.5	6.65	1	30min，有水不溶物
31	5.5	6.8	1	30min，少量水不溶物
32	5.5	7	1	>30min，残余物多
33	5.55	6.65	1	30min，有残余物
34	5.5	6.62	1	33min，全溶
35	5.55	6.62	1	28min，少量未溶
36	5.51	6.62	1	30min，全溶

通过上述大量正交实验和单因素实验相结合的方法，确定90℃地层条件下30min速溶的配方：单体比在5.51∶6.62∶1时，溶解时间在30min，且无水不溶物。

5. 引发剂加量的影响

以D5作为溶剂，单体总质量浓度30%，单体的质量比（A∶B∶C）为5.51∶6.62∶1，反应温度70℃，改变反应时间3h，改变引发剂加量0.5%、0.6%、0.7%、0.8%（相对于单体质量）引发单体。将聚合出的暂堵剂聚合物提纯烘干后，考察单体转化率，实验结果见表8-9。

表8-9 引发剂用量对单体转化率的影响

序号	引发剂加量	转化率
1	0.5%	82.1%
2	0.6%	88.2%
3	0.7%	96%
4	0.8%	96%

由上述实验可知，引发剂的质量分数控制在取0.7%效果最佳。

6. 反应温度的影响

反应时间3h，以D5作为溶剂，单体总质量浓度30%，单体的质量比(A：B：C)为5.51：6.62：1，加入0.7%（相对于单体质量）引发单体，改变反应温度50℃、60℃、65℃、70℃、75℃、80℃。将聚合出的暂堵剂聚合物提纯烘干后，得到的单体转化率如图8－7所示：

从图8－7可以看出，在该配方条件下，反应温度在60℃以上，转化率能达到95%。分别取1%以上合成的5种暂堵剂，测其在90℃水中的溶解情况，实验结果如图8－8所示。

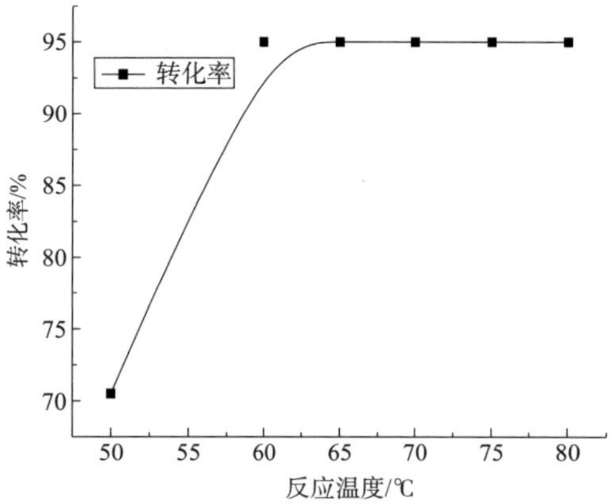

图8－7　反应温度对单体转化率的影响

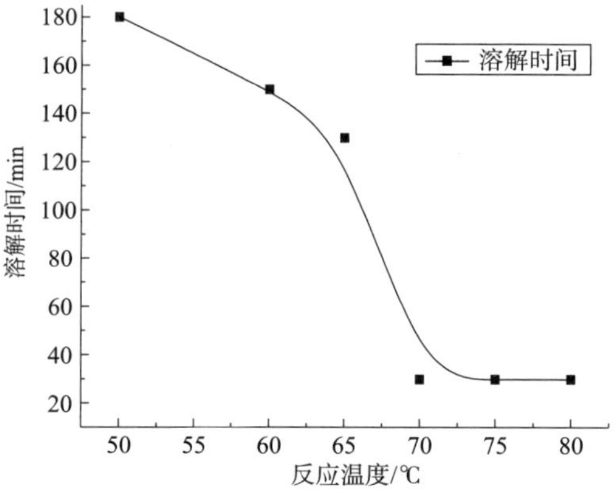

图8－8　反应温度对溶解情况的影响

由图8－8实验结果可知，在配方相同的实验条件下，结合转化率和溶解情况，该配方适宜聚合温度选择为70℃。

7. 反应时间的影响

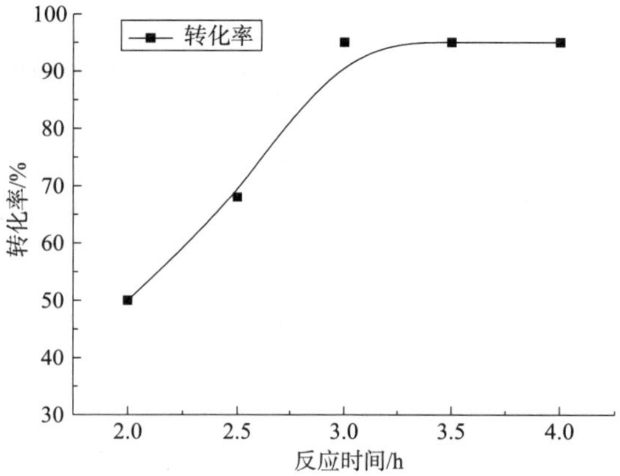

图8－9　反应时间对单体转化率的影响

以D5作为溶剂，单体总质量浓度30%，单体的质量比(A：B：C)为5.51：6.62：1，加入0.7%（相对于单体质量）引发单体，反应温度70℃，改变反应时间2h、2.5h、3h、3.5h、4h。将聚合出的暂堵剂聚合物提纯烘干后，考察单体转化率，实验结果如图8－9所示。

通过不同反应时间对转化率的影响实验可以看出，反应时间在3h以上，转化率为95%。因此，选聚合反应时间为3h。

通过采用以上优化的合成条件可以合成出满足在90℃ 30min速溶的暂堵剂。即合成条件：

以D5作为溶剂，A6作为亲水单体A，单体总质量浓度30%，单体的质量比(A：B：C)为5.51：6.62：1，引发单体0.7%（相对于单体质量），反应温度70℃，反应时间3h。

(五)120℃配方(20min)实验优化研究

1. 合成实验方案设计(表 8-10)

表 8-10 合成实验设计方案

序号	项目	实验次数	实验结果	备注
1	亲水性单体选择	60	A6	备选单体 10 种
2	溶剂选择	80	D5	备选溶剂 5 种
3	单体比例	300	(0.5~5.5):(1.5~7):1	不同水解时间，比例不同
4	温敏单体加量	200	10%~40%	
5	引发剂加量	30	0.8%~1.4%	
6	反应温度	30	50~80℃	
7	反应时间	30	2~4h	

2. 溶剂优选

通过前期溶剂优选实验，最终选择 D5 作为溶剂。

3. 亲水单体 A 的优选

通过前期对比 10 种不同亲水单体，根据聚合反应的难易程度、最终产物与溶剂分离的难易程度以及产物的溶解性能等，最终优选 A6 作为亲水单体 A。

4. 单体比优选

以反应时间 3h，D5 作为溶剂，反应温度 70℃，单体总质量浓度 30%，加入 1.2%(相对于单体质量)引发单体，仅仅改变单体的质量比(A:B:C)。将聚合出的暂堵剂聚合物提纯烘干后，取 1% 测其在 120℃水中的溶解情况，实验现象见表 8-11。

表 8-11 合成单体比例优化

实验序号	A	B	C	实验现象(120℃烘箱)
1	1.15	1.9	1	溶解，<10min，有残余物
2	1.15	1.95	1	溶解，<10min，有少量不溶物
3	1.16	1.96	1	溶解，<10min，无水不溶物
4	1.2	1.96	1	<15min，有少量水不溶物
5	1.5	1.96	1	溶解，<10min
6	1.5	2.5	1	30min，有不溶物
7	1.5	3.5	1	30min，大量未溶
8	3.5	1	1	溶解，<10min
9	1	3.5	1	>30min，大量未溶
10	2	2	1	>30min，残余物多
11	2	2.5	1	20min，大量残余物
12	2	3	1	>30min，有水不溶物
13	2	4	1	>30min，大量水不溶物
14	3	4	1	>30min，有残余物

续表

实验序号	A	B	C	实验现象(120℃烘箱)
15	2	2.5	1	残余物多
16	2.5	2.5	1	>30min，大量未溶
17	3	2.5	1	30min，有未溶物
18	3	3	1	>30min，残余物多
19	3	4	1	<30min，有水不溶物
20	4	3	1	<30min，有残余物
21	3	5	1	大量不溶
22	4	4	1	<30min，有残余物
23	4	4.5	1	<30min，有水不溶物
24	3.5	4	1	70min，有水不溶物
25	3.5	3.5	1	66min，有水不溶物
26	3	3.5	1	45min，有水不溶物
27	3.5	3	1	45min，少量水不溶物
28	3	2.5	1	40min，少量水不溶物
29	2.5	1.2	1	<20min，有水不溶物
30	2	2	1	40min，少量未溶
31	1.8	2	1	35min，少量水不溶物
32	1.5	2	1	35min，有水不溶物
33	1	2	1	20min，有残余物
34	0.96	2	1	>30min，全溶
35	0.96	1.8	1	28min，极少残余物
36	0.96	1.74	1	20min，全溶

通过上述大量正交实验和单因素实验相结合的方法，确定120℃地层条件下20min速溶的配方：单体比0.96：1.74：1，溶解时间20min，且无水不溶物。

5. 引发剂加量的影响

以D5作为溶剂，单体总质量浓度30%，单体的质量比(A：B：C)为0.96：1.74：1，反应温度65℃，改变反应时间3h，改变引发剂加量0.8%、1.0%、1.2%、1.4%（相对于单体质量)引发单体。将聚合出的暂堵剂聚合物提纯烘干后，考察单体转化率，实验结果见表8-12。

表8-12　引发剂用量对单体转化率的影响

序号	引发剂加量	转化率
1	0.8%	82.1%
2	1.0%	88.2%
3	1.2%	96%
4	1.4%	96%

由上述实验可知，引发剂的质量分数控制在取1.2%效果最佳。

6. 反应温度的影响

反应时间3h；以D5作为溶剂，单体总质量浓度30%，单体的质量比(A：B：C)为0.96：1.74：1，加入1.2%（相对于单体质量）引发单体，改变反应温度50℃、60℃、65℃、70℃、75℃、80℃。将聚合出的暂堵剂聚合物提纯烘干后，得到的单体转化率如图8－10所示：

从图8－10可以看出，在该配方条件下，反应温度在70℃以上，转化率能达到95%。分别取1%以上合成的5种暂堵剂，测其在120℃水中的溶解情况，实验结果如图8－11所示。

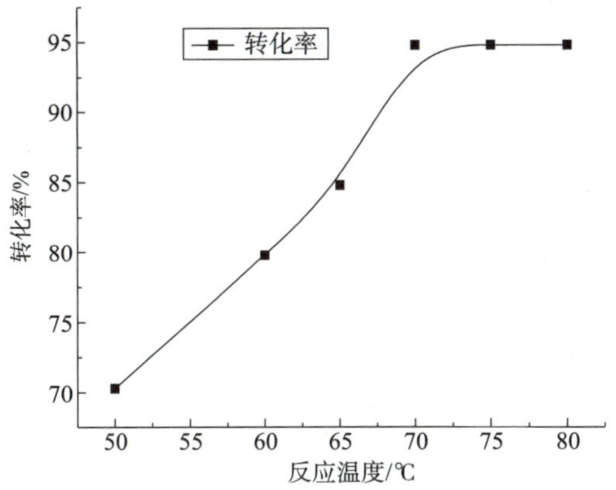

图8－10　反应温度对单体转化率的影响

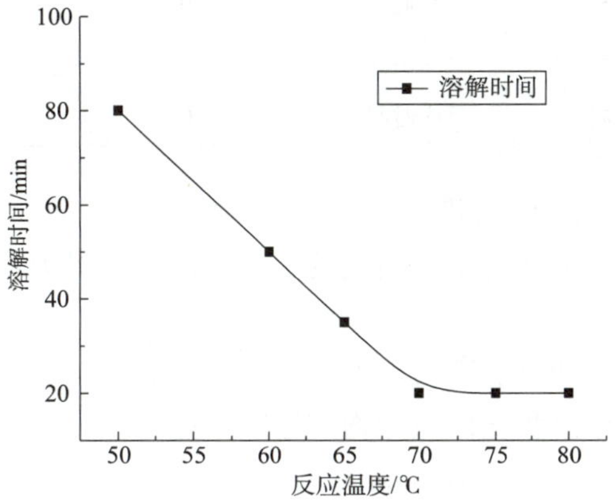

图8－11　反应温度对溶解情况的影响

由图8－11实验结果可知，在配方相同的实验条件下，结合转化率和溶解情况，该配方适宜聚合温度为70℃。

7. 反应时间的影响

以D5作为溶剂，单体总质量浓度30%，单体的质量比(A：B：C)为0.96：1.74：1，加入1.2%（相对于单体质量)引发单体，反应温度70℃，改变反应时间2h、2.5h、3h、3.5h、4h。将聚合出的暂堵剂聚合物提纯烘干后，考察单体转化率，实验结果如图8－12所示。

由不同反应时间对转化率的影响实验可以看出，反应时间在3h以上，转化率为95%。因此，选聚合反应时间为3h。通过采用以上优化的合成条件可以合成出满足在120℃ 20min速溶的暂堵剂。即合成条件：

以D5作为溶剂，A6作为亲水单体A，单体总质量浓度30%，单体的质量比(A：B：C)为0.96：1.74：1，引发单体1.2%（相对于单体质量)，反应温度70℃，反应时间3h。

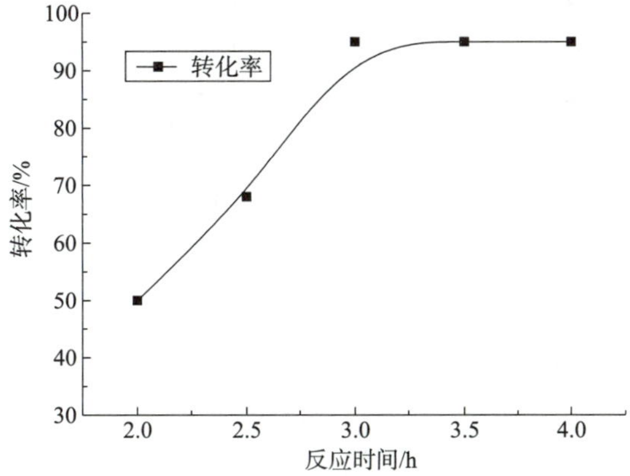

图8－12　反应时间对单体转化率的影响

（六）140℃配方（40min）实验优化研究

1. 合成实验方案设计（表8－13）

表8－13　合成实验设计方案

序号	项目	实验次数	实验结果	备注
1	亲水性单体选择	60	A6	备选单体10种
2	溶剂选择	80	D5	备选溶剂5种
3	单体比例	300	（0.5～5.5）：（1.5～7）：1	不同水解时间，比例不同
4	温敏单体加量	200	10%～40%	
5	引发剂加量	30	0.5%～0.8%	
6	反应温度	30	50～80℃	
7	反应时间	30	2～4h	

2. 溶剂优选

通过前期溶剂优选实验，最终选择D5作为溶剂。

3. 亲水单体A的优选

通过前期对比10种不同亲水单体，根据聚合反应的难易程度、最终产物与溶剂分离的难易程度以及产物的溶解性能等，最终优选A6作为亲水单体A。

4. 单体比优选

反应时间3h，以D5作为溶剂，反应温度65℃，单体总质量浓度30%，加入0.7%（相对于单体质量）引发单体，仅仅改变单体的质量比（A：B：C）。将聚合出的暂堵剂聚合物提纯烘干后，取1%测其在140℃水中的溶解情况，实验现象见表8－14。

表8－14　合成单体比例优化

实验序号	A	B	C	实验现象
1	1.15	1.9	1	快速溶解，有残渣
2	1.15	1.95	1	快速溶解，有少量不溶物
3	1.16	1.96	1	快速溶解，无水不溶物
4	1.2	1.96	1	快速溶解，有少量水不溶物
5	1.5	1.96	1	快速溶解
6	1.5	2.5	1	30min，有不溶物
7	1.5	3.5	1	>30min，大量未溶
8	3.5	1	1	快速溶解
9	1	3.5	1	40min，大量未溶
10	2	2	1	40min，残余物多
11	2	2.5	1	50min，大量残余物
12	2	3	1	50min，少量水不溶物
13	2	4	1	60min，有少量水不溶物
14	3	4	1	40min，有残余物

续表

实验序号	A	B	C	实验现象
15	2	2.5	1	残余物多
16	2.5	2.5	1	>30min，大量未溶
17	3	2.5	1	30min，有未溶物
18	3	3	1	>30min，残余物多
19	3	4	1	<30min，有水不溶物
20	4	3	1	<30min，有残余物
21	3	5	1	大量不溶
22	4	4	1	<30min，有残余物
23	5	4.5	1	<30min，有水不溶物
24	5.5	5	1	35min，有水不溶物
25	5.5	5.5	1	40min，有水不溶物
26	5.5	6	1	53min，有水不溶物
27	5.5	6.5	1	55min，少量水不溶物
28	5.4	6.5	1	55min，少量水不溶物
29	5.6	6.5	1	52min，有水不溶物
30	5.5	6.65	1	55min，有水不溶物
31	5.5	6.8	1	60min，少量水不溶物
32	5.5	7	1	40min，残余物多
33	5.55	6.65	1	35min，有残余物
34	5.5	6.62	1	45min，全溶
35	5.55	6.62	1	38min，少量未溶
36	5.51	6.62	1	40min，全溶

通过上述大量正交实验和单因素实验相结合的方法，确定140℃地层条件下40min速溶的配方：单体比5.51∶6.62∶1时，溶解时间40min，且无水不溶物。

5. 引发剂加量的影响

以D5作为溶剂，单体总质量浓度30%，单体的质量比(A∶B∶C)为5.51∶6.62∶1，反应温度70℃，改变反应时间3h，改变引发剂加量0.5%、0.6%、0.7%、0.8%（相对于单体质量)引发单体。将聚合出的暂堵剂聚合物提纯烘干后，考察单体转化率，实验结果见表8－15。

表8－15 引发剂用量对单体转化率的影响

序号	引发剂加量	转化率
1	0.5%	82.1%
2	0.6%	88.2%
3	0.7%	96%
4	0.8%	96%

由上述实验可知，引发剂的质量分数控制在 0.7% 效果最佳。

6. 反应温度的影响

以反应时间 3h 作为反应条件并以 D5 作为溶剂，单体总质量浓度 30%，单体的质量比(A：B：C)为 5.51：6.62：1，加入 0.7%（相对于单体质量）引发单体，改变反应温度 50℃、60℃、65℃、70℃、75℃、80℃。将聚合出的暂堵剂聚合物提纯烘干后，得到的单体转化率如图 8－13 所示。

从图 8－13 可以看出，在该配方条件下，反应温度在 60℃以上，转化率能达到 95%。分别取 1% 以上合成的 5 种暂堵剂，测其在 140℃水中的溶解情况，实验结果如图 8－14 所示。

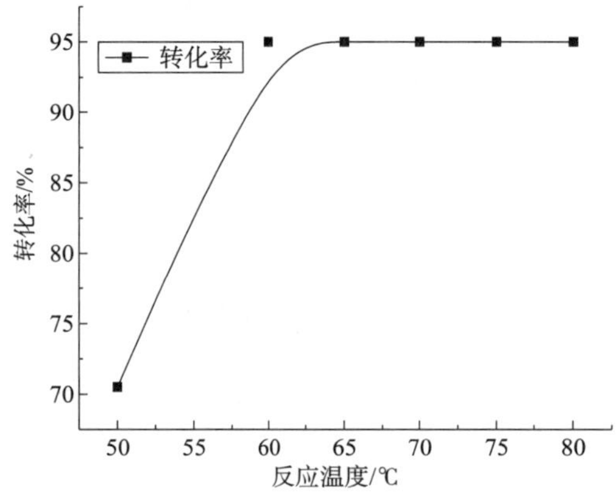

图 8－13　反应温度对单体转化率的影响

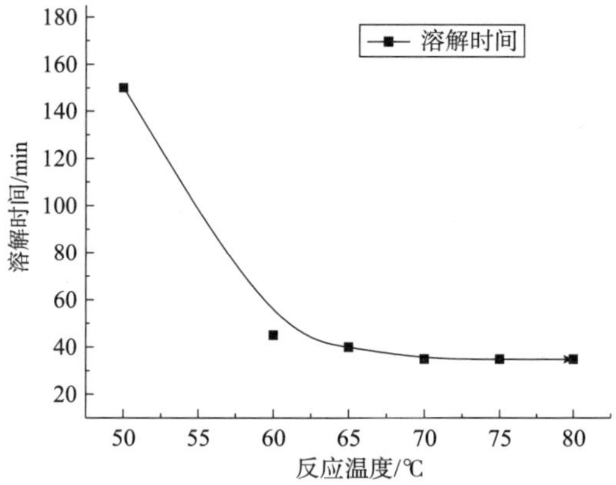

图 8－14　反应温度对溶解情况的影响

由图 8－14 实验结果可知，在配方相同的实验条件下，结合转化率和溶解情况，该配方适宜聚合温度为 65℃。

7. 反应时间的影响

以 D5 作为溶剂，单体总质量浓度 30%，单体的质量比(A：B：C)为 5.51：6.62：1，加入 0.7%（相对于单体质量）引发单体，反应温度 65℃，改变反应时间 2h、2.5h、3h、3.5h、4h。将聚合出的暂堵剂聚合物提纯烘干后，考察单体转化率，实验结果如图 8－15 所示。

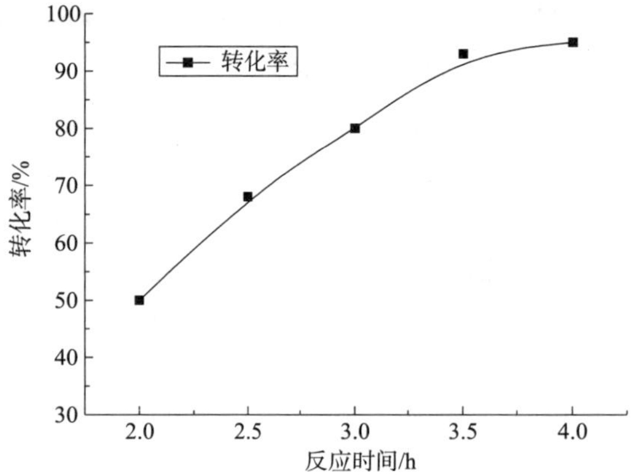

图 8－15　反应时间对单体转化率的影响

从不同反应时间对转化率的影响实验可以看出，反应时间 4h，转化率为 95%。因此，选聚合反应时间为 4h。

通过采用以上优化的合成条件可以合成出在 140℃ 40min 速溶的暂堵剂。即合成条件：以 D5 作为溶剂，A6 作为亲水单体 A，单体总质量浓度 30%，单体的质量比(A：B：C)为 5.51：6.62：1，引发单体 0.7%（相对于单体质量），反应温度 65℃，反应时间 4h。

第三节　悬浮态暂堵剂研制

暂堵剂在水力压裂中已获得了越来越多的应用，也取得了预期的增加裂缝复杂性和压裂后产量的效果。它的主要原理是在主裂缝的某个位置暂时封堵，但暂堵剂堆积处不是零渗流能力，只要孔隙度大于零就有渗流能力，此时只要注入排量大于暂堵剂堆的渗流流量，就会有暂堵压力升幅的效果。此时，主裂缝净压力大幅度增加，进而在达到某个临界条件时，天然裂缝或转向支裂缝开启和延伸。但目前的暂堵剂也存在诸多技术局限性，如溶解不彻底，因此，会影响后续的施工及压裂后的效果。尤其是现场条件下，暂堵处的暂堵剂只有最外层的暂堵剂才有与压裂液水溶液充分接触的机会，才可能按室内实验那样完全溶解。而暂堵剂堆积的内部绝大部分暂堵剂因为与压裂液水溶液接触的机会少或未像外层暂堵剂那样有充分的水溶液接触时间，因此，溶解的时间会大幅度增加。这对要求速溶性暂堵剂压裂技术而言，是非常致命的缺陷。此外，暂堵发生后，内部暂堵剂只有通过暂堵剂堆积的孔隙体积与外部水溶液接触，这对于刚性的暂堵剂而言，暂堵剂堆的孔隙度还相对较大，最高的可达40%以上。而对于可变形的暂堵剂而言，堆积孔隙度就会大大降低，因此，内部暂堵剂溶解时间就更长了，很难达到室内完全水溶液环境下的溶解时间。因此，亟须研发一种新的暂堵剂，以解决上述瓶颈问题。

一、温敏暂堵剂合成步骤

暂堵剂处因流动速度低，压裂液的降温效应从主裂缝处向转向支裂缝处转移。换言之，暂堵处的温度比暂堵裂缝中靠近井筒的其他位置温度更高，也更可能接近储层的原始温度。因此，如优选的高分子聚合物暂堵剂分子链在高温下更易裂解、解聚或侧基分裂，则可以通过温度变化而实现暂堵剂的降解，从而有效解决裂缝内部暂堵剂溶解时间不均匀的问题。

（一）微米二氧化硅颗粒的表面改性

以直径为5μm的二氧化硅微球、硅烷偶联剂KH－550为原料，无水乙醇为溶剂（亦可使用丙酮或乙醚）。取50g微米二氧化硅和5mL硅烷偶联剂KH－550溶于150mL无水乙醇中，磁力搅拌20～30min混合均匀（亦可使用超声或震荡装置，目的在于混合均匀即可）。将分散均匀的液体转移到具塞烧瓶中密封，在70～90℃（80℃最优）的水浴中反应4～8h（5.5h最优）。反应完成后用乙醇和水分别洗涤3次并离心，放入50～80℃的烘箱中干燥3～6h，至两次称量结果相差不足0.05%时，认为干燥完成，得到表面改性后的微米二氧化硅颗粒（SKH）。

（二）温敏颗粒GCY－WM的合成

以表面改性后的微米二氧化硅颗粒、N－异丙基丙烯酰胺（NIPAM）、2－丙烯酰胺基－2－甲基丙磺酸（AMPS）、丙烯酰胺（AM）为原料，过硫酸铵（亦可是过硫酸钾或亚硫酸氢钠或二者的混合物）为引发剂，在有机溶剂中进行反应，优选四氢呋喃（THF）（亦可选用N，N二甲基甲酰胺、苯、甲苯等）。称取10.0g NIPAM、5.0g AMPS和5.0g AM（AMPS和AM单体的比例可用来调整温敏颗粒的耐温区间，可根据需要进行调整），溶于150mL

的四氢呋喃中，加入25g表面改性后的微米SiO_2颗粒，磁力搅拌20～30min混合均匀。

将上述混合均匀后的四氢呋喃溶液加于烧瓶内，反应开始前，向烧瓶内通入高纯氮气，将其中的空气全部赶出，反应全程中应保持通入氮气和搅拌。加热升温，待温度升至40～50℃时，加入0.3g的过硫酸铵作为引发剂。成功引发后温度会突升，用冰水降温，维持温度为60～70℃，保持反应6～8h(以7h最佳)。反应完成后用乙醇和水分别洗涤3次并离心，放入50～80℃的烘箱中干燥3～6h，至两次称量结果相差不足0.05%时，认为干燥完成，得到温敏颗粒GCY－WM。

(三)温度敏感速溶型暂堵剂材料的合成

以马来酸酐(或二甲基马来酸酐)、苯乙烯衍生物(苯乙烯、甲基苯乙烯、对苯乙烯等)和温敏颗粒GCY－WM为原料，偶氮二异丁腈(亦可是偶氮二异庚腈、过氧化二异丙苯等)为引发剂，在有机溶剂中进行反应，优选N，N－二甲基甲酰胺DMF(亦可选用苯、甲苯等)。按质量比1∶1.1(1∶1～1.3均可，以1∶1.1最佳)的比例加入马来酸酐和温敏颗粒GCY－WM于适量的N，N－二甲基甲酰胺中，形成马来酸酐质量浓度为3%的溶液(注意，此处溶剂留出50mL用于溶解引发剂)，混合均匀后转移至带搅拌的搪瓷反应釜中。另取1.5～3倍于马来酸酐质量的苯乙烯(以2倍最佳)，以及0.5%～2%(以1.5%最佳)的偶氮二异丁腈(以所有单体总量计)溶于50mL N，N－二甲基甲酰胺(DMF)中备用。

反应开始前，向搪瓷反应釜内通入高纯氮气，将其中的空气全部赶出，反应全程中应保持通入氮气。将上述马来酸酐和温敏颗粒GCY－WM的DMF溶液转移至反应釜中后，保持搅拌并加热，待所有固体溶解后，继续加热至70～90℃(以80℃最佳)。开始滴加引发剂，即上述苯乙烯和偶氮二异丁腈的DMF溶液，滴加速度以每3s一滴为最佳，亦可放宽至5s一滴。待引发剂滴加完成后，保持80℃继续反应3～4h。将反应完成后的液体及容器加入约300mL二次水进行洗涤，并进行抽滤，将滤饼用定量的水润洗后再压滤，重复3次，然后将滤饼粗粉碎后放入烘箱烘干2h(烘干温度不超过65℃)，得到粗产物。将粗产物用粉碎机进行粉碎，需要大颗粒时可通过造粒机造粒，再用标准筛筛分，便可得到不同目数的暂堵剂产品颗粒。

二、温敏暂堵剂的配方

(一)配方1

原料：直径为5μm的二氧化硅微球、硅烷偶联剂KH－550、无水乙醇(AR，99%)、N－异丙基丙烯酰胺(AR，98%)、2－丙烯酰胺基－2－甲基丙磺酸(AR，99%)、丙烯酰胺(AR，98%)、过硫酸铵(AR，98%)、四氢呋喃(AR，99%)、马来酸酐(AR，95%)、苯乙烯(AR，99%)、偶氮二异丁腈(AR，99%)、N，N－二甲基甲酰胺(AR，98%)。

采用以下步骤制备：

(1)取50g直径为5μm的微米二氧化硅和5mL硅烷偶联剂KH－550溶于150mL无水乙醇中，磁力搅拌20～30min混合均匀(亦可使用超声或震荡装置，目的在于混合均匀即可)。

(2)将分散均匀的液体转移到具塞烧瓶中密封，在80℃的水浴中反应5.5h。反应完成后用乙醇和水分别洗涤3次并离心，放入60℃的烘箱中干燥5h，至两次称量结果相差不足0.05%时，认为干燥完成，得到表面改性后的微米 SiO_2 颗粒(SKH)。

(3)称取10.0g NIPAM、5.0g AMPS 和5.0g AM，溶于150mL的四氢呋喃中，加入25g表面改性后的微米 SiO_2 颗粒，磁力搅拌20～30min混合均匀。

(4)将上述混合均匀后的四氢呋喃溶液加于烧瓶内，反应开始前，向烧瓶内通入高纯氮气，将其中的空气全部赶出，反应全程中应保持通入氮气和搅拌。加热升温，待温度升至40℃时，加入0.3g的过硫酸铵作为引发剂。成功引发后温度会突升，用冰水降温，维持温度为60～70℃，保持反应7h。反应完成后用乙醇和水分别洗涤3次并离心，放入60℃的烘箱中干燥5h，至两次称量结果相差不足0.05%时，认为干燥完成，得到温敏颗粒GCY－WM。

(5)按质量比1∶1.1的比例加入马来酸酐和温敏颗粒GCY－WM于适量的N，N－二甲基甲酰胺中，形成马来酸酐质量浓度为3%的溶液(注意，此处溶剂留出50mL用于溶解引发剂)，混合均匀后转移至带搅拌的搪瓷反应釜中。另取2倍于马来酸酐质量的苯乙烯，以及1.5%的偶氮二异丁腈(以所有单体总量计)溶于50mL N，N－二甲基甲酰胺中备用。

(6)反应开始前，向搪瓷反应釜内通入高纯氮气，将其中的空气全部赶出，反应全程中应保持通入氮气。将上述马来酸酐和温敏颗粒GCY－WM的DMF溶液转移至反应釜中后，保持搅拌并加热至80℃。开始滴加引发剂，即步骤(5)中苯乙烯和偶氮二异丁腈的DMF溶液，以每3s一滴的速度滴加。待引发剂滴加完成后，保持80℃继续反应4h。

(7)将反应完成后的液体及容器加入约300mL二次水进行洗涤，并进行抽滤，将滤饼用定量的水润洗后再压滤，重复3次，然后将滤饼粗粉碎后放入60℃的烘箱中烘干2h，得到粗产物。

(8)将粗产物用粉碎机进行粉碎，再用标准筛筛分，可得到70目的暂堵剂产品颗粒。

(二)配方2

原料：直径为5μm的二氧化硅微球、硅烷偶联剂KH－550、无水乙醇(AR，99%)、N－异丙基丙烯酰胺(AR，98%)、2－丙烯酰胺基－2－甲基丙磺酸(AR，99%)、丙烯酰胺(AR，98%)、过硫酸铵(AR，98%)、四氢呋喃(AR，99%)、马来酸酐(AR，95%)、苯乙烯(AR，99%)、偶氮二异丁腈(AR，99%)、N，N－二甲基甲酰胺(AR，98%)。

采用以下步骤制备：

(1)取50g直径为5μm的微米二氧化硅和5mL硅烷偶联剂KH－550溶于150mL无水乙醇中，磁力搅拌20～30min混合均匀(亦可使用超声或震荡装置，目的在于混合均匀即可)。

(2)将分散均匀的液体转移到具塞烧瓶中密封，在80℃的水浴中反应5.5h。反应完成后用乙醇和水分别洗涤3次并离心，放入60℃的烘箱中干燥5h，至两次称量结果相差不足0.05%时，认为干燥完成，得到表面改性后的微米 SiO_2 颗粒(SKH)。

(3)称取10.0g NIPAM、3.0g AMPS 和6.0g AM，溶于150mL的四氢呋喃中，加入25g表面改性后的微米 SiO_2 颗粒，磁力搅拌20～30min混合均匀。

(4)将上述混合均匀后的四氢呋喃溶液加于烧瓶内，反应开始前，向烧瓶内通入高纯氮气，将其中的空气全部赶出，反应全程中应保持通入氮气和搅拌。加热升温，待温度升至40℃时，加入0.3g的过硫酸铵作为引发剂。成功引发后温度会突升，用冰水降温，维持温度为60～70℃，保持反应7h。反应完成后用乙醇和水分别洗涤3次并离心，放入

60℃的烘箱中干燥5h，至两次称量结果相差不足0.05%时，认为干燥完成，得到温敏颗粒GCY－WM。

(5)按质量比1∶1.1的比例加入马来酸酐和温敏颗粒GCY－WM于适量的N，N－二甲基甲酰胺中，形成马来酸酐质量浓度为3%的溶液(注意，此处溶剂留出50mL用于溶解引发剂)，混合均匀后转移至带搅拌的搪瓷反应釜中。另取2倍于马来酸酐质量的苯乙烯，以及1.5%的偶氮二异丁腈(以所有单体总量计)溶于50mL N，N－二甲基甲酰胺中备用。

(6)反应开始前，向搪瓷反应釜内通入高纯氮气，将其中的空气全部赶出，反应全程中应保持通入氮气。将上述马来酸酐和温敏颗粒GCY－WM的DMF溶液转移至反应釜中后，保持搅拌并加热至80℃。开始滴加引发剂，即步骤(5)中苯乙烯和偶氮二异丁腈的DMF溶液，以每3s一滴的速度滴加。待引发剂滴加完成后，保持80℃继续反应4h。

(7)将反应完成后的液体及容器加入约300mL二次水进行洗涤，并进行抽滤，将滤饼用定量的水润洗后再压滤，重复3次，然后将滤饼粗粉碎后放入60℃的烘箱中烘干2h，得到粗产物。

(8)将粗产物用粉碎机进行粉碎，再用标准筛筛分，可得到50目的暂堵剂产品颗粒。

(三)配方3

原料：直径为5μm的二氧化硅微球、硅烷偶联剂KH－550、无水乙醇(AR，99%)、N－异丙基丙烯酰胺(AR，98%)、2－丙烯酰胺基－2－甲基丙磺酸(AR，99%)、丙烯酰胺(AR，98%)、过硫酸铵(AR，98%)、四氢呋喃(AR，99%)、马来酸酐(AR，95%)、甲基苯乙烯(AR，99%)、偶氮二异丁腈(AR，99%)、N，N－二甲基甲酰胺(AR，98%)。

采用以下步骤制备：

(1)取50g直径为5μm的微米二氧化硅和5mL硅烷偶联剂KH－550溶于150mL无水乙醇中，磁力搅拌20～30min混合均匀(亦可使用超声或震荡装置，目的在于混合均匀即可)。

(2)将分散均匀的液体转移到具塞烧瓶中密封，在80℃的水浴中反应5.5h。反应完成后用乙醇和水分别洗涤3次并离心，放入60℃的烘箱中干燥5h，至两次称量结果相差不足0.05%时，认为干燥完成，得到表面改性后的微米SiO_2颗粒(SKH)。

(3)称取10.0g NIPAM、5.0g AMPS和5.0g AM，溶于150mL的四氢呋喃中，加入25g表面改性后的微米SiO_2颗粒，磁力搅拌20～30min混合均匀。

(4)将上述混合均匀后的四氢呋喃溶液加于烧瓶内，反应开始前，向烧瓶内通入高纯氮气，将其中的空气全部赶出，反应全程中应保持通入氮气和搅拌。加热升温，待温度升至40℃时，加入0.3g的过硫酸铵作为引发剂。成功引发后温度会突升，用冰水降温，维持温度为60～70℃，保持反应7h。反应完成后用乙醇和水分别洗涤3次并离心，放入60℃的烘箱中干燥5h，至两次称量结果相差不足0.05%时，认为干燥完成，得到温敏颗粒GCY－WM。

(5)按质量比1∶1.1的比例加入马来酸酐和温敏颗粒GCY－WM于适量的N，N－二甲基甲酰胺中，形成马来酸酐质量浓度为3%的溶液(注意，此处溶剂留出50mL用于溶解引发剂)，混合均匀后转移至带搅拌的搪瓷反应釜中。另取2倍于马来酸酐质量的甲基苯乙烯，以及2%的偶氮二异丁腈(以所有单体总量计)溶于50mL N，N－二甲基甲酰胺中备用。

(6)反应开始前，向搪瓷反应釜内通入高纯氮气，将其中的空气全部赶出，反应全程中应保持通入氮气。将上述马来酸酐和温敏颗粒 GCY－WM 的 DMF 溶液转移至反应釜中后，保持搅拌并加热至 80℃。开始滴加引发剂，即步骤(5)中苯乙烯和偶氮二异丁腈的 DMF 溶液，以每 3s 一滴的速度滴加。待引发剂滴加完成后，保持 80℃继续反应 4h。

(7)将反应完成后的液体及容器加入约 300mL 二次水进行洗涤，并进行抽滤，将滤饼用定量的水润洗后再压滤，重复 3 次，然后将滤饼粗粉碎后放入 60℃的烘箱中烘干 2h，得到粗产物。

(8)将粗产物用粉碎机进行粉碎，再用标准筛筛分，可得到 70 目的暂堵剂产品颗粒。

(四)配方 4

原料：直径为 5μm 的二氧化硅微球、硅烷偶联剂 KH－550、无水乙醇(AR，99%)、N－异丙基丙烯酰胺(AR，98%)、2－丙烯酰胺基－2－甲基丙磺酸(AR，99%)、丙烯酰胺(AR，98%)、过硫酸铵(AR，98%)、四氢呋喃(AR，99%)、马来酸酐(AR，95%)、苯乙烯(AR，99%)、偶氮二异丁腈(AR，99%)、N，N－二甲基甲酰胺(AR，98%)。

采用以下步骤制备：

(1)取 50g 直径为 5μm 的微米二氧化硅和 5mL 硅烷偶联剂 KH－550 溶于 150mL 无水乙醇中，磁力搅拌 20～30min 混合均匀(亦可使用超声或震荡装置，目的在于混合均匀即可)。

(2)将分散均匀的液体转移到具塞烧瓶中密封，在 80℃的水浴中反应 5.5h。反应完成后用乙醇和水分别洗涤 3 次并离心，放入 60℃的烘箱中干燥 5h，至两次称量结果相差不足 0.05%时，认为干燥完成，得到表面改性后的微米 SiO_2 颗粒(SKH)。

(3)称取 10.0g NIPAM、5.0g AMPS 和 5.0g AM，溶于 150mL 的四氢呋喃中，加入 25g 表面改性后的微米 SiO_2 颗粒，磁力搅拌 20～30min 混合均匀。

(4)将上述混合均匀后的四氢呋喃溶液加于烧瓶内，反应开始前，向烧瓶内通入高纯氮气，将其中的空气全部赶出，反应全程中应保持通入氮气和搅拌。加热升温，待温度升至 40℃时，加入 0.3g 的过硫酸铵作为引发剂。成功引发后温度会突升，用冰水降温，维持温度为 60～70℃，保持反应 7h。反应完成后用乙醇和水分别洗涤 3 次并离心，放入 60℃的烘箱中干燥 5h，至两次称量结果相差不足 0.05%时，认为干燥完成，得到温敏颗粒 GCY－WM。

(5)按质量比 1∶1.1 的比例加入马来酸酐和温敏颗粒 GCY－WM 于适量的 N，N－二甲基甲酰胺中，形成马来酸酐质量浓度为 3%的溶液(注意，此处溶剂留出 50mL 用于溶解引发剂)，混合均匀后转移至带搅拌的搪瓷反应釜中。另取 2 倍于马来酸酐质量的苯乙烯，以及 1.5%的偶氮二异丁腈(以所有单体总量计)溶于 50mL N，N－二甲基甲酰胺中备用。

(6)反应开始前，向搪瓷反应釜内通入高纯氮气，将其中的空气全部赶出，反应全程中应保持通入氮气。将上述马来酸酐和温敏颗粒 GCY－WM 的 DMF 溶液转移至反应釜中后，保持搅拌并加热至 80℃。开始滴加引发剂，即步骤(5)中苯乙烯和偶氮二异丁腈的 DMF 溶液，以每 3s 一滴的速度滴加。待引发剂滴加完成后，保持 80℃继续反应 4h。

(7)将反应完成后的液体及容器加入约 300mL 二次水进行洗涤，并进行抽滤，将滤饼用定量的水润洗后再压滤，重复 3 次，然后将滤饼粗粉碎后放入 60℃的烘箱中烘干 2h，得到粗产物。

(8)将粗产物用粉碎机进行粉碎，再用标准筛筛分，可得到 50 目的暂堵剂产品颗粒。

第四节　新型暂堵剂综合性能评价

一、新型暂堵剂溶解性能测试

选取140℃配方的速溶型暂堵剂样品在60℃、90℃及120℃条件下分别在水、滑溜水中进行溶解性能测试，60℃及90℃条件下的测试结果如表8－16、图8－16所示，120℃条件下的测试结果如表8－17、图8－17所示。

表8－16　暂堵剂(1%)在60℃、90℃下的水及滑溜水中的测试数据

测试项目	自来水	自来水＋0.05% APS	滑溜水	滑溜水＋0.05% APS
产品名称	速溶型暂堵剂			
外观	不规则浅黄色或白色颗粒			
粒径/目	20～40			
60℃溶解时间/min	在60℃下，2h四种不同条件下暂堵颗粒基本没有变化			
90℃溶解时间/min	在90℃下，溶解情况没有明显区别，水溶时间均在50min左右，溶解后呈半透明状溶液			

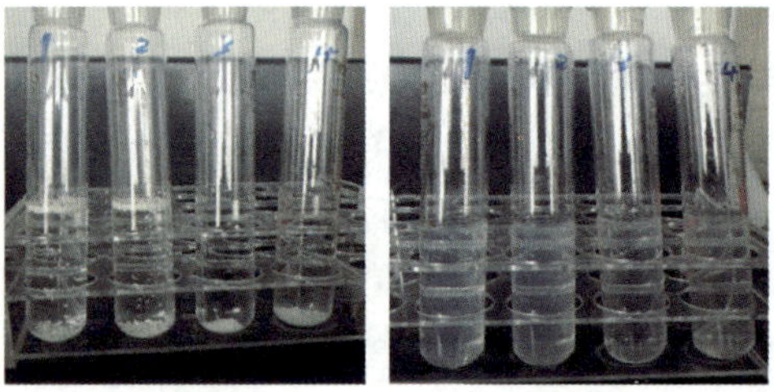

(a)暂堵剂初始状态　　(b)暂堵剂溶解后状态

图8－16　暂堵剂溶解前后的状态

表8－17　暂堵剂(1%)在120℃下的水、滑溜水及压裂液中的测试数据

测试项目	自来水	自来水＋0.05% APS	滑溜水	滑溜水＋0.05% APS	压裂液基液	压裂液基液＋0.05% APS
产品名称	速溶型暂堵剂					
外观	不规则浅黄色或白色颗粒					
粒径/目	20～40					
120℃溶解时间/min	在120℃下，溶解情况没有明显区别，溶解时间均为55min，溶解后呈半透明状或微乳液					

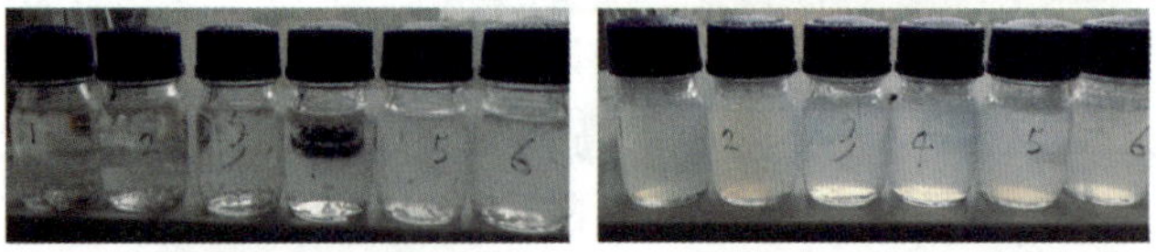

(a)暂堵剂初始状态　　(b)暂堵剂溶解后状态

图8－17　暂堵剂在不同液体中溶解前后的状态

注：从左到右依次是1—自来水；2—自来水＋0.05% APS；3—滑溜水；4—滑溜水＋0.05% APS；5—压裂液基液；6—压裂液基液＋0.05% APS

通过溶解实验显示：速溶型暂堵剂在自来水中溶解后的表面张力为48.56mN/m，界面张力为7.45mN/m，其残渣1.2%。

二、新型暂堵剂承压性能评价实验

速溶型暂堵剂与常规暂堵剂不同，具有封堵时间可调可控的优势，该速溶型暂堵剂根据配方不同，在不同温度的井底，封堵时间也不同。在压裂过程中时，随压裂液或者滑溜水携带一定的速溶型暂堵剂注入井底，遇到裂缝暂时将其封堵，在一定温度下，随着时间变化，封堵剂中的亲水基团开始水解，暂堵剂由低温不溶性疏水颗粒变成亲水可溶性高分子表面活性剂，随之解堵。

暂堵评价流动装置是利用了 Corelab 公司的酸蚀裂缝导流能力测试系统的数据采集系统和压机，加工了配套上述模拟裂缝岩板的导流室，配备了最高流量达 200mL/min 的 isco 双泵，使用的管线为 1/2in 规格。该流动装置能满足不同排量驱替，可以按照现场施工排量与造缝缝宽的关系，结合实验设计缝宽来调整排量，以使室内模拟与现场施工更具可比性，实验结果有较好的指导意义。

(一) 实验装置组成

实验装置如图 8 – 18 所示。

该装置主要由注液泵、导流室、中间容器、控制阀、压机、量筒组成。实验用液放于中间容器中，中间容器一端与注液泵连接，另一端连接导流室，导流室位于压机上，出口端连接废液缸，压机连接另一注液泵。导流室由导流室腔体、上活塞、下活塞、出入口接口、特制金属岩板构成。该设备可模拟高强度纤维暂堵剂材料对不同缝宽裂缝的封堵情况，评价封堵效果。

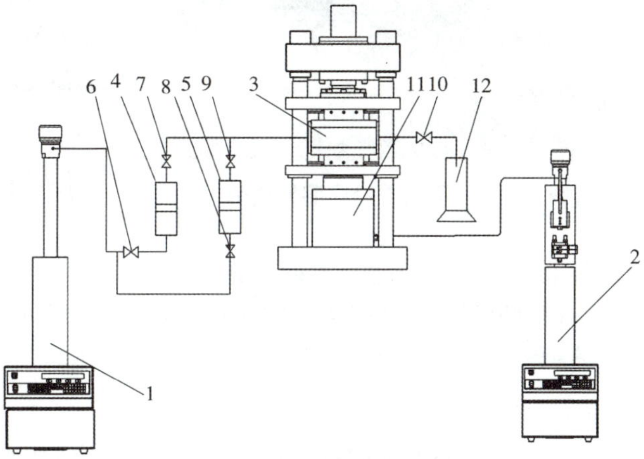

图 8 – 18　模拟裂缝暂堵实验装置

1—注液泵；2—围压泵；3—导流室；4，5—中间容器；6～10—控制阀；11—压机；12—量筒

(1) 注液泵：分为柱塞泵和气驱液体增压泵两种。柱塞泵为 isco 泵，可以满足稳定排量注入暂堵液，排量精准，便于记录升压过程中的压力变化；气驱液体增压泵可以实现大排量注入暂堵液，适用于实验量较大时，主要用于配方的优选。

(2) 围压泵：为导流室内的岩板提供围压，防止岩板缝内压力过高使裂缝变大。

(3) 导流室：内部放置模拟裂缝岩板，前后端连接输送液体管线。

(4) 中间容器：放置暂堵液，容积 10L。

(5) 控制阀：控制注液线路，实现暂堵液与清水的注入转换。

(6) 压机：放置导流室，通过围压泵施加的压力为导流室加压。

(7) 量筒：测量实验过程中流出的液体量。

实验用模拟裂缝岩板为 3D 打印的模拟真实裂缝的岩板。两块岩板中部均刻蚀相同尺寸的凹槽，上下闭合形成一平行裂缝，凹槽表面按实际裂缝壁面的粗糙度进行磨砂处理，凹槽两外侧棱对称钻垫片固定槽，通过不同厚度的垫片改变裂缝宽度。这种 3D 打印岩板可重复使用，能模拟不同缝宽，且实验条件较稳定，适用于优选不同粒径暂堵剂组合的大量平等实验，能够较快找到封堵的一般性规律，具有较好的经济性，节省实验时间。

(二)主要性能指标

裂缝暂堵模拟实验装置主要性能指标为:

最大承压能力 20MPa;

中间容器容积 10L;

最大排量 200mL/min;

调缝宽度 0.1~8mm;

裂缝高度 45mm;

裂缝长度 230mm。

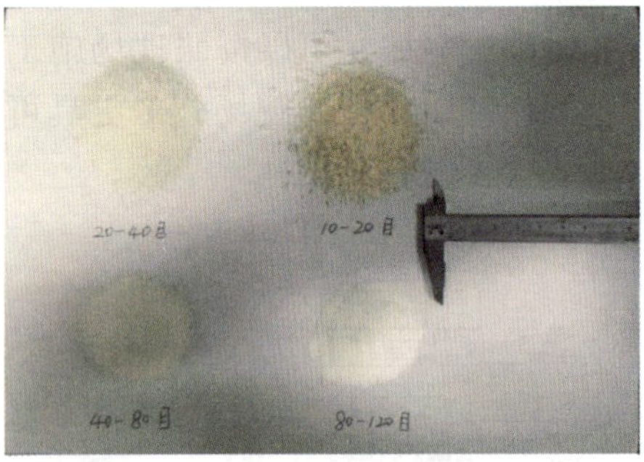

图 8-19 不同粒径速溶暂堵剂

(三)实验材料

本研究测试了三种暂堵材料,分别为:20 目、50 目、100 目类型速溶型暂堵颗粒(图 8-19)。实验采用了模拟粗糙裂缝岩板两块,模拟缝宽 0.3mm 和 3mm 条件下,不同组合条件暂堵剂暂堵效果。

(四)实验原理

根据上述室内实验系统,形成了一套裂缝暂堵效果的实验评价方法。主要通过泵注含暂堵剂的携带液进入模拟裂缝装置内,记录注入端的压力变化,同时对比裂缝出口端的液量变化情况,以判断暂堵剂在裂缝内部的封堵情况。根据以上两个参数形成一定的评价标准,以评价该种浓度及配比条件下的封堵效果。

(五)实验步骤

(1)根据实验需求调整暂堵剂的配比,按照质量浓度配制一定量暂堵剂携带液,并将其放入中间容器中,密封连接实验管线;

(2)根据所需评价的裂缝宽度,调整 3D 打印岩板间的垫片厚度,将 3D 打印岩板放入导流室腔体;

(3)将导流室放置在压机上,连接管线,出液口通向量筒;

(4)用围压泵对导流室施加一定围压;

(5)开启注液泵,以一定排量注液。待泵压达到设定值或注完液后停泵;

(6)取出 3D 打印岩板,可进一步分析缝内不同尺寸复合暂堵剂的分布情况;

(7)在设定好缝宽后,通过比较不同暂堵剂配比下的最高承受泵压或在相同最高泵压下用液量的多少,优选该缝宽条件下的暂堵剂配比。

三、暂堵材料组合与排量优选

(一)不同缝宽暂堵材料组合优化

本次实验主要是针对 0.3mm 和 3mm 这两种不同缝宽进行暂堵材料的测试和优化,按照要求,针对 20 目、50 目、100 目暂堵颗粒进行组合配比实验。

1. 0.3mm 缝宽暂堵配方优选

首先,对于 0.3mm 的裂缝宽度,测试单一目数暂堵颗粒条件下的暂堵效果。0.3mm

封堵实验参数见表 8－18。

表 8－18　0.3mm 封堵优选实验参数

实验编号	20 目颗粒	100 目颗粒	排量/（mL/min）
1	5%	—	100
2	—	5%	200
3	—	8%	200
4	0.15%	0.35%	200

如图 8－20 和图 8－21 所示，单一 20 目 5%颗粒暂堵实验堆积聚集体具有一定的架桥封堵性，但同时具有较高的渗透性。排量为 100mL/min 时滤失流量稳定，无法封堵完全，在此排量下无法继续起压，封堵位置为缝口处，此实验条件下无法满足 40MPa 承压要求。

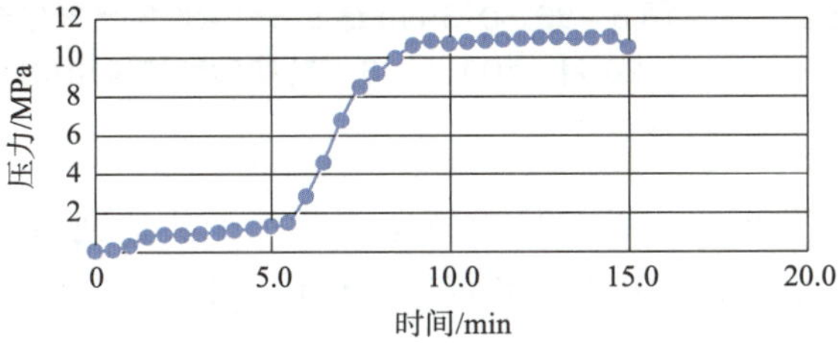

图 8－20　0.3mm 缝宽 5%浓度 20 目暂堵剂实验压力曲线

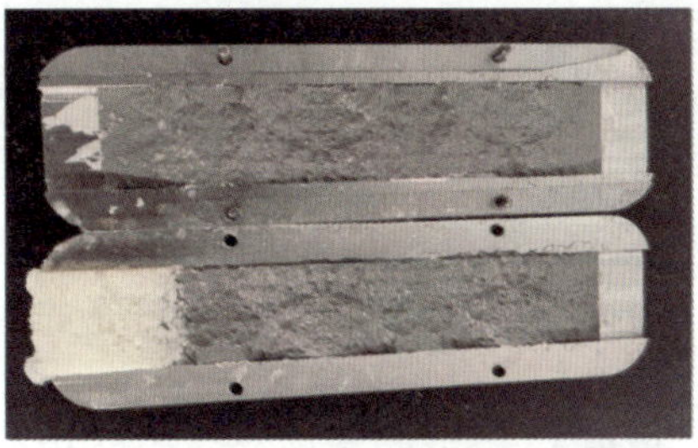

图 8－21　0.3mm 缝宽 5%浓度 20 目暂堵剂实验暂堵段结构图

如图 8－22 所示，单一 100 目 5%颗粒暂堵剂配置浓度实验几乎没有架桥封堵性和承压能力，最高承压 1.5MPa 时压力突破，几乎无封堵效果，此实验条件下无法满足 40MPa 承压要求。

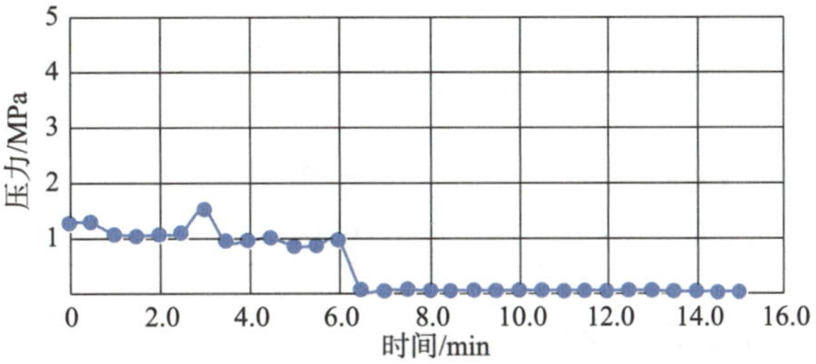

图 8－22　0.3mm 缝宽 5%浓度 100 目暂堵剂实验压力曲线

如图 8－23、图 8－24 所示，单一 100 目 8%颗粒暂堵实验堆积聚集体具有一定的架桥封堵性和承压能力，最高承压 20MPa 时压力突破，封堵失效，封堵位置为缝口处，此实验条件下无法满足 40MPa 承压要求。

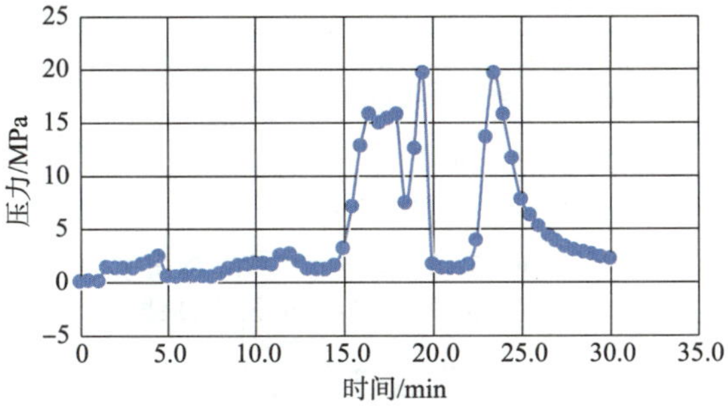

图 8－23　0.3mm 缝宽 8%浓度 100 目暂堵剂实验压力曲线

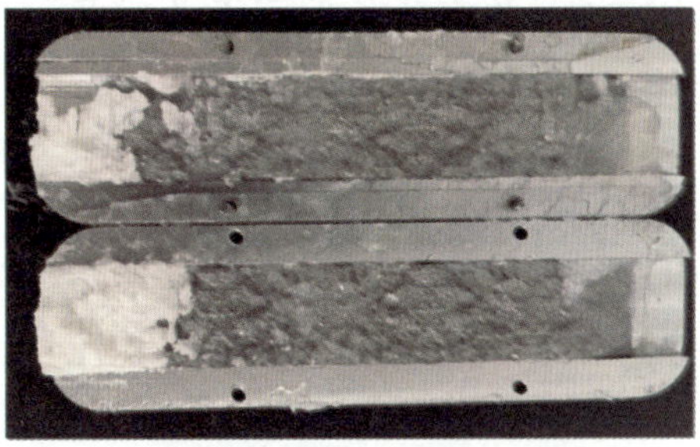

图 8－24　0.3mm 缝宽 8%浓度 100 目暂堵剂实验暂堵段结构图

针对不同目数暂堵剂，开展暂堵剂配比组合实验。

如图8－25、图8－26所示，30%20目、70%100目总浓度5%颗粒暂堵实验堆积聚集体具有较好的架桥封堵性和承压能力，最高承压40MPa、6min时有一次较小压降，随后又封堵起压至40MPa，封堵位置为缝口处，暂堵段长度：44.52mm，此实验条件下满足40MPa承压要求。

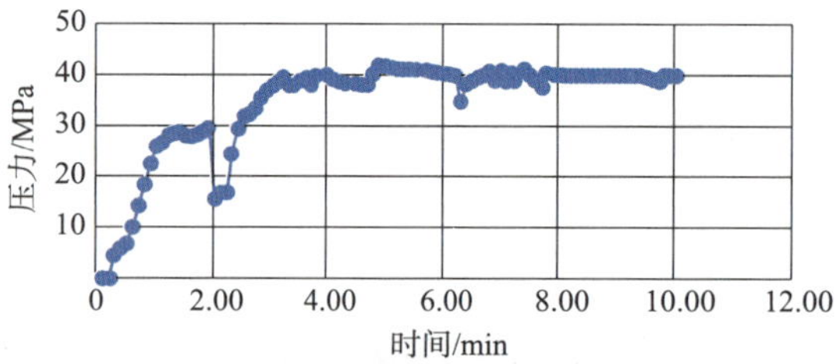

图8－25　0.3mm缝宽5%浓度暂堵剂组合(20目：100目=3：7)实验压力曲线

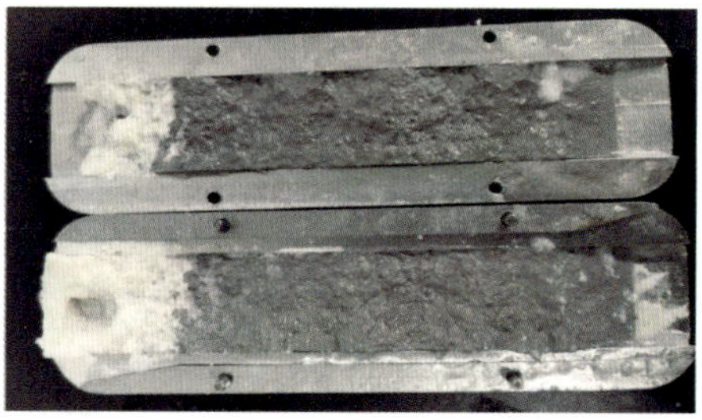

图8－26　0.3mm缝宽5%浓度暂堵剂组合(20目：100目=3：7)实验暂堵段结构图

2.3mm缝宽暂堵配方优选

根据暂堵材料，由0.3mm缝宽暂堵实验可知，单一目数暂堵剂几乎无法达到40MPa承压要求，故针对缝宽更大的3mm缝宽暂堵实验，开展暂堵剂组合配比实验(表8－19)。

根据3mm缝宽条件下的实验规律，相应地，主要研究两个方面的影响：一、暂堵材料总浓度与封堵速率之间的关系；二、暂堵材料总浓度不变时，不同材料浓度比对封堵效果的影响情况。

表8－19　3mm封堵优选实验参数

实验编号	20目颗粒	100目颗粒	排量/(mL/min)
5	0.15%	0.35%	200
6	0.24%	0.56%	200

具体实验封堵压力和时间关系如图所示。

如图8－27所示，30%20目、70%100目总浓度5%颗粒封堵3mm裂缝，暂堵实验堆积聚集体几乎没有架桥起压，最高起压2.74MPa时压力突破，此实验条件下无法满足40MPa承压要求。

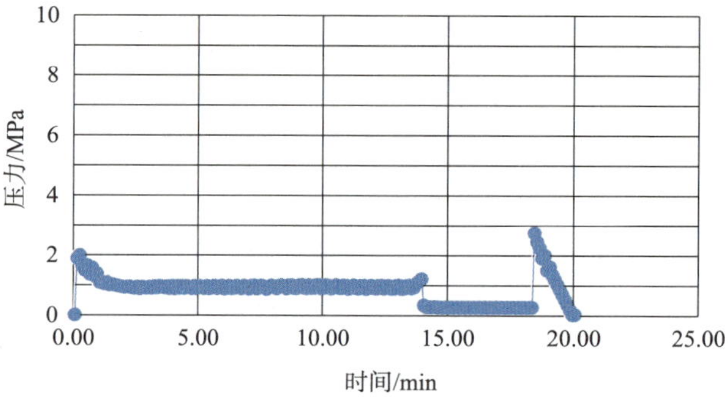

图8－27　3mm缝宽5%浓度暂堵剂组合(20目：100目=3：7)实验压力曲线

如图8－28、图8－29所示，30%20目、70%100目总浓度8%颗粒封堵3mm裂缝，暂堵实验堆积聚集体具有较好的架桥封堵性和承压能力，最高承压38.62MPa，7.8min时发生突破，封堵位置为缝口及裂缝中部位置处，打开时判断突破位置为裂缝中部位置，暂堵段长度：57.74mm，此实验条件下不能满足40MPa承压要求。

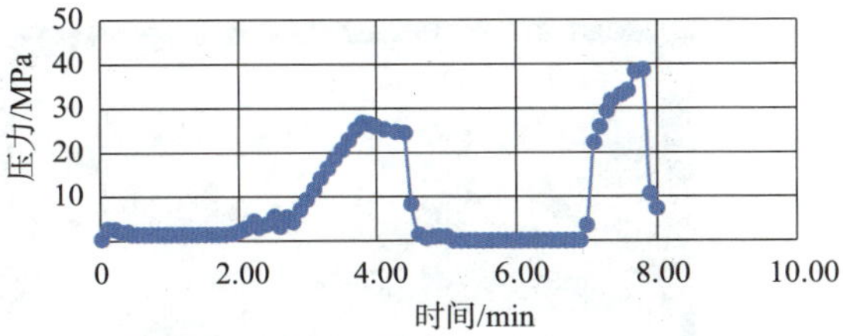

图 8－28　3mm 缝宽 8%浓度暂堵剂组合（20 目：100 目 =3：7）实验压力曲线

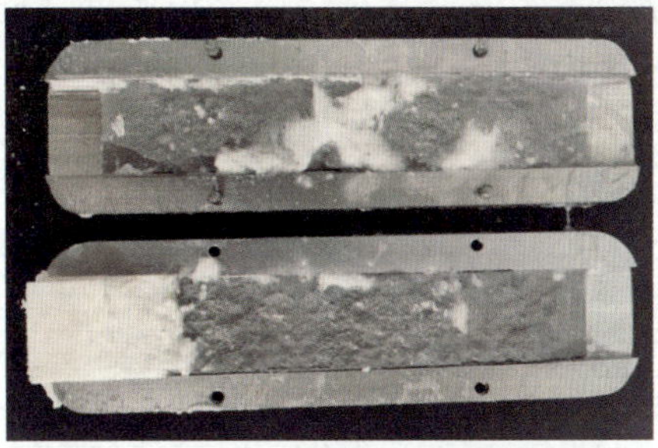

图 8－29　3mm 缝宽 8%浓度暂堵剂组合（20 目：100 目 =3：7）实验暂堵段结构图

（二）不同级配组合暂堵效果优化

本次实验主要是不同级配组合的暂堵剂进行不同缝宽的暂堵测试和优化，针对级配 A（30% 60～80 目 +50% 80～120 目 +20% 120～200 目）、级配 B（5% 8～12 目 +30% 12～16 目 +60% 16～30 目 +5% 30～60 目）、级配 C（35% 10～16 目 +60% 16～30 目 +5% 30～60 目）和级配 D（35% 12～16 目 +60% 16～30 目 +5% 30～60 目）进行裂缝承压测试（表 8－20）。

表 8－20　不同级配组合暂堵实验参数

实验编号	级配类别	缝宽/mm	排量/（mL/min）
1	级配 A	0.3	200
2	级配 B	3	200
3	级配 C	3	200
4	级配 D	3	200

具体实验封堵压力和时间关系如图 8－30、图 8－31 所示。

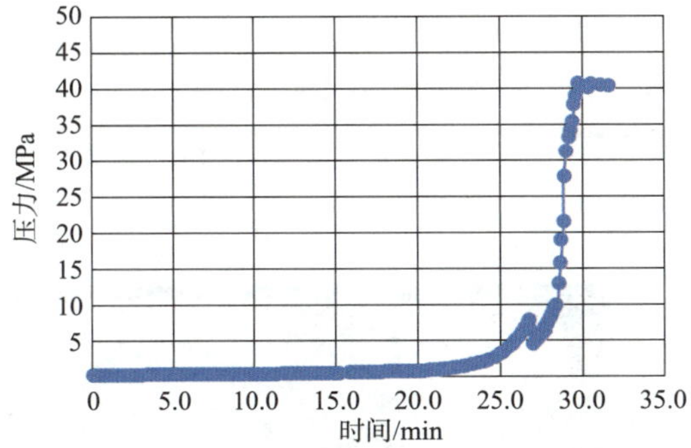

图 8－30　0.3mm 缝宽级配暂堵剂暂堵压力曲线

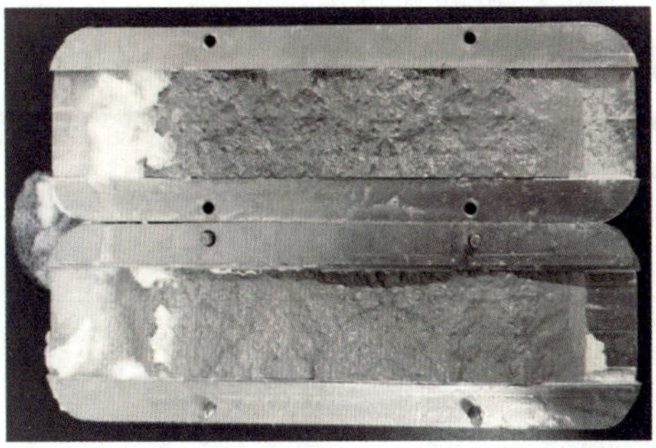

图 8－31　0.3mm 缝宽级配暂堵剂封堵位置

级配暂堵剂总浓度 5% 封堵 0.3mm 裂缝，暂堵实验堆积聚集体具有较好的架桥封堵性和承压能力。90℃条件下最高承压 40.73MPa 未发生突破，封堵位置为缝口位置处，此实验条件下满足 40MPa 承压要求。经过测量，暂堵段长度为 25.85mm。

级配 A 暂堵剂总浓度 5% 封堵 3mm 裂缝，如图 8－32 和图 8－33 所示，暂堵实验堆积聚集体具有较好的架桥封堵性和承压能力，90℃条件下最高承压 42.16MPa 未发生突破，封堵位置为缝口及裂缝中部位置处，此实验条件下满足40MPa承压要求。经过测量，暂堵段长度为58.07mm。

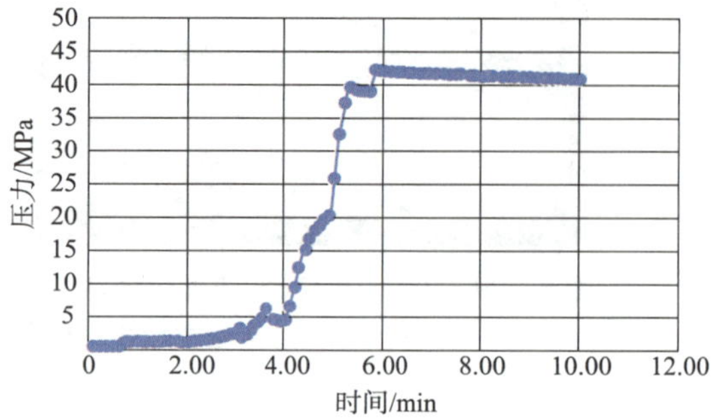

图8－32　5%级配A暂堵剂承压曲线

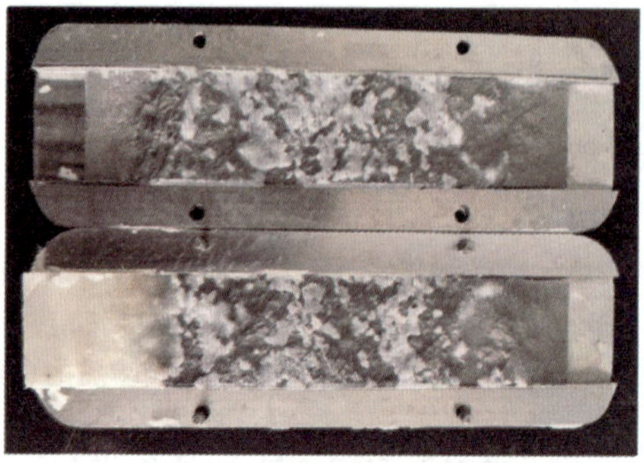

图8－33　5%级配A暂堵剂封堵位置

级配B暂堵剂总浓度5%封堵3mm裂缝，如图8－34和图8－35所示，暂堵实验堆积聚集体具有较好的架桥封堵性和承压能力，6min时压力达到20MPa，产生小突破，继续注液压力迅速上升至40MPa，90℃条件下最高承压40.16MPa未发生突破，封堵位置为缝口位置处，此实验条件下满足40MPa承压要求。经过测量，暂堵段长度为49.73mm。

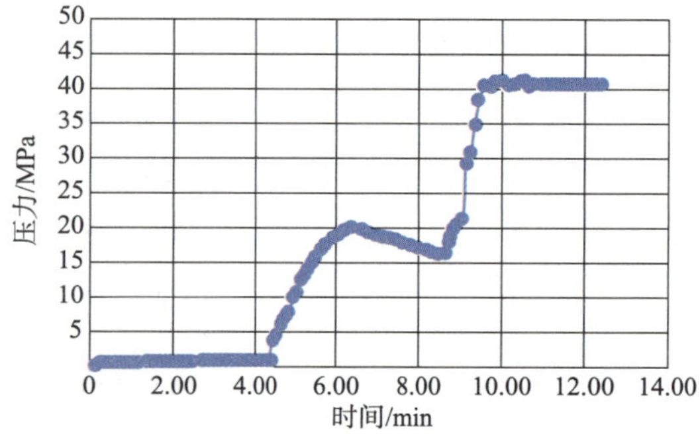

图8－34　级配B封堵3mm缝暂堵承压曲线

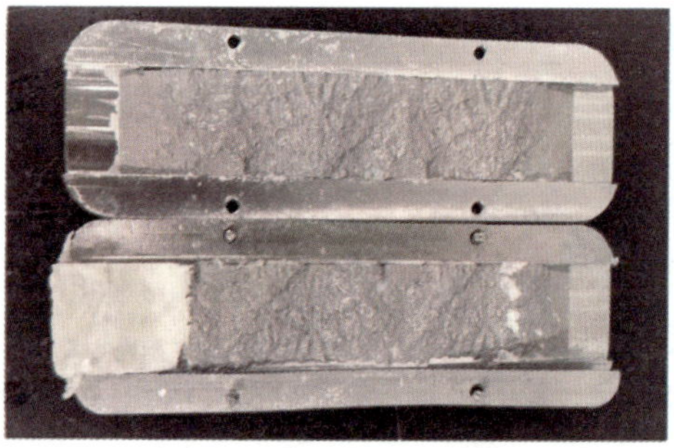

图8－35　级配B封堵3mm缝暂封堵位置

级配C暂堵剂总浓度5%封堵3mm裂缝，如图8－36和图8－37所示，暂堵实验堆积聚集体具有较好的架桥封堵性和承压能力。90℃条件下最高承压40.64MPa未发生突破，封堵位置为缝口位置处，此实验条件下满足40MPa承压要求。经过测量，暂堵段长度为51.62mm。

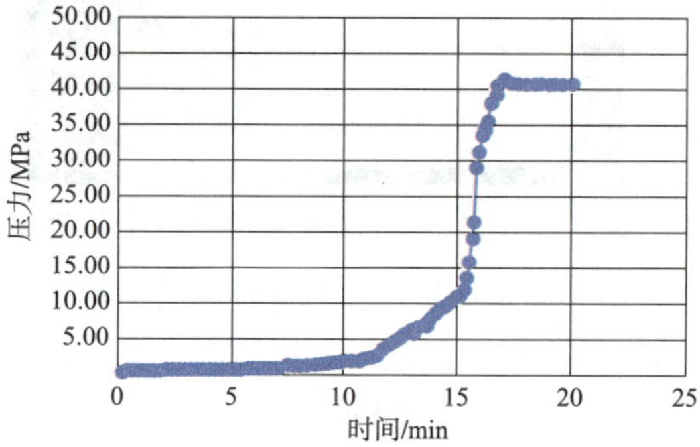

图8－36　级配C封堵3mm裂缝承压曲线

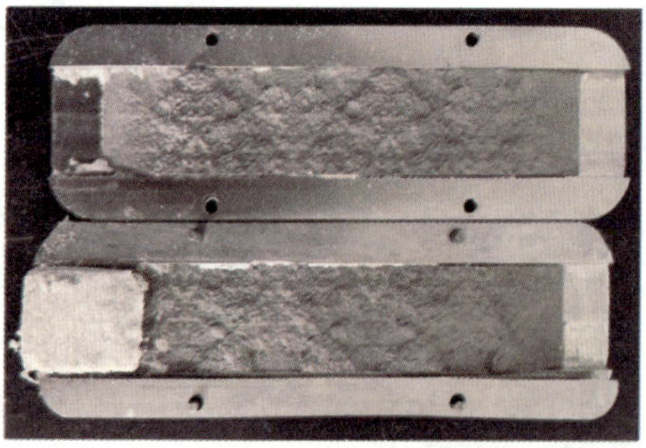

图8－37　级配C封堵位置

第九章　深层页岩分段压裂工具研制及性能评价

第一节　大压差延迟趾端滑套的研制

一、国内外相关产业技术调研

(一)国外相关产业和技术现状、发展趋势

目前，国内外页岩气、致密砂岩油气等非常规油气储层开发大都采用泵送桥塞进行分段压裂，如图9-1所示。该工艺在进行水平井趾端首段压裂施工时，一般采用连续油管携带电缆射孔枪进行射孔，再进行套管内加砂压裂。待首段压裂后，井筒内建立了井筒—地层的流通通道，后续层段通过液体泵送将桥塞送至套管内预定位置，再进行其他层段的压裂施工。因此，首段的连续油管输送电缆枪射孔压裂存在两方面的问题。一方面是，动用的地面设备较多，施工耗时较长。一般井深4500m左右的水平井，该段施工需要2~3d，折合费用大概13万~17万元。另一方面是，随着涪陵二期、丁山等地页岩气开发的不断发展，井深已超过4500m，水平段长超过1500m，连续油管下入能力受到制约，难以将射孔枪输送至预定位置，导致施工风险和难度大大增加。因此，国内外诸多服务公司，通过创新施工工艺，利用水平井趾端预置滑套，压裂施工时直接进行管内加压打开滑套进行压裂，大大缩短了首段压裂费用。

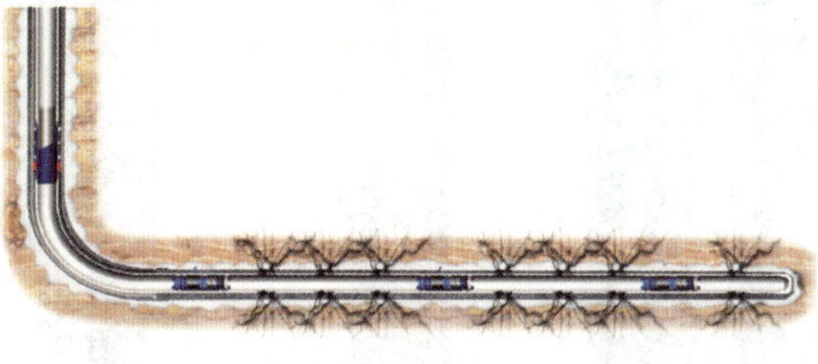

图9-1　泵送桥塞分段压裂施工示意图

水平井趾端滑套压裂施工的流程(图9-2)主要为，根据测井解释确定产层位置后，将趾端滑套与套管一起连接入井，并实施常规固井完井或者裸眼完井(裸眼完井需要在各压裂层段直接连接裸眼封隔器)，压裂施工时，通过管内加压将趾端滑套打开并进行该层段压裂。待该层段压裂结束后，再采用其他工艺，如泵送桥塞、连续油管带底封拖动压裂等进行其他层段压裂施工。

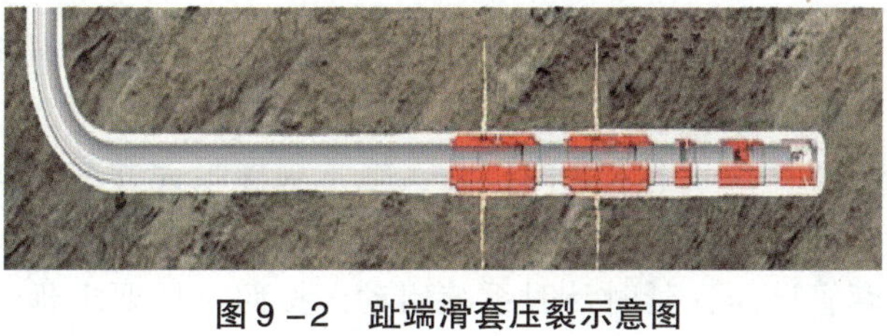

图9-2　趾端滑套压裂示意图

自 2013 年以来，国外的水平井趾端压差滑套试验与应用已越来越多。Schlumberger、Halliburton、BakerHughes 等公司相继推出了针对套管井和裸眼井的压差式滑套。并且在国内外非常规油气储层的压裂开发中都取得了成功应用。

Schlumberger 公司推出的 KickStart 破裂盘式压差滑套，如图 9－3(a)所示，规格为 $4\frac{1}{2}$in 和 $5\frac{1}{2}$in 两种，适用的井眼分别为 6in 和 $7\frac{5}{8}$in，抗内压强度达到 138MPa，耐温达到 163℃，破裂盘开启率达到 100%，具有较高的可靠性。其应用最多的场景就是配合泵送桥塞射孔联作工艺的水平井趾端压裂，通过在滑套内部预置两套呈 180°均匀分布的破裂盘，有效提高了滑套打开可靠性。破裂盘打开压力也是依靠工具在井内的绝对压力打开，地面泵压加上井内液柱压力，全部作用于破裂盘上。当绝对压力达到破裂盘开启值时，破裂盘开启，井筒内压力通过内部管路传导至滑套内套上，从而打开滑套，压裂孔露出并与地层沟通。该类型滑套弊端在于不具备延时打开功能，因此套管试压时必须要将滑套开启压力大于套管试压压力。KickStart 压差滑套已大量应用于北美 Eagle ford 页岩气水平井开发中。上市当年现场应用 12 井次，直接节约施工费用达到 120 万美元。

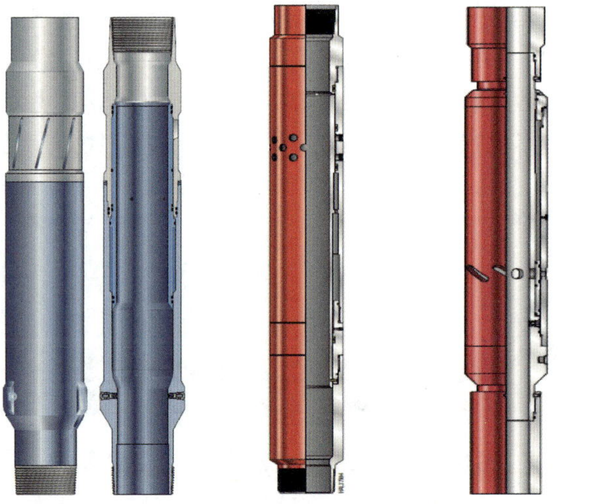

(a)Schlumberger滑套　(b)Halliburton滑套　(c)Weatherford滑套

图 9－3　主流油服公司的滑套工具

Halliburton 公司研制的 Rapid Start 起始压裂滑套[图 9－3(b)]是一种通过液压开启的压裂滑套，用于在打开和建立对目标地层的流通通道之前进行套管压力完整性测试。这类型滑套可与其他多级压裂滑套或者桥塞射孔联作工艺配套使用。施工时，通过对完井套管内施加超过预定剪切限值的地面压力来启动压差滑套。通过工具内部的计时控制系统，地面可继续施加更高的压力来实现更精准的套管完整性测试。计时控制系统允许在 30min 或更长时间内将滑套完全打开，并允许对套管进行高达 100MPa 以上的压力测试，使用温度最高达到 177℃。试压时，一旦压力中途释放，滑套的计时控制系统将停止工作，压差滑套不会被打开，并允许再次对套管进行压力测试。Rapid Start 起始压裂滑套适用套管尺寸分别为 $4\frac{1}{2}$in 和 $5\frac{1}{2}$in，其中 $5\frac{1}{2}$in 滑套最大外径为 177.8mm，最小内径 111.25mm。其打开压力通过剪切销钉剪切值调整。Rapid Start 起始压裂滑套的弊端在于，滑套采用双层结构，压差腔室长度较长，造成工具整体承压能力下降，不适合用于垂深较深、钻井液密度较大的井况。

Weatherford 公司推出的 Zone Select 延时启动趾端滑套，区别于其他公司产品，其采用破裂盘＋单流阀组形式实现延时试压和滑套开启功能[图 9－3(c)]。其工作原理为：根据产层位置将趾端滑套与套管一起下入井内，并实施常规裸眼完井或者固井施工。压裂施工前，按照要求进行全井筒试压，试压压力高于破裂盘打开压力。因此，试压一开始，破裂盘即打开，此时开始套管试压，延时计时系统启动，按照试压要求延时 15min 或者 30min。

该工具的优势在于，能避免常规滑套下入过程中的提前打开或者压裂试压时滑套打不开的风险。但是其也存在一定弊端，比如，因单流阀直接与地层环空沟通，压差腔内的液体排出腔外时会受地层环空压力影响，环空压力作用于单流阀阀芯上，在单流阀处产生背压，容易造成计时系统计时不准确的问题。该系列压差滑套适用于 4½in 和 5½in 套管，最大承受内压达到 138MPa，工具内径分别为 85mm 和 95mm，延时时间从 10min 到 20min 可调，耐温能力达到 163℃。目前 Zong Select 系列延时压差滑套已在配合泵送桥塞射孔联作工艺在北美地区大规模推广应用。通过大量现场应用案例表明，该系列延时滑套打开压力误差控制在 ±2% 以内，延时最长时间达到 40min，取得了较好的应用效果。

通过对国外相关技术调研分析，延时启动压差式滑套国外发展及应用趋势特点如下：

(1)工具整体承压性能均在 100MPa 以上，耐温达到 150℃以上。

(2)均采用井筒绝对压力打开方式，大大提高了滑套入井安全性和打开可靠性。

(3)延时启动滑套一般作为水平井趾端首段压裂，替代射孔压裂，并与泵送桥塞射孔联作工艺配套使用，可大大节约现场作业成本，提高作业效率。

(4)每套工具均是根据现场井的实际数据进行打开压力及延时时间精准设置，确保了滑套施工的可靠性。

(二)国内相关产业和技术现状、发展趋势

国内目前鲜有开展水平井延时启动趾端滑套自主研制及应用成功的报道。但是多家油服公司具备延时启动趾端滑套分段压裂技术服务能力，如安东石油、华鼎鸿基，通过代理国外如 NCS、Halliburton 等公司产品，并已在中国石油西南长宁 - 威远页岩气、长庆油田、中国石化涪陵页岩气等地开展了试验应用，但工具均无自主研发。

应用方面，2017 年 5 月，中国石油西南油气分公司在自 203 井开展了延时启动趾端滑套的应用。该井为评价井，井型为水平井，目的层位为龙马溪组，设计井深 4730m(直井段 3150m，水平段 1580m)，水平段趾端采用延时滑套，后续层段采用投球固井滑套，这是固井投球滑套技术在页岩气井首次应用成功，为深层页岩气藏效益开发提供了技术参考，丰富了页岩气深层长水平段分段改造关键工具系列，为页岩气藏效益开发提供技术支持。

中国石化涪陵页岩气于 2015 年在焦页 44 - 3 井首次应用延时启动趾端滑套。该井完钻井深 5300m，垂深 2939.05m，水平段长 1835m，完钻层位为龙马溪组。油层套管为 5½ in，壁厚 12.34mm，水平段前半部分采用预置全通径滑套进行分段压裂，后半部分采用泵送桥塞射孔压裂。延时滑套及全通径滑套全部由 NCS 公司提供，其中趾端滑套的技术参数见表 9 - 1。压裂施工时，套管试压 50MPa，试压时间为 30min，滑套打开压力为 116MPa。滑套打开后，通过下入连续油管往地层挤酸，地层破裂压力从 86MPa 下降至 50MPa 左右，施工排量 5.5m^3/min，压力 50 ~ 72MPa，停泵压力 31.5MPa，累计加砂 24.2m^3，累计用液 821.66m^3，最高压力 93MPa，用酸量 15m^3。由于该层破裂压力比较高，地层对酸比较敏感，遇酸后压力迅速下降。酸液进地层后压力下降比较明显。

表 9 - 1　趾端滑套基本参数

长度/mm	最大外径/mm	最大外径长度/mm	最小外径/mm	压裂孔数/个	抗内压强度/MPa	抗外挤强度/MPa
4470	175	880	95	8	124	144

从对技术调研资料分析总结看，针对延时启动趾端滑套分段压裂这一新兴技术，国内已通过引进国外产品进行了试验应用，也进行了常规压差滑套的现场应用，该工具与配套技术发展的特点主要概括为：

（1）国内服务公司通过与国外公司合作，引进国外成熟技术，并在国内各大油田开展了推广应用，并取得了较好的应用效果，同时也暴露出一些问题，如压裂施工破裂压力过高、延时时间比设计时间稍长等，需进一步进行工具适应性分析并进行相应改进。

（2）国内自主研发单位大都是开展了不具备延时功能的绝对压力打开压差式滑套研制，并在现场取得了一定的应用效果。但也存在打开压力与设计值不符、地层压不开等问题。尚未出现具备延时启动功能的绝对压力打开滑套完全自主研发、生产并入井试验的报道。因此，国内研发机构下步需克服国外工具在国内应用时暴露的问题，并加强此方面的科研攻关，将工艺与工具齐发展作为推进本类工具规模化应用的有效推动力。

二、趾端延时滑套结构设计

（一）结构设计

针对页岩气井的井况要求，进行了 5½in 延时趾端滑套的结构设计，以满足现场（耐压 120MPa 以上、耐温 100℃）施工要求。改进后的滑套如图 9－4 所示。

图 9－4　5½in 延时趾端滑套结构图

5½in 延时趾端滑套主要由压力控制装置（爆破阀）、延时控制系统和内活塞等部件组成。其中延时控制系统主要部件是延时阀，该阀将活塞腔分为液体腔和真空腔两部分。具体的工作原理是：当工作压力超过延时控制系统的剪切限定值时，爆破阀开启，压力推动内活塞移动，激活工具内的延时控制系统，内活塞将液体腔内的液压油缓慢挤入真空腔，通过延时阀控制液压油的流速。待试压时间达到 30min 或其他标准试压时间，内活塞移动到位，滑套完全开启，建立了井筒－地层的流通通道。

（二）工作原理

延时启动趾端滑套是一种通过液压操控的压裂滑套，用于在打开和建立对目标地层的流动通道之前进行套管压力完整性测试。此滑套可与其他多级压裂滑套或桥塞射孔联作搭配使用。延时趾端滑套主要由压力控制装置（爆破阀）、延时控制系统和内活塞等部件组成。其中延时控制系统主要部件是延时阀，该阀将活塞腔分为液体腔和真空腔两部分。其原理如图 9－5 所示。具体工作原理是：当工作压力超过延时控制系统的剪切限定值时，爆破阀开启，压力推动内活塞移动，激活工具内的延时控制系统，内活塞将液体腔内的液压油缓慢挤入真空腔，通过延时阀控制液压油的流速。待试压时间达到 30min 或其他标准试压时间，内活塞移动到位，滑套完全开启，建立了井筒－地层的流通通道。

水平井延时启动趾端滑套压裂施工的主要流程是：首先根据测井解释确定产层位置后，将延时趾端滑套与套管一起连接入井，并下到预定位置，然后实施常规固井完井或者裸眼完井(裸眼完井需要在各压裂层段直接连接裸眼封隔器),在压裂施工前进行套管试压,试压结束后,延时趾端滑套打开,进行该层段压裂。待该层段压裂结束后,再采用其他工艺,如泵送桥塞、连续油管带底封拖动压裂等进行其他层段压裂施工。

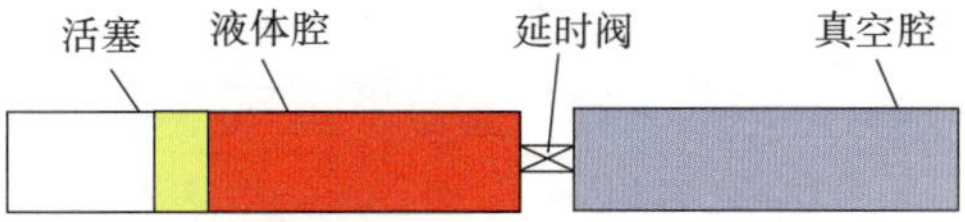

图9-5 延时控制系统原理图

(三)技术参数(表9-2)

表9-2 延时趾端滑套主要技术参数

规格	5½in(139.7mm)	4½in(114.3mm)
最大外径/mm	20	142
最小内径/mm	11	80
长度/mm	1720	1530
打开压力/MPa	70	30
延时时间/min	20~60	20~60
抗外挤能力/MPa	112	95
抗内压能力/MPa	125	110
抗拉强度/t	209	120

三、趾端延时滑套工具性能评价

为了验证延时启动趾端滑套的性能指标的可靠性和现场应用的安全性,对工具的各个单元进行模拟试验验证。根据延时趾端滑套的现场应用及压裂施工要求,经过分析认为需进行如下试验:

(1)进行延时趾端滑套的抗内压密封性能试验,验证工具强度是否满足设计要求。

(2)进行趾端滑套的打开性能试验,验证滑套打开压力是否满足设计要求。

(3)进行延时阀的性能试验,验证延时阀延时性能是否满足设计要求。

(4)进行爆破阀的爆破性能试验,验证爆破阀的性能是否满足设计要求。

(5)进行整机延时性能试验,验证工具的整体性能是否满足设计要求。

延时启动趾端试验应达到的技术指标:承压能力≥105MPa;延时时间30~50min可调;耐温能力≥150℃;打开压力60~120MPa可调。

(一)延时阀性能测试

延时阀是延时控制系统的核心部件,其性能直接影响着滑套的可靠性。延时阀通过控制液体腔内液体排出速度来控制滑套打开时间,以起到延迟打开的功能。为准确测试延时阀的性能设计了延时阀试验装置,如图9-6所示,其中活塞腔内注入黏度为200cm^2/s的硅油。

组装完成试验装置后,打压封头依次打压10~70MPa,压力拖动活塞移动,记录不同压力下延时阀的流量。压力—流速曲线如图 9－7 所示。从图中可看出，随着压力的增加，延时阀的流量加快。常温 30MPa 压力下的流量为 7.33mL/min，70MPa 压力下流量为 9.33mL/min。

图 9－6　延时阀试验装置

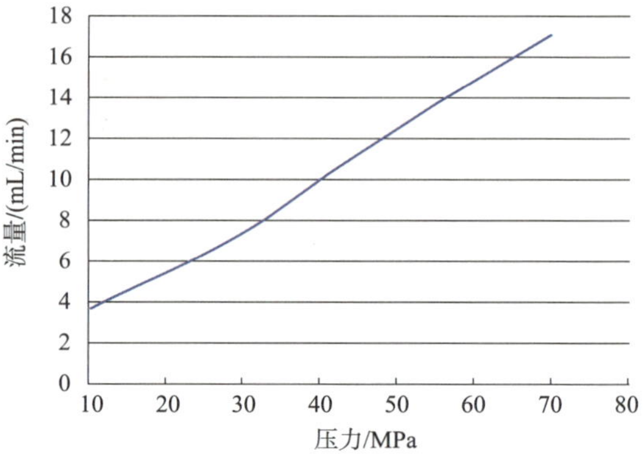

图 9－7　压力—流量曲线

为进一步测试延时阀的性能，在油浴加热装置内进行了不同温度下(20～95℃)延时阀的性能测试，如图 9－8 所示。测试曲线如图 9－9 所示。从曲线可以看出，随着温度的上升，液压油的黏度降低，因此，延时阀的流量加快。

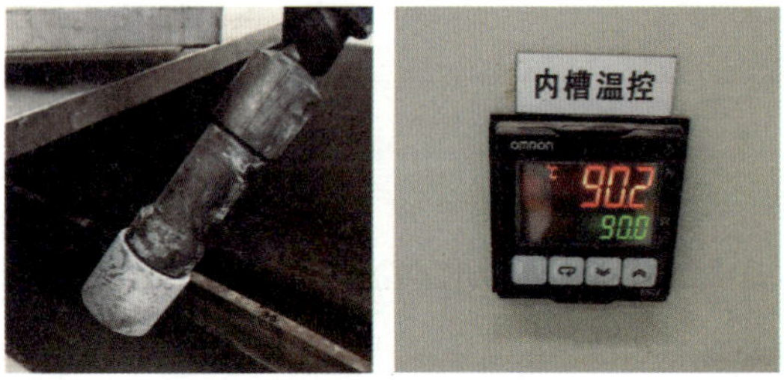

图 9－8　延时阀高温性能测试

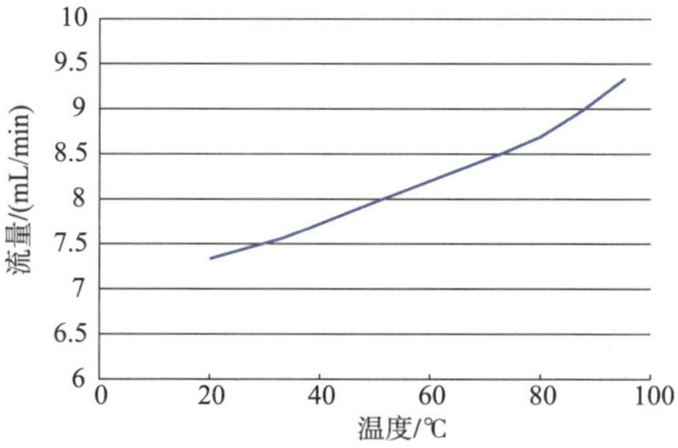

图 9－9　温度—流量曲线

(二)爆破阀性能测试

爆破阀选取铬镍合金材料，制作成破裂压力 70MPa 的破裂盘，进行爆破压力测试。爆破阀的制造范围是设计爆破压力在制造时允许变动的压力幅度，在制造范围内的标定爆破压力应符合爆破压力允差。本项目研制的爆破阀设定标准破裂压力为 70MPa，允许误差范围为 5%。为此设计的爆破阀的测试装置如图 9－10 所示。

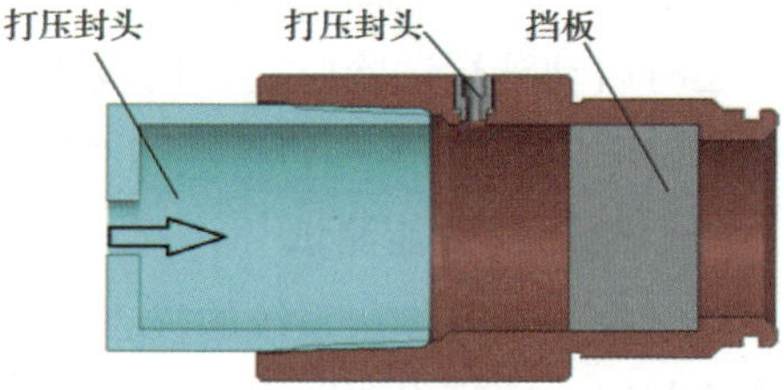

图 9－10　爆破阀试验装置

组装完成试验装置后，连接试压泵打压测试，打压至 68.7MPa，爆破阀破裂，与设计值相符。经三次设计，爆破阀破裂压力均在设计范围之内，满足了使用要求。爆破阀破裂前后如图 9－11、图 9－12 所示。

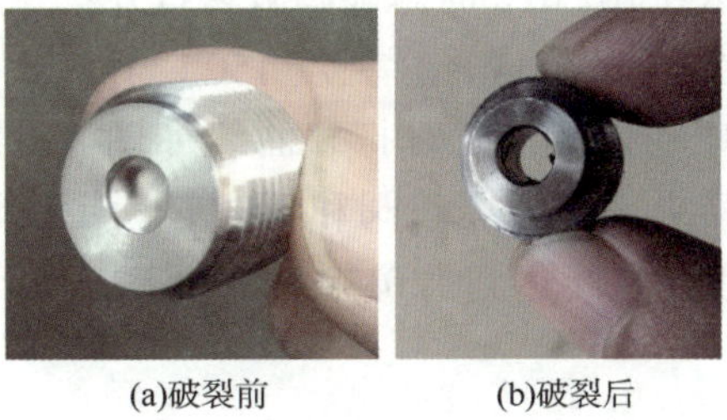

图 9－11　爆破阀破裂前后图

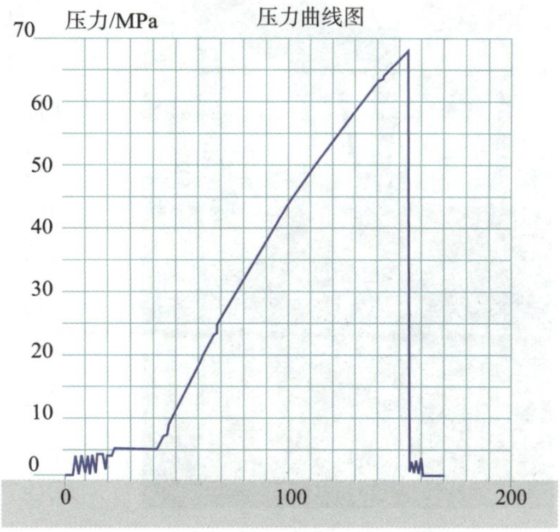

图 9－12　爆破阀破裂压力曲线

(三)延时趾端滑套整机试验

根据研制的延时趾端滑套的功能特点，通过滑套内部加压，并在内套压差面上产生推力打开滑套，因此，需在地面对该滑套进行相关性能试验，以验证延时趾端滑套的功能可靠性及入井安全性。

组装后的延时趾端滑套如图 9－13 所示。组装完成后安装试压封头，以清水为介质进行滑套内加压，剪钉剪切压力为 30.2MPa，剪钉剪切后压力有所下降，此时延时打开滑套内活塞开始移动并挤压液体腔内液体开始延时，继续提高压力至滑套延时工作压力 30MPa 左右。在此压力下，滑套稳定延时约 31min 后，出现压力下降，压力瞬间掉至 0MPa，滑套压裂孔眼完全打开，如图 9－14 所示。据此表明，滑套开启压力、延时开启时间均符合设计要求。滑套延时压力曲线如图 9－15 所示。

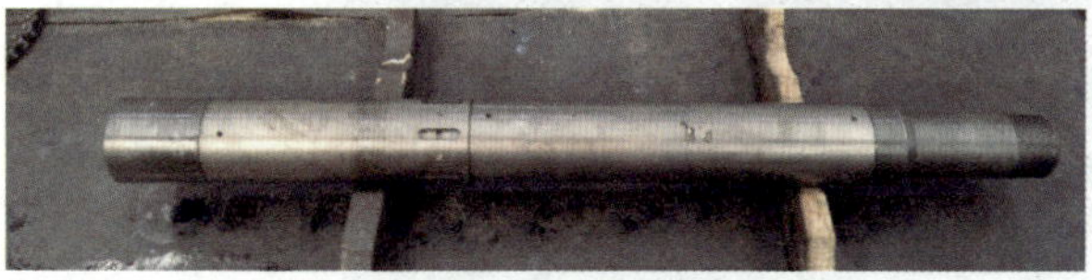
图 9－13　延时趾端滑套组装

图 9－14　压裂孔眼处开孔情况

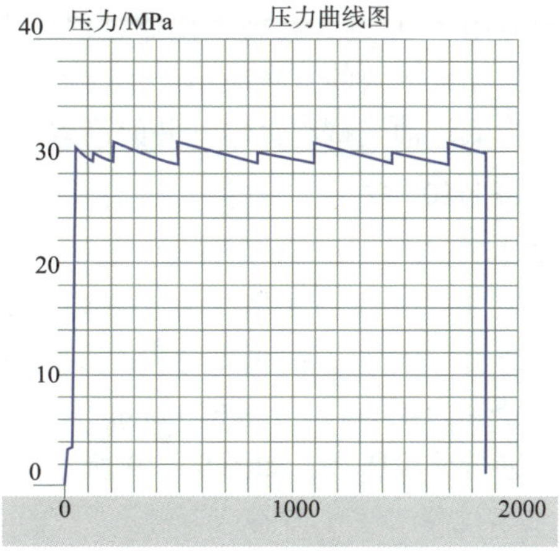

图 9－15　滑套延时曲线

图 9－16　试验井筒

(四)延时趾端滑套高温高压试验

针对页岩气井高温高压的应用要求，在高温高压试验井筒内进行了趾端滑套性能测试，全面验证了延时趾端滑套的功能可靠性及入井安全性，如图 9－16 和图 9－17 所示。

当压力达到 102MPa 时爆破阀破裂打开；开始进行延时，在压力 120MPa、温度 150℃下，滑套延时 31min 顺利打开，延时打开曲线如图 9－18 所示。测试结果表明，爆破阀和延时阀满足设计要求，整机承压性能达到 120MPa，满足现场套管试压需求。

图 9－17　加温 150℃

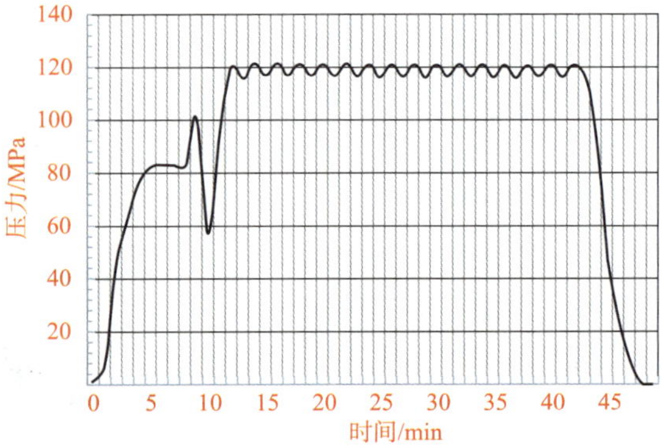

图 9－18　延时打开曲线

四、工具现场应用

延时启动趾端滑套在完成地面性能试验后，为验证其现场应用效果，开展了工具现场试验。已完成 40 余口井的现场应用，其中中国石化华北油气分公司应用 4 口井、华东油气分公司应用 35 口井，在施工作业过程中，工具表现出了良好的可靠性，其中 JPH401 井是国产工具在该区块的首次应用。延时启动滑套分段压裂工具现场应用表明，工具可靠性好，能够为低渗油气藏和页岩气井的高效开发提供高效开发手段。

(一) JPH401 井

1. 基本情况

JPH401 井是中国石化华北油气分公司部署在东胜气田的一口水平井，首次应用延时启动趾端滑套。该井完钻井深 4540m，垂深 3052.8m，水平段长 1200m，完钻层位为盒 3 组。完井套管为 4½in，壁厚 6.35mm。水平段首段采用延时趾端滑套，其余段采用投球式多级滑套进行分段压裂，如图 9－19 所示。

2. 施工过程

1) 井筒准备

用 3½in 钻杆 +7in 套管刮管器刮管到 2860 位置(套管鞋以上 50m)，同时在悬挂器坐

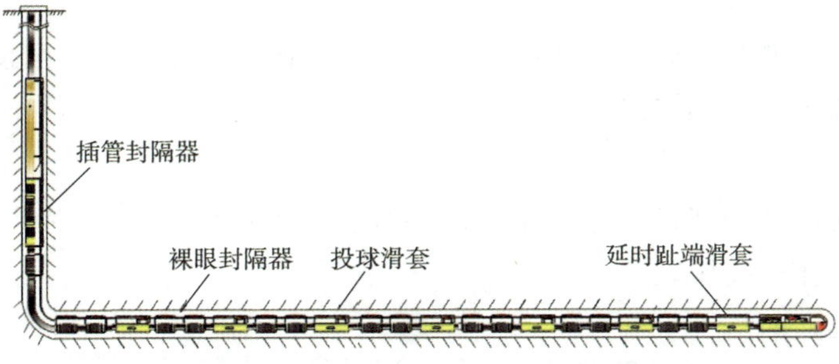

图 9－19　JPH－401 井完井管柱图

挂井段(2400～2500m)位置反复刮 3 次，之后接大西瓜磨鞋进行通井，后接大小西瓜磨鞋，进行双磨鞋通井，钻具下入顺利，无遇阻情况。

2)完井管柱入井

根据压裂设计要求、通井情况及井下的井径变化情况，结合现场入井套管数量及钻杆尺寸，制定了入井管柱表，确定了封隔器及压裂滑套的位置。依次下入完井管柱，包括井下隔离阀(1 套)、裸眼封隔器(12 套)、延时趾端滑套(1 套)、投球式滑套(11 套)及插管封隔器(1 套)，完井管柱由 3½in 钻杆送入。

3)坐挂、坐封、验挂、验封作业

完井管柱在下入过程中，顺利下入到预计位置，中间无明显遇阻显示。管柱下入到设计位置后，开泵顶通，循环 2h 左右。接方钻杆，泵入 KCl 洗井液 $5m^3$，循环洗井。井口投球(直径 38.1mm)，使用固井水泥车泵入 KCl 溶液进行顶替。球到位后，憋压 28MPa 完成隔离阀关闭、裸眼封隔器和插管封隔器坐封以及整个完井管柱的坐挂锚定。

4)压裂作业

压裂施工时，地面泵压提至 40MPa 开始套管试压，试压 30min 后压力下降，滑套成功打开，开始首段压裂，最高施工压力 46MPa，施工排量 $4m^3/min$，加砂 $52.4m^3$。

(二)D12P22 井

1. 基本情况

D12P22 井是中国石化华北油气分公司部署在大牛地气田的一口水平井，首次在该区块应用趾端滑套。该井完钻井深 4572m，垂深 2670m，水平段长 1500m，完钻层位为盒 3 组。完井套管为 4½in，壁厚 6.35mm。水平段首段采用延时趾端滑套，其余段采用桥塞分段压裂，管柱结构如图 9－20 所示。

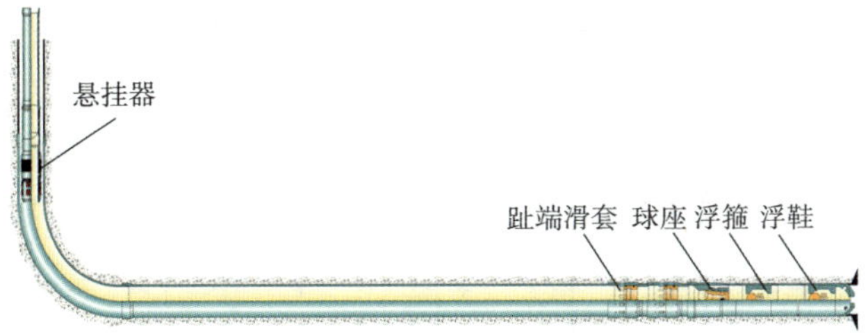

图 9－20　D12P22 井管柱图

2. 管柱下入

完成前期刮管和通井作业后，进行完井管柱下入施工，并顺利下至预定位置。固井施工顺利，替水泥 23m³，碰压 20MPa。

3. 压裂施工

压裂施工趾端滑套顺利打开，打开压力 47MPa，加砂 58m³，实现了首段免射孔作业；其余段采用桥塞联作射孔压裂。

(三)胜页 2 -7 井

1. 基本情况(表 9 -3、表 9 -4)

表 9 -3　钻井资料

井　别：开发井	井　型：水平井
构造位置：四川盆地川东高陡褶皱带万县复向斜东胜南斜坡	地理位置：重庆市南川区东城街道三秀村 6 组
完钻井深：4400. 6m	完井方式：套管完井
施工井队：50512HD	固井服务：华东工程技术公司

表 9 -4　井身结构

开钻次序	钻头尺寸 × 井深/mm × m	套管尺寸 × 下深/mm × m	钢级	壁厚/mm	扣型	封固井段/m
一开	Φ406. 4 × 789	Φ339. 7 × 787. 54	J55	12. 19	BTC	0 ~ 787. 54
二开	Φ311. 2 × 1840	Φ244. 5 × 1838. 55	N80	11. 05	BG - PCT	0 ~ 1838. 55
三开	Φ215. 9 × 5035. 6	Φ139. 7 × 5030	TP110T	12. 34	TP - CQ(FL)	1000 ~ 5030

备注：井深 5035. 6m/2917. 27m(最大垂深)。

2. 施工过程

完成单扶通井作业后，进行下套管作业。下入套管规格 5½in，套管下深 5030m；趾端滑套顺利下至设定位置，滑套下深 4974m；固井替浆 52m³，碰压 28 ~ 35MPa，固井施工顺利完成。

压裂施工前，进行全井筒试压，先打压至 50MPa 稳压 3min，无压降。再次打压至 90MPa，验证套管的密封性。稳压 45min 后，趾端滑套顺利打开，压力降至 52MPa，如图 9 -21 所示。提排量至 0. 7m³/min，试挤成功。

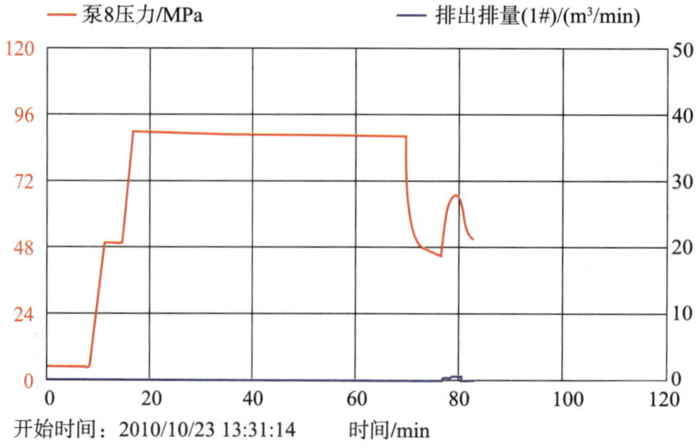

图 9 -21　滑套打开曲线

第二节 可溶桥塞的研制

一、国内外可溶桥塞研究与应用现状

(一)国外技术发展现状

国外可溶解桥塞分段压裂技术已经开始用于非常规油气藏分段完井中，主要有 Halliburton 公司的 Illusion 压裂桥塞、Baker Hughes 公司的 SPECTRE 全溶解压裂桥塞、Schlumberger 公司的 Infinity 射孔压裂系统等。

Halliburton 公司的 Illusion 压裂桥塞如图 9－22(a)所示，目前有 5½in 规格，该压裂桥塞与常规易钻桥塞结构类似，在不需预置定位短节或上一级压裂作业留于井中的其他设备的情况下，它便可坐封在井筒中的任意位置，从而优化射孔位置，提高压裂的效果。与常规桥塞所不同的是 Illusion 压裂桥塞除卡瓦所镶嵌的陶瓷外可以完全溶解，留下全通径的井筒用于生产。压裂后不需要任何干预措施去清洗井筒，因而在降低风险的同时又能快速建立生产。Illusion 压裂桥塞主体采用可溶解镁合金材料，胶筒为可溶解橡胶材料，卡瓦镶嵌陶瓷牙齿，压裂后不影响后期施工。

Baker Hughes 公司的 SPECTRE 压裂桥塞如图 9－22(b)所示，SPECTRE™的创新设计使用了贝克休斯研发的高强度可控纳米结构电解金属材料，在井下温度和矿化度环境下可按预期速度完全降解。当遇到井筒流体时，包括桥塞本体、IN－Tallic 卡瓦系统以及密封部件在内的整个 SPECTRE 桥塞组合均可完全降解，从而克服严苛的压裂工况。目前有 4½in、5in 及 5½in 三种规格，采用单个整体式卡瓦机构和整体胶筒分体硫化技术，封隔压差高，桥塞可承压 70MPa。与传统压裂桥塞一样，由钢丝绳下入的 SPECTRE 桥塞可以灵活选择性地布置在不同压裂层段，并实时调节下入深度。基于桥塞独特的抗冲击设计，其下入时的受力分布在整个工具串而非聚集在卡瓦系统上，可有效规避因遇阻而提前坐封的风险。特殊设计的 IN－Tallic 卡瓦系统可以平衡套管咬合产生的摩擦加持力，保证桥塞牢牢锚定就位。桥塞和压裂球的制备材料仅与产出流体发生反应，可防止二者过早降解。在压裂施工时，桥塞可承受的压力高达 70MPa，也可保障顺利增产。

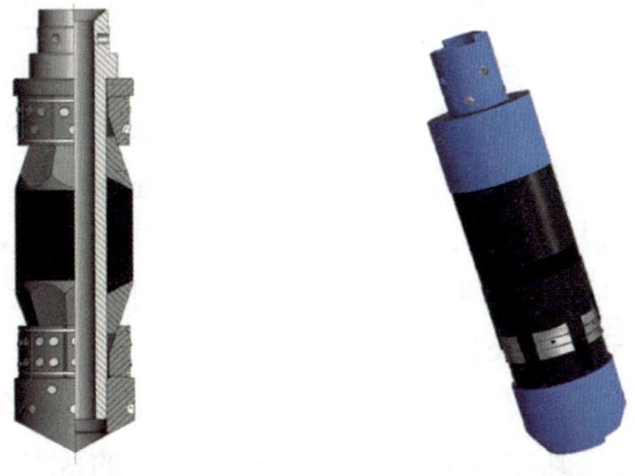

(a)Halliburton Illusion压裂桥塞　(b)Baker Hughes SPECTRE射孔压裂系统

图 9－22 国外油服公司可溶解桥塞

NOV 的 VapRTM 可溶性压裂桥塞是一种完全可溶解的桥塞，如图 9－23(a)所示，可在直井和水平井的压裂作业中提供比较可靠的临时层位封隔。紧凑的设计结构免铣削，压裂后的桥塞不会残留碎屑在井中，简约的设计比竞争产品减少 60%～70% 的部件，因此桥塞溶解后在井中留下的材料更少。采用创新型设计，使用更少的零部件。适用于直井、斜井或水平井，在炮眼处封隔，实现多级压裂。

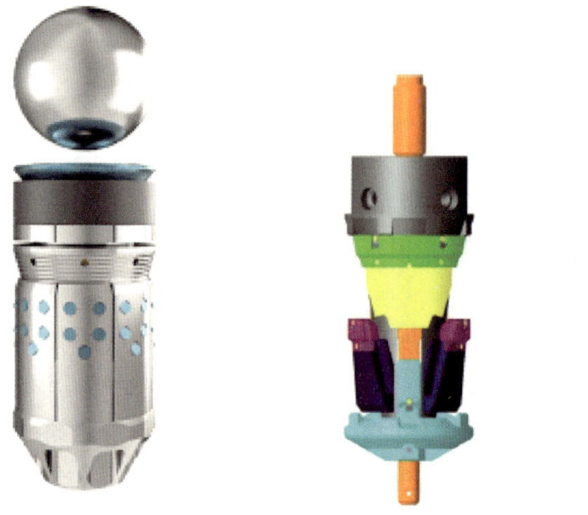

(a)NOV VapRTM　　(b)Schlumberger Infinity射孔压裂系统

图 9－23　国外油服公司可溶解桥塞

结合可降解材料，Schlumberger 研发一种 Infinity 可溶解桥塞射孔联作系统，如图 9－23(b)所示，该系统采用全部可降解的憋压球和分体式球座代替桥塞进行射孔，该系统实现全井眼射孔联作作业的无须干预，施工结束后无须钻除。

该系统的工艺原理为，将定位内套预制在套管内，完成管柱的下入，采用连续油管或电缆配合坐封工具将球座送至目的层定位内套上端，进行液压或者点火坐封，球座为分瓣式结构，共为 4 瓣，对称为两组，各分瓣球座之间有导向肋，球座中间有传压杆，下部有底座，初始状态下，两组分瓣球座保持一定距离，整体外径较小，坐封过程中分瓣球座沿配合导向肋爬行，最终 4 瓣球座组合为一个整体，继续下放管串至预制内套处，将球座坐在内套上，上提送入管串完成射孔作业后起出管串，投入可降解憋压球进行压裂施工作业，完成施工后球座与憋压球逐步降解，实现井筒的全通径，之后进行求产。

该系统设计简单，减少施工风险并提高施工效率，工作部件可完全溶解。目前 Infinity 系统已现场应用 22 井次，压裂段数超过 250 段，压裂施工进展顺利，井筒最高温度为 160℃，水平段最长达到 2438.4m。

综上所述，Halliburton、Baker、Schlumberger 等公司相继开发了多种桥塞，部分已进行了推广应用。其中可溶桥塞因其整体可溶的优势逐步取代了常规易钻桥塞和大通径桥塞。国外可溶桥塞均具有整体可溶、作业后无须立即钻除、利于产液及时返排、实现测试投产等技术优势，有效提高单井施工效率，大幅降低施工成本，解决了页岩气水平井桥塞分段压裂作业限制，在国外已经取得较大进展，且市场化运作经验较成熟，技术推广力度较大，在该领域取得了一定的市场先机和技术优势。

（二）国内技术发展现状

国内，自 20 世纪 70 年代开始引进易钻非金属桥塞、2010 年开展易钻非金属桥塞研究以来，辽河、胜利和江汉等油田进行了不同层面的研究和应用。中国石化工程院自 2011 年开始也进行了易钻复合桥塞的研究，完成了易钻复合桥塞及配套工具的研制，现场应用 5 口井，效果良好。此外，中国石油西南油气田公司采气工程研究院也进行了易钻复合桥塞的研制，并进行了 3 口井的应用。

国内针对可溶桥塞的研究才刚刚起步，但是发展快速。中国石化工程院、工程公司、华鼎鸿基等均开展了可溶桥塞的研究，百勤石油、一龙石油等油服公司也通过引进国外技术，同时启动了国产化自主研制步伐，研制的可溶桥塞均在现场进行了一定规模的推广应用。以华鼎鸿基为例，其研发可溶桥塞与常规桥塞结构类似，主体采用镁合金可溶材料，胶筒采用三胶筒结构，双向锚定卡瓦，目前已经在中国石油西南页岩气、冀东油田、长庆油田等致密砂岩气井中进行了一定规模的应用。

总体看来，国内水平井分段完井压裂桥塞进展迅速，也取得了一定的成果。然而，跟国外可溶桥塞性能尚存在差距，页岩气水平井多级分段完井技术刚起步，且主要集中在胶筒及卡瓦材质上，国外已经实现完全可溶，同时，各国外公司形成一系列独具特色的施工工艺和配套工具，可以更大范围地满足现场施工要求。

近几年中国石化石油工程技术研究院先后承担了科技部项目"5½in 套管内压裂桥塞及配套工具研究""Φ127mm 多级滑套分段压裂工具的研制及应用""水平井分段压裂完井裸眼封隔器的研制"及"套管固井滑套分段压裂工具"，其中研制开发的5½in 压裂桥塞已现场应用5口井，滑套压裂工具及裸眼封隔器已在现场进行了50余口井的应用，取得了良好的应用效果。此外，自2015年开始，针对可溶桥塞压裂工具展开技术攻关，取得了初步成果。

通过5年的发展，形成了以可溶合金材料为核心的桥塞压裂工具体系，以Al、Zn、Cu等为添加材料优化的Mg－Al系基础上，形成Mg－Al－Zn系合金，合金的抗压强度均超过了300MPa。采用该材料制备的憋压球承压达到70MPa。自主研制的镁铝合金可溶憋压球目前已经在华北油气分公司大牛地、杭锦旗等区块现场应用20余口井，施工成功率达到了100%。

针对水平井多级滑套存在的后期储层改造困难的技术难题，结合华北油气分公司在鄂北区块水平井分段压裂全通径作业需求，中国石化石油工程技术研究院率先提出了将可溶合金材料应用于多级滑套压裂工具，滑套内部的附件全部采用可溶材料，实现投球打开滑套逐级压裂，作业快速连续，压裂后内部附件全部自动溶解，不需要井筒作业即可实现全通径，滑套具备开关功能，后期可根据需要进行开关作业。同时，鉴于现有可溶材料存在多方面不足，无论是小级差承压性能还是耐冲蚀性能都很难满足复杂的井下施工需要，在可溶材料研发方面引入最前沿的石墨烯技术，大幅度提升新材料的各方面性能，形成新型高强可溶合金材料。

在高强可溶合金材料研究方面，中国石化石油工程技术研究院目前已开展了相关前瞻研究，形成了一定的研究基础。初步研发了在特定环境下溶解的石墨烯高强可溶合金材料，通过添加石墨烯纳米片提高了铝基合金的屈服强度和抗拉强度，且伸长率略有改善。石墨烯纳米片的加入明显提高了合金的抗拉强度，平均抗拉强度从364MPa提高到454MPa，增加了25%；同时，合金的平均屈服强度从204MPa提高到322MPa，增加了58%，其提高幅度明显优于其他材料增强铝基复合材料的增强效果。使用高强可溶合金进行了憋压球座加工，图9－24(a)为用于硬度测试及溶解实验的球座，图9－24(b)球座冲蚀实验。

目前，在自主研制的可溶合金材料基础上，研发了多种规格的可溶桥塞，如图9－25所示，并相继完成了室内评价及现场入井测试，密封能力达70MPa，90℃、1% KCl溶液中溶解时间为7d。

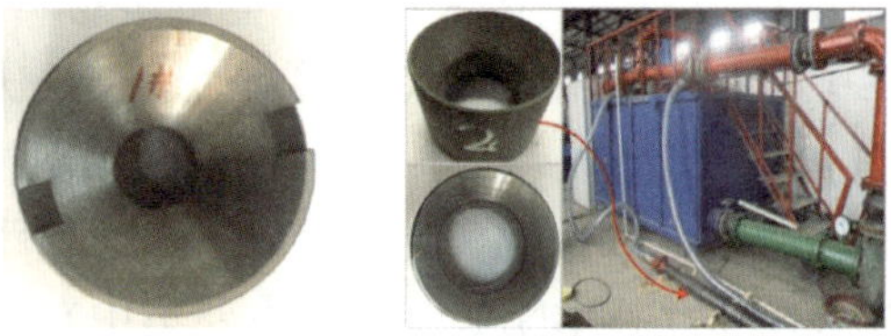
(a)球座结构 (b)球座冲蚀实验

图 9－24 可溶合金材料冲蚀实验设备

图 9－25 自主研制的可溶桥塞结构示意图

二、可溶桥塞结构设计与测试

(一)设计要点

针对现有可溶桥塞，存在内通径小，压裂后无法立即返排，体积大，溶解残余物多，易堵塞井筒，且无法满足低温环境下(＜70℃)溶解等问题，项目组开展了可溶桥塞性能优化，使其具备大通径、小体积优势，且在 50～110℃井下 7～14d 溶解。

(二)基础设计数据

(1)套管规格：4½in、5½in；

(2)内通径：4½in 可溶桥塞内径≥40mm，5½in 可溶桥塞内径≥60mm；

(3)耐压：70MPa；

(4)溶解温度：50～110℃环境中。

为了满足可溶桥塞在环境中的承压及溶解性能，提升桥塞内通径，保证桥塞压裂后可立即返排，满足现场作业要求，项目组在现有 4½in 和 5½in 可溶桥塞的基础上，通过计算分析，进一步优化工具结构参数，使得 4½in 可溶桥塞分段压裂工具内径≥40mm，5½in可溶桥塞分段压裂工具内径≥60mm，耐压差 70MPa。

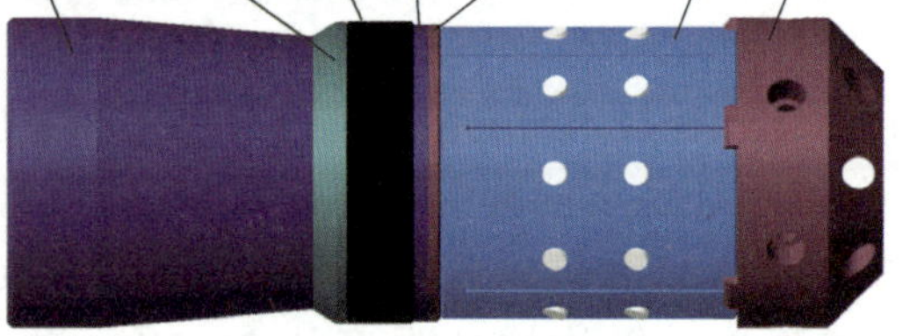

图 9－26 优化后的可溶桥塞结构示意图

改进后的可溶桥塞结构如图 9－26 所示，由锥体、胶筒、卡瓦、锁紧座和胶筒防突机构组成。结合桥塞现场分段压裂施工工艺，考虑到桥塞主要承受上部压差，将原可溶桥塞的双向卡瓦锁紧机构改为单向卡瓦锁紧结构；将原先的三胶筒密封机构改为单胶筒密封机构，且单胶筒长度极大缩短，胶筒直接安装在锥体上，配合三个防突环实现密封；卡瓦采用整体式结构，中间加工有 U 形槽，与锥体配合实现桥塞坐挂。改进后的可溶桥塞内通径提高了 60% 以上，长度和体积降低了 50% 以上，4½in 可溶桥塞内通径达 48mm，5½in可溶桥塞内通径达 65mm。

(三)可溶桥塞的关键零部件设计

1. 中心杆

为了实现可溶桥塞内径最大化，桥塞中心采用可抽出结构，是连接坐封工具、实现桥塞坐封的主要零件，下部通过丢手剪钉与桥塞连接，桥塞坐封后与桥塞脱离，与坐封工具一起提出井口，从而实现桥塞通径最大化。

2. 组合胶筒

组合胶筒是可溶桥塞的主要密封部件，针对桥塞压裂承受上部压力，且在环境中，存在可溶胶筒难溶及溶解速率慢等问题，最大化缩小胶筒尺寸，减少后期溶解体积，设计了单向小体积组合可溶胶筒，其最大特点是体积小，胶筒两侧设计有三组可扩张防突环，与胶筒一起直接安装在锥体上，如图 9－27 所示，有效防止高压差下胶筒发生肩部突出。在胶筒坐封时，胶筒、防突环与卡瓦套一起沿着锥体扩张，从而贴近套管内壁，实现封隔环空效果，且可承受 70MPa 高压差，使得可溶桥塞整体紧凑、短小。

图 9－27　组合胶筒

3. 锥体

锥体(图 9－28)的作用一方面与组合胶筒锥面配合，使得组合胶筒发生径向膨胀，实现桥塞密封；另一方面同时与卡瓦套锥面配合，实现卡瓦套径向膨胀，卡瓦牙咬入套管内壁，保证桥塞高压下的可靠锚定。锥体的上端通过启动剪钉与坐封工具连接，防止下入过程中桥塞提前坐封。下端设计为锥形，锥形角度与胶筒和卡瓦套内表面角度相同，且外径小的表面光洁度较高，降低桥塞坐封力，外径大的表面较为粗糙，防止胶筒和卡瓦坐封后回退。

4. 卡瓦套

卡瓦套(图 9－29)是大通径桥塞锚定的主要部件，锚定后起着支撑封隔器和锁定管柱的作用，为了防止卡瓦套在下入过程中提前坐封，采用整体式卡瓦结构，只有坐封力达到设计值时，卡瓦才能坐封，此外，卡瓦套表面设计有很多破裂应力槽，可以让卡瓦在坐封力下沿着预制应力槽产生破裂，成为多瓣式卡瓦。其工作原理是：桥塞工作过程中，通过坐封工具加压，产生轴向坐封力，推动锥体锥面挤压整体式卡瓦内锥面，使整体式卡瓦沿预制应力槽发生断裂，断裂后的卡瓦牙卡入套管壁一定深度，锚定在套管上，起支撑桥塞的作用。为了保证锚定效果并降低卡瓦对套管的损伤，分别设计有初次破裂槽和二次破裂槽，初次破裂槽设计较深较宽，在桥塞坐封时即发生破裂实现桥塞的初次坐封，当桥塞后期工作中随着压力增大，二次破裂槽发生断裂，卡瓦瓣数增加，从而增加卡瓦与套管的接触面积，增强卡瓦锚定力、同时减少对套管的损伤。

图 9－28　锥体

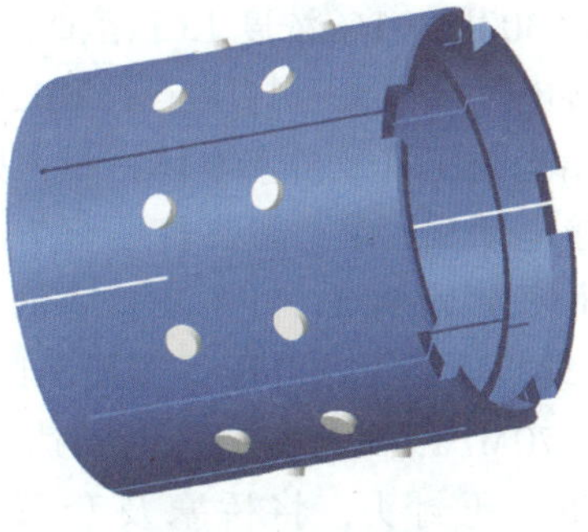

图 9－29　卡瓦套

综上所述，改进后的可溶桥塞整体零部件少、设计简短、结构紧凑，压裂后期溶解体积小、速率快。与桥塞压裂工艺结合设计，尽管采用单向卡瓦锚定机构，仅对桥塞实现上部高压下可靠锁紧，且卡瓦套未设计锁紧防退机构，但是在桥塞投球压裂施工中，在憋压球与胶筒共同作用下，锥体与卡瓦套和组合胶筒越楔越紧，密封效果也随着压力的增大而提高。

(四)可溶桥塞地面性能测试

1. 4½in 可溶桥塞 90℃地面性能测试

1)试验目的

为了验证整个4½in 可溶桥塞的坐封、丢手、承压及溶解性能，设计了配套坐封工具，模拟井下作业流程，验证桥塞整机性能是否满足设计要求。

2)试验方案与设备

可溶桥塞联机性能试验装置如图9－30所示，坐封工具通过剪钉与锁紧座连接，坐封工具坐封载荷设计为11～12t，将桥塞放入内径为 Φ101.6mm(P110)套管中，坐封工具打压至坐封工具启动剪钉剪断值时，启动剪钉剪断，坐封工具动作，对可溶桥塞锁紧座提供向上的拉力，锁紧座推动卡瓦锁紧机构和胶筒密封机构沿着锥体发生相对运动，同时卡瓦和胶筒三个防突机构从应力槽处发生断裂，卡瓦锁紧机构和胶筒密封机构径向膨胀直至胶筒贴紧套管内壁实现密封，卡瓦牙咬进套管实现锁紧，当载荷力达到桥塞坐封载荷时，剪断桥塞丢手剪钉，桥塞坐封丢手，取出坐封工具，测量桥塞下部距下部封头距离，然后投入憋压球，安装打压封头，打压观察压力变化，及桥塞是否发生滑移，试验后，将可溶桥塞及套管放入90℃、1% KCl 溶液中测试稳压时长及溶解性能。

图9－30　4½in 可溶桥塞与配套坐封工具联机图

3)试验设备

使用4DSY－22/63型电动试压泵、水浴加热装置。

4)试验过程

a. 按照可溶桥塞联机实验方案图，组装相应的坐封工具及桥塞实验工具，将桥塞放入套管中；

b. 配置300kg、1%浓度 KCl 溶液，加热至90℃，将桥塞置入1% KCl 溶液中浸泡2h；

c. 连接电动试压泵，打压至16MPa(约11t)桥塞坐封，坐封工具与桥塞实现丢手；

d. 取出坐封工具及桥塞本体，投入憋压球，连接打压封头；

e. 连接电动试压泵，最高打压至70MPa，稳压30min，无压降，测量卡瓦无滑移；

f. 将桥塞放入90℃、1% KCl 溶液中继续打压至50MPa，稳压9.5h后压力突降为26MPa，继续打压仍无法升压，遂提出试验装置，观察套管与桥塞环空泄漏，至此表明桥塞最高承压70MPa，50MPa稳压时长达到9.5h；

g. 拆卸打压封头，将桥塞及套管投入90℃、1% KCl 溶液中继续进行溶解测试，108.5h桥塞全部溶解完毕，如图9－31所示，据此，桥塞整体全部溶解时间为2h(浸泡时间)+9.5h(稳压时长)+108.5h(自由溶解时间)=120h(5d)。

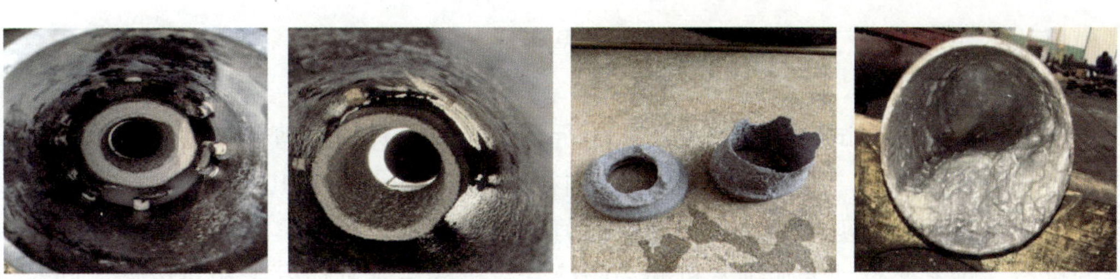

(a)溶解24h　(b)溶解72h　(c)溶解114h　(d)溶解120h

图9－31　4½in 可溶桥塞90℃溶解图

5)试验结果与分析

①4½in 可溶桥塞在90℃、1% KCl 溶液中浸泡2h后，11t 载荷下，顺利丢手坐挂，最高承压70MPa，稳压30min 无压降；

②4½in 可溶桥塞在90℃、1% KCl 溶液中50MPa 稳定承压时长为9.5h，完全溶解时间为120h(5d)。

2.4½in 可溶桥塞40℃地面性能测试

按照可溶桥塞90℃地面性能测试方法，连接可溶桥塞和坐封工具，将桥塞放入内径为Φ101.6mm(P110)套管中，配置300kg、1%浓度KCl 溶液，加热至40℃，将桥塞置入1% KCl 溶液中浸泡2h后，打压坐封桥塞，取出坐封工具及桥塞本体，投入憋压球，最高打压至70MPa，稳压30min，无压降，测量卡瓦无滑移。

将桥塞放入40℃、1% KCl 溶液中继续打压至50MPa，稳压15h后压力突降为0MPa，继续打压仍无法升压，遂提出试验装置，观察套管与桥塞环空泄漏，至此表明桥塞最高承压70MPa，50MPa 稳压时长达到15h。

拆卸打压封头，将桥塞及套管投入40℃、1% KCl 溶液中继续进行溶解测试，199h 桥塞全部溶解完毕，如图9－32所示，据此，桥塞整体全部溶解时间为2h(浸泡时间)+15h(稳压时长)+199h(自由溶解时间)=216h(9d)。

(a)溶解24h　(b)溶解72h　(c)溶解192h　(d)溶解216h

图9－32　4½in 可溶桥塞40℃下的溶解图

试验结果与分析：

(1)4½in 可溶桥塞在40℃、1% KCl 溶液中浸泡2h后，11t 载荷下，顺利丢手坐挂，最高承压70MPa，稳压30min 无压降；

(2)4½in 可溶桥塞在40℃、1% KCl 溶液中50MPa 稳定承压时长为15h，完全溶解时间为216h(9d)。

3.5½in 可溶桥塞90℃地面性能测试

1)试验目的

为了验证整个5½in 可溶桥塞的坐封、丢手、承压及溶解性能，设计了配套坐封工具，模拟井下作业流程，验证桥塞整机性能是否满足设计要求。

2）试验方案与设备

可溶桥塞联机性能试验装置如图9－33所示，坐封工具通过剪钉与锁紧座连接，坐封工具坐封载荷设计为12～15t，将桥塞放入内径为Φ124.3mm（P110）套管中，坐封工具打压至坐封工具启动剪钉剪断值时，启动剪钉剪断，坐封工具动作，对可溶桥塞锁紧座提供向上的拉力，锁紧座推动卡瓦锁紧机构和胶筒密封机构沿着锥体发生相对运动，同时卡瓦和胶筒三个防突机构从应力槽处发生断裂，卡瓦锁紧机构和胶筒密封机构径向膨胀直至胶筒贴紧套管内壁实现密封，卡瓦牙咬进套管实现锁紧，当载荷力达到桥塞坐封载荷时，剪断桥塞丢手剪钉，桥塞坐封丢手，取出坐封工具，测量桥塞下部距下部封头距离，然后投入憋压球，安装打压封头，打压观察压力变化及桥塞是否发生滑移，试验后，将可溶桥塞及套管放入90℃、1% KCl溶液中测试稳压时长及溶解性能。

图9－33　5½in可溶桥塞与配套坐封工具联机图

3）试验设备

使用4DSY－22/63型电动试压泵、水浴加热装置。

4）试验过程

①按照可溶桥塞联机实验方案图，组装相应的坐封工具及桥塞实验工具，将桥塞放入套管中；

②配置300kg、1%浓度KCl溶液，加热至90℃，将桥塞置入1% KCl溶液中浸泡2h；

③连接电动试压泵，打压至13.6MPa（约14.9t）桥塞坐封，坐封工具与桥塞丢手；

④取出坐封工具及桥塞本体，投入憋压球，连接打压封头；

⑤连接电动试压泵，最高打压至70MPa，稳压30min，无压降，测量卡瓦无滑移；

⑥将桥塞放入90℃、1% KCl溶液中继续打压至50MPa，稳压10h后压力突降为0MPa，继续打压仍无法升压，遂提出试验装置，观察套管与桥塞环空泄漏，至此表明桥塞最高承压70MPa，50MPa稳压时长达到10h；

⑦拆卸打压封头，将桥塞及套管投入90℃、1% KCl溶液中继续进行溶解测试，156h桥塞全部溶解完毕，如图9－34所示，据此桥塞整体全部溶解时间为2h（浸泡时间）＋10h（稳压时长）＋156h（自由溶解时间）＝168h（7d）。

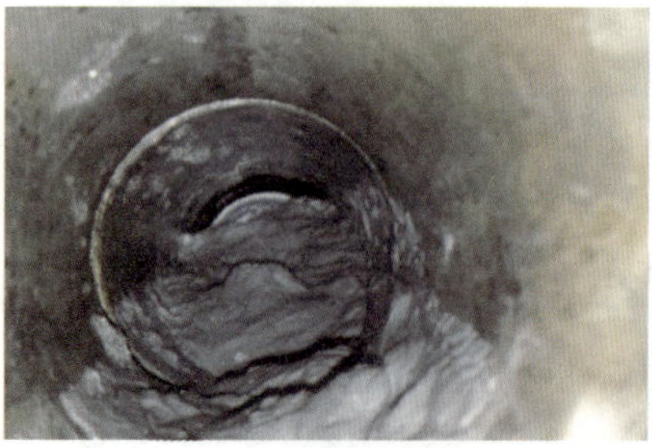

图9－34　5½in可溶桥塞溶解150h后形貌及胶筒颗粒物

5)试验结果与分析

①5½in 可溶桥塞在 90℃、1% KCl 溶液中浸泡 2h 后，14.9t 载荷下，顺利丢手坐挂，最高承压 70MPa，稳压 30min 无压降；

②5½in 可溶桥塞在 90℃、1% KCl 溶液中 50MPa 稳定承压时长为 10h，完全溶解时间为 168h(7d)。

三、可溶桥塞现场应用

(一)鄂尔多斯盆地现场试验

大通径可溶桥塞在杭锦旗、南川、山西等地推广应用 80 余井次，压裂 543 段，施工成功率 100%；JPH460 井、LX1－27－4H 井等重点井，面对低温、低矿化度等复杂工况，均实现了桥塞“泵送顺畅、封压可靠、溶解完全”等要求，其中 JPH460 井实现了压裂后迅速排液，为稳产增产提供了良好的井筒条件，测试无阻流量为临井平均产量的 1.95 倍。

大通径可溶桥塞在鄂尔多斯盆地累计施工 4 口井，共计 32 段，包括华北一体化 JPH460、中联煤 LX1－27－4H 等院重点井。

1. 杭锦旗 JPH－460 井基本情况

JPH－460 井位于内蒙古自治区鄂尔多斯市鄂托克旗木凯淖尔镇乌素其日嘎，是华北油气分公司鄂尔多斯盆地伊陕斜坡北部一口水平开发井，完井垂深 3055.28m，斜深 4155.00m，人工井底 4119.90m，实钻水平段总长度为 800.00m，4½in 套管完井。水平段主要为灰白色中砂岩和泥岩，砂岩段长 527m，含气显示的水平段长仅 445m，水平井横向控制储量有限，使用全可溶桥塞进行 8 段压裂改造，为了保证施工成功率，施工前按照 JPH－460 井实际工况对可溶桥塞抽样进行地面性能测试及质量把控，4½in 可溶桥塞在内径 101.6mm、P110 套管内 11t 丢手坐封，承压 70MPa，抽样进行两次重复性测试，桥塞承压均≥70MPa；在 90℃清水的持久承压测试，50MPa 有效封压 23h；在 90℃、1% 完井液的持久承压测试，50MPa 耐压 9.5h，5d 全部溶解，完全满足现场作业要求。

2020 年 4 月 8 日完成 8 段施工，总用液 3467m^3，其中滑溜水 1512m^3，胍胶 1923m^3，用酸 32m^3，加砂 607t。套管限压 65MPa，多个层段泥质含量高，施工压力较高。施工排量为 6～8m^3/min，由于套管限压，第二段桥塞现场施工最高 65MPa，6h 后反复试挤 55MPa，桥塞承压可靠，30h 后再次试挤桥塞脱落，充分说明施工期间桥塞溶解性能良好，所有桥塞压裂后溶解迅速，排液正常。该井压裂后 5mm 油嘴日产量稳定在 43000m^3/d，目前日产气 48000m^3/d。通过压力计逐点测试，地层中部流温 91.9℃，估算无阻流量 92048m^3/d，是临井平均产量的 1.95 倍。可溶桥塞在该井施工过程中优异表现也获得了华北油气分公司的充分肯定。

2. 临兴 LX1－27－4H 井基本情况

1)基本数据

LX1－27－4H 井位于山西省吕梁市兴县罗峪口镇东豆宇村东南方向约 2.24km，鄂尔多斯盆地东北缘，晋西挠褶带西缘，乔家洼背斜西翼。该井为一口开发井，井型为水平井。临兴 LX1－27－4H 井基本情况见表 9－5。

表 9-5　基本数据

井别	开发井	井型	水平井	完钻日期	2020.6.18
完井日期	2020.6.24	完钻层位	龙马溪组	完钻井深/m	2714
补心海拔/m	785.486	补心高度/m	7.9	水平段长/m	956.6
地理位置	位于山西省兴县，罗峪口镇东豆宇村东南方向约 2.24 公里				
构造位置	鄂尔多斯盆地东北缘，晋西挠褶带西缘，乔家洼背斜西翼				
垂深/m	1308.8		储层性质	致密砂岩	
完井方式	4½in 套管完井				

2）施工过程

作业前提前安装试压法兰，对套管头及井筒试压，低压 2.1MPa × 5min，高压 42.9MPa ×30min（试压至 4½in 套管抗内压强度 53.59MPa 的 80%），压降≤0.5MPa 为合格。

（1）井筒及井口准备。

①刮管：连接下入通井工具，入井工具（由上及下）：2inCT 外卡瓦接头 + 铆钉连接器（直径：73mm，长：0.17m）+ GX－T114 刮管器。

②通井：下放管柱速度控制在 10～20m/min，通井到距人工井底 100m 时，钻具下放速度不得超过 10m/min，通井刮管至人工井底悬重下降 10～20kN，连续两次实探深度相差小于 0.2m，实探人工井底无误后，再调整管柱位置，要求管柱位置与通井位置之差不大于 3.0m。

③洗井管线试压：配制洗井液（清水采用两级过滤，过滤精度为 2μm/10μm、≤30NTU）、完井液（配方：1.5% KCl + 0.5% 防水锁剂 + 0.1% 黏土稳定剂）。对洗井管线试压 21MPa ×15min，压降≤0.5MPa 为合格。打压时人员撤离到安全区域。

④循环洗井：打开井口进出口闸门，反循环洗井两周以上。洗井排量≥0.5m^3/min，返出洗井液机械杂质含量小于 0.2%、≤30NTU 后结束洗井。

⑤井筒试压、替完井液：接油管旋塞阀，关闸板防喷器，对井筒和防喷器组试压：低压 2.1MPa × 5min，高压 69MPa（套管、套管头抗内压 80% 最小值）× 30min，压降≤0.5MPa为合格。打压过程人员禁止进入井口周围及管线两侧 10m 范围内。人员带压作业时，应站在侧面开关闸门。出现刺漏现象，应停泵卸压后再整改。试压完毕卸压，反循环全井筒替入完井液，直到出口液体与入井液体性能基本一致，起出管柱，进行下步施工。

（2）第一段射孔及压裂施工。

①组下第一段射孔管柱：组下射孔管柱，限速（400m/h）下入，在下钻过程中加液垫高度 100m。

②校深、射孔：连续油管传输射孔：连接连续油管射孔管柱，下至第一段射孔位置（2608～2609.5m，2585～2586.5m），反复校核 3 遍位置无误后，进行射孔作业。射孔后，要按照作业规范进行观察，确认井口无溢流、无异常后，上提连续油管射孔管柱出井，检查射孔枪发射率。

③起射孔管柱：射孔结束后，上提连续油管，反循环泵入完井液排气，排量 > 500L/min，

直至进出口返出完井液性能一致。停泵观察15min，确认井筒无溢流、无气泡为压井合格。起钻，控制起钻速度≤240m/h，起钻过程中要连续灌液，确保井筒内液面在井口。

④装压裂井口：拆除防喷器，试气队按照压裂井口安装标准安装FLS－R 130/70型压裂井口。四道绷绳均匀受力，牢固可靠。

⑤试压：摆好施工车辆及辅助车辆，连接好地面高低压管线，进行试压。对高压泵注管线试压2.1MPa×5min、60.00MPa×15min，水泥车平衡管线试压2.1MPa×5min、25.00MPa×15min。如有问题立即放压整改。

⑥压裂施工：按照第一段压裂施工泵注程序。

(3)第二段射孔及压裂施工。

① 电缆输送射孔枪及桥塞：用较慢的速度开始下井并在到达井斜45°时开泵到0.5m^3/min的排量，一旦看到电缆张力增加就慢慢将电缆速度提高到60m/min，在到达50°时增加排量到0.7m^3/min，然后在到达55°时增加排量到0.9m^3/min，在到达60°时增加排量到1.1m^3/min，在到达65°时增加排量到1.2m^3/min(每一排量至少稳定1min后方可增加排量，适当调整电缆下放速度)，保持1.2m^3/min的排量直到90°井斜位置，每走50m增加排量0.2m^3/min，直至增加到2.0m^3/min排量，保持2.0m^3/min排量直至第一级桥塞坐封位置以下约15m。在到达预定深度提前100m告知泵车操作工，提前10m通知泵车准备停泵，提前5m通知停泵；工具下入至水平段，随时监控电缆张力以及CCL资料并记录备案。

② 坐封：实时校深，确认测井系统的报警和关机设置正确，缓慢拉动到位，以保持一致张力和防止电缆缠绕，停止任何泵活动，电缆张力偏差纠零，点火坐封桥塞，开始记录时间，通过观察送电电压和电流来判断是否点火成功，随后通过观察电缆张力下降来判断桥塞是否成功脱手，通常电缆张力会下降100～200磅，验封桥塞至30MPa，稳压10min，压降小于0.5MPa，则验封合格。

③ 射孔：校深后，经现场监督确认，点火射孔第一支枪。通过观察送电电压和电流来判断是否成功引爆雷管，通过观察压裂仪表车的油压下降来判断是否射孔成功；点火时需要用0.5m^3/min的泵速开泵。几个原因需要射孔时有适当泵速：可防止上一射孔段的流体/碎屑返流到新射孔段；可防止射开地层的瞬间涌出的碎屑导致仪器串遇卡；经现场监督确认后点火射孔，射孔完成后泵车熄火。

④ 起出射孔工具：开始上提电缆，上提过程中，每1000m记录一次张力，这将有助于计算不同深度的最大安全张力。当上提到斜井段附近时，由于摩擦力和进入直井段，电缆张力会增加。上提电缆程序为：深度在造斜点以下时，上提速度控制在2000m/h以内，造斜点深度至100m，上提速度可达4000m/h，深度100～20m，上提速度1600m/h，深度20m至工具过井口，上提速度700m/h。

⑤ 压裂施工：按照第二段压裂施工泵注程序。

(4)其余井段射孔及压裂施工。

其余各段按照第二段施工工序施工。

(5)压裂后放喷排液。

① 压裂后开井：施工完成后停泵，将预先准备好的放喷管线与井口连接。

压裂后排液的原则是既要防止地层出砂，又要尽快地排出压裂液。要求压裂施工结束后 120min 内开井，压裂设备撤离井场，试气队采用 2 ~ 12mm 油嘴(逐渐放大的方式)放喷排液。要确保排液连续和防止地层出砂，尽量避免中途关井。根据井口油套压及出液情况逐步放大油嘴，以后视井口油套压及出液情况调整油嘴大小，加快排液速度。

根据预测地面闭合压力约 26.2MPa。综合考虑闭合压力和闭合时间，确定放喷制度。放喷初期采用 $\Phi 2$ ~ 12mm 油嘴控制放喷，根据压力变化情况用节流管汇控制放喷。放喷排液时套管闸门关闭。准确记录油管压力和套管压力，计量排出液量。

② 通井、下生产管柱及投产：依据求产的结果，估算测试井的无阻流量，若无阻流量估算大于 $6\times 104m^3/d$，需要请示甲方确定是否修正等时试井，否则只进行一点法试井。按以下原则进行产能测试。求产时气产量控制在估算无阻流量的 25% ~50%。

稳定标准：稳定时间不少于 4h，压力波动幅度小于 0.2MPa，产量波动范围小于 10%，氯根值至少达到本区块作业层位地层水氯根平均值的 80%。求产过程中每 30min 记录一次油、气、水产量及井口压力等，按标准取水样进行 Cl^- 含量分析，在求产结束后取油、气、水全分析样品 2 个，记录采样地点及时间，并及时(2d 之内)送交化验分析。

对于现场有生产管网、具备投产条件的井，达到稳产条件可及时接入生产管网生产；对于现场无生产管网、不具备投产条件的井，需要按照要求进一步返排。

3)施工小结

该井地层温度较低，目的层温度仅为 40.1℃，地层水矿化度在 3000mg/L 左右，对可溶桥塞压裂后的溶解性能提出了更高的要求。该井采用 9 段 25 簇共 8 个可溶桥塞施工，射孔弹激发成功率 100%，地温 40.1℃，氯根约 3000mg/L，施工过程桥塞泵送、坐封、丢手、承压均正常，投球起压显示明显，最高施工压力 60MPa，验证了可溶桥塞良好的承压性能。压裂后 10d，采用连续油管进行通井作业，桥塞均已溶解。

(二)南川页岩气现场应用

在南川页岩气区块进行 4 口井共 11 段可溶桥塞的入井试验，其中，定制开发的通道可控全封可溶桥塞在南川应用 2 井次，实现压裂后隔离井筒高压，为更换井口装置提供安全保障，单井节省钻塞周期 2d。

焦页 204 -4HF 井基本情况如下：

焦页 204 -4HF 井位于重庆市南川区楠竹山镇，是川东高陡褶皱带万县复向斜南部的金佛断坡一口开发水平井，完井垂深 3528m，斜深 4915m，人工井底 4119.90m，实钻水平段总长度为 995.00m，5½in 套管完井。水平段主要为灰黑色页岩和灰色瘤状灰岩，使用全可溶桥塞进行 14 段压裂改造，为了保证施工成功率，施工前按照焦页 204 -4HF 井实际工况对可溶桥塞抽样进行地面性能测试及质量把控，5½in 可溶桥塞在内径 115mm、P110 套管内 15t 丢手坐封，承压 70MPa，抽样进行两次重复性测试，桥塞承压均≥70MPa；在 90℃清水的持久承压测试，50MPa 有效封压 23h；在 90℃、1% 完井液的持久承压测试，50MPa 耐压 9.5h，7d 全部溶解，完全满足现场作业要求。

1)井眼及地面准备

井眼及地面设备准备详见《焦页 204 -4HF 井分段压裂工艺设计》。

2)井筒及井口准备

①刮管：下$2\frac{7}{8}$in 油管底带套管刮削器至井底，并分别在桥塞坐封处反复刮削不少于3次，用活性水以25～30m^3/h的排量反循环至进出口液性一致，起出刮管管柱。

②通井：下光油管探底至井底，上提3～5m，用活性水反循环至进出口液性一致，换装试气封井器；下通井规，通井至4940m，再用活性水循环一周，起钻。

③试压：套管、井口试压92MPa，稳压30min，压降不超过0.5MPa为合格。

④安装压裂井口：180/78－105EE级八通压裂井口，试压92MPa，稳压30min，压降不超过0.5MPa为合格。

3)第一段射孔及压裂施工

①安装连续油管：安装连续油管及配套设备并试压合格。

②组装下入射孔管柱：下模拟射孔管柱，实探人工井底。连续油管组下射孔枪：连续油管＋凹痕接头＋双瓣式单流阀＋液压丢手＋变扣接头＋压力开孔点火头＋射孔枪＋压力点火头＋射孔枪(包括接头及引鞋)。

③射孔：连续油管下放至人工井底4940m，进行深度定位。下探人工井底时施加钻压500kg。上提连续油管至射孔位置4900.5m，校深，确认数据无误。第一簇4899～4900.5m；第二簇4878～4879.5m。记录射孔前后压力数据。

④起连续油管：上提连续油管至井口，起出射孔工具串，检查射孔情况。要求发射率达到100%。

⑤压裂设备试压：连接压裂设备，高压部分试压92MPa。

⑥压裂施工：按第一段压裂施工泵注程序。施工结束后，提交完整的压裂施工参数图、表及电子文档。

4)第二段射孔及压裂施工

①下桥塞：安装井口电缆防喷器并试压合格后，防喷管打与井筒一致的平衡压力，下桥塞、射孔枪及配套工具。水平段采用减阻水进行泵送到设计井深。现场据第一次泵送桥塞跟踪的磁接箍深度数据校核、微调该段射孔簇段，避免在套管接箍处射孔。

②坐封：桥塞位置4863m，点火坐封桥塞。验封50MPa。放压至24～30MPa。

③射孔：依次上提射孔枪至设计位置，进行射孔，射孔位置第一簇4848～4849m、第二簇4827～4828m、第三簇4800～4801m。记录射孔前后压力数据。

④起出射孔工具：起出射孔工具串，检查射孔情况。要求发射率达到100%。

⑤压裂施工。

5)其余井段射孔及压裂施工

其余各段按照第二段施工工序施工。

6)施工小结

2020.6.2日完成14段施工，总用液3467m^3，其中滑溜水1512m^3，胍胶1923m^3，用酸32m^3，加砂607t。套管限压65MPa，多个层段泥质含量高，施工压力较高。施工排量为6～8m^3/min，由于套管限压，第二段桥塞现场施工最高65MPa，6h后反复试挤55MPa，桥塞承压可靠，30h后再次试挤桥塞脱落，充分说明施工期间桥塞溶解性能良好，所有桥塞压裂后溶解迅速，排液正常。

第三节　射孔枪的研制

一、平面射孔枪的研制

射孔在油气开发中扮演的角色经历了从打开油气通道，到保护油气层以提高完井效果，再到与增产措施结合以进一步解放油气层的变化。对于页岩气、页岩油、致密气、致密油、煤层气等非常规油气资源的开发来说，由于此类油藏的自然产能很低，射孔后并不能直接建产，这些油气田需要借助加砂压裂或酸化压裂等增产改造技术才能够实现油气的经济开发，体积压裂就成为首选增产技术。体积压裂优化设计与射孔技术紧密相关，怎样的射孔技术才能有效地配合体积压裂，使油气井获得更高的产能和采收率，是当今射孔技术的主要研究方向。

常规的聚能射孔一般采用螺旋布孔方式。射孔后在井筒套管内表面形成螺旋状均匀排列的多个孔眼，压裂时，无论裂缝在近井孔眼处如何起裂扩展，裂缝延伸到最远处时最终会转向沿垂直于天然最小主应力的方向扩展，产生弯曲裂缝，压裂过程中液体流经弯曲裂缝过程中，产生较大的弯曲摩阻，增大地面施工压力，增加了施工风险，另外极有可能造成段与段之间压裂裂缝的交叉串通，影响压裂效果。在此问题面前，提出了水平井定面射孔技术。定面射孔技术改变井筒内同一横截面的地应力分布，诱导压裂裂缝在射孔孔眼的应力集中带生成，从而有效控制水力压裂裂缝走向沿着井筒径向扩展，达到最佳改造效果。

定面射孔技术采用特殊布弹方式，定面射孔具有以下优势：多孔进缝，裂缝扩展更充分，簇内单缝，诱导应力只存在于簇间，可实现多缝多簇，簇数不变时，设备水马力需求大幅度降低。定面射孔后，在垂直于套管轴向(一般为最小主应力方向)同一横截面的内壁圆周上形成多个孔眼，圆周上多个孔眼排布可形成沿井筒横向的应力集中，能够有效控制裂缝走向，降低地层破裂压力。压裂时的裂缝走向沿井筒横向延伸扩展，避免裂缝弯曲降低弯曲摩阻，也避免了段与段之间压裂裂缝的交叉串通，提高缝网系统的完善程度，提高产能。

定面射孔同一平面内应力分布更加均匀(图9－35)。岩石是典型的脆性材料，脆性岩石因无屈服阶段，射孔弹高速冲击力到达岩石界面时，挤压岩石，载荷逐渐增加，应力集中处首先达到强度极限并产生裂纹。裂纹方向取决于应力的大小和方向，应力集中大小和作用范围与射孔孔径和射孔相位有关，定面射孔时同一平面内多孔眼产生的应力相互叠加，相互影响，更利于裂缝的延伸扩展，并可提高裂缝起始端的宽度，裂缝通道流动阻力减小，有利于液体进入地层，更利于压裂施工和控制裂缝方向。

定面射孔枪与常规射孔枪最大区别在于射孔弹发射的角度不同，通过调整射孔弹出射方向，使得射孔后多个孔眼在垂直于套管轴向同一横截面上，形成定面射孔效果(图9－36)。

文献研究表明大孔径定面射孔器与深穿透射孔弹的穿孔效果类似。采用深穿透射孔弹的定面射孔器，同簇射孔孔道在定面位置穿出后呈现发散形状，射孔弹道可能穿入下部的水层，所以不能选用单一的深穿透型射孔弹。将深穿透与大孔径相结合的定面射孔器施工效果更好，更适合底水油藏的应用。

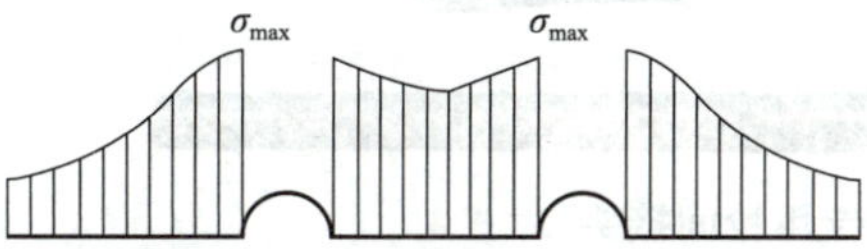

图9－35　定面射孔同一平面多孔眼周向应力示意图

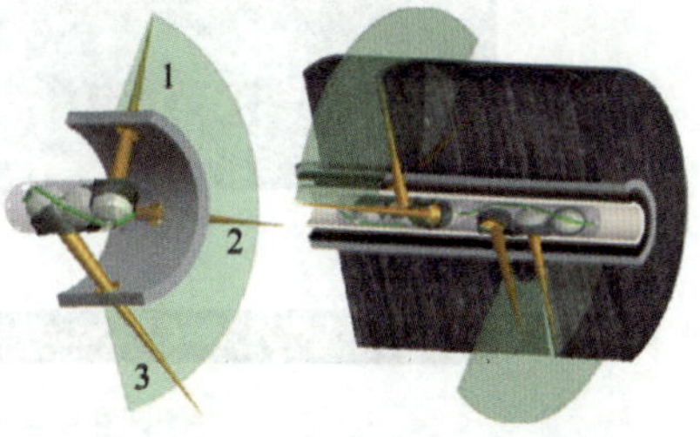

图9－36　定面射孔原理示意图

设计的射孔枪参数如下：射孔器外径：89mm；有效枪长：1000mm；布弹方式：临孔夹角60°/120°，射孔枪体与弹架如图9－37所示。图中左侧射孔面相邻射孔弹的夹角是60°，右侧射孔面相邻射孔弹的夹角是120°。

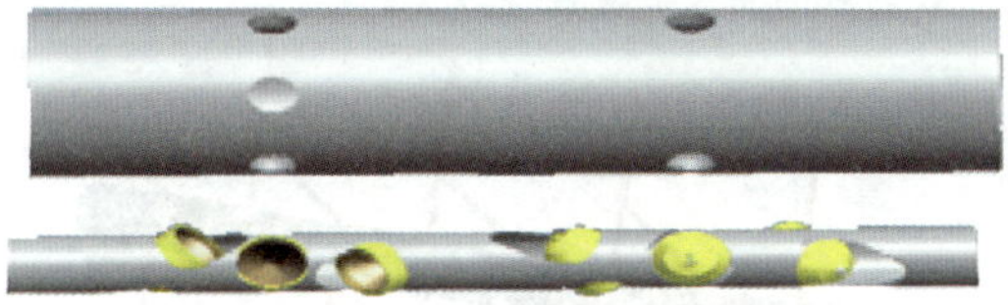

图9－37　射孔枪体与弹架结构图

二、定向射孔枪的研制

根据弹性力学理论及岩石破裂准则，射孔弹射向地层主应力方向的穿深将比其他方向大得多，而且沿主应力方向射孔，射流更容易破碎地层的岩体，提高射孔效率。

定向射孔技术采用可调节射孔弹发射角度的弹架，一般以射孔弹对准主应力方向射出，弹架结构在直井和斜井定方位射孔器中均可使用。研究定向射孔技术的配套工具，主要包括定向射孔枪体、可调射孔弹角度的弹架、扶正接头结构设计。

在水平井段定向射孔枪的定向是利用偏心配重的定向原理，在弹架内设置偏心配重块并在弹架两端加装轴承来控制定向射孔枪弹架的重心，再根据射孔相位需要布置装弹孔，从而实现射孔弹射流方向的定向。多个定向射孔枪串联入井进行多次射孔时，要保证上一次射孔枪发射后其他未点火射孔枪的密封和绝缘可靠。定向射孔枪靠双公接头满足簇间连接，并采用密封圈和密封绝缘引线柱实现簇间密封、导电、绝缘功能。

水平井射孔，射孔枪在套管中处于偏心状态，以89型定向射孔枪在Φ139.7mm×7.72mm套管内射孔为例，为保证射孔枪尽量在套管中位于中间位置，并考虑管串最大外径对水力泵送的影响，在定向射孔枪串中设计了Φ106mm扶正接头。分簇射孔分段压裂技术，具有封隔可靠、分段压裂级数不受限制、裂缝布放位置精准等特点，作为一项新兴水平井改造技术在国内外页岩气藏以及致密气藏开发中得到广泛应用。

为配合定向射孔与分级射孔两种工艺的结合使用，配套专用枪间接头(图9－38)：该接头两端均采用触点连接方式与射孔枪两端定位盘实现触点连接，保证枪体在自身配重的作用下自由旋转；同时在弹架内部设计雷管仓，在定位盘内部与雷管或长通线利用莲花插头实现内部触点连接。

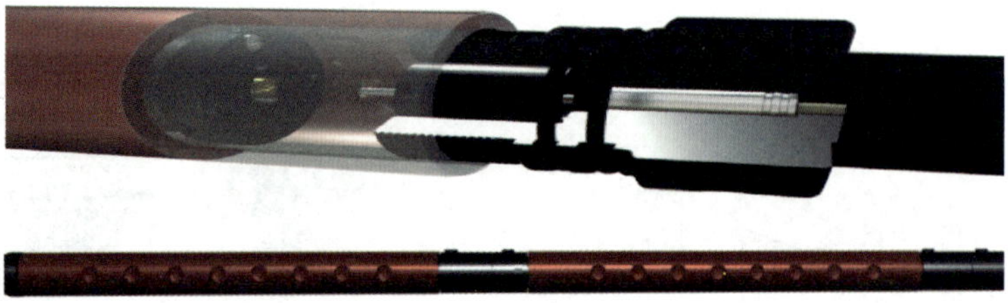

图 9-38　配套专用枪间接头

如图 9-39 所示，定向射孔技术改变了传统的螺旋排列的射孔方式，使射孔弹按照簇的方式排列，射孔后垂直井筒截面上射流孔形成预应力，使后续的压裂裂缝沿着预定的方向扩展，提高了压裂效果和单井产量，特别适于油田开发后期的致密油、薄油层、需要进行分段压裂的常规油藏及非常规油气藏，经济效益显著。

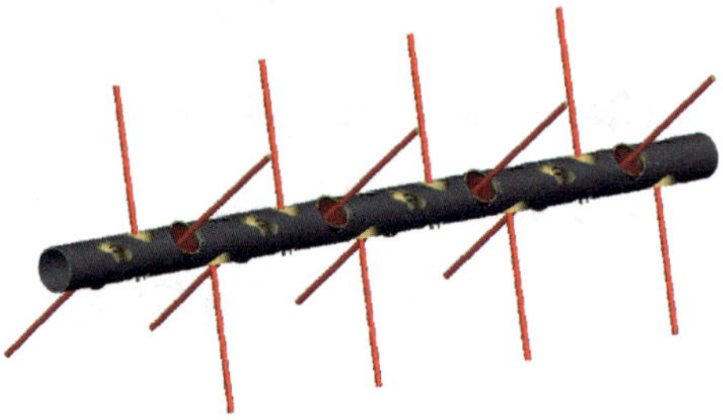

图 9-39　定向射孔枪原理图

第十章　深层页岩气压裂产能评价及裂缝监测技术

第一节　深层页岩气压裂产能预测及 EUR 评价技术

由于深层页岩气开采中大多气水同产，因此，其产能预测模型必须考虑气水两相流动。通常情况下水是润湿相，气是非润湿相，假定气相不溶于水中，忽略毛管力。通过对产水和产气量进行历史拟合，既可反演获取人工裂缝及地层参数，又可以预测产量变化规律，确定单井 EUR。

一、产能评价模型

（一）水气两相的达西运动方程

$$
\begin{aligned}
\vec{V}_{w} &= -\frac{kk_{rw}}{\mu_{w}}(\nabla p - \gamma_{w}\nabla Z) \\
\vec{V}_{g} &= -\frac{kk_{rg}}{\mu_{g}}(\nabla p - \gamma_{g}\nabla Z)
\end{aligned}
\tag{10-1}
$$

式中，$\vec{V}$ 为渗流速度矢量，m/s，下标 w 和 g 分别代表水相和气相；k 为绝对渗透率，μm^2；k_r 为相对渗透率，无因次；μ 为黏度，mPa · s；Z 为垂向距离，m；γ 为相对密度，无因次；p 为压力，MPa。

相对渗透率是饱和度的函数，可写成：

$$
\begin{aligned}
k_{rw} &= k_{rw}(S_{w}) \\
k_{rg} &= k_{rg}(S_{g})
\end{aligned}
\tag{10-2}
$$

式中，k_{rw}、k_{rg}可由油水和油气两相流动实验数据取得，或应用经验公式计算。

（二）连续性方程

气水两相的连续性方程为：

水组分：

$$-\nabla(\rho_{w}\vec{V}_{w}) + q_{w} = \frac{\partial(\phi\rho_{w}S_{w})}{\partial t} \tag{10-3}$$

气组分：

$$-\nabla(\rho_{g}\vec{V}_{g}) + q_{g} = \frac{\partial}{\partial t}(\phi\rho_{g}S_{g}) \tag{10-4}$$

式中，ϕ 为考虑压力 p_s 时的孔隙度，无因次。

（三）流体和岩石性质

水和自由气体的流体性质都比较简单，油和溶解气则要经过计算，相对复杂些，水的密度为：

$$\rho_w = \frac{\rho_i}{b_{wi}}[1 + C_w(p - p_i)] \tag{10-5}$$

式中，ρ_i 为水在原始地层压力下的密度，kg/m^3；b_{wi} 为水在原始地层压力下的地层体积系数，无因次；C_w 为水的压缩系数，MPa^{-1}。

对于自由气体：

$$\rho_g = \frac{\rho_{gSTC}}{B_g} \tag{10-6}$$

式中，B_g 为气体的地层体积系数。

$$B_g = \frac{P}{ZT}\left[\frac{Z \cdot T}{P}\right]_{STC} \tag{10-7}$$

式中，Z 为气体的压缩偏差因子，无因次；T 为绝对温度，K；STC 为储罐条件下标。

如果岩石孔隙体积随压力有显著变化，则有：

$$\phi = \phi_o[1 + C_\phi(p - p_{io})] \tag{10-8}$$

式中，C_ϕ 为岩石压缩系数，MPa^{-1}；ϕ 为孔隙度，无因次；ϕ_o 为考虑压力 p_{io} 下的孔隙度，无因次。

（四）消去速度的渗流方程

达西方程代入连续方程有：

$$\begin{aligned} \nabla \cdot \left[\frac{kk_{rw}}{\mu_w B_w}(\nabla p - \gamma_w \nabla Z)\right] &= \frac{\partial}{\partial t}\left[\frac{\phi S_w}{B_w}\right] + q_w \\ \nabla \cdot \left[\frac{kk_{rg}}{\mu_w B_g}(\nabla p - \gamma_g \nabla Z)\right] &= \frac{\partial}{\partial t}\left[\frac{\phi S_g}{B_g}\right] + q_g \end{aligned} \tag{10-9}$$

其中，$S_w + S_g = 1$，汇时流量为正，产量项为标准条件下的流体体积。

（五）用拟压力表示的方程

拟压力定义：

$$m(p) = 2\int \frac{K_w}{\mu_w B_w} dp \tag{10-10}$$

$$\frac{dm}{dp} = \frac{K_w}{\mu_w B_w} \tag{10-11}$$

由于假定气水不溶，则气水流度比值为：

$$R_{gw} = \frac{K_g \mu_w B_w}{K_w \mu_g B_g} \tag{10-12}$$

假设此值在空间是均匀的，则

$$\nabla R_{gw} = \frac{K_g}{\mu_g B_g}\nabla\left[\frac{1}{dm/dp}\right] + \frac{1}{dm/dp}\nabla\left(\frac{K_g}{\mu_g B_g}\right) = 0 \tag{10-13}$$

可以得到，

$$\frac{K_g}{\mu_g B_g}\nabla\left[\frac{1}{dm/dp}\right] = -\frac{1}{dm/dp}\nabla\left(\frac{K_g}{\mu_g B_g}\right) \tag{10-14}$$

进而，推得

$$\nabla(\frac{K_g}{\mu_g B_g}) = -\frac{K_g}{\mu_g B_g} \cdot \frac{dm}{dp}\nabla\left[\frac{1}{dm/dp}\right] \tag{10-15}$$

$$\nabla(\frac{K_w}{\mu_w B_w}) = -(\frac{K_w}{\mu_w B_w})^2 \cdot \nabla\left[\frac{1}{dm/dp}\right] \tag{10-16}$$

上两式代入方程(10－14)得：

$$(\frac{K_w}{\mu_w B_w})\nabla^2 p + \nabla p \cdot \nabla(\frac{K_w}{\mu_w B_w}) = -\frac{\partial}{\partial p}(\frac{\varphi s_w}{B_w})\frac{\partial p}{\partial t} + \frac{\partial}{\partial s_w}(\frac{\varphi s_w}{B_w})\frac{\partial s_w}{\partial t} + q_w \tag{10-17}$$

$$(\frac{K_g}{\mu_g B_g})\nabla^2 p + \nabla p \cdot \nabla(\frac{K_g}{\mu_g B_g}) = -\frac{\partial}{\partial p}(\frac{\varphi s_g}{B_g})\frac{\partial p}{\partial t} + \frac{\partial}{\partial s_g}(\frac{\varphi s_g}{B_g})\frac{\partial s_g}{\partial t} + q_g \tag{10-18}$$

将上两式分别乘以 B_w，B_g并相加，令 $\lambda_m = K_m/\mu_m$，$m = w$，g 及

$$\lambda_t = \lambda_w + \lambda_g \tag{10-19}$$

$$c_t = \frac{1}{\phi}\frac{d\phi}{dp} - \left[\frac{s_w}{B_w}\frac{dB_w}{dp} + \frac{s_g}{B_g}\frac{dB_g}{dp}\right] \tag{10-20}$$

注意到：$S_w + S_g = 1$，有

$$\lambda_t \nabla^2 p + \nabla p \cdot \left\{-\lambda_o \frac{dm}{dp}\nabla(\frac{1}{dm/dp}) - \lambda_g \frac{dm}{dp}\nabla(\frac{1}{dm/dp})\right\} = -\varphi c_t \frac{\partial p}{\partial t} + B_w q_w + B_g q_g \tag{10-21}$$

利用关系式

$$\nabla p = \frac{\mu_w B_w}{K_w}\nabla m, \quad \frac{\partial p}{\partial t} = \frac{\mu_w B_w}{K_w}\frac{\partial m}{\partial t} \tag{10-22}$$

$$\nabla^2 p = \frac{\mu_w B_w}{K_w}\nabla^2 m + \nabla m \cdot \nabla(\frac{1}{dm/dp}) \tag{10-23}$$

略去小量，式(10－21)简化为

$$\nabla^2 m = \frac{\phi c_w}{\lambda_t}\frac{\partial m}{\partial t} + B_w q_w + B_g q_g \tag{10-24}$$

由此可见，气水两相流动最终可以采用拟压力来表示，拟压力的方程形式与单相方程完全一致，这里就不一一叙述，气水两相产能评价问题，重点就是如何采用相渗曲线计算拟压力，其他与单相产能预测相同。

二、产能预测软件

(一) 软件框架

该软件在 Windows 操作系统下采用 Visual C＋＋语言开发，主要包括数据预处理、模型选择、历史拟合、流场(特征线段)分析、报告输出等五个模块，实现数据管理(包括基本参数录入、数据文件管理、数据预处理)、图版绘制、生产试井解释、图表输出、报告自动生成等功能。

软件采用插件式开发，由插件构成平台。软件分析平台由基本框架及插件构成，基本框架为软件的主体。框架主要有四部分：底层算法、基础数据处理、生产试井分析计算及结果输出。软件框架如图 10－1 所示。

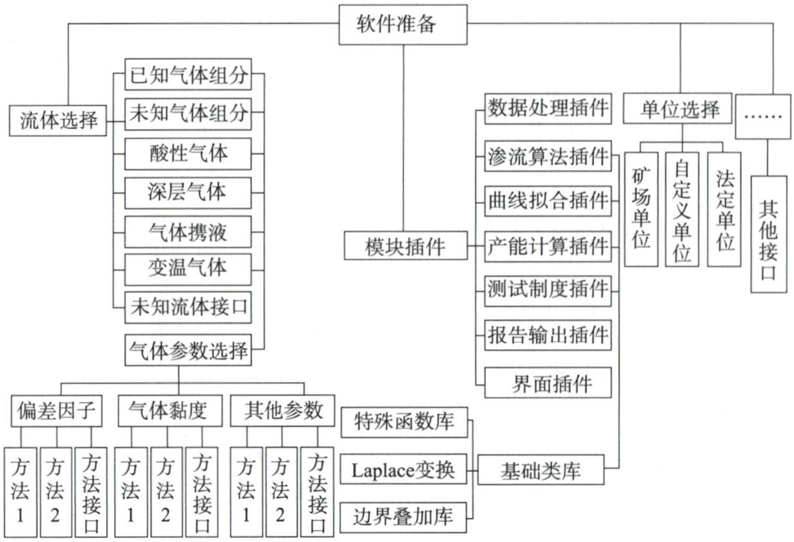

图 10－1　软件底层算法框架

本软件主要分为：基础数据输入、压力流量数据输入、模型选择、流场分析(特征线段分析)、参数调整拟合和生产试井分析报告输出等功能。

(二)基础数据输入

在基础数据操作进程中，首先需要建立新的工程。双击流程树中的新建工程，打开试井选择对话框(图 10－2)，选择流体的类型、要采用的单位制等各个条目相应的信息。之后进入到参数输入对话框，按照图 10－3 输入井的基本参数，如地层厚度、孔隙度等，这样新建工程项目的各项参数全部输入完成，单击“完成”后，软件会记录输入的信息，如果发现在输入过程中有错误，可选择“取消”，回到操作向导进行修改。

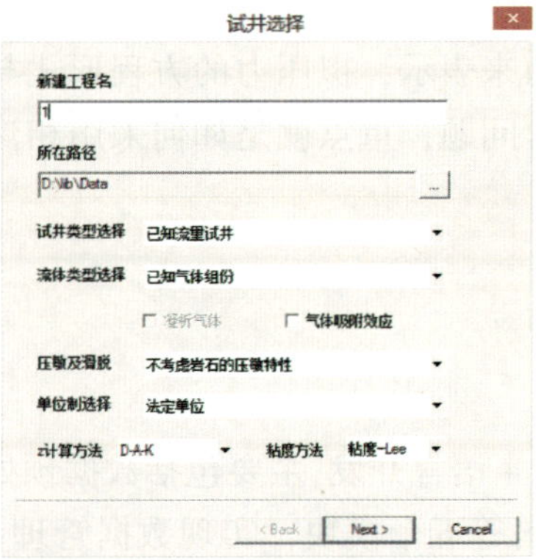

图 10－2　新建工程对话框

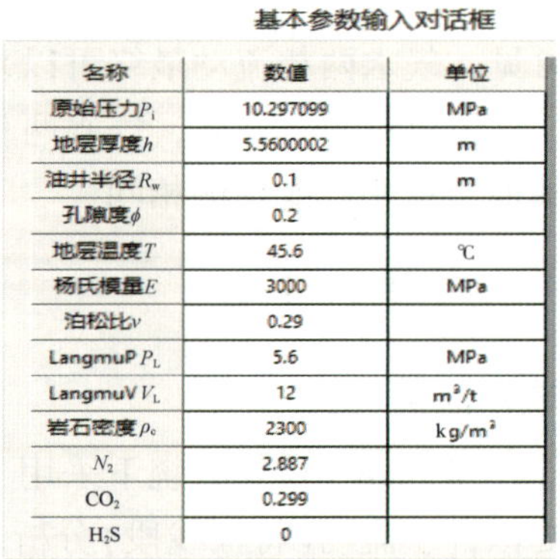
基本参数输入对话框

名称	数值	单位
原始压力P_i	10.297099	MPa
地层厚度h	5.5600002	m
油井半径R_w	0.1	m
孔隙度ϕ	0.2	
地层温度T	45.6	℃
杨氏模量E	3000	MPa
泊松比ν	0.29	
LangmuP P_L	5.6	MPa
LangmuV V_L	12	m^3/t
岩石密度ρ_c	2300	kg/m^3
N_2	2.887	
CO_2	0.299	
H_2S	0	

图 10－3　输入地层参数和组分数据

(三)压力及气水流量数据输入

进入流量压力历史输入流程：输入时间点和对应的流量和压力数据。压力数据为记录时间点的瞬时压力数据，流量数据对应的时间点为上一流量结束到对应时间点截止的流量，默认为在该时间段内流量为常数。

相对于浅层页岩气井，深层页岩气井含水率要高得多，在进行生产试井解释时要考虑井筒中气水两相流动机制，因此建立生产试井解释模型时，要加入气水两相流模型，如图 10－4 所示。首先在输入界面中增加了两相流模型的选项，同时需要在软件中输入相对渗透率曲线，计算气、水相对渗透率。然后要导入气井日产气、日产水以及生产压力数据，如图 10－5 所示。

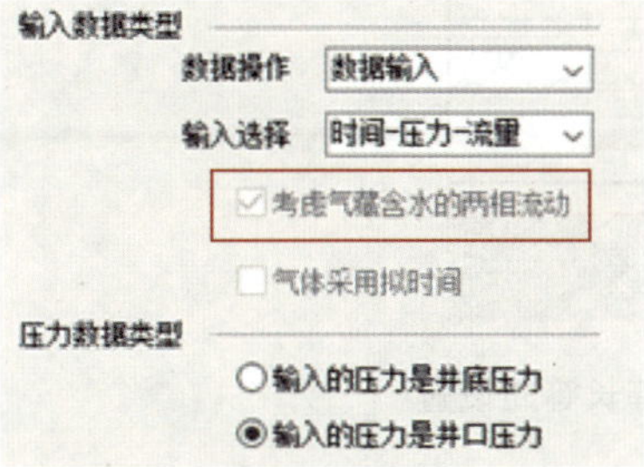

图 10－4　软件中考虑两相流模型

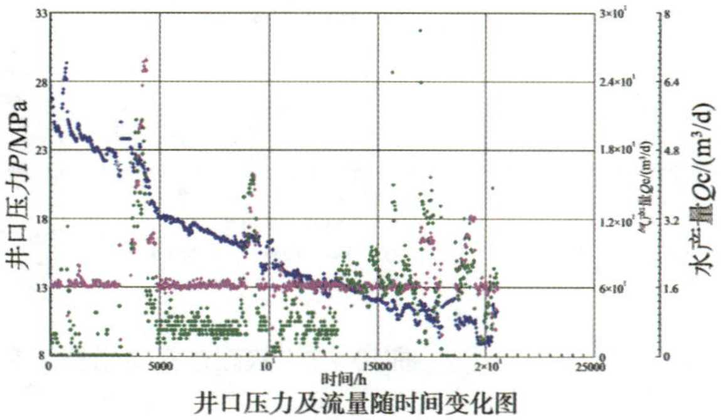

图 10－5　软件中气水产量及压力数据图

(四)分析模型选择

进行模型选择时，可直接通过工具栏或菜单栏打开模型选择对话框进行模型选择并输入对应模型的各项参数。在该软件模型选择对话框中，将模型的各个部分进行划分，需要选择地质模型、井筒条件、边界类型并输入参数表格内的各项参数。也可以通过模型示意图观察所选择模型的可视化示意。在地质模型中，需要定义基本流动、基本模型、复合介质和在某些复合介质条件下的区域个数；在井筒条件中，需要定义井筒类型、井储条件、修正类型，并特别设置了为分段压裂水平页岩气井型准备的复杂井型选项，并在某些模型条件下需要确定气顶和底水条件；在边界类型中，在某些边界类型条件下需要对各边界形状进行详细定义，需要选择哪一条边界和该边界的类型。

针对分段压裂水平页岩气井编制了复杂井型模型，在模型选择对话框中确认复杂井型选项，则进入分段压裂水平井模型设置(图 10－6)。在确认选择复杂井型后，其他模型信息的选项部分被设置成默认，如基本流动遵循达西流动。

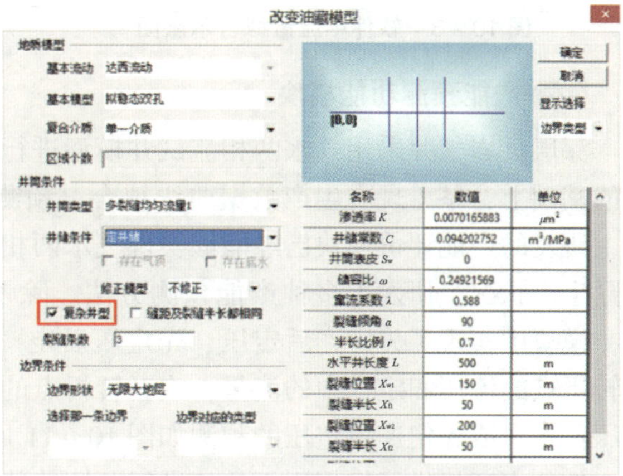

图 10－6　模型选择及压裂水平井初始参数设置

井筒类型由于分段压裂水平井模型的特性，可填选内容变为：多裂缝均匀流量 1 和 2、多裂缝无限/有限传导四种。可以选择裂缝长度和间距相等的情况，此时只需要定义裂缝条数和单条裂缝属性(图 10－7)；亦可选择裂缝长度不等长且不等间距的情况(不需要需确认“缝距及裂缝半长都相同”的选项)，此时除需要定义裂缝条数、裂缝倾角和半长比例之外，还需对每一条裂缝的半长和位置进行定义。

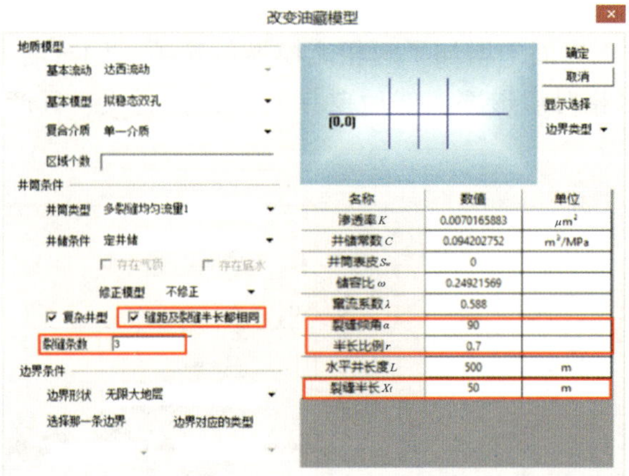

图 10 -7　模型选择对话框复杂井型选项等长等距设置

(五)曲线拟合

曲线拟合模块中，可以同时拟合气产量(累积量)、水产量(累积量)，如图 10 -8 所示，同时软件提供了新的功能，即通过输入的流量曲线自动计算出井周围的饱和度随时间的变化，如图 10 -9 所示。

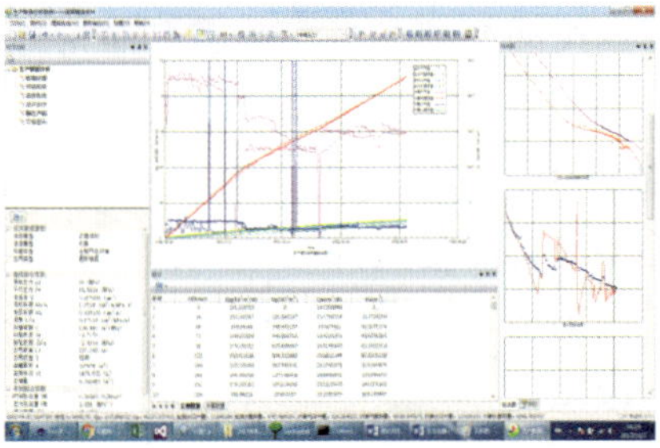
图 10 -8　软件中流量拟合示意图

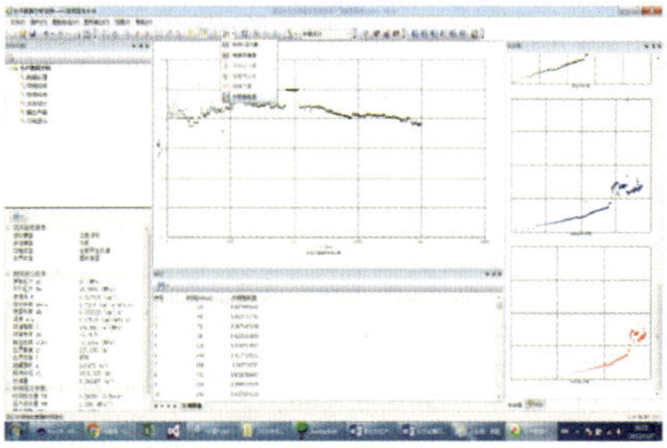
图 10 -9　软件中饱和度随时间变化图

(六)产能预测功能模块

深层页岩气井采用气水两相流试井模型进行生产试井分析，在建立了单井气水生产规律的基础上，基于现有生产数据曲线拟合，预测未来气、水产量以及生产压力变化规律。自主研发的产能评价模块已经能够实现气水两相流页岩气井的产能预测，并且根据气井的实际生产状况，研发了多种产能预测方法。除了常规的定压力预测和定流量预测方法之外，模块中实现了先定产后定压、先定压后定产产能预测方法，如图 10 -10 中只需要输入转折点的流压和定产中的流量，或者转折点的流量和定压中的流压，就可以一键实现先定压再定产或先定产再定压的预测如图 10 -11 所示。

软件中还提供了根据压力趋势进行预测功能，根据目前生产压力变化趋势，预测未来同样压力趋势条件下，气井的生产状况。这种产量预测方法更加符合目前气井自然递减生产规律。如图 10 -12 所示，只要选择想要应用的压力趋势的生产曲线，软件自动计算之后的压力变化趋势，然后进行相应的产量变化趋势预测(图 10 -13)。

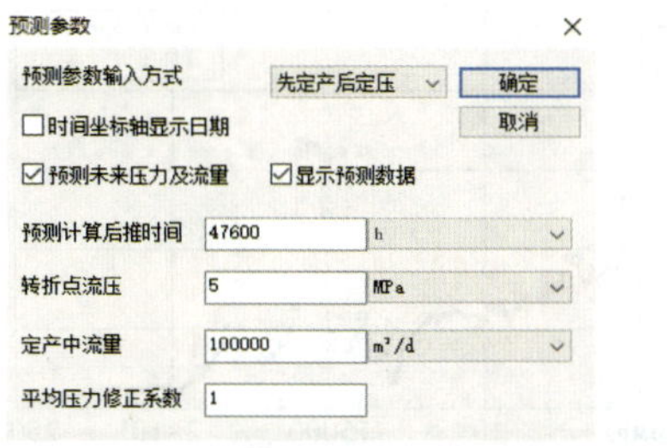

图 10－10 软件中先定产再定压设置

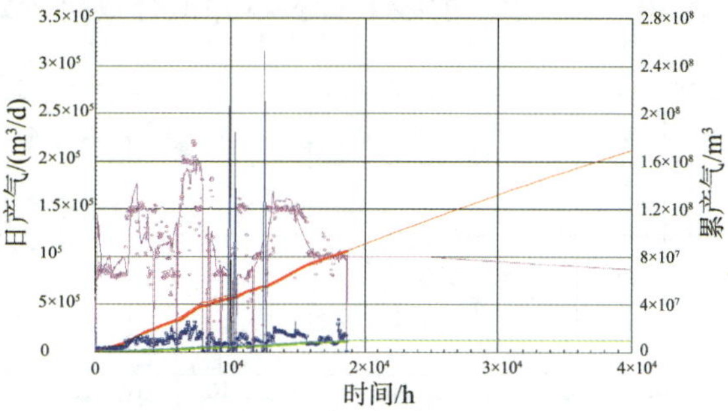

图 10－11 先定产再定压预测结果示意图

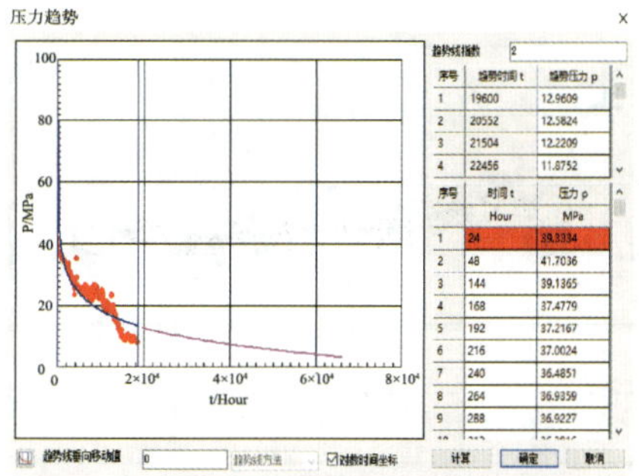

图 10－12 软件中压力趋势线计算

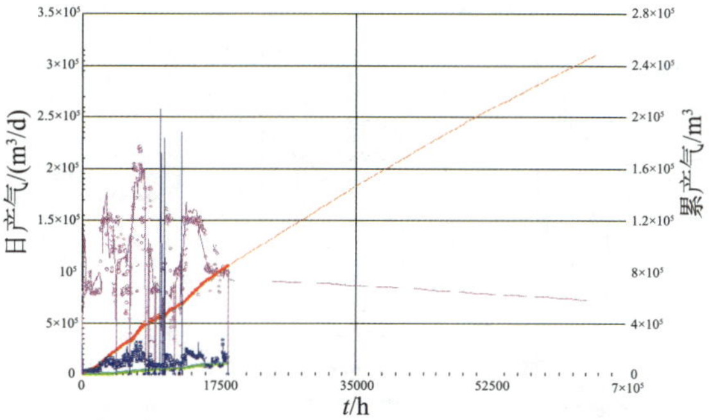

图 10－13 应用压力趋势线预测结果示意图

应用产能预测软件对深层页岩气井日报资料进行解释及产能预测，解释实测资料 10 井次，应用页岩气井日产气量、日产水量以及井口压力数据进行解释，提供了单井地层渗透率、裂缝半长、SRV 体积、储量、吸附气储量、平均含水率等地层参数，并应用先定产后定压和压力趋势线预测两种方法进行了未来 5 年的产量预测，提供了预测后的日产量和累积产量。同时应用现有生产数据进行了产量预测精度计算。

三、实例计算

1. 基础数据(表 10－1)

表 10－1 基础数据

参数	数值	参数	数值
井眼半径/m	0.1	压裂段数/个	25
有效厚度/m	38	气体相对密度	0.56
有效孔隙度/%	54.54	含水饱和度/%	40
地层温度/℃	91	吸附压力/MPa	10
地层压力/MPa	38.89	吸附体积/(m^3/t)	2.9875
裂缝高度/m	38	水平段长/m	1929
岩石压缩系数/MPa^{-1}	0.000435	井深/m	2337

2. 生产数据分析软件解释结果

选择水平井多段压裂模型，考虑吸附气存在，气水两相流，边界为矩形封闭边界进行解释。曲线拟合如图 10－14 ~ 图 10－16 所示，水相饱和度变化如图 10－17 所示，解释结果如表 10－2 所示。曲线上看，本井拟合效果较好，解释参数较为可靠。

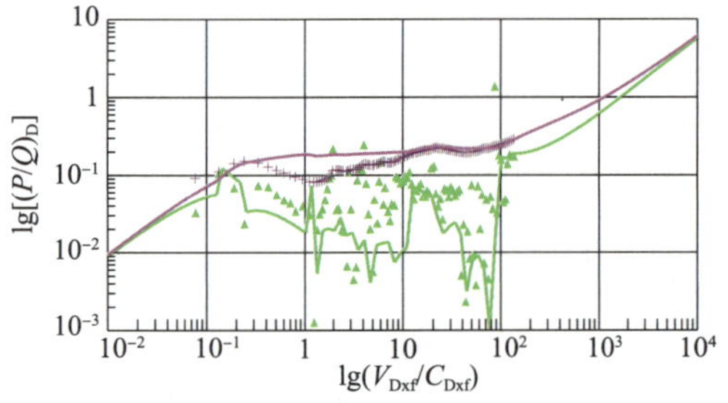

图 10－14　双对数拟合图

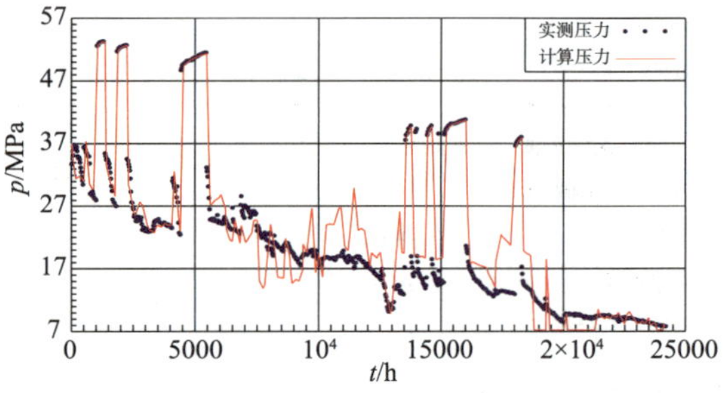

图 10－15　压力数据拟合图

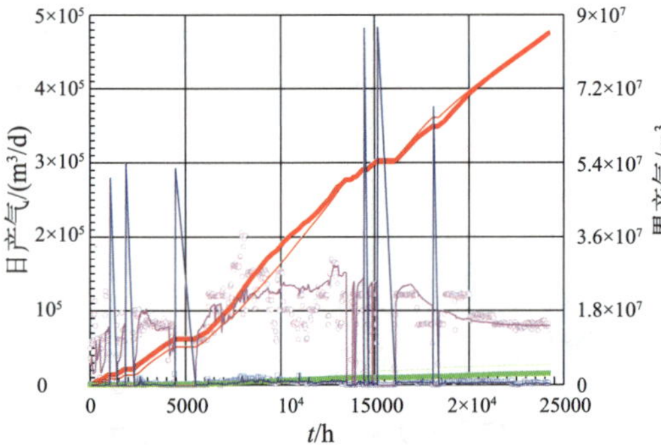

图 10－16　产量累产量拟合图

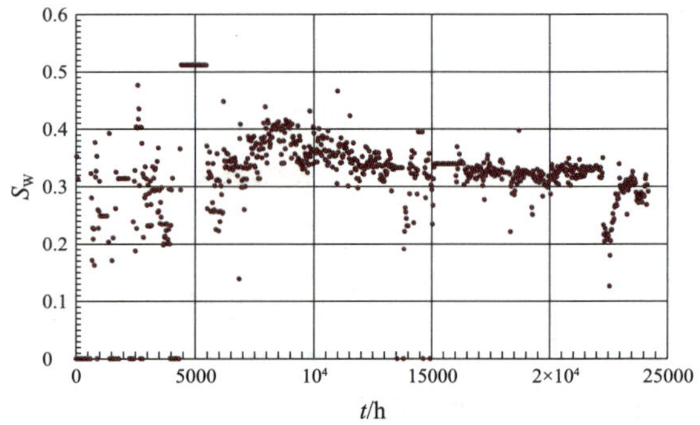

图 10－17　水相饱和度随时间变化图

表 10－2　生产数据试井解释结果

参数	渗透率/mD	表皮	裂缝半长/m	探测半径/m	地层压力/MPa
数值	0.01	0.1	186	227	38.86
参数	边界长/m	边界宽/m	水饱和度	储量/$10^8 m^3$	吸附气储量
数值	2311	442	0.33	5.54	1.76

3. 产量预测精度检验

本井共生产 24240h，应用 14000h，预测后面 10240h 的累积产量，并与实际生产数据进行对比如图 10－18 所示，结果显示累积产量预测误差为 12%，如表 10－3 所示。

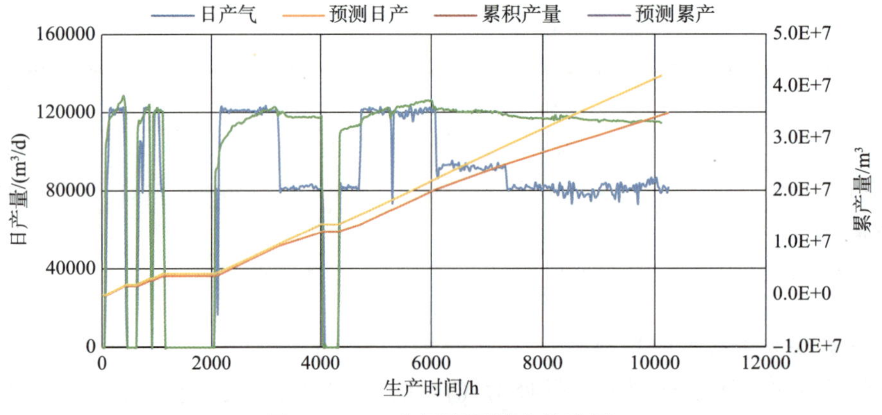

图 10－18　产量预测精度检验图

表 10－3　产量预测精度检验结果

	预测时间/h	气产量/m³	误差	累积气产量/m³	误差
预测	10248	82170	39%	34965450	12%
实际		114692		42188843	

4. 产量预测

分别应用先定产后定压、压力趋势线预测两种方法进行未来产量预测，预测 5 年后的产量和压力曲线如图 10－19、图 10－20 所示，表 10－4 给出了预测结果。

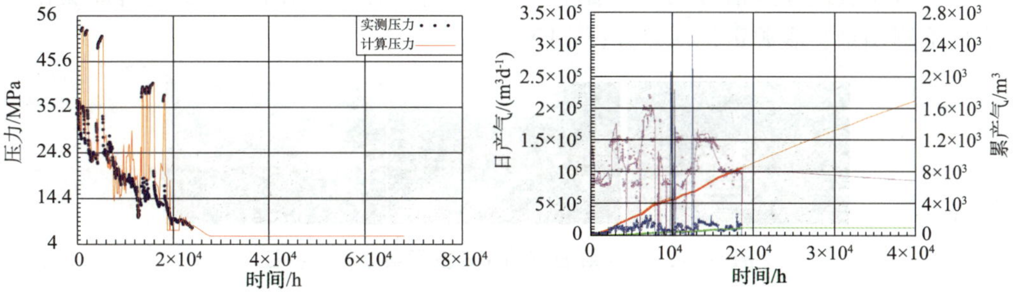

图 10－19　先定产后定压

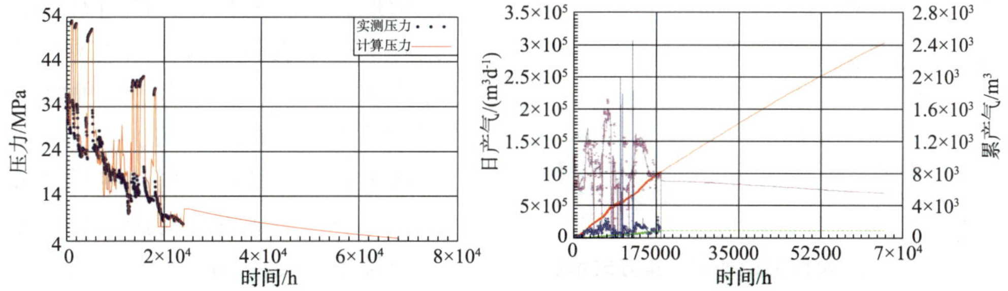

图 10－20　压力趋势线预测

表 10－4　预测结果对比

预测方法	预测时间/年	气产量/m³	累积气产量/10^8m^3	水产量/m³	累积水产量/m³	预测压力/MPa	预测误差/%
先定产后定压	5	49871	1.15	1.39	3206	6	累产 3.4%
压力趋势线	5	50843	1.11	1.42	3084	4.74	日产 1.9%

第二节　深层页岩微地震监测提高信噪比技术

一、压裂微地震地面监测采集方案

广泛使用的地面微地震观测系统主要有放射状和网格状两种（Duncan P M 等，2010 年）。其中，放射状观测系统又分为以水平井 A、B 靶点地面投影为中心［图 10－21（a）］和以水平井井口为中心两种。放射状地面微地震观测系统由于施工便利、方位覆盖均匀以及利于后期资料处理中相干噪声的压制等优点，在实际地面微地震监测中应用更为广泛。

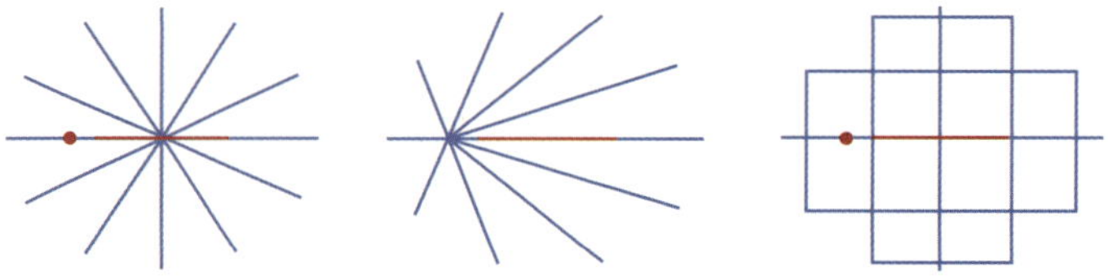

图 10－21　常用的地面微地震观测系统示意图

深层页岩压裂微地震信号微弱，叠加复杂的地表条件，地面微地震资料信噪比极低，微震事件检测困难、震源定位误差大(图 10－22)。

图 10－22　深层岩气勘探开发区典型地貌特征

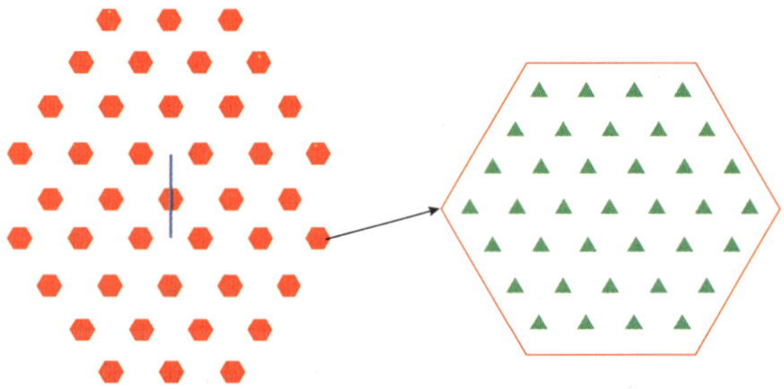

图 10－23　蜂窝阵列微地震采集方式示意图

在研究适合我国深层页岩勘探开发区微地震资料采集方式的过程中，受相控阵雷达接收器结构和无线通信基站分布方式的启发，探索出了一种“蜂窝”阵列微地震采集方式(图 10－23)。通过该方式采集的微地震资料，在后期处理中可通过波束形成方法对全方位信号进行选择性增强或压制，突出有效信号，压制噪声。该采集方式对深层页岩气压裂的弱微地震信号具有针对性，可以提高微地震事件识别能力和定位精度。

(一)蜂窝阵列采集方案

蜂窝阵列接收通过组合处理(类似单点地震室内组合)，37 点阵组合理论上可提高信噪比 6 倍左右，可以识别更弱的微地震弱事件。蜂窝阵列采集方式(图 10－23)相比测线采集方式(图 10－21)，微地震事件检测能力可以提高 30%～50%；而且便于判别微地震波场的相位属性，识别反相位信号，避免因相位误判造成的定位误差。同时，蜂窝阵列还具有施工灵活的优势，在设计和实施的过程中，可选择性避开井场、公路、铁路、河流和居民等施工困难区和噪声源。

(二)放射状测线与蜂窝阵列的混合采集方案

图 10－24 所示放射状 1 的采集方案，以 A、B 靶点地面投影点中心为圆心，目的层垂深为半径分别画圆，在二圆的包络范围内，以水平段中点地面投影点为放射线起点布设检波器。这种布设方式各压裂段微地震信号叠加次数相近，定位精度一致性较好。

针对深层页岩微地震监测信号弱的特点，综合考虑资料定位质量和经济成本，设计放射状测线与蜂窝阵列的混合采集方案，如图 10－24 所示。蜂窝阵列具有较强的弱微地震事件识别能力，放射状测线采集具有定位精度高的优势，因此混合观测采集方案在事件识别和定位精度上均优于单个采集方案。

二、宽带波束形成处理技术

宽带波束形成处理技术是蜂窝阵列采集系统及混合采集系统中关键的微地震事件信噪比提高技术。对于蜂窝阵列采集的微地震数据，使用波束形成算法进行空域或者空时多维处理的方式，以增强有用目标信号，抑制无关干扰和噪声信号，提取信号的相关特征，估计信号的参数，达到弱微地震信号增强和提高资料信噪比的效果。

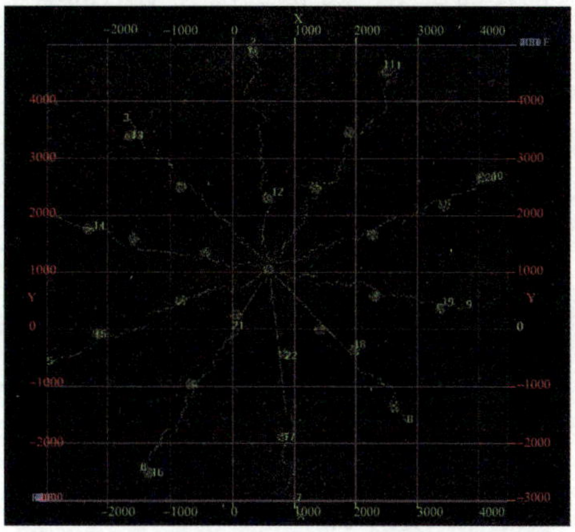

图 10－24　微地震监测混合采集方案示意图

假设每个面阵大小，相对地下埋深，可以近似看作一个点，每个信号到达检波器近似平行入射。信号以某个固定的仰角 θ、方位角 φ 入射到面阵，第 i 个检波器接收信号的到达时间为：

$$t_i = \frac{x_i \sin\theta \cos\varphi + y_i \sin\theta \sin\varphi + z_i \cos\theta}{v} \tag{10-25}$$

根据时差公式，获得第 k 个信号入射的方向矢量：

$$\vec{a}(f,\ \theta_k,\ \varphi_k) = \begin{bmatrix} e^{-iw\Delta t_1} \\ e^{-iw\Delta t_2} \\ \vdots \\ e^{-iw\Delta t_{ntrx*ntry}} \end{bmatrix} \tag{10-26}$$

其中，$ntrx$，$ntry$ 分别代表方阵的 x 方向检波器个数与 y 方向的检波器个数。假设共有 k 个入射信号 s_k 分别以仰角 θ_k、方位角 $\varphi_k(k=1,\ 2\cdots k)$ 入射到方阵，M 个检波器接收的列信号如公式(10－27)所示。

$$\begin{bmatrix} x_1(f) \\ x_2(f) \\ \vdots \\ x_M(f) \end{bmatrix} = [a(f,\ \theta_1,\ \varphi_1)a(f,\ \theta_2,\ \varphi_2)\cdots a(f,\ \theta_k,\ \varphi_k)] \begin{bmatrix} s_1(f) \\ s_2(f) \\ \vdots \\ s_k(f) \end{bmatrix} + \begin{bmatrix} n_1(f) \\ n_2(f) \\ \vdots \\ n_M(f) \end{bmatrix} \tag{10-27}$$

通过加权矢量与观测信号相乘，即可获得频率域宽带阵列信号波束形成的输出：

$$y(f) = w^T(f) \begin{bmatrix} x_1(f) \\ x_2(f) \\ \vdots \\ x_M(f) \end{bmatrix} \tag{10-28}$$

从式(10－28)可以看出，加权适量 w 是波束形成的关键。通过加权矢量，使得波束形成的输出仅含有期望信号，抑制干扰信号。

自适应波束形成，通过波达方向(DOA)估计，建立线性约束最小方差(LCMV)准则，求解最佳权矢量。这里采用基于阵列流形内插方法进行角度估计。

$$\begin{cases} w^T \vec{a}(\theta_d) = 1 \\ w^T \vec{a}(\theta_{noise}) = 0 \end{cases} \tag{10-29}$$

在满足约束条件情况下，加权矢量 w 使得波束形成的输出功率最小，即：

$$J(w) = \min E[\,|y(t)|^2\,] = \min\{w^H R w\} \tag{10-30}$$

其中 R 为观测数据的协方差矩阵。用拉格朗日乘子求取最佳加权矢量表达式为：

$$w = R^{-1}C[C^H R^{-1} C]^{-1} F \tag{10-31}$$

根据式(10－31)求取的最佳权矢量，再结合式(10－28)最终提取有效信号。

三、应用测试

(一)模型测试

为了分析波束形成处理对提高信噪比方面的作用，设计了含噪信号模型进行了测试，测试结果如图 10－25(a)(b)(c)所示。从处理结果来看，波束形成除了能够压制特定方向的干扰外，还可以压制随机噪声，在一定程度上提高了信噪比。

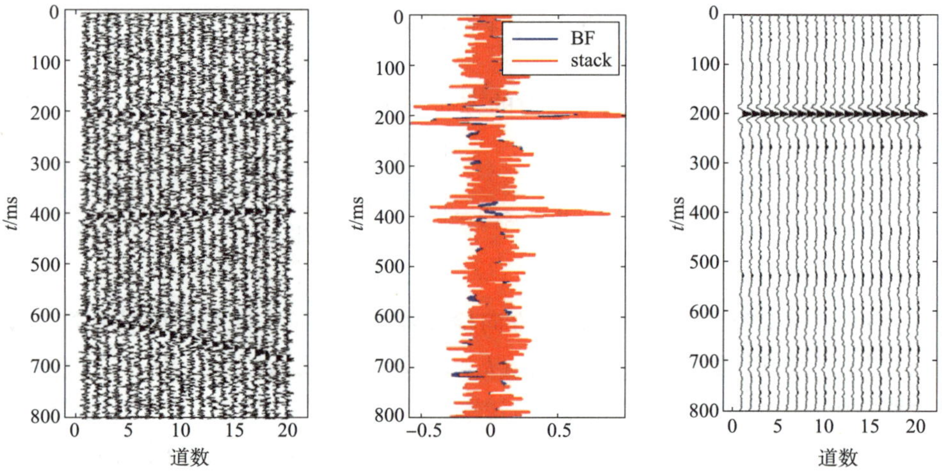

(a)含噪地震记录　(b)波束形成处理记录　(c)波束形成处理结果

图 10－25　含噪信号模型测试结果

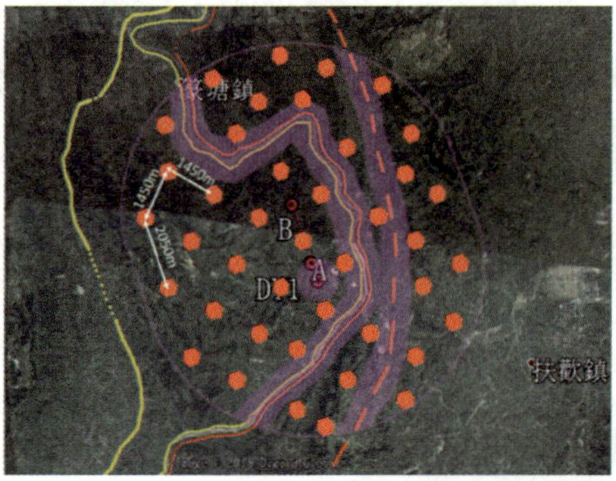

图 10－26　W 井蜂窝阵列微地震采集方案

(二)实际资料应用

W 侧钻水平井位于重庆市綦江区篆塘镇白坪村二组，构造位置属于四川盆地东南部东溪断背斜相对高部位，井型为水平井。该井以五峰组－龙马溪组优质页岩气层段①～⑤号小层为目的层。该井水力压裂改造期间开展了蜂窝阵列微地震采集及处理试验。在工区内地面，以 W 井水平段 A 点和 B 点地面投影点为圆心，压裂层深度 4200m 为半径两个圆圈的包络 60km² 范围内均匀布设蜂窝状阵列(图 10－26)。

具体采集参数设计见表10-5。

表10-5 微地震监测采集参数设计

阵列数量/个	总道数/个	阵列内道间距/m	阵列类型	埋置方式	采用间隔/ms
41	1476	30	37点蜂窝	检波坑深30cm，用土掩埋	1

图10-27为W井压裂微地震信号采用波束形成方法进行阵列信号处理前后效果对比。从中可见，经过阵列处理后，弱信号的信噪比得到了明显提高，更有利于弱微地震信号的识别。W井所有26段压裂微地震资料经过波束形成方法处理后，共检测有效微地震事件639个，相对于阵列处理前410个事件检测结果，检测能力提高50%以上(图10-28)。信噪比的提高一方面提升了弱信号检测能力，同时也利于提高震源定位的稳定性和精度。图10-29为部分段的微地震事件定位结果，对比发现阵列处理提高信噪比后，定位更加稳定，压裂裂缝形态也更加清晰。总结认为，蜂窝阵列微地震采集及处理技术对我国南方复杂山地深层页岩气的压裂微地震监测有针对性、有效果。

图10-27 W井压裂微地震信号波束形成处理效果

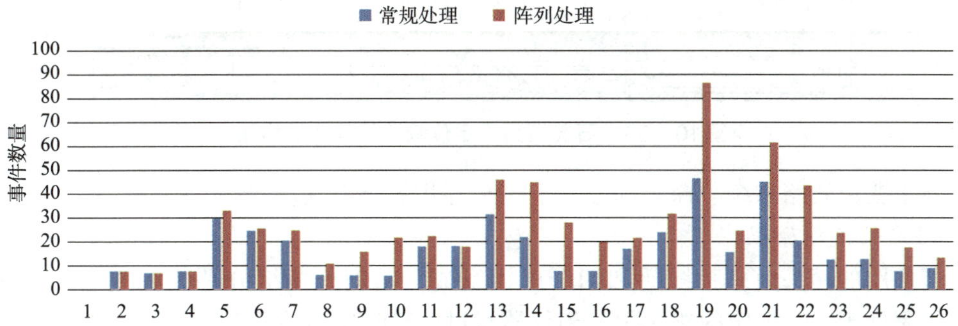

图10-28 W井处理前后检测事件数目对比

(总26段的微地震监测资料阵列处理前后微地震事件检测数量对比：常规去噪处理后共检测出可靠微地震事件410个，波束形成处理后共检测出639个)

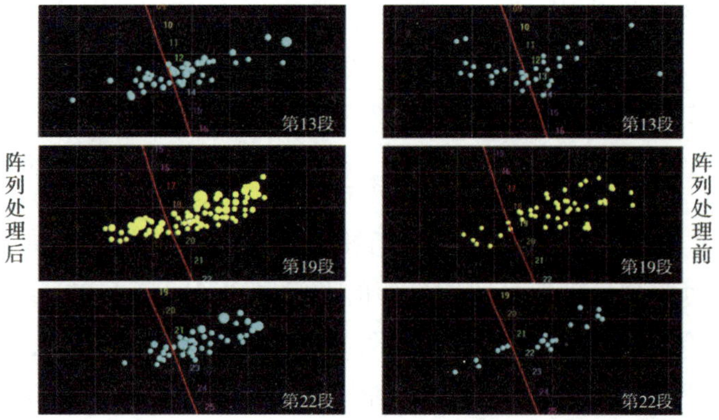

图 10－29　W 井部分段阵列处理前后的微地震事件定位结果对比

第三节　水平井分段分簇产(油)气剖面测试技术

水平井分段分簇产(油)气剖面测试技术，又称生产测井技术(PLT)，通过采集温度、压力、流量、密度、自然伽马、持水率等参数，并相应形成了常规及阵列式仪器，通过对各个参数的解释分析，从而对各段各簇的产出作出评价。

一、结构原理

(一)石英压力磁定位测井仪的结构原理

石英压力磁定位测井仪主要用于测量井筒液体的柱状梯度压力及校深使用，为流体性质分析提供信息。并能经计算机对梯度压力的处理获得差压力曲线。用于分析井筒液体性质和仪器所处位置的环境压力，这是产液性质研究的重要参数。

石英压力测井仪总体结构如图 10－30 所示。

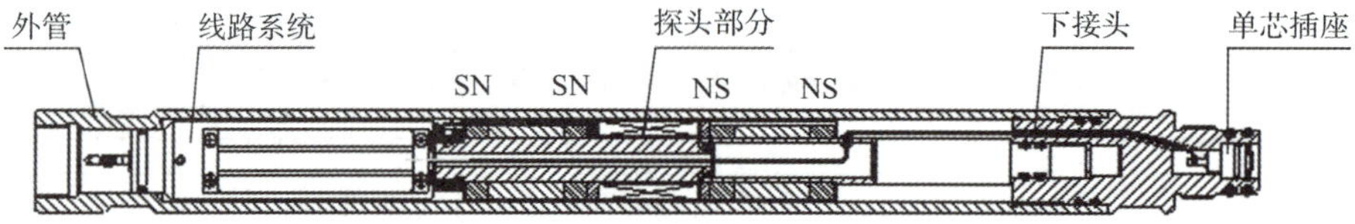

图 10－30　石英压力磁定位测井仪总体结构图

仪器主要由线路系统、探头部分、下接头等几部分组成。

1. *磁定位工作原理*

它所使用的探头由一个线圈和四个磁钢组成，磁钢分两组分别装在线圈的上端和下端，使线圈处于一个恒定的磁场中，当仪器经过节箍时磁力线重新排布，此时线圈处于一个变化的磁场中，从而在其中感应出一个交流电信号，电信号经放大转换成频率，此频率量经仪器上单片机计数，在遥测短节寻址时送至遥测短节，然后经遥测短节编码通过电缆送至地面，从而完成了对套管节箍的测量。

2. *石英压力测井原理*

石英晶体压力计是测量精度较为精确的压力计，图 10－31 是石英晶体压力计原理示意图，主要由传感器总成、单片石英传感器、导热板和压力缓冲管等重要部分组成。单片石英传感器是压力传感器，呈圆筒状，通过缓冲管与井管相连，石英晶体的上端与下端用垫圈密封，晶体中间抽成真空形成谐振腔。温度恒定时，谐振腔的谐振频率与压力大小有关，井筒压力改变时，谐振腔的频率将发生变化，在大气压与室温下，其谐振频率大约为 4MHz，当压力改变 1psi 时，谐振频率改变 1.5Hz，在确定压力和频率的关系以后，就可以从测出的谐振频率换算出压力值。

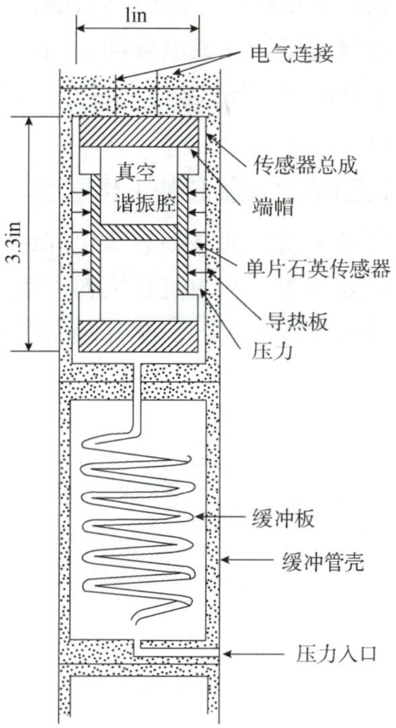

图 10－31 石英晶体压力计原理示意图

该压力仪器用于测量井底压力，对压力的测算采用多周期计数法。当压力作用于压力探头时，压力探头输出的压力频率会随着外界的压力变化有相应的变化。单片机在采集该频率的同时，对参考基准频率也进行了采集，并在遥测短节寻址的时候，将这两个频率和探头的温度频率同时发送给遥测短节，遥测短节对该数据处理后发送给地面系统，送给计算机，由计算机进行计算处理，求得压力的原始值和工程值。

该仪器的压力探头能产生三个频率量，一个是压力频率，是随着外界的压力变化而变化的；另外一个是温度频率，是随探头内部的温度变化而变化的，该温度频率不能作为测井的温度，而是用来校正压力的；第三个是参考基准频率，其值为 7.2MHz。

仪器可以用来测量井筒液体的柱状梯度压力，并能经计算机对梯度压力的处理获得压力曲线，用于分析井筒液体性质和仪器所处位置的环境压力。

石英晶体压力计性能良好，适用于进行精确的压力测量。石英压力计每年只需刻度一次，压力参数的测井不受井况与测井仪器的影响。

(二) 自然伽马测井仪的工作原理

测井仪器串通常采用自然伽马仪，其目的是确定岩层，通过与磁定位结合进行校深，确定产层的位置。自然伽马是在井内测量岩层中自然存在的放射性元素衰变过程中放射出来的自然 γ 射线强度，通过自然 γ 射线的强度来认识岩层的一种方法，不受水平井产出限制。

自然伽马测井仪总体结构如图 10－32 所示。

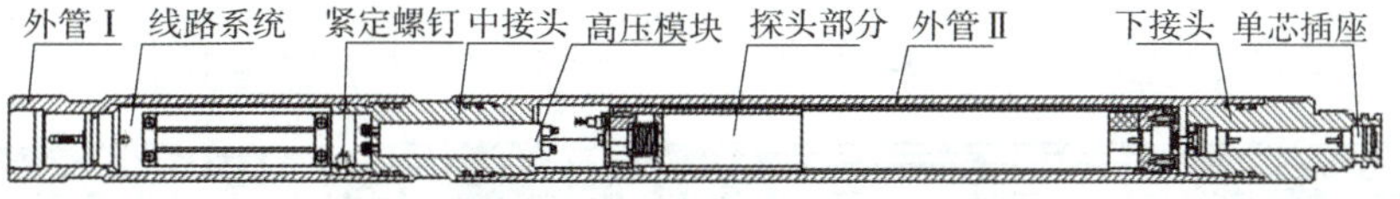

图 10－32 自然伽马测井仪总体结构图

仪器主要由线路系统、高压模块、探头部分、下接头等几部分组成。

仪器主要测量自然伽马射线强度，探头由光电倍增管和 NaI 晶体组成。测量过程中探头将射线能量转化成电脉冲，通过整形处理送单片机计数，当遥测寻址时，由单片机发送至 WTC06，经编码通过电缆送至地面系统。计数的大小体现了不同地层自然伽马射线的强度。

(三)涡轮流量仪的工作原理

流量是表征油井动态变化和评价油层生产特性的一个必要参数，是识别射孔段产量大小的重要参数。利用流量资料可以确定井的动态，还可以检查增产措施处理的效果。常规流量计有在线流量计、全井眼中心流量计(图 10－33)。

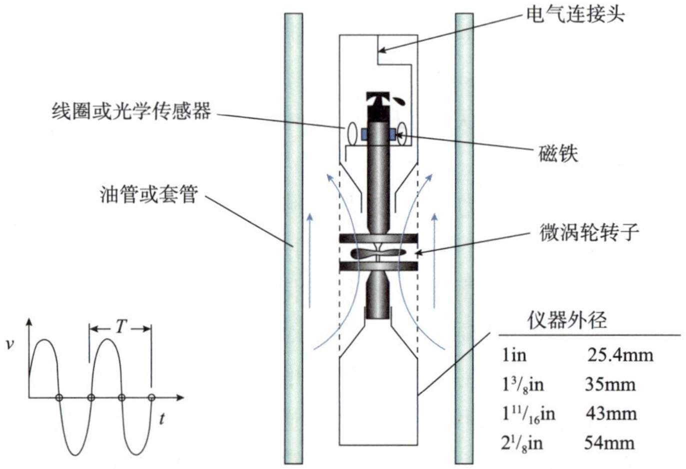

图 10－33 在线流量测井仪及全井眼中心流量测井仪原理图

涡轮流量计，是利用悬置于流体中的叶轮或带叶片的转子在流体的推动下转动，可以反映被测流体的瞬时流量和累计流量。涡轮流量计具有量程较宽、精度高、耐高温高压、耐酸碱腐蚀和重复性较好等优点，但是被测流体的黏度、密度对仪器的响应特性和测量精度影响较大。涡轮流量计的涡轮由两个低摩阻的轴承支撑，涡轮上装有磁铁，随着涡轮的转动，切割附近的耦合线圈中的磁力线产生交变电信号，经过转换，得到涡轮的转速。涡轮流量计种类繁多，包括连续流量计、集流式流量计等。

(四)音叉密度仪的工作原理

音叉密度仪是一种流体密度测井仪器。该仪器是一种非辐射类流体密度测量仪器，采用中心采样的测量方法，测量流经其周围的液体样本的密度，所测得的密度值为液体的平均密度，可用于静态或动态液体密度测量。密度参数用作流体识别，可作为产剖测井的约束参数。

音叉密度仪总体结构如图 10－34 所示。

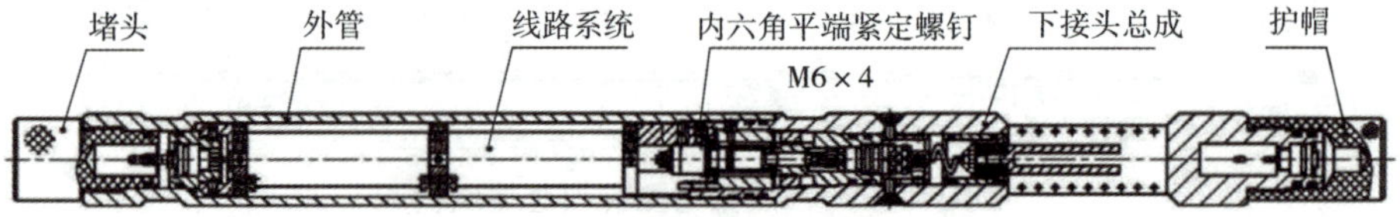

图 10－34 音叉密度仪总体结构图

仪器主要由线路系统、下接头总成等部分组成。

音叉传感器作为主要测量元件，音叉部分通过内在的固定于叉体底部一端的压电设备感应振动。振荡频率由固定于叉体另一端的二次压电设备来检测，然后通过顶部的电路放大信号。流体密度和被测流体流动时的振动频率密切相关，当被测流体密度变化时，流体流动时的振动频率也随之改变。音叉密度仪适用于液相或气液混合相流体。

(五)持水率温度流量测井仪工作原理

主要用于探测井内流体持水率，流体温度，流体流速，为流体性质分析提供信息。通过采样窗内介质的变化判断流体成分；通过温度变化确定漏失和产层位置；定量解释油(套)管内井液的流速；流量测量的机械体有多种直径的可供选择，适合不同的井况和流体。探测井内流体持水率、温度、流速和流向。

持水率温度流量测井仪总体结构如图 10－35 所示。

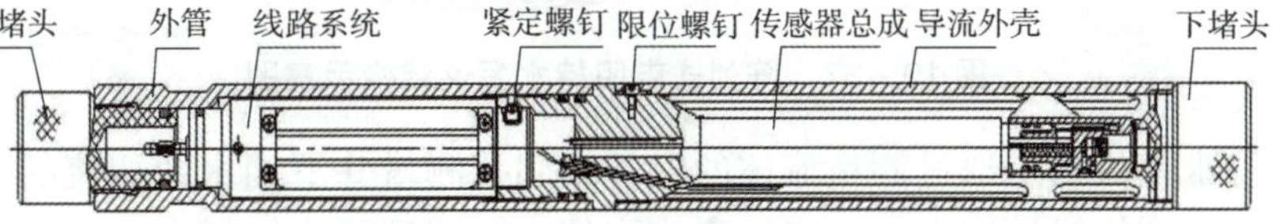

图 10－35　持水率温度流量测井仪总体结构图

仪器主要由线路系统、传感器总成等部分组成。

1. 含水率测量原理

由含水探头电容和三极管组成的高频振荡电路，分频后，送入单片机进行计数。含水率的变化引起探头电容的改变，将使振荡频率发生变化，最终引起输出频率的变化。所以通过输出频率，就可得出流体含水率。

2. 井温测量原理

当井内温度发生变化时，井温探头的阻值能产生相对应的变化，该变化量会改变放大器组成的振荡器频率，从而使频率产生相应变化。用单片机对该频率进行计数，并在遥测短节寻址的时候，发送给遥测短节，经遥测短节编码后通过电缆送至地面系统。井温仪的温度传感探头采用铂金丝电阻，具有性能稳定、分辨率高、线性好、便于刻度、一致性好等特点。

3. 流量测量原理

当流体轴向流过涡轮时，会使涡轮转动，涡轮上的磁体会使探头上的霍尔器件发生开关变化，该脉冲通过整形电路和判向电路处理后，送单片机计数并判向。当寻址到该仪器时，单片机会将已经处理过的数据发送至遥测短节，经遥测短节编码后通过电缆送至地面系统。

(六)阵列式涡轮流量仪的工作原理

其环周分布 6 个微涡轮流量探头，如图 10－36 所示，可通过每个探头的位置及测得流量情况，分辨出水平井筒内流体截面各相流动情况。从而分辨出水平井筒流体流型、流态情况。仪器内部具有角度仪，可通过测量仪器角度，校正每个探头的位置。每个探头均采用微涡轮，其工程原理见本单元涡轮流量仪工作原理。线路系统同步采集各涡轮转速情况，从而实现水平井流体剖面各相流动情况测量。

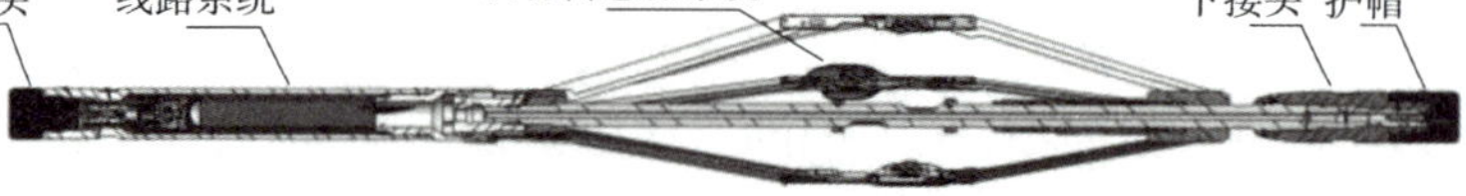

图 10－36　阵列式涡轮流量仪结构示意图

（七）阵列式电阻持水率仪的工作原理

主要用于井内流体持水率的测量。其环周分布 12 个微型电阻式持水率探头，如图 10－37 所示，可通过每个探头的位置及测得含水情况，分辨出水平井筒内流体截面分布情况。仪器内部具有角度仪，可通过测量仪器角度，校正每个探头的位置。

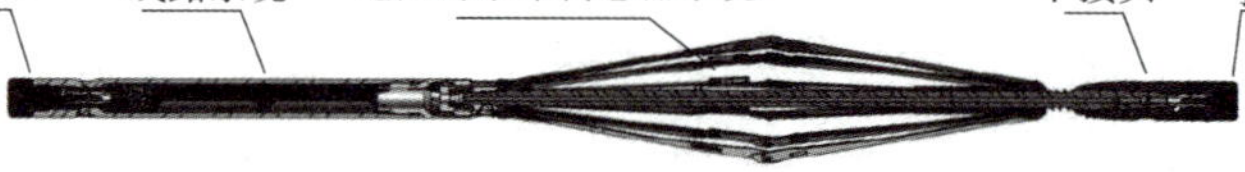

图 10－37　阵列式电阻持水率仪结构示意图

电阻式持水率仪器是通过测量流体的电导率间接测量井下油水两相流的含水率，其原理为：它由安装在绝缘管壁上按一定距离排列的 4 个圆环形不锈钢电极组成，外面一对作为激励电极，中间一对作为测量电板。给激励电极供一定频率的交变稳定电流，当流体从传感器内流过时，由于测量电极间阻抗的存在，根据电学原理可知，测量电极间产生电压，电压幅度与流过传感器流体的电导率成反比，电导率与频率成正比，从而通过图版求得含水率。该仪器适合于水为连续相下工作。

二、技术参数和工艺过程

（一）技术参数（表 10－6～表 10－14）

表 10－6　石英压力磁定位测井仪技术指标

最高工作温度/℃	175	压力灵敏度/psi	0.008
最大工作压力/MPa	100	压力精度/%	0.02
直径/mm	Φ43	压力响应时间/s	1～99.5
运输长度/mm	570	温度精度/℃	0.15
连接长度/mm	475	温度灵敏度/℃	0.005
工作电压/V（WSTbus）	18	节箍信噪比	>5
工作电流/mA	35±3	质量/kg	大约 3

表 10－7　自然伽马测井仪技术指标

最大工作温度/℃	175	工作电流/mA	38mA±3
最大工作压力/MPa	100	伽马测量范围/CPS	0～10000
直径/mm	Φ43	探测器类型	碘化钠晶体
运输长度/mm	774	测量下限/keV	20
连接长度/mm	679	工作电压/V	18
GR 零长/mm	188	质量/kg	约 4.7

表 10－8　在线流量仪技术指标

最高工作温度/℃	175	连接长度/mm	455
最大工作压力/MPa	100	质量/kg	3.2
工作电压/V(WSTbus)	18	工作电流/mA	＜30
外径/mm	Φ43	流量输出/(脉冲/转)	10
最大流体速度/(ft/min)	＞3000	启动门限/(ft/min)	约 12
运输长度/mm	555	最大工作拉力/kg	≥2500

表 10－9　全井眼中心流量仪技术指标

最高工作温度/℃	175	运输长度/mm	276
最大工作压力/MPa	100	连接长度/mm	229
最大外径/mm	43	测量最大流速/(ft/min)	2000

表 10－10　音叉密度仪技术指标

最高工作温度/℃	175	运输长度/mm	633
最大工作压力/MPa	100	连接长度/mm	538
最大外径/mm	43	质量/kg	3.3
分辨率/g/cc	0.01	精度/g/cc	±0.03
响应时间/s	＜1	测井范围/(g/cc)	0.0～1.25

表 10－11　持水率温度流量测井仪技术指标

最高工作温度/℃	175	运输长度/mm	515
最大工作压力/MPa	100	连接长度/mm	451
最大外径/mm	43	质量/kg	2
持水率测量范围/%	0～45	持水率精度/%	1
温度测量范围/℃	0～175	温度分辨率/℃	0.01
响应时间/s	＜0.5	流量输出/(脉冲/转)	10

表 10－12　阵列式涡轮流量仪技术指标

最高工作温度/℃	177	连接长度/mm	1265
最大工作压力/MPa	103.4	质量/kg	8
工作电压/V	19/50	适用套管/in	5½
工作电流/mA	19/7	涡轮直径/in	0.6
外径/mm	43	相关倾角精度/(°)	5
传感器/个	6	相关倾角范围/(°)	5～175

表 10－13 阵列式电阻持水率仪技术指标

最高工作温度/℃	177	零长/mm	674
最大工作压力/MPa	103.4	质量/kg	8.5
工作电压/V	19/50	适用套管/in	5½
工作电流/mA	25/10	相关倾角精度/(°)	5
外径/mm	43	相关倾角范围/(°)	5～175
连接长度/mm	1250	传感器/个	12

表 10－14 高精度温度分布式光纤测试系统技术指标

温度分辨率/℃	0.01	测量精度/℃	±0.5
采样分辨率/m	0.4	最大测量距离/km	8
耐温/℃	150	耐压/MPa	70

(二)性能特点

(1)通过不同测速上提下放，其涡轮转速为输送速度与产出速度累加所致，通过后期解释，有效解决单段产出低及涡轮启动排量高的矛盾问题，保证低产段的测试。

(2)多参数数据采集，有利于多角度对解释结果进行分析及评价，保证测试结果的准确及精度。

(三)施工工艺

1. 井筒处理作业

采用连续油管或油管输送强磁打捞器，工具串转换接头＋扶正器＋强磁打捞器＋扶正器＋引鞋。其规格依据井筒规格而定。在测试段反复打捞不少于两次，强磁打捞器的数量依据完井方式中井筒中碎屑的成分及数量而定。

2. 模拟通井

采用连续油管或油管输送模拟通井仪。工具串与实测工具串组成相同，在测试段内反复起下两次，通井过程无刮碰，无遇阻为合格。

3. 产剖测试

采用连续油管或油管输送测试仪器，仪器串根据储层情况及测试任务而定。在测试段内，以3到4个不同测速反复起下，录取数据。

4. 测试资料的录取及解释

根据测试方案采集测试数据，并评价测井曲线质量。如果曲线质量合格，则采用专用的解释软件进行解释。如果曲线质量达不到要求，则重复步骤3，进行二次测试。

三、应用案例

焦页3－3井斜深3535m，垂深2462.77m，水平段长度869m。该井采用泵送桥塞分段完井，共11段，31簇。该井采用5½in套管直接生产，日产气量$6.4\times10^4m^3/d$，产水$4.4m^3/d$。该井测试目的获取本井产气产液剖面，得到各射孔簇产气产液贡献，评价各级压裂效果。与气藏物性、应力剖面和实际压裂施工参数对比，可以评估钻完井、压裂设计和施工是否达到预期效果，为后续井的作业提供经验。

测试仪器采用阵列与常规组合测井，两只阵列仪器分为阵列流量计(AFV)和阵列持水率计(AFC)组成。仪器串具体组成结构和仪器参数如表 10－15 所示。

表 10－15 常规＋阵列仪器串

序号	名称	上接头	下接头	最大外径/mm	最小内径/mm	长度/mm
1	Roll－ON 接头	—	1.5inACME 公	54	15	50
2	单流阀	1.5inACME 母	1.5inACME 公	54	5	520
3	机械丢手	1.5AinCME 母	1.5inACME 公	54	20	320
4	循环阀(堵实)	1.5inACME 母	1.5inACME 公	54	7	150
5	马笼头	1.5inACME 母	1.5inACME 母	54	20	200
6	变扣短节	1.5inACME 公	$1\frac{3}{16}$in12UN 母	43	—	50
7	柔性接头	$1\frac{3}{16}$in12UN 公	$1\frac{3}{16}$in12UN 母	43	—	170
8	遥测短节	$1\frac{3}{16}$in12UN 公	$1\frac{3}{16}$in12UN 母	43	—	600
9	压力磁定位计	$1\frac{3}{16}$in12UN 公	$1\frac{3}{16}$in12UN 母	43	—	470
10	上部滚轮扶正器	$1\frac{3}{16}$in12UN 公	$1\frac{3}{16}$in12UN 母	43	—	600
11	自然伽马	$1\frac{3}{16}$in12UN 公	$1\frac{3}{16}$in12UN 母	43	—	680
12	在线流量计	$1\frac{3}{16}$in12UN 公	$1\frac{3}{16}$in12UN 母	43	—	455
13	柔性接头	$1\frac{3}{16}$in12UN 公	$1\frac{3}{16}$in12UN 母	43	—	170
14	中部滚轮扶正器	$1\frac{3}{16}$in12UN 公	$1\frac{3}{16}$in12UN 母	43	—	600
15	阵列流量计	$1\frac{3}{16}$in12UN 公	$1\frac{3}{16}$in12UN 母	43	—	1265
16	阵列持水率计	$1\frac{3}{16}$in12UN 公	$1\frac{3}{16}$in12UN 母	43	—	1250
17	下部滚轮扶正器	$1\frac{3}{16}$in12UN 公	$1\frac{3}{16}$in12UN 母	43	—	600
18	持水率流量温度计	$1\frac{3}{16}$in12UN 公	$1\frac{3}{16}$in12UN 母	43	—	451
19	全井眼中心流量计	$1\frac{3}{16}$in12UN 公		43	—	230
	合计					8831

测试制度上分别采用 5m/min、10m/min、15m/min 和 20m/min 的测速，进行了测试，测试顺畅，没有发生遇阻遇卡现象，每趟测试均到达设计井深。

其中常规的自然伽马、磁定位、温度、压力、在线流量、宝石轴承流量等参数测井曲线如图 10－38 所示。

图 10－38 显示，自然伽马、磁定位重复性较好，工作正常。温度、压力响应具有一定的重复性，工作正常。持水率计显示全井筒内为水，偶见气，响应正常。在线流量与宝石轴承涡轮具有一定的响应，工作正常。

阵列流量计具有 6 个微转子，6 趟测井曲线组合如图 10－39 所示。

图 10－39 显示，阵列流量计 6 个转子在不同井段工作正常，曲线反映良好，整体测试资料合格，达到资料解释的要求。

阵列持水率计具有 12 个探头，6 趟测井曲线组合如图 10－40 所示。

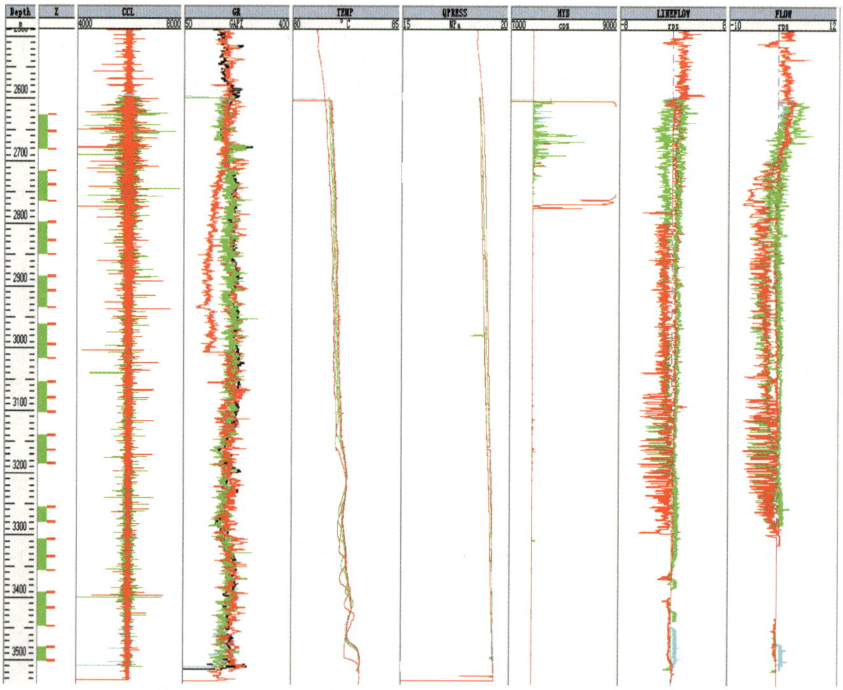

图 10－38　阵列与常规组合测试中常规测井参数曲线

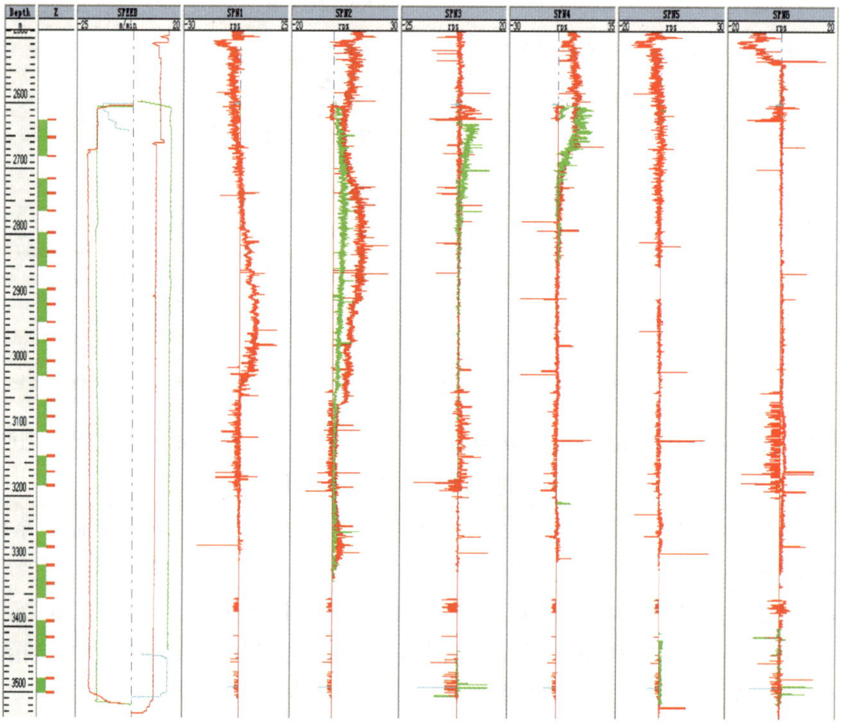

图 10－39　阵列与常规组合测试中阵列流量测井曲线

相比常规持水率计，可以明显看到阵列持水率各个探头对气具有明显的响应，整体测井曲线合格，达到解释要求。

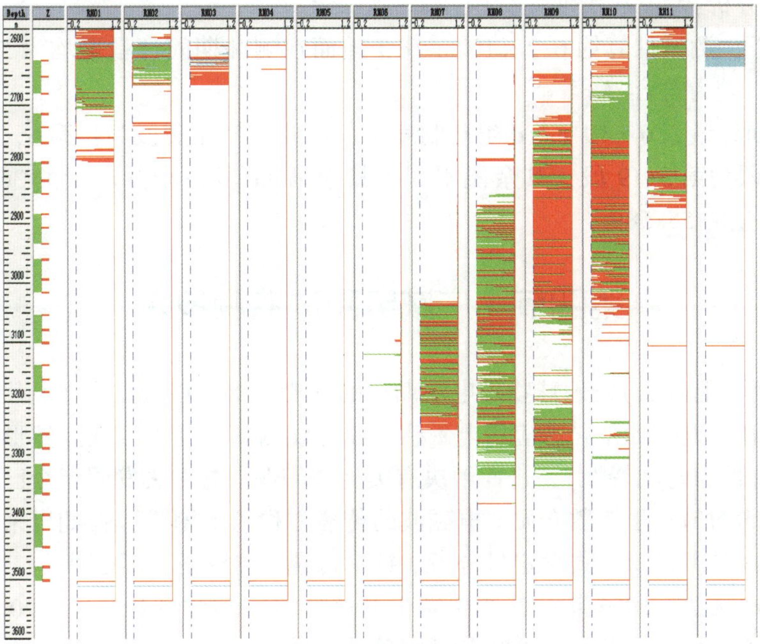

图 10－40 阵列与常规组合测试中阵列持水率测井曲线

根据生产测井所获得原始数据，首先是进行深度校正，然后进行质量控制，质量控制的内容包括各个测井速度下的温度、压力、流量、微转子转动、阵列持水率测量以及 *PVT* 数据，利用质量合格的数据进行分析。在质量控制的基础上，计算出每个相的持率以及流体的视速度，应用校正后的流体压缩系数、采用相应的水平井滑脱模型以及流速校正因子，利用阵列仪器多传感器处理模块，从而计算出油相和水相的在每个深度的产量。解释成果如图 10－41 所示。

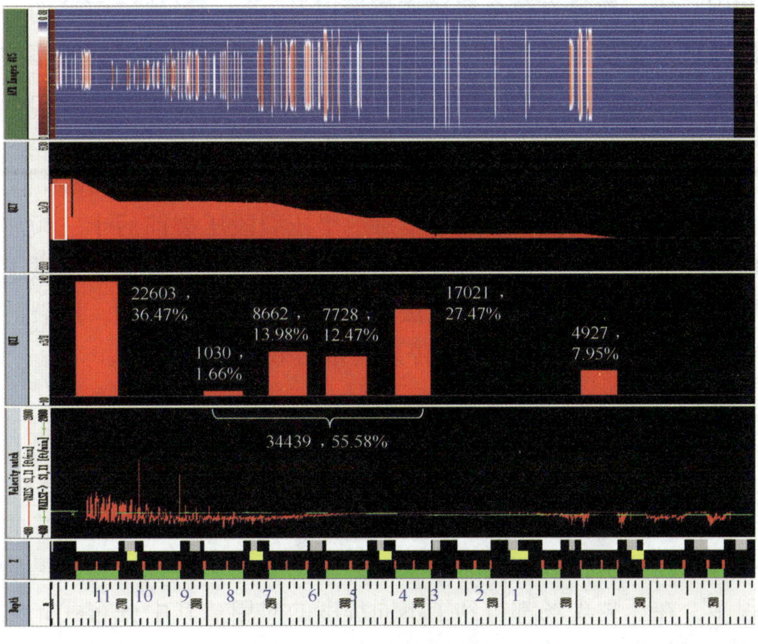

图 10－41 解释成果图

通过解释分析：

(1)常温下，测试计算约 $6.2\times10^4 m^3/d$，地面在测井期间计量平均为 $5.6\times10^4 m^3/d$，误差为9.6%，较为符合。

(2)在地面计量 $5.6\times10^4 m^3/d$ 生产制度下，主要产气压裂段为：第6，7，8，11压裂级段。次产气段为第3、9段，其余段不产。其中第11段占全井产量的36.47%。6、7、8、9段占总产量的55.58%。

第四节　广域电磁法监测技术

电磁感应法(电磁法)是地球物理电法勘探的重要分支，该方法主要利用地下介质的导电性、导磁性和介电性的差异，应用电磁感应原理观测和研究人工或天然形成的电磁场分布规律(频率特性和时间特性)，进而解决有关地质问题。电磁法发明至今已有百年，由于地球是复杂的非均匀、强耗散介质，电磁波的传播方程求解困难，长期以来对电磁数据只能做定性分析或采用近似公式做定量分析。针对传统电磁法的不足，中国工程院何继善教授提出了广域电磁法，1996年，何继善院士开始广域电磁法理论研究。2006年，由中南大学和湖南继善高科公司开始仪器装备试制并进行推广实验。2014年，继善高科正式推出广域电磁仪成套商业化装备，形成了具有完全自主知识产权的“中国智造”。该方法继承了可控源音频大地电磁法场源可控的优点，克服了大地电磁法场源随机性和信号微弱的缺点，特别是摒弃了将本来是曲面波的电磁波简化成平面波，沿用“卡尼亚视电阻率”计算公式的做法，用电磁场的全域精确公式提取视电阻率，从而可以在“非远区”进行测量，拓展了人工源电磁法的观测范围，成倍地增加了探测深度；针对CSAMT变频发送的缺点，采用一次发送包含多个频率成分且振幅接近的伪随机信号电流，大幅度提高了观测速度、精度和野外勘探效率。广域电磁法是我国首创的一种频率域的多频电磁方法，广泛用于勘探金、银贵金属和铜、铅、锌等有色金属矿产资源以及石油、天然气资源的一种新型电磁方法。广域电磁法通过人工接地场源建立谐变电磁场，向地下发送不同频率的交变电流，在广大的、不局限于传统“远区”的区域内，观测一个或多个电磁场分量，计算广域视电阻率，达到探测不同埋深地质目标体的一种频率域电磁测深方法。

针对深层页岩气压裂信号弱、监测难的问题，将广域电磁法技术引入到埋深大于4000m的深层页岩气井压裂监测，通过采集每一个压裂段压裂前后十三频波电磁场反馈数据，分析前后电阻率变化特征，可有效判断出压裂波及范围及效果，提供了一种有别于传统压裂监测的新方法。在深井，广域电磁法压裂监测技术取得成功，压裂前后电阻变化幅度达到5%～10%，计算改造体积与压裂停泵后水击效应对比良好。

第五节　光纤裂缝监测技术

在压裂施工时，一般需要采用技术手段对压裂液注入分布、人工裂缝的扩展延伸、压裂缝网规模等进行诊断分析，以便实时调整压裂施工参数，实现压裂效果最大化。目前压裂监测的手段很多，在压裂现场都得到了不同程度的应用。其中分布式光纤监测技术是近几年发展起来的最新压裂监测技术手段，其优势在于可以对水平井压裂施工全过程进行实时连续监测及跟踪，从而及时获知各压裂段的进液、裂缝起裂及延伸情况，诊断井下工具的工作状况等，进而对压裂改造效果进行快速评估，以便对压裂射孔方案、施工工艺方案进行及时调整，保证水平井各段均实现有效改造。分布式光纤监测技术主要包括分布式光纤温度传感技术(Distributed Temperature Sensing，DTS)和分布式光纤声波传感技术(Distributed Acoustic Sensing，DAS)两种，目前已形成DTS/DAS配套监测体系。

一、基本原理

光纤既可以作为传输介质，同时也是一种传感器，具有体积小、抗电磁干扰、灵敏度高等特点，适用于油气井的多参数实时评估和动态监测。分布式光纤传感技术的基本原理是当光纤周围环境的温度、压力及应力应变发生改变时，利用光纤传输的激光信号将会受到较大影响，导致激光信号的特征参量(包含强度、相位、光谱和相干性等)发生变化，然后通过解调技术将这些参量变化进行反演解析，就可对温度、压力、流动情况及应力变化情况进行较精确测量。

(一)分布式光纤温度传感原理

19世纪70年代末，国外学者Rogers等提出了光时域反射原理(Optical Time - Domain Reflectometry，OTDR)，为分布式光纤监测的实现提供了直接技术支持。随后，Hartog等人基于OTDR原理，建立了光纤测温实验装置，并在1984年提出了分布式光纤温度传感技术，标志着光纤传感技术从传统单点传感测量发展到分布式光纤传感(Distributed Fiber - OpticSensing，DFOS)技术水平，可用于长距离温度分布监测。

分布式光纤传感解调光信号主要利用的后向散射有三种：瑞利散射(Rayleigh)、拉曼散射(Raman)和布里渊散射(Brillouin)。分布式光纤温度传感原理就是利用光的后向拉曼散射效应。拉曼散射效应学说(Ramanscattering)由印度物理学家拉曼于1928年创立，是指光在被散射后频率发生变化的现象。光纤测温原理则是源于后向拉曼散射对温度的敏感性。在光纤介质中，拉曼散射受光纤分子的热振动直接影响，当入射光与光纤介质发生非弹性碰撞时，光纤分子的热振动和光子相互作用将产生能量交换，此时，入射光会放出或吸收一个与光纤介质分子振动相关的高频声子，即Stokes光或Anti - Stokes光，长波一侧为Stokes光，短波一侧为Anti - Stokes光，其中，Anti - Stokes光散射强度由处于激发态的分子个数决定，温度越高，处于高能激发态的分子越多，因此，Anti - Stokes光的强度直接受环境温度的影响；而Stokes光与温度无关，所以两者光强的比值只与光纤所处环境的温度有关。因此，将Stokes光作为拉曼散射参考通道，用来消除光信号噪声，同时还可以有效地消除光源的不稳定和光纤传输过程中存在损耗的影响，通过检测两者光强度的比值，就可以得到光纤所处环境的温度信息，这便是DTS技术的基本原理，如图10 - 42所示。

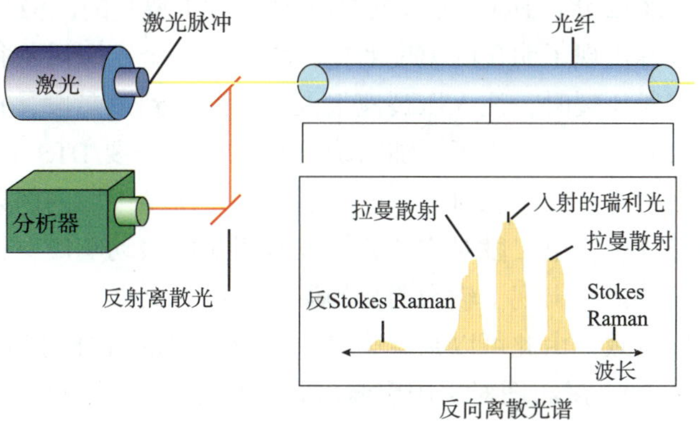

图10 - 42 DTS测温原理示意图

(二)分布式光纤声波传感原理

分布式光纤声波传感技术(DAS)原理则是基于光的后向瑞利散射效应，利用窄线宽激光源在光纤中产生的相干瑞利散射对光纤应变变化的高度敏感性，结合光反射原理，可对与分布式光纤相作用的环境振动与声波信息进行长距离、高时空精度的监测。DAS 技术相较于 DTS 技术发展更晚一些。2000 年 Posey 等通过实验研究，提出了根据激光瑞利散射信号的相位差计算光线动态应变的方法，证明了可以利用瑞利散射效应对声波或振动波产生的应变进行测量。自此 DAS 不断地被应用于安防监测、大型设施工况监测、油气资源勘探等诸多领域，尤其是最近几年，DTS 与 DAS 监测技术在石油领域的应用取得了较大进展。

二、现场应用及发展趋势

(一)现场应用

分布式光纤可以实时监测全水平井段的温度和声波剖面，通过特征分析，就可以对水平井井下动态进行定性、定量的评价，从而更清楚地了解井下情况，指导水平井生产及压裂改造措施的优化。同时，分布式光纤自身既是传感介质，又是数据传输介质，因此，分布式光纤测温系统相比传统的水平井动态监测手段具有独特的技术优势，主要可以概括为以下几个方面。

(1)可实现长距离(>10 km)、连续的温度/声波动态实时测量与监测。

(2)分布式光纤测量范围广，空间分辨率(<0.4m)、温度测量精度高(±0.01℃)。

(3)安装便捷、维护方便、监测周期灵活可控，且光纤截面积小，光纤系统自身对监测对象所处环境影响较小。

(4)温度测量不受流动状况影响、信息量成本低。

(5)现场工况适应能力强，可在潮湿、高温环境中使用。

(6)测量稳定、无延迟，可抗电磁干扰等。

由于地层温差的存在，压裂液在注入过程中，液体与地层之间存在温度差，导致注入后地层温度会发生变化。通过光纤对温度变化进行实时监测，就可以对各压裂段的进液情况进行评估。如果建立了基于温度剖面的理论模型，还可以对光纤的测试结果进行定量解释。

2012 年，Holly 等根据 DTS 对一口压裂井的注液情况进行了分析，结果显示每一个压裂段都出现了明显的温度变化，表明每一个压裂段都得到了有效改造。同时可以看到，在第三段压裂时，注入压裂液很大部分漏失到第二段，在随后几段的压裂过程中，也存在压裂液漏失现象。为了更加精确分析原因，需要 DTS/DAS 进行协同分析。DAS 瀑布图清楚地表明第三段压裂时注入的压裂液均是从第三段内的射孔孔眼进入地层的，因为第三段注液过程中，第二段对应的井筒没有明显的振动响应，说明管内坐封较好，然而在第二段对应的井段却出现了较为明显的温度降低，这必然是第三段注入的压裂液从管外漏失到了第二段所致，由此可以判定第二、三段之间的管外封隔器漏失。随后，Wheaton 等人也通过 DTS/DAS 瀑布图对美国鹰潭(Eagle Ford)页岩气藏一口水平井压裂液段间窜流情况进行了诊断，进而准确评价了该井的完井效果。类似地，通过 DTS/DAS 瀑布图，还可评价二次定向压裂改造时从主导裂缝向其他未压开层段的压裂液分流情况。

2021 年，冯晓炜等人利用分布式光纤温度监测技术开展了压裂水平井产剖解释应用。分布式光纤监测分为 3 个工作制度和关井监测，每个工作制度监测 6 ~ 8h，关井监测 24h，一般每 10min 输出一条温度曲线。

图 10 – 43 是某井水平段分布式光纤温度监测随时间变化的特征。可以看出，每个工作制度都有产气的生产速率曲线。随着井口油嘴打开，压差最大，这时产气生产速率最快；而后随着压差降低，流速趋于稳定，这时产气生产速率也随之稳定；最后压差平衡，这时产气生产速率随之降低。因此，可以结合产气生产速率曲线来确定每个工作制度下最有代表性的温度曲线组，选择产气生产速率最为稳定的时段对应的温度曲线组为研究对象。通过建立温度正演预测模型，将测得的井下温度、压力剖面等数据处理成产出剖面。利用研究建立的方法处理解释了 5 口井，与井口监测的产量数据比较，相对误差整体低于 20%，满足精度要求，可以为水平井的压裂、跟踪和开发提供技术支撑。

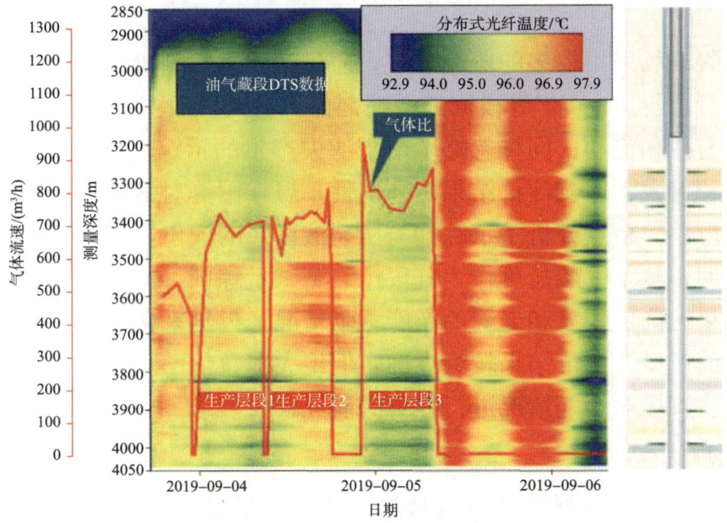

图 10 – 43　某井水平段分布式光纤温度监测随时间变化的特征

(二) 基于 DTS/DAS 的监测技术存在问题及发展趋势

近些年，DTS/DAS 技术在水平井压裂施工监测方面应用取得了较好的效果，但仍有一些关键技术问题仍未完全突破，还需进一步技术攻关，主要包括如下几个方面。

(1) 采用分布式光纤进行压裂动态监测，通常需要将光纤预置在套管外部，和套管一起固井，这样就增加了固井和完井的难度。射孔时必须考虑避开光纤，防止光纤受损。目前在光纤“避射”方面还没有十分成熟的技术。因此，需要结合光纤的分布位置，发展光纤“避射”技术，防止对光纤造成损坏。

(2) 测试数据量庞大，对监测数据的保存、传输都提出了很高的要求，必须保证数据保存及传输的保真度和稳定性。数据降噪处理技术仍需要进一步开展研究，提高数据提取及传输效率。

(3) 目前对水平井分段压裂监测多以定性分析为主，还缺乏成熟的理论模型和方法对数据进行定量解释，理论模型研究仍需进一步攻关，从而有效解决解释结果的多解性，提高可信度。

第六节　其他裂缝监测技术

经过近 60 年的发展，目前国内外已经形成 10 余种裂缝监测技术，根据所采集数据的特征，大致可将这些裂缝监测技术分为三类，即以微地震和测斜仪技术为代表的远场直接监测方法、以生产测井及井筒映像测井为代表的近井直接方法、以净压力分析和试井分析为代表的间接诊断方法。国内外公司对以上三类技术的可靠性进行对比研究后发现：在获取裂缝参数时，以测斜仪和微地震为代表的远场测量技术的可靠性明显高于近井筒和间接测量技术。除了前述的几种裂缝监测方法，常用的裂缝监测技术还有放射性示踪剂监测、试井分析测试等。

一、示踪剂监测技术

示踪剂是压裂现场采用较多的监测方法。通过注入示踪剂确定产液量和产气量，对储层的改造效果进行评价。Leong 等根据氚示踪剂停留的时间评价压裂裂缝的体积。他们研究的压裂裂缝没有两相流动，同样忽略了由于滤失产生的示踪剂扫及体积，很容易导致得出的压裂裂缝体积偏大，影响评价结果的准确性。温守国等对氟苯甲酸盐示踪剂进行室内实验，测试其适应性。重点分析了示踪剂与压裂液体系的配伍性，热稳定性及静态吸附性能。研究结果表明，氟苯甲酸盐可作为分段压裂测试示踪剂。刘士斌等采用油水分段测试评价重复压裂效果，确定新缝和老缝的产能贡献情况。近年来化学示踪剂已用于多段压裂中评估每段裂缝的产量，评价结果较为准确，但绝大多数化学示踪剂方面的研究都是对产液情况进行评价，直接对产气情况进行评价的研究较少。

（一）工艺原理

每段示踪剂伴随每段压裂液体进入地层，通过地层碳氢化合物产出和地层液体返排时，携带此段独有的示踪剂一起返回至地面，井口进行取样并分析示踪剂；通过分析示踪剂的返回量可鉴别出每段的产出情况。

一般而言，示踪剂具有以下特点：

（1）不存在于自然界的物质。

（2）非常惰性，不与任何物质发生化学反应。

（3）与目标介质物理亲和，而气剂只与天然气亲和。

（4）具有 PPB 甚至 PPT 级的痕量示踪能力。

（5）具有稳定的饱和度。

（6）气剂均耐酸碱、耐高温。

（二）现场应用情况

以某气井为例，介绍示踪剂在现场压裂井的应用情况。某水平井为一口气井，设计 24 段压裂施工。按照压裂段数采用 24 种气剂，根据储层性质对示踪剂的用量进行计算，设计 24 种气剂的用量分别达到 250g，充分保证示踪剂在地层的足够富余量。气井见气后开始采集气样，采集按照前 20d 内每 12h 取样一次，后 10d 采用每 24h 取样一次的方法。在 30d 内本井完成气样取样 50 个。经过膜过滤、固相萃取、衍生化、检测等一系列过程，得出原始检测数据，然后再将原始检测数据导入计算机进行数据分析，得出 24 段的产气贡献，如图 10－44 所示。

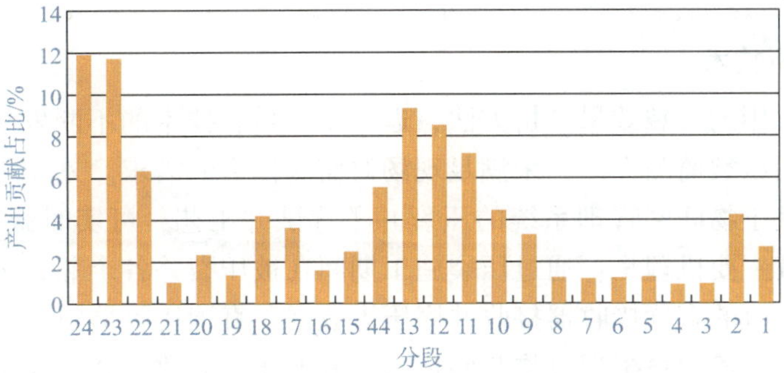

图 10－44 依据示踪剂监测结果计算的产气贡献

该气井各小段的产气贡献分别为：2.72%、4.28%、0.97%、0.97%、1.27%、1.27%、1.27%、1.27%、3.36%、4.53%、7.21%、8.59%、9.35%、5.65%、2.59%、1.6%、3.72%、4.26%、1.43%、2.40%、1.11%、6.44%、11.81%、11.90%。为了进一步验证示踪剂评价结果的准确性，将 24 段测量的产气贡献占比与测井综合解释结果进行对比分析。二者的结果基本吻合，干层测得的产气贡献占比均较低，差气层次之，气层的产气贡献占比最高，选取的示踪剂能很好地测量产气贡献占比，准确评价多段压裂储层的改造效果。

（三）基于水锤理论的压裂监测方法

压裂停泵时，井口处压裂液流量在极短时间内降为零，使得井口处压力出现一个突然的下降。而由于流体具有惯性和可压缩性，这个压力突降将以压力波的形式向井底传播，并在井底反射，形成快速的压力波动，水力学中将这种压力瞬变波称为水锤。施工期间实测的压力数据实际上是压裂停泵水锤与地层渗流引起的压降的叠加。基于水锤理论的压裂监测方法基本原理是：通过理论分析，从施工数据中过滤掉水锤的噪声，获得地层渗流引起的压降曲线，进一步进行试井分析，反演得到地层及裂缝特性。

温杰雄通过研究，提出了基于水锤理论和信号降噪的压裂停泵数据分析方法，可以在压裂期间对压裂效果进行评价。此方法首先采用井筒垂直管流方程将变密度和变流量的地面压力折算为井底压力，然后采用信号降噪方法处理停泵后压降数据，消除停泵水锤等噪声干扰，获得反映地层渗流的压降数据，最后采用垂直裂缝井试井分析方法解释滤波后的压降数据，获得地层渗透率、原始地层压力及裂缝半长等重要参数，实现了对裂缝及地层参数的实时分析及评价。通过与关井压力恢复分析结果比较，所提方法的可靠性得到了证明。在信号降噪方面，从频域分析与时域分析两个角度出发，分别利用基于傅里叶变换的数字滤波和经验模态分解两种方法进行了分析，并比较了两种方法各自的特点与优势。从实用性的角度出发，利用数字滤波的信号分析方法更具普适性，该方法得到的结果也更加符合渗流压降曲线的理论形态，更利于后续试井分析处理。利用该方法，对新疆某油井的实测压裂停泵压力数据进行分析处理，获得了拟合油藏压力、裂缝半长等重要的压裂参数，并将分析结果与该井的压力恢复测试结果进行了比较，说明了该方法的可靠性。

基于信号降噪的压裂停泵压力数据分析能够有效地滤除压裂停泵数据中噪声信号的干

扰；与传统试井分析方法相比，该方法为压裂施工期间的数据分析方法，能够在压裂完成后直接进行分析，具有较好的时效性，实时评估压裂效果和预测压裂后产能，节省了大量人力、物力及时间。

（四）试井分析技术

试井分析是常用的压裂效果分析方法，近几年，随着技术的不断发展，逐步出现了基于试井技术的新的压裂监测方法，来满足现场对监测技术的需求。刘志强参考物联网数据访问技术提出了基于物联网管理系统的压裂井干扰试井工艺，可实时微调压裂施工方案，避免井间压窜。其主要机理是：通过压裂施工期间在被压裂井各个邻井内下入直读式电子压力计，安装在井口的直读接收器接收井底压力数据，直读接收器将多口邻井压力数据分别上传至云服务器。控制系统通过物联网技术调取上述压力数据并与压裂施工数据进行耦合分析，从而实现压裂施工期间对邻井压裂干扰的实时监测和显示。现场施工人员可根据该监测系统提供的信息及时调整施工参数，达到避免压窜的风险。该流程可以分为邻井井底监测单元、数据发射单元、云处理器单元、压裂控制数据调取及耦合单元以及施工参数控制系统。通过 6 口压裂井和 27 口监测井的施工结果，显示该系统运行稳定，有效降低了压裂期间井间压窜的风险。

其他常用的压裂监测技术还有井温测井、测井仪成像测井等，由于机理较为简单，这里不再一一赘述。施工现场可以根据需要采用任一种或几种监测技术进行压裂监测，为压裂工艺优化提供指导。

第十一章　深层页岩压裂实施控制技术及效果评价方法

第一节　小型测试压裂技术

一、实施步骤

(一) 常规方法的问题

测试压裂是正式水力压裂施工前获取储层物性参数、裂缝参数和分析压裂液性质的手段，是压裂施工方案优化调整和顺利实施的技术保证。目前，测试压裂在页岩气中的做法通常采用常规砂岩中的方法，只是规模有所增大。但由于页岩气与常规砂岩在裂缝成缝规律和储层改造理念上存在差别，常规测试压裂的设计方法还存在以下问题：

(1) 由于页岩不是渗吸涨破，而是弯曲变形破裂，所以，常规的台阶式升排量设计，尤其是多级台阶升模式需要改进；

(2) 由于页岩的水平层理缝/纹理缝相对发育，起步排量设计如太小，会造成后续即使高排量也难以穿过多个层理缝/纹理缝；

(3) 水平井第一段压裂时有潜在的井筒污染物(未替净的钻完井液、井筒残留固体颗粒等)堵塞炮眼，如果按照传统测试压裂设计不对井筒先行酸化预处理就进行测试压裂，往往会给地层物性参数、裂缝摩阻以及压裂液滤失特性等解释评价造成误判；

(4) 传统测试压裂台阶升排量过程中，由于液量规模小，升至最高排量台阶的持续时间相对较短，由此带来不利影响：一是主裂缝遇到天然裂缝的概率降低；二是产生的诱导应力作用范围有限，导致主压裂时产生裂缝复杂性或裂缝转向的概率大幅降低；

(5) 传统测试压裂台阶降排量过程中，以压力稳定为原则进行逐级降排量，通常每个排量台阶维持 15～20s 就降低至下一个排量；在页岩储层中，考虑到其较强的非均质性、多缝以及多射孔簇非均衡起裂及延伸特性，传统降排量过程压力稳定时间可能偏短，以致不能真实反映真实近井摩阻特性；

(6) 传统测试压裂压裂后停泵测压降的时间相对较短，一般在 0.5～1h 左右。对于页岩而言，基质的渗透性极低，如果停泵测压降时间过短，裂缝可能远未达到闭合时间，这将给裂缝解释带来很大的困难。

针对上述问题，经过现场不断探索与实践，形成了一套适合于页岩气井的小型测试压裂方法，以获取页岩地层关键特性参数，并达到诱导裂缝转向的效果，为主压裂时的裂缝转向或形成复杂裂缝奠定基础，以提高主压裂改造体积和压裂效果。

(二)测试压裂实施步骤

测试压裂除了认识页岩地层的关键特性参数和使诱导裂缝转向的两个目标，还主要肩负着为主压裂探缝的目的。因此，测试压裂主要设计思路是：在台阶升过程中提高起步排量，缩小台阶升排量的台阶数，以达到压开所有层理缝/纹理缝的目的；在台阶降排量过程中延长每个排量下的压力稳定时间，以获取更为准确的近井摩阻；在停泵测压降阶段延长测压时间，以便观察到压力降落速率出现明显变化，即认为达到裂缝闭合点。

适合于页岩气井的小型测试压裂方法，其包括以下步骤：

1. 酸预处理的步骤

一般用浓度 15% 的工业盐酸进行测试压裂前井筒预处理。酸液用量一般 10 ~ 15m³，排量 1 ~ 1.5m³/min。目的是解除井筒内污染堵塞物。

2. 确定最高排量的稳定注入时间及液量的步骤

以常用的成熟的压裂设计商业软件为模拟手段，先考察单因素敏感性，如只变排量，其他参数不变，考察裂缝净压力与排量的敏感性，当净压力超过原始水平应力差值，即可视为最高排量；若净压力无法超过原始水平应力差值，则以井口限压为基准，其对应排量视为最高排量；依此类推再分别考察液量、压裂液黏度等因素对裂缝净压力的敏感性。

为方便起见，可以综合调整裂缝净压力敏感性最强的两个参数组合。有时即使液量对裂缝净压力影响不敏感，为了实现大范围内的应力场的趋均化的有利变化，也可适当多注入一些液量，测试压裂的裂缝长度至少达到主压裂裂缝的 50% ~60% 。

3. 台阶升排量的步骤

考虑到页岩破裂的特殊性及压开所有层理缝/纹理缝的目的，初始的排量设计可以适当从的 2 ~3m³/min 提升到 5 ~6m³/min。一般设计 3 ~4 个台阶升排量达到预期最高排量。

4. 台阶降排量的步骤

从最高排量开始，每次降低排量台阶幅度为 20% 左右，每个排量台阶稳定 30 ~60s，且随着排量降低逐步适当延长。经 5 ~6 个台阶降排量至停泵。

5. 压力降落测试的步骤

压裂停泵后，停泵测压降 120 ~180min，视压力降落速率的变化情况，适当降低或延长停泵时间。如压力降落速率一直没有变化，最多可将停泵时间延长到 240min，直至压力降落的速率有明显的变化即认为裂缝已经接近闭合。

通过上述酸预处理、确定最高排量的稳定注入时间及液量、台阶升、台阶降设计和压力降落测试等步骤，可以获取页岩地层的最小水平主应力、裂缝闭合时间、天然裂缝发育程度及地层的滤失情况等关键特性参数，并达到诱导裂缝转向的效果，为主压裂时的裂缝转向或形成复杂裂缝奠定基础，从而达到提高主压裂改造体积和压裂效果的目的。此工艺方法经现场实践，具有工艺简单、便于操作等诸多优势。

二、解释方法

(一)闭合压力 p_c 的估算

理想的情况下(地层均质)，地层闭合压力 p_c 等于储层中地层条件下最小主应力 σ_{min}。即：在整个裂缝高度上地层的最小应力在大小和方向都没任何改变时，$p_c = \sigma_{min}$。然而，页岩储层由于岩性的变化、天然裂缝发育等使得 σ_{min} 变为地层条件下有方向性的量，此时，p_c取决于裂缝几何形状和方向，该值由整个裂缝高度上 σ_{min} 平均值确定。通过进行小型压裂测试，可间接估算裂缝的闭合压力。

如图 11－1 所示，通过记录升排量阶段不同时间段内的排量与施工压力数据，并依据式(11－1)将井口施工压力折算到井底，绘制阶梯测试末的井底压力与注入速率的关系图，通过散点连成的直线外推到注入速率为 0 的点，即可得到井底闭合压力。通常，在初始升排量阶段，基质注入压力上升较快表现为直线斜率较大，而当有大尺度的裂缝形成后，裂缝处于正常延伸状态，直线斜率较平缓；两条斜率不同的直线交汇点即为延伸压力。一般裂缝延伸压力比闭合压力约高 50～200psi。有时，即使没有出现倾斜度较大的表示基质注入压力的直线，在交绘图上较平缓的裂缝延伸压力直线在 Y 轴上的截距，也可近似代表 p_c。

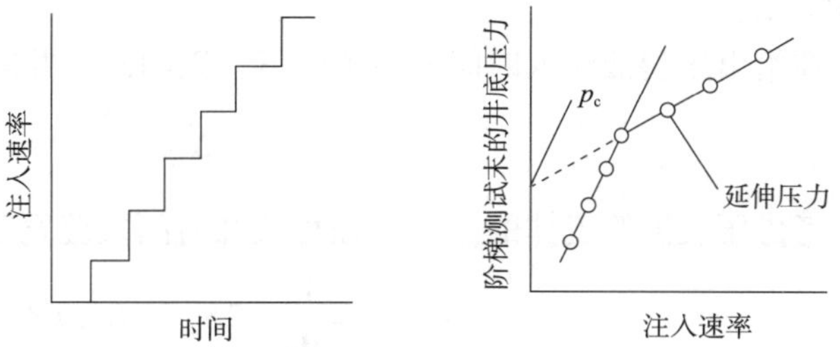

图 11－1　升排量阶段不同时间段内的排量与施工压力数据

$$p = p_h + \int_0^Z p_{wh} dz \int_0^L \Delta p_{wf} dl - \Delta p_{pf} \tag{11－1}$$

式中，p 为井底压力，MPa；p_h为井口压力，MPa；p_{wh}为井筒液柱压力，MPa；Δp_{wf}为管柱沿程摩阻，MPa；Δp_{pf}为孔眼摩阻，MPa。

根据流体流变学特征(牛顿流体，非牛顿流体)和流动状态(层流和紊流)，对以上公式选择不同的计算公式。

压裂管柱沿程摩阻：

$$\Delta p = \lambda \rho v_m^2 \Delta Z / 2d \tag{11－2}$$

如果 $Re \leqslant 2000$ 为层流，对于管流，其层流时的摩阻阻力系数 λ：

$$\lambda = 64 / Re \tag{11－3}$$

如果 $Re > 2000$ 为紊流，根据管壁绝对粗糙度和 Re，查 Moody 图，查出阻力系数 λ。

此外，如果通过摩阻测试已知小型测试压裂所用流体在不同排量下的降阻率，则沿程摩阻可由式(11－4)确定：

$$\Delta p = 1.385 \times 10^6 \times D^{-4.8} \times L \times Q^{1.8} \times (1 - R) \tag{11－4}$$

式中，λ 为摩阻系数，无因次；ρ 为压裂液密度，kg/m^3；D 为压裂管柱内径，mm；ΔZ 为管柱某段长度，m；v_m为平均流速，m /s ；Q 为排量，m^3/min；R 为降阻率,% 。

孔眼摩阻：

$$p_{pf} = \frac{2.2326 \times 10^{-4} Q^2 \rho}{n^2 d^4 c^2} \tag{11－5}$$

式中，n 为射孔孔数，个；d 为射孔孔径，m；c 为流量系数 0.56～0.89。

(二)裂缝闭合前分析理论

假定裂缝在关井后立即停止扩展，裂缝中压力不随关井时间发生变化，以卡特滤失模型、Nolte 以裂缝增长的理论及地层地应力之下闭合裂缝壁面符合弹性理论为基础，推导出裂缝闭合前井底压力公式如下：

$$p_w = p_c + S_f \overline{\omega} \tag{11-6}$$

式中，p_w为井底压力，MPa；p_c为裂缝闭合压力，MPa；S_f为裂缝刚度，MPa/m；$\overline{\omega}$为裂缝宽度，m。

在给出压裂液注入时间 t_e的条件下，无因次关井时间 Δt_D为：

$$\Delta t_D = \frac{\Delta t}{t_e} \tag{11-7}$$

考虑压裂液等流体的滤失，任意关井时间裂缝宽度表达式如下：

$$\overline{\omega}_{t_e+\Delta t} = \frac{V_i}{A_e} - 2S_p - 2C_L\sqrt{t_e}G(\Delta t_D, \alpha) \tag{11-8}$$

式中，$\overline{\omega}_{t_e+\Delta t}$为关井时间 Δt 时裂缝宽度，m；V_i为单翼裂缝注入压裂液体积，m^3；A_e为单翼裂缝壁面的表面积，m^3；S_p为压裂液初滤失系数，m^3/m^2；C_L为滤失系数，$m/\sqrt{min}$；$G(\Delta t_D, \alpha)$为 G 函数时间。

将以上两个参数代入到井底压力公式中，裂缝闭合前储层压降模型如下：

$$p_w = \left(p_c + \frac{S_f V_i}{A_e} - 2S_f S_p\right) - (2S_f C_L \sqrt{t_e})G(\Delta t_D, \alpha) \tag{11-9}$$

式中，p_c为裂缝闭合压力，MPa；S_f为裂缝刚度，MPa/m；t_e为压裂液注入时间。min；$G(\Delta t_D, \alpha)$为 G 函数时间。

直到裂缝闭合结束前，井底压力会随着 G 函数线性降低，裂缝闭合后储层压力会偏离原先的线性趋势，该模型的线性趋势如下：

$$p_w = b_N + m_N G(\Delta t_D, \alpha) \tag{11-10}$$

其中，$b_N = p_c + \frac{S_f V_i}{A_e}$，$m_N = -2S_f C_L \sqrt{t_e}$

其中假设压裂液效率为100%，G 函数上限的表达式如下：

$$G(\Delta t_D, \alpha = 1) = \frac{4}{3}\left[(1 + \Delta t_D)^{\frac{3}{2}} - \Delta t_D^{\frac{3}{2}}\right] \tag{11-11}$$

在 G 函数上限中，指数 3/2 表示计算的压力导数会随着叠加时间的对数呈现 3/2 的斜率。当压差不再由这种行为控制时，可以认为裂缝闭合。根据此方法可以从双对数诊断曲线中找到曲线斜率偏离 3/2 线时的闭合时间和闭合压力点。

三种二维裂缝模型的基础参数如表 11-1 所示。

表 11-1　裂缝模型的基础参数

裂缝模型	PKN 模型	KGD 模型	径向模型
参数 α	$\frac{4}{5}$	$\frac{2}{3}$	$\frac{8}{9}$
裂缝刚度	$S_f = \frac{2E'}{\pi h_f}$	$S_f = \frac{E'}{\pi x_f}$	$S_f = \frac{3\pi E'}{16R_f}$
滤失系数	$C_L = \frac{\pi h_f}{4\sqrt{t_e}E}(-m_N)$	$C_L = \frac{\pi x_f}{4\sqrt{t_e}E'}(-m_N)$	$C_L = \frac{8R_f}{3\pi\sqrt{t_e}E'}(-m_N)$

续表

裂缝模型	PKN 模型	KGD 模型	径向模型
裂缝延伸缝长	$x_f=\frac{2E'V_i}{\pi h_f^2(b_N-p_c)}$	$x_f=\sqrt{\frac{E'V_i}{\pi h_f(b_N-p_c)}}$	$R_f=3\sqrt{\frac{3E'V_i}{8(b_N-p_c)}}$
裂缝宽度	$\overline{\omega}_e=\frac{V_i}{x_f h_f}-2.830C_L\sqrt{t_e}$	$\overline{\omega}_e=\frac{V_i}{x_f h_f}-2.956C_L\sqrt{t_e}$	$\overline{\omega}_e=\frac{2V_i}{\pi R_f^2}-2.754C_L\sqrt{t_e}$
压裂液效率	$\eta_e=\frac{\overline{\omega}_e x_f h_f}{V_i}$	$\eta_e=\frac{\overline{\omega}_e x_f h_f}{V_i}$	$\eta_e=\frac{\overline{\omega}_e \pi R_f^2}{2V_i}$

注：E'为平面杨氏模量，MPa；h_f为裂缝高度，m；x_f为裂缝半长，m；R_f为径向缝半径，m。

(三)裂缝闭合后分析理论

1. 裂缝闭合后径向流分析

Nolte，Maniere and Owens 在裂缝闭合后的储层压降模型的基础上，提出储层初始压力和地层流动系数的求解方法。他认为裂缝闭合后径向流分析方法与 Horner 曲线确定储层参数的方法相类似。在储层径向流阶段，裂缝闭合后压降方程以及地层流动系数$\frac{kh}{\mu}$的求解公式如下：

$$p(t)-p_r=m_R F_R(t,\ t_c),\ F_R(t,\ t_c)=\frac{1}{4}\ln\left(1+\frac{\chi t_c}{t-t_c}\right) \tag{11-12}$$

$$m_R=\frac{\pi V_i\mu}{16kht_c} \tag{11-13}$$

$$\frac{kh}{\mu}=251000\frac{V_i}{m_R t_c} \tag{11-14}$$

式中，p_r为页岩气储层初始压力，MPa；m_R为储层径向流斜率，MPa；$F_R(t,\ t_c)$为储层径向流函数(无因次)；V_i为储层泵注体积，m^3；χt_c为表观裂缝闭合时间，min；χ 为表观时间系数(无因次)，$\chi=\frac{16}{\pi^2}$；t_c为裂缝闭合时间，min。

根据这些公式，裂缝闭合后储层流体流动过程中存在径向流时，若页岩气储层厚度和黏度已知，则可以计算出储层渗透率和气藏初始压力。

2. 裂缝闭合后线性流分析

裂缝闭合后的拟径向流分析来源于储层脉冲实验数据解释。根据以上储层拟线性流和拟径向流分析，Nolte 等人运用数值模拟技术研究出一套裂缝闭合后校准试验的综合性分析方法，这种方法可以识别储层流动形态并求解出储层基本参数。他们进而探究出运用表观裂缝闭合时间的 F 函数方法。F 函数的公式如下：

$$F_L(t,\ t_c)=\sqrt{1+\frac{t-t_c}{\chi t_c}}-\sqrt{\frac{t-t_c}{\chi t_c}} \tag{11-15}$$

当$t=t_c$时，$F_L(t,\ t_c)=1$；

$$F_L(t,\ t_c)=\sqrt{1+\Delta t_d}-\sqrt{\Delta t_d};\ \Delta t_d=\frac{t-t_c}{\chi t_c};\ \chi=\frac{16}{\pi^2} \tag{11-16}$$

当 $\Delta t_d > 1$ 时，设 $\delta = \Delta t_d + \frac{1}{2}$，$F_L(t,\ t_c) = \frac{1}{2\sqrt{\delta}} = \frac{1}{2\sqrt{\Delta t_d + \frac{1}{2}}}$

当 $\frac{t}{t_c} > 2.5$ 时，$F_L(t,\ t_c) = \frac{1}{2\sqrt{\Delta t_d}} = \sqrt{\frac{\chi}{4}}\sqrt{\frac{t_c}{t}} = \frac{2}{\pi}\sqrt{\frac{t_c}{t}}$

当 $\frac{t}{t_c} > 4$ 时，$F_L(t,\ t_c) = \left(\frac{2}{\pi}\right)\sin^{-1}\left(\sqrt{\frac{t_c}{t}}\right)$，$t \geqslant t_c$

在考虑压裂液滤失的条件下，令 $F(t) = F_L(t,\ t_c)$，构造无因次时间函数 $L(t)$ 的公式如下：

$$L(t) = F(t) + S(t),\ S(t) = \frac{\kappa - 1}{2}\sqrt{\frac{t_p}{t}} \tag{11-17}$$

$$L(t) = \frac{2}{\pi}\sqrt{\frac{t_c}{t}}\left[1 + \frac{\pi(\kappa - 1)}{4}\sqrt{\frac{t_p}{t_c}}\right] \tag{11-18}$$

类似于 Horner 压降曲线，构造出压力与线性流时间函数平方F^2之间的关系曲线，即新的无因次时间函数 $R(t)$ 公式如下：

$$R(t) = \frac{1}{\chi}\ln\left(\frac{\chi t_c + \Delta t}{\Delta t}\right) = \frac{1}{\chi}\ln\left(1 + \frac{\chi t_c}{\Delta t}\right) \tag{11-19}$$

$$R(t) = \frac{1}{\chi}\left(\frac{\chi t_c}{\Delta t}\right) = \frac{t_c}{\Delta t} = \frac{t_c}{t} \tag{11-20}$$

$$R(t) = \frac{t_c}{t} = \left(\frac{\pi F}{2}\right)^2,\ \chi = \frac{16}{\pi^2} \tag{11-21}$$

式中，$F_L(t,\ t_c)$为储层线性流函数(无因次)；$F(t)$，$L(t)$，$R(t)$为无因次时间函数；$S(t)$为无因次线性流滤失量；κ 为无因次初滤失系数；t_p为停泵时间，min；χt_c为表观裂缝闭合时间，min；χ 为表观时间系数(无因次)；t_c为裂缝闭合时间，min。

在 Carslaw 和 Jaegar 热传导分析的基础上，Nolte 推导出了线性流阶段的压降方程。该方程的表达式如下：

$$p(t) - p_r = m_L F_L(t,\ t_c) \tag{11-22}$$

$$m_L = C_T\sqrt{\frac{\pi\mu}{k\Phi C_t}} \tag{11-23}$$

$$p(t) - p_r = C_T\sqrt{\frac{\pi\mu}{k\Phi C_t}}\left(\frac{2}{\pi}\sin^{-1}\sqrt{\frac{t_c}{t}}\right),\ t \geqslant t_c \tag{11-24}$$

在考虑压裂液初滤失的条件下，储层线性流斜率和无因次初滤失系数的求解公式如下：

$$m_L = C_T(1 + f_\kappa)\sqrt{\frac{\pi\mu}{k\Phi C_t}};\ f_\kappa = \frac{\pi}{4}\sqrt{\frac{t_p}{t_c}}(\kappa - 1) \tag{11-25}$$

$$\kappa = 1 + \frac{\pi}{4}\sqrt{\frac{t_c}{t_p}}\left[\frac{m_L}{C_T}\sqrt{\frac{k\Phi C_t}{\pi\mu}} - 1\right] \tag{11-26}$$

式中，p_r为储层初始压力，MPa；C_T为储层总滤失系数(无因次)；κ 为无因次初滤失系数；f_κ为初滤失小数；t_p为停泵时间，min；t_c为裂缝闭合时间，min；μ 为储层流体黏度，mPa·s；k 为储层渗透率，$10^{-3}\mu m^2$；Φ 为储层孔隙度；V_i 为储层泵注体积，m^3；m_L 为储层线性流斜率，MPa；$F_L(t, t_c)$ 为储层线性流函数（无因次）；C_t 为储层总压缩系数，MPa^{-1}。

第二节　深层页岩穿层压裂技术

所谓穿层压裂技术就是使水力裂缝能纵向贯通目的层有利页岩的厚度，考虑到深层页岩的最小水平主应力梯度较中浅层有较大幅度的增加，而上覆应力梯度却变化不大，因此，深层页岩的垂向应力差即上覆应力与最小水平主应力的差值相对较小，在走滑断层条件下（三向应力中的上覆应力居中），水力裂缝的缝高延伸由于水平层理缝和/或纹理缝的过早张开而受到很大程度的制约。再加上多簇射孔的影响，水力裂缝的垂向缝高延伸程度进一步受限。因此，在缝高受限条件下的密切割很难实现裂缝改造体积的大幅度增加。上述水力裂缝的穿层概念，不仅指主裂缝，也包括可能的转向支裂缝及尺度更小的三级微裂缝系统。此外，上述穿层压裂的概念也不仅局限于近井筒裂缝缝高（对转向支裂缝而言是近主裂缝的缝高），还包括沿缝长方向的加权平均缝高。考虑到随水力裂缝的扩展，在裂缝中的水力能量密度逐渐降低（在没有产生新的分支裂缝或沟通高角度天然裂缝的情况下，单位注入压裂液体积的净压力增加值），因此，缝高及缝宽随缝长的增加是逐渐降低的。只是在不同的页岩地质参数及工艺注入参数匹配组合下的降低幅度不同而已。

目前的深层页岩穿层压裂的主要技术手段（目前在技术上都可实现，具有很强的现场可操作性）包括沿水平井筒上下定向射孔或垂直水平井筒轴线的定面射孔、限流射孔及变参数射孔、前置均匀布酸预处理、高黏度与中高排量组合注入、酸液段塞注入、中顶高黏胶液等措施。上述措施可以单独应用，也可两种或以上的措施组合应用。显然地，多种措施组合应用的效果应好于单一措施的效果。

一、沿水平井筒上下定向射孔及定面射孔

前者是改变以往的螺旋式射孔的传统模式，将所有射孔孔眼全部分布于缝高延伸方向上，便于集中能量促使缝高的大幅度延伸。但该射孔模式仍没有改变单簇裂缝内的多裂缝扩展现象，尤其在裂缝起裂与扩展的早期阶段。而垂直于水平井筒轴线方向的定面射孔技术即可改变上述定向射孔模式的局限性。所谓定面射孔就是单簇射孔时，所有的射孔孔眼都分布于水力裂缝起裂与扩展的同一个平面内，此时，所有孔眼的进液量及排量全部汇聚于一个裂缝面内，因此，可最大限度地提高穿层压裂的效果，包括缝长及缝宽的增长幅度。相应地，不同尺度裂缝的缝长加权缝高也可得到较大幅度的提升。同时，裂缝内净压力也可大幅度增加，因此，段内裂缝的复杂性程度及裂缝改造体积都可由此得到较大幅度的提升。由此推论，如果裂缝复杂性及改造体积不变，则可适当增加簇间距并导致整个水平井压裂的段数有一定程度的减少，进而可适当降低压裂的施工作业成本（定面射孔还可使裂缝的破裂压力降低20%以上，同时由于加砂的顺畅，还可能降低平均的延伸压力，这些因素也是降低成本的空间，可以着力挖潜）。此外，在定面射孔条件下，由于各簇射孔裂缝的簇内多裂缝效应消失，更有利于各簇裂缝的均衡进液和均衡进砂，在此基础上，诱导应力干扰效应可最大限度地控制于段内，而段间的诱导应力干扰效应可由此实现最小

化，这对大幅度降低段间距和由此大幅度提升水平井段的利用率(定义为所有段长之和与水平井段长度比值的百分数)，具有十分重要的意义。比如，如能将段间距由目前的20～30m降低10m，按25段压裂计，则可多增加240m的水平段长，如按段长60m计，就相当于可由此增加4段压裂。这对2000m水平井段而言，相当于压裂后产量可增加12%。当然，如段间距的降低值能进一步增加，则上述产量的增加幅度还会更高，这还没有包括定面射孔时各簇裂缝几何尺寸及导流能力的增加带来的额外增产效果(假设压裂液量及支撑剂量不变的前提条件)。

二、限流射孔及变参数射孔

前者指的是在一定程度上降低射孔密度和/或孔眼数量，从而增加各簇射孔孔眼摩阻，看似降低了水力造缝的能量，但因早期可以促进各簇裂缝的均衡起裂与均衡延伸，之后因孔眼磨蚀效应增加，尤其在加砂阶段，孔眼摩阻会逐渐降低甚至低于常规射孔时的摩阻，此时用于造缝的水力能量更大了，更利于穿层压裂。显然地，限流射孔的孔眼摩阻越大，孔眼磨蚀的效应越大，进而导致孔眼摩阻低于常规射孔的时机就越早，则各簇裂缝的水力穿层效果也会越好。但限流射孔的孔眼摩阻也不能太大，否则会导致施工井口压力接近或超过限压。因此，比较准确的描述应是在井口限压下的孔眼摩阻越大越好。

类似地，变参数射孔就是考虑到各簇裂缝非均衡起裂与非均衡延伸的现实，有意识地改变各簇射孔的参数，包括孔密和/或数量，尤其是将水平井筒其他处的孔眼全部或部分地转移到其上部及下部，可在各簇孔眼数量不变的前提下，在一定程度上提高各簇裂缝的水力穿层压裂效果。即使按变参数射孔方式，其目的虽然也是提高各簇裂缝的均衡起裂与均衡延伸程度，但总有部分射孔簇的孔眼摩阻低于常规射孔方式(有利于提高这些射孔簇的水力穿层压裂效果)，而剩余其他射孔簇的孔眼摩阻会高于常规射孔方式，此时，同样因孔眼磨蚀效应会慢慢恢复甚至低于常规射孔的孔眼摩阻水平，也有利于提高穿层压裂效果。

三、前置均匀布酸预处理

主要通过变排量顶替等策略，将预处理酸液尽可能均匀地分布于各簇射孔裂缝的缝口处。具体变排量的次数及各级排量的持续时间，应与该段的射孔簇数有关。显然地，射孔簇数越多，变排量的次数也应越多。至于每次变排量的持续时间，应与预处理酸液的体积相关。显然地，通过上述各簇裂缝的均匀布酸，可以促进各簇裂缝的均衡起裂及在一定程度上降低破裂压力和提高穿层压裂效果。

至于酸液的类型，主要基于水平井筒中各种堵塞物类型及储层的岩矿特征。一般而言，常规稀盐酸即可满足要求，但有时也需要常规稀土酸，以进一步增加缝口处岩石的溶蚀效果和压降效果。相对而言，除了第一段压裂时的水平井筒堵塞物较多外(现场上经常发现因常规稀盐酸对其溶蚀效果差，导致上述堵塞物随裂缝的延伸随之运移，在裂缝近缝端起到阻碍裂缝顺畅延伸的反效果，且主要表现特征就是压力波动幅度相对较大)，其他段压裂时应主要考虑储层的岩矿特征，尤其当水平井筒方位与水力裂缝方位夹角相对较小时，合适的酸液类型、浓度及用量等参数对降低近井筒裂缝弯曲摩阻效应和保障后续加砂的顺利进行，都非常关键，需要有针对性地进行优化。

有时现场上基于酸降压力的幅度来确定基础酸液用量，即，如果在酸液全部顶替完之前，压力一直是降低的，则下段施工时应增加酸液用量，否则就降低酸液用量。其实，这不一定合适。如，可能该段的岩矿特征发生了变化，即使岩矿特征没有变化，足够体积的酸液浸泡，也利于降低岩石的强度，进而利于降低后续的裂缝延伸压力。

四、高黏度与中高排量组合注入

前已阐述了高黏度压裂液与中高排量的组合，利于提高井筒内的净压力，进而利于提高穿层压裂的效果。而如果从最大限度地提高井筒净压力的角度出发，似乎采用高黏度压裂液与高排量的组合更好，但正因为净压力提升速度太快可能快速超过井口施工限压。现场也出现过类似的情况，即在施工的中途因各种原因换用高黏度压裂液后(排量维持设计的最高排量)，很快就出现井口压力快速上升并接近限压的情况(通常称之为液堵效应)。此外，正因为井筒净压力在施工限压下的开始上升，也可提高各簇裂缝的均衡起裂与均衡延伸(此时井筒内的压力梯度也相对较大，但在密切割条件下，各簇裂缝缝口处的井筒压力相差不大，其对非均衡起裂与非均衡延伸的作用难以抵消上述均衡起裂与均衡延伸的正效应)。

五、酸液段塞注入

与前置酸液预处理不同，此处的酸液段塞注入是在施工中间再次进行一次或两次以上的注酸作业，其提高穿层压裂效果的机理在于，酸液在注入过程中必然接触裂缝附近的岩石，包括壁面及顶底，尤其是裂缝底部(酸液密度较滑溜水或胶液等较大，更易于在裂缝底部滞留)易于发生酸岩化学反应，进而有利于底部裂缝的穿层压裂(因为酸液在远井地带连续运移分布，也有利于提高不同缝长处的穿层压裂效果)。至于上部裂缝如何提高穿层压裂的效果，可以考虑采用泡沫酸以大幅度降低其密度。但正因为其密度低，段塞注酸时的井口注入压力也高，然而考虑到注入泡沫酸的时间相对较短，因此实际影响不大。至于裂缝壁面的酸岩反应虽对穿层效果影响不大，但利于增加与天然裂缝中碳酸盐岩充填物接触的机会，因此，对提高远井裂缝的复杂性程度及改造体积，具有十分重要的意义。同时，还可在一定程度上降低与酸接触过的岩石强度，也利于提高裂缝的复杂性程度及改造体积。

此外，为了最大限度地提高上述段塞注入的正向效应，段塞式注酸时，其黏度应与前后注入的中性压裂液的黏度相等或接近，以实现活塞式注入效果，否则因黏度差异导致的黏滞指进效应，尤其是酸液的黏滞指进效应，会大幅度降低酸液与裂缝的接触面积，尤其是裂缝的顶底部位，更没有机会接触酸液，因此对提高穿层压裂效果根本无益。只是与酸液接触界面附近的压裂液黏度，会有一定幅度的降低，但影响基本可控。

值得指出的是，上述酸液段塞注入策略，在转向支裂缝中也存在同样的作用机理，且相比于支撑剂进入转向支裂缝的难度更小。因此，适当提高酸液段塞的体积，对提高不同尺度裂缝的穿层压裂效果，都具有十分重要的意义。

六、中顶高黏胶液

在施工的中后期，通过一次或多次注入高黏度胶液段塞，也可在一定程度上提高穿层压裂的效果。其主要机理也在于通过黏度的增加，提高远井裂缝的净压力。但务必选择合适的高黏度压裂液，防止因黏度过高造成施工超过限压的情况发生。同时，高黏度压裂液的体积也应适当优化，体积太大可能造成裂缝中支撑剂铺置的中断(在后续低黏度滑溜水也难以通过黏滞指进效应突破高黏度压裂液作用区域的前提条件下），这对深层页岩气压裂而言是尤为致命的，可能使中顶高黏度压裂液之前的裂缝部分或完全失效(仅靠高黏度压裂液破胶后的裂缝壁面岩石自支撑所提供的导流能力在深层高闭合应力作用下会快速失效)。但高黏度压裂液段塞的体积太小也不行，那样提高净压力的作用区域就非常有限，即使具有一定的穿层压裂效果，也是局部的，对裂缝整体改造体积的提升效果也极其有限。

值得指出的是，上述高黏度胶液中顶或段塞技术，还有一个额外的好处是可以将主裂缝中滞留的小粒径支撑剂通过高黏度压裂液的较高拖拽力卷起并向远井裂缝运移和铺置，这对降低主裂缝中不同粒径支撑剂混杂分布对导流能力的不利影响，具有非常重要的意义。

第三节　净压力优化与控制技术

净压力是不同尺度裂缝延伸的基础，所谓净压力是指裂缝内的延伸压力与闭合应力的差值。显然地，不同尺度裂缝及裂缝中不同位置处，因排量及黏度的组合不同存在的缝内压力梯度也不同，导致最终的净压力也是不同的。且随着时间的变化，上述不同尺度裂缝及裂缝中不同位置的净压力也是实时变化的。尤其当考虑到不同尺度裂缝延伸过程中的诱导应力是随时变化的，且该诱导应力作用导致的结果是在最小水平主应力方向增加的应力更大。因此，在其他施工参数不变的前提下，实际的闭合应力也是实时增大的。因此，净压力的变化规律主要取决于黏度与排量组合导致的净压力增加幅度与诱导应力作用导致的闭合应力增加幅度的相互抵消程度。如果前者大于后者，则实际的净压力是增加的，否则，则是降低的。但考虑到净压力导致的诱导应力作用规律是裂缝壁面附近的诱导应力基本与净压力相同，但随着垂直于裂缝壁面的距离增加，诱导应力快速降低，尤其是深层页岩气因高温高压作用导致的塑形特征更强，因此诱导应力降低速度更快，且传播的距离也更近。因此，实际的闭合应力增加幅度如果考虑垂直裂缝壁面大范围加权平均的话，应是低于上述诱导应力的增加幅度的。因此，实际的净压力仍是增加的，除非在裂缝延伸过程中遇到高角度天然裂缝或水平层理缝及纹理缝，因滤失的增加，会导致动态缝宽及净压力的降低。正因为动态缝宽的降低，导致压裂液进缝阻力的增加，因此在其他施工参数不变的情况下，井口压力的表现特征是先降低后增加，直到裂缝又遇到下一个高角度天然裂缝或水平层理缝及纹理缝，则井口压力又表现出降低又增加的情况。如果上述高角度天然裂缝或水平层理缝及纹理缝较多，则井口压力曲线会表现频繁的锯齿状变化特征，这也是判断裂缝复杂性程度的主要直观依据。如是在加砂阶段，则上述动态缝宽的降低，更会导致支撑剂的运移受阻，此时的支撑剂相当于暂堵剂了，也会引起井口施工压力的快速上升。但水平井分段多簇压裂与直井压裂不同，尤其当存在未被压开的簇裂缝时，上述井口压力上升到一定程度后可能因压开新的射孔簇裂缝，因此，井口施工压力不会一直上升甚至会超过井口施工限压。

概括而言，净压力的影响因素较多，既包括地质因素又包括工程因素。地质因素主要有闭合应力、天然裂缝发育程度与综合滤失系数、岩石力学参数如杨氏模量、脆性矿物含量与断裂韧性等；工程因素主要有压裂注入参数，如压裂液黏度与排量的乘积、施工砂液比及暂堵等。从地质因素而言，闭合应力越大、天然裂缝越发育、综合滤失系数越大、杨氏模量越大、脆性矿物含量越大与断裂韧性越小，则裂缝的净压力越小。反之则越大。现场上经常见到脆性矿物含量高的储层施工易发生砂堵的实例就是一个明证；从工程因素而言，黏度与排量的乘积越大、施工砂液比越高及采取暂堵措施等，裂缝净压力越高，反之则越小。其中，在黏度与排量组合中一般更倾向于采用低黏度与高排量的组合，尤其在前置液造缝施工的中后期及加砂的前期更是如此。因为，低黏压裂液的降阻率相对更高，更利于提高排量。此外，低黏度压裂液黏滞阻力小，利于沟通与延伸不同尺度的裂缝系统尤其是小微尺度的裂缝系统，这对增加深层页岩气裂缝的复杂性程度是非常关键的。而高排量利于增加不同尺度裂缝的进液量及压裂液流速，进而有利于小粒径支撑剂的顺畅进缝，因此利于提高不同尺度裂缝的净压力及支撑剂充满程度。此外，提高施工砂液比利于其进缝阻力的增加，也可在一定程度上提高裂缝的净压力。但显然没有暂堵措施提高净压力的效果那么明显。暂堵又细分为井筒暂堵球簇间暂堵和缝内暂堵两种方式，无论是采用哪种方式或两种方式同时应用的双暂堵模式，都会引起水平井筒压力及已压开裂缝内的净压力更大幅度提升。

就净压力的优化目标而言，又细分为两种情况，一是当两向水平应力差相对较小时，此时的优化目标是早期控制净压力，使其不至于过早超过两向水平应力差，以避免过早出现裂缝转向导致加砂不畅甚至无法形成主导性长裂缝的不利局面。直到主裂缝达到预期的设计缝长时再大幅度提升缝内净压力，以力争出现主裂缝全缝域的转向裂缝或裂缝复杂性程度的整体大幅度提升效果。显然地，如主裂缝过早转向及后续的多次转向，是不利于控近扩远的，这样即使形成了复杂裂缝系统，也仅是近井局部分布的复杂缝网，而整体的裂缝改造体积是大幅度受限的；反之，如两向水平应力差相对较大时，则优化的目标函数应是净压力的最大化，且净压力的提升速度越快越好。至于净压力的控制，可基于裂缝模拟的成熟商业软件，模拟不同施工参数包括暂堵参数的敏感性，由此优选合适的注入参数组合。但应注意早期的暂堵作业或高砂液比作业，因裂缝的尺寸相对较小，如净压力提升过快，现场可操作性较差，可能导致施工过早超过限压进而导致施工自动停泵终止的风险性，因此应综合权衡考虑。

另外需要指出的是，当不同尺度的裂缝系统同时存在时，由于最大尺度的主裂缝延伸阻力最小，在不采用缝内暂堵的前提下，绝大部分压裂液及支撑剂都会被主裂缝吸纳，导致其他小微尺度的裂缝系统的净压力提升进程基本上被抑制住，此时除了采用分阶段变黏度变排量并随时间的增加逐渐螺旋式增加黏度与排量的施工策略外，如何做好缝内暂堵工作(包括井筒簇间暂堵也有类似的功效)显得尤为关键。原因在于，对缝内暂堵而言，由于主裂缝吸纳了绝大部分排量与压裂液体积，因此，暂堵剂必然绝大部分也在主裂缝中分布、暂堵并阻碍后续的压裂液继续顺畅地进入，因此，转向支裂缝及三级微裂缝等尺度相对较小的裂缝系统必然由此吸纳了绝大部分压裂液体积及排量(由于目前的暂堵剂密度较压裂液大得多，在暂堵处的自悬浮效果相对较差，因此，主裂缝还达不到完全的暂堵效果，仍然会有压裂液的分流效应存在)，因此，必然会在很大程度上促进上述尺度相对较小的裂缝系统的净压力提升幅度。进一步地，如此时再次进行缝内暂堵作业，则上述暂堵机理同样存在，只是由先前的主裂缝占据绝对主导地位向转向支裂缝等尺度相对较小的裂缝系统占据绝对主导地位的转变而已。在此情况下，随着各个转向支裂缝的缝内暂堵或部分暂堵效应的出现，后续的压裂液必然绝大部分向尺度更小的三级微裂缝系统中运移分布，最终的效果必然是促进了三级微裂缝系统的大面积分布和充分发育。这对提高深层页岩气的压裂稳产效果具有极端重要的意义。但需要强调的是，与主裂缝缝内暂堵相比，转向支裂缝因裂缝条数远不止一条，且其动态缝宽远小于单一的主裂缝的对应参数，因此，要真正在多个转向支裂缝中同步实现预定位置处暂堵的难度是相当大的，尤其是暂堵剂粒径与浓度选择以及相应的泵送参数优化等，都与主裂缝暂堵作业有很大的差异性，需要理论上的完备分析及现场经验上的多次积累才行。

上述只是论述了主裂缝或转向支裂缝中的一次暂堵，如能在此基础上进一步向多次暂堵作业转变，则不同尺度裂缝系统中净压力的提升幅度也会有累加效应，尤其是最后一次暂堵位置到井筒的主裂缝或最后一次暂堵位置到主裂缝的转向支裂缝系统，更是如此。其中，由于多次暂堵的裂缝位置不同，对应的动态缝宽不同，因此，多次暂堵的暂堵剂粒径与浓度选择及对应的泵送参数等都有所不同才行，而主裂缝与转向支裂缝的对应作业参数就更不同了，这是一项十分艰巨的工作，很难做到尽善尽美，但只能逐渐摸索、逐渐完善了。

在前置液中加入更细小支撑剂的做法，在降低三级微裂缝系统的滤失系数的同时，大幅度提高了主裂缝及转向支裂缝系统的净压力，实际上就是用更细小粒径支撑剂预先在三级微裂缝系统中进行暂堵作业的尝试(用支撑剂代替暂堵剂而已)。只是三级微裂缝系统的净压力没有获得提升的机会，但可以适当延迟上述更细小支撑剂加入的时机以在一定程度上弥补上述局限性。但显然与上述一次及多次的主裂缝暂堵与转向支裂缝暂堵的效果仍有较大差距。因此，可以将上述前置液加入更细小粒径支撑剂与不同尺度裂缝系统中多次暂堵作业结合起来，以取得更大的净压力提升效果。

第四节　常规双暂堵工艺优化与控制技术

分簇射孔实现一段多簇裂缝扩展，从而节约施工时间、降低施工成本，已成为当前水平井体积改造的主体完井技术。段内多簇技术提高了施工效率，但也存在多裂缝扩展同步起裂和均衡扩展的理论和施工设计问题。现场通过近井温度或声监测发现，段内多簇射孔并非均能起裂或均匀进液。多裂缝非均匀扩展是地层非均质和多裂缝竞争扩展的结果，如何通过改变压裂工艺设计促进各簇起裂和均衡扩展是提高压裂改造效果的核心。经过发展，目前簇间投球暂堵和缝内暂堵剂暂堵的复合暂堵工艺越来越受到重视，现场实际应用中亦能取得良好的效果。

一、簇间暂堵促均衡机制与控制方法

研究可知由于井筒内支撑剂堆积，导致水平井分段多簇射孔各簇入口处支撑剂浓度整体上呈现由跟端向趾端增大的趋势，同时在考虑支撑剂在井筒内的非均匀堆积时，多裂缝非均衡扩展现象更加显著，各簇裂缝进液差异性更大；不同施工参数条件下，跟端簇裂缝进液占主导地位，中间簇裂缝由于多裂缝竞争干扰，进液量和裂缝扩展受到抑制。目前主要有两种方法提高各簇均匀起裂和扩展程度：一是限流法促进各簇同步起裂和均匀扩展；二是采用段内暂堵技术调节各簇流量分配。尽管分簇限流可以促进各簇均衡进液，但该技术存在以下技术难点：①段内非均质性较大时，需要较高限流作用。高限流意味高摩阻、高地面施工压力，对井口设备提出更高要求；②限流压裂施工过程中，加入支撑剂后，射孔孔眼受到支撑剂冲蚀而发生扩径，因而限流作用减弱。

于是，为改进限流效果，应用了另外一种促进均衡扩展的技术为簇间(段内)暂堵技术。施工过程暂堵球随着注入流体达到各簇射孔孔眼，进液多的射孔簇会分配更多暂堵球，从而自动调整流量分配。段内暂堵技术的实质为段内各簇的非均匀布孔，由于压裂前难以对地层非均质准确评估，从而很难做到针对性非均匀布孔。段内暂堵技术则是在施工过程利用不均匀进液分配进行不均匀堵孔，从而调整流量分配而实现流量均衡化。段内暂堵技术有两个技术关键：①暂堵球实现封堵的条件；②实现均衡进液的暂堵设计方法，即如何选择封堵时机和封堵球用量。

(一)暂堵球分配计算方法

假定暂堵球分配受流量分配控制，并与流量成正比。每个暂堵球的直径大于射孔孔眼，即1个暂堵球可以封堵一个射孔孔眼。施工过程某个时刻注入暂堵球数量为 n_b。根据该时刻的流量分配进行暂堵球计算。为保证整数分配，计算方案如下：

(1)首先采用向下取整，确定各射孔簇分配的暂堵球最少数量。各簇分配暂堵球的最少数量为：

$$n_{b,k}^{l}=n_b\left[\frac{Q_k}{Q_t}\right] \tag{11-27}$$

式中，$n_{b,k}^{l}$为 k 射孔簇分配暂堵球的最少数量。

(2)计算向下取整后各簇暂堵球余量和剩余暂堵球数量。向下取整后暂堵球余量为：

$$n_{b,k}^{r}=n_b\frac{Q_k}{Q_t}-n_b\left[\frac{Q_k}{Q_t}\right] \tag{11-28}$$

向下取整后剩余暂堵球数量为：

$$n_r=\sum_{k=1}^{N_f}n_{b,k}^{r} \tag{11-29}$$

(3)将向下取整后暂堵球余量从大到小排序，依次将剩余暂堵球分配至各射孔簇，从而得到每个射孔簇分配的暂堵球数量，如图11-2所示。

以上计算保证了暂堵球整数且守恒分配。根据暂堵球分配数量，则可计算各簇新的射孔数量分布，从而在新的射孔分布下计算裂缝扩展动态。

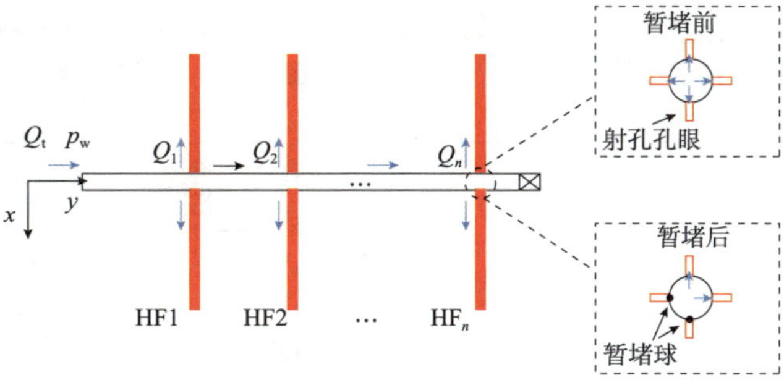

图11-2　多射孔簇暂堵球分配方法

(二)模拟方案

基于PL3D多簇裂缝扩展数值模型开展段内暂堵裂缝扩展模拟研究，明确投球封堵参数(投球个数、次数、时机)对液量、砂量在各射孔簇的分配、井筒压力及裂缝形态的影响规律。根据不同条件下暂堵剂在井筒内的运移分布情况，设定暂堵条件，考虑常规暂堵球未完全封堵和完全封堵射孔孔眼两种情况。通过模拟结果的对比，分析不同封堵条件对孔眼压力上升情况、流体和支撑剂分流以及暂堵压裂裂缝形态的影响。

(三)模拟结果分析

1. 基础案例

基于 PL3D 多簇裂缝扩展数值模型，首先模拟了段长 65m，5 簇/段，12 孔/簇，暂堵球数量 20，暂堵次数 1，暂堵时机(t_d)为施工时间(t_e)的中间时刻(即 $t_d/t_e=0.5$)条件下，暂堵前后井筒、井底与裂缝相关参数的变化情况。

通过模拟发现，暂堵前，各簇射孔均处于打开状态，加入暂堵球以后，部分射孔被封堵，暂堵球在不同位置非均匀分布，沿趾端到跟端，各簇射孔数由原来的 12 孔/簇变为 10 孔/簇、9 孔/簇、8 孔/簇、7 孔/簇、6 孔/簇(图 11-3)。暂堵后，各簇裂缝液量分配发生变化，靠近跟端 HF5 液量分配从 25% 减小至 20%，靠近趾端 HF1 液量分配从 7% 增大至 18%；从而有利于促进各簇裂缝均衡进液(图 11-4)，暂堵后井底压力随之升高约 1.5MPa(图 11-5)；各簇射孔摩阻增大，且靠近跟端射孔簇提升幅度更大，趾端簇 1 射孔摩阻增大了约 1MPa，跟端簇 5 增大了约 1.5MPa(图 11-6)；趾端裂缝 HF1 的半缝长扩展速度明显提升，增加了约 1 倍，跟端裂缝 HF5 的缝长扩展速度略微减小(图 11-7)，各簇缝口宽度趋于向同一宽度区间值变化，趾端 HF1 缝口宽度迅速增加，跟端 HF5 缝口宽度减小，最终各簇缝口宽度大致稳定在 2.3mm 左右(图 11-8)。

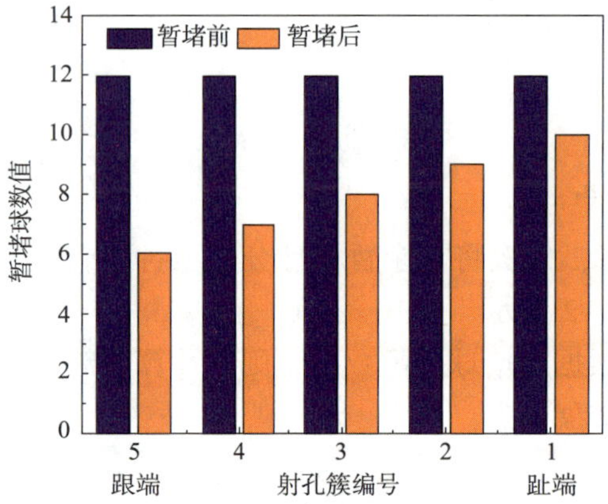

图 11-3　暂堵前后每簇射孔数

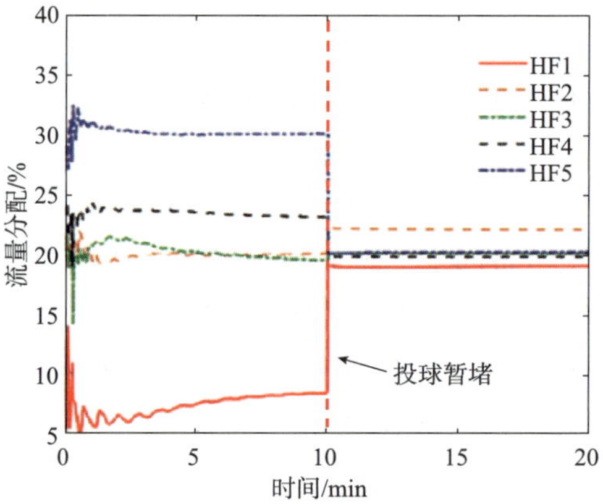

图 11-4　暂堵前后每簇裂缝流量分配

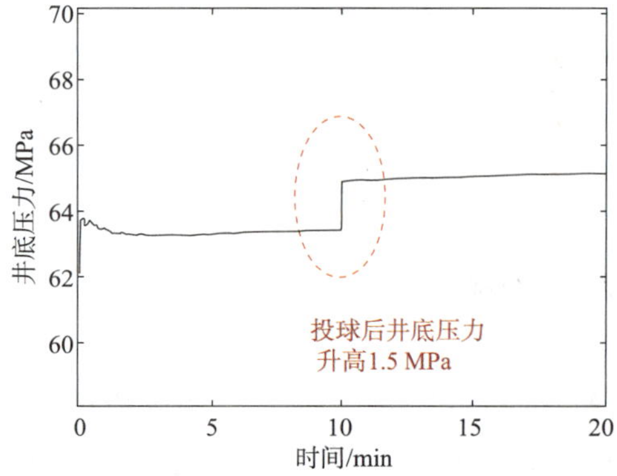

图 11-5　暂堵前后井底压力变化

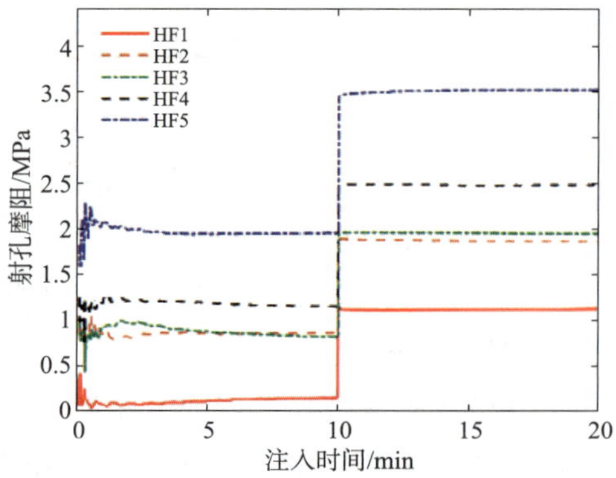

图 11-6　暂堵前后射孔摩阻变化

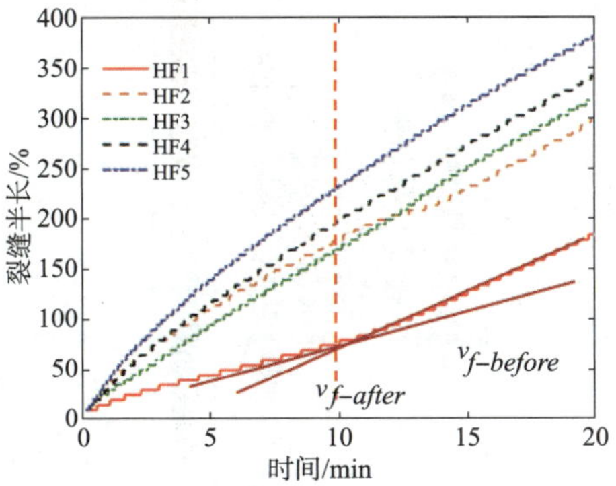

图 11－7　暂堵前后裂缝半长变化

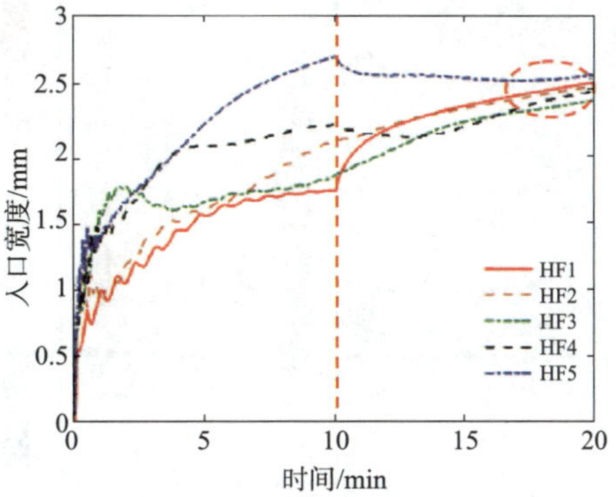

图 11－8　暂堵前后裂缝入口宽度变化

2. 暂堵球数量的影响

在杨氏模量 48.8GPa，泊松比 0.24，断裂韧性 $0.2MPa \cdot m^{0.5}$，簇间均质应力，段长 65m，5 簇/段，12 孔/簇，暂堵次数 1，暂堵时机（t_d）为施工时间（t_e）的中间时刻（即 $t_d/t_e=0.5$）条件下研究暂堵球数量对暂堵效果的影响，本模型设定 1 个暂堵球可以封堵一个射孔孔眼，故暂堵效率定义为封堵射孔数与总射孔数的比值，结果发现，暂堵球数量增加，各簇裂缝进液分配更加均匀，进液量差异性越小。暂堵效率从 10% 增加到 40%，各簇裂缝进液差异系数从 26.7% 减小到 9.9%；暂堵球数量增加，暂堵后井底压力提升更加显著，井底压力增大值由 0.7MPa 变为 3.2MPa，暂堵效率达到 60% 时，井底压力急剧增加，此时需考虑井口承压能力，暂堵效率从 10% 增加到 40%，裂缝宽度增大，中间簇裂缝缝长明显增大（HF3 半缝长增大幅度接近 100%），两端裂缝缝长变化不大，各簇裂缝扩展更加均匀；暂堵效率达到 60% 时，多裂缝不再趋于向均匀扩展（图 11－9，图 11－10，图 11－11）。

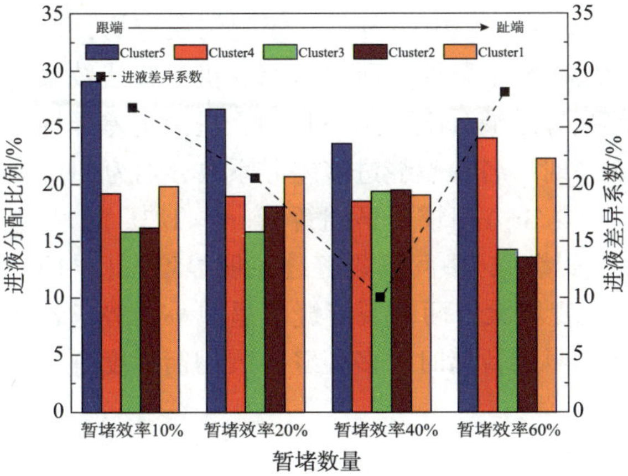

图 11－9　暂堵前后每簇射孔数
暂堵后流量分配及进液差异

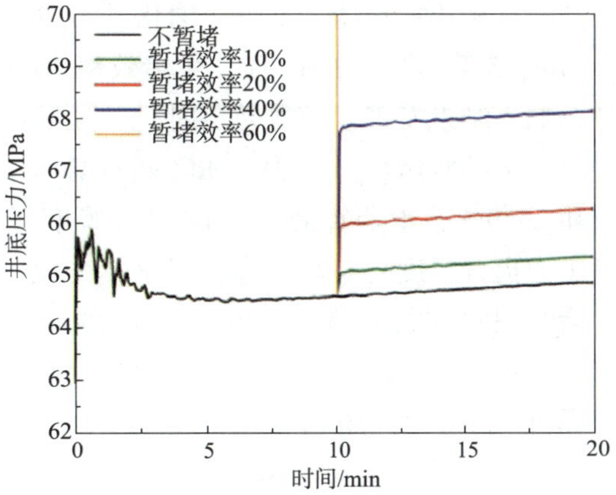

图 11－10　暂堵前后井底压力变化

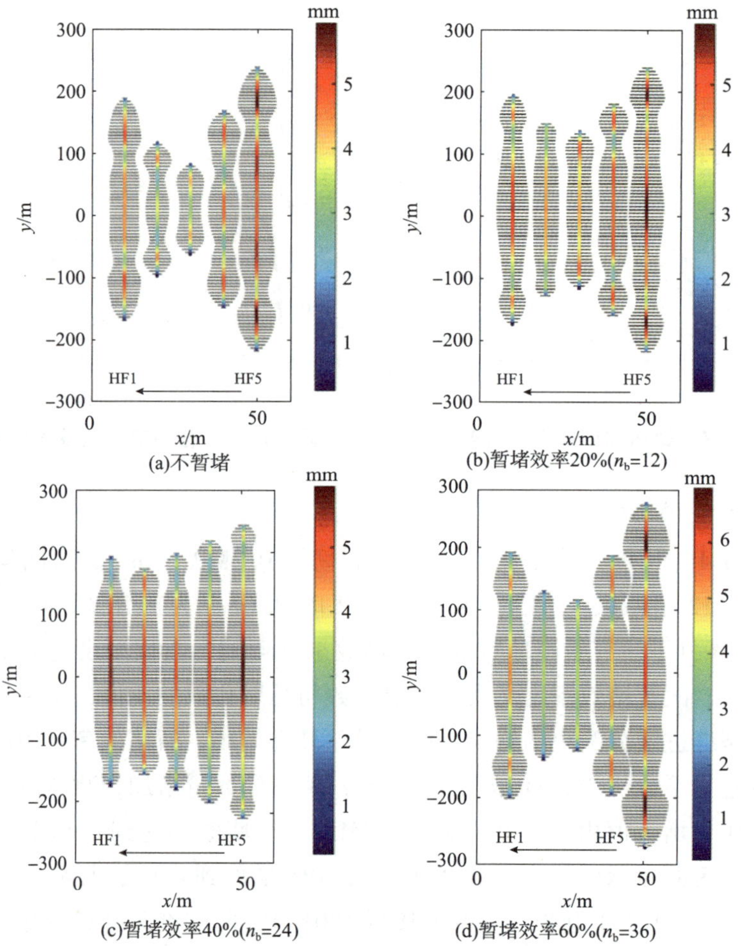

图 11－11　不同暂堵球数量下多裂缝形态

3. 暂堵时机的影响

在杨氏模量 48.8GPa，泊松比 0.24，断裂韧性 0.2MPa・$m^{0.5}$，簇间均质应力，段长 65m，5 簇/段，12 孔/簇，暂堵效率 20%，暂堵次数 1 条件下研究暂堵时机对暂堵效果的影响，结果发现，随着暂堵时机的延后，各簇裂缝进液分配更加不均匀，进液量差异性增大，早期暂堵($t_d = 1/3t_e$)和晚期暂堵($t_d = 2/3t_e$)时，各簇裂缝进液差异系数分别为 11.7% 和 23.9%，中期暂堵($t_d = 1/t_e$)和晚期暂堵($t_d = 2/3t_e$)相较于早期暂堵($t_d = 1/3t_e$)，井底压力提升幅度有略微下降，但整体变化不大，暂堵后，中间簇裂缝缝长明显增大(早期暂堵时 HF3 半缝长增大幅度达到 120%)，裂缝宽度增大，两端裂缝缝长呈减小趋势，各簇裂缝扩展更加均匀，中期暂堵和晚期暂堵相较于早期暂堵时，多裂缝扩展均衡程度有所下降(图 11－12，图 11－13，图 11－14)。

4. 暂堵次数的影响

在杨氏模量 48.8GPa，泊松比 0.24，断裂韧性 0.2MPa・$m^{0.5}$，簇间均质应力，段长 65m，5 簇/段，12 孔/簇，每次暂堵效率均为 20%，暂堵时机(t_d)为施工时间(t_e)的中间时刻(即 $t_d/t_e = 0.5$)条件下研究暂堵次数对暂堵效果的影响，结果发现，随着暂堵次数增加，跟端进液量减小，趾端进液量增加，各簇进液量差异性减小，各簇裂缝进液分配更加均匀。暂堵次数从1次增加到3次时，各簇裂缝进液量差异系数从18.7%减小到6.7%，暂堵次数从1次增加到3次时，井底压力增大值由0.9MPa变为4.4MPa，暂堵次数达到4次时，井底压力急剧增加，此时需考虑井口承压能力；随着暂堵次数增加，裂缝宽度增加，中间簇裂缝缝长增大，两端裂缝缝长有所减小，各簇裂缝扩展更加均匀，暂堵3次和暂堵4次，多裂缝扩展形态相似，考虑到井口承压能力有限，暂堵3次为极限值(图11－15，图11－16，图11－17)。

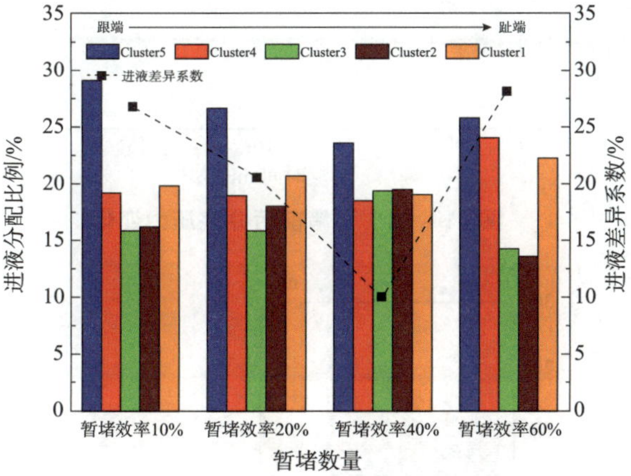

图11－12　暂堵后流量分配及进液差异

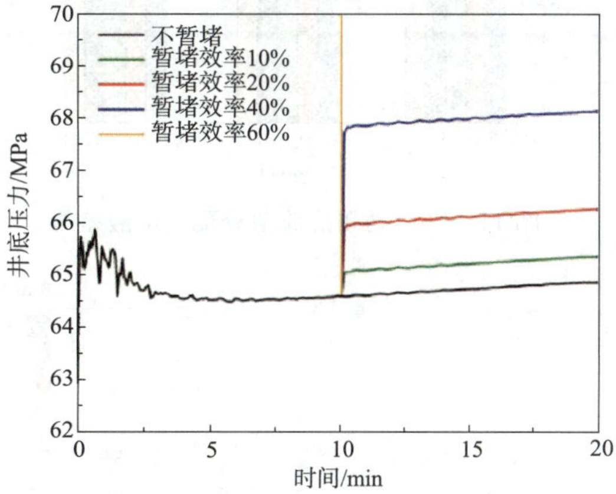

图11－13　暂堵前后井底压力变化

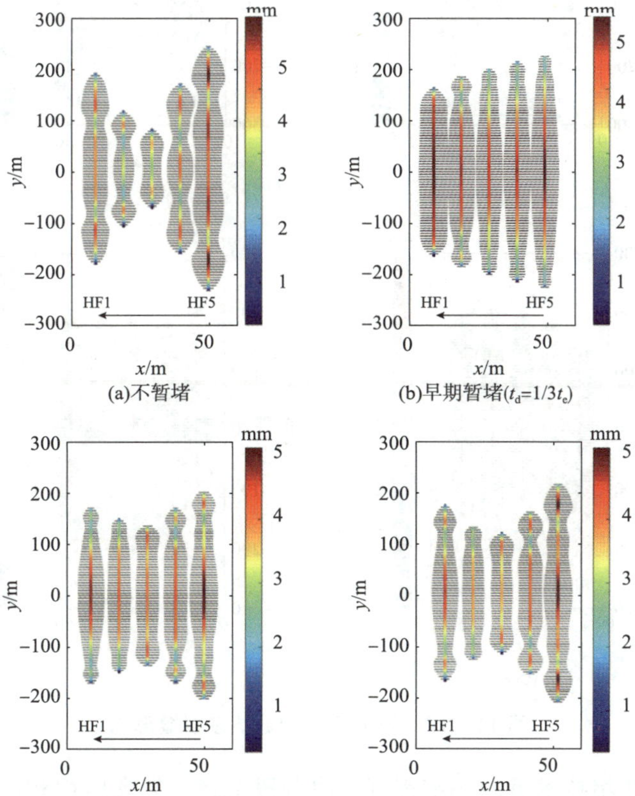

(a)不暂堵　(b)早期暂堵(t_d=1/3t_e)

(c)中期暂堵(t_d=1/2t_e)　(d)晚期暂堵(t_d=2/3t_e)

图11－14　不同暂堵时机下多裂缝形态

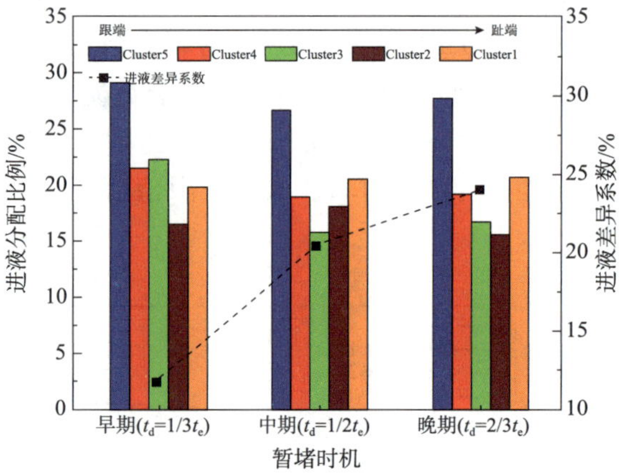

图 11－15　暂堵后流量分配及进液差异

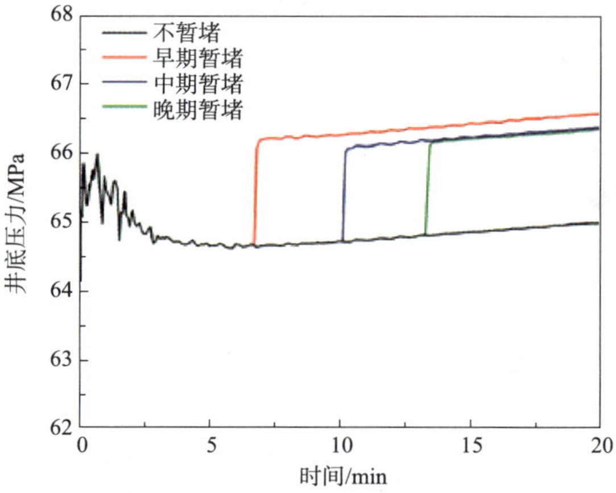

图 11－16　暂堵前后井底压力变化

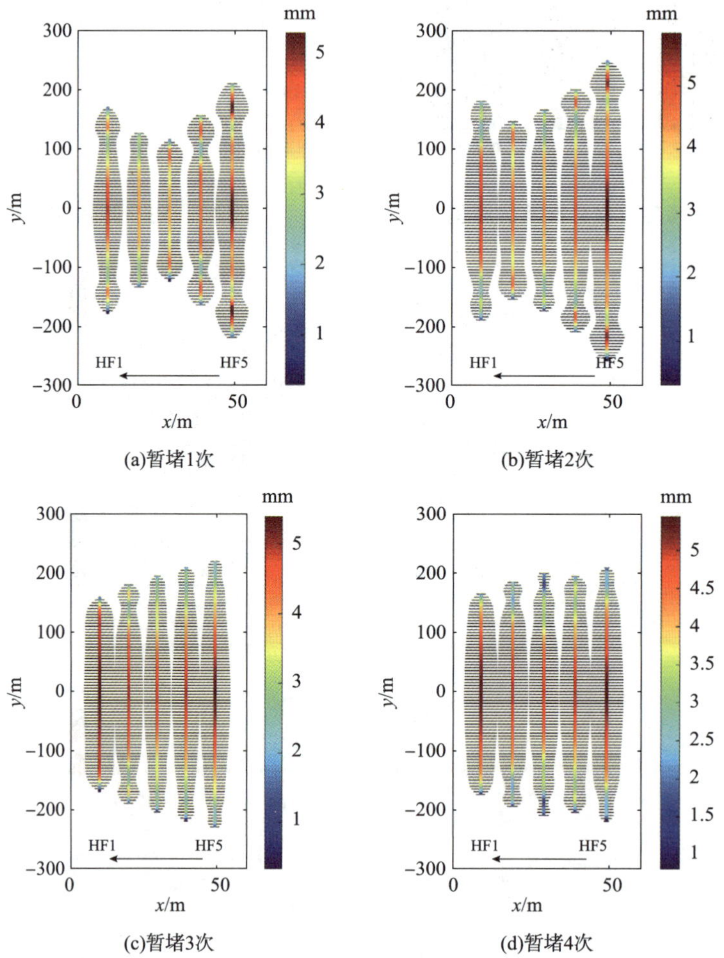

图 11－17　不同暂堵次数下多裂缝形态

通过段内簇间暂堵技术可以一定程度解决分段多簇压裂支撑剂和压裂液在不同射孔簇间不均匀分配引起的多裂缝非均匀起裂、扩展现象，提升多裂缝扩展均衡程度。

(1)增大暂堵球数量，可以提高多裂缝均匀起裂程度。暂堵效率从 10% 增加到 40%

时，各簇裂缝进液差异系数从26.7%减小到9.9%，井底压力增大值由0.7MPa变为3.2MPa；

(2)提前暂堵时机，可以提高多裂缝均匀起裂程度。早期暂堵($t_d=1/3t_e$)和晚期暂堵($t_d=2/3t_e$)时，各簇裂缝进液差异系数分别为11.7%和23.9%，改变暂堵时机，井底压力变化幅度不大；

(3)增大暂堵次数，可以提高多裂缝均匀起裂程度。暂堵次数从1次增加到3次时，各簇裂缝进液量差异系数从18.7%减小到6.7%，井底压力增大值由0.9MPa变为4.4MPa；

(4)为防止射孔井眼被全部"堵死"以及井口承压能力有限，现场施工中，采用暂堵效率40%~60%，早期或中期暂堵、暂堵2到3次的施工方案为最佳。

二、缝内暂堵增压机制与控制方法

(一)模型建立与求解

1. 数学模型

基于离散元法建立水平井密切割压裂缝内暂堵转向裂缝扩展模型，基本控制方程由岩体控制方程、压裂液流动方程(即连续性方程)和扩展准则构成。求解利用有限元(FEM)和离散元(DEM)的混合方法，将求解区域离散成若干个块体单元，块体单元之间通过虚拟弹簧链接，传递相互作用力，弹簧的断裂代表岩石的破裂。两个块体单元之间存在一个裂缝单元，用于计算压裂液的流动和流体压力的分布，流体压力作为外部载荷作用在裂缝面上(即块体的接触面)，然后应用有限元法求解连续块体变形，应用离散元法计算弹簧的断裂。弹簧破裂(裂缝扩展)条件由最大拉应力准则和摩尔库伦准则决定。

1)水平井筒流动方程

(1)压力连续方程：

$$p_{wi}=p_{pi}+p_{fi},\quad i=1,\ 2,\ \cdots,\ N \tag{11-30}$$

式中，p_{wi}为井底压力，MPa；p_{pi}为i裂缝的射孔摩阻，MPa；p_{fi}为i裂缝的入口压力，MPa。

(2)流量守恒方程：

$$Q_0=\sum_{i=1}^{N}q_i \tag{11-31}$$

式中，Q_0为注入排量，q_i为进入i裂缝的排量。

(3)应力平衡与固体变形方程：

每个块体单元被认为具有有限的变形能力和非旋转(小位移不旋转)，其运动遵循牛顿第二定律。块体单元的动应力平衡方程为：

$$\sigma_{ij,j}+b_i-\rho u_{i,tt}-\alpha u_{i,t}=0 \tag{11-32}$$

式中，σ_{ij}为柯西应力张量；b_i为单位体积的力；$u_{i,t}$和$u_{i,tt}$分别为速度和加速度；ρ为岩石密度；α阻尼系数。

应力/应变关系满足线弹性本构定律：

$$\sigma_{ij}=D_{ijst}\varepsilon_{st} \tag{11-33}$$

式中，D_{ijst}为弹性张量的分量；ε_{st}为应变张量的分量。

水力裂缝内部流体压力引起的应力变化为：

$$\sigma_{ij} \cdot n_j = p_j \tag{11-34}$$

式中，n_j为垂直于裂缝表面的矢量。

(4)压裂液流动方程：

考虑不可压缩的牛顿流体，其在任意给定的具有两个平行表面的裂缝中的流动由润滑方程控制，其中包括泊肃叶定律和局部流体质量守恒方程。

$$q = -\frac{w^3}{12\mu}\frac{\partial p}{\partial s} \tag{11-35}$$

$$\frac{\partial w}{\partial t} + \frac{\partial q}{\partial s} + q_1 = 0 \tag{11-36}$$

式中，w 和 p 分别为位置 $s=(x, y, z)$处的为动态裂缝孔径和流体压力；q 为裂缝内部的局部流量；μ 为流体动力黏度；动态裂缝孔径 w 等于两个接触块之间的法向相对位移；考虑到致密地层的基质具有超低的渗透率，因此忽略了裂缝中的流体丢失到基质的块体单元中，$q_1=0$；因此，整个裂缝的整体质量平衡方程可以写成：

$$\int_{\Omega_f} w \cdot \mathrm{d}s = tQ_0 \tag{11-37}$$

假设任何裂缝分支都被流体填充，裂缝尖端不发生流动，裂缝内部的初始压力为 p_{int}。

在压应力作用下，两个相邻块体会相互嵌套重叠，导致其之间的裂缝闭合。因此，在求解流动方程时，需要定义残余裂缝孔径(w_{res})，以保证其收敛性和稳定性。它作为接触点的压缩法向力(F_n)的函数给出如下：

$$w_{res} = \frac{w_0 F_{n0}}{F_n + F_{n0}} \tag{11-38}$$

式中，w_0为初始裂缝孔径，F_{n0}为 $w=w_0/2$ 时的法向力。

基于平行板模型，裂缝的初始孔径(w_0)与渗透率(k)的关系可表示为：

$$w_0 = \sqrt{12k} \tag{11-39}$$

为了实现高效的导流过程，必须将导流剂输送到所需位置并进行封堵，这可能导致高压积聚和流体导流。为了充分理解这一过程，需要考虑一个严格的动态机制来模拟水力裂缝内转向剂的桥接和堵塞。然而，迄今为止，还没有一个数学模型能够清楚地描述这一过程，并预测水力裂缝内堵塞的发生和位置。在这里，为了降低问题的复杂性，预先分配了被堵塞的井段位置，而不考虑导向剂在水力裂缝内部的运移和桥接机理。最小系数(α_p)用于表征导流剂封堵对裂缝渗透率的影响；也就是说

$$k_{PE} = \alpha_p k \tag{11-40}$$

式中，k_{PE}为插入的 HF 元素的渗透率，并设它等于矩阵渗透率k_0。事实上，对于分流剂填充的裂缝，k_{PE}可以在实验室中直接测试得到。α_p指的是使用导流剂封堵后和封堵前 HF 的渗透率比。

2)裂缝扩展准则

裂缝扩展模型示意图如图 11－18 所示。

张性裂缝：最大拉应力准则

$$-\sigma_1 > \sigma_T \tag{11-41}$$

剪切裂缝：摩尔－库伦准则

$$|\tau| > \tau_0 + \tan\varphi\sigma'_n \tag{11-42}$$

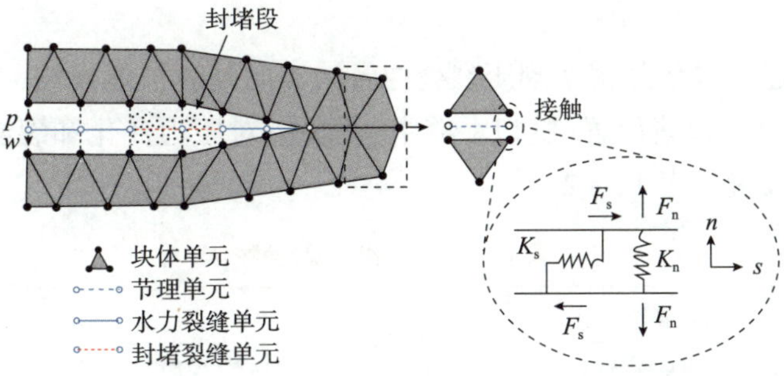

(a)块体单元离散及相互作用

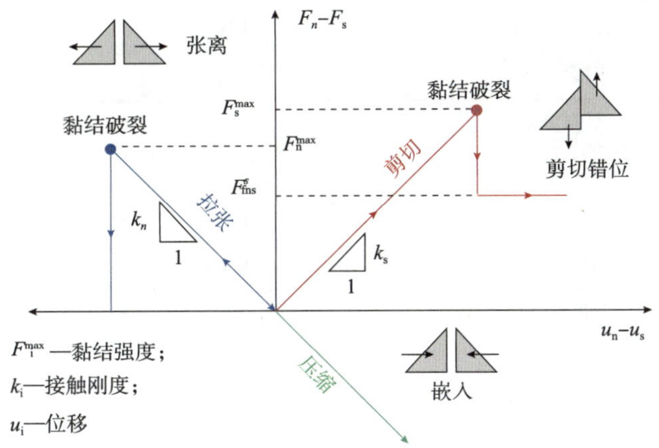

(b)岩石破裂准则

图 11－18　基于离散元法的暂堵转向压裂裂缝扩展模型原理示意图

2. 物理模型

为研究缝内暂堵裂缝扩展规律，构建了两套不同的地层物理模型，分别为单条天然裂缝模型[图 11－19(a)]与天然裂缝系统模型，同时根据水力裂缝的数量不同，将天然裂缝系统模型细分为单簇裂缝与天然裂缝系统[图 11－19(b)]，多簇裂缝与天然裂缝系统[图 11－19(c)]，其中单条天然裂缝模型裂缝长度为 30m，与水平最大主应力夹角 θ 分别为 30°，60°和 90°，天然裂缝系统模型裂缝长度为 30m，与水平最大主应力夹角 θ 为 90°，y 轴线密度为 5/200m，10/200m，15/200m。

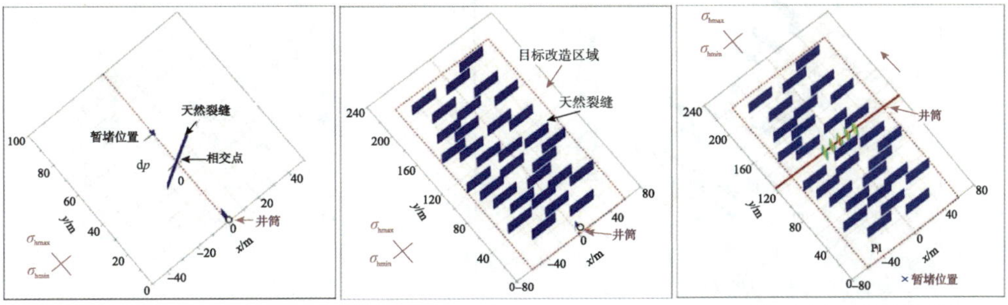

(a)单簇裂缝与单条天然裂缝　(b)单簇裂缝与天然裂缝系统　(c)多簇裂缝与天然裂缝系统

图 11－19　缝内暂堵地层物理模型

(二)模拟方案

基于离散元法建立水平井密切割压裂缝内暂堵转向裂缝扩展模型，重点考虑暂堵参数(数量、次数、时机)、暂堵位置(缝口、缝中、缝端)对压力变化和裂缝形态的影响规律。该模型的初始参数设置见表11-2。

表11-2　模型基础参数

	参数	单位	区间值
基质	渗透率 k_0	$10^{-15}m^2$	0.01
	杨氏模量 E	GPa	48.8
	泊松比 ν_0	无因次	0.24
	抗拉强度 T_0	MPa	7
	内聚力 S_0	MPa	30
	摩擦角 ϕ_0	(°)	40
天然裂缝	渗透率 k_{NF}	$10^{-15}m^2$	5
	抗拉强度 T_{NF}	MPa	0~5
	内聚力 S_{NF}	MPa	0~5
	摩擦角 ϕ_{NF}	(°)	5~37
地应力和压力	最大水平应力 σ_H	MPa	122.4
	最小水平应力 σ_h	MPa	101.9
	垂向应力 σ_v	MPa	118.0
	初始孔隙压力 p_{int}	MPa	42

(三)模拟结果与分析

1. 暂堵时机的影响

高水平应力差(16MPa)条件下，暂堵剂投入时机并未对压力变化影响不显著，暂堵点与井筒之间可产生一定分支裂缝，暂堵时间越长，分支缝缝长越大，与不暂堵相比，早期暂堵、中期暂堵、晚期暂堵后施工压力增大值分别约为10MPa、8MPa、6MPa，暂堵后峰值压力约为68MPa(图11-20，图11-21)。

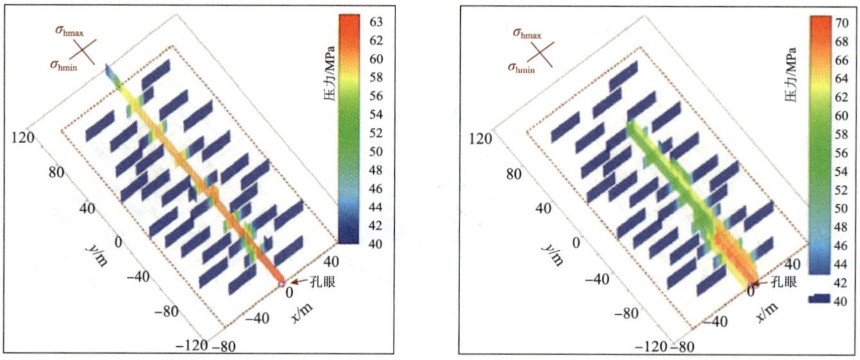

(a)不暂堵　(b)早期暂堵

图11-20　不同封堵时机水力裂缝形态

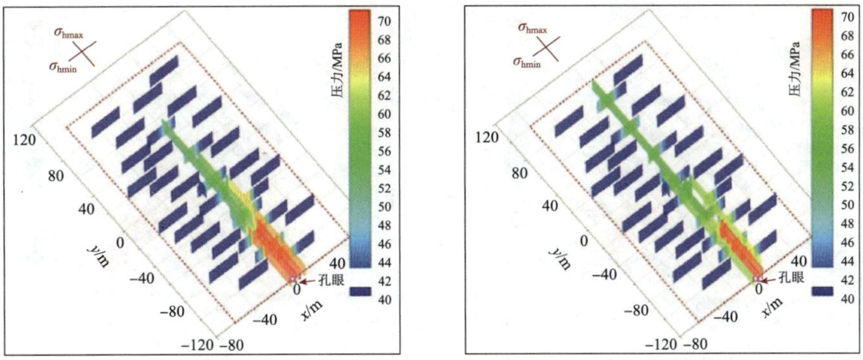

(c)中期暂堵　　(d)晚期暂堵

图 11-20　不同封堵时机水力裂缝形态(续)

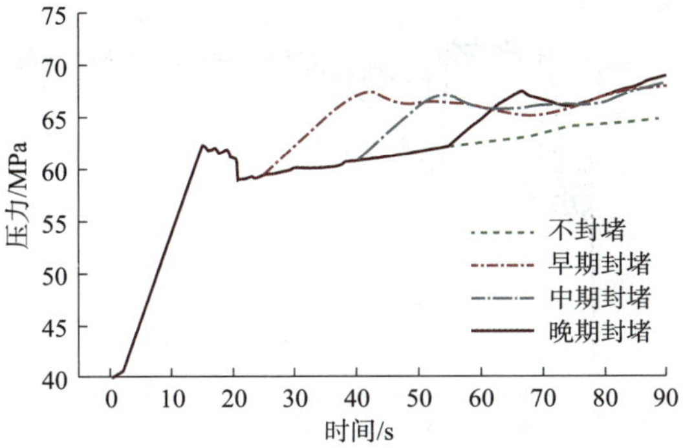

图 11-21　不同封堵时机压力变化

2. 暂堵次数的影响

高水平应力差(16MPa)条件下，随着暂堵次数增加，在近井筒附近暂堵点与井筒之间可产生一定平行分支裂缝，暂堵次数越多，分支缝数目越大，低暂堵次数下(暂堵 2 次)远井地带的缝网复杂性更大，随着暂堵次数增加，缝网复杂性逐渐向近井地带体现，封堵后一段时间通常压力回落，封堵次数越多，越有利于维持缝内压力，增加转向机率(图 11-22，图 11-23)。

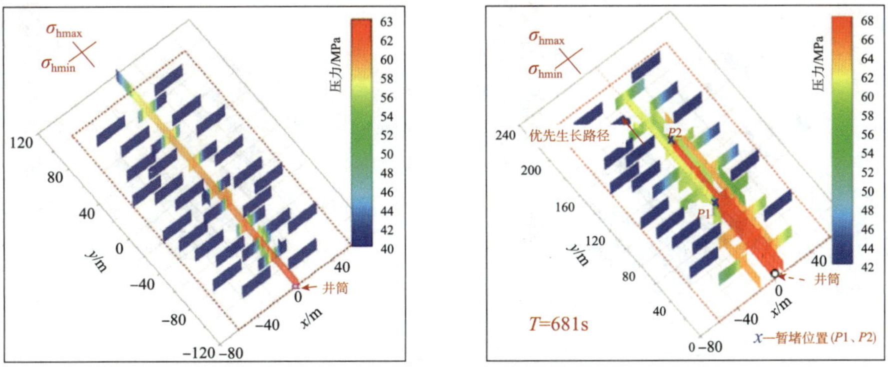

(a)不暂堵　　(b)暂堵2次

图 11-22　不同封堵次数水力裂缝形态

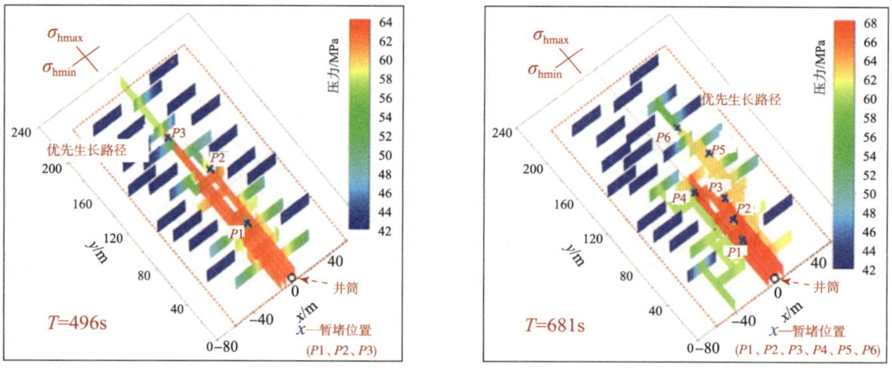

(c)暂堵3次　　(d)暂堵6次

图 11－22　不同封堵次数水力裂缝形态(续)

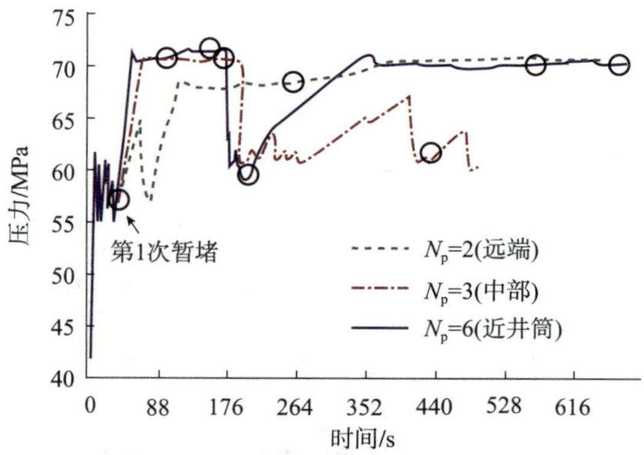

图 11－23　不同封堵次数水力裂缝形态

3. 暂堵位置(缝口、缝中、缝端、堵缝数)的影响

高水平应力差(16MPa)下，暂堵剂封堵点位置对压力变化影响显著，越靠近缝口封堵，压力增大值越高，缝口封堵相比缝尖封堵最大压力提升高约8MPa，相比于缝中压力提升约5MPa；封堵点与井筒之间易于转向形成分支裂缝，缝中暂堵整体裂缝复杂性相对较高(图 11－24，图 11－25)。

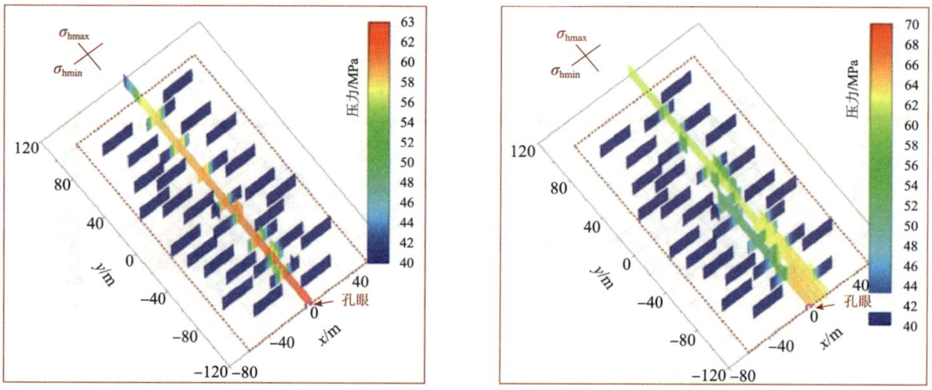

(a)不暂堵　　(b)缝口封堵

图 11－24　不同封堵位置水力裂缝形态

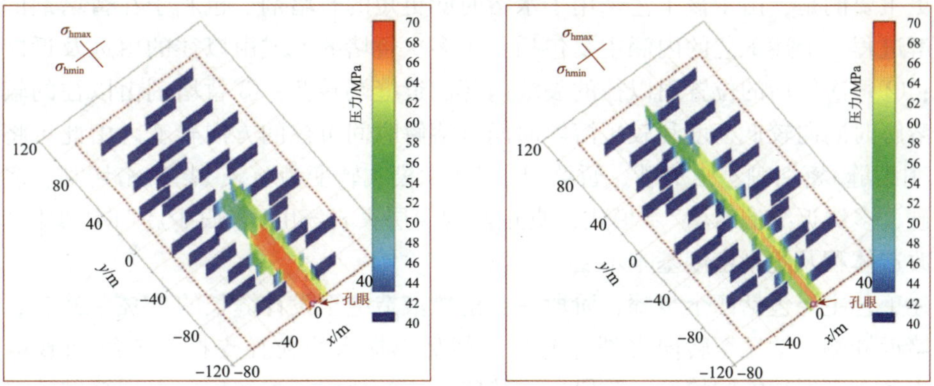

(c)缝中封堵　　(b)缝端封堵

图 11－24　不同封堵位置水力裂缝形态(续)

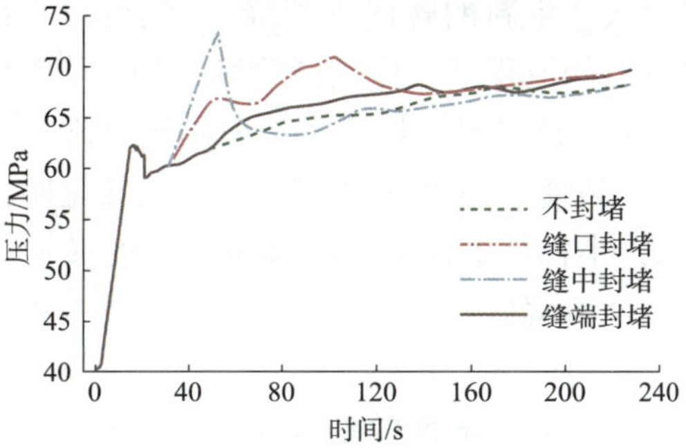

图 11－25　不同封堵位置压力变化

通过缝内暂堵剂实施暂堵，在整个压裂过程中施工压力的变化可以反映水力裂缝的扩展行为。通常暂堵形成后压力升高明显，尤其是高水平应力差、高天然裂缝强度地层；封堵点与相交点之间段压力增加，将提升周围应力，后续裂缝延伸困难，需要更高的压力，因此通过优化封堵位置可降低注入压力并提升裂缝复杂性。

(1)中等水平应力差(12～16MPa)，近井筒多次封堵易形成复杂缝网，天然裂缝越发育区域，通过优化封堵位置可显著提升缝网覆盖面积。

(2)高水平应力差(16～20MPa)，无论是天然裂缝发育与否，水力裂缝开启天然裂缝极其困难，需要更为优化的封堵策略，如大液量、高排量、更多的封堵次数。同时需要考虑近井筒应力牢笼效应，降低施工难度。

(3)暂堵剂优先封堵趾端缝和主缝，采用高黏度、高排量、中浓度、早期暂堵剂暂堵更有利于堵剂向次缝运移。

第五节　多级近缝端暂堵工艺技术

与常规缝内暂堵工艺的思路不同，多级近缝端暂堵将以往的多次暂堵与缝端暂堵工艺完美地结合起来，并最大限度地发挥了各自的优势。其中，缝端暂堵演变为近缝端暂堵，即只有在裂缝端部附近暂堵即可，这样也避免了缝端暂堵的严苛要求，现场操作性也相对更强。更主要的是，由于该工艺采用了水溶时间更短的暂堵剂，也利于在暂堵剂的两侧加速其溶解进程。上述工艺的内涵主要包括：①多次暂堵的方式由以往的由远及近向由近及远转变；②每次暂堵的位置由以往的裂缝内部向近缝端转变；③暂堵剂由以往的较大密度和较长溶解时间向较低密度和较短溶解时间且溶解时间可控的方向转变。由此可将以往常规的“(主裂缝)密切割、强加砂、暂堵”压裂技术模式转变为“(支裂缝)密切割、多尺度裂缝强加砂、多级近缝端暂堵”新模式，真正实现深层页岩气由“多段少簇”向“少段少簇”转变，而改造体积及缝网密度基本不变。

上述工艺主要包括四个步骤：阶段一：前置液造缝至设计缝长的25%～30%，投暂堵剂，封堵近缝端，增压至转向支裂缝开启。然后，加入小粒径支撑剂连续加砂填充支裂缝，实现各个支裂缝的饱填砂；阶段二：待阶段一的暂堵剂溶解后，主裂缝继续造缝至设计缝长的50%～60%，再次投暂堵剂，封堵新的近缝端。然后增压至新的转向支裂缝开启(阶段一的转向支裂缝区域已饱和混砂液，加上主裂缝及转向支裂缝诱导应力的共同作用，该区域为高应力区，难以再次产生新的转向支裂缝)。然后是小粒径支撑剂填充新的转向支裂缝；阶段三：重复阶段二的流程及工序。待阶段二的暂堵剂溶解后，主裂缝继续造缝至设计缝长的100%，第三次投暂堵剂，封堵主裂缝的近缝端。增压至新的转向支裂缝开启(阶段一与阶段二的转向支裂缝区域仍是高应力区，尤其是阶段一，因为主裂缝的诱导压力是不断叠加的)，因此，小粒径支撑剂会继续填充新的转向支裂缝；阶段四：待缝内分支缝完全充填且暂堵剂完全溶解后，注入携带有大粒径支撑剂的压裂液，实现主裂缝的高效充填。

上述三种转变，带来了以下六个方面的技术的优势：①暂堵效率大幅度提高。因为都是近缝端暂堵，缝宽及缝高都小，少量的暂堵剂即可实现裂缝近缝端的全封堵，因此也可大幅度降低暂堵剂的成本；②最大限度地避免了主裂缝与支裂缝共存时不同粒径支撑剂比例优选的盲目性。因为，以往的常规暂堵压裂方式即使产生了转向支裂缝，但其开启时机、延伸时间等高度不确定，一旦其停止延伸或进缝流速低于支撑剂进入的临界流速，则转向支裂缝难以有支撑剂进入，这应是普遍现象。另外，常规缝内暂堵是加砂后暂堵，仍难以避免不同粒径支撑剂的混杂分布对导流能力的损害。而本方法是主裂缝近缝端暂堵压裂，压裂携砂液只能进入转向支裂缝(假设能产生的话)。相当于单一裂缝加入单一粒径的支撑剂，因此，支撑剂的混杂分布基本可避免(以往技术普遍存在)；③最大限度地强化了多级裂缝尤其是转向支裂缝的导流能力。因为，在常规压裂方式下，主裂缝及支裂缝中都存在不同粒径支撑剂的混杂分布情况，导致主裂缝及支裂缝的导流能力都大幅度下降。而在新压裂方式下，主裂缝及支裂缝导流能力都得到大幅度提升，主要因为主裂缝近缝端暂堵后，小粒径支撑剂几乎全部进入支裂缝，最后的大粒径支撑剂因是高砂比施工，也几乎全部进入主裂缝。从而实现不同尺度裂缝的强加砂目标；④保证在深层页岩气压裂窄压力窗口前提下，仍能持续不断地提升缝内净压力。如压力窗口丧失，可采用多级迂回暂堵策略，即当井口压力接近施工限压后，先降低一定幅度的排量，由于井筒沿程摩阻的降低，压力窗口有一定幅度的增加；由此通过多级迂回降排量，井口施工压力窗口则可不断得以恢复，只要最终的排量大于0，净压力就会一直持续上升。因此，随着净压力的不断上升，缝宽会逐渐增加，进缝摩阻逐渐降低，则最终的排量可不同程度得以恢复甚至达到或超过暂堵前的水平；⑤多次暂堵后的井口压力基本维持在不暂堵时的水平，而常规多级暂堵的井口施工压力是一直持续上升的。因为采用了新型的溶解时间可控的速溶型暂堵剂(控制在20~60min)。在该暂堵剂溶解前，井口压力同样也是持续上升的，直到支缝破裂后压力才稳定下降，但仍高于暂堵前的平均施工压力(因转向支裂缝的延伸压力总体上是高于主裂缝的)。但一旦上述暂堵剂完全溶解或绝大部分溶解后，因主裂缝的延伸阻力最小，主裂缝又会从先前暂堵的位置继续沿最大主应力方向延伸，则井口施工压力又会基本恢复到暂堵前的水平。如此多次暂堵，井口压力也会经历多次升高又多次逐渐回归的过程，则最终的施工压力基本维持在不暂堵时的水平。这在深层页岩气压力窗口窄的条件下更为难能可贵；⑥可真正实现由以往的“多段少簇”向目前的“少段少簇”的历史性跨越，大幅度降本增效。通过大幅度拓宽支裂缝的转向半径及主裂缝多级近缝端暂堵工艺，应可最大限度地实现上述目标。因为，上述暂堵除了溶解时间短且可控外，其密度还相对较低，与压裂液的密度基本相当，因此，在近缝端暂堵时可实现缝高方向的全封堵目标，由此可大幅度增加暂堵后的压力升幅。另外，多级迂回暂堵措施进一步增加了缝内净压力，导致诱导应力大幅度增加，则应力反转区的范围也会大幅度增加，一旦支裂缝开启，其转向半径必然大幅度增加，由此带来簇间距的增大和段数的降低，必要时簇数也可降低(穿层效果更有保障)。因此，最终可实现转向支裂缝的密切割效果，换言之，上述新工艺设计的“少段少簇”并未造成裂缝改造体积的下降。

综上所述，多级近缝端暂堵压裂技术具有里程碑式的意义，对于解决深层页岩气经济有效开发具有重大而深远的影响。但技术难度也相当大，主要有：①难以进行精准暂堵施工。因为，不管是投暂堵球还是暂堵剂(暂堵剂的浓度一般在20%以内，加量一般在100~200kg，则携带液的体积也仅为0.5~1m^3，而排量一般在15m^3/min以上)，一般要求在1min内甚至几秒内完成相关操作，尤其是缝内暂堵剂。在此情况下，大多数要降低排量以增加暂堵作业的时间以便于实施控制。但排量降低后肯定影响暂堵的效率及之后的压力升幅；②近缝端暂堵的设计及实施控制具有不可控性。与以往的端部脱砂压裂设计主要针对低渗及中高渗的砂岩不同(设计规范及现场实施流程相对完善和成熟)，深层页岩气基质更为致密，滤失性极小，除非在不同尺度裂缝的垂向扩展过程中遇到了水平层理缝/纹理缝或高角度天然裂缝则另当别论。正因为极低的综合滤失系数且难以准确事先计算，也不敢贸然提前暂堵剂的加入时机，因深层页岩气压裂的动态缝宽又相对较窄，导致裂缝壁面粗糙度的影响相对较大，进一步阻止了暂堵剂颗粒的顺畅进缝。掌握不好万一在近井地带暂堵，则压力的上升速度及幅度是相当大的，会导致压裂施工操作上的极难控制；反之，如暂堵剂的加入时机过晚，同样因为深层页岩的极低滤失性，暂堵剂颗粒可能已难以追上前置液的造缝前缘位置或其附近位置，造成暂堵施工的低效甚至无效；③多级近缝端暂堵设计及施工的不可复制性。因为按照该工艺的预先设想，上级近缝端暂堵时是要产生相对较多的转向支裂缝甚至三级微裂缝系统，虽然在本级暂堵作业期间，上述尺度较小的裂缝系统因延伸阻力大会陆续终止延伸，但毕竟存在多个滤失点，且终归比页岩基质的滤失性要大些，因此，本级暂堵剂的加入时机及其他暂堵工艺参数等，应比上级暂堵作业参数有一定幅度的适时调整才行。显然地，随着暂堵级数的增加，暂堵剂的加入时机应逐渐推迟，暂堵剂浓度也应逐渐降低，否则，越往后的暂堵施工，可能越达不到暂堵效果。但考虑到上述多个滤失点的滤失系数更难精确把控，且暂堵级数越多，前期的滤失点越多，则滤失系数计算的不确定性越大，因此，每级暂堵的工艺参数优化及控制的难度会逐级增大；④每级暂堵后的转向裂缝的产生条件及转向半径与转向角度等参数的模拟计算相当困难，由此导致簇间距等的优化也极端困难。首先是每级暂堵后的裂缝转向条件，理论上而言，暂堵时的裂缝净压力与暂堵后的压力升幅之和应大于暂堵时的两向水平应力差与暂堵处岩石的抗张强度之和。注意，此处的两向水平应力差不是原始的两向水平应力差，且与暂堵时的裂缝净压力息息相关。而随着暂堵级数的增加，原先多级暂堵产生的转向支裂缝，都会对本级暂堵预期产生的转向支裂缝位置产生诱导应力的叠加效应，加上主裂缝本身的诱导应力在另一个方向的诱导应力的叠加，导致实际的综合诱导应力的计算是极其复杂和困难的。因此，暂堵的级数越多，裂缝转向条件的判断难度越大。其次，裂缝的转向半径及转向角度的计算也相当困难。这又牵涉到上述复杂诱导应力场的计算，显然地，诱导应力作用或传播的距离越大，则应力反转区的覆盖面积也越大，因此，此时一旦产生转向裂缝，其转向半径也越大，反之则越小。而转向半径与转向角也关系极大，且与上述应力反转区的覆盖形态有关系，因为不同转向角穿过应力反转区的距离即转向半径肯定是各不相同的。需要指出的是，转向角度的计算，又主要依赖于转向时的两向水平应力差大小和主裂缝内的净压力大小及其增加速度。如两向水平应力差接近0，则转向角度具有相当大的随机性，如果两向水平应力差为负值，则转向支裂缝可能沿垂直于主裂缝的方向延伸，但也可能在其延伸过程中因两向水平应力差的实时变化又产生新的转向。而转向时的裂缝净压力及增加速度，又与压裂液黏度与排量的乘积关系密切。显然地，二者的乘积越大，转向裂缝越可能沿垂直主裂缝的方向延伸，反之，则可能主要受控于当时的两向水平应力差。虽然上述转向角度及转向半径的计算难度极大，但因极大地影响到簇间距的优化和最终段数的确定，对降本增效意义极为重要，因此，难度再大也应尽量较为准确地模拟优化才是；⑤正因为是近缝端暂堵，裂缝高度相对较小，在暂堵压力升高后，有可能因近缝端高度的纵向延伸，又出现部分暂堵的现象，导致暂堵压力升幅不足以产生新的水平方向的转向裂缝。因此，如何在近缝端的缝高延伸时，及时将暂堵剂补充到位，难度极大；⑥在小粒径支撑剂充填转向支裂缝施工后，仍可能有极少部分滞留于主裂缝中，在主裂缝近缝端的暂堵剂彻底溶解并诱发主裂缝继续沿原最大主应力方向延伸时，上述滞留的小粒径支撑剂会发挥类似暂堵剂的作用在主裂缝近缝端阻碍其顺畅延伸。

鉴于此，针对上述难题，应分别对应采用如下策略：①仍维持原先的高排量施工。只是暂堵球或暂堵剂要尽快在最短时间内一次性加入，如有相应的精准投入装置更好，否则，人工加入也完全可以胜任上述工作的。此时，因排量没有变化，暂堵球或暂堵剂的加入对施工压力的影响及程度，可以较为精准地判断；②采用多种方法尽量更为准确地求取深层页岩的综合滤失系数。如常用的微注测试、小型测试压裂和前置液注入阶段进行两次瞬时停泵压力测试等。但与常规的小型测试压裂不同，深层页岩的测试压裂用液量相对较大，且排量及压裂液黏度等都应与主压裂设计的基本相同，以求取更为真实的地层综合滤失系数。在此基础上，采用页岩常用的Meyer等商用模拟软件，将暂堵剂当作支撑剂，模拟其在主裂缝近缝端的分布形态及铺置浓度等参数，最终确定合适的暂堵剂泵注参数；③考虑到转向支裂缝即使饱和液体并停止延伸，但毕竟较页岩基质具有更大的滤失性，且这种滤失滤失系数难以准确地获取。只能在参考第一级暂堵参数的基础上，进行类似试错法进行暂堵参数的实时调整。考虑到滤失系数逐级变大的事实，因此，暂堵剂的注入时机应适当延迟，并且暂堵剂的浓度也逐级降低。但更主要的还应是基于现场施工压力曲线的实时分析判断，且各级暂堵的判断依据都是一致的，即井底压力的上升速度在 1MPa/min 左右，且考虑是近缝端暂堵，该压力上升速度可以略有增加；④建立地质力学模型和气藏工程模型一体化的综合模型，可基于压裂后产量动态预测结果，将每级暂堵时出现的多个转向支裂缝等效为一条，由此可模拟单井 EUR 最大化的暂堵级数。然后，基于复杂的地质力学建模及诱导应力叠加效应的模拟工作，精细模拟应力反转区的分布形态及范围，然后再计算转向支裂缝的起裂角及转向半径等参数；⑤每级近缝端暂堵时适当增加暂堵剂的用量，且暂堵剂的密度应尽量与携带液的密度相当或非常接近。因此，在近缝端因暂堵压力增幅引发该处的缝高增长时，“富余”的暂堵剂可迅速补充到位，堵住新延伸缝高处的新流动出口。如此循环往复，如缝高再次发生新的纵向延伸，则“富余”的暂堵剂会继续重复上述动作。因此，暂堵剂的用量设计应有足够的富余量；⑥为最大限度地避免小粒径支撑剂对主裂缝继续延伸的不利影响，可采取停泵 2～3min 并逐渐慢速提量等措施。因为小粒径支撑剂注入时一般采用的是低黏度的滑溜水体系，加上低排量的配合，可促使其绝大部分在主裂缝底部滞留，且停待时间也相对较短，对施工效率的影响不大。

值得指出的是，虽然上述对策总体上考虑得较为全面，且针对性及现场可操作性都相对较强，但也不能保证每次都完全成功和达到预期效果。为此，还应分别制定相应的应急预案，尤其是缝内暂堵剂，要求密度相对较低且溶解时间较短，以确保万无一失。

第六节 迂回暂堵压裂技术

对深层页岩气压裂而言，由于井口施工压力窗口相对较低，进行常规的双暂堵作业不具有现场可操作性。因此，如何在上述压力窗口受限的情况下进行双暂堵甚至多级双暂堵作业显得尤为关键。为此，必须最大限度地拓宽压力窗口，而多级迂回双暂堵压裂技术可以实现此目标。所谓多级迂回双暂堵压裂技术，就是在常规双暂堵压裂技术的基础上，如压力快速上升到接近施工限压时，主动降排量，此时，只要近缝端暂堵工作做好了，且只要排量大于零，则缝内净压力仍维持正增长态势。而排量的降低，可以相应地降低井筒摩阻、孔眼摩阻及近井筒裂缝弯曲摩阻等，上述摩阻的降低，正是井口压力窗口的提高值。但考虑到上述排量降低后，缝内净压力的提升速度及施工效率都降低了，因此，必须随后再逐渐增加排量。由于在降低排量时的净压力一直持续增加，导致裂缝的动态缝宽也一直增加，同时，近井筒裂缝弯曲摩阻随压裂液的持续注入也是一直降低的。因此，压裂液的进缝摩阻也会相应降低，因此，也具备排量恢复或部分恢复的基础。视现场情况，有时排量甚至可恢复到先前的水平。上述排量降低又逐渐升高的过程，就是迂回的过程。另外，对簇间暂堵球暂堵而言，上述迂回的机制也同样存在，尤其是通过迂回降排量，孔眼摩阻的降低效应更大(暂堵后的进液孔数更少了)。如果通过上述一次迂回双暂堵后，施工压力窗口仍然较小，可再次或多次重复上述迂回双暂堵过程，且只要降低后的排量大于零，裂缝内的净压力就一直持续增加，只是增加的速度相对较小而已。需要指出的是，虽然上述排量恢复的程度可能不大，但一旦通过上述多级迂回双暂堵作业，裂缝内的净压力突破了当时的两向水平应力差与岩石抗张强度之和，天然裂缝就可能开启或产生新的转向支裂缝，此时适时提高排量更当其时，甚至排量可超过暂堵前的水平。

通过上述多级迂回双暂堵的概念阐述可见，该技术的主要优势有：

①可持续提升缝内净压力，为转向支裂缝及三级微裂缝的产生，奠定了基础。这对深层页岩气压裂而言更为难能可贵；②如与多级近缝端暂堵技术相结合，必将进一步提升该技术的各项参数水平，特别是转向裂缝的半径等，为最大限度地降低射孔簇数和施工段数，进而为降本增效提供了可行、可靠、可操作的技术手段；③利于产生压力脉冲效应和岩石的疲劳破坏，对促进裂缝复杂性程度的提升，具有正面的促进作用。因为，正是在多级迂回降排量和提排量的过程中，必然会造成不同尺度裂缝内的压力脉冲震荡效应，如控制得当，在不足以产生套变的前提下，必然会有利于产生转向支裂缝系统及三级微裂缝系统；④有利于降低缝内的脱砂效应甚至砂堵的概率。正是因为上述压力脉冲效应，也利于冲散近井筒裂缝内堆积的支撑剂，在解除脱砂或砂堵风险的前提下，还可促进支撑剂在远井地带的支撑，为提高远井裂缝的有效性提供了可能；⑤进一步拓宽了常规双暂堵压裂技术在深层页岩气压裂的应用范围和适应性。通过经验摸索，为今后向超深层页岩气压裂的应用提供了技术基础。

多级迂回双暂堵压裂技术的主要技术关键有：

(1)降排量时机及幅度的把控。理论上，前者主要取决于压力窗口的变化，一般应在距离施工限压还有2～3MPa时进行，否则，可能带来超过限压致使施工意外停泵的风险。但降排量时机也不能太早。因此，总的原则是在不超过施工限压的前提下最大限度地提高暂堵后的压力升幅。而后者应在防止套变的前提下(一般排量降幅小于4～5m^3/min为宜)，模拟井筒摩阻、孔眼摩阻及近井筒弯曲裂缝摩阻与排量的敏感性，以产生转向支裂缝的标准为判断依据，如通过一次降排量可以获得预期的压力窗口增加值，则排量可一次降到位。否则，应通过多次降排量方可达到预期目的。显然地，每次降排量的时机同样按照上述第一次降排量的要求执行即可。但排量无论如何降，至少应大于零才行；

(2)裂缝转向标准的判识。这里的裂缝转向包括暂堵球引起的簇间裂缝起裂与延伸，也包括缝内暂堵引起的新裂缝起裂与延伸。缝内暂堵转向的标准，前面有关章节已阐述过，而簇间裂缝转向的标准应是投球后的压力升幅与投球前的井筒压力之和，大于新破裂裂缝的破裂压力。而该破裂压力受已压开裂缝的诱导应力的影响相对较大，因此，应在原始两向水平应力差及沿水平井筒方向地质力学建模的基础上，结合已压开裂缝的诱导应力模拟规律，来判断待压开裂缝在井筒射孔处的地应力及其变化，再由地应力计算破裂压力的大小。需要指出的是，上述已压开裂缝主要指的最靠近待起裂裂缝的那个，因为再往B靶点的已压开裂缝的诱导应力难以穿过邻近的裂缝继续往A靶点方向传递，即所谓的应力屏蔽效应，除非已压开的裂缝不是同时起裂延伸且是从B靶点向A靶点方向依次起裂延伸的，才有可能使所有已压开的裂缝都在待起裂射孔簇位置产生诱导应力的叠加效应。但显然上述已压开裂缝依次起裂延伸的情况很难出现；

(3)升排量时机及幅度的控制。所谓的迂回，就是排量既有降又有升，才是一个迂回。当然，降排量可能不止一次，升排量也可能不止一次，且不一定是一次降排量对应一次升排量，可能是多次降排量对应一次升排量，也可能是一次降排量对应多次升排量，具体要看现场施工压力及变化情况，随机处置。理论上，升排量的时机应是在判断出现新的转向裂缝后立即进行(簇间及缝内的转向裂缝判识条件，前述已论证)。如没有产生新的转向裂缝(包括簇间及缝内)，即使有升排量的空间，也是相对有限的，因为在降排量期间净压力增加导致的缝宽增加，及由此导致的相应的裂缝摩阻及近井筒弯曲裂缝摩阻的降低幅度也是有限的，尤其是裂缝摩阻本身就相对较小；至于升排量的幅度，主要还是看压力窗口的变化，如压力窗口增加，则升排量的幅度应更大，甚至可能超过前面多次降排量时的降幅之和，也即总的注入排量超过暂堵前的排量，且是在压力窗口维持不变的前提下，这是压裂技术人员最想要的结果。因为，一旦通过多级迂回双暂堵出现了新的转向裂缝，由此必然导致需要更高的排量来延伸更多的裂缝系统。需要指出的是，如果压力窗口通过上述多级降排量后有大幅度增加且有新的转向裂缝出现，是一次性将排量升到位还是多级慢慢升排量也至关重要。从防止套变的情况出发(因转向裂缝已经产生，不需要更多的压力脉冲强效应出现)，宜推荐多级慢慢升排量的策略。但如升排量到某个幅度后，井口施工压力的增加幅度不明显，则应适时地继续加大升排量的幅度，总的原则应是在维持施工压力窗口基本恒定的条件下，限压不限排量；

(4)大幅度提升暂堵球和暂堵剂封堵效率的技术。因为常规的暂堵球和暂堵剂的密度一般都远大于压裂液，因此与压裂液的流动跟随性较差，导致封堵效率变差及暂堵后的压力升幅有限。为此，可综合采取降低暂堵球和暂堵剂的密度、增加暂堵球和暂堵剂的加入速度等措施，前面有关章节已经进行了详细阐述，在此不赘；

(5)升降排量模式优化及控制技术。包括降排量的幅度、台阶数与后续升排量的幅度及台阶数间的对应关系，是完全的一一对应，还是不完全对应甚至完全不对应，都需要进行精细优化及控制。显然地，升降幅度与台阶数的组合，代表了不同的压力脉冲频率及强度，对深层页岩的岩石疲劳破坏和复杂裂缝形态的形成，具有十分重要的影响。如兼顾最大限度地降低套管的变形，则台阶数与排量升降幅度的设计及控制，在降排量阶段可以维持先前的压力窗口恒定为目标，否则，再适时地降排量，一直到上述压力窗口基本维持恒定为止。显然地，为达同样的目标，大的排量降幅与较少台阶数组合，与小的排量降幅与较多台阶数组合的效果可能是一样的，但后者对套管强度破坏相对较小，且施工的稳定性也更有保障，因此，后者的组合似乎更适合推荐；同样地，升排量阶段，也应采取与上述降排量的过程类似的策略。但唯一的不同是，因转向裂缝的产生，其延伸压力是增加的，加上多裂缝的影响，此时的压力窗口有所降低才更适合实际情况。因此，该阶段仍应以较低的维持恒定的压力窗口作为升排量幅度及台阶数的调节依据。

值得指出的是，上述多级迂回双暂堵压裂技术中，降排量是主动而为，且有充分的理论依据，而不是现场出现脱砂或砂堵迹象或其他超压现象后被动降低排量的无奈之举。即使是加砂过程中出现了上述降排量过程，只要不是近井筒裂缝的脱砂或砂堵(即使是某簇裂缝的近井筒脱砂或砂堵，只要是多簇压裂，就不会像直井单一射孔段那样出现压力的急剧上升导致停泵)，则上述迂回暂堵的机理也同样存在，则迂回调参的方法也同样适用。只不过起到“暂堵”作用的不是暂堵剂而是支撑剂而已。实际上，如果支撑剂真能替代暂堵剂，效果会更好。因为，暂堵剂一旦彻底溶解后，就地会留下无支撑的空白区，该空白区主要靠裂缝壁面的粗糙度引起的自支撑效应提供导流能力，但在深层页岩气高闭合应力作用下会快速失效，使得暂堵前后的支撑裂缝失去或部分失去连通性，尤其是近井处的暂堵，如一旦失去或部分失去暂堵前的支撑裂缝的连通性，则压裂后效果会受到更大的影响，如产量降低一半甚至更多。因此，如真能用支撑剂替代暂堵剂，则可在很大程度上避免上述局限性。但有时考虑到支撑剂的密度相对更大，可能难以实现缝高上的全悬浮封堵效果，因此，暂堵后的压力升幅依然有限，所以有时又要采用暂堵剂与支撑剂混合的方案，但这也同样存在问题，因为二者的密度差距仍然相差较大，所以在运移过程中易发生相互间的分离效应，以往采用低黏度滑溜水携带上述混合暂堵材料的方案，经实践证明，其成效也是值得商榷的。即使后来又换用高黏度的压裂液携带上述混合暂堵材料，但经过孔眼的高剪切后黏度也会有相当程度的降低，即使有部分黏度得以恢复，但也需要一定的时间，且一旦支撑剂与暂堵剂哪怕部分分离已无法再次团聚在一起了(已分离的混合材料中必然是密度较大的那个运移速度慢，落在后边，密度较小的与压裂液流动跟随性较好，走在前边。后来即使高黏压裂液的黏度恢复了，但其运移速度因黏滞阻力大，远没有低黏压裂液运移速度快，因此，也难以将分离的两种材料重新聚集在一起)，导致在裂缝中的长距离输送过程中根本无法有效避免上述混合材料的分离或部分分离效应。唯一可能的补救措施就是尽最大可能降低支撑剂与暂堵剂的密度差或者采用超低密度支撑剂，但超低密度支撑剂的成本高，且其抗压能力也不足，因此，也不是一个完美的替代方案。

另外值得注意的是，在多级迂回投球暂堵中，由于支撑剂的流动跟随性差等问题，导致B靶点附近水平井筒中有大量滞留的支撑剂堆积，因此投球时很难将其送入预定的位置。还有，即使球在预定的孔眼位置处暂堵，但因前期大量含支撑剂的混砂液的磨蚀效应，孔眼扩径效应非常大且不同方向的扩径程度不同，导致孔眼形状的极端不规则性，因此，暂堵球要么因球径太小进入孔眼内部，要么因孔眼形状的不规则而难以完全封堵住。则此时投球后的压力升幅就会极其有限，也就谈不上多级迂回投球了。在此情况下，可能需要绳结型暂堵球或者不同直径的球型暂堵球及暂堵剂混合的方案，或者绳结暂堵球与不同直径球型暂堵球的混合方案，才可能应对上述不规则的孔眼形态。

第七节　段塞式与连续加砂技术

深层页岩气由于埋藏深、闭合压力高，能否压裂后形成具有较高初始导流能力且能够减缓导流能力递减的人工支撑裂缝是压裂作业的关键。导流能力除了与支撑剂自身性质，如粒径、密度、抗压强度等因素相关外，还与压裂施工作业过程中加砂方式密切相关。

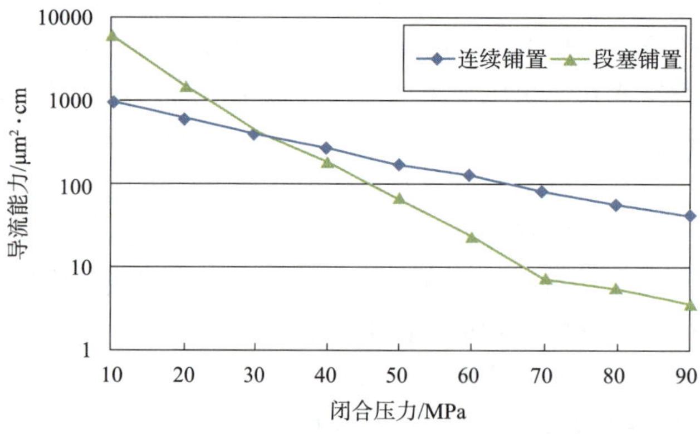

图11－26　支撑剂连续铺置与段塞铺置导流能力测试结果

陶粒支撑剂连续铺置与段塞铺置导流能力测试结果如图11－26所示，段塞铺置在闭合压力30MPa以下可保持比连续铺置还高的导流能力，当闭合压力超过30MPa后，导流能力下降较快，裂缝导流能力远低于连续铺置，段塞铺砂在80MPa闭合压力下导流能力仅为连续铺置的10%。因此，对于闭合压力较高的深层页岩而言，在压裂施工允许的情况下进行连续加砂，形成支撑剂连续铺置，无疑会大幅度提高缝内导流能力。

一、深层页岩高导流压裂对施工砂液比要求

前述研究可知，深层页岩要保持长期导流能力，要求支撑剂铺置浓度达到2.5kg/m^{2}以上，在压裂施工中铺置浓度的大小要用施工综合砂液比来衡量，图11-27模拟研究的是不同深度和闭合压力条件下要达到2.5kg/m^{2}支撑剂铺置浓度所需的综合砂液比对应曲线，图中显示，对于3500m以上的深层页岩，对应的综合砂液比应达到3%以上。

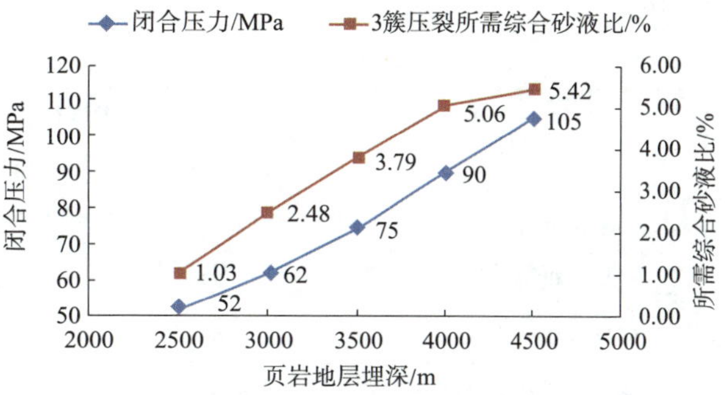

图11-27 不同深度页岩所需的综合砂液比曲线

二、深层页岩提高导流能力综合方法

上述实验结果表明，支撑剂类型与粒径、铺砂方式、铺置浓度以及裂缝复杂性等均影响裂缝导流能力，影响程度大小不一，很难用量化指标来进行排序，要提高裂缝中的导流能力，单独采用一种方法很难达到目的，要考虑各种技术方法的综合应用，尽可能使导流能力最大化。其综合技术方法为：

(1)主体支撑剂用低密度陶粒或覆膜陶粒替代覆膜砂。中深层页岩闭合压力在60MPa左右，使用40/70目覆膜石英砂作为主体支撑剂可以满足导流能力需求，而对3500m以深闭合压力80MPa以上的深层页岩，40/70目覆膜石英砂在裂缝中基本没有导流能力，因此，主体支撑剂必须选用40/70目低密度陶粒或覆膜陶粒来替代覆膜石英砂，尾追陶粒选用30/50目低密度陶粒和覆膜陶粒，低密度陶粒和覆膜陶粒在不同闭合压力下的实验结果如图11-28所示。

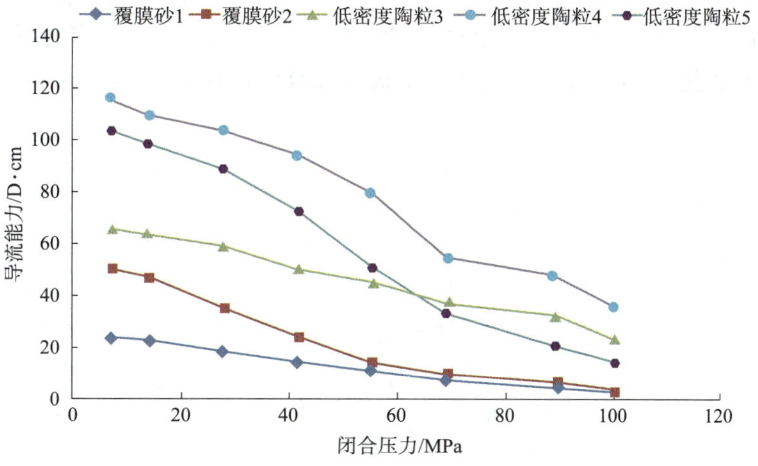

图11-28 低密度陶粒和覆膜陶粒在不同闭合压力下的实验结果

为了使支撑剂顺利加入和在裂缝中不易破碎，对低密度陶粒和覆膜陶粒物理性能进行

了评价优选，评价结果见表 11－3。目前体积密度 1.45～1.53g/cm³ 的低密度陶粒和覆膜陶粒在 86MPa 闭合压力下破碎率均达到标准要求，而且密度较低，可作为深层页岩压裂用支撑剂。

表 11－3　低密度陶粒和腹膜陶粒物理性能评价结果

项目名称	低密度陶粒		覆膜陶粒	
	40/70 目	30/50 目	40/70 目	30/50 目
酸溶解度/%	4.3	2.6	4.1	3.9
52MPa 破碎率/%	0.81	0.53	0.17	1.17
69MPa 破碎率/%	2.52	2.56	0.57	3.44
86MPa 破碎率/%	4.57	5.69	0.71	1.97
100MPa 破碎率/%	9.34	11.53	1.25	1.41
视密度/(g/cm³)	2.7	2.71	2.71	2.71
体积密度/(g/cm³)	1.5	1.53	1.45	1.45
圆度	0.9	0.9	0.9	0.9
球度	0.9	0.9	0.9	0.9
浊度	29.2	36.1	26.7	24

(2)改变加砂方式，采用长段塞或连续加砂提高砂液比和支撑剂铺置浓度。中深层常通常采用一个井筒加砂一个井筒顶替的短段塞加砂方式，因中深层页岩地应力不高，缝宽相对较宽，最高砂液比可以达到 20% 左右，在一定的用液量情况下综合砂液比与铺置浓度可以达到设计要求。而深层地应力高、缝宽窄，最高砂液比超过 15% 难度大，因此，要达到设计的综合砂液比和铺置浓度难度非常大。前述实验研究表明，连续铺置在高闭合压力下可以保持较高导流能力，为此，在深层页岩压裂中要提高砂液比和支撑剂铺置浓度，可以采取如下两种方式来实现：

①长段塞加砂。将携砂液阶段的单个段塞容积由一个井筒容积提高到 2～5 个井筒容积，一个压裂段采用 2 个以上的长段塞加砂，依据施工压力变化，长段塞可以在加砂前期、中期或后期实施，通过减少总用液量来提高综合砂液比。见图 11－29。

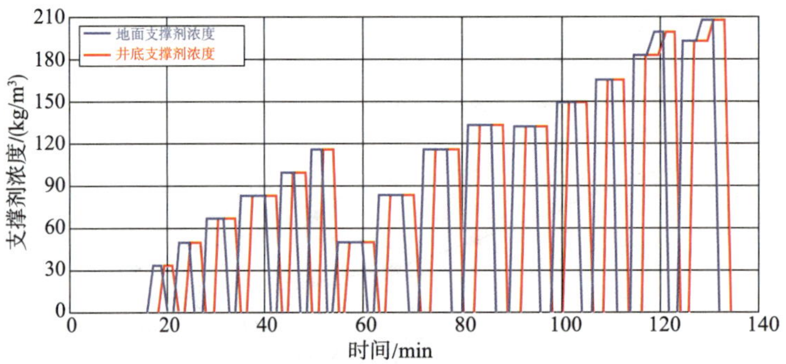

图 11－29　长段塞加砂浓度变化示意图

②低砂比连续加砂。在携砂液阶段中期或者后期采用的低－中等砂比连续加砂，砂液比 3%～8%，最高砂液比控制在 8% 以内(图 11－30)。

(3)采用微小粒径支撑剂充填分支缝或微小裂缝。深层页岩地应力高，主裂缝宽度窄，分支缝或微小裂缝宽度更窄，为了使分支缝或微小裂缝得到支撑，采用微小粒径支撑剂来充填。微小裂缝的张开主要依靠低黏度滑溜水，图 11－31 模拟的是不同深度页岩滑溜水和胶液造缝宽度曲线，可以看到，3500m 以深主缝宽度小于 1.4mm，便于支撑剂进入与充填，支撑剂的最大粒径应当小于 0.2mm，应当选用 100 目以下的微小粒径支撑剂来支撑，以提高裂缝的综合导流能力。

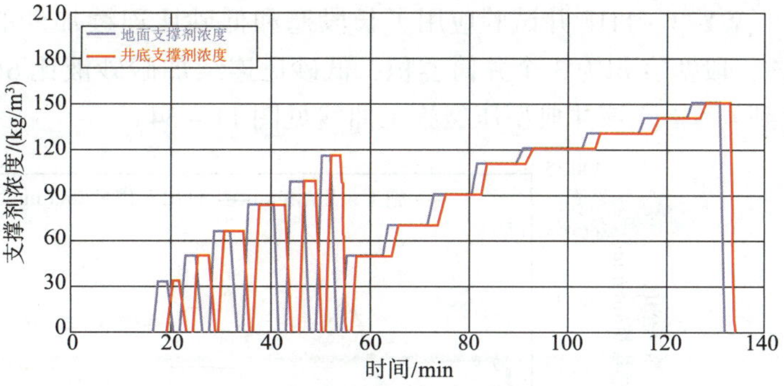

图 11－30　低砂比连续加砂浓度变化示意图

受缝宽限制，深层页岩通常无法进行高砂比施工，提高综合砂液比和加砂规模主要通过优化滑溜水和胶液混合比、优化中顶液量、采用低砂比长段塞或者连续加砂模式施工来实现。采用裂缝软件模拟计算表明，在加砂量相同、液量一致条件下，采用短段塞、长段塞、连续铺砂三种模式施工，综合砂液比分别达到 3%、3.5% 和 4% 时，裂缝导流能力可提高到 1$\mu m^2 \cdot cm$ 以上，如图 11－32 所示。

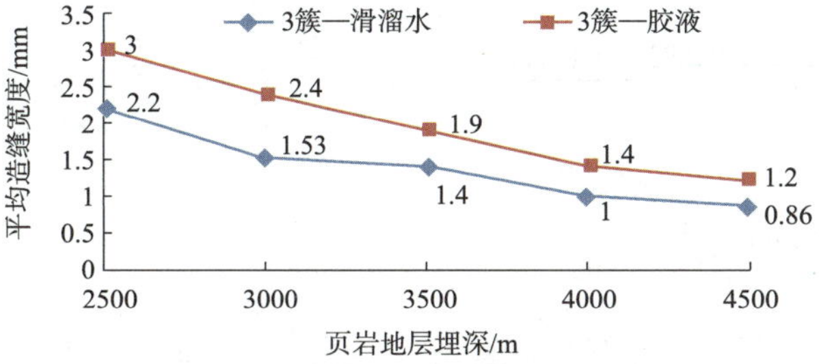

图 11－31　不同深度页岩的平均造缝宽度

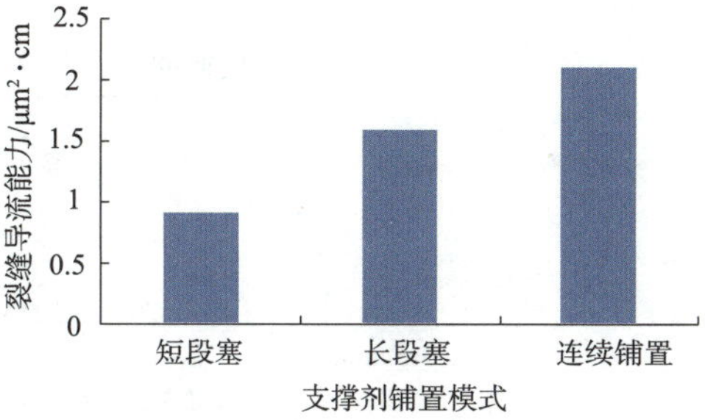

图 11－32　不同加砂方式对导流能力的影响

图 11－33 为 WY1HF 井大段塞加砂施工曲线，在加砂后期应用了 2 个大段塞加砂，段塞容积为 3 倍井筒容积，单段施工综合砂液比最高达到 4.5%。

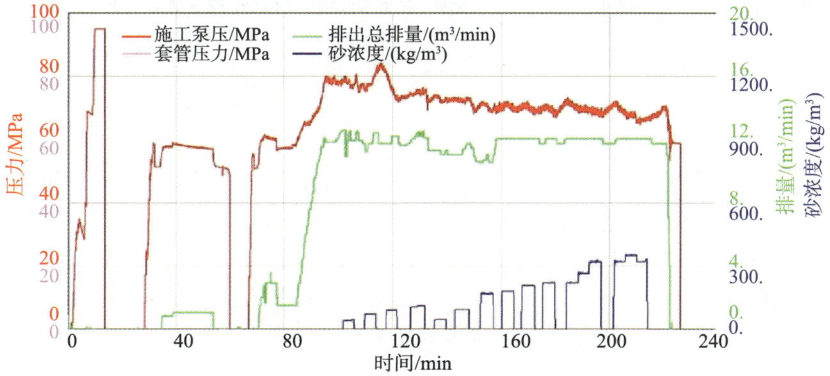

图 11－33　WY1HF 井典型长段塞加砂压裂施工曲线

WY23－1HF 井试验应用了长段塞和低砂比连续加砂的组合，长段塞段砂液比 5%～6%，段塞容积为 3 个井筒容积，低砂比连续加砂砂液比 6%～9%，最终全井综合砂液比达到 4.6%。该井典型压裂施工曲线见图 11－34。

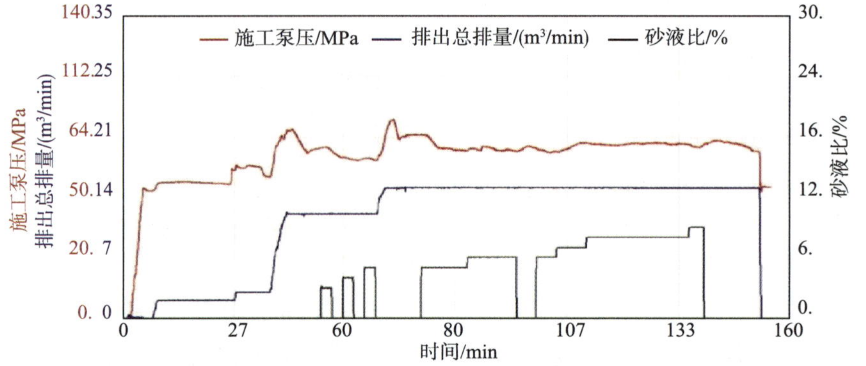

图 11－34　WY23－1HF 井典型长段塞和连续加砂压裂施工曲线

DY4 侧钻水平井和 DY5 侧钻水平井，垂深超过 4000m，主要通过 2 个井筒容积的长段塞加砂提高了砂液比，综合砂液比达到 3.9%～4.1%，如图 11－35 和图 11－36 所示。

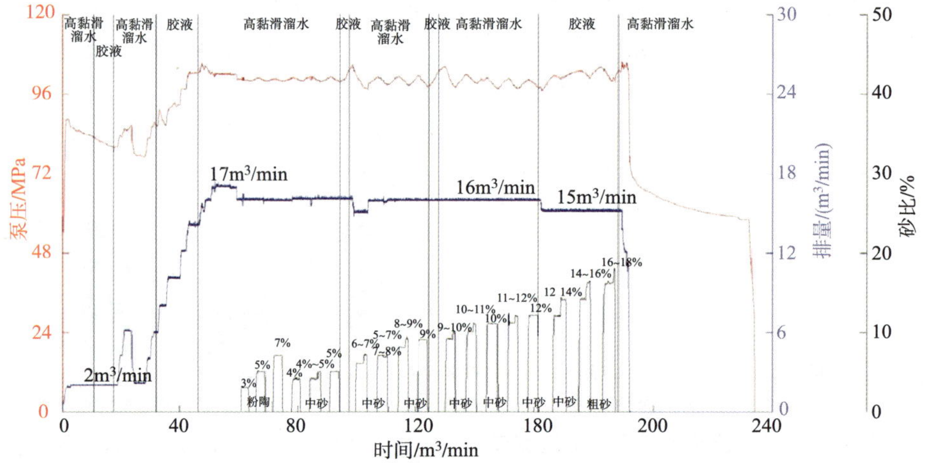

图 11－35　DY4 侧钻水平井典型加砂压裂施工曲线

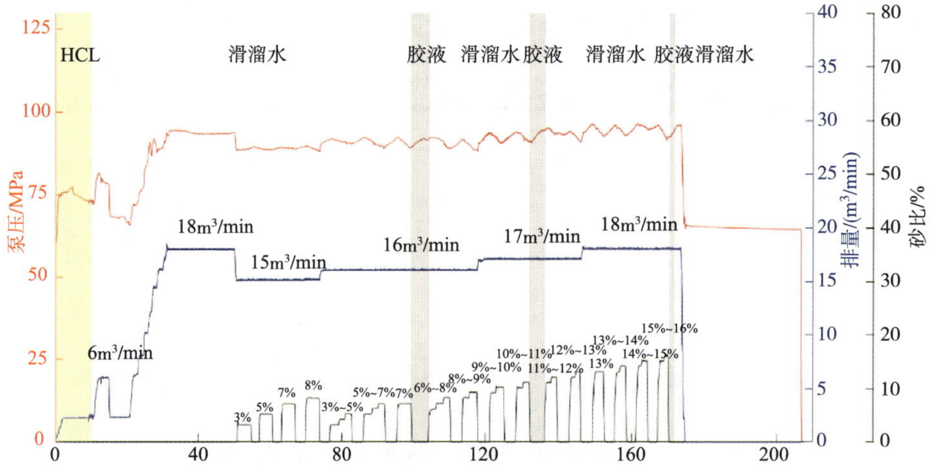

图 11－36　DY5 侧钻水平井典型加砂压裂施工曲线

WY1HF、WY23－1HF、DY4 侧钻水平井和 DY5 侧钻水平井等井成功的压裂施工说明，采用长段塞和低砂比连续加砂来提高综合砂液比是可行的，压裂后施工曲线的拟合分析表明，主裂缝导流能力普遍达到 $1\mu m^2 \cdot cm$ 以上。

第八节　V 形压裂施工曲线控制技术

由于深层页岩的非均质性相对较强，同一水平井段的不同段以及段内不同射孔簇之间，都可能发生岩性、天然裂缝、断层、含气性及脆性等的变化。虽然段簇划分时是按地质与工程参数一致性作为划分的标准，但基于的资料是以测井数据为主，都是近井地带的数据(一般小于 1m)，难以准确描述远井的地质工程参数及变化。因此，同一口水平井，不同段簇的施工曲线可能会呈现出不同的形态，如目前常见的压裂施工压力曲线形态有稳定性、持续下降型、持续上升型、不规则波动型等。如不主动实施控制，很难出现 V 形或多个 V 形组成的 W 形曲线形态。下边进行详细阐述。

一、压裂施工 V 形曲线的定义

顾名思义，所谓 V 形曲线，就是从整体压力曲线形态上观察，压力下降后又有明显的抬升迹象，且抬升后的压力至少与之前的最高压力相当，当然能超过更好。之后，至少还应有两个 V 形曲线，且每个 V 形曲线的最高压力点及整体平均压力都应呈现出逐渐增加的态势。之所以出现压力下降，应是破裂后的压力响应特征。显然地，页岩岩石的脆性指数越大，则破裂后的压力降幅越大，且降低速度也越大。反之，则越小。之后压力应基本维持相对恒定的状态，但如压力仍一直持续降低，就应考虑是否是缝高过度增长的前兆了。当然，缝高增长在深层页岩是需要的，但也不能过度增长。此时，小粒径支撑剂的及时加入，对阻止缝高的持续增长也是有利的。等压力维持基本稳定后，应考虑大幅度提升缝内净压力，进而提高裂缝的复杂性及改造体积了。采取的措施要么是高砂液比，要么是投暂堵球或暂堵剂，或者二者都投的双暂堵作业。其目的就是要让井筒内及不同尺度裂缝内的压力尽可能快地提升起来。导致在井口压力曲线的特征上就是 V 形特征。而多个 V 形曲线组成的 W 形曲线，则可在多个裂缝或裂缝内的多个位置产生新的转向裂缝。而这正是 V 形压力曲线的全部内涵。其核心是如何通过 V 形曲线的实施与控制，最大限度地提高裂缝的复杂性程度及整体裂缝改造体积。

由上述 V 形曲线的定义，要实施 V 形曲线的控制，主要的技术关键有：

(1) 由井口施工压力曲线到井底施工压力曲线的转换技术。

理论上而言，应基于井底施工压力曲线进行相应的反演分析，但绝大多数情况下，只有井口施工压力曲线。为此，需要相应的转换技术。这里又涉及不同砂液比(砂液比为零时就是纯压裂液)混砂浆的静液柱压力及摩阻的精确计算，尤其当一个井筒中可能含有不同砂液比的混砂浆段时就更为复杂困难了，原因是黏度的较大差异性，可能存在低黏液在高黏液中的黏滞指进效应，此时就不是简单的段塞流那样，各个砂液比的混砂浆段的界面间是泾渭分明的。此时，井筒摩阻更多的是反映了高砂液比段混砂浆的情况，且给计算带来很大的不确定性。为此，比较简单的方法就是对比井口施工压力曲线，但是必须在压裂液黏度、砂液比及排量等尽量相等的前提下，且一个井筒中应尽量只有一种黏度及砂液比的混砂浆。当然，要满足上述要求也是极为苛刻的，所以，有时只能假设不同砂液比的混砂浆段界面是清晰的，在此前提下，可简单地获取井底的施工压力曲线。

(2)由施工曲线形态及其变化趋势，对储层特性及裂缝特性的反演技术。

在上述井底压力曲线转换的基础上，可由曲线的形态及变化，反演出各个关键的储层参数及裂缝形态及其几何尺寸。

如储层的有效渗透率可基于破裂压力曲线及破裂前注入的压裂液量，按径向渗流理论简单求取；岩石的脆性除了基于岩矿特征及目标井层取心进行应力-应变测试外，每段裂缝处的岩石脆性指数可由破裂压力形态特征进行判断。如破裂后压力快速下降且下降幅度相对较大，则说明岩石的脆性指数相对较大，反之则较小，如在升排量过程中出现多点破裂现象，也是脆性指数大的迹象。目前已有相关文章基于破裂压力曲线形态及特征进行脆性指数的定量描述，天然裂缝是否发育及其发育程度，可由施工压力的波动幅度及频率简单判断。显然地，施工压力波动的频率越高，天然裂缝越发育，反之，则越不发育。此外，压力波动幅度越大，则说明天然裂缝的几何尺寸越大，反之则越小。还可基于裂缝扩展模拟软件，来判断天然裂缝距离井筒的位置。其中，用于延伸天然裂缝的液量，可基于上述压力数据波动的均方差占该段平均压力的比值来近似确定。而压力波动曲线形态从整体上观察，应由分段性的大波动及每个小的波动组成。可以认为，大的分段性波动就是转向支裂缝的延伸造成的，而其中的小的波动则是又有大量新的三级微裂缝被沟通后造成的。因此，按同样的方法，也可进一步计算上述三级微裂缝的几何尺寸及其距离转向支裂缝的位置；最小水平主应力及其与最大水平主应力的差值，也可基于压力降落曲线及中途的瞬时停泵压力等数据求取。但有时压力降落数据可能不一定能记录到裂缝真正闭合的时间，因此，计算结果可能偏大。但如能持续记录压裂结束后的压力到下段施工开始前的开井压力，应当可以找到真正的闭合时间点。需要指出的是，真正的裂缝闭合应力应由闭合在支撑剂上的“闭合应力”减去支撑缝宽引起的净压力，而该值可由净压力与缝宽的关系式进行求取。而水平应力差可由最大水平主应力计算公式求取，其中需要用到抗张强度的数据，因此又需要中途至少一次停泵后再次延伸的最大压力与第一次破裂压力的差值即可认为是岩石的抗张强度。当然，如能中途多次停泵，则可取多次停泵后再次延伸的最大压力的平均值，则更有代表性，起码可以代表更大裂缝延伸范围内的平均水平压力差；岩石力学参数主要是杨氏模量及泊松比等，可由造缝宽度的计算公式结合施工压力曲线联合求取，宜采取迭代法求取不同施工时间的动态缝宽，由此反推杨氏模量及泊松比随时间的动态变化曲线。

在上述储层关键参数实时反演的基础上进一步修正水平井及段簇的精细地质力学模型，则裂缝形态及几何尺寸的实时反演就相对简单了，可基于成熟、先进的裂缝模拟商业软件进行相关拟合。其中裂缝形态主要指的是裂缝复杂性程度，可基于净压力的历史拟合进行。显然地，裂缝的复杂性程度越高，净压力也越大，即使按先前的单一裂缝模拟软件，也可拟合出当量裂缝条数，且是远大于1的(等于1是单一裂缝)。需要指出的是，上述裂缝形态及几何尺寸的拟合有个暗含的前提是各簇裂缝是均衡起裂与均衡延伸且是均衡加砂的。这显然不符合实际情况，尤其对深层页岩气压裂而言更是如此。为此，通过采取上述双暂堵技术(必要时采用迂回双暂堵或多级迂回双暂堵)，可在较大程度上促进各簇裂缝的均衡起裂延伸与均衡加砂情况。或者通过刻意提高施工砂液比等措施，造成部分优势簇裂缝的脱砂或砂堵(与直井压裂不同，直井一旦脱砂或砂堵就可能提前结束施工了)，就可迫使其他劣势簇裂缝的进一步延伸和加砂。按上述处理措施后的裂缝模拟结果就可基本可靠了。但如没有采取上述促均衡的措施，只有在精细地质力学模型的基础上，结合各簇裂缝非均衡延伸的理论模拟和室内支撑剂在多簇复杂裂缝内的动态输砂实验结果，对各簇裂缝的几何尺寸及加砂情况进行近似的拟合分析。

此外，当进行井工厂多井压裂时，与单井相比，情况又要复杂得多，此时非均衡起裂、延伸及非均衡加砂的情况，不仅局限于各簇裂缝了，即使是同簇裂缝，在水平井筒不同的侧翼方向也是同样存在的。原因还是多井、多缝间的诱导应力的叠加效应造成的不同簇裂缝及裂缝的不同位置地应力的强非均质性，且在密切割条件下极易造成裂缝间的窜通及强干扰效应。在此情况下，实际上是无法拟合各簇裂缝的真实形态及对应的几何尺寸。

二、V 形曲线形态控制技术

从 V 形曲线的构成可以看出，包括压力下降幅度及下降速度、压力持续恒定或接近恒定，然后是压力提升幅度及提升速度等五个要素。理想的 V 形曲线应是压力的提升幅度大于压力的下降幅度，而压力的提升速度低于压力的下降速度，以确保实现平稳施工和持续提升裂缝的净压力目标。此外，所谓的 V 形曲线，还包括整体上宏观时空域的 V 形曲线和局部时空域的 V 形曲线。前者指的是在裂缝破裂后压力一直持续下降，或者没有明显的破裂压力迹象，之后压力平稳或基本平稳，且该段持续相对较长的时间，然后，压力曲线又开始缓慢提升，一直到顶替作业结束，抬升后的压力接近甚至超过之前的最高破裂压力；后者指的是局部区域就有上述 V 形曲线的出现，只不过中间压力平稳或基本平稳段的持续时间相对较短甚至就没有该段特征出现。然后是多个类似的曲线重复出现，直到施工结束。当然，施工结束时的 V 形曲线可能只显示部分的特征。显然地，后者更符合主裂缝全缝域都能出现转向支裂缝的特征要求，能最大限度地提升裂缝的整体复杂性程度及改造体积，且有效改造体积也可实现最大化，因多个 V 形曲线的后半段的压力抬升效应，在排除了暂堵球或暂堵剂造成的影响外，基本上是支撑剂进入不同尺度裂缝的充满度更高的特征显示。因此，在现场操作上应尽最大可能，力争避免前者的出现，且 V 形曲线出现的次数越多越好。原因在于，如 V 形曲线出现的次数相对较少，则必然是其中间的压力平稳段或接近平稳段的持续时间相对较长。可以认为，该阶段主要显示的是主裂缝延伸的特征，且没有沟通天然裂缝或水平层理缝/纹理缝的任何迹象。因此，即使最终形成了转向支裂缝，但其也仅是沿主裂缝方向的局部的、零星的分布而已，距离真正缝网的要求还是有较大差距的。值得指出的是，在 V 形曲线中的压力下降幅度及下降速度同样极其重要，下降幅度越大，说明要么是储层的岩石脆性指数好的区域分布的范围越广，要么是缝高的延伸程度越好，二者中的任何一种或二者都存在等情况，对初始的造缝形态控制都是极为有利的；而压力的下降速度直接反映了储层岩石的脆性指数的高低或缝高延伸的速度快慢。显然地，压力下降速度越快，脆性指数越高或缝高的延伸速度越快，反之则越低或越慢。因此，压力下降幅度大和下降速度快的组合是非常有利的态势，是岩石的脆性指数高且延伸范围大或缝高延伸充分且较快的特征响应。至于其他的组合，如压力下降幅度大和下降速度慢，则是岩石的脆性指数低但延伸范围大或缝高延伸充分但较慢的特征响应；如是压力下降幅度小和下降速度快的组合，则是岩石的脆性指数高但分布范围小或缝高的延伸有限但较快的特征响应；如是压力下降幅度小和下降速度慢的组合，则是岩石的脆性指数低且分布范围有限或缝高的延伸不充分且较慢的特征响应。

需要强调的是，以上主要从储层特征参数的角度进行相关的分析，实际上，施工参数如压裂液黏度及排量组合、施工砂液比及双暂堵等措施，也是极为重要的，且是可以人为控制的，下边进行详细阐述。

（一）压裂液黏度与排量组合的控制

前面有关章节已就此做过详细的论证阐述，但主要是从裂缝几何尺寸扩展方面进行分析的。实际上，压裂液黏度与排量的组合优化及控制对V形曲线形态的影响也至关重要。首先是影响破裂压力大小及后续的压力下降幅度及下降速度。现场也经常见到类似的情形，即当排量没有提升到位时，虽有破裂压力显示，但破裂特征不明显（上述压力下降幅度及下降速度都相对较小）。有时适时提高排量后立即见到明显的破裂迹象，主要表现为破裂压力重新升高到一个高值后，有明显的压力下降幅度，而压力下降速度则有快有慢，这主要与裂缝波及区域的岩石脆性指数有关了，但与此时对应的压裂液黏度也有次要的关联度。显然地，压裂液的黏度越小，则压力的下降速度越快，反之则越慢。

如从压裂液黏度与排量组合的角度出发，中高黏度与高排量的组合方式更为有利，既利于泵注，又利于获得明显的破裂特征，且破裂后的压力下降幅度及下降速度也相对较快；高黏度与高排量的组合则不具现场操作性，会造成施工压力快速超过井口限压而过早停泵结束施工。现场上也经常见到所谓的“液堵”现象，即高黏度压裂液进入地层后引起压力的快速上升，与脱砂或砂堵的特征基本吻合。究其原因，主要是因为压裂液的高黏度必然带来高的黏滞力，导致井筒沿程摩阻及裂缝摩阻都大幅度增加；高黏度与低排量的组合也同样不具现场可操作性，虽然压力可以控制在井口限压以下，但施工效率太低；同样地，低黏度与低排量的组合更没有现场可操作性；而低黏度与中高排量及高排量的组合，虽然对于提高净压力也十分有利，但在造缝的早期，因黏度低，还是容易因水平层理缝/纹理缝或高角度天然裂缝的分流效应，难以实现缝高方向上的“穿层”效果；至于中黏度与排量的其他各种组合情况，也有各种各样不同的问题，在此不赘。

另外需要进一步说明的是，在上述V形曲线的讨论中，是先从地层破裂后的第一个V形曲线谈起的。此后，出现相对较大的V形曲线的可能性主要应是源于主裂缝沟通延伸了几何尺寸较大的天然裂缝，且主要是沿着天然裂缝方向延伸的（在与天然裂缝有一定夹角的情况下，只会在主裂缝穿过天然裂缝之后有些压力的微小波动而已），但也不会一直沿着天然裂缝方向延伸，即使最终的延伸方向又回归到原先主裂缝的方向，因主裂缝侧翼方向的流动通道还是相对较窄的，导致其延伸阻力仍会大于原先的主裂缝。因此，最终的主裂缝还是会从与天然裂缝沟通的原点继续延伸。可以由此认为，从第二个V形曲线开始，每个V形曲线基本可以认为是沟通了一个几何尺寸相对较大的天然裂缝，而在V形曲线内部更小的V形曲线，也可推测是沟通了更低一级的天然裂缝。显然地，上述V形曲线出现的频率越高，且每个V形曲线上的局部压力波动频率越高，则说明裂缝的复杂性程度越高，裂缝的改造体积也越高。

至于压裂液黏度与排量的组合对上述第二个V形曲线之后的曲线形态的影响，与第一个V形曲线相比，影响程度类似，在此不赘。

(二)压裂液体积与施工砂液比的控制

压裂液体积主要影响V形曲线的底部段即压力持续恒定或接近恒定段的特征。显然地，在压裂液黏度及排量基本恒定的前提下，压裂液的体积越大，则V形曲线的底部段的长度越长，反之则越短。但有时压裂液体积也同样会影响到压力下降幅度(压力下降速度则难以影响)，如在合适的黏度及排量组合下，地层本可以获得更明显的破裂，但如此时压裂液的体积不足，则可能会打断破裂之前的压力上升进程，因此在地层没有获得更充分破裂的前提下，则压力下降幅度也会相应降低。同样地，如在充分破裂之后的压力下降过程中，对应黏度与排量组合下的压裂液体积不足，如换为黏度较低的压裂液还问题不大，但如换为黏度较高的压裂液，则压力下降幅度及下降速度等都会降低甚至会导致压力的再次上升，这就给判断破裂压力的特征造成了严重的干扰，因此，强烈不推荐类似的做法。因此，现场上经常是地层彻底破裂后，就立即换用低黏度滑溜水，此时压力的上升速度也慢，再配合相对较大的体积，可在V形曲线的底部段持续一段较长的时间，正好也可利用其黏度低的优势，更加清晰地判断沟通与延伸天然裂缝的情况。

需要指出的是，如果沟通的天然裂缝几何尺寸相对较大，也可能过早引发另一个V形曲线。等该天然裂缝进液饱和后(其延伸阻力一般较主裂缝大得多，会较快停止延伸)，再回归正常的主裂缝延伸进程；但如果沟通的天然裂缝几何尺寸相对较小，则由此引发的压力波动幅度也会相对较小，只不过是本轮V形曲线中的正常压力波动而已。显然地，压裂液的体积越大，越可以有充足的时间判断各个V形曲线的完整形态，否则，可能因压裂液体积不足，过早打断了V形曲线的演变进程，会导致最终出现不完整的V形曲线，显然也不利于施工中的实时分析判断和参数调整。但有时因施工压力超过限压的情况则另当别论。

对施工砂液比而言，是操作上更易灵活控制的参数，它对上述V形曲线形态的影响更是立竿见影的。显然地，在不引发早期脱砂或砂堵的前提下，施工砂液比越高，则压力上升的幅度及速度也越大，反之则越小。而且，V形曲线中压力下降的幅度及速度也会越小。鉴于此，最好是等V形曲线的压力下降到位后再加砂，否则会影响天然裂缝的延伸范围。即使在之后的压力上升阶段，施工砂液比也不能过高，否则也会导致天然裂缝的过早停止延伸。因此，如何平衡天然裂缝的充分延伸与充分支撑的矛盾是非常关键的。如有可能，则进行相应的物模研究是非常必要的。需要强调的是，上述论述主要是针对最大尺度主裂缝，也可由此推论到转向支裂缝及三级微裂缝系统，如果对应粒径的支撑剂能运移到位，通过上述施工砂液比的调节，同样可以调节V形曲线的形态朝有利的方向演变，只不过此V形曲线是较小级别的，可认为它们是大的V形曲线的局部环节的压力波动。同样地，也存在着平衡砂液比的问题，尤其是三级微裂缝系统，如小粒径支撑剂的施工砂液比过高，可能阻止了微裂缝系统的充分沟通与延伸，对整体压裂效果是非常不利的。但过低也不行，这会导致压裂后大量沟通延伸的微裂缝系统的快速闭合，对压裂后稳产也同样不利。

至于V形曲线右半部的压力上升斜率的控制，对主裂缝而言，缝端脱砂的压力上升速度为1MPa/min，小于该值说明缝端的脱砂效应不明显，大于该值则说明在缝端至缝口的某个位置发生了脱砂效应，且该值越大，脱砂的位置越靠近缝口，这显然是不利于产生大范围转向支裂缝的，因此需要尽力避免此种情况的出现；而对转向支裂缝及三级微裂缝系统也是同样的道理，只不过因它们的数量较多，基于多裂缝系统净压力更高的理论，上述压力上升速度相对更低即可达到与主裂缝对应位置的缝内脱砂效果。且转向支裂缝及三级微裂缝的数量越多，上述对应位置脱砂时的压力上升速度越小，且具体降低的幅度，应针对不同区块不同段簇位置需要逐渐摸索才能确定。

（三）簇间暂堵球及缝内暂堵剂的参数控制

前边有关章节已有详细的阐述，这里需要强调的是，簇间暂堵球引发的压力上升，如正好处于 V 形曲线的右半部，它已不是已压开裂缝的缝内净压力上升的表现，而是新压开的破裂压力更高的簇裂缝在破裂前的压力上升特性，且对缝内净压力的提升也同样具有正面的促进作用；同样地，缝内暂堵剂引发的压力上升，如幅度相对较大，并超过了未压开裂缝的破裂压力，也可能产生新的簇裂缝，相当于充当了暂堵球的部分作用。则此时 V 形曲线的右半部压力的上升，既有已压开裂缝缝内净压力增加的成分，更有新破裂簇裂缝在破裂前的压力上升特性。综上所述，暂堵球和暂堵剂的作用有时相互影响，甚至无法分清楚到底是哪个的作用更大，因二者的作用都统一表现为井口或井底压力的笼统动态变化特性。现场上也经常出现二者的压力上升幅度此消彼长的现象，尤其当进行多级簇间投球及多级缝内暂堵时，同样的暂堵作业参数，压力的上升幅度及速度等都各不相同。这对簇间暂堵球而言容易理解，因为随着进液孔眼数量的降低，孔眼摩阻变化很大，因此，不同时间投的暂堵球，即使数量相同，产生的压力升幅也差异很大。如果考虑支撑剂在靠近趾端裂缝缝口处堆积滞留对暂堵球运移规律的影响，则暂堵球的暂堵压力上升幅度的分析就更为复杂多变了；对缝内暂堵剂而言，如是在同一个裂缝内暂堵，显然地，不同时间投入暂堵剂，因裂缝的动态缝宽等差别很大，暂堵的效果肯定有较大差异。如是在投球压开新裂缝内暂堵，则裂缝的动态几何尺寸与先前暂堵时的裂缝可能有较大差异，暂堵剂的封堵位置也会发生变化，因此，暂堵剂造成的压力升幅等也会变化多端。

第九节　四控一防压裂控制技术

一、控制早期多缝滤失

针对不同深度的页岩储层，选择 4 种前置液升排量方式：$2m^3/min-4m^3/min-6m^3/min-8m^3/min-10m^3/min-12m^3/min-14m^3/min-16m^3/min$、$2m^3/min-6m^3/min-10m^3/min-14m^3/min-16m^3/min$、$2m^3/min-8m^3/min-14m^3/min-16m^3/min$ 和 $2m^3/min-10m^3/min-16m^3/min$，在胶液比例 0～60%（以 10% 为间隔）的情况下，从表 11－4 可知：优化的前置胶液用量应为总液量的 30%～40%；储层埋深 3000～3500m，宜采取小阶梯变排量 1～$2m^3/min$ 的增排量方式，而储层埋深 3500m 以深，宜采取大阶梯变排量 4～$6m^3/min$ 的增排量方式。

表 11－4　不同提排量方式和胶液比例对裂缝宽度的影响

深度/m	排量/(m^3/min)	胶液比例/%						
		0	10	20	30	40	50	60
≤3500	2－4－6－8－10－12－14－16	0.084	0.087	0.09	0.095	0.1	0.102	0.102
	2－6－10－14－16	0.08	0.083	0.086	0.089	0.093	0.095	0.095
	2－8－14－16	0.077	0.079	0.081	0.084	0.088	0.089	0.09
	2－10－16	0.075	0.077	0.079	0.081	0.084	0.086	0.087
3500～4000	2－4－6－8－10－12－14－16	0.071	0.075	0.086	0.089	0.093	0.095	0.097
	2－6－10－14－16	0.068	0.078	0.089	0.09	0.095	0.096	0.097
	2－8－14－16	0.066	0.076	0.091	0.092	0.096	0.096	0.097
	2－10－16	0.062	0.071	0.088	0.09	0.095	0.095	0.096
4000～4500	2－4－6－8－10－12－14－16	0.052	0.054	0.056	0.06	0.063	0.065	0.067
	2－6－10－14－16	0.054	0.052	0.055	0.062	0.063	0.065	0.069
	2－8－14－16	0.051	0.052	0.054	0.058	0.065	0.067	0.065
	2－10－16	0.049	0.05	0.052	0.055	0.059	0.06	0.062

黏度的变化对改造体积也有较大的影响，如图 11－37 所示，黏度越大，产生的改造体积越小，但产生的缝宽越大，胶液黏度＞100mPa·s 时对改造体积和缝宽增幅影响变小。优选黏度在 100mPa·s 以内的液体作为主体压裂液。

压裂液体系采用 3 种黏度的胶液，即低黏度压裂液(9～12mPa·s)＋中黏度压裂液(40～50mP·s)＋高黏度压裂液(70～100mPa·s)，并设置三种压裂液占比 7∶2∶1、6∶3∶1、6∶2∶2、5∶4∶1、5∶3∶2、4∶4∶2、4∶3∶3(黏度越来越高)进行模拟。从图 11－37～图 11－40 可知，综合考虑裂缝复杂性和改造体积的影响，优选 3500m 以浅三种压裂液比例 5∶3∶2；3500m 以深三种压裂液比例 4∶4∶2。

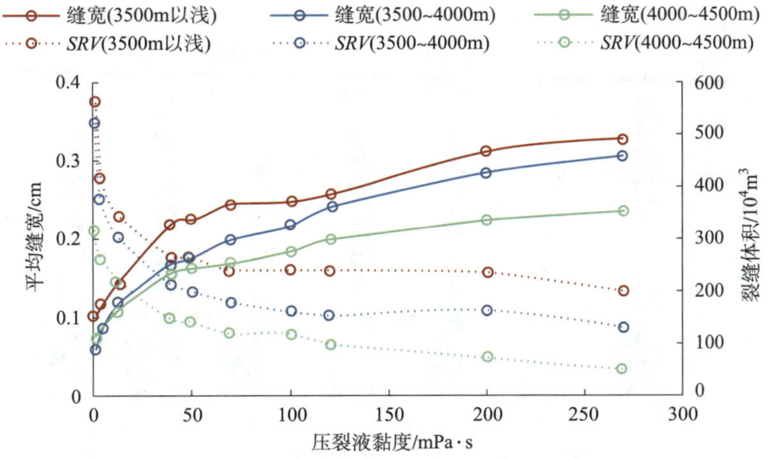

图 11－37　黏度与缝宽和改造体积关系

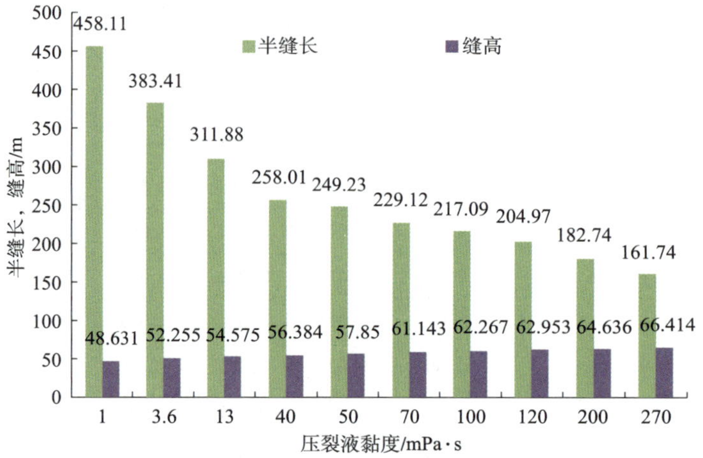

图 11－38 黏度与缝长和缝高的关系

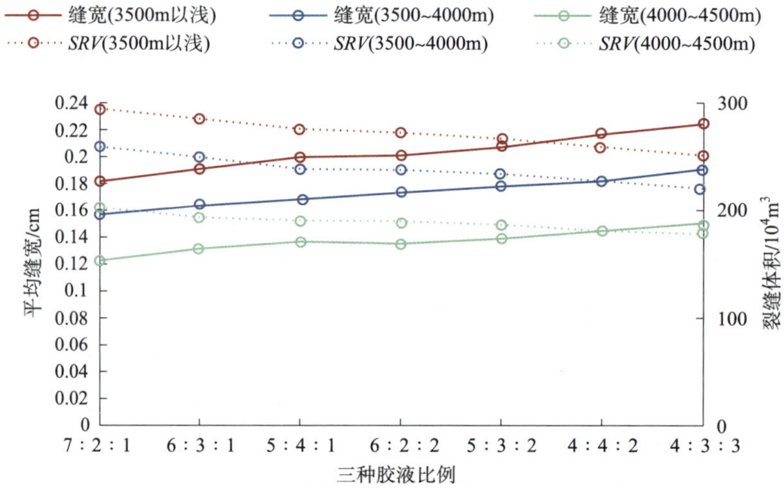

图 11－39 不同类型液体比例与缝宽和改造体积关系

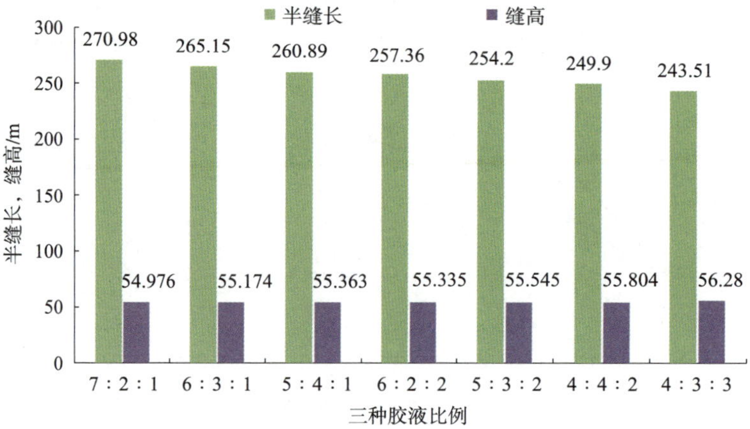

图 11－40 不同类型液体比例与缝长和缝高的关系

二、控制早期缝高过度延伸

针对页岩储层，模拟了不同排量下的裂缝高度，模拟排量为 $10m^3/min$、$12m^3/min$、$14m^3/min$、$16m^3/min$、$18m^3/min$、$20m^3/min$、$22m^3/min$、$24m^3/min$ 条件下的裂缝高度。结果如图 11－41 所示，当排量超过 $16m^3/min$时，裂缝高度增加过快，针对此，为避免早期缝高失控，建议控制排量为 $12 \sim 16m^3/min$。

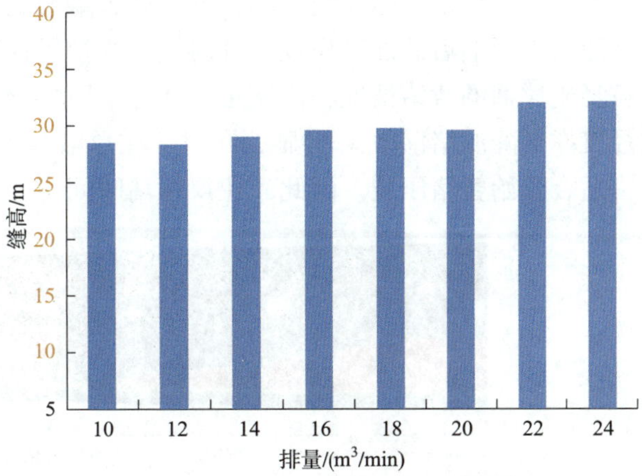

图 11－41　不同排量下的裂缝高度

在加砂阶段中，由于压裂液液体由高黏度的前置胶液转为相对低黏度的滑溜水。缝高控制的难度大大降低，如何增大缝宽，成为了加砂阶段的重要问题。针对此，模拟了不同排量条件下的净压力。模拟结果如图 11－42、图 11－43 所示，为保证后期加砂顺利及改造体积，推荐排量增加至 $20m^3/min$ 以上。

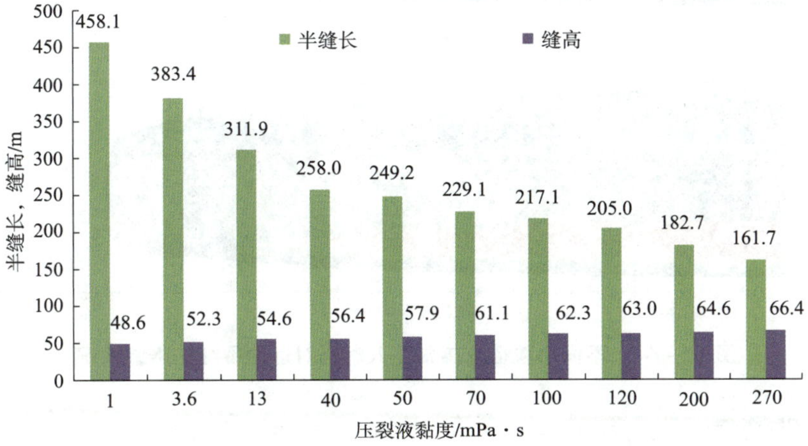

图 11－42　不同排量下的裂缝高度和半缝长

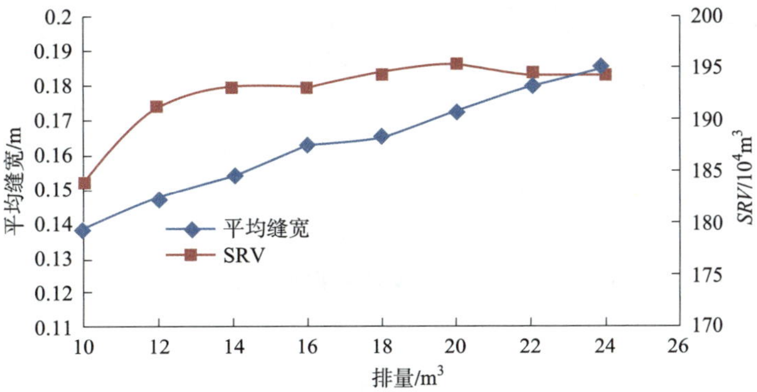

图 11－43　不同排量下的缝宽及改造体积

三、控制压力渐进性增长

在压裂中后期，随着裂缝的扩展，若远端滤失微裂缝未及时通过粉砂降滤，会造成压裂液滤失，影响后续加砂作业。针对此，模拟了在总液量的40%、60%、80%入井时加入小粒径支撑剂的暂堵情况，由图11-44、图11-45可以看出，在总液量60%之后加入小粒径支撑剂降滤堵漏效果明显。同时，在总液量的60%入井筒后，裂缝长度增速显著降低，适合开始暂堵压裂。因此，建议暂堵时间为注入总液量的60%时。

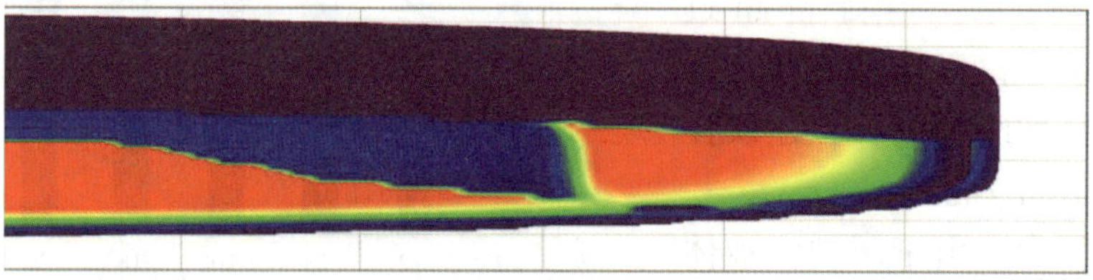

(a)总液量的40%

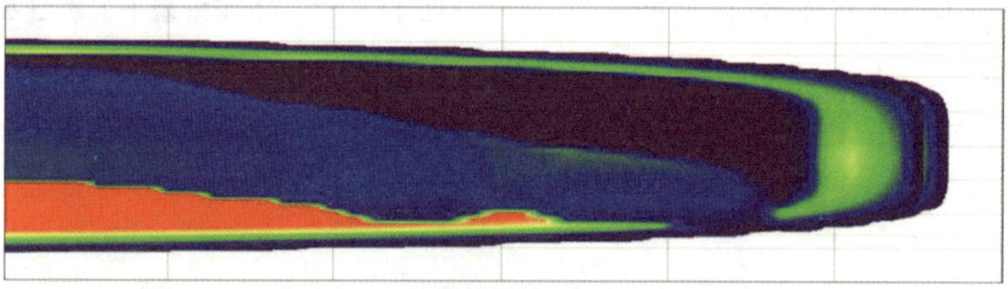

(b)总液量的60%

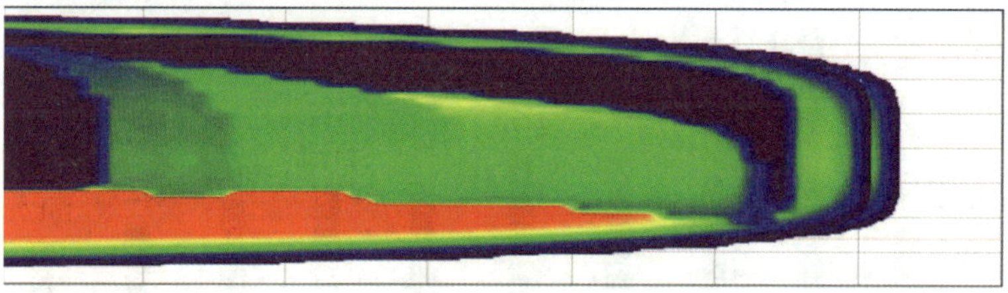

(c)总液量的80%

图11-44　不同小粒径支撑剂注入时机对远端裂缝的降滤情况

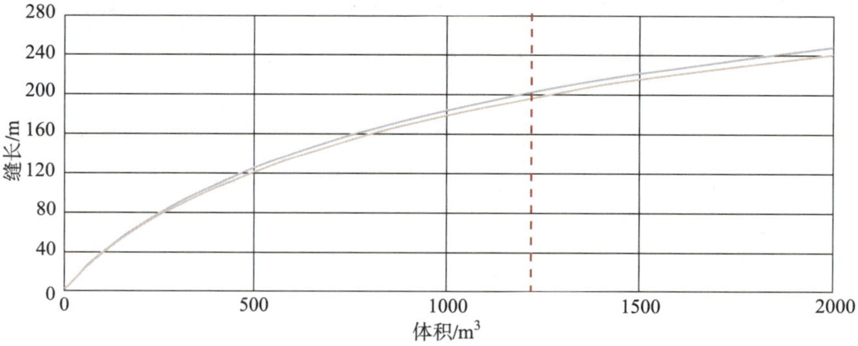

图11-45　压裂液液量-半缝长关系曲线图

四、控制砂比敏感点

当页岩气井中后期加砂难度较大时，支撑剂因重力在近缝内过早沉降，形成砂堤，造成压力持续增长。需要通过高黏度胶液扫砂扩缝。模拟了中途顶胶的位置为总加砂量的28.7%、34.8%、43.8%、53.1%下的导流能力。由图11－46可以看出，建议中途顶胶的位置为总加砂量的35%～45%。

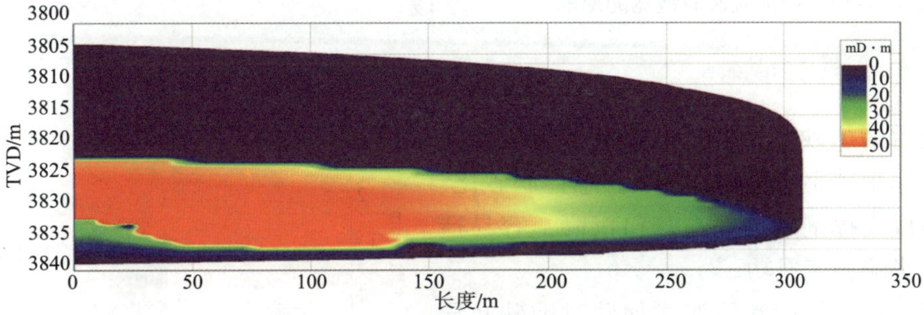

(a)总加砂量的28.7%

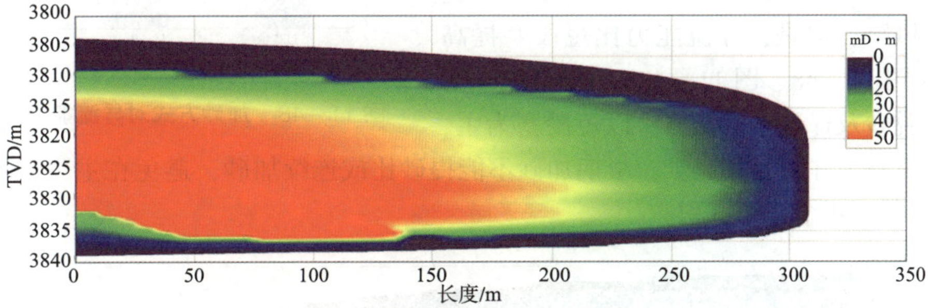

(b)总加砂量的34.8%

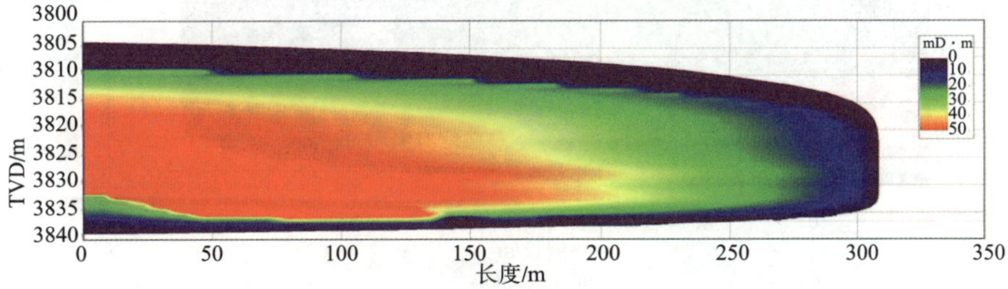

(c)总加砂量的43.8%

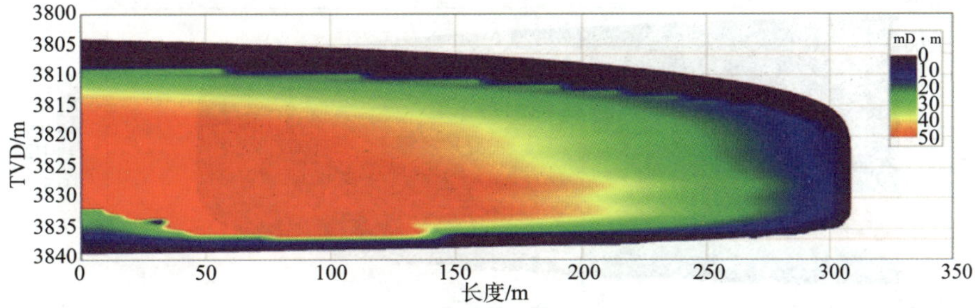

(d)总加砂量的53.1%

图11－46　中顶胶液对扫砂的影响

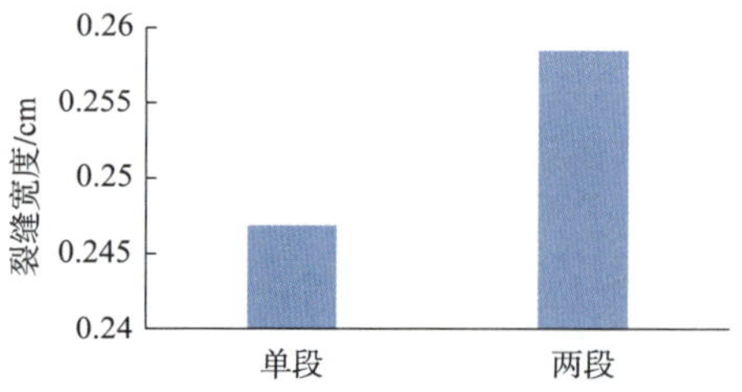

图 11－47　中顶胶液对缝宽的影响

模拟了总液量为定值时，中途顶胶的段数为 1 段和 2 段下的导流能力及裂缝形态。由图 11－47 可以看出，为提高裂缝导流能力，建议中途顶胶段数为 1 段。但中途顶胶的段数为 2 段时，裂缝宽度较大，因此，在砂比敏感地层中，可增加中途顶胶段数至 2 段。

五、防止缝口脱砂

随着后期加砂量及排量的提高，施工压力窗口会进一步减小。若此时，不注意控制砂比、黏度，造成支撑剂脱砂而在缝口沉降，容易造成砂堵，影响施工成功。

模拟了连续加砂和段塞式加砂对铺砂及导流能力的影响，模拟显示，连续加砂增加了缝口脱砂的风险，但是，导流能力比短段塞提高 1 倍以上（图 11－48、图 11－49）。鉴于此，为防止缝口脱砂及保证导流能力，以短段塞为主，段塞长度由一个井筒容积起步，早期加砂不能提砂比或连续加砂，避免在主裂缝堆积。中后期提高到 2～4 个井筒容积。

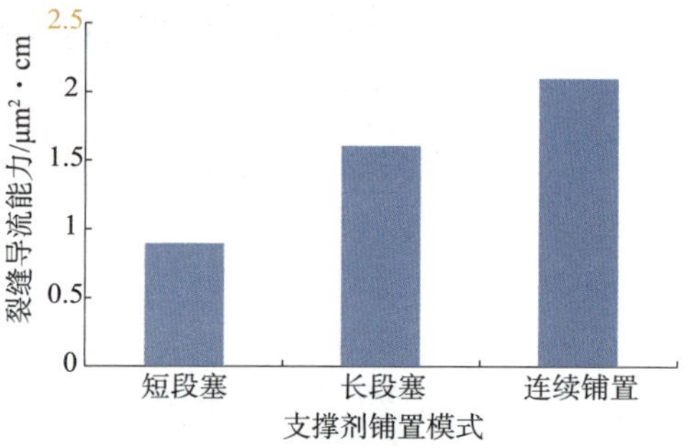

图 11－48　加砂方式对导流能力的影响

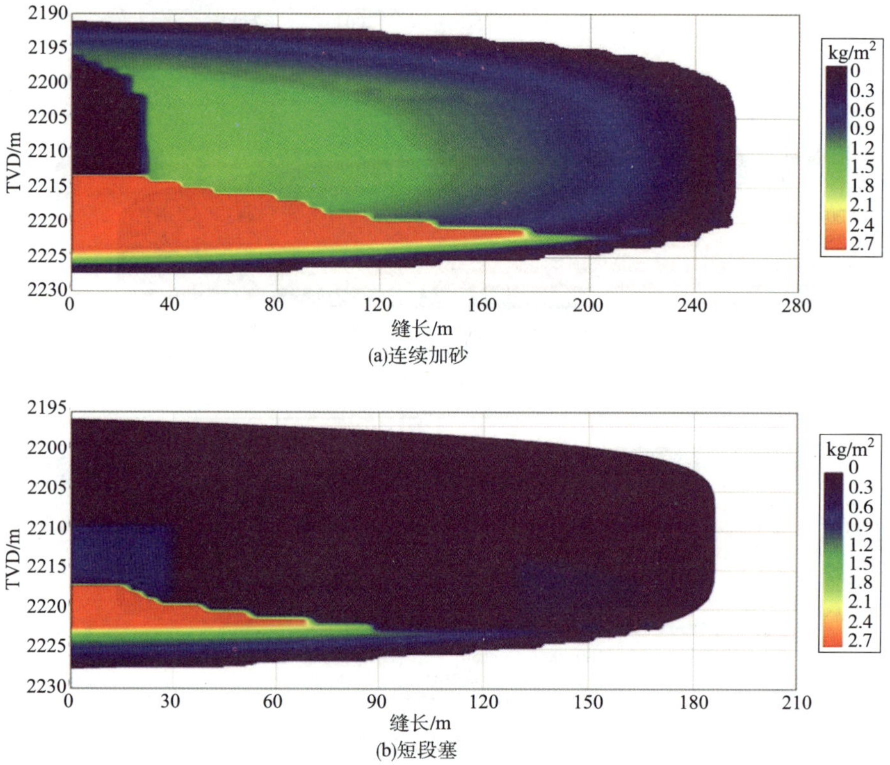

图 11－49　加砂方式对铺砂的影响

模拟了不同砂比条件下的沉沙高度。模拟显示，随着砂比的增加，缝口脱砂风险增加。因此，建议最高砂比控制在20%以内(图11－50)。

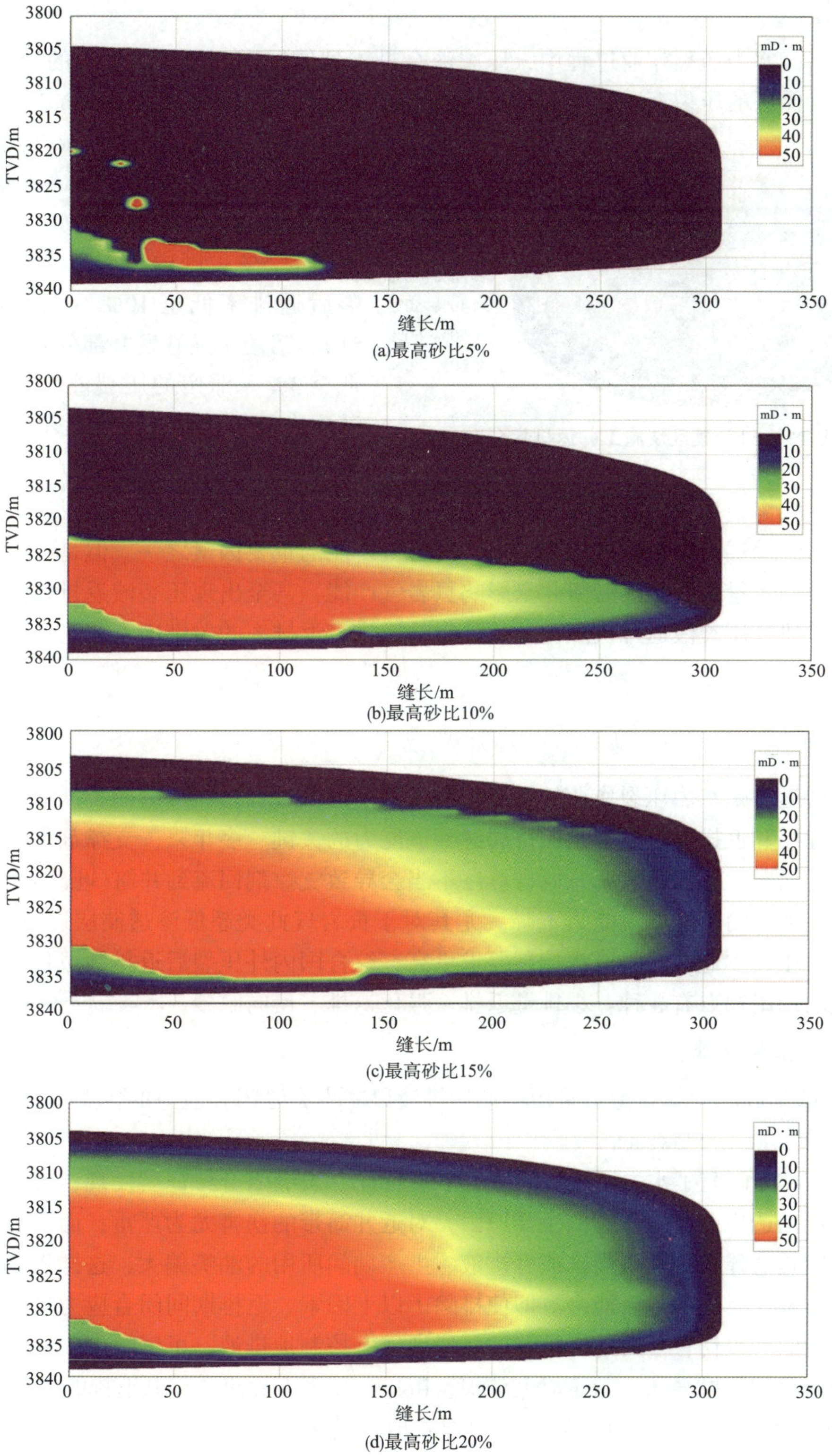

图11－50　最高砂比下的铺砂效果

第十节 深层页岩气压裂返排技术

在页岩气水力压裂作业过程中，压裂液会进入到储层中，导致压裂液的返排率很低，大部分页岩储层的压裂液返排率都小于50%，以北美页岩气为例，Eagle Ford盆地的返排率为20%，Mississippi Lime盆地为48%，Barnett盆地为50%，Marcellus盆地为27%，Niobrara盆地为31%，Haynesville盆地为5%；国内川南地区页岩气井压裂后返排率低至10%～30%（图11－51），涪陵早期开发井部分井返排率甚至低至3%。滞留的压裂液会侵入到页岩基质内，可能对产能产生不利影响：页岩储层中侵入了压裂液会产生水锁作用，进而减小气相渗透率；同时，在压裂液侵入储层的过程中，常常伴随着黏土矿物的膨胀和运移，会产生储层污染，这被认为是损害页岩气产能的重要因素之一。但是，个别开发实践也同样表明大量的压裂液滞留并未影响页岩气产能，甚至出现压裂液返排较少、产能较好的现象。研究压裂液返排机理，尤其是影响返排液返排率的关键因素，是目前亟待解决的问题。

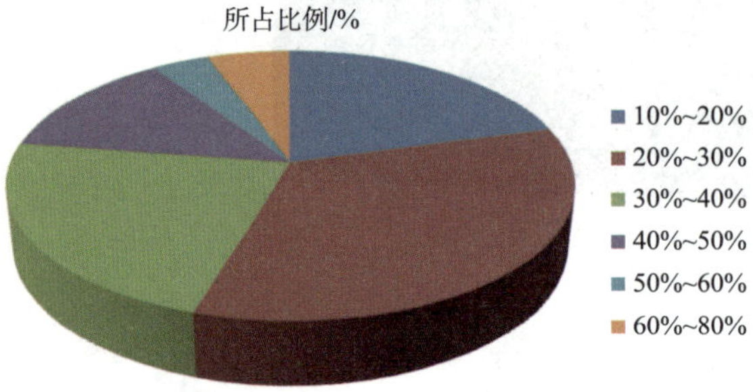

图11－51 某区块施工井返排率分布

一、关于返排技术的三类代表性观点

压裂后返排是水力压裂作业的重要环节，由于这一过程是在裂缝闭合期间进行的，适当的返排程序和返排速度通常是保持裂缝导流能力的关键。多年来，支撑剂的回流一直是人们关心的话题，有实验表明，返排程序不当会导致支撑剂回流到井筒(吐砂)或在近井筒带破碎，使近井筒带的导流能力下降。尤其对于页岩气此类超低渗透储层进行的大液量、大砂量水力压裂作业，对于返排控制要求更高。综合国内外压裂后返排领域目前常用的具有代表性的理论观点有3种：小排量返排、强化返排、反向脱砂。

（一）小排量返排

1988年Robinson等讨论了采用小油嘴排液以减小裂缝闭合应力的优点，提出了“小排量早期返排”（Early Flowback）。

Robinson等研究了水力压裂后的压力下降特征、裂缝闭合特征后发现，支撑剂破碎及支撑剂回流是造成支撑缝伤害的主要原因，对近井筒带的伤害尤为严重；而造成上述伤害的直接原因是选择支撑剂不当，或者排液、生产期间所用的油嘴偏大，这样将严重降低裂缝或近井筒带支撑缝的导流能力。即使排除了以上因素，返排期间闭合应力过快增加也会造成支撑缝的严重伤害。而他所推荐的缓慢地、有控制地排液，可以减少支撑剂破碎和倒流，实现有效的支撑缝长。基于以上认识，Robinson等人提出了控制返排的推荐做法：

（1）水力压裂前，应有地层闭合应力预测值或测定值，这是选择支撑剂、确定排液程序的基础。

(2)获取本地区裂缝闭合所需的时间。如压裂液破胶时间大于裂缝闭合时间，应当用0.8~1.6mm的小油嘴以19~38L/min的小排量返排，使裂缝降压。待裂缝闭合后立即关井等待压裂液破胶。即使这样仍会有部分支撑剂倒流入井筒。

(3)如果施工井作业后有自流能力，应当使用2.4~3.2mm的小油嘴返排，并控制回压至最低(即降低近井筒带的压降)。

(4)关停井、生产井决不能用大油嘴瞬时开井，推荐以每次0.8mm的放大量逐步放大油嘴开井。

(5)油气井生产期间，应定期测定或计算井底流压(BHFP)。当井底流压持续回落，或者当地层净闭合应力接近所用支撑剂的最大允许应力时，就不能再放大油嘴，除非万不得已。

Robinson等人的“小排量早期返排”实际上是一种有控制的返排，他们所做的研究突出了裂缝闭合应力对支撑剂破碎、裂缝闭合时间对支撑剂沉降的影响，认为低渗透储层压裂后通常需要较长的闭合时间。在此之前压裂液已完全破胶，支撑剂已大量沉降，排液初期通过控制返排速度的办法，尽可能减小地层闭合应力，支撑剂留在裂缝内，从而减少支撑剂的破碎和倒流。

(二)强化返排

与Robinson等相反，1990年Ely等提出用强制裂缝闭合(Forced Closure)工艺，配以较高的支撑剂浓度(高砂比)和严格的压裂液质量控制措施，能极大地改善低渗透油气井支撑缝的导流能力。

Ely等推荐的排液做法是在顶替压裂液的30s内就完成裂缝的闭合，当从地面压力检测到近井筒带裂缝已经闭合后，以小于38~57L/min的速度返排30min，然后放大返排量至160~320L/min，只要不出砂。

这种“强制裂缝闭合”实际上是一种强化返排方式。强化返排减少了压裂液在地层里的停留时间，从而减少了液体伤害，有助于改善裂缝导流能力。

后来有学者认为，Ely等提出的这种返排程序，非常适合特低渗透地层，能极大地改善低渗透油气井的返排效果，但不具普遍性。而且这种强制裂缝闭合工艺通常会使支撑剂形成严重的“砂堤”(Proppant Banking)，并且由于大量支撑剂的运移，液体滤失加重，在近井筒带形成“裂缝尖端”(Pinch-Point)。另外这种返排方式不适合易出水地层。

仔细分析造成支撑剂运移和沉积的主要因素，水力压裂作业的目的无非就是要在泵入结束时使支撑剂在裂缝内完全桥堵形成支撑缝，从这个意义上说，任何强制裂缝闭合的努力都是无意义的，虽然在高渗透地层里需要较高的支撑导流能力，但在低渗透地层里支撑缝长比支撑缝导流能力更需要，试图保留较高的铺砂浓度就显得不经济。

(三)反向脱砂

一般而言，低渗透地层水力压裂需要大液量的压裂液，大量的支撑剂是通过大液量的压裂液以较小的填砂强度泵入地层的，这样延长了裂缝闭合时间，此时就有必要采取“反向脱砂”方式，使支撑剂在井筒附近脱砂，形成桥堵，而通过尾追支撑剂的方法即能加速这一过程。基于这种认识，1955年Barree和Mukherjee提出了“反向脱砂”(Reverse Screenout)工艺。

Barree 和 Mukherjee 使用全三维裂缝几何模拟器，系统研究了裂缝闭合期间支撑剂的沉降规律，讨论了返排速度、射孔段位置、最终铺砂浓度、裂缝几何形态对保持闭合后裂缝内铺砂浓度的影响，诠释了“强制裂缝闭合”与“反向脱砂”在返排程序设计上的区别，并且深入到多个射孔段之间的交叉流动对支撑剂运移规律的影响，至今仍是水力压裂作业返排设计的指导性原则。

Barree 和 Mukherjee 认为，井筒内液体的膨胀性、液体滤失、支撑剂的对流、停泵期间水击效应引起的压力波动、关井后裂缝的延伸和泵送结束时剩余压力梯度的消解、不同闭合应力的层段间的交叉流动，是引起支撑剂运移与沉降的 6 个主要因素。

他们针对不同的裂缝形态，分别就对称裂缝、向上延伸裂缝、向下延伸裂缝、层内延伸裂缝、高滤失下的对称裂缝、端部脱砂压裂及多层限流压裂做了模拟研究，给出了以下推荐做法：

(1)以高填砂强度、小液量脱砂设计，比依赖压裂后返排保持裂缝导流能力更可行。

(2)只有当层内裂缝保持良好延伸，或者有较高应力差的上下层遮挡时，有通过适当的返排程序改善最终铺砂浓度的可能，而必须的返排程序是施工结束立即开始返排，并且返排速度要高于裂缝内液体的滤失速度。如果是多层裂缝，返排速度还必须大大超过层间交叉流动的速度。

(3)在向上延伸的裂缝或裂缝高度过快发育的情况下，从加强胶体残渣返排的角度讲，有控制的返排或许有益。此时裂缝闭合期间聚合物胶体聚积于滤失带，很小的返排速度避免了裂缝过快闭合，使得胶体残渣排出的同时，支撑剂通过沉降或滤失的方式向下运移，有助于减小有效缝高(即支撑缝高)。

(4)裂缝向下延伸时，无论泵送期间还是裂缝闭合期间，支撑剂都是沉降的，此时再大的返排速度也不足以影响裂缝体积，支撑剂可能填充在射孔孔眼处，但不可能覆盖整个裂缝段。

(5)在向上延伸的裂缝里，裂缝闭合期间支撑剂的沉降将大大增加裂缝内铺砂浓度，强制裂缝闭合方式会使裂缝过早闭合。此时不宜用强化排液法。

(6)在层内裂缝延伸良好的情况下，大于地层滤失速度的返排速度有助于支撑剂向射孔孔眼方向运移，这是有控制的返排方式的最佳应用。

(7)当高滤失地层厚度比整个裂缝高度相对薄时，利用地层的天然滤失性能比返排更有效地使支撑剂向高滤失带运移。此时也不宜采用强化返排法。

(8)有较大应力差的多层水力压裂作业，压裂后返排速度必须快于层间交叉流动的速度，以免低应力层支撑剂过剩而高应力层支撑剂不足，而且必须在停泵后立即开始返排。

Barree 和 Mukherjee 的“反向脱砂”工艺，实际上是一种快速返排加井筒脱砂方式，这种方式至少有 3 点好处：一是减轻了压裂液对地层的伤害；二是井筒脱砂显著改善了支撑剂在近井筒带的填充，提高了裂缝的无因次导流能力；三是快速返排使得支撑剂未及大量沉降到裂缝端部前，裂缝已经闭合，从而形成较长的支撑缝。为了减少快速返排井筒脱砂可能对循环系统造成的磨损，国外一般还要采取控制支撑剂倒流的措施，使用或尾追树脂包裹支撑剂(树脂砂)是其中的一种。在科罗拉多州的 Dodell 低渗透$(0.003 \sim 0.05) \times 10^{-3}$ μm^2致密砂岩气层的水力压裂作业中，就采用了支撑剂中混入纤维材料的办法，返排速度高达 320L/min 也无支撑剂返出。

二、页岩气压裂后返排机理

区别于常规致密砂岩储层，页岩储层压裂后大量的压裂液滞留会带来“渗吸置换”和“滞留伤害”双重作用效果，目前国内外学者已采用室内实验、数值模拟、核磁共振技术和CT成像技术等对压裂液在页岩储层中侵入及返排过程进行了研究分析，针对页岩体积压裂后大量压裂液滞留或永久性赋存在地层中的现象，研究认为主要有以下机理导致了页岩压裂后低返排率：①由于强毛细管力（超过50MPa）及电化学作用造成流体自吸进入页岩基质，难以返排；②早期返排损耗过程中未支撑的裂缝闭合以及重力分异现象导致页岩中压裂液在裂缝中滞留；③高矿化度地层水与低矿化度压裂液产生的渗透力作用导致压裂液吸收；④页岩黏土矿物的表面水化作用；⑤水分在储层中的蒸发作用；⑥页岩储层特殊的相渗特征。

研究表明：页岩中压裂液的自吸作用主要驱动力为毛细管力和黏土渗透压；气体解吸附效应对页岩压裂后压裂液返排的影响很小；氢键力、表面水化作用、毛细管渗吸和化学渗透作用对返排的抑制作用明显，因此这部分吸水含量的多少直接决定了最终返排率的大小。

为了更为直观地研究页岩气藏压裂液的返排机理，在实验室尺度下模拟了压裂过程中和返排过程中压裂液的侵入特征及储层的渗透率伤害程度。

（一）实验设备及原理

页岩气藏压裂液返排模拟实验使用的设备如图11－52所示。具体实现方法是使用恒压水泵将压裂液在固定的压力下压入页岩岩心中，保持一段时间后泄压并取出岩心，测量岩心质量和岩心渗透率。根据岩心质量的变化量计算侵入的压裂液质量，根据岩心渗透率变化量计算压裂液对岩心渗透率伤害。

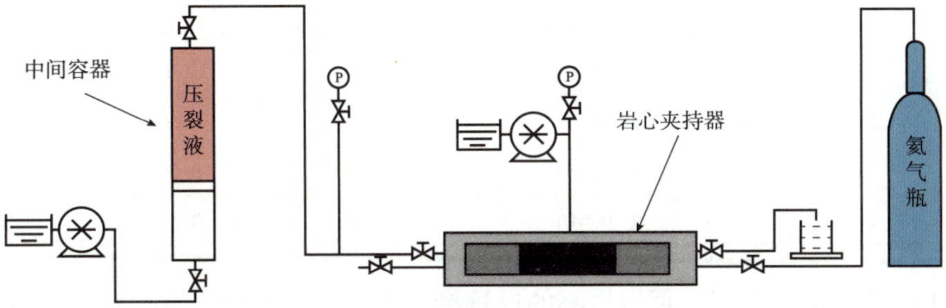

图11－52　压裂液返排模拟实验示意图

（二）实验结果

在保证作用压力不变的基础上，改变压裂液作用时间，而后进行返排，计算最终的返排率及渗透率伤害程度，实验结果如表11－5、表11－6所示。

表11－5　不同作用时间的返排率

岩心编号	压力/MPa	时间/d	干岩心质量/g	压裂液处理后质量/g	返排后质量/g	返排率
13#	5	1	96.026	96.611	96.522	0.152137
21#	5	3	101.301	101.621	101.574	0.146875
9#	5	5	93.112	93.653	93.576	0.142329

表 11－6　不同作用时间的渗透率伤害程度

岩心编号	压力/MPa	时间/d	初始渗透率/$10^{-3}\mu m^2$	压裂液处理后渗透率/$10^{-3}\mu m^2$	返排后渗透率/$10^{-3}\mu m^2$	渗透率伤害程度
13#	5	1	0.00673	0.00301	0.00315	0.531947
21#	5	3	0.00535	0.00245	0.00247	0.538318
9#	5	5	0.00597	0.00273	0.00274	0.541039

从表 11－5 中可以看到，页岩岩心的返排率随着作用时间的增长而变小，这是因为页岩岩心和压裂液作用时间越长，由于渗吸作用而进入页岩岩心的压裂液越多，而这部分压裂液很难被返排出来，导致返排率变得很低。表 11－6 显示页岩岩心中渗透率伤害程度随着压裂液与页岩岩心接触作用时间的增大而增大。这是因为随着作用时间的增长，渗吸作用使得更多的压裂液进入岩心，从而导致水锁效应，降低了页岩的渗透率。

在保证作用时间不变的基础上，改变压裂液作用压力，而后进行返排，计算最终的返排率及渗透率伤害程度，实验结果如表 11－7、表 11－8 所示。

表 11－7　不同作用压力下的返排率

岩心编号	压力/MPa	时间/d	干岩心质量/g	压裂液处理后质量/g	返排后质量/g	返排率
13#	5	1	96.026	96.611	96.522	0.152137
10#	3	1	93.796	94.946	94.676	0.234783
8#	1	1	93.31	93.76	93.647	0.251111

表 11－8　不同作用压力下的渗透率伤害程度

岩心编号	压力/MPa	时间/d	初始渗透率/$10^{-3}\mu m^2$	压裂液处理后渗透率/$10^{-3}\mu m^2$	返排后渗透率/$10^{-3}\mu m^2$	渗透率伤害程度
13#	5	1	0.00673	0.00301	0.00315	0.531947
10#	3	1	0.00656	0.00292	0.00311	0.525915
8#	1	1	0.00616	0.00282	0.00295	0.521104

从表 11－7 中可以看到，页岩岩心的返排率随着作用压力的降低而增大，这是因为较大的作用压力下，会有较多的压裂液渗吸进入页岩岩心从而导致返排率降低。表 11－8 显示在较大的作用压力下，较多压裂液的渗吸作用使得水锁效应突出，进而使得页岩岩心的渗透率伤害程度较大。

三、返排控制参数对返排率和气井产量的影响

由于返排控制参数的选择及优化在很大程度上落脚到返排率和测试产量上，然而，从现场测试情况来看：提高返排率在一定程度上能提高页岩气井产量，但不是绝对的。

结合某区块现场实践来看，测试产量整体趋势呈现随返排率增加而递增，如图 11－53 所示。返排率为 10%～20% 区间的平均测试产量为 $20.21\times10^4m^3/d$，返排率为 20%～30% 区间的平均测试产量为 $23.86\times10^4m^3/d$，返排率为 30%～40% 区间的平均测试产量

为 31.21×$10^4m^3/d$。由此可见，提高返排率有利于提高页岩气井产量。

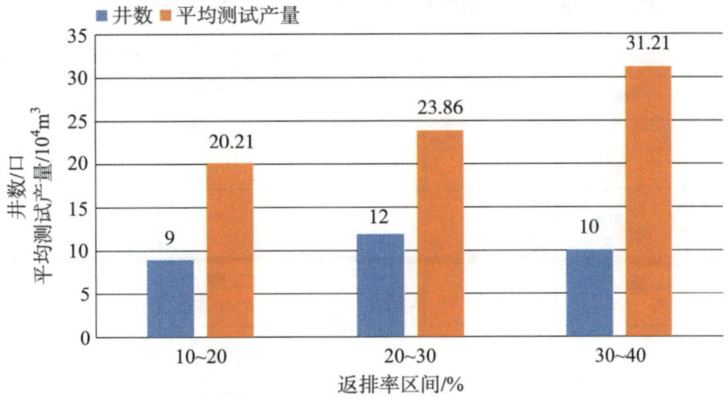

图 11-53 某区块页岩气井平均测试产量与返排率关系

但是，返排率不是决定气井测试产量高低的关键因素。现场同样存在平台井返排率高、产量较低的情况，如图 11-54 所示。返排率大于 40% 的 9#和 10#平台相比其他平台井，该平台降低了油嘴更换频率，返排率整体较高，而产量较低。进一步通过分析，发现 9#平台和 10#平台井Ⅰ类储层水平井钻遇率仅为其他平台井的 60%～70%，9#平台巷道位置距离优质页岩底部平均为 20m，10#平台巷道位置距离优质页岩底部平均为 23.6m，靶体离优质页岩底部越远，压裂沟通的有效Ⅰ类储层将越少，而该井区其他平台井巷道位置距离优质页岩底部平均为 4～10.4m。由此，页岩储层品质和完井品质对气井产量应当也有重要影响，而页岩气井高产的关键地质因素为水平井在"铂金靶窗"的穿行长度和有效页岩储层钻遇率。

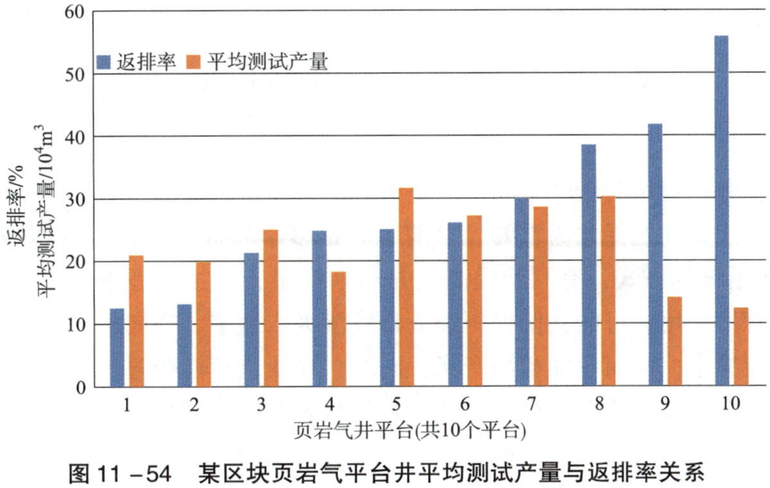

图 11-54 某区块页岩气平台井平均测试产量与返排率关系

再如图 11-55 所示，为某区块测试产量与返排率及水气比的统计结果，可以明显地看到，测试产量与返排率及水气比呈现负相关性，尤其与水气比的负相关性更为明显；同时，水气比与返排率存在一定的正相关性(图 11-56)。由此，说明适当控制返排率有利于降低水气比，对于提高单井产能有一定帮助。进一步发现，该区块测试产量较高的井水气比≤$7m^3/10^4m^3$、关井压力恢复速率≥0.6MPa/h，不同水平段井型(上翘型、下降型、S

型）、地层压力系数等对返排率和水气比有着不同程度的影响，进而影响测试产量。

综合上述现场实践，返排率的高低并不能真正意义上代表页岩气井测试产量的高低。

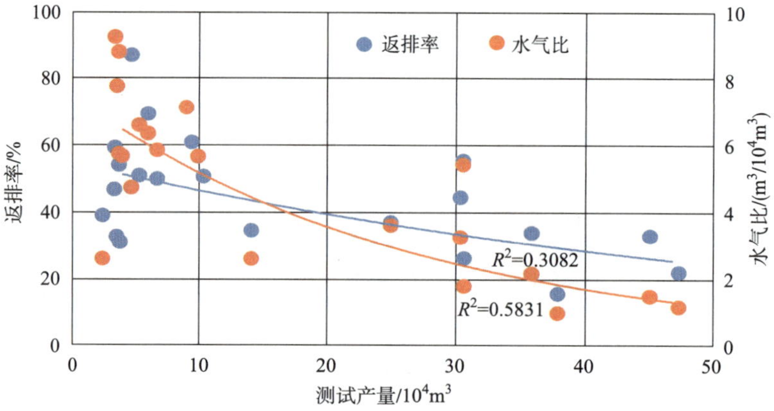

图 11－55　某区块页岩气井测试产量与返排率及水气比的关系

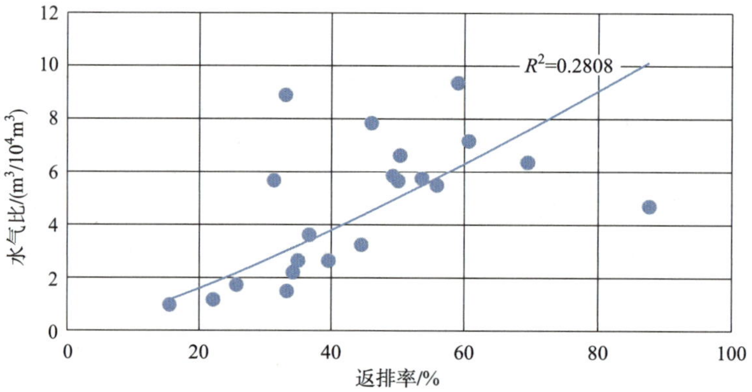

图 11－56　某区块页岩气井返排率与水气比的关系

结合实验结果可知，从降低储层伤害的角度，页岩气井压裂后应当立足于提高返排率，提高页岩气井返排率对于产量和生产是有利的，要制定页岩气井返排制度，返排控制参数以及返排模式如何选择尤为重要。目前也有很多学者提出页岩气井压裂后采取先“闷井”一段时间再返排的方式，有利于提高气井初期产量，其主要考虑的是页岩纳米孔隙会产生极大的毛管力作用，可能会使得压裂液自发渗吸入地层，逆向渗吸“置换”出更多的甲烷气体到近井裂缝中，从而增加初期产能；同时，在压裂液渗吸过程中会产生对岩石的水化作用而诱导出新的裂缝或者开启原始处于封闭状态的天然裂缝，从而增大地层孔隙度和渗透率。但同时，大多数人也同样担心外来压裂液长期浸泡在页岩地层中，会导致矿物组分中的黏土发生膨胀对裂缝造成伤害；此外，尤其在深层页岩气井通常采用高黏减阻水压裂液或者线性胶进行压裂，如果此类高黏压裂液破胶不彻底，长期滞留地层会堵塞裂缝通道，从而也会影响压裂后产能。因此，页岩气井是否需要“闷井” 或者“闷井”多长时间不能一概而论。

（一）闷井时间与返排率的相关性分析

以某区块页岩气井生产资料为基础，进一步讨论闷井时间对页岩气井返排率的影响，如图 11 –57 所示。按相同闷井时间的平均初始返排率进行统计，由结果可以看出，初始返排率与闷井时间呈现较弱的负相关关系，即随着闷井时间的增加，初始返排率降低。

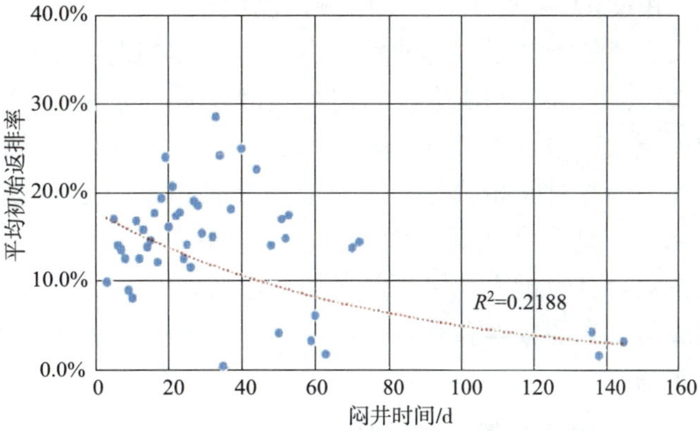

图 11 –57　某区块页岩气井平均初始返排率与闷井时间关系图

对于页岩气水平井分段压裂而言，闷井时间只是反映了压裂液与页岩作用的一段时间。由于页岩气水平井水平段长普遍在 1500m 以上，施工段数多达 25 段以上，施工时间一般至少 15 ~ 20d，从第一段施工开始，压裂液进入地层就与页岩储层开始发生相互作用，直到完成整口井压裂。就每一压裂段而言，也相当于处在闷井状态，水平井趾部压裂段闷井时间最长，加上压裂后整井闷井，时间则更长。理论上，对于单井不同压裂段而言，可能也存在闷井时间越长，压裂后产水(返排率)贡献相对越小。以某口深层页岩气井为例，从产剖测试也能反映出一些规律，如图 11 –58 所示。

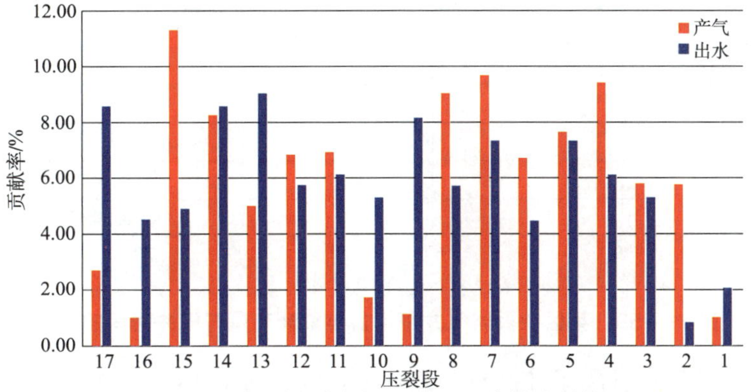

(a)地面产量稳定在5×10⁴m³/d下产剖测试结果

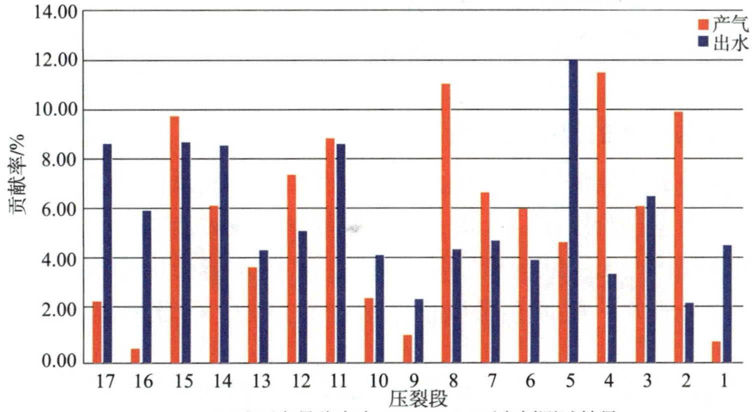

(b)地面产量稳定在10×10⁴m³/d下产剖测试结果

图 11 –58　某井不同地面产量条件下的产剖测试结果

由图 11－58 可见，不同测试制度下，靠近趾部最先压裂段由于闷井时间长，总体产水贡献率低于靠近跟部的后压裂段，产气贡献与之呈现负的相关性，多数产气贡献较高的压裂段集中在先期压裂段，但相关性较弱。现场有时得到的产剖测试结果也存在靠近跟部的压裂段产水贡献低（返排率低），而产气贡献高于趾部的情况。总体上，返排率高低除了主要与闷井时间相关外，还与地质条件以及压裂规模、压裂段数、压裂液黏度、水平段 A－B靶点垂差等工程因素也有一定关系；闷井时间越长，压裂液与页岩作用时间则越长，压裂液会自吸进入地层深部对储层造成伤害。因此，返排率的控制某种程度上也要依据压裂液与页岩的接触和有效作用时间，二者应当结合具体页岩地质特征进行相关实验评价加以明确。

（二）闷井时间与产能的相关性分析

目前从页岩气产业的生产实践得到的总体认识是，页岩气井压裂施工结束后闷井有利于人工裂缝的继续扩展，加之渗吸“置换”作用，有利于提高单井产量，但闷井时间过长反而降低气井产能。对某区块页岩气井闷井时间与首年累计产量的关系进行统计，如图 11－59 所示。

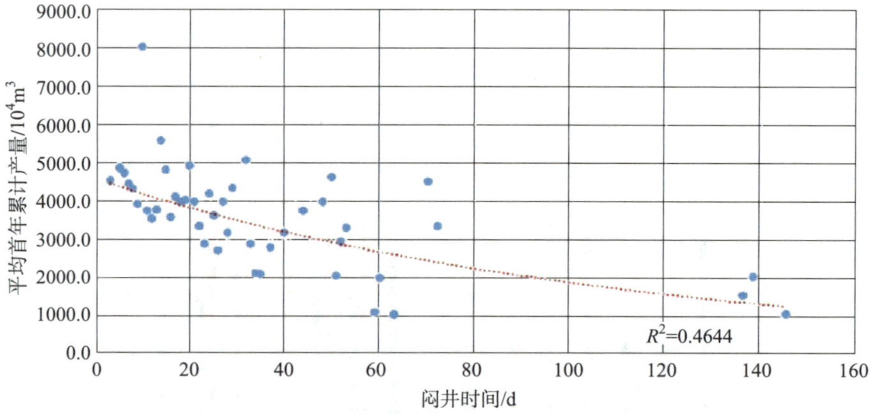

图 11－59　某区块页岩气井平均首年累计产量与闷井时间的关系

由图 11－59 可见，首年累计产量与闷井时间呈一定的负相关关系，除此之外，必然存在包括地质条件、返排制度、储层含水饱和度、改造程度等在内的其他因素影响页岩气井的生产能力。同时还可以看出，当闷井时间在 5～20d 的范围时，其平均首年累计产量相对较高。

（三）返排速度与产能的相关性分析

在压裂后返排中如果油嘴尺寸太激进，一方面容易造成返排过程中支撑剂“返吐”影响测试流程；另一方面返排阶段压降太快，地层能量举升液体消耗太多，导致大量压裂液圈闭在近井附近阻碍气体产出，从而影响排水采气，最终可能会给整口井的测试和生产造成不利影响。因此页岩气井一般都会采取传统保守的方法，按计划不断增大油嘴尺寸放喷排液。

现场实践表明，返排初期采用慢返排模式更有利于提高返排率和单井产能。如图 11－60 所示，Haynesville 页岩气初期气井产量递减过快，主要原因是敞放导致生产压差过大，通过控压生产的方法有效控制压降速度，小于 $30\times10^4m^3/d$ 初产，选择 $\phi5.6mm$ 油嘴；大

于 $60\times10^4m^3/d$ 初产，选择 $\phi9.5mm$ 油嘴，减缓了产能递减。

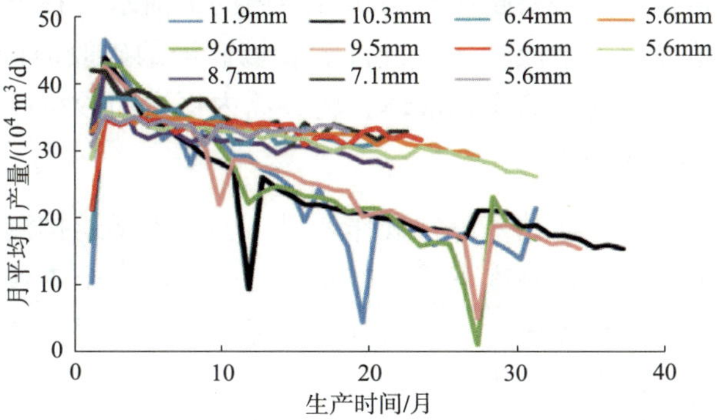

图 11－60　Haynesville 页岩气井不同油嘴制度下月平均产量递减情况

四、返排工艺

页岩气井返排测试地面流程如图 11－61 所示。主要由地面捕屑装置、气液分离除砂装置、滤砂装置、节流控压系统、紧急关断系统、分离计量装置等组成。地面返排工艺针对高回压、恶劣出砂情况专门设计了 2 条带三级降压装置的主副排砂流程。

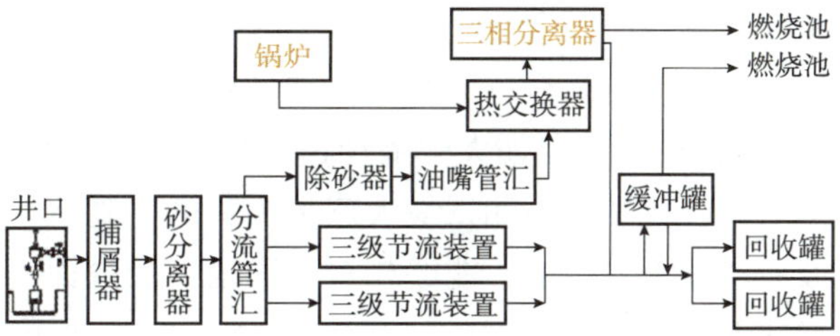

图 11－61　富顺页岩气藏地面返排测试流程工艺简图

考虑深层页岩气井可能放喷排液时井口压力较高，一般要求测试管汇承压达 105MPa 级别，测试流程为 DD 级，该测试流程满足放喷、分离计量、保温、正反循环压井等功能。

对于页岩气井压裂返排的控制，一般可分为施工过程中砂堵等异常情况下的返排以及压裂后正常测试过程中的返排两种情况。

(一) 砂堵异常情况后返排

页岩气压裂施工过程中，遇到砂堵等异常情况，常规低挤、替酸等手段无法建立井筒与裂缝通道时，需要通过放喷返排将井底和井筒堆积的砂粒排出地面，重新建立压裂通道，该工艺是被现场实践证明了的行之有效的手段。

工作制度：加砂压裂时，当井口压力有逐渐上升造成泵车超压的趋势时，立刻停止加砂，切换成滑溜水，用滑溜水将携砂液顶替入地层，避免在井底形成砂堵。若未能将携砂液压入地层，造成压裂泵车超压停泵，观察 10min 停泵压降后开井返排。根据现场井口压力、井筒容积和停泵前末次加砂量等情况，应在携砂液未破胶前(考虑深层页岩气通常采用高黏滑溜水或者线性胶等较高黏度压裂液)，倒放喷流程返排出 1～1.5 倍井筒容积的携砂液后关井，再倒压裂流程进行重新压裂。现场通常使用 2 条三级降压流程进行同时放喷排液，井口放喷速率控制在 $1.0m^3/min$。若返排量未达到 1h 内返排出 1～1.5 倍井筒容积的要求，则可以打开砂分离器排砂管线，保持 3 条管线同时返排，排量一般控制在 $1.2\sim1.5m^3/min$。

特点分析：①加砂压裂过程中，泵车超压停泵，井口压力下降很快，地面流程一旦开井返排，井口压力能迅速降低到地层闭合压力，因此不需要采用强制闭合返排。②砂堵后返排前期主要返出的是在泵车将要超压时泵送井筒内的滑溜水，在滑溜水返出后大量的携砂液会返出地面，对地面流程造成较大的冲蚀。③携砂液的破胶时间约为1.5~2h，因此必须在1h内返出1~1.5倍的井筒容积液体，将井筒内更多的砂粒返排出地面。

(二)压裂后测试阶段返排

页岩气井压裂后经过闷井、钻塞等常规作业后，就进入了返排测试阶段，此阶段主要通过观察计量不同油嘴排液工作制度下气水产量的变化，待某个工作制度下压力稳定，便可以测得该工作制度下的产量和压力，为后续产能评价和试采提供评价依据。目前国内在压裂后测试阶段的返排控制大致分为三个阶段：

(1)返排初期，以闭合控制放喷为主。该阶段返排液驱动能量充足，一般起始放喷通过针形阀或2~3mm的油嘴控制返排速率在$5m^3/h$左右，进行控制排液直至见气，将井口压力降至低于地层闭合压力，强制裂缝闭合，限制裂缝中的渗流速度，减小流体流动的阻力，避免缝口高砂比支撑剂回流入井筒。该阶段以小油嘴逐步放大的方式(2~6mm)控制返排速度，排液时间主要集中在4~5d左右。如果现场考虑闷井一段时间，则大多数裂缝会发生不同程度的闭合，因此很多现场直接省略该阶段返排。

(2)返排中期，以加大油嘴加速返排为主。常用6~12mm油嘴控制，以返出井筒和地层中松散的砂粒和放喷测试最大产量为目的。随着裂缝的逐渐闭合，支撑剂受岩石壁面挤压而被夹持在裂缝内部，能够相对稳固定在裂缝面不同位置上，此阶段初期需要适当加大油嘴加速返排，排液速度控制在$20\sim35m^3/h$，尽可能地将井筒内残留的砂粒和近井附近松动的砂粒带出地面。在地面流程安全控制范围内，当地面返出砂量小于10~20kg/h的情况下，逐步增大油嘴，改用6~10mm油嘴适当加快液体的返排速度，同时，放喷过程中应及时分析油压和产水量变化，随时调整并更换油嘴，放喷测试到最大产量。

(3)返排后期，以大油嘴稳定排液测试为主。常用10~14mm油嘴进行返排，快速降低井口压力，在大于气体的临界携液速度条件下，将地层中的压裂液尽可能返出地面，保证返排流体中基本不含压裂砂，产能基本稳定后返排1~2d，结束整个返排测试作业。随着压裂人工裂缝完全闭合，依靠支撑剂对裂缝的支撑形成了相对稳定的气体渗流通道，压裂液逐渐聚集到井筒附近，该阶段主要使用10mm以上大尺寸油嘴返排，井口油压逐渐降低，每小时返排液量也呈现逐渐降低并趋于相对稳产阶段(下降相对较为缓慢)，后期日产量呈现长时间段的缓慢递减趋势。通常井口压力下降到40%~60%才能保持产量和流体稳定，油、气、水产量波动稳定在±10%；油气比/凝析油气比波动稳定在±20%；返排井筒压力波动稳定在±10%；返排流体温度波动稳定在±10%；返排水样参数(pH值、氯离子含量、密度)波动稳定在±10%；返排水样中沉积物含量波动稳定在±10%。

第十一节　多尺度裂缝复杂性指数反演方法

多尺度裂缝复杂性指数是在常规的裂缝复杂性指数的基础上发展起来的。而常规的裂缝复杂性指数是C L Cipola等在2008年提出来的，定义为转向支裂缝覆盖的主裂缝宽度与其双翼长度的比值(图11-62)。

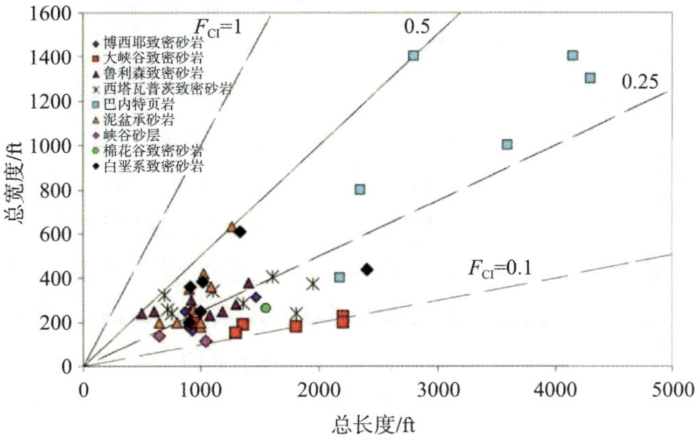

图 11－62　(SPE 115769)不同岩性的裂缝复杂性指数

这里的主裂缝宽度是指垂直于主裂缝方向的支裂缝覆盖范围，其中暗含的含义是转向支裂缝间无流动死区存在。换言之，支裂缝的分布密度必须足够大(但也不能太大，否则相互间干扰严重，对压裂后产量反而不利，且过度改造花费的成本也相对较大)，否则，以主裂缝长度及与其连通的垂直于主裂缝方向的支裂缝长度所覆盖的区域面积再与储层厚度的乘积构成的裂缝改造体积就不是真正意义上的有效裂缝改造体积。其中又暗含了所有裂缝的高度是相同的，且都等于储层厚度。值得指出的是，上述论述的前提是只有最大尺度的主裂缝与尺度次之的转向支裂缝系统组成的裂缝体系。如果同时还存在三级微裂缝系统即所谓的多尺度裂缝系统(相当于主裂缝是一级缝，转向支裂缝是二级缝，微裂缝是三级缝)，其复杂性指数如何表征及反演？为简化起见，可在上述两尺度裂缝复杂性指数表征方法的基础上，按同样的方法构建转向支裂缝与三级微裂缝间的裂缝复杂性指数，然后，按照灰色关联度法定量确定一、二级裂缝复杂性指数与二、三级裂缝复杂性指数间的权重分配。最后按加权平均的方法，计算多尺度裂缝的复杂性指数。具体公式如下：

$$F_{CI} = I_l \cdot (1 + I_{fi}) \cdot (1 + I_w) \cdot I_h \cdot I_e \cdot \frac{A}{L^2} \tag{11-43}$$

$$I_l = \frac{l}{L} \tag{11-44}$$

$$I_{fi} = \frac{A_1}{A_2} \tag{11-45}$$

$$I_w = \frac{\int_0^l w(x) \cdot dx}{l \cdot W} \tag{11-46}$$

$$I_h = \frac{\int_0^l h(x) \cdot dx}{l \cdot H} \tag{11-47}$$

$$I_e = \sqrt{\frac{\sum_1^N (l_i - M)^2}{N}} \tag{11-48}$$

$$M = \frac{\sum_1^N l_i}{N} \tag{11-49}$$

$$F_{CI} = (F_{CI1}, F_{CI2}) \cdot (W_1, W_2)^T \tag{11-50}$$

以上式中，F_{CI}为多尺度裂缝复杂性指数，无因次；F_{CI1}，F_{CI2}分别为主裂缝与转向支裂缝及转向支裂缝与三级微裂缝的复杂性指数，无因次；I_l为裂缝长度因子，定义为该段裂缝延伸的实际半缝长与井距一半或相邻簇间距一半的比值，无因次；I_{fi}为段内各簇裂缝或转向支裂缝间的诱导应力干扰因子，定义为诱导应力转向区的面积与相邻裂缝间覆盖面积的比值，无因次；I_w为裂缝动态宽度因子，定义为该段裂缝延伸的平均动态宽度与暂堵转向时的临界动态缝宽的比值，无因次；I_h为某种尺度的裂缝缝高影响因子，定义为平均缝高与目的层厚度的比值，无因次；I_e为多簇裂缝或转向支裂缝的均衡延伸系数，定义为裂缝的平均半缝长与相邻井距或相邻簇间距的一半的比值，无因次；l为某簇裂缝的实际延伸半缝长，m；A为相邻的两簇裂缝间或相邻的两个转向支裂缝间覆盖的面积的一半，m^2；A_1，A_2分别为相邻簇裂缝间或转向支裂缝间诱导应力反转区的面积及相邻簇裂缝或转向支裂缝覆盖的整体面积，m^2；L为某种尺度的裂缝半缝长的优化值，一般为井距的一半或相邻簇间距的一半，m；$w(x)$为某种尺度裂缝的动态缝宽沿其半缝长的分布函数；$h(x)$为某种尺度裂缝的缝高沿其半缝长的分布函数；W为当某种尺度的裂缝其暂堵出现裂缝转向时的动态缝宽，mm；H为压裂目的层的厚度；N为段内主裂缝的条数；W_1，W_2分别为主裂缝与转向支裂缝的复杂性指数与转向支裂及三级微裂缝的复杂性指数的权重分配，一般按灰色关联度法进行计算，无因次。

需要强调的是，考虑到目前的页岩气都是基于井工厂多井开发模式，因此，转向支裂缝垂直于主裂缝方向的最大长度范围就是簇间距，主裂缝双翼长度就是井间距，由此可计算井网条件下的最大裂缝复杂性指数。实际上，这种理想情况是很难实现的。

现场上经常以地面微地震事件云覆盖的区域形状及尺寸计算裂缝的复杂性指数。但地面微地震也同样存在不确定性，如，某个微地震事件点，可能是主裂缝产生的应力扰动，通过储层岩石骨架传递出去，然后再碰到地质弱面或微裂隙，也能产生剪切裂缝，进而引发所谓的微地震事件。但该地质弱面或微裂隙与主裂缝并没有水力连通，因此，其对主裂缝的流动并无贡献，因此，把它与主裂缝硬连在一起说是裂缝的复杂性指数及裂缝改造体积较大是解释不通的，因为这样解释的裂缝改造体积即使再大，也与压裂后产量毫无关联性。

因此，由地面压力反演到井底的压力曲线及其波动特征，可以较为准确地反映多尺度裂缝复杂性指数及其变化。具体方法是，首先计算出转向支裂缝距离主裂缝的远近及几何尺寸。可由不同的V形曲线(一般是开口向上的，此时，压力的下降被认为是主裂缝沟通到天然裂缝滤失加快造成的)出现的时间，计算主裂缝延伸的距离即为第一个天然裂缝到井筒的距离，依此类推，可依次由不同V形曲线出现的时间早晚，计算不同天然裂缝到井筒的距离；然后，当V形曲线右半部压力上升到与左半部曲线压力最高值相等时，即认为天然裂缝已被压裂液饱和，即停止延伸了。此时可由对应的V形曲线的压力与时间的积分再与排量的乘积，表征因沟通天然裂缝的压裂设备做功。基于同样的方法，将V形曲线左半部的最高压力与对应时间及排量的乘积，表征如主裂缝不沟通上述天然裂缝需要的设备做功，后者与前者之差占后者的比例即可简单地认为是天然裂缝沟通与延伸占据的总排量比例，由此可计算出沟通与延伸天然裂缝所消耗的排量，再将其与V形曲线的时间跨度相乘，就得出了沟通与延伸天然裂缝的压裂液量。再基于裂缝扩展模拟软件，可定量反演上述V形曲线对应的天然裂缝几何尺寸。类似地，可按上述方法及流程，可反演计算整个施工阶段所有沟通与延伸的天然裂缝的位置及几何尺寸。值得指出的是，上述V形曲线的识别及边界划分至关重要，有时整个施工曲线可能只有一个大的V形曲线，且时间跨度相当大，此时可基本认为左半部V形曲线的压力持续下降是缝高的不断延伸造成的，而不是天然裂缝的原因导致的。另外，如果V形曲线的右半部最高压力低于或高于左半部的最高压力，应仍以右半部最高压力对应的时间点作为天然裂缝延伸的终止时间。此时在计算上述天然裂缝消耗的排量占比的方法中，可将原先的V形曲线左半部压力的最高值替换为其与右半部压力最高值的平均值。

至于三级微裂缝的位置及尺寸反演，可按上述由V形曲线形态及尺寸反演转向支裂缝的类似方法及流程进行。只不过三级微裂缝可能与转向支裂缝连通，也可能与主裂缝直接连通。因此，除了上述V形曲线的大的压力波动外(一般认为应大于3MPa)，在V形曲线上或V形曲线之外的次级压力波动(如波动幅度在0.5～1MPa，当然视施工压力大小也可以是其他幅度的压力波动)，都可认为是三级微裂缝被沟通与延伸的证据。由此，可进一步反演出三级微裂缝沿主裂缝及转向支裂缝的分布位置及相应的几何尺寸。

至此，可由压裂施工压力曲线及其他施工数据，较为准确地反演主裂缝、转向支裂缝及三级微裂缝的分布及几何尺寸。然后，基于多尺度裂缝复杂性指数的计算公式，反演出多尺度裂缝的复杂性指数。其中，各个转向支裂缝及三级微裂缝可能不一定能达到无流动死区的分布密度，因此，在具体计算时还需要进行必要的简化等效处理。即可由某个转向支裂缝的面积与主裂缝双翼缝长的比值求取等效的转向支裂缝宽度，多个转向支裂缝的等效宽度叠加与主裂缝宽度之和，再与主裂缝双翼缝长相除，最终获得等效的主裂缝复杂性指数(也可称为一、二级裂缝的复杂性指数)。按类似的方法，可获取转向支裂缝的复杂性指数(也可称为二、三级裂缝的复杂性指数)，最后按照灰色关联度法求取上述两个裂缝复杂性指数间的权重分配，并按权重加权平均，可求取最终的多尺度裂缝的复杂性指数。其中，与主裂缝直接沟通的三级微裂缝系统，也可按上述同样的方法，将其影响叠加到一、二级裂缝的复杂性指数上。

值得指出的是，上述按压裂施工压力曲线及工艺参数反演的多尺度裂缝复杂性指数，较微地震方法求取的结果，与压裂后产量的相关性程度应更高，因为基本上都是通过压裂液而相互水动力连通的，所以多尺度水力裂缝间的流动性是有充分保障的。

至于多尺度水力裂缝的复杂性指数与有效改造体积及井控EUR的关系，可基于PETREL精细地质建模与ECLIPSE等商用数值建模进行耦合，并考察在压裂有效周期内的压力波及体积及累积产量。显然地，多尺度水力裂缝的压力波及体积即是有效的裂缝改造体积，且与多尺度水力裂缝的复杂性指数是直接线性相关的。而当多尺度水力裂缝的复杂性指数降为零时的累积产量即是井控EUR。

还需强调的是，在上述多尺度水力裂缝压力波及体积及累积产量的模拟中，起到关键作用的因素还有多尺度裂缝的长期导流能力，显然地，如导流能力递减快，长期导流能力低，则压力的波及体积及累积产量等也会快速降低。这里就涉及到如何提高多尺度水力裂缝的导流能力问题以及对其复杂性指数的修正问题。前者在前面有关章节已有详细阐述，在此不赘。后者应在多尺度水力裂缝复杂性指数的计算模型中，将各级裂缝的动态宽度转换为支撑宽度。主裂缝中的支撑缝宽及沿缝长的分布规律可基于压裂结束后乃至停泵后直至裂缝闭合后的时间内，由支撑剂的铺砂浓度剖面直接求取支撑宽度剖面或等效的支撑缝宽。但转向支裂缝及三级微裂缝中的支撑剂浓度分布规律模拟，目前的所有裂缝模拟的商用软件还难以做到，因此，同样可按简化方法处理，即可简单地认为不同尺度水力裂缝间的支撑剂体积占比与压裂液量占比相当。至于压裂液量占比，可基于上述压裂施工压力曲线的波动特征及相应工艺参数确定，也可参考室内多尺度水力裂缝的支撑剂输砂规律模拟结果确定。有了支撑剂体积分配结果后，就可按上述反演的多尺度水力裂缝的几何尺寸求取转向支裂缝及三级微裂缝的等效支撑缝宽。显然地，按上述方法修正后的多尺度水力裂缝的复杂性指数与压裂后产量及井控 EUR 的相关性程度应当更高了。

但上述计算结果还仅代表压裂初期的情况，对于后期压裂裂缝逐渐失效即多尺度水力裂缝复杂性指数随时间的动态递减规律没有涉及到。为此，可进一步由目标井层岩心及实际的施工参数水平，在模拟实际的闭合压力情况下，进行相应的裂缝长期导流能力测试分析，由实验结果确定导流能力随时间的递减指数。或者，由压裂后生产历史拟合结果，反演裂缝导流能力随时间的递减情况。上述两种方法的综合应用，可确定压裂有效期内的导流能力递减指数，由此可再次对支撑缝宽进行随时间的修正，进而对上述多尺度水力裂缝的复杂性指数进行再次修正。

多尺度水力裂缝的复杂性指数的定义及现场反演方法都较为详细地阐述了。由此，在进行压裂方案设计时，可以多尺度裂缝复杂性指数最大化为目标函数，但在具体模拟优化时，可先模拟单个的转向支裂缝及三级微裂缝的压力波及云图，然后将上述压力波及云图叠合，如有重叠部分，则应调整相应的转向支裂缝的位置(可通过主裂缝内暂堵位置的精确控制方法进行。相对而言，三级微裂缝的位置随机性更强，则更难以控制)，以防止过度的压裂改造。但如上述各个压力波及云图无法完全覆盖井间及裂缝间的控制体积，则说明压裂改造不充分。最理想的情况是既不过度改造又不留下裂缝未波及的区域体积(以压裂有效期为模拟的时间尺度)。至此，有了多尺度水力裂缝复杂性指数最大化的裂缝整体布局的优化结果，然后就是现场上如何实施控制来实现上述设计目标了。这个难度相对较大，因目标井层、段簇处的精细地质力学模型的建立，还面临诸多不确定性，尤其是天然裂缝的分布情况，随机性和不确定性程度更大，而它对转向支裂缝的萌生和发展又具有十分重要的作用。但如果天然裂缝不发育，则转向支裂缝能否出现及出现的位置控制等也难度极大，且暂堵位置的精确控制也只能是将转向支裂缝限定在某个可能的分布范围内，对转向支裂缝的定点控制也基本上不可能做到。为此，现场上只能依据上述 V 形压力曲线的波动特征加以判断，如发现某相邻 V 形曲线间存在大的没有转向支裂缝的情况，则现场上应进行缝内暂堵剂的强化参数控制，以力争在上述相邻的右边 V 形曲线出现的转向支裂缝之前再次进行缝内暂堵以期出现新的转向支裂缝。但暂堵效率可能偏低，因为暂堵位置到井筒处可能已有多个转向支裂缝的存在，虽然其已被液体饱和难以再次进入更多的压裂液，但综合滤失系数增大却是不争的事实。此时，在暂堵工艺参数设计及控制上，只能采取较为激进的参数组合，如更高的携带液黏度及暂堵剂浓度等。但如采用混合粒径暂堵剂或将其与支撑剂混合等措施时，为了实现在预期暂堵位置处的混合，在地面应当采取不同顺序的注入方式，如粒径大的暂堵剂和/或密度大的支撑剂先行注入，之后才是粒径小的暂堵剂注入，目标函数是不同粒径的暂堵剂和/或支撑剂经过地面管汇、垂直井筒与水平井筒、孔眼及裂缝的长距离运移后，能同时到达预定的暂堵位置，进而共同实现定点的暂堵效果。否则，在上述长距离运移后必然带来较大的分离效应，致使最终的暂堵效率及暂堵后的压力升幅大打折扣。模拟的手段可采用商用的 FLUENT 软件。

更进一步地，如能将上述暂堵效应从最大尺度的主裂缝拓展到各个转向支裂缝中，则可大幅度促进数量众多的三级微裂缝的充分发育和支撑剂充填。换言之，通过上述多次主裂缝及转向支裂缝暂堵措施，如能在主裂缝或同一转向支裂缝中实现多级暂堵，则可大幅度提高转向支裂缝及三级微裂缝的体积占比及支撑体积占比，包括对促进多尺度水力裂缝的缝高增长都是有利的促进因素。因为，在主裂缝暂堵或转向支裂缝暂堵后如能及时注入中粒径支撑剂或小粒径支撑剂，则可大幅度提高上述转向支裂缝及三级微裂缝内支撑剂的浓度并大幅度降低以往多种粒径支撑剂混杂分布的可能性，这对提高除主裂缝外的小微尺度裂缝的支撑体积是极为有利的。对深层页岩气压裂而言这是最为理想的结局了，可以最大限度地促进压裂后的产量及长期稳产效果。

第十二节 G 函数叠加导数曲线分析法

一、G 函数的定义

传统 G 函数压降分析法的理论最早是由 Nolte 提出的，在各类储层中，关井后任意两个时间差的压力差的公式如下，其中 $G(\delta_0, \delta)$为 G 函数：

$$\Delta P(\delta_0, \delta)=\frac{CH_pE'\sqrt{t_p}}{H^2\beta_s}G(\delta_0, \delta);\ p^*=\frac{CH_pE'\sqrt{t_p}}{H^2\beta_s} \tag{11-51}$$

$$\delta=\frac{\Delta t}{t_p};\ \Delta P(\delta_0, \delta)=P(\delta_0)-P(\delta) \tag{11-52}$$

$$G(\delta_0, \delta)=\frac{4}{\pi}[g(\delta)-g(\delta_0)] \tag{11-53}$$

$$g(\delta)=\frac{4}{3}[(1+\delta)^{1.5}-\delta^{1.5}-1](\text{高效率压裂液滤失}) \tag{11-54}$$

$$g(\delta)=(1+\delta)\sin^{-1}(1+\delta)^{-0.5}+\delta^{0.5}(\text{低效率压裂液滤失}) \tag{11-55}$$

式中，δ_0为指定压差下的关井时间，min；δ 为无因次关井时间；$\Delta P(\delta_0, \delta)$为压降变化阶段压差函数，MPa；$g(\delta)$为无因次流体滤失体积函数；$C$ 为压裂液滤失系数，$m/\sqrt{min}$；E'为平面杨氏模量，MPa；Δt 为停泵后裂缝延伸时间，min；t_p为压裂液泵注时间，min；β_s为停泵后裂缝内平均压力与井底压力之比；p^*为压降分析的拟合压力，MPa。

二、G 函数叠加导数曲线分析法

传统 G 函数压降分析法只有在储层为均匀介质时，其拟合效果比较好，计算结果才有实际指导意义。这种方法主要缺陷是，它所作的一些假设与现场实际施工有较大差别。如假设裂缝高度固定，忽略初始滤失和停泵之后裂缝的延伸，并且认为滤失系数与压力无关。另外，曲线拟合方法与人为操作有关，一般具有较大误差和局限性，且操作不便。在页岩这种裂缝性储层中，很难用传统 G 函数压降分析法确定拟合压力，尤其是当储层的天然裂缝较发育时，用这种方法分析得出的滤失系数不能反映地层实际。

当滤失主要受滤液的黏度、地层流体的可压缩性、滤饼的不可压缩性控制时，滤失系数与压力有关，滤失系数是压差的函数：

$$\frac{C(t)}{C(t_p)}=\left[\frac{P(t)-P_i}{ISIP-P_i}\right]^{\alpha_{cp}} \tag{11-56}$$

式中，t_p为泵注时间，min；P_i为储层压力，MPa；$ISIP$ 为瞬时停泵压力，MPa；$C(t)$为与时间有关的总滤失系数，m/ $\sqrt{\min}$，当滤失与时间和压力无关时 $\alpha_c=0$；α_{cp}为滤失强度系数，无因次。

在缝内压力高于微裂隙开启压力时，地层的滤失系数有两种假设：一种是假设高于和低于微裂隙开启压力时的滤失系数都为定值，但不相同；另一种是假设滤失系数与压力有关。

(1)恒定的与裂缝张开压力有关的滤失系数。

低于和高于微裂隙张开压力时滤失系数的比值为：

$$\frac{C(P<P_{f0})}{C(P>P_{f0})}=\frac{\mathrm{d}P}{\mathrm{d}G}\bigg|_{P<P_{f0}}\bigg/\frac{\mathrm{d}P}{\mathrm{d}G}\bigg|_{P>P_{f0}}=\beta_{c2} \tag{11-57}$$

(2)变化的与裂缝张开压力有关的滤失系数。

低于和高于裂缝张开压力时的滤失系数的比值假设为下面的形式：

$$\frac{C(P>P_{f0})}{C(ISIP)}=\exp\left[-\beta_{f0}\frac{ISIP-P(t)}{ISIP-P_{f0}}\right] \tag{11-58}$$

$$\frac{C(P<P_{f0})}{C(ISIP)}=\exp(-\beta_{f0}) \tag{11-59}$$

式中，$\beta_{f0}=\ln\left(\frac{\mathrm{d}P}{\mathrm{d}G}\bigg|_{P=ISIP}\bigg/\frac{\mathrm{d}P}{\mathrm{d}G}\bigg|_{P<P_{f0}}\right)$为天然裂缝发育指数；$P_{f0}$为微裂隙开启压力，MPa。

应用上述模型进行求解，先将现场数据时间 t 转换为 G 函数时间，得到 P—G 曲线，以它为基础，得到 $\mathrm{d}P/\mathrm{d}G$—G、$ISIP-G\mathrm{d}P/\mathrm{d}G$—$G$ 曲线。根据曲线形态特征可以确定出滤失是否与压力有关。同时可以解释出天然裂缝发育指数来衡量天然裂缝发育程度。

当$\beta_{f0}<0.26$ 时，压力与滤失系数不相关，随着β_{f0}值的增大，表明压开了天然裂缝。

在整个裂缝闭合期间，如压力与滤失相关，则 $ISIP-G\mathrm{d}P/\mathrm{d}G>P(t)$，且变化幅度和范围很大；若为无关，则有 $ISIP-G\mathrm{d}P/\mathrm{d}G$ 值近似等于 $P(t)$。

为更为接近实际地表述网络裂缝和进行模拟计算，采用随时间变化的三个参数：体积因子(描述裂缝数量)、滤失因子(描述压裂液滤失)、开度因子(描述裂缝宽度)，可用于描述储层压裂裂缝的数量、滤失及在空间的展布特征。

滤失因子 ψ：滤失因子 ψ 表示有天然裂缝造成压裂液的滤失速度与该点处没有天然裂缝或裂隙的单位长度的地层的滤失速度之比，那么在 dt 时间内点 x 处的滤失量：

$$V_l=\int_0^{L(t-\mathrm{d}t)}2(1+\Psi)\frac{c(x,t)}{\sqrt{t-\tau_x}}\cdot h_f\cdot \mathrm{d}x \tag{11-60}$$

开度因子 ζ：开度因子 ζ 表示缝宽减小的比例，其物理意义为压裂液对岩石作用后，裂缝宽度与理想裂缝宽度的比，由于尖端效应主要发生在缝端附近，因此可用单位长度的压力损失表示：

$$\Delta P_{top}=\int_{L-1}^{L}\frac{16}{3\pi^2}2^{n'_s+1}K'_s\left(\frac{2n'_s+1}{n'_s}\right)^{n'_s}\frac{u(x,t)^{n'_s}}{[\zeta\cdot w'(x,t)]^{n'_s+1}} \tag{11-61}$$

体积因子 k_E：利用产生多裂缝时地层的有效弹性模量 E_{eff}、体积因子 k_E和开度系数共同来表述多裂缝的延伸过程，其裂缝内一点的缝宽与该点压力之间关系式为：

$$w(x,\ t)=\frac{2(1-\nu^2)h_f[P(x,\ t)-\sigma_H]}{E(k_E-\frac{k_E-1}{n_f})} \tag{11-62}$$

三、G 函数叠加导数特征分析

G 函数叠加导数反应了由滤失控制的压力降幅，不同 *G* 函数特征的分类分为四类。

1. 第一类：常规滤失(图 11－63)

(1)滤失面积为常数；

(2)一阶导数 d*P*/d*G* 为常数；

(3)叠加导数 *G*d*P*/d*G* 过原点偏离直线段。

2. 第二类：与压力有关的滤失(图 11－64)

(1)滤失面积逐步减少；

(2)天然裂缝的闭合点；

(3)主裂缝闭合点。

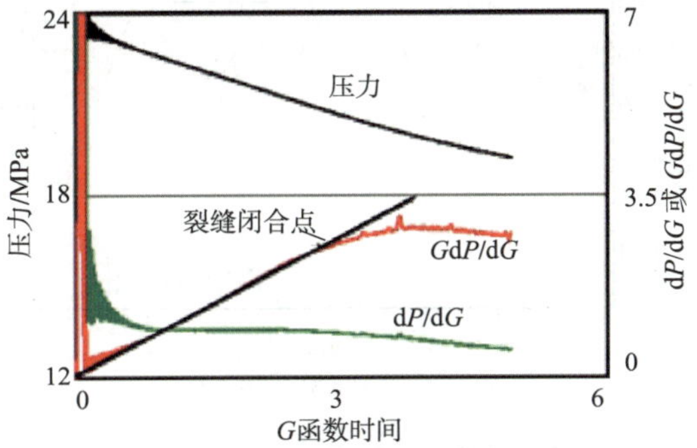

图 11－63 常规滤失 *G* 函数特征图

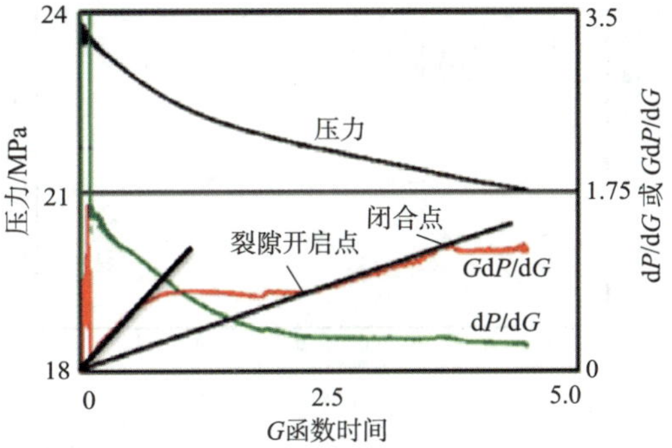

图 11－64 与压力有关的滤失 *G* 函数特征图

3. 第三类：裂缝端部延伸(图 11－65)

(1)滤失面积为常数，裂缝未闭合；

(2)一阶导数 d*P*/d*G* 为常数；

(3)叠加导数 *G*d*P*/d*G* 过原点直线重合。

4. 第四类：裂缝高度减少(图 11－66)

*G*d*P*/d*G* 在过原点直线外推线下面。

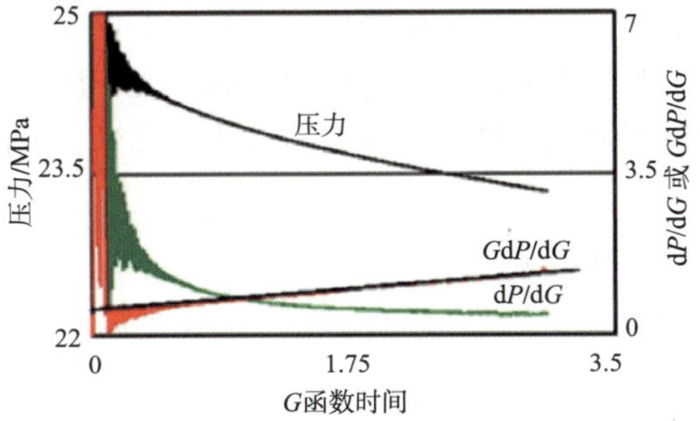

图 11－65 裂缝端部延伸 *G* 函数特征图

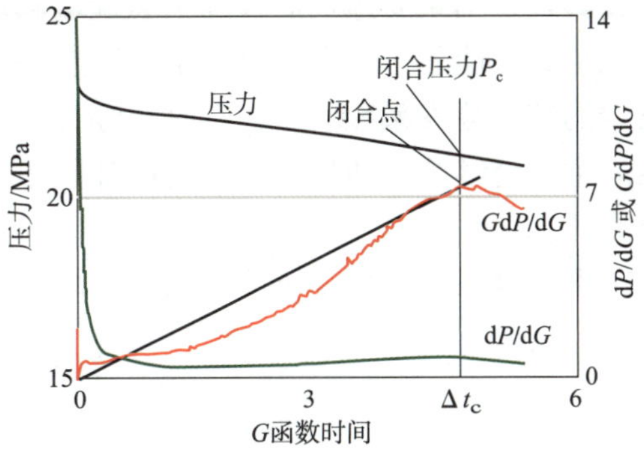

图 11－66 裂缝高度减少 *G* 函数特征图

除了上述 4 类 *G* 函数曲线特征，实际页岩气压裂过程中可能形成的裂缝形态和复杂程度有所差异，在 *G* 函数曲线上一般也表现为以下常见的 4 种特征(图 11－67)。

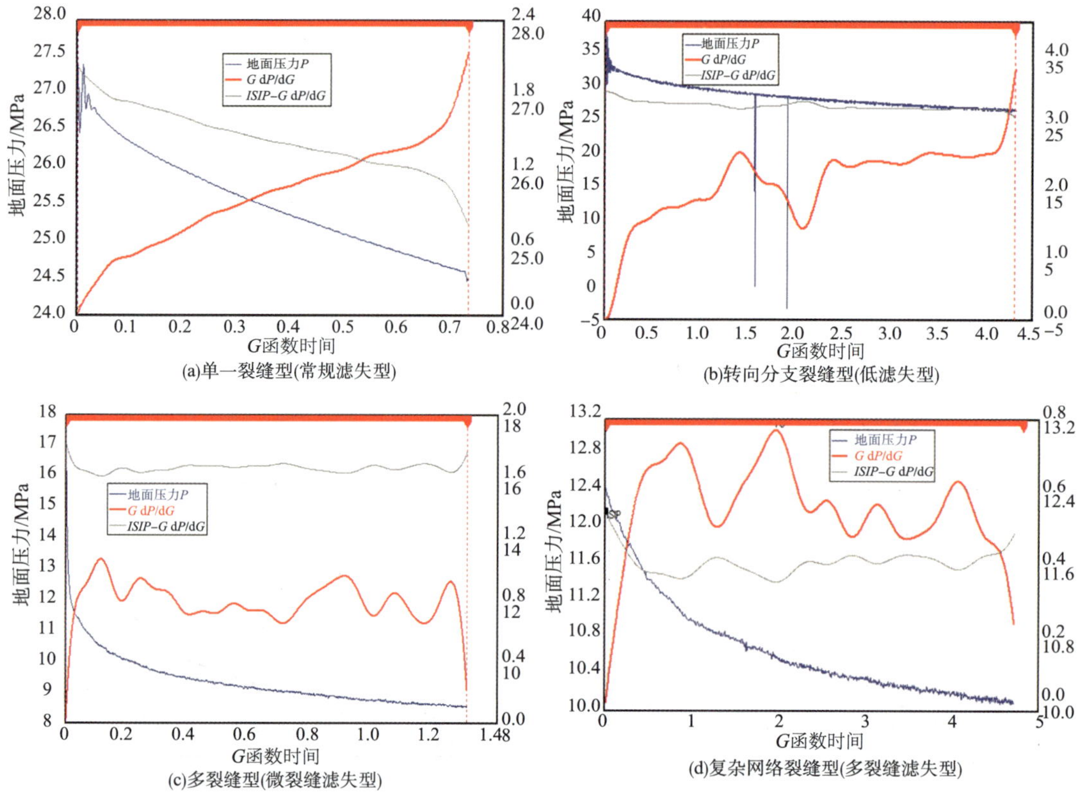

图 11-67　几种非平面裂缝 G 函数叠加导数曲线特征

第十三节　由压降曲线反演裂缝复杂性指数模型

众所周知，常规的压降曲线可反演储层的闭合应力、闭合时间、综合滤失系数等关键信息。但其立论的基础是压裂停泵后的主裂缝立即停止延伸，这对脆性指数相对较低的页岩储层而言是合适的，或者在前置液体积设计合适的情况下也是合适的，因为在此情况下，等顶替结束支撑剂运移到主裂缝端部后，前置液也恰好滤失完，此时主裂缝想再次延伸也绝无可能了。但矿场上很难做到这一点，因此，停泵后的压降快慢，有时不仅反映了页岩的综合滤失系数大小，有时还综合反映了停泵后主裂缝继续延伸的影响。关于压裂停泵后主裂缝继续延伸的影响，先前都有相关的模型可供计算，有时长的可达十几米，少的也有几米。

根据停泵后的裂缝延伸时间，求出停泵后新延伸的半缝长 ΔL：

$$\Delta L = L\left[\frac{t_{\mathrm{p}} + \Delta t}{t_{\mathrm{p}}}\right]^{E} - L \qquad (11-63)$$

$$E = \begin{cases} \dfrac{2n' + 2}{2n' + 3} & \leftarrow \text{PKN 模型} \\ \dfrac{n' + 1}{n' + 2} & \leftarrow \text{KGD 模型} \end{cases} \qquad (11-64)$$

式中，ΔL 为停泵后的裂缝延伸长度，m；L 为停泵时的裂缝延伸长度，m；Δt 为停泵后裂缝延伸时间，min；t_p为压裂注入时间，min；n'为压裂液流态指数，无因次。

上述主要考虑了主裂缝的情况。对同时存在转向支裂缝及三级微裂缝的情况而言，就更为复杂。此时，压降的影响不仅反映了多尺度裂缝的综合滤失系数大小，也反映了其停泵后的继续延伸情况。但相对而言，主裂缝在停泵后继续延伸的可能性更大。因为，主裂缝延伸方向的流动阻力相对最小，且各个转向支裂缝及三级微裂缝系统在主裂缝加砂前已绝大部分被压裂液及支撑剂饱和，换言之，它们一旦饱和停止延伸后，再次延伸的难度相当大，除非又进行了主裂缝内的暂堵作业，使延伸阻力最小的方向被封堵住。但主裂缝加砂阶段又不可能进行暂堵作业。

与单一主裂缝情况不同，存在多尺度复杂裂缝系统时，压降曲线也会出现锯齿状波动，究其原因在于，压裂停泵后产生的水击效应，会产生压力冲击波，该冲击波遇到单一的主裂缝时会被慢慢吸收，体现为井口压力的缓慢平稳下降。而当遇到有转向支裂缝发育时，由于增加了转向支裂缝的吸收，井口压力会快速下降，但转向支裂缝的体积毕竟相对较小，就体现为压力波的触底反弹效应，即井口压力会出现下降后又立即上升的V形曲线。然后，发生下一个压力脉冲循环，但压力波动的幅度会逐渐降低，直至最终转换为单一主裂缝的平稳降低型(基本代表了储层的滤失系数大小)。此外，当有多个转向支裂缝存在时，每个转向支裂缝都对应上述逐渐弱化的压力脉冲效应，且相互叠合，给最终的压力波动分析带来极大困难。为简化起见，可以认为，上述锯齿状曲线出现的早晚基本代表了转向支裂缝系统距离水平井筒位置的远近，显然地，上述锯齿状曲线出现的时机越早，说明上述转向支裂缝系统距离水平井筒越近，反之则越远。但有时因压力监测的频率较小，可能压力的波动信息被隐蔽掉了，此时必须换用高频压力计，如有的压力计1min内可以监测多达1000个压力点，即可胜任上述工作。而有的压力计1min只能监测有限的几个点，就不太适用。此外，上述锯齿状曲线的压力波动频率及幅度，则分别代表了转向支裂缝的分布密度及几何尺寸的大小。显然地，上述压力曲线波动越频繁及波动的幅度越大，则转向支裂缝的分布密度和几何尺寸越大，反之则越小。

需要指出的是，当主裂缝或上述转向支裂缝还同时沟通三级微裂缝时，则上述每个压力脉冲的局部压力曲线也会同样存在次级的压力脉冲效应，与之前的分析类似，每个三级微裂缝也会产生逐渐弱化的多个次级压力脉冲效应，并与转向支裂缝的压力脉冲效应相互叠合，直至最终平稳并回归至转向支裂缝的压力脉冲中。进一步地，如果没有上述转向支裂缝，只有主裂缝与三级微裂缝共存，则三级微裂缝就基本上替代了上述转向支裂缝的作用及效果，只不过压力脉冲的幅度大大降低而已。且由于三级微裂缝的支撑效应远弱于转向支裂缝，因此，上述压力脉冲的衰减速度会更快。此外，上述多尺度裂缝的闭合也会对压降曲线造成影响，一般是闭合之前的压力下降速率更快，闭合后的压力下降速率更慢，在压力下降斜率变化的临界点处就应是闭合点。且基本按三级微裂缝、转向支裂缝及主裂缝的顺序依次闭合，因为，前两者承受的闭合应力更高，且裂缝几何尺寸更小，更利于优先闭合。即使对同一裂缝，闭合的时间也不尽相同，如对主裂缝而言，一般是缝口处优先闭合，然后带动其他位置按从缝口到缝端的先后顺序依次闭合。转向支裂缝及三级微裂缝也应遵循同样的规律。因为，不管是哪种尺度的裂缝系统，总是缝口处优先返排回流，致使缝口处的裂缝优先慢慢闭合，然后逐渐带动裂缝其他位置的裂缝依次慢慢闭合。主裂缝的流动，会导致其缝内的流动压力降低，当该压力降低波及转向支裂缝的缝口处时，会导致其也从缝口处流动并慢慢从缝口到缝端的依次闭合。然后，依次是距离主裂缝缝口处更远的转向支裂缝慢慢流动并逐渐闭合。三级微裂缝也是同样的闭合机理，只不过与主裂缝直接连通的三级微裂缝会优先闭合而已。另外，考虑到页岩渗透性与主应力的对应关系，即最大主应力方向就是最大渗透率方向，则垂直于主裂缝方向是最小渗透率方向，而转向支裂缝及三级微裂缝方向是位于主裂缝的侧翼方向，垂直其方向的渗透率会在一定程度上大于垂直于主裂缝方向的渗透率，换言之，主裂缝的闭合时间应相对最长(转向支裂缝及三级微裂缝，虽然与其直接相连，但在压裂施工停泵后，已基本被压裂液饱和，即其流动对主裂缝滤失性的影响基本可忽略不计)，转向支裂缝次之。至于三级微裂缝系统又要分两种情况而论，如其直接与主裂缝连通，则其闭合时间与转向支裂缝应相当。但如是与转向支裂缝相连，则其闭合时间可能与主裂缝相当。

需要强调的是，上述关于多尺度裂缝闭合时间的讨论，只是从滤失性大小角度进行研讨，但裂缝的动态宽度及其中支撑剂的铺置宽度也是必须要考虑的。即，裂缝的动态缝宽与支撑剂的铺置缝宽的差值越大，裂缝的闭合时间越长，反之则越短。显然地，三级微裂缝系统因支撑剂进入的难度最大，因此，上述两种缝宽的差值相对最大，其次是转向支裂缝系统，最后是主裂缝。且裂缝的闭合早晚还与对应的闭合应力有关，闭合应力越大，则裂缝的闭合时间越短，反之则越长。当然，裂缝闭合时间长短还与页岩的脆性及压裂停泵后裂缝继续延伸的时间有关。储层岩石的脆性越大，压裂停泵后的裂缝继续延伸的时间也越长，则裂缝的闭合时间也越短，反之则越长。上述裂缝闭合时间对支撑剂的二次运移分布还具有极其重要的影响，如裂缝的闭合时间足够长，则因过顶替造成的缝口处“包饺子”效应可以在很大程度上得以消除。反之，则缝口处导流能力的损害就无法弥补。

综上所述，多尺度水力裂缝的闭合机理是极其复杂的。只有当所有尺度的水力裂缝都完全闭合后，井口压力的下降速率才能真实地反映储层的物性及滤失系数大小。也只有当多尺度水力裂缝完全闭合后，上述压力脉冲效应才会慢慢趋稳直至最后完全消失。

目前，国外进一步将停泵后的压力下降称之为水击效应，如图 11 －68 和图 11 －69 所示。

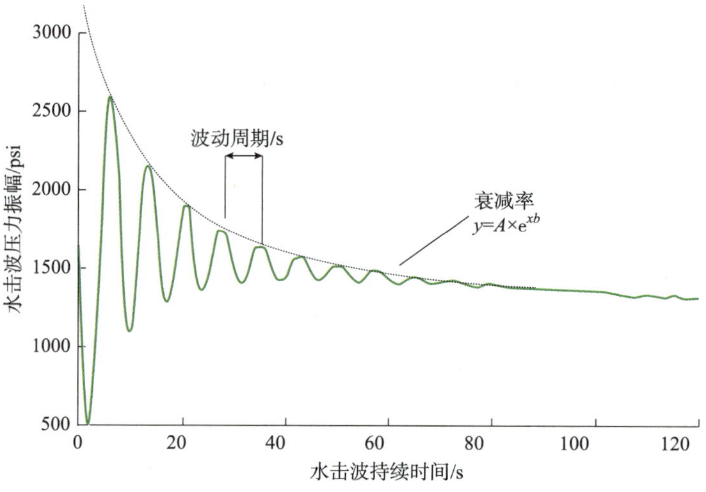

图 11 －68　水击特征—幅度，周期，衰减率及作用周期

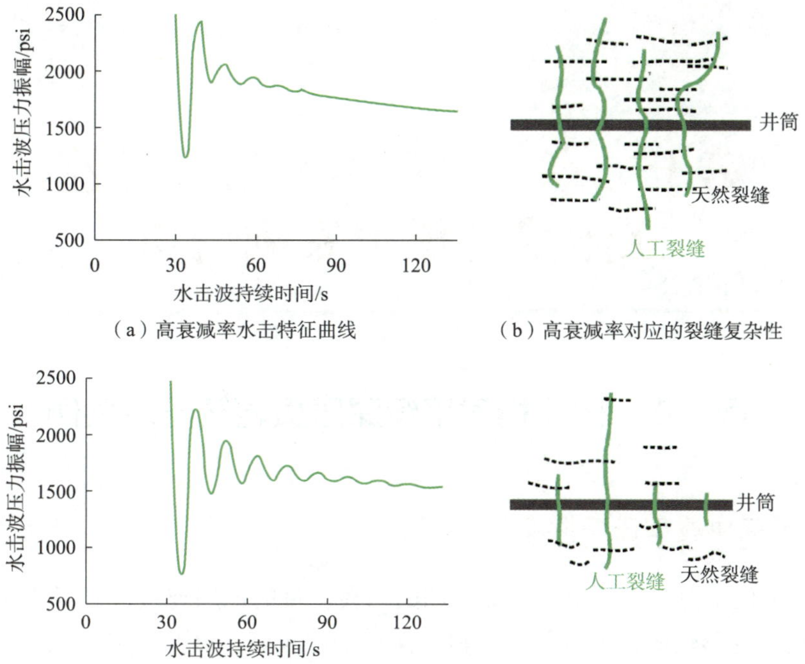

（a）高衰减率水击特征曲线　（b）高衰减率对应的裂缝复杂性

（c）低衰减率水击特征曲线　（d）低衰减率对应的裂缝复杂性

图 11－69　水击曲线特征对应的裂缝复杂性

且压降数据的采集频率也很关键，否则会漏掉重要的信息，包括压力降低的幅度及频率等都有较大的差异性，导致难以准确地判断裂缝的复杂性，如图 11－70 所示。

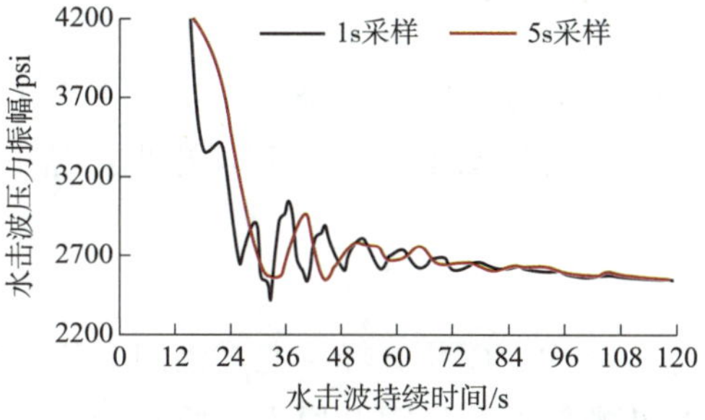

图 11－70　不同采集频率的压降曲线差异

第十二章　深层页岩气高导流立体缝网压裂案例剖析

第一节　构造相对平缓深层页岩气压裂案例

一、威远区块典型压裂井案例分析

C 井构造上位于白马镇向斜的西部次凹的西翼，目的地层连续性好且平缓、断裂发育程度较低、构造变形较弱，上覆盖层完整，保存条件较好。该井水平段长 1510m，其中 A 靶点垂深 3706.87m、斜深 3906m，B 靶点垂深 3722.28m、斜深 5416.00m。水平井轨迹穿行龙马溪组②小层。

(一)页岩品质特征

1. 页岩储层物性特征

1)岩石矿物组分

C 井脆性矿物含量高，脆性矿物含量平均 68.4%，其中石英 41.4%，碳酸盐 22.8%，黏土平均 20.1%。脆性矿物含量相对较高，与焦石坝相当；黏土矿物含量偏低，其组成与焦石坝相当，以伊蒙混层为主。

2)含气性特征

岩心实测和测井解释综合认为，C 井五峰 - 龙马溪组含气页岩段①～④层页岩品质最优为Ⅰ类储层，⑤～⑥层为Ⅱ类储层。导眼井原生品质及含气性参数较好，①～④号小层 *TOC* 平均含量 2.99%，孔隙度平均 6.96%、含气量平均 4.3m^3/t。

3)天然裂缝特征

C 井处于构造形变梯度带，断裂分为 NEE 向和 NW 向两组，NEE 向表现为挤压性质，NW 向表现为剪切性质。水平井天然裂缝局部发育，钻遇断缝处易造成压裂干扰。岩心观察及成像测井资料显示 C 井目的层段裂缝类型以层理缝、低角度开启缝为主，①、②层及③层下部最为发育，高角度斜/立缝发育程度低。

2. 地质力学特征

岩石力学参数纵向上变化大，底部优质页岩段主力气层(①～④小层)力学脆性中等，见表 12 - 1。

表 12－1 岩石力学参数表

序号	层号	编号	泊松比	弹性模量/MPa	力学脆性指数
1	⑥	1 4/107	0.326	16287.8	0.193
2	⑤	1 79/104	0.221	18844.3	0.421
3	④	2 2/109	0.205	20387.4	0.464
4	②③	2 24/109	0.199	23907.3	0.501
5	②③	2 87/109	0.233	25171.1	0.442
6	②③	3 58/165	0.245	26033.9	0.425
7	五峰	3 137/165	0.224	26132.9	0.467
8	临湘	4 11/19	0.264	30387.2	0.417

（二）压裂设计及施工

1. 总体技术思路

针对 C 井力学脆性指数较低，仅为 0.46，但应力差接近 10MPa，抗拉强度和断裂韧性总体较低，以及天然裂缝非均匀分布的储层特征，以提高裂缝有效改造体积为目的，在工程地质双甜点分段分簇的基础上，采取变排量＋段塞加砂施工模式，实现水力裂缝“控近扩远”的目标，提高远端裂缝的改造体积；整体降低液体黏度，采用大排量低黏降阻水加砂，采用暂堵转向以提高射孔簇改造的可靠性和有效性，最终提高压裂裂缝复杂程度。

2. 现场压裂施工

C 井共分 23 段 54 簇，主体 2 簇/级，单簇长 0.6～0.9m，孔密 20 孔/米。单段酸液 $20m^3$、压裂液量 1800～$1900m^3$、支撑剂量 60～$75m^3$、施工排量 12～$16m^3/min$。综合砂液比达 3.2%～4.0%，胶液占比 25%～35%。

现场实践表明，针对本井所提出的压裂工艺具有较好的适用性。对比了不同应力和裂缝发育情况的典型压裂段施工参数及 30min 压降情况，如表 12－2 所示。结果表明，降低压裂液整体黏度、使用低黏降阻水有利于提高人工裂缝复杂程度。

表 12－2 岩石力学参数表

段号	储层类型	施工排量/(m^3/min)	压裂液量/m^3				低黏占比/%	30min 压降/MPa
			低黏	高黏	胶液	合计		
7	高应力、不发育	12～16	567	737	510	1814	31.3	2.73
9	高应力、不发育	12～16	785	700	510	2015	38.9	5.21
10	低应力、不发育	12～16	311	760	1084	2175	14.3	2.86
11	低应力、发育区	12～16	696	700	570	1981	35.1	3.01

进行 3 段 6 次投球暂堵（第 13 段、17 段、18 段），压力涨幅 1.1～3.6MPa，起到了一定的提高改造均衡性的作用。暂堵后 G 函数（图 12－1）显示裂缝复杂性得到一定程度的提高。

压裂中后期通过胶液段塞式加砂，可防止缝口积砂，有效提高了远端裂缝的充填程度，但是与连续加砂相比，隔离液相对较多，加砂效率较低。

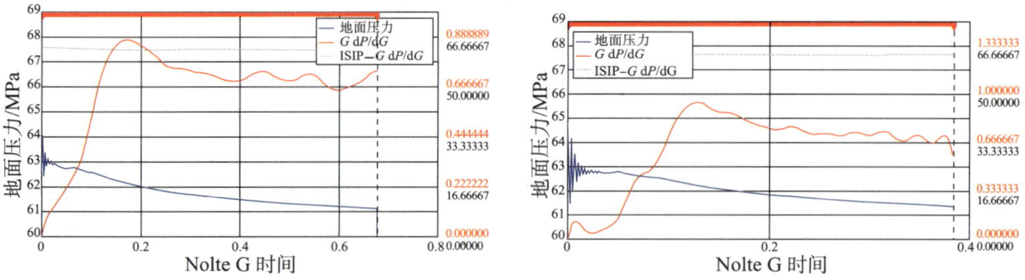

(a)对比井G函数　　(b)C井G函数

图 12－1　暂堵前后 G 函数反演结果

(三)压裂后评估分析

1. EUR 评价

C 井于 2018 年 11 月投产，2020 年 10 月下入油管，日产气 $6\times10^4m^3/d$，日产水 $100m^3$。目前油压 3.3MPa、套压 11MPa、日产气 $1.3\times10^4m^3/d$，日产液 $5m^3/d$，累产气 $0.24\times10^8m^3$，返排率 68.15%。预测 EUR 为 $0.61\times10^8m^3$。基于气藏开发实验、生产数据及微地震数据计算出 C 井 ESRV 为 $950\times10^4m^3$(图 12－2)。

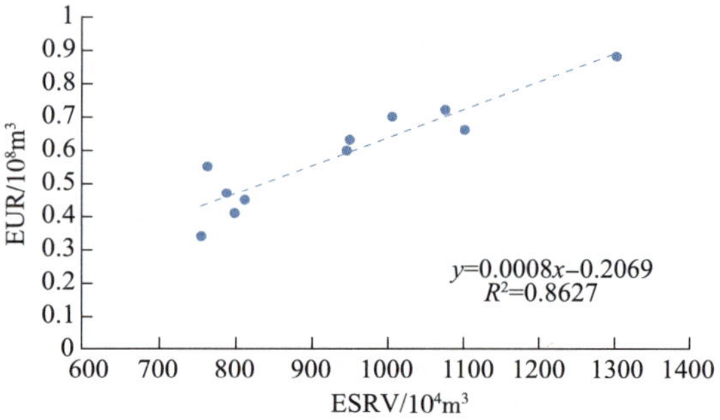

图 12－2　ESRV 与 EUR 关系曲线

2. 裂缝复杂性评价

储层脆性指数中等偏下，G 函数显示裂缝整体复杂度不高(复杂裂缝占比 40%)，说明仅凭低黏、缝口暂堵难以进一步提高裂缝复杂性。

根据各段曲率的分析结果来看(图 12－3)，压裂后裂缝较复杂的段处于曲率相对较高的位置(第 1 段、2 段、4 段、7 段、14 段、15 段)，说明天然裂缝对裂缝复杂度影响较明显。

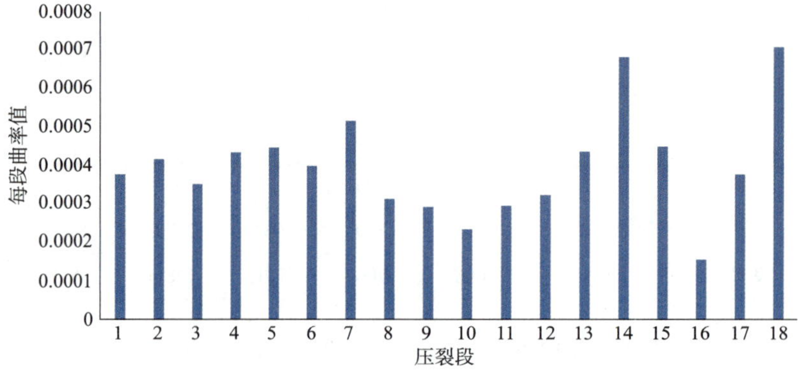

图 12－3　压裂段对应的曲率值

3. 压裂工艺再认识

本井为提高裂缝复杂性，先后采用了降黏、暂堵等措施，从压裂效果上看，复杂效果提高受限，经分析，主要为净压力提升受限：

(1)低黏条件下净压力受限，排量建议进一步提高，以保证充分激活天然裂缝；

(2)缝口暂堵时，压力提升仅1.1～3.6MPa，与水平主应力差相比较小，后续可考虑缝内暂堵以全缝域增压；

(3)本井压裂中后期采用胶液段塞式加砂，在一定程度上保证了ESRV，但是，一方面，中后期中砂比例较高，相对粉砂沉降快，携砂难度更大；另一方面，段塞式加砂因隔离液而降低了加砂效率。

二、永川区块典型压裂井案例分析

D井位于永川区块局部构造的南部向斜区，埋深4280m左右，水平段长1500m，目的层位龙马溪组②～③小层。完钻斜深6110m、垂深4285.29m。

(一)页岩品质特征

1. 页岩储层物性特征

1)岩石矿物组分

邻井平均脆性矿物含量50.84%，脆性矿物含量较威荣页岩气及焦石坝深层页岩气低；黏土矿物含量介于26%～47.8%，平均41%，黏土矿物含量较威荣页岩气及焦石坝深层页岩气高。

2)含气性特征

平台水平段油气显示：泥浆密度1.77～1.80g/cm^{3}下，气测全烃1.01%～25.63%、平均10.53%。

3)天然裂缝特征

D井实钻过程中未钻遇到微裂缝、裂缝、裂缝性气层等。蚂蚁体裂缝追踪显示该井预测出3段裂缝：井深4874～5050m(176m)、5466～5580m(114m)、5687～6108m(421m)，合计711m。

2. 地质力学特征

1)岩石力学分析

从岩心岩石力学试验结果来看(表12－3)，D井区页岩的岩石力学参数及力学脆性指数略优于焦石坝深层页岩；从测井参数计算的力学脆性指数来看，D井区页岩总体表现出力学脆性指数较小，压裂形成复杂缝网难度大。

表12－3 岩石力学参数对比表

区块	井号	杨氏模量/GPa	泊松比	力学脆性指数
永川	D	31.80	0.225	0.51
	D1	19.97	0.191	0.49
	D2	18.47	0.23	0.40
焦石坝	J1	38	0.198	0.60
	J2	37	0.22	0.55
	J3	27.3	0.2	0.55

2)连续地应力剖面分析

如表 12－4 所示，永川区块龙马溪由于埋藏深度深，水平两向应力差异较大，水平两向应力差异系数 0.09～0.23/0.13，水平主应力差值(8.11～18.65MPa)/11.1MPa，主体应力差值在 10MPa 以上，与威荣深层相近。总体不利形成网络缝。

表 12－4 岩石力学参数对比表

井号	井深/m	垂向应力/MPa	最大水平主应力/MPa	最小水平地应力/MPa	三轴应力关系	水平应力差异系数	水平应力差值/MPa
D	3812.22～3868.25	94.1～96.1	99.1～101.2	82.3～92.0（梯度 2.31）	$\sigma_H>\sigma_v>\sigma_h$	(0.09～0.23)/0.13	(8.1～18.7)/11.1
J1	2330.6～2417.19	49.2～54.6	52.2～55.5	48.6～49.9（梯度 2.06）	$\sigma_H>\sigma_v>\sigma_h$	(0.06～0.14)/0.11	(3.0～6.9)/5.2
J2	4011	99.3	94.87	86.5	$\sigma_H>\sigma_v>\sigma_h$	0.1	8.37
J3	3880	95.5	87	79.6	$\sigma_H>\sigma_v>\sigma_h$	0.1	7.4

最小主应力梯度较高(2.26～2.37MPa)/100m，明显高于焦石坝深层(2.11MPa/100m)；同时由于井深较大，最小主应力绝对值更高，破裂压力及裂缝延伸压力更高。三轴应力关系为 $\sigma_H>\sigma_v>\sigma_h$，垂向应力与最小水平主应力接近，这是压裂改造能形成一定程度复杂裂缝的有利条件。

(二)压裂设计及施工

1. 总体技术思路

主体工艺为“密切割、强加砂、缝口缝内双暂堵”，采用一体化变黏耐盐滑溜水压裂液体系，100/200 目石英砂、70/140 目陶粒、40/70 目陶粒支撑剂组合。在现场施工过程中，横向上采取限流压裂及缝口暂堵转向，保障各簇改造充分性；纵向上采取“快提排量＋前置高黏胶液”，提高净压力，实现裂缝纵向延伸强化暂堵转向，促使多簇均匀进液，提高改造的充分性和裂缝的复杂程度。

2. 现场压裂施工

综合考虑影响地质方面页岩品质均质性、及工程方面储层密切割改造效果等关键因素，设计 D 井分为 18 段 139 簇改造，水平段整体簇间距小于 10m，单段射孔以 9 簇为主，段长 80m 左右、段间距 16m 左右。该井入地液量 34148m^3，砂量 2373m^3，用液强度 23.28m^3/m，加砂强度 2.0m^3/m。共开展 6 次缝口暂堵，单次一般投入暂堵球 20～30 颗，暂堵涨压 0.5～2MPa，平均 1.25MPa。

3. 压裂后评估分析

由于两向应力差 20MPa 左右，因此通过增加分段和射孔簇，提高储层接触面积和裂缝密度，提高横向覆盖率，降低气体渗流距离。形成了“快提排量(＞12m^3/min)增压促起裂”“中低黏(5～15mPa·s)、高排量(＞16m^3/min)、促均衡(投球暂堵)”的工艺参数体系，多簇扩展的非均衡性可降低 30% 以上。同时，配套形成了“高排量(＞16m^3/min)、高小粒径比例(＞30%)、复合强加砂、慢提砂比(＜10%)”的加砂工艺模式。

为了获得最优改造体积，数值模拟优化得到最优排量 14 ~ 16m^3/min，总液量 34024m^3，总砂量 2873m^3。实际压裂施工排量达 14 ~ 15m^3/min、总液量 34148m^3、砂量 2373m^3。该井用液强度达到了 23.28m^3/m、加砂强度达到了 2.0m^3/m，与设计符合率较高。暂堵压力涨幅一般 1.5 ~ 2MPa，且采用低砂比 + 大粒径暂堵剂工艺实施后加砂压力缓慢上涨，停泵 30min 压降较不暂堵工艺提高 2MPa 以上，且 *G* 函数波动频率更高，说明采用地质 - 工程一体化压裂设计使得裂缝扩展达到了较好的转向效果(图 12 - 4)。

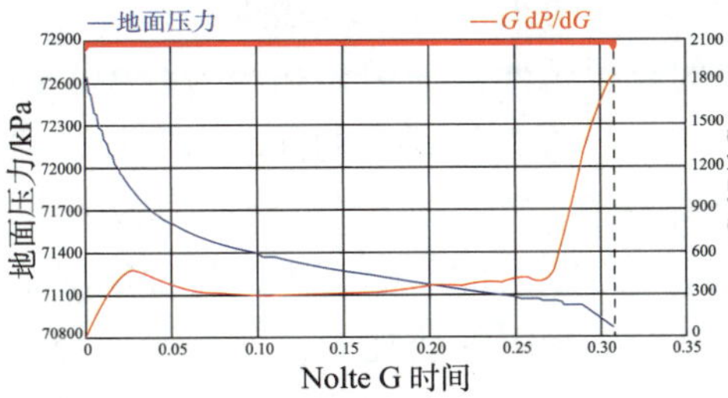

(1) 对比井*G*函数

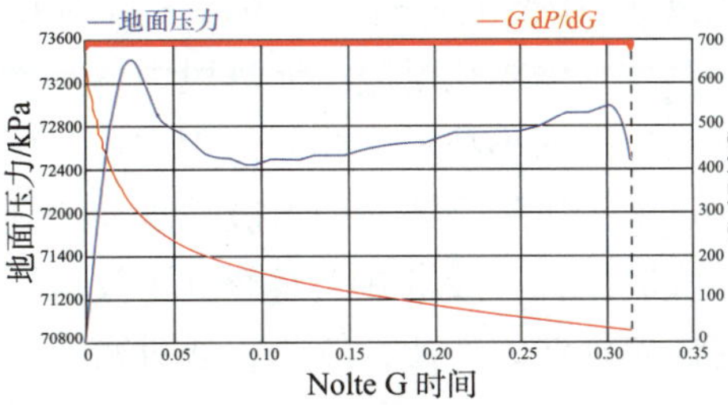

(2)D井*G*函数

图 12 - 4 *G* 函数曲线对比

三、涪陵区块 A 井压裂案例分析

(一)段簇划分及缝网参数优化

A 井位于涪陵外围白马区块。本井地层倾角较大，井斜角在 70°左右，缝间干扰更为严重，故本井在簇间距的基础上适度放大。

依据裂缝发育、微幅构造、地应力特征，结合裂缝延伸难度，将水平段划分为三大类，结合地质分段，开展工程分段。其中，微幅构造段、中曲率段及近 B 靶埋深大的井段段间距 23 ~ 27m，簇间距 18 ~ 21m，减少单段簇数以保证各簇流量，减小施工难度；强挤压、漏失井段增加簇数，段间距 21 ~ 25m，簇间距 13 ~ 17m；其余 6 簇，段间距 15 ~ 21m，簇间距 10 ~ 16m，段长 85m 左右。

(二)体积压裂工艺参数优化及现场实施控制

依据裂缝发育、微幅构造、地应力特征，优化施工参数，在近 B 靶埋深大的井段，考虑到压裂难度较大，采用前置胶液，全程采用高黏减阻水携砂；在挤压、漏失井段，采用前置胶液，减小滤失对压裂影响，采用“快提 + 大排量”，减小地层漏失对压裂的影响；在弱挤压段，综合考虑压裂难度及施工成本，前置液体换为高黏滑溜水，并且控制规模。

为提高多簇改造均衡性，采用大粒径暂堵剂实现转向。在实际压裂过程中，考虑到施工压力窗口较窄，为减少暂堵剂进入地层后压力陡升对施工的影响，排量降至 5m^3/min，压力稳定后恢复排量。

(三)压裂后效果及评估分析

通过施工压裂反演发现，裂缝有效改造体积保证，*G* 函数前期快升，后期波动大，表明通过地质工程一体化压裂设计成功提高了裂缝复杂程度。测试产量 10.72 × 10^4m^3/d，较邻井提高了 50% 以上，改造效果显著。

四、涪陵区块 B 井压裂案例分析

本井埋藏较深，天然裂缝不发育，缝网形成难度及加砂难度较大，为实现尽可能大的泄气面积和裂缝系统的有效支撑，从而提高单井产能，以“促复杂、增体积、强支撑”为核心，针对储层埋深大、裂缝复杂度受限、有效支撑难度大等难题，以提升裂缝横向覆盖率、压裂裂缝有效性、水平段改造针对性为目的，采用“细分段 + 限流射孔 + 高效铺置 + 差异化设计”压裂工艺模式。单段 5 簇射孔，缩短段簇间距，增加裂缝条数；结合限流压裂理念，减少单簇孔眼数，促进段内各簇裂缝均匀起裂延伸；采用大孔径射孔弹、组合压裂液体系、提高小粒径支撑剂使用占比(50% ~55%)，在控压稳压的同时提升加砂强度。

通过施工压裂反演和微地震发现，与压前分析一致，本井裂缝复杂的井段小于 60%，相对中浅层而言，受本井天然裂缝不发育、水平主应力差大的影响，主缝特征明显，呈现主裂缝优先延伸的特征，然而，通过密布缝，在复杂度受限的前提下，水平段实现了改造体积的有效覆盖，*G* 函数，压裂后测试产量达 $8.8\times10^4\mathrm{m^3/d}$，较邻井提高了 19.2% 以上，增产效果显著。

第二节　高陡构造深层页岩气压裂案例

一、高陡构造深层页岩气压裂案例剖析

(一) DS1 井压裂案例

1. 目的层地质及钻井情况

DS1 井位于重庆市綦江区篆塘镇白坪村二组，构造位置属于四川盆地川东南綦江褶皱带东溪构造，井别为预探井，井型为水平井，导眼井为东页深 1 井。该井以五峰 - 龙马溪组优质页岩气层段①~⑤号小层为目的层，完钻斜深 6062.00m，垂深 4248.07m，完钻层位上奥陶统五峰组，A 靶点斜深 4610.00m，垂深 4268.82m，B 靶点斜深 6062.00m，垂深 4248.07m，水平段长 1452.00m。

2. 压前储层参数综合分析

该井目的层岩性为灰黑色粉砂质页岩及灰黑色碳质页岩，根据导眼井测井资料及相关数据，优质页岩厚度 30.5m，测井解释孔隙度 4.6%，录井 *TOC*3.49%，现场测试含气量 $5.06\mathrm{m^3/t}$，钻时 8.8 ~35.4min/m，泥浆密度 $1.88\mathrm{g/cm^3}$，五峰 - 龙马溪组全烃 0.47% ~5.20%，顺层缝、层理缝和高角度缝相对发育，硅质 52.3%，碳酸盐岩 11%，脆性指数 55%，压力系数预测为 1.40 ~1.65，地层温度 140℃，平均最小主应力 90 ~95MPa，水平两向应力差 17MPa，水平应力差异系数 0.18，水平井筒与最小主应力方向夹角 20°。

3. 压裂难点分析

本井压裂难点分析如下：

(1) 埋深 4200m 左右，且应力比较大，施工压力很可能接近限压，提高了施工难度；

(2) 脆性较强，天然裂缝发育，砂比敏感，裂缝延伸困难；

(3) 目的层水平两向应力差 17MPa，大范围网络裂缝形成工程难度加大；

(4)地层温度140℃，人工井底6000m，对液体耐温性能和降阻率要求高。

4. 分段压裂总体思路

总体思路：采用网络压裂技术思路，优选2种黏度滑溜水及1种黏度胶液作为主体压裂液，根据提高裂缝改造体积、裂缝复杂性及现场加砂难易程度，相应调节滑溜水黏度。本井水平应力差较大，采取密切割多段多簇、变排量变黏度泵注模式、可溶性暂堵剂等措施，提高缝内净压力，以最大程度地提高裂缝复杂性及有效改造体积，对比后期粉陶和暂堵剂的暂堵效果。提高小粒径支撑剂比例，实现多尺度微裂缝和层理缝的饱充填，有效保持裂缝长期导流能力，为页岩气产出提供优势通道。

主体技术：多尺度网络压裂技术。

(1)密切割分段分簇：优选地质及工程双甜点，密集分段，26段单段3～6簇(3簇为主)，减小段簇间距至10m，提高单段裂缝的干扰强度，提高裂缝复杂性，提高横向覆盖区域；

(2)大规模大砂量：提高改造体积和导流能力，单段液量2500m^3，单段砂量90m^3；

(3)控近扩远：排量逐级增加，初期排量12～14m^3/min，中后期排量16～18m^3/min；

(4)复杂裂缝改造：本井主体采用大规模的低黏和中黏滑溜水造缝，进行复杂裂缝改造，前置胶液；

(5)多级充填：增加小粒径支撑剂比例，单段20～25m^3，3种粒径支撑剂，其中前期采用粉砂打磨及降滤；

(6)有效支撑：减少顶替液量，中后期采取低砂比长段塞加砂模式，提高裂缝支撑效率；

(7)配套工艺：采取140MPa装备、大孔弹射孔及投球可溶桥塞工艺，前置酸处理、替酸排量优化、粉砂段塞打磨、变黏度+变排量等净压力控制工艺措施，并开展监测应用，监测和诊断压裂效果。

5. 分段压裂设计

本方案以水平段地层岩性特征、岩石矿物组成、油气显示、电性特征(*GR*、电阻率和三孔隙度测井)为基础，结合岩石力学参数、固井质量，进行了密切割设计，共分为26段89簇，具体参数如表12-5所示。

表12-5　分段分簇数据统计表

段号	层位	井段/m		段长/m	段间距/m	射孔簇位置/m			簇长/m	簇间距/m	孔数
		顶深	底深			簇号	顶深	底深			
1	②	5940	5990	50	31	1	5980	5981	1	13	16
						2	5966	5967	1	6.5	16
						3	5958.5	5959.5	1		16
2	②	5885	5940	55	26.3	4	5926.9	5927.5	0.6	5	10
						5	5921.3	5921.9	0.6	5	10
						6	5915.7	5916.3	0.6	5	10
						7	5910.1	5910.7	0.6	5.4	10
						8	5904.1	5904.7	0.6	5.2	10
						9	5898.3	5898.9	0.6		10

续表

段号	层位	井段/m		段长/m	段间距/m	射孔簇位置/m			簇长/m	簇间距/m	孔数
		顶深	底深			簇号	顶深	底深			
3	②	5827.5	5885	57.5	32	10	5871	5872	1	12	16
						11	5858	5859	1	14	16
						12	5843	5844	1		16
4	②	5775	5827.5	52.5	25	13	5810	5811	1	9	16
						14	5800	5801	1	9	16
						15	5790	5791	1		16
5	②	5725	5775	50	26.4	16	5764	5765	1	9	16
						17	5754	5755	1	9	16
						18	5744	5745	1		16
6	②	5680	5725	45	25.4	19	5717	5717.6	0.6		10
						20	5711.6	5712.2	0.6	4.1	10
						21	5706.9	5707.5	0.6	4.1	10
						22	5702.2	5702.8	0.6	4.1	10
						23	5697.5	5698.1	0.6	4.1	10
						24	5692.8	5693.4	0.6		10
7	②	5635	5680	45	25.5	25	5666.8	5667.4	0.6	4.1	10
						26	5662.1	5662.7	0.6	4.1	10
						27	5657.4	5658	0.6	4.1	10
						28	5652.7	5653.3	0.6	4.1	10
						29	5648	5648.6	0.6		10
8	②	5580	5635	55	26.4	30	5621.9	5622.5	0.6	5	10
						31	5616.3	5616.9	0.6	5	10
						32	5610.7	5611.3	0.6	5	10
						33	5605.1	5605.7	0.6	5	10
						34	5599.5	5600.1	0.6	5	10
						35	5593.9	5594.5	0.6		10
9	②	5525	5580	55	25	36	5566.5	5567.5	1	8.5	16
						37	5557	5558	1	16.5	16
						38	5539.5	5540.5	1		16
10	②	5480	5525	45	29.5	39	5513.5	5514.5	1	7	16
						40	5505.5	5506.5	1	10	16
						41	5494.5	5495.5	1		16
11	②	5435	5480	45	24	42	5464	5465	1	9	16
						43	5454	5455	1	7	16
						44	5446	5447	1		16

续表

段号	层位	井段/m		段长/m	段间距/m	射孔簇位置/m			簇长/m	簇间距/m	孔数
		顶深	底深			簇号	顶深	底深			
12	②	5390	5435	45	29	45	5421	5422	1	7	16
						46	5413	5414	1	7	16
						47	5405	5406	1		16
13	②	5340	5390	50	29	48	5375	5376	1	9	16
						49	5365	5366	1	9	16
						50	5355	5356	1		16
14	②	5290	5340	50	29	51	5325	5326	1	9	16
						52	5315	5316	1	9	16
						53	5305	5306	1		16
15	②	5240	5290	50	29	54	5275	5276	1	9	16
						55	5265	5266	1	9	16
						56	5255	5256	1		16
16	③	5190	5240	50	29	57	5225	5226	1	9	16
						58	5215	5216	1	9	16
						59	5205	5206	1		16
17	③	5140	5193	50	28	60	5175	5176	1	9	16
						61	5165	5166	1	9	16
						62	5154	5155	1		16
18	③	5090	5140	50	29	63	5125	5126	1	9	16
						64	5115	5116	1	9	16
						65	5105	5106	1		16
19	②	5040	5090	50	32. 5	66	5075	5076	1	9	16
						67	5064	5065	1	9	16
						68	5055. 5	5056. 5	1		16
20	①	4985	5040	55	30	69	5022	5023	1	9	16
						70	5011	5012	1	9	16
						71	5001	5002	1		16
21	②	4930	4985	55	34	72	4970	4971	1	10	16
						73	4959	4960	1	11	16
						74	4947	4948	1		16
22	②	4875	4930	55	30	75	4912	4913	1	10	16
						76	4901	4902	1	10	16
						77	4890	4891	1		16

续表

段号	层位	井段/m		段长/m	段间距/m	射孔簇位置/m			簇长/m	簇间距/m	孔数
		顶深	底深			簇号	顶深	底深			
23	①	4820	4875	55	30	78	4859	4860	1	11	16
						79	4847	4848	1	12	16
						80	4834	4835	1		16
24	①	4765	4820	55	29	81	4803	4804	1	9	16
						82	4793	4794	1	12	16
						83	4780	4781	1		16
25	②	4710	4765	55	25	84	4750	4751	1	15	16
						85	4734	4735	1	11	16
						86	4722	4723	1		16
26	②	4660	4710	50		87	4696	4697	1	9	16
						88	4686	4687	1	10	16
						89	4675	4676	1		16

6. 压裂液要求

考虑到本井储层物性、岩性、脆性等参数特征，采用混合压裂液体系压裂，即滑溜水+胶液体系，滑溜水黏度可根据现场施工情况进行调整。压裂液要求：

(1)摩阻低，悬砂性能稳定，伤害低，整体配伍性好；

(2)滑溜水黏度可调，低黏度提高复杂性，中黏度撑开微裂缝，增加裂缝复杂程度；

(3)前置胶液扩缝，采用高砂比加砂，使缝网进一步加强与主裂缝通道连通性。

7. 液体体系

(1)滑溜水体系。根据工艺要求，采取中黏滑溜水体系，基本配方：0.1%减阻剂+0.1%黏土稳定剂+0.1%助排剂。

该体系由粉剂减阻剂、助排剂、黏土稳定剂等组成，具有溶解速度快、黏度高、减阻率高等特点，具体指标要求见表12-6(备注：在16m^3/min以上排量时，滑溜水体系现场减阻率可达80%以上)。

表12-6 中黏滑溜水体系(0.1%减阻剂)性能参数

项目	指标
溶解时间/s	110
pH值	7.0
表观黏度μ(25℃，170s^{-1})/mPa·s	9~12
表面张力/(mN/m)	26.3
实验和现场减阻率/%	68/75~80

(2)胶液体系。该体系主要由增稠剂、交联剂、助排剂、破胶剂等组成，重点配套了配伍性好的黏土稳定剂，具体配方如下：0.3%增稠剂+0.16%交联剂+0.1%黏土稳定剂+0.1%助排剂+0.05%破胶剂，基液黏度25~35mPa·s，胶液黏度为40~60mPa·s。胶液

压裂液主要性能指标见表 12－7。

表 12－7　胶液压裂液主要性能指标

项目	技术指标
基液 pH 值	7.0±1.0
0.3% 增稠剂配制基液的表观黏度/mPa·s	≥30
防膨率(膨胀法)/%	≥80
交联时间/s	10≤t≤120
耐温耐剪切性能($170s^{-1}$剪切 2h)/mPa·s	≥20
破胶液黏度/mPa·s	≤5
破胶液表面张力/(mN/m)	≤28
实验降阻率和现场降阻率/%	≥62，≥70
压裂液对岩心基质的伤害率/%	≤20

(3)酸液体系。推荐本井选用盐酸作为预处理酸液。酸预处理配方：15% HCl＋2.0%高温缓蚀剂＋1.0% 助排剂＋1.0% 铁离子稳定剂。酸溶蚀试验见表 12－8。

表 12－8　2 号层酸溶蚀试验

盐酸浓度/%	反应开始前		90℃反应 2h 后干燥 4h	岩粉失重/g	溶蚀率/%
	岩粉质量/g	滤纸质量/g	岩粉＋滤纸质量/g		
10	4.997	1.438	5.858	0.577	11.547
15	5.001	1.435	5.831	0.605	12.098
20	5.005	1.425	5.768	0.662	13.227

8. 支撑剂体系

本井压裂支撑剂采用组合粒径：80/120 目粉陶＋40/70 目低密度陶粒＋30/50 目低密度陶粒。针对闭合应力 90～96MPa，考虑支撑剂耐压性、抗破碎率、导流能力等因素，80/120 目为粉陶抗压强度 86MPa，40/70 目和 30/50 目为低密度陶粒选择抗压强度 103MPa，支撑剂性能指标要求见表 12－9 和表 12－10。

表 12－9　80/120 目粉陶支撑剂性能指标要求

序号	检验项目	指标要求
1	粒径/mm	>0.125/<0.178
2	破碎率(86MPa)/%	≤8.0
3	酸溶解度/%	≤7.0
4	视密度/(g/cm^3)	—
5	体积密度/(g/cm^3)	≤1.65
6	圆度	≥0.8
7	球度	≥0.8

表 12－10　40/70 目和 30/50 目低密度陶粒支撑剂性能指标要求

序号	检验项目	指标要求
1	粒径/mm	>0.202/<0.425(40/70 目)
		>0.3/<0.6(30/50 目)
2	酸溶解度/%	≤7.0
3	破碎率(103MPa)/%	≤5.0
4	视密度/(g/cm³)	—
5	体积密度/(g/cm³)	≤1.65
6	圆度	≥0.8
7	球度	≥0.8

9. 方案实施与效果评估

本井压裂 26 段 89 簇，总压裂液量 81739.5m³，平均单段 3143.8m³，总砂量 1921.4m³，平均单段 73.9m³，创建了 4000m 以深井压裂多项工程技术指标。压裂后测试产量为 31.18×10^4m³/d，获得了较大突破。

针对深层页岩气埋深大、应力高、水平应力差大、塑性增强、温度高等特点，从压前评价、降低井口施工压力、提高裂缝复杂性、提高裂缝改造体积和导流能力等方面均开展了优化，使 4200m 的深井建立起了 18m³/m 施工排量，裂缝复杂性提高到 50% 以上，改造体积达到 2858.7×10^4m³，加砂强度达到了 1.46m³/m，压裂后测试产量为 31.18×10^4m³/d，获得了较大突破，本井主要创新点为：

(1)有效围压的脆性指数计算方法：深层页岩围压对岩石力学特性影响较大，采用常规的矿物法和岩石力学法难以表征深层页岩的脆塑性变化特征，基于此，国内外首次提出了有效围压条件的岩石力学脆性评价方法，采用新的脆性评价方法可以考虑地层有效围压条件下的脆性值，对于描述不同深层页岩的脆塑性特征，有着较为准确客观的评价。

(2)密切割多段多簇布缝方式：本井水平应力差较大，采用减小段簇间距和密集分段的措施，提高单段裂缝的干扰强度，提高裂缝复杂性，提高横向覆盖区域。

(3)耐高温高降阻滑溜水体系：本井层内应力差较高，主体采用前置胶液造缝提高缝高，使用大规模的耐高温中高黏滑溜水扩缝，进行复杂裂缝改造，降阻率达到了 86%，携砂性明显增强。

(4)多级充填和连续加砂模式：增加 100 目小粒径支撑剂用量，单段 20～25m³，3 种粒径支撑剂，其中前期采用粉陶打磨，由于本井应力较高，采取低砂比长段塞和连续加砂模式，最大段塞砂量达到 50.6m³，是 4000m 深层页岩气井的纪录。

(二)SD 井案例

1. 目的层地质及钻井情况

SD 井构造位置属于川东南綦江褶皱带东溪断背斜，井别为预探井，井型为水平井。该井以五峰－龙马溪组优质页岩气层段①～⑤号小层为目的层。本井完钻斜深 5971.00m，完钻垂深 4343.80m，完钻层位为龙马溪组。A 靶点斜深 4468.00m、垂深 4242.17m，B 靶点斜深 5971.00m、垂深 4343.80m，水平段长 1503.00m，人工井底 5917m，实际可改造段长 1449m。

2. 压前储层参数综合分析

该井目的层岩性为灰黑色粉砂质页岩及灰黑色碳质页岩，根据导眼井测井资料及相关数据，埋深大(4200m+)，厚度30.0m，测井解释孔隙度4.5%，录井*TOC*3.11%，含气量6.69m^3/t，综合预测设计井在下志留统龙马溪组的压力系数为1.6，地层温度127℃左右，高阻缝集中发育于龙马溪组1段④号层以上及石牛栏组，水平层理缝见于龙马溪组1段①号层及④号层~石牛栏组，水平应力差约为16.8~18.5MPa，平均17.5MPa，垂向应力与最小水平主应力之差约为10.5~13.4MPa，优质页岩层的抗拉强度为5.26~14.28MPa，断裂韧性为0.309~0.506MPa·$m^{1/2}$，平均石英含量为49.5%，黏土矿物含量为27.8%，平均碳酸盐矿物含量为7.7%，水平段轨迹为下倾形，主要穿行②、③号小层，气测全烃平均值44.54%。

3. 压裂难点分析

本井压裂难点分析如下：

(1)围压条件脆性偏低(45%)，两向水平应力差大(平均17.5MPa)，复杂网缝形成难度较大；

(2)埋藏深(4242.17~4343.80m)，应力较高(约98MPa)，②小层抗拉强度高(14.3MPa)，裂缝起裂及延伸难度大；

(3)②、④号层有泥质白云岩遮挡段，层内应力差较高，不利于缝高扩展；

(4)有效应力高，导流能力维持难度大。

4. 分段压裂总体思路

总体压裂思路：深层页岩气组合布缝高导流体积压裂技术。

具体措施包括：

(1)布缝模式：单段3簇模式为主，优化不同层位簇间距，最大限度利用排量、黏度、簇间距、暂堵球等组合模式，提高净压力，促进复杂缝网形成；

(2)穿层压裂：前置胶液+快提排量，促进裂缝在纵向上充分延伸；

(3)暂堵增压：在密切割布缝的基础上，通过缝内和簇间暂堵，促进近井—远井的多尺度缝网形成；

(4)大液量+大砂量：提高改造体积和导流能力，单段液量3000m^3左右，单段砂量100~120m^3，加砂强度3.4t/m；

(5)持续保持净压力：主体施工排量保持16~18m^3/min；

(6)压裂模式：前置胶液(增加缝高，造主缝)+高黏滑溜水(复杂扩缝)+中顶胶液(保持缝高)+高黏滑溜水，100目石英砂(10%，打磨处理)+100目陶粒+40/70目陶粒，2种粒径支撑剂3种类型；

(7)高效支撑：减少顶替液量，中后期采取连续加砂模式，形成连续支撑剖面，提高裂缝支撑效率；

(8)配套工艺：140MPa装备、微地震监测、等孔径射孔、可溶桥塞、变黏度+变排量等净压力控制工艺。

5. 分段压裂设计

本方案以水平段地层岩性特征、岩石矿物组成、油气显示、电性特征/(*GR*、电阻率和三孔隙度测井)为基础，结合岩石力学参数、固井质量，进行了密切割设计，共分为30

段 91 簇，见表 12 - 11。

表 12 - 11　分段分簇数据统计表

压裂段				段长/m	射孔簇			簇长/m	段间距/m	簇间距/m
段号	层位	顶深/m	底深/m		簇号	顶深/m	底深/m			
1	②	5855	5900	45	1	5886.2	5887	0.8	25.2	/
					2	5880.2	5881	0.8		5.2
					3	5874.2	5875	0.8		5.2
					4	5868.2	5869	0.8		5.2
2	②	5810	5855	45	5	5842	5843	1	24	
					6	5832	5833	1		9
					7	5822	5823	1		9
3	②	5765	5810	45	8	5797	5798	1	24	
					9	5787	5788	1		9
					10	5777	5778	1		9
4	②	5723	5765	42	11	5752	5753	1	22	
					12	5743	5744	1		8
					13	5734	5735	1		8
5	③	5681	5723	42	14	5711	5712	1	25	
					15	5702	5703	1		8
					16	5695	5696	1		6
6	③	5643	5681	38	17	5669	5670	1	23	
					18	5662	5663	1		6
					19	5654	5655	1		7
7	③	5602	5643	41	20	5630	5631	1	22	
					21	5621	5622	1		8
					22	5612	5613	1		8
8	②	5555	5602	47	23	5589	5590	1	26	
					24	5578	5579	1		10
					25	5567	5568	1		10
9	②	5508	5555	47	26	5540	5541	1	25	
					27	5530	5531	1		9
					28	5520	5521	1		9
10	②	5461	5508	47	29	5494	5495	1	28	
					30	5484	5485	1		9
					31	5474	5475	1		9

续表

压裂段				段长/m	射孔簇			簇长/m	段间距/m	簇间距/m
段号	层位	顶深/m	底深/m		簇号	顶深/m	底深/m			
11	②	5413	5461	48	32	5445	5446	1	26.5	
					33	5434	5435	1		10
					34	5423.5	5424.5	1		9.5
12	②	5365	5413	48	35	5396	5397	1	32	
					36	5387	5388	1		8
					37	5378	5379	1		8
13	②	5312	5365	53	38	5345	5346	1	27	
					39	5334	5335	1		10
					40	5323	5324	1		10
14	②	5264	5312	48	41	5295	5296	1	28	
					42	5284	5285	1		10
					43	5274	5275	1		9
15	②	5214	5264	50	44	5245	5246	1	28	
					45	5235	5236	1		9
					46	5225	5226	1		9
16	②	5166	5214	48	47	5196	5197	1	28	
					48	5186	5187	1		9
					49	5176	5177	1		9
17	②	5115	5166	51	50	5147	5148	1	27	
					51	5137	5138	1		9
					52	5126	5127	1		10
18	②	5060	5115	55	53	5098	5099	1	29	
					54	5087	5088	1		10
					55	5076	5077	1		10
19	②	5013	5060	47	56	5046	5047	1	25	
					57	5036	5037	1		9
					58	5025	5026	1		10
20	②	4966	5013	47	59	4999	5000	1	26	
					60	4989	4990	1		9
					61	4979	4980	1		9
21	②	4919	4966	47	62	4952	4953	1	24	
					63	4942	4943	1		9
					64	4932	4933	1		9

续表

压裂段				段长/m	射孔簇			簇长/m	段间距/m	簇间距/m
段号	层位	顶深/m	底深/m		簇号	顶深/m	底深/m			
22	②	4872	4919	47	65	4907	4908	1	24	
					66	4896	4897	1		10
					67	4886	4887	1		9
23	②	4827	4872	45	68	4861	4862	1	28	
					69	4852	4853	1		8
					70	4840	4841	1		11
24	②	4775	4827	52	71	4811	4812	1	25	
					72	4800	4801	1		10
					73	4788	4789	1		11
25	②	4729	4775	46	74	4762	4763	1	26	
					75	4752	4753	1		9
					76	4742	4743	1		9
26	③	4681	4729	48	77	4715	4716	1	29	
					78	4704	4705	1		10
					79	4693	4694	1		10
27	③	4632	4681	49	80	4663	4664	1	27	
					81	4653	4654	1		9
					82	4643	4644	1		9
28	③	4583	4632	49	83	4615	4616	1	29	
					84	4604	4605	1		10
					85	4593	4594	1		10
29	③	4530	4583	53	86	4563	4564	1	26	
					87	4553	4554	1		9
					88	4542	4543	1		10
30	③	4480	4530	50	89	4515	4516	1		
					90	4505	4506	1		9
					91	4495	4496	1		9

6. 压裂液要求

考虑到 SD 井储层物性、岩性、脆性等参数特征，采用一体化变黏度滑溜水体系压裂，滑溜水黏度可根据现场施工情况进行调整。压裂液要求：

(1)摩阻低，悬砂性能稳定，伤害低，整体配伍性好；

(2)高黏度滑溜水保持净压力，提高复杂性，携砂，提高主缝导流；

(3)前置胶液扩缝，采用高砂比加砂，使缝网进一步加强与主裂缝通道连通性。

7. 液体体系要求

(1)滑溜水体系。高黏滑溜水性能要求见表 12－12。

表 12－12　高黏滑溜水体系性能参数

序号	项目	指标
1	pH 值	7.0
2	表观黏度 μ(25℃，170s^{-1})/mPa·s	13～17
3	表面张力/(mN/m)	≤28
4	实验和现场减阻率/%	70/80～82
5	防膨率/%	≥80
6	压裂液对岩心基质的伤害率/%	≤20
7	溶解时间/s	≤20

(2)胶液体系。该体系主要由一体化压裂液的降阻剂、黏土稳定剂、助排剂、破胶剂等组成，并在涪陵、黔江、新疆、内蒙古等区块进行了应用，根据体系的应用情况，通过不断改进，进一步提高了胶液的各项性能，重点配套了配伍性好的黏土稳定剂，具体配方如下：0.8%～1%降阻剂＋0.1%黏土稳定剂＋0.1%助排剂＋0.02%破胶剂，黏度 50～60mPa·s。胶液压裂液主要性能指标见表 12－13。

表 12－13　胶液压裂液主要性能指标

项目	技术指标
基液 pH 值	7.0±1.0
表观黏度 μ(25℃，170s^{-1})/mPa·s	50～60
防膨率(膨胀法)/%	≥80
破胶液黏度/mPa·s	≤5
破胶液表面张力/(mN/m)	≤28
实验降阻率和现场降阻率/%	≥65/≥75
压裂液对岩心基质的伤害率/%	≤20

(3)酸液体系。考虑到本井穿行的目的层段主要是 2 号层和 3 号层，1 号层及 4 号层的白云岩条带一定程度阻挡了缝高的延伸。对白云质条带进行了取样，开展了酸溶实验，实验结果如表12－14所示，稀土酸(12% HCl＋3% HF)对白云质条带的酸溶蚀率达到了 74%，较盐酸效果更好，有助于缝高向 1 号层扩展，虽然一定程度会生成 CaF_2 沉淀，但浓度较低，通过后期大量的滑溜水压裂证明，影响较小。推荐酸液配方：12% HCl＋3% HF＋2.0%高温缓蚀剂＋1.0%助排剂＋1.0%铁离子稳定剂，高温缓蚀剂需满足 127℃以上温度要求，可根据现场实际情况调整酸液配方。

表 12－14　盐酸和土酸与白云质条带酸溶实验结果

实验方案	序号	反应前岩粉质量/g	反应后岩粉质量/g	溶蚀率/%
15% HCl	1	5.0078	2.1559	0.569492
	2	5.0047	2.1741	0.565588
	3	5.0017	2.1662	0.566907
12% HCl＋3% HF	1	5.0013	1.2714	0.745786
	2	5.0135	1.3125	0.738207
	3	5.0067	1.3011	0.740128

(4)暂堵材料。本井试验应用可溶性暂堵剂提高裂缝复杂性，暂堵剂性能要求见表12－15。

表 12－15　可溶性暂堵剂性能参数要求

序号	检验项目	指标要求
1	粒径/目	60～80
2	密度/(g/cm^3)	1.0～1.3
3	封堵强度(140℃条件)/MPa	>40
4	降解时间/h	可控/(最大时长不超过2h)
5	可溶性	完全降解
6	配伍性	与地层流体、压裂液均具有良好的配伍性

为了更好地封堵优势进液孔眼，优选直径为16mm的低密度暂堵球，性能要求见表12－16。

表 12－16　暂堵球指标要求

序号	参数	技术指标
1	密度/(g/cm^3)	0.9～1.5
2	直径/mm	16
3	抗压强度/MPa	>60（127℃下）
4	开始溶解时间/h	15（127℃）
5	完全溶解时间/d	3～5（127℃）

8. 支撑剂优选

针对闭合应力95～100MPa，考虑支撑剂耐压性、抗破碎率、导流能力、嵌入和经济性等因素，支撑剂的嵌入会较大地降低导流能力(降低23%～37%)，选择70/140目石英砂/(少量、主要用于打磨孔眼)、70/140目陶粒和40/70目低密度陶粒3种支撑剂。推荐各支撑剂性能指标见表12－17～表12－19。

表 12－17　70/140 目石英砂支撑剂性能要求

序号	检验项目	指标要求
1	破碎率(35MPa)/%	≤10.0
2	酸溶解度/%	≤7.0
3	体积密度/(g/cm^3)	≤1.65
4	圆度	≥0.6
5	球度	≥0.6

表 12－18　70/140 目陶粒支撑剂性能要求

序号	检验项目	指标要求
1	破碎率(103MPa)/%	≤8.0
2	酸溶解度/%	≤7.0
3	体积密度/(g/cm^3)	≤1.65
4	圆度	≥0.7
5	球度	≥0.7

表 12-19 40/70 目低密度陶粒性能要求

序号	检验项目	指标要求
1	破碎率(103MPa)/%	≤5.0
2	酸溶解度/%	≤7.0
3	体积密度/(g/cm^3)	≤1.6
4	真密度/(g/cm^3)	≤3.0
5	圆度	≥0.8
6	球度	≥0.8

9. 方案实施与效果评估

本井共压裂 30 段 91 簇，压裂总液量 89728.2m^3，滑溜水 80015.2m^3，胶液 9100m^3，土酸 613m^3，平均单段液量 2990.9m^3，单段滑溜水 2667.2m^3，单段胶液 303.3m^3，总砂量 3477m^3，70/140 目砂、70/140 目粉陶、40/70 目陶粒分别是 303m^3、1241.4m^3、1932.6m^3，单段砂量平均 115.9m^3，70/140 目粉砂、70/140 目粉陶、40/70 目陶粒分别是 10.1m^3、41.4m^3、64.4m^3，陶粒占比 91.3%，创造了多项 4300m 以深井压裂工程技术指标，压裂后测试产量为 41.2×$10^4m^3/d$，获得了较大突破。

该井采用“密切割多段少簇(单段 3 簇为主，簇间距 7~9m)、稀土酸和等孔径射孔组合降压、超大液量(单段 3055m^3)、大排量(17~18m^3/min)、一体化变黏滑溜水交替[前置胶液+高黏滑溜水(15mPa·s)]、双暂堵(全井实施 62 次暂堵压裂)和陶粒中强加砂(单段 116m^3，加砂强度 3.6t/m)”体积压裂工艺技术，总体工艺适应性较好。主要工艺如下：

(1)稀土酸和等孔径射孔弹、一体化高降阻压裂液组合降压明显。本井埋深较大(垂深 4242~4348m)，应力较高(98MPa)，前期造缝阶段，采用等孔径射孔弹和稀土酸能较好地降低了破裂压力和近井综合摩阻，异常高压等复杂事故明显减少，高降阻滑溜水体系，降阻效果显著，保障了全井 27 段施工排量均达到了 18m^3/min。

(2)短簇间距、单段少簇、高黏滑溜水、大排量、双暂堵等措施的综合应用提升净压力明显。本井投球暂堵 33 次，暂堵剂暂堵 29 次，共暂堵 62 次，单段最高暂堵 4 次，通过双暂堵压裂工艺，暂堵后，压力均有了明显提升，暂堵球单次平均涨压 3.1MPa，暂堵剂单次平均涨压 3.2MPa，深层页岩压裂净压力 16~20MPa，助力复杂裂缝形态有效形成。

(3)前置胶液和高黏滑溜水交替、大液量模式、稀土酸处理等措施有效提高了改造体积。对比邻井，本井全程采用大液量、胶液和高黏滑溜水交替及稀土酸处理，裂缝高度提高 5~10m，平均缝长提高 20%，总改造体积提高了 56%。

(4)段塞式加砂、高黏滑溜水携带陶粒组合模式有效保证了多尺度裂缝的有效充填，长期导流能力较以往压裂井显著增强。本井应用一体化变黏高降阻滑溜水体系，前置液应用前置胶液扩缝，破裂点较为明显，后期采用滑溜水携砂，携 40/70 目最大砂比达到 18%，滑溜水和胶液交替注入模式，全井共计 27 段排量达到了 18m^3/min，保证了本井整体施工砂量。

第三节　深层页岩压裂存在问题及下步攻关方向

一、存在问题

综上所述，虽然深层页岩气压裂已取得了诸多显著进步，并在现场上不断取得效果突破，主要表现为单井初产及估算的 EUR 不断提升。但与中深层页岩气相比，仍存在亟待攻关解决的一系列问题，主要有：

（一）在迂回双暂堵方面

（1）多级近缝端暂堵位置的精准控制难度大。常规的砂岩缝端暂堵位置的控制就相当困难，换为岩性及应力特征完全不同的页岩就更为困难了。且不同级的近缝端暂堵设计时又存在先前转向支裂缝的滤失影响，且该滤失的计算也相当困难。原因在于，常规的砂岩缝端暂堵一般针对的是直井和单一射孔段，可采取压前小型测试压裂获取相对准确的地层滤失系数等关键信息。但页岩一般是水平井分段分簇压裂，进行小型测试压裂时，因采用的液量及排量都相对有限，因此，各簇裂缝很难均衡起裂延伸，即使均衡起裂与延伸了，缝高等的延伸也相当不充分，导致小型测试压裂的裂缝几何尺寸与主裂缝相比相对较小，因此，通过上述小型测试获取的滤失系数等参数，根本不具代表性。且万一有部分射孔簇裂缝没有起裂或延伸不均衡，则小型测试压裂获取的滤失系数仅代表已压开的裂缝的情况，在进行近缝端暂堵时，压力的部分提升会促使其他延伸不充分的裂缝获得更大幅度的延伸，因此也会影响暂堵剂按预定的位置封堵。

（2）近缝端暂堵剂在少水条件下的溶解性难以控制。与常规的裂缝中部某个位置的暂堵不同，因暂堵剂的前后两侧都有滞留的压裂液，可以加速暂堵剂的水解。而近缝端暂堵时，只有靠近井筒的方向有大量的压裂液存在，在靠近裂缝端部方向的压裂液量相对较少（缝端至压裂液前缘还有流动的空白区存在），因此，暂堵剂能否在预期的相对短的时间内快速、彻底溶解，存在很大的不确定性。尤其是内部的暂堵剂，受变形挤压作用，其中的水相环境就更不乐观了。如果暂堵剂不能迅速彻底溶解，则再次注入施工时，主裂缝的延伸就会相对受限，则后续的暂堵及加砂等作业也会受到很大的影响。因此，多级近缝端暂堵的效果就难以充分实现。

（3）即使近缝端实现了完全的暂堵，但当暂堵后压力升高时，虽然利于转向支裂缝的萌生和发展，但近缝端的缝高延伸同样难以避免。一旦发生了这样的情况，则近缝端又变为部分暂堵了，则部分暂堵后的压力升幅又会受到相当的制约。在此情况下，非但转向支裂缝难以充分形成，主裂缝的过早延伸，又给后续的暂堵剂工艺参数设计及暂堵位置的精准控制，都带来了很大的挑战。

（4）每次暂堵后加入的支撑剂，虽然绝大部分应进入新产生的转向支裂缝中，但难以避免仍有部分支撑剂滞留于主裂缝的近缝端处，当近缝端的暂堵剂完全溶解后及主裂缝开始充分延伸时，上述滞留的支撑剂会被后续注入的压裂液携带并到达主裂缝新的延伸前缘，这些支撑剂会不断地在主裂缝前缘起到堵塞或阻滞作用，会造成主裂缝延伸时压力频繁波动且居高不下，这对深层页岩气压裂而言是非常不利的。

(5)近缝端暂堵临界压力升幅的判断缺少标准，且是随时变化的。本来，判断标准是有的，即暂堵时的缝内净压力与临界暂堵压力升幅之和等于暂堵时的两向水平应力差与岩石的抗张强度，但暂堵时的两向水平应力差已不是原始值，如何精确计算存在较大的不确定性。对缝内多级暂堵而言，情况就更为复杂，也更难以准确计算了。类似地，投暂堵球时的压力升幅应大于未压开簇裂缝与已压开簇裂缝破裂压力差值的最大值，且因为已压开簇裂缝产生的诱导应力作用，会使未压开裂缝的破裂压力增加，且该增加值的受控因素较多，同样难以准确计算。更进一步地，多级投球时情况就更为复杂，因为，已压开的簇裂缝都会对未压开的簇裂缝处产生诱导应力的叠加效应，且因进液的孔眼数越来越少，导致每级投球时，即使同样的投球数量，压力的升幅也不尽相同。因此，都给每次投球时临界压力升幅的判断造成极大的困难和不确定性。

但不管是缝内暂堵剂暂堵还是簇间暂堵球暂堵，总的判断原则应是压力升高到一定程度时有明显的新破裂迹象，且破裂后的延伸压力在排量及黏度等施工参数一定的前提下，也应比暂堵前的延伸压力有一定的升幅，才能分别代表缝内转向支裂缝或簇间新裂缝的萌生和扩展。因为，无论是转向支裂缝，还是簇间新裂缝，其破裂压力及延伸压力都比已压开主裂缝及未压开主裂缝要大。现场上经常出现暂堵后出现了一定的压力升幅，但之后又回归到暂堵前的压力水平，这是暂堵没有起作用的主要体现。可能的原因是暂堵不是完全的暂堵，如因暂堵剂密度大，在裂缝内缝高方向上难以实现全封堵，或者，因孔眼的加砂磨蚀效应，孔眼扩径及不规则变形程度增大，都会造成暂堵后的压力升幅有限。施工压力增加是因为先前暂堵的影响，但正因为没有产生新的转向支裂缝或新的簇间新裂缝，随着后续压裂液的不断注入，原先的暂堵剂或暂堵球会被逐渐冲散或脱离孔眼，造成施工压力的逐渐回落，最终仍沿原先的主裂缝方向延伸。

(6)支撑剂因密度大，造成与压裂液的流动跟随性相对较差。在水平井筒中运移时，会有相当比例滞留于靠近趾端的簇射孔裂缝处。因此，后续投暂堵球时，因暂堵球的密度同样也较大，同样会造成一定数量的暂堵球滞留于靠近趾端的簇射孔裂缝处，由此会造成暂堵球坐封效率的下降，可能需要富余更多的暂堵球才能完成预期的暂堵要求。但暂堵球数量的增加也具有较大的不确定性和风险性，一旦富余多了，会造成流动通道的大幅度降低，会导致不必要的高泵压及压裂效果的降低。反之，如富余量少了，又会造成未压开的簇裂缝比例增大。因此如何综合权衡取值，难度极大。

(二)在立体缝网的成缝机理方面

(1)多尺度裂缝系统三维扩展动态实时描述技术。

目前存在的主要问题是多尺度裂缝共存条件下，尤其对转向支裂缝的动态刻画描述技术欠缺，因此，何时加砂，加多少比例的小粒径支撑剂等，都无法精准地确定。以往一般靠示踪剂、CT 扫描及压裂后人工观察等方式，都存在诸多的局限性(如 CT 扫描的岩样岩样尺寸受限，或只能进行事后观察及裂缝尺寸的三维重构等)，难以进行多尺度裂缝系统的实时追踪和四维重构。

(2)在多尺度裂缝系统中，转向支裂缝及三级微裂缝的体积占比过低。

目前，各种相关的物模及数模结果都证实，在多尺度裂缝系统中，主裂缝的体积占比一般在 70% 以上，虽然也采用双暂堵等措施，但转向支裂缝及三级微裂缝系统的体积占比依然偏低，这严重制约了裂缝有效改造体积及压裂后产量与稳产效果的提升幅度。因为，目前国内外各种研究都证实，主裂缝侧翼方向的转向支裂缝及三级微裂缝的充分发育和有效支撑，是压裂后稳产的技术关键。与国外地质条件不同，国内的构造挤压运动频繁，导致两向水平应力差及垂向应力差等相对较大与较小，因此，裂缝的转向难度较大(有时因各种原因，双暂堵或迂回双暂堵的压力升幅都相对有限，导致绝大部分情况下都没有达到压力升幅的临界条件)，即使转向，转向支裂缝的高度也严重受限。同样地，三级微裂缝的萌生及扩展也受上述类似的机制控制，难以大规模发育。

(3)射孔簇数与裂缝改造体积间的对应关系没有真正建立起来。

随着密切割技术的发展，深层页岩气也逐渐吸纳其做法。但因为深层页岩的脆性已发生了不同程度的降低效应，导致簇数增加后势必单簇裂缝的排量降低，则单簇裂缝的扩展能量势必相应降低。因此，对特定深度的页岩而言，应存在一个相对最佳的簇数，而不是簇数越多越好。另外，簇间距也并非越密越好，因为密到一定程度后，必然产生相互间的流动干扰效应，则压裂后产量反而因此降低。且簇间距越密或簇数越多，各簇裂缝起裂与延伸的非均衡程度加剧，有时即使采用投球暂堵措施也无济于事。还需要强调的是，密切割与缝内暂堵从某个角度讲是相互矛盾的，因为，之所以要采用密切割，其假设前提是转向支裂缝难以形成。如果此时同时采用缝内暂堵措施，那万一产生了转向支裂缝的话，则势必会造成各个相邻密切割主裂缝间的连通或干扰。但如果从促进已压开簇裂缝的均衡延伸程度角度而言，缝内暂堵也是有益的。

(三)在立体缝网的支撑机制方面

(1)多簇多尺度裂缝中支撑剂分布的不均衡性。

就目前的多尺度裂缝系统支撑剂动态运移的物模结果而言，立体缝网的支撑效率还差强人意，主要表现是主裂缝系统吸纳了70%以上的支撑剂，即使主裂缝的造缝体积占比远不及70%也是如此。同时，即使对主裂缝而言，进入的支撑剂体积也仅占其造缝体积的30%左右，换言之，主裂缝的支撑剂充满度也仅30%左右。

另外，对各簇裂缝或某簇裂缝的转向支裂缝而言，支撑剂的分布也极不均匀，且最大与最小进砂量的差异都在50%左右。如考虑现场多井多缝的同时压裂导致的诱导应力的不均衡作用，即使是同一簇主裂缝，水平井筒两翼的支撑剂进砂量也极不均匀。

还需指出的是，即使对同一种尺度的裂缝而言，缝高方向上的支撑剂分布情况也是不均匀的，且近井地带裂缝的支撑缝高大，而远井地带裂缝的支撑缝高则逐渐降低。且缝高方向也可能存在不同粒径支撑剂混杂分布的情况，也会相应影响页岩气在纵向上的运移能力。

显然地，上述多簇多尺度裂缝支撑剂分布的不均匀性，会产生裂缝控制区域内页岩气流动的非均匀性，也会影响支撑剂分布少的区域的最终采收率。

(2)不合理的加砂程序，会导致不同尺度裂缝系统导流能力的急剧下降。

由于目前普遍采用2~3种粒径的支撑剂，且绝大多数采用了连续加砂模式和激进砂液比的强加砂措施，会导致不同尺度裂缝系统中不同粒径支撑剂的混杂分布情况尤其严重，尤其是主裂缝。目前室内物模结果也证实，主裂缝、转向支裂缝及三级微裂缝系统中，普遍存在2种以上粒径支撑剂的混杂分布情况，且变黏度压裂液的应用，黏滞指进效应也相对严重，最终导致不同粒径支撑剂难以呈现出活塞式运移和分布模式，而是相互混杂分布的情况居多。这就造成了越是强加砂，多尺度裂缝的导流能力反而越低的怪圈。

(3)各个裂缝系统间的连通性仍难以完全保证。

水力压裂的目标一直是追求多尺度的支撑裂缝系统，其中暗含的前提是各个裂缝系统间是无障碍连通的，否则，即使形成了多尺度的裂缝系统，最终的实际效果也仅是局部的复杂缝网系统，即只有页岩气流动能波及的裂缝改造体积部分才真正对压裂后产量起作用。

造成各个裂缝系统间连通不畅的主要原因是段塞式加砂的参数设计及控制，尤其是不加砂的压裂液段塞的体积及数量，显然地，不加砂的压裂液体积越大和/或段塞的数量越多，各个裂缝系统间不连通或部分连通的概率就越大，反之则越小。

值得指出的是，虽然连续加砂模式可以很好地避免上述局限性，但连续加砂模式的缺陷更大。因为，与国外深层页岩气不同，国内的深层页岩气两向水平应力差相对较大，导致主裂缝与转向支裂缝的动态缝宽差异大，因此，在连续加砂模式下，转向支裂缝很难有支撑剂进入，即使进入，进入的支撑剂体积也极其有限。而国外因两向水平压力差小，主裂缝与转向支裂缝的缝宽差异小，因此，连续加砂模式是合适的，可以同时促进主裂缝及转向支裂缝的强加砂。

(4)多尺度裂缝系统的长期导流能力特性及主控因素仍难以掌握。

水力压裂的目标不但要产生一个高导流的多尺度裂缝系统，而且要求该裂缝系统的导流能力递减慢，才能提高深层页岩气的压裂后稳产效果和单井EUR。但目前的多尺度裂缝系统的长期导流能力作用机制及主控因素仍是不清楚的。以往的裂缝导流能力的研究，主要还是单一裂缝的导流能力，且单一裂缝的长期导流能力研究相对较少。对于同时存在主裂缝、转向支裂缝及三级微裂缝的复杂缝网系统而言，长期导流能力的研究是非常复杂和困难的。如何模拟上述多尺度裂缝系统在地层中的实际流动形态及相应的温压条件，同时能考虑到压裂后返排期间的气液两相流动特征及其对后续产能的影响，是今后需要重点考虑的研究方向。

(四)在深层页岩气压裂裂缝监测方面

目前的裂缝监测技术总体上研究及应用较少，与国外相比存在较大差距。主要限于成本因素，因为国内深层页岩气的地表及地下情况的高度复杂性，单井钻完井及压裂的成本居高不下，动辄一亿元以上，再加上几百万元的裂缝监测费用，一般油田生产单位承受不起。加上地面及地下微地震、测斜仪等技术也存在适应性差等问题(由于深层页岩的塑性特征较强，以及水平层理或高角度天然裂缝等结构弱面的存在，对微地震及大地变形等的信号传递影响大，尤其是上述信号的衰减快)，因此解释结果也难以用来指导压裂设计及施工参数的调整优化和迭代升级。此外，油田常用的压裂后产剖测试也仅代表各段裂缝的产出贡献，并不能表征各个段及簇裂缝的起裂与扩展情况，实时分析更是无从谈起。

至于目前国外常用的光纤监测技术，可以基于各簇裂缝的分布式温度(DTS)、分布式声波(DAS)或分布式变形(DSS)等的实时监测和实时解释分析，实时调整相关的工艺参数，如暂堵球和/或暂堵剂的时机及用量等。但同样鉴于费用大等问题，应用的数量也极少。

(五)在压裂后渗吸及返排机制方面

目前，在页岩气的渗吸及返排机制方面已进行了大量的研究工作，但仍存在诸多局限性，如没有考虑深层页岩气的实际地层压力及温度条件，即使考虑了压力或温度条件，但限于实验条件所限，温度及压力都距离实际的地层温度及压力相去甚远。显然地，不同的加载压力及温度条件，会导致最终的岩心内部微观裂隙的不同发育程度，因此，最终的渗吸结果也是差异极大的，很难以此结果指导实际井的压裂后返排工作。此外，不同压裂液在高压高温下的渗吸机制及压裂液与地层岩石的微观作用机理研究，对于从微观层面优化压裂液的种类及配方，也是极端重要的。而以往压裂液的优选仅从耐温及流变性等宏观层面研究的居多，实际上并未挖掘出压裂液的最大作用及潜力。

而在压裂后返排机制研究方面，目前的研究基本上仅聚焦于单一裂缝的情况，实际上，由于水平井筒趾部与跟部高差的不同(有时差距有200m甚至400m之多)，压裂后返排时，不同段簇裂缝的返排时机是不同的，且靠近跟部的段簇裂缝优先返排，之后逐渐转向靠近趾部的段簇裂缝。因此，压裂后水平井的返排特征，实际上是不同段簇裂缝在不同返排时机及不同排液量时的综合特征显示。

由此可进一步拓展到页岩气井工厂大平台的多井同步返排机制，因涉及到多井、多缝，且每口水平井的趾部与跟部的高差又不尽相同，因此，压裂后返排机制及主控因素的研究就更为纷繁复杂。且多井的整体同步返排和同步泄压效应，对避免立体缝网内部的无效流动干扰效应，进而对促进整个井工厂覆盖范围内的裂缝改造体积中的压裂后均匀产气，都是极端有益的。

二、下步攻关方向

综上所述，目前的深层页岩气压裂还存在着诸多的技术难题亟须解决，因此在下步发展方向上，应主要聚焦于：

(一)在迂回暂堵方面

在暂堵剂上，应开展少水或无水条件下的溶解性能研究及对分子结构进行相应的改性。同时，要与压裂液及支撑剂进行一体化整体设计，即压裂液、支撑剂与暂堵剂的密度等相等或相当，且强度满足井筒内高压封堵的要求。在上述三者密度一致的前提下，就可确保支撑剂及暂堵剂与压裂液流动的同步跟随性，可以确保支撑剂及暂堵剂在长距离运移过程中的“抱团”效应，进而大幅度提高暂堵后的压力升幅及确保转向支裂缝等的形成。即使采用支撑剂与暂堵剂的混合暂堵方案，也可确保上述技术目标的实现。但主要难度在于支撑剂和暂堵剂的低密度与高强度的统一，但二者其实是相互矛盾的，因密度小了，抗压强度必然降低。

此外，应尽量采用单一粒径的支撑剂和暂堵剂。因为，即使上述二者的密度与压裂液相等或相当，当粒径不一致时，在长距离运移过程中也必然会导致相互分离，这显然会极大降低暂堵的效率和效果。

在暂堵球上，应同样采用与压裂液等密度的暂堵球，以增加暂堵球对优势进液簇裂缝的高效封堵。但考虑到深层页岩气的施工压力高，含砂携砂液对孔眼的磨蚀效应大，还应采用等密度的绳结暂堵球，以提高不规则孔眼的有效封堵效率。考虑到各个孔眼的磨蚀情况不尽相同，上述绳结暂堵球的主体直径应大小不一才能最大限度地提高对孔眼的封堵效率。具体如何设计主体直径及分布，应基于对压裂后孔眼变形形态及程度的大量监测结果才能确定。否则，应在现场进行逐段的摸索，不断积累经验，并建立相应的学习曲线。

而在暂堵工艺参数优化及控制上，应以控制井口压力上升的速率接近 1MPa/min 为原则，因为，如该值过高，则施工风险太大且不可控制。反之，如太小，则施工效率太低，也可能影响最终的暂堵压力升幅值。在成熟的压裂设计软件中，如 MEYER 等，都有不同施工参数组合下的井口压力预测值及动态曲线，暂堵参数的影响也可以想办法加以单独模拟优化。

至于暂堵后近缝端缝高增长引起的部分暂堵问题，可以采用悬浮态暂堵剂且尽量增加近缝端处暂堵剂用量的方法，近缝高缝高增长后，因只有一处流动出口，因此必然会吸引密度相对较小的暂堵剂快速运移补位，从而可持续不断地形成近缝端处动态暂堵的局面，可确保在压力升高过程中的全程近缝端暂堵效果；至于如何消除支撑剂在近缝端处滞留引起的对后续主裂缝造缝的阻碍效应，可采用低黏度滑溜水再次造主裂缝并适当降低排量的做法，以使上述支撑剂在运移过程中不断地沉降到主裂缝的底部。因其量相对较小，之后即使再逐渐恢复排量或提高滑溜水的黏度也可确保正常的造缝施工进程；至于暂堵后压力升幅临界值的判断标准问题，因为已压开主裂缝的净压力及诱导压力等的模拟计算具有相当的不确定性，现场上可以用暂堵后是否出现新的破裂压力特征及后续的延伸压力较暂堵前是否有明显的上升(至少在 2MPa)作为评判的基本标准。因为，不管是投暂堵球后的新射孔簇裂缝起裂延伸抑或是某个主裂缝中新的转向支裂缝的起裂延伸，起裂与延伸的位置必然是应力更高的，因此，新缝破裂后的延伸压力也必然相对较高。现场上经常出现暂堵后压力升幅有限(1～2MPa)且很快恢复到暂堵前的压力水平的情况，主要是因为部分暂堵造成的压力升幅显然有限，大量的压裂液只有从部分暂堵处继续运移，导致会将暂堵处的暂堵剂快速冲散；至于支撑剂在靠近趾部射孔簇裂缝缝口处的滞留影响后续暂堵球运移到位的问题，可采用低密度小粒径的支撑剂替代之前密度及粒径都相对较大的支撑剂，以大幅度增加支撑剂对压裂液的流动跟随性，以确保靠近趾部的水平井筒内的支撑剂绝大部分流向优势进液裂缝。同时，即使靠近趾部的射孔簇裂缝的几何尺寸相对较小，上述低密度小粒径的支撑剂也相对容易进入并运移到裂缝中远部位置，因此，上述两个因素的综合作用，会导致支撑剂滞留于靠近趾部的水平井筒中的比例大幅度降低甚至清零。

(二)在立体缝网的成缝机制方面

首先是立体缝网的三维动态精细描述技术，可考虑采用大功率的 CT 扫描技术对压前及压裂后的岩心内部结构包括水平层理缝/纹理缝、高角度天然裂缝及水力裂缝的形态及尺寸的动态进行实时描述(但目前 CT 只能穿透全直径岩心尺寸，而难以穿透 30cm 见方的大岩样)。此外，压裂前后岩样内的电阻率场或电磁场的四维重构技术，也可对多尺度的裂缝系统进行实时的动态描述。尤其是转向支裂缝是否形成、何时开始起裂与延伸、何时终止延伸，以及有几个转向支裂缝等情况，对调整压裂加砂泵注程序具有极端重要的指导意义。显然地，如能对岩样内的三维电阻率场及电磁场等进行不同时间内的实时精细描述，且压裂前与压裂后因压裂液的进入，会极大地影响实时电阻率场或电磁场的分布形态及值域大小。

此外，如何大幅度提高转向支裂缝及三级微裂缝的体积占比，应是今后立体缝网压裂的主要发展方向之一。其中，主裂缝的缝内一次或多次迂回暂堵压裂应是今后发展的重点。但如何实现缝内智能精准暂堵压裂，且如何将上述技术进一步拓展到数量相对较多的转向支裂缝中，意义更为重大，且实现的难度进一步加大，因为，随着转向支裂缝缝宽的降低，裂缝壁面粗糙度的影响相对突出，会在很大程度上阻滞暂堵剂的进缝及深部运移，即使有一部分暂堵剂能够进入转向支裂缝中，估计也仅是近缝口处暂堵，则暂堵的作用范围必然会大幅度受限。

至于如何建立射孔簇数与裂缝改造体积间的对应关系，核心问题是如何大幅度提高各簇裂缝纵向的穿层效果。显然地，如果缝高都能达到预期值，则簇数越多，裂缝的改造体积也越大。与缝内智能精准暂堵技术类似，如何进行簇间的智能暂堵压裂，也同样至关重要。但由于已压开簇裂缝的缝口处的孔眼磨蚀效应相对严重，尤其在大排量、大液量、大砂量等施工条件下则更是如此。因此，如何对不规则扩径后的孔眼进行高效的密封暂堵，难度极大，常规的球形暂堵球或绳结暂堵球都难以完全胜任该项工作，即使将二者结合起来可能也无济于事。只能将上述两种暂堵球和大粒径暂堵剂及小粒径暂堵剂等结合起来，才可能实现对不规则变径孔眼的高效封堵。但相互间的密度与粒径匹配也非常关键，否则，经过地面、垂直井筒及水平井筒的长距离运移后，上述四种暂堵材料可能已发生很大的分离效应，致使在孔眼处难以形成合力。但由于上述四种材料形状及粒径的较大差异性，如何确保它们在运移过程中一直保持“抱团”效应，是今后需要研究的重点方向。

(三)在立体缝网的支撑机制方面

如何在已造好的立体缝网中均匀布砂和饱和填砂，对提高有效的立体缝网体积，即如何将裂缝改造体积最大限度地转变为有效的裂缝改造体积至关重要。但由于支撑剂与压裂液流动跟随性普遍较差，因此，要实现上述均匀布砂及饱和填砂的技术目标，难度是极大的。目前，比较现实的方法是采用低密度高强度支撑剂或自悬浮支撑剂，可以大幅度提高与压裂液的流动跟随性，同时，沉降砂堤的现象也大幅度降低，利于提高支撑剂的运移距离和实现远井裂缝高度上的有效支撑，进而利于实现支撑剂在立体缝网中的均匀分布。同时更为重要的是，采用上述支撑剂后的施工压力可以有较大幅度的降低，利于在同等施工条件下进一步提高砂液比，进而利于实现饱填砂的目标，尤其是转向支裂缝及三级微裂缝的饱填砂对压裂后稳产的影响是至关重要的。另外，采用上述支撑剂后，水平井筒中的沉砂效应也大幅度缓解，可由此大幅度降低顶替液体积及黏度，这对缝口处裂缝导流能力的维护是非常重要的，可以大幅度提高当量裂缝条数及相应的压裂后产量效果。

需要指出的是，上述支撑剂仍然还存在着密度较大和自悬浮支撑剂对导流能力伤害的问题(外敷的高分子聚合物降解不彻底导致)，因此，如支撑剂的密度能实现与压裂液的密度相等或相当，而强度仍可满足深层页岩气压裂高闭合应力的要求，则可最大限度地实现上述立体缝网的均匀布砂和饱填砂的目标。但成本也应控制好，早期可以成本稍高但产出投入比必须能大幅度提高才行。

此外，簇间暂堵球可以促进已压开簇射孔裂缝的均匀布砂，而缝内暂堵剂同样可以达到此目的。只不过前者是在缝口处暂堵，而后者是在缝内处某个位置暂堵而已。当然，暂堵球及暂堵剂如设计及控制得当，还具有压开新的簇射孔裂缝和转向支裂缝的功能。

在避免多种粒径支撑剂混杂分布对多尺度裂缝导流能力的损害方面，可以考虑用较少种类或粒径的支撑剂，这样就可避免相互混杂了。以往的设计一般是三种粒径的支撑剂同时存在，其初衷是压裂造缝过程中可产生主裂缝、转向支裂缝及三级微裂缝等多尺度裂缝系统，因此，一般设计小、中、大三种粒径的支撑剂，且按上述顺序依次注入，目的是所有的小粒径支撑剂全部进入三级微裂缝系统、中粒径支撑剂全部进入转向支裂缝系统，而大粒径支撑剂全部进入主裂缝。但由于上述三种尺度裂缝系统的体积占比难以事先准确地模拟计算，因此，以往凭经验对上述三种粒径支撑剂的体积占比的优选也具有很大的盲目性，大部分压裂方案设计中对此根本没有任何优选方面的描述及依据。因此，如果减少上述支撑剂的粒径种类甚至只采用一种支撑剂，则可在很大程度上避免上述问题的局限性。此时，虽然小粒径支撑剂对主裂缝的支撑能力不如大粒径支撑剂，但可通过增加施工砂液比等措施，增大其在主裂缝中的铺砂浓度，进而可相应地提高主裂缝的导流能力。且小粒径支撑剂因单位裂缝面积上可铺置更多数量的支撑剂颗粒，在深层页岩气抗支撑剂嵌入方面具有优势。

在提高不同尺度裂缝系统间的连通性方面，如采用较少粒径数量的支撑剂且采用小粒径支撑剂为主，则可采用超前加砂、长段塞加砂甚至连续加砂等方式，大幅度提高不同尺度裂缝系统间的连通性。其中，超前加砂至关重要，因为，无论是转向支裂缝系统还是三级微裂缝系统，其产生及延伸时间都具有阶段性，不可能像延伸阻力最小的主裂缝那样，只要注入不停止，就可一直延伸，只不过延伸速度越来越慢而已。因此，如其延伸终止，压裂液及支撑剂难以继续进入，此时注入的小粒径支撑剂只有全部滞留于转向支裂缝系统或主裂缝中，则与后续注入的较大粒径支撑剂势必造成混杂分布的情况，且在变黏度及变排量模式普及应用的情况下，上述不同粒径支撑剂间的混杂分布情况会更加严重。反之，如加砂时机太超前也是弊大于利，因为，上述转向支裂缝和三级微裂缝系统可能刚开始延伸，裂缝的几何尺寸还相对较小，过早加砂则可能阻碍其继续延伸的进程，这对压裂后提高稳产期及效果同样非常不利。因此，加砂时机的准确把握非常关键，但难度也极大。现场上可以基于井口压力曲线的波动情况，及时决定加砂的时机(实际上也滞后了相当于一个井筒的注入时间)。

至于如何提高多尺度裂缝系统的长期导流能力，在最大限度地避免不同粒径支撑剂混杂分布的前提下，如何大幅度提高不同尺度裂缝系统尤其是转向支裂缝及三级微裂缝系统的支撑剂充满度，尤为关键。其中，主裂缝内多级迂回暂堵技术如能用到极致，应可很好地实现上述技术目标。且在主裂缝内暂堵的前提下，转向支裂缝一旦形成，其延伸的时间就完全可控，因此，小粒径支撑剂的加入量也可由此完全控制，且在转向支裂缝中的支撑剂粒径数量也完全可控制以一种为主，这些对提高其加砂量、支撑剂充满度及长期的裂缝导流能力都是至关重要的。

(四)在深层页岩气压裂裂缝监测方面

目前，限于成本等因素考虑，深层页岩气的压裂裂缝监测相对较少。就成熟的裂缝监测技术而言，主要有地面及地下的测斜仪与微地震、光纤 DTS/DAS/DSS 及压裂后产气剖面测试等。限于井深等条件制约，地面测斜仪与微地震基本不适用，信噪比都相对较低，因此解释结果不足信，且只能针对段进行笼统解释，难以精细解释各个射孔簇裂缝的差异化延伸情况。而地下测斜仪与微地震又需要钻额外的直井眼进行监测，也增加了不少成本。因此，需要进一步研究大幅度增加地面信噪比的技术，从监测硬件到精细解释处理方法两个方面同时发力。同时，研究多分量测斜仪/微地震及其地面布置方案，以及大地变形场规律，对岩石的塑性增强特征与纵向跨层特征等进行针对性研究，修正以往的大地变形场模型，以最大限度地精细描述各个射孔簇裂缝的情况；光纤 DTS/DAS/DSS 监测需要在下套管时将光纤同步下入井中，射孔时对其破坏效应难以完全避免，因此也具有一定的风险性，成本也相对较高。但光纤监测是目前唯一可以同时对裂缝起裂扩展动态及压裂后产气剖面进行同步监测并且可在长生产周期内进行永久监测的技术，因此，应在其技术的局限性基础上，进一步改进与完善，如避开光纤的射孔技术等；而压裂后产气剖面测试难以描述裂缝的高度等信息，且常用的示踪剂法也具有局限性，如不同的示踪剂只能针对笼统的各段，对段内各簇的裂缝延伸情况则不得而知，而各簇射孔裂缝的差异化延伸更重要。示踪剂返排越多，不一定说明造缝效果越好，反而可能是裂缝形态相对简单造成的。另一方面，由于各段裂缝返排时的流动时机、流动阶段都各不相同，仅根据井筒内汇总后的示踪剂产出动态，难以准确反映各段裂缝的真实情况。因此，应探索研究建立各簇裂缝产气剖面测试及精细解释的技术系列。

为此，还可探索研究压裂前后基质岩样某个物理量前后实时变化的监测技术，由其压裂前后的变化可定量描述各个段簇裂缝的实际扩展形态及几何尺寸。且可进一步获取上述某个物理量的四维重构效果，以准确获取转向支裂缝及三级微裂缝的实时扩展动态，为后续的支撑剂加入程序设计提供可靠的设计依据。为此，可能需要研发不同物理量的压裂液，也可在压裂液上设计不同强度的物理量，以进一步精细刻画压裂液的流入动态特征。如该方法可以实现并能实现实时快速解释，则可真正实现压裂全生命周期的地质－工程动态一体化技术目标，进而实现动态认识储层特性及变化、动态描述裂缝形态及几何尺寸、实时调整施工参数及不断优化参数和技术迭代升级等目的，最终的目的是实现智能精准压裂以及裂缝改造体积和采收率等的最大化。

此外，在支撑立体缝网的监测上，以往的支撑剂电磁造影法及支撑剂涂覆放射性示踪剂等方法，可扩大应用规模并研究改善其局限性。尤其是各簇裂缝的精细解释，包括其中的转向支裂缝及三级微裂缝内的支撑剂进入时机、进入量等的精细解释和相应的四维重构技术等，都是今后需要攻关的技术方向。特别是，不同类型及粒径的支撑剂如带有不同的示踪剂，并能区分其在不同尺度裂缝中的分布形态及浓度的话，则监测结果更有指导意义。理想情况是，在任何一种尺度的裂缝中，只存在一种类型及粒径的支撑剂，或虽然存在两种甚至三种支撑剂的情况，但总有某种类型及粒径的支撑剂占据绝对主导地位，这样对提高每种尺度裂缝的导流能力都是至关重要的。有了上述支撑剂在各个段簇裂缝中的实时分布形态及结果，就可通过不断调整地面泵注程序，来实现预期的目标及效果。

(五)在压裂后渗吸及返排机制方面

首先是模拟地下温度及压力条件的物理模拟装置的研发，包括渗吸装置及压裂后返排装置。目前的带压渗吸模拟装置的压力加载一般不到30MPa，与深层页岩气的实际情况还有一定的差距(渗吸压力差应为压裂施工时或停泵后裂缝内延伸压力与页岩地层压力的差值，而不是裂缝内的净压力)。且同时考虑温度影响的装置更少。尤其是加温模块及加压模块的设计，要仔细优化加载的速率，防止加温或加压过程中的岩心内部微观结构的破坏，否则试验效果可能会大相径庭；此外，目前压裂后返排模拟装置的压力及温度等级也相对较低，需研究进一步提高的可行性。尤其是同时存在主裂缝、转向支裂缝及三级微裂缝时，不同返排时机及返排制度下的多尺度裂缝系统中的支撑剂再次运移分布的精细描述，更为重要。需要强调的是，主裂缝、转向支裂缝及三级微裂缝的闭合时间各不相同，且不射孔簇裂缝的闭合时间也不同，不同段簇裂缝、不同尺度裂缝间因闭合时间的不同相互影响，因此，整个水平井的压裂液返排及支撑剂再次运移的机理相当复杂。如考虑井工厂多井同步返排时，情况就更为复杂了，目前的返排模拟装置还难以模拟多簇及多井的情况。但不管如何，压裂后返排时机及制度优化的目标函数都应是压裂后见气高峰的时机最早和支撑剂的回流体积最小。且，可最大限度地将过顶替造成的缝口处支撑剖面的损害程度降为最低。可在透明可视化返排装置中观察到支撑剂回流到缝口处的具体情况，理想的情况应是当支撑剂回流到缝口处时裂缝恰好闭合，否则，缝内的支撑剂还将继续回流到水平井筒内甚至井口处，这会给压裂后生产管理带来诸多麻烦，也会大幅度降低压裂后效果，尤其是转向支裂缝及三级微裂缝内的支撑剂如再次流出缝口，更是要不得的。

然后是上述高温高压渗吸数学模型及压裂后返排的数学模型研究，也是今后的重点研究方向之一。它可以同时对相应的物理模型进行验证，同时也可考虑比物理模型更多的影响因素，如三级微裂缝及水平井筒 A、B 靶点高差的影响等。其中，高温高压的渗吸模型可进一步向分子模拟方向发展，如模拟不同的压裂液矿化度影响，考虑外来离子与页岩岩石各种离子间的相互作用机理等。也应考虑高压下微裂隙的动态扩展对渗吸的影响，因此是一个非常复杂的非线性模型；而考虑井工厂条件下多井多缝间的返排数学模型，则更为复杂，因不同段簇裂缝中压裂液的返排时机及返排阶段各不相同，最终汇总到水平井筒呈现统一的流动状态，因此，需要先模拟清楚单一簇裂缝向水平井筒中的气水两相返排流动模型，之后才是多个段簇裂缝汇总后返排流动的复合模型，这又需要先假设不同段簇裂缝的初始流动时机及气水两相流动的压力及饱和度初值，然后拟合总的返排流量及压力，如拟合精度满足要求，则认为先前假设的条件正确，否则，还要重新假设上述模拟的初始条件，直到最后的模拟精度达到预期的要求为止。

需要指出的是，在进行井工厂多井多缝压裂后返排数学模型的建立时，考虑到复杂的诱导压力干扰效应，即使是某口水平井的同一射孔簇裂缝，水平井筒两翼的裂缝延伸状况也有很大的差异，如井工厂内侧的一翼裂缝受诱导应力作用更强，其延伸长度及导流能力等都会相应降低，而井工厂外侧的另一翼射孔簇裂缝则会延伸得相对充分，导流能力也会相对较高。因此，在进行模拟时应考虑到上述普遍存在的情况，否则，模拟结果很难与最终的井口气水两相流量及压力相吻合。

此外，上述模拟还需考虑页岩基质与多尺度裂缝系统的流动与井筒流动的耦合效应，以及井口到地面集输站的耦合，需要考虑从页岩基质—三级微裂缝—转向支裂缝—主裂缝—井筒—井口—地面集输站等多个节点间的流动协调性，即各个节点处的气水流量与压力等要分别对应相等，否则，也不能最大限度地挖掘立体缝网压裂的最大增产潜力。

为了实现压裂后井工厂范围内的页岩均匀泄压(非均匀泄压会导致井间、段间、簇间的流动干扰效应)和提高最终的采收率，确保各井、各段、各簇裂缝能同步进行返排至关重要。但因水平井都存在 A、B 靶点的高差问题，且一般是 A 靶点更高，因此，在必要时应大幅度降低上述 A、B 靶点高差，理想情况下实现 A、B 靶点的等高差是非常重要的，但这也需要结合地质情况及钻井的可控性。此外，确保各个射孔簇裂缝的均匀延伸及均匀加砂也同样重要，它对促进压裂后均匀返排及均匀生产，进而对促进采收率的提升，都具有十分重要的意义。

参考文献

[1]于京都，郑民，李建忠，等．我国深层天然气资源潜力、勘探前景与有利方向［J］．天然气地球科学，2018，29(10)：1398－1408.

[2]龙胜祥，冯动军，李凤霞，等．四川盆地南部深层海相页岩气勘探开发前景[J]．天然气地球科学，2018，29(4)：443－451.

[3]段华，李荷婷，代俊清，等．深层页岩气水平井“增净压、促缝网、保充填”压裂改造模式——以四川盆地东南部丁山地区为例[J]．天然气工业，2019，39(2)：66－70.

[4]庞河清，熊亮，魏力民，等．川南深层页岩气富集高产主要地质因素分析——以威荣页岩气田为例[J]．天然气工业，2019，39(增刊1)：78－84.

[5]沈骋，郭兴午，陈马林，等．深层页岩气水平井储层压裂改造技术[J]．天然气工业，2019，39(10)：68－75.

[6]何治亮，聂海宽，胡东风，等．深层页岩气有效开发中的地质问题——以四川盆地及其周缘五峰组—龙马溪组为例[J]．石油学报，2020，41(4)：379－391.

[7]张金川，陶佳，李振，等．中国深层页岩气资源前景和勘探潜力[J]．天然气工业，2021，41(1)：15－28.

[8]唐建明，徐天吉，程冰洁，等．四川盆地深层页岩气“甜点”预测与钻井工程辅助设计技术[J]．石油物探，2021，60(3)：479－487.

[9]何治亮，聂海宽，蒋廷学．四川盆地深层页岩气规模有效开发面临的挑战与对策[J]，油气藏评价与开发，2021，11(2)：1－11.

[10]赵勇，李南颖，杨建，等．深层页岩气地质工程一体化井距优化——以威荣页岩气田为例[J]，油气藏评价与开发，2021，11(3)：340－347.

[11]葛忠伟，欧阳嘉穗，王同，等．永川深层页岩气田储层特征及富集规律研究[J]，油气藏评价与开发，2021，11(1)：29－37.

[12]伍翊嘉，王滢，黎菁．四川盆地深层页岩沉积特征及储层主控因素—以威东地区龙马溪组为例[J]，天然气工业，2021，41(5)：55－65.

[13]蔡勋育，赵培荣，高波，等．中国石化页岩气“十三五”发展成果与展望[J]，石油与天然气地质，2021，42(1)：16－27.

[14]张金川，陶佳，李振，等．中国深层页岩气资源前景和勘探潜力[J]，天然气工业，2021，41(1)：15－28.

[15]路智勇．转向压裂用暂堵剂研究进展与展望[J]，科学技术与工程，2020，20(31)：12691－12698.

[16]Dan Wood，Brian Schmit，Luke Riggins，Bill J. Johnson and Chris Talley：Cana Woodford Stimulation Practices—A Case History，SPE 143960，prepared for presentation at the SPE North American Unconventional Gas Conference and Exhibition held in The Woodlands，Texas，USA，14－16 June 2011.

[17]孙焕泉，周德华，蔡勋育，等．中国石化页岩气发展现状与趋势[J]．中国石油勘探，2020，25(2)：14－26.

[18]郭旭升，胡东风，魏志红，等．涪陵页岩气田的发现及勘探技术[J]中国石油勘探，2016，21(3)：24－37.

[19]路保平，丁士东．中国石化页岩气工程技术新进展与发展展望[J]．石油钻探技术学报，2018，46(1)：1－9.

[20]蒋廷学，卞晓冰．页岩气储层评价新技术——甜度评价方法[J]．石油钻探技术，2016，2016(04)：1－6.

[21]蒋廷学，卞晓冰，苏瑗，等．页岩可压性指数评价新方法及应用[J]．石油钻探技术，2014，42(5)：16－20.

[22]蒋廷学，李斐．阿南油田储层有效渗透率模糊设计研究[J]．石油钻采工艺，1997(06)：73－76.

[23]蒋廷学，汪永利，丁云宏，等．由地面压裂施工压力资料反求储层岩石力学参数[J]．岩石力学与工程

学报，2004(14)：2424 -2429.

[24]屈亚光，巩旭，石康立，等．页岩储层压裂液渗吸及返排机理研究进展[J]．当代化工，2020，298(11)：190 -193.

[25]申颖浩，葛洪魁，宿帅，等．页岩气储层的渗吸动力学特性与水锁解除潜力[J]．中国科学：物理学力学 天文学，2017，47(11)：88 -98.

[26]杨发荣，左罗，胡志明，吴国铭，吴嘉峰，罗莉涛．页岩储层渗吸特性的实验研究[J]．科学技术与工程，2016，16(25)：63 -74.

[27] P. F. Worthington，R. J. Evans，Aberdeen，J. D. Klein，Plano，J. D. Walls，White：SCA Guidelines for Sample Preparation and Porosity Measurement of Electrical Resistivity Samples，Part Ⅲ - The Mechanics of Electrical Resistivity Measurement on Rock Samples，The Log Analyst，MarchApril，1990.

[28]Albert Maende，and Dan Jarvie：Finding Bypassed or Overlooked Pay Zones Using Geochemistry Techniques，IPTC 12918，prepared for presentation at the International Petroleum Technology Conference held in Kuala Lumpur，Malaysia，3 -5 December 2008.

[29]Wang F P，Reed R M. Pore networks and fluid flow in gas shales[R]. SPE 124253，2009.

[30]Rickman R，Mullen M，Petre E，et al. A practical use of shale petrophysics for stimulation design optimization：all shale plays are not clones of the Barnett Shale[R]. SPE 115258，2008.

[31]杨建，付永强，陈鸿飞，等．页岩储层的岩石力学特征[J]．天然气工业，2012，32(7)：12 -14.

[32]张艺耀，王世彬，郭建春．页岩地层压裂工艺新进展[J]．断块油气田，2013，20(3)：278 -281.

[33]李庆辉，陈勉，金衍，等．页岩脆性的室内评价方法及改进[J]．岩石力学与工程学报 2012，31(8)，1680 -1685.

[34]Heteny M. Handbook of experimental stress analysis[M]. New York：John Wiley，1966：23 -25.

[35]Lawn B R，Marshall D B. Hardness，toughness and brittleness：an indentation analysis[J]. Journal of American Ceramic Society，1979，62(7)：347 -350.

[36]Jesse V H. Glossary of geology and related sciences[M]. Washington D. C.：American Geological Institute，1960：99 -102.

[37]Quinn J B，Quinn G D. Indentation brittleness of ceramics：a fresh approach[J]. Journal of Materials Science，1997，32(16)：4331 -4346.

[38]David G，John H. Rock deformation：a symposium[M]. New York：Waverly Press，1960：66 -67.

[39]Bishop A W. Progressive failure with special reference to the mechanism causing it[M]. Oslo：Proceedings of the Geotechnical Conference，1967：142 -150.

[40]赵海峰，陈勉，金衍．页岩气藏网状裂缝系统的演示断裂动力学[J]．石油勘探与开发，2012，3939(4)，464 -470.

[41]尹虎，王新海，张芳，等．吸附气对气水两相流页岩气井井底压力的影响[J]．断块油气田，2013，20(1)：74 -76.

[42]吴峙颖，路保平，胡亚斐，等．压裂多级裂缝内动态输砂物理模拟实验研究[J]．石油钻探技术，2020，48(4)：106 -110.

[43]吴峙颖，路保平，胡亚斐，等．压裂多级裂缝内流量分布规律研究[J]．钻井液与完井液，2020，37(4)：106 -110.

[44]刘建坤，吴峙颖，吴春方，等．压裂液悬砂及支撑剂沉降机理实验研究[J]．钻井液与完井液，2019，36(3)：378 -383.

[45]刘建坤，蒋廷学，万有余，等．致密砂岩薄层压裂工艺技术研究及应用[J]．岩性油气藏，2018，30(1)：165 -172.

[46]李爱芬，王士虎，王文玲．地层砂粒在液体中的沉降规律研究[J]．油气地质与采收率，2001，8(1)：70 -73.

[47]肖博，张士诚，郭天魁，等．页岩气藏清水压裂悬砂效果提升实验[J]．东北石油大学学报，2013，37(3)：94 -99.

[48]王丽伟，程兴生，翟文，等．压裂液黏弹性与悬浮支撑剂能力研究[J]．油田化学，2014，31(1)：38－41.
[49]何春明，才博，卢拥军，等．胍胶压裂液携砂微观机理研究[J]．油田化学，2015，32(1)：34－38.
[50]黄彩贺，卢拥军，邱晓惠，等．支撑剂单颗粒沉降速率与线性胶压裂液黏弹性关系[J]．钻井液与完井液，2015，32(6)：72－77.
[51]陶红胜，王满学，杏毅，等．低黏度清洁压裂液黏弹性与悬砂能力的关系[J]．油田化学，2015，32(4)：494－498.
[52]张林强．支撑剂在滑溜水中沉降规律探讨[J]．当代化工，2017，46(4)：711－714.
[53]温庆志，罗明良，李加娜，等．压裂支撑剂在裂缝中的沉降规律[J]．油气地质与采收率，2009，16(3)：100－103.
[54]温庆志，翟恒立，罗明良，等．页岩气藏压裂支撑剂沉降及运移规律实验研究[J]．油气地质与采收率，2012，19(6)：104－107.
[55]温庆志，段晓飞，战永平，等．支撑剂在复杂缝网中的沉降运移规律研究[J]．西安石油大学学报(自然科学版)，2016，31(1)：79－84.
[56]梁莹，罗斌，黄霞．水力压裂低密度支撑剂铺置规律研究及应用[J]．钻井液与完井液，2018，35(3)：110－113.
[57]MICHAELIDES E E. Hydrodynamic force and heat/mass transfer from particles. bubbles. and drop：the Freeman scholar lecture[J]. Journal of Fluids Engineering，2003，125(2)：209－238.
[58]侯腾飞，张士诚，马新仿，等．支撑剂沉降规律对页岩气压裂水平井产能的影响[J]．石油钻采工艺，2017，39(5)：638－645.
[59]李靓．压裂缝内支撑剂沉降和运移规律实验研究[D]．成都：西南石油大学，2014.
[60]狄伟．支撑剂在裂缝中的运移规律及铺置特征[J]．断块油气田，2019，26(3)：355－359.
[61]MALHOTRA S. SHARMA M M. Settling of spherical particles in unbounded and confined surfactant－based shear thinning viscoelastic fluids：an experimental study[J]. Chemical Engineering Science，2012，84：646－655.
[62]温庆志，胡蓝霄，翟恒立，等．滑溜水压裂裂缝内砂堤形成规律[J]．特种油气藏，2013，20(3)：137－139.
[63]周德胜，张争，惠峰，等．滑溜水压裂主裂缝内支撑剂输送规律实验及数值模拟[J]．石油钻采工艺，2017，39(4)：499－508.
[64]陈勉，葛洪魁，赵金洲，等．页岩油气高效开发的关键基础理论与挑战[J]．石油钻探技术，2015，43(5)：7－14.
[65]陈冬，王楠哲，叶智慧，等．压实与嵌入作用下压裂裂缝导流能力模型建立与影响因素分析[J]．石油钻探技术，2018，46(6)：82－89.
[66]NGAMENI K L. MISKIMINS J L. ABASS H H. et al. Experimental study of proppant transport in horizontal wellbore using fresh water[R]. SPE 184841，2017.
[67]金智荣，郭建春，赵金洲，等．不同粒径支撑剂组合对裂缝导流能力影响规律实验研究[J]．石油地质与工程，2007，21(6)：88－90.
[68]吴春方，刘建坤，蒋廷学，等．压裂输砂与返排一体化物理模拟实验研究[J]．特种油气藏，2019，26(1)：142－146.
[69]DeKee D. Transport processes in bubbles. drops and particles[M]. New York. Taylor & Francis，2002.
[70]郭大立，纪禄军，赵金洲．支撑剂在三维裂缝中的运移分布计算[J]．河南石油，2001，15(2)：32－34.
[71]刘磊，廖红伟，周芳德．砂粒与复杂流体压裂液在裂缝中的流动特性研究[J]．工程热物理学报，2008，(1)：102－104.
[72]张鹏．煤层气井压裂液流动和支撑剂分布规律研究[D]．青岛：中国石油大学，2011.
[73]Kamga L. N.. Jennifer L. M.. Hazim H. A.. et al. Experimental Study of Proppant Transport in Horizontal Wellbore Using Fresh Water[C]. SPE Hydraulic Fracturing Technology Conference and Exhibition，2017.

[74]张国栋．复杂作用机制下的水平井压裂支撑剂运移规律研究[D]．中国石油大学(华东)，2017.
[75]李骏．可视化变角度缝网支撑剂铺置装置研发及实验规律研究[D]．西南石油大学，2016.
[76]田雨．组合裂缝中支撑剂运移铺置规律研究[D]．中国石油大学(华东)，2018.
[77]黄俊宇．通道压裂复杂裂缝支撑剂运移规律研究[D]．中国石油大学(华东)，2018.
[78]张争．压裂裂缝内滑溜水携砂输送规律研究[D]．西安石油大学，2018.
[79]惠峰．滑溜水压裂支撑剂在裂缝内的铺置规律研究[D]．西安石油大学，2017.
[80]郝丽华．复杂裂缝内支撑剂沉降运移规律研究[D]．中国石油大学(华东)，2018.
[81]贾承造．论非常规油气对经典石油天然气地质学理论的突破及意义[J]．石油勘探与开发，2017，44(1)：1－11.
[82]邹才能，翟光明，张光亚，等．全球常规－非常规油气形成分布、资源潜力及趋势预测[J]．石油勘探与开发，2015，42(1)：13－25.
[83]吴奇，胥云，王晓泉，等．非常规油气藏体积改造技术——内涵、优化设计与实现[J]．石油勘探与开发，2012，39(3)：352－358.
[84]吴奇，胥云，刘玉章，等．美国页岩气体积改造技术现状及对我国的启示[J]．石油钻采工艺，2011，33(2)：1－7.
[85]Mayerhofer M J，Lolon E P，Warpinski N R，et al. What is stimulated reservoir volume? [J]. SPE J.，2010，25(01)：89－98.
[86]Wang Y T，Miskimins J L. Experimental investigations of hydraulic fracture growth complexity in slickwater fracturing treatments [R]. SPE 137515，2010.
[87]George W，Barry D，and Robert D. Simultaneous hydraulic fracturing of adjacent horizontal wells in the Woodford Shale [R]. SPE 119635，2009.
[88]Jeffrey C D，David D C，and Hoang V L. Reduced polymer based fracturing fluid：Is less really more? [R]. SPE90851，2004.
[89]杜凯，黄凤兴，伊卓，等．页岩气滑溜水压裂用稠化剂研究与应用进展[J]．中国科学，2014，44(11)：1696－1704.
[90]张亚东，苏雪霞，孙举，等．国内压裂用降阻剂的研究及应用进展[J]．精细石油化工进展，2016，17(4)：8－11.
[91]郭建春，李杨，王世彬．滑溜水在页岩储集层的吸附伤害及控制措施[J]．石油勘探与开发，2018，45(2)：320－325.
[92]Wyatt N B，Gunther C M，Liberatore M W. Drag reduction effectiveness of dilute and entangled xanthan in turbulent pipe flow [J]. J. Non－Newton. Fluid Mech.，2011，166(1－2)：25－31.
[93]Sohn J I，Kim C A，Choi H J，et al. Drag－reduction effectiveness of xanthan gum in a rotating disk apparatus [J]. Carbohydr. Polym.，2001，45(1)：61－68.
[94]Singh R P，Pal S，Krishnamoorthy S，et al. High－technology materials based on modified polysaccharides [J]. Pure Appl. Chem.，2009，81(3)：525－547.
[95]Kim C A，Lim S T，Choi H J，et al. Characterization of drag reducing guar gum in a rotating disk flow[J]. J. Appl. Polym. Sci.，2002，83(13)：2938－2944.
[96]Ram P S，Pal S，Krishnamoorthy S，Adhikary P. High－technology materials based on modified polysaccharides[J]. Pure Appl. Chem.，2009，81：525－547.
[97]Deshmukh SR，Singh RP. Turbulent drag reduction by polymer－fiber mixtures[J]. J. Appl. Polym. Sci.，1987，33：2467－2478.
[98]Lim G H，Choi H J，Renou F，et al. Effects of hydrophobic modification of xanthan gum on its turbulent drag reduction characteristics [J]. J. Ind. Eng. Chem.，2017，54：146－150.
[99]Tamano S，Ikarashi H，Morinishi Y，Taga K. Drag reduction and degradation of nonionic surfactant solutions with organic acid in turbulent pipe flow[J]. J. Non－Newton Fluid Mech.，2015，215：1－7.
[100]Wei J J，Kawaguchi Y，Li F C，Yu B，Zakin J L，Hart D J，Oba G，Zhang Y，Ge W. Reduction and turbu-

lence characteristics in sub - zero temperature range of cationic and zwitterionic surfactants in EG/water solvent[J]. J. Turbul. , 2009, 10(10): 1 - 15.

[101]Yu B, Li F C, Kawaguchi Y. Numerical and experimental investigation of turbulent characteristics in a drag - reducing flow with surfactant additives[J]. Int. J. Heat Fluid Flow. , 2004, 25(6): 961 - 974.

[102]Różański J. Flow of drag - reducing surfactant solutions in rough pipes[J]. J. Non - Newton. Fluid Mech. , 2011, 166(5 - 6): 279 - 288.

[103]Suzuki H, Higuchi Y, Watanabe H, Komoda Y, Ozawa S, Nishimura T, Takenaka N. Relaxation behavior of a drag - reducing cationic surfactant solution[J]. Nihon Reoroji Gakk. , 2012, 40(2): 85 - 90.

[104]Zhang K, Lim G H, Choi H J. Mechanical degradation of water - soluble acrylamide copolymer under a turbulent flow: Effect of molecular weight and temperature[J]. J. Ind. Eng. Chem. , 2016, 33: 156 - 161.

[105]Le Brun N, Zadrazil I, Norman L, Bismarck A, Markides C N. On the drag reduction effect and shear stability of improved acrylamide copolymers for enhanced hydraulic fracturing[J]. Chem. Eng. Sci. , 2016, 146: 135 - 143.

[106]Eshrati M, Al - Hashmi A R, Al - Wahaibi T, Al - Wahaibi Y, Al - Ajmi A. Abubakar A. Drag reduction using high molecular weight polyacrylamides during multiphase flow of oil and water: a parametric study[J]. J. Petrol. Sci. Eng. , 2015, 135: 403 - 409.

[107]Sanders M, Felling K, Thomson S, et al. Dry Polyacrylamide Friction Reducer: Not Just for Slick Water [R]. SPE 179146, 2016.

[108]Ibrahim A F, Nasr - El - Din H A, Rabie A, et al. A New Friction - Reducing Agent for Slickwater - Fracturing Treatments[J]. SPE Prod Oper, 2018, 33(03): 583 - 595.

[109]Wang L, Wang D, Shen Y D, et al. Study on properties of hydrophobic associating polymer as drag reduction agent for fracturing fluid [J]. J. Polym. Res. , 2016, 23(11): 235.

[110]Sun H, DeBenedictis F, Zhou J, et al. Field Case Histories of a Non - Damaging Guar Alternative for Linear Gel Application in Slickwater Fracturing[R]. SPE 165130, 2013.

[111]Shen L, Khan S, Heller D, et al. A Cationic Friction Reducer Fully Compatible with Produced Water[R]. URTEC - 2019 - 129 - MS, 2019.

[112]Zhou Jia, Baltazar M, Sun H, et al. Water - based environmentally preferred friction reducer in ultrahigh - TDS produced water for slickwater fracturing in shale reservoirs [R]. SPE 167775, 2014.

[113]Hallock J K, Roell R L, Eichelberger P B, et al. Innovative friction reducer provides improved performance and greater flexibility in recycling highly mineralized produced brines[R]. SPE 167775, 2013.

[114]Carman P S, Cawiezel K. Successful breaker optimization for polyacrylamide friction reducers used in slickwater fracturing[R]. SPE 106162, 2007.

[115]Kot E, Saini R, Norman L R, et al. Novel drag - reducing agents for fracturing treatments based on polyacrylamide containing weak labile links in the polymer backbone [J]. SPE J. , 2012, 17(3): 924 - 930.

[116]Sun H, Wood B, Stevens R F, et al. A nondamaging friction reducer for slickwater frac applications[R]. SPE 139480, 2011.

[117]Ibrahim A F, Nasr - El - Din H A, Rabie A, et al. A Non - Damaging Friction Reducing Agent for Slick - Water Fracturing[R]. SPE 180436, 2016.

[118]Kot E, Bismarck A. Polyacrylamide containing weak temperature labile azo links in the polymer backbone [J]. Macromolecules. , 2010, 43(15): 6469 - 6475.

[119]Bhambri P, Narain R, Fleck BA. Thermo - responsive polymers for drag reduction in turbulent Taylor - Couette flow. J Appl Polym Sci, 2016, 133: 44191.

[120]Ba Geri M, Imqam A, Flori R. A critical review of using high viscosity friction reducers as fracturing fluids for hydraulic fracturing applications[R]. SPE195191, 2019.

[121]Ba Geri M, Ellafi A, Flori R, et al. Viscoelastic Characterization Effect of High - Viscosity Friction Reducers and Proppant Transport Performance in High - TDS Environment[R]. SPE 190416, 2019.

[122] Hlidek B, Duenckel R. High Viscosity Friction Reducers – Potential for Fracture Damage and Impact of Brines on Proppant Transport Capability[R]. SPE 199736, 2020.
[123] 张娥. 俄气下滑 无碍中国. 中国石油石化[J], 2010, 3: 48 – 49.
[124] 李扬. 美国天然气产业体系与政策新变化. 中国石化[J], 2019, (4): 67 – 72.
[125] 熊颖, 刘友权, 梅志宏, 等. 四川页岩气开发用耐高矿化度滑溜水技术研究[J]. 石油与天然气化工, 2019, 48(3): 62 – 65..
[126] 刘通义, 向静, 赵众从, 等. 滑溜水压裂液中降阻剂的制备及特性研究[J]. 应用化工, 2013, 42(3): 484 – 487.
[127] 魏娟明, 刘建坤, 杜凯, 等. 反相乳液型降阻剂及滑溜水体系的研发与应用[J]. 石油钻探技术, 2015, 43(1): 27 – 32.
[128] 陈馥, 何雪梅, 卜涛, 等. 耐盐降阻剂的制备及性能评价[J]. 精细石油化工, 2018, 35(1): 51 – 55.
[129] 廖子涵, 陈馥, 卜涛, 等. 水包水乳液降阻剂的降阻机理研究[J]. 石油化工, 2019, 48(7): 724 – 730.
[130] Jing X, Liu Y, Li W, et al. Using water – miscible nonionic hydrophobic monomer associating HPAM as drag reducing agent[J]. J Appl Polym Sci, 2019, 136(48): 48362.
[131] 刘宽, 罗平亚, 丁小惠, 等. 抗盐型滑溜水降阻剂的性能评价[J]. 油田化学, 2017, 34(3): 444 – 448.
[132] 鲍晋, 罗平亚, 郭拥军, 等. 疏水缔合聚合物湍流降阻特性影响因素[J]. 精细化工, 2015, 32(3): 327 – 332.
[133] 贾金亚, 魏娟明, 贾文峰, 等. 页岩气压裂用滑溜水胶液一体化稠化剂研究[J]. 应用化工, 2019, 48(6): 1247 – 1250.
[134] Xing L, Ke Y, Hu X, et al. Preparation and properties of amphoteric polyacrylamide/modified montmorillonite nanocomposites and its drag reduction performance[J]. Colloid Surfaces A, 2019, 574: 94 – 104.
[135] Xing L, Ke Y, Hu X, et al. Preparation and solution properties of polyacrylamide – based silica nanocomposites for drag reduction application[J]. New J Chem, 2020, 44, 9802.
[136] Pope C, Peters B, Benton T, et al. Haynesville shale – one operator's approach to well completions in this evolving play[R]. SPE 125079, 2009.
[137] Wood D D, Schmit B E, Riggins L, et al. Cana Woodford stimulation practices: a case history[R]. SPE 143960, 2011.
[138] Farinas M, Fonseca E. Hydraulic fracturing simulation case study and post frac analysis in the Haynesville shale[R]. SPE 163847, 2013.
[139] 陈作, 曾义金. 深层页岩气分段压裂技术现状及发展建议[J]. 石油钻探技术, 2016, 44(1), 6 – 11.
[140] 蒋廷学, 卞晓冰, 王海涛, 等. 深层页岩气水平井体积压裂技术[J]. 天然气工业, 2017, 37(1): 90 – 96.
[141] 曾波, 王星皓, 黄浩勇, 等. 川南深层页岩气水平井体积压裂关键技术[J]. 石油钻探技术, 2020, 48(5), 1 – 8.
[142] Das P, Konale S, Kothamasu R. Effect of salt concentration on base – gel viscosity of different polymers used in stimulation fluid systems [R]. SPE 167786, 2014.
[143] Aften CW, Watson WP. Improved friction reducer for hydraulic fracturing [R]. SPE 118747, 2009.
[144] 姚奕明, 魏娟明, 杜涛, 等. 深层页岩气压裂滑溜水技术研究与应用[J]. 精细石油化工, 2019, 36(4): 15 – 19.
[145] 胡娅娅. 川东南深层页岩气耐温耐盐滑溜水研制及应用[J]. 石油化工应用, 2020, 39(2): 59 – 61.
[146] Toms B A. Some observations on the flow of linear polymer solutions through straight tubes at large Reynolds numbers [R]. Proceedings of the First International Rheological Congress, 1948, 135 – 141.
[147] Lumley J L. Drag reduction by additives [J]. Annu. Rev. Fluid Mech., 1969, 1(1): 367 – 384.
[148] Hinch E J. Mechanical models of dilute polymer solutions in strong flows [J]. Phys. Fluids, 1977, 20(10):

S22 – S30.
[149] Tabor M, de Gennes P G. A cascade theory of drag reduction [J]. Europhys. Lett. , 1986, 2(7): 519 – 522.
[150] de Gennes P G. Towards a scaling theory of drag reduction [J]. Physica A. , 1986, 140(1 – 2): 9 – 25.
[151] Min T, Yoo J Y, Choi H, et al. Drag reduction by polymer additives in a turbulent channel flow [J]. J. Fluid Mech. , 2003, 486: 213 – 238.
[152] SOOKPRASONG P A, GILL C, HURT R S. Lessons learned from DAS and DTS in multicluster, multistage horizontal well fracturing: interpretation of hydraulic fracture initiation and propagation through diagnostics [C]. IADC/SPE Asia Pacific Drilling Technology Conference. OnePetro, SPE 170512, 2014.
[153] PATEL D, WEE K, GORGI S, et al. Success story: 64 wells with hybrid real time DTS/DAS monitoring and permanent downhole gauges installed in the United Arab Emirates [C]. Abu Dhabi International Petroleum Exhibition & Conference. OnePetro, 2020.
[154] ROGERS A J. Polarization – optical time domain reflectometry: a technique for the measurement of field distributions [J]. Appliedoptics, 1981, 20(6): 1 060 – 1 074.
[155] HARTOG A. A distributed temperature sensor based on liquid – core optical fibers [J]. Journal of Lightwave Technology, 1983, 1(3): 498 – 509.
[156] 尚军辉. 光纤测温技术的原理与技术特点[J]. 中国石油和化工标准与质量, 2012, 32(增刊): 61 – 61.
[157] 姚善化, 朱宋玖, 张万成, 等. 光纤拉曼散射效应在传感和通信技术中的应用[J]. 光电子技术与信息, 2003, 16(4): 24 – 27.
[158] 李海涛, 罗红文, 向雨行, 等. DTS/DAS 技术在水平井压裂监测中的应用现状与展望[J]. 新疆石油天然气, 2021, 17(4): 12: 62 – 73.
[159] POSEY R, JOHNSON G A, VOHRA S T. Strain sensing based on coherent Rayleigh scattering in an optical fibre [J]. Electronics Letters, 2000, 36(20): 1688 – 1689.
[160] HOLLEY E H, MOLENAAR M, FIDAN E, et al. Interpreting uncemented multistage hydraulic – fracturing completion effectiveness by use of fiber – optic DTS injection data [J]. SPE Drilling & Completion, 2013, 28 (03): 243 – 253.
[161] WHEATON B, HAUSTVEIT K, DEEG W, et al. A case study of completion effectiveness in the eagle ford shale using DAS/DTS observations and hydraulic fracture modeling [C]. SPE Hydraulic Fracturing Technology Conference. OnePetro, SPE179149, 2016.
[162] 冯晓炜, 赵毅, 杨鹏, 等. 分布式光纤温度监测技术在压裂水平井产剖解释中的应用[J]. 油气藏评价与开发, 2021, 11(4): 542 – 549.
[163] LEONG Y, DE IONGH J E, BAHRING S, et al. Estimation of Fracture Volume Between Well Pairs Using Deuterium Tracer [C]//SPE Annual Technical Conference and Exhibition, Houston, Texas, SPE 174832, 2015.
[164] 温守国, 孟科全, 黄成, 等. 氟苯甲酸盐示踪剂分段压裂测试室内适应性研究[J]. 精细与专用化学品, 2020, 28(5): 30 – 34.
[165] 刘士斌, 郑双庆, 王维. 油水分段产能测试重复压裂后效果评价[J]. 采油工程, 2019(2): 6 – 9.
[166] 邓大伟. 水平井压裂后示踪剂监测技术应用研究[J]. 中外能源, 2021, 26(4): 48 – 51.
[167] 温杰雄. 基于水锤和信号降噪的压裂数据分析方法研究[D]. 中国科学技术大学, 2017.
[168] 刘志强. 基于邻井数据耦合的压裂井干扰试井工艺研究与应用[J]. 石油管材与仪器, 2020, 6(1): 77 – 80.
[169] 蒋廷学, 汪绪刚, 关文龙, 等. 裂缝强制闭合条件下的压降分析新模型[J]. 石油学报, 2003, 24 (1): 78 – 81
[170] J. Iriarte and J. Merritt, B. Kreyche: Using Water Hammer Characteristics as a Fracture Treatment Diagnostic (C), SPE – 185087 – MS, prepared for presentation at the SPE Oklahoma City Oil and Gas Symposium held in Oklahoma City, Oklahoma, USA, 27 – 31 March 2017.